Kohlhammer

Harald Walach

Wissenschaftstheorie, philosophische Grundlagen und Geschichte der Psychologie

Ein Lehrbuch

Verlag W. Kohlhammer

Der Abdruck der Erzählung „Die Ehre des Israel Gow" („The Honour of Israel Gow") auf den Seiten 19–28 erfolgt mit freundlicher Genehmigung von A P Watt Ltd. on behalf of the Royal Literary Fund, London.

1. Auflage 2005

Umschlag: Gestaltungskonzept Peter Horlacher
Gesamtherstellung:
W. Kohlhammer Druckerei GmbH + Co. KG, Stuttgart
Printed in Germany

ISBN 3-17-018467-9

Expertus infallibiliter novit – Wer eine Erfahrung gemacht hat,
hat täuschungsfreie Kenntnis

Johannes Duns Scotus (1266–1308),
Sentenzenkommentar

MEMORIAE VEL GRATIA DEBITA MAGISTRIS AMICISQUE IN VIA ET IN PATRIA, INSUPER VIATORI IN MONTIBUS, ULLULO IN SELLA IMPERATORIS, SPLENDORI HELVETICO DE PRATU SUPERIORE, FRATRI THOMAE CONVERSIONE PERFECTA, HUGONIQUE DE PALMA.

Inhalt

Einleitung

Ein Buch über das Schreinerhandwerk wäre von Anfang an eine missglückte Sache. Zum einen würde es kaum etwas von dem Handwerk selbst vermitteln können. Handwerk und die damit verbundene Erfahrung kann man nur selber ausüben und kennen, oder man kennt sie eben nicht. Zum anderen würde ein solches Buch nie die vielen Schattierungen, die vielen Eigenarten, lokalen Traditionen oder Spielformen einfangen können. Und dennoch wäre ein solches Buch über das Schreinerhandwerk eine lohnende Angelegenheit, denn es würde festhalten, was andernfalls flüssige, vergängliche Wirklichkeit wäre. In einem ähnlichen Sinne ist das hier vorliegende Buch eine überflüssige und zugleich notwendige Sache. Es wird auf keinen Fall die gelebte Wissenschaft einfangen können, dazu kommt ein Buch über Wissenschaftstheorie immer zu spät. Denn es kann nur reflektieren darüber, was bereits passiert ist und kann nur systematisieren, was Vergangenheit ist. Die lebendige, flüssige, kreative Gegenwart der Wissenschaft selber kann sie allenfalls informierend befruchten, indem derjenige, der dieses Buch und die darin entwickelten Perspektiven kennt, vielleicht etwas anders an die Wissenschaft herangeht. Vielleicht geht der Leser oder die Leserin dann, wenn er oder sie (übrigens werden wir die Geschlechtsformen in diesem Buch anarchistisch handhaben, ohne Anspruch auf politische Korrektheit) dieses Buch gelesen hat, etwas freudiger, etwas bescheidener, etwas wissender um die Gebrechlichkeit wissenschaftlicher Erkenntnis ans Werk. Wenn das Buch dies erreicht hätte, wäre schon viel gewonnen. Zum anderen ist dieses Buch auch deswegen eine flüchtige und in gewisser Weise überflüssige Angelegenheit, weil in einem Buch über Wissenschaftstheorie nie die vielen praktischen Details, die lokalen oder disziplinären Teiltraditionen eingefangen werden können. Dennoch erscheint es uns sinnvoll und notwendig, einen Gesamtüberblick zu geben. Wir haben uns also entschlossen dieses Buch *trotz* allem zu schreiben, weil die Gründe *für* die Arbeit diejenigen, die für seine Überflüssigkeit sprechen, überwiegen:

Zum einen gibt es keine wirkliche Wissenschaftstheorie der Psychologie. Obwohl es uns mit diesem Buch vermutlich nicht gelingen wird, eine solche schlüssig und endgültig darzulegen, können wir vielleicht einen Beitrag dazu leisten, dass eine genuin psychologische Wissenschaftstheorie möglich, ja sogar wirklich wird. Zum anderen gibt es wenige Ansätze, die einen genuin postmodernen Ausgangspunkt nehmen. Dies versuchen wir in dem hier vorliegenden Buch zu tun.

Damit meinen wir Folgendes: Eine der wesentlichen Einsichten der jüngsten Zeit ist, dass es kein endgültiges, festes, in sich stimmiges System geben kann, das sich selber mit den von ihm entwickelten Mitteln als endgültig schlüssig belegen kann. Vielmehr ist jedes System oder jeder Ansatzpunkt immer ein endlicher und relativer. Wissenschaftstheorie kann sich hiervon nicht ausnehmen. Während lange Zeit die Doktrin gültig war, Wissenschaftstheorie wäre sozusagen die letztbegründende fundamentale Wissenschaft, die nicht nur die Praxis sondern auch die Methodik und die Gültigkeit der Ergebnisse von Wissenschaft belegen und begründen kann, so ist in neuerer Zeit immer klarer geworden, dass diese sogenannten *prä*skriptiven, also vorschreibenden Ansätze der Wissenschaftstheorie haltlos sind. Stattdessen hat sich immer mehr die Einsicht durchgesetzt, dass Wissenschaftstheorie eben immer hinterherhinkt. Sie kann, die gelebte Praxis der Wissenschaft reflektierend, zu Aussagen darüber gelangen, welche grundlegenden Prozesse im Wissenschaftsprozess maßgebend und steuernd sind. Sie kann vielleicht auch Ansatzpunkte dafür geben, wie Wissenschaft in der Vergangenheit weniger gut oder besser funktioniert hat, und daraus Hinweise entwickeln, welche zukünftigen Entwicklungen ratsam oder weniger ratsam sind. Derjenige, der hofft, in der Wissenschaftstheorie eine Art Leitwissenschaft zu finden, die platt gesagt, angibt „wo es lang geht", wird und muss enttäuscht werden. Denn, und das ist die Lehre, die die Reflexion über Wissenschaft in den letzten Jahrzehnten ergeben hat, Wissenschaft selber ist ein sich selbst steuernder, sich selbst begründender, sich selbst reformierender und sich selbst reflektierender Prozess, jenseits dessen es keinen intellektuellen archimedischen Punkt mehr geben kann, der diesen Prozess wieder selber grundlegt. Diese Auffassung machen wir uns in dem hier vorgelegten Buch zu Eigen und werden also eher verschiedene Hinsichten oder Perspektiven auf den Wissenschaftsprozess geben als diesen begründend fixieren. Wir werden eher verschiedene Sichtweisen und Praxisvarianten psychologischer Wissenschaft darstellen, ihr historisches Gewachsensein und ihre vorhandenen oder weniger vorhandenen Querverbindungen, als dass wir diese Praxisvarianten bewerten. Wir werden schließlich vor allem eine genuine psychologische Perspektive in dieser Reflexion über Wissenschaft vornehmen. Damit ist gemeint, dass wir den speziellen Gegenstand der Psychologie, nämlich den Menschen selber, als konstituierend für einen neuen Typ von Wissenschaft begreifen wollen.

Die Psychologie ist als Wissenschaft jung. Ihren Beginn kann man ins Jahr 1879 datieren, als Wilhelm Wundt das Psychologische Laboratorium in Leipzig begründete. Wenige Jahre später wurde ein ähnliches Laboratorium in Freiburg von Hugo Münsterberg gegründet, der anschließend von William James nach Harvard gerufen wurde und dort die empirische Psychologie aufbaute. Alles in allem kann die Psychologie als Wissenschaft also maximal auf 125 Jahre Geschichte zurückblicken. Dies ist gesehen auf die Zyklen und historischen Dimensionen der Wissenschaft jung, wenn nicht geradezu unreif.

Bedenken wir: Am 12. Mai 1543 wurde zum ersten Mal von Andreas Vesalius in Basel eine Leiche öffentlich im Rahmen einer akademischen Vorstellung seziert und damit die medizinische Wissenschaft der Anatomie begründet. Heute, 460 Jahre später, haben wir ein einigermaßen vollständiges Wissen der menschlichen Anatomie, was Muskeln, Blutgefäße, Knochen und Bänder angeht. Unser Verständnis über die Neuroanatomie ist immer noch bruchstückhaft. Und die Anatomie ist bei weitem noch nicht als Wissenschaft an ihr Ende gelangt. Wie soll es da bei dem Wissenschaftsgegenstand Mensch, der vielleicht zum kompliziertesten gehört, was sich die Wissenschaft selber vornehmen kann, innerhalb von vielleicht vier Wissenschaftlergenerationen zu einem konsolidierten, geschweige denn einheitlichen Wissenschaftsfeld kommen? Was viele Anfänger der Psychologie und auch viele innerhalb der Psychologie tätigen Wissenschaftler bemängeln, nämlich die Vielzahl der Ansätze, die kaum überschaubare Fülle von Teildisziplinen, den Wirrwarr von Einzelergebnissen, der kaum jemals die Chance zu bieten scheint, in ein einheitliches Gebäude integriert zu werden, all dies sind nicht Anzeichen einer Wissenschaft, die auf dem falschen Wege ist, sondern dies ist sowohl Zeugnis der Komplexität des Gegenstandes als auch der historischen Situation der Psychologie als Wissenschaft unterwegs. Weit davon entfernt, diesen Zustand beklagen zu wollen und weit davon entfernt, einer verfrühten und auch kolonialisierenden Vereinfachung das Wort reden zu wollen, plädieren wir in diesem Buch geradezu für die Notwendigkeit dieser Fülle von divergierenden Ansätzen methodisch scheinbar widersprüchlicher Traditionen.

Wenn wir von einer Wissenschaftstheorie *speziell* für die Psychologie sprechen, so meinen wir damit auch die Tatsache, dass Wissenschaftstheorien, die bislang innerhalb der Psychologie vorgelegt worden sind, unserer Meinung nach alle einen entscheidenden Fehler haben: Sie versuchen, Wissenschaftsmodelle, die in anderen Wissenschaften, z. B. der Physik, Chemie, Astronomie, Mathematik oder biochemischen Grundlagenwissenschaften erfolgreich waren, auf die Psychologie zu übertragen, so als könnte man die Methode der Bauschreinerei einfach auf die Modellschreinerei übertragen. Genau dies ist unserer Meinung nach das Dilemma, das Manko und auch die entscheidende Schwäche aller bisher vorgelegten Versuche, und genau dies ist auch der Grund, weswegen wir hier einen neuen Versuch vorlegen, Wissenschaftstheorie für die Psychologie verfügbar zu machen. Wir sind der Meinung, dass eine gute Wissenschaftstheorie der Psychologie nicht einfach nur eine Adaptation der vorliegenden Wissenschaftsmodelle aus anderen Disziplinen sein kann. Vielmehr muss die Psychologie durch ihre Geschichte und ihre eigenen Passversuche zu einer genuin eigenen Auffassung gelangen, wie Wissenschaft funktionieren kann, soll und muss, wenn es um die Wissenschaft der Psychologie, also der Wissenschaft vom Erleben und Verhalten des Menschen geht. Dass dieser Weg nicht geradlinig sein kann, dass er vielmals in mäandernden Wendungen verläuft, auf denen scheinbar rückschrittliche Tendenzen anscheinend fortschrittliche abzulösen scheinen, um dann in eine ganz andere Richtung weiterzuströmen, dass dies so ist, scheint uns nicht nur normal, sondern geradezu notwendig zu sein. Psychologie muss die ihr eigene Wissenschaftsform in dem Maße erarbeiten und neu erfinden, in dem sie als Wissenschaft überhaupt erst zu sich selber gelangt. Dies ist ein historischer Prozess und die Eigenart der Historie ist, dass sie aufgrund der Reflexion von Vergangenem Gegenwärtiges zuallererst begreifen lässt.

Im gleichen Sinne erscheint es uns notwendig, in diesem Buch Geschichte sprechen zu lassen. Denn durch das Verständnis, wie Wissenschaft im Allgemeinen und wie die Psychologie im Besonderen entstanden und geworden ist, in diesem Verständnis wird sich auch die Gegenwart der Psychologie und ihre zukünftige Methodik erhellen lassen. Dieser *historische* Standpunkt, den wir in diesem Buch einnehmen, ist alles andere als eine antiquierte Wendung nach rückwärts. Sie ist vielmehr aus dem Wissen erwachsen, dass nur dort Gegenwart gut verstanden und gelebt werden kann, wo ihre Bedingungen bewusst sind und ihre Herkunft erhellt ist. Auch dies ist im Übrigen eine genuin psychologische Erkenntnis, die wir sozusagen auf die Wissenschaft, aus der sie entstammt ist, selber anwenden.

Dieses Buch hat also im Vergleich zu anderen Büchern der Wissenschaftstheorie zwei Besonderheiten:

1. Es ist ein postmodernes Buch, das keine Vorschriften, sondern Beschreibungen geben will.
2. Es ist ein Buch mit historischer Perspektive, welches die Gegenwart aus der Geschichte erhellen will. Die Besonderheit dieses Ansatzes wird auf die Psychologie als Wissenschaft angewandt.

In diesem Sinne versucht es einen Grundlagentext vorzulegen, der Studierenden der Psychologie beim Einstieg ins Studium behilflich sein kann, aber auch jenen, die zu späteren Zeitpunkten ein vertieftes Verständnis gewinnen wollen. Aktive Wissenschaftler mögen durch unsere Gedanken angeregt werden, eigene Beiträge zu liefern oder ihr eigenes Tun und Handeln anders oder neu zu verorten.

Das Buch ist im Wesentlichen in folgende Teile gegliedert:

- Wir bringen zunächst eine ganz kurze und kursorische Skizze der Grundhaltung, in der dieses Buch geschrieben ist. Die ersten Kapitel können also gewissermaßen als Vorgeschmack dessen gelesen und gewertet werden, was in kommenden Kapiteln ausgefaltet wird. Wer also nach den ersten drei Kapiteln Lust aufs Weiterlesen bekommt, wird auf den folgenden Seiten vertiefendes Material finden. Wem nach den ersten drei Kapiteln nicht mehr zum Weiterlesen zumute ist, der wird auch in der Folge kaum anderes finden.
- Anschließend folgt ein philosophisches Propädeutikum, das speziell auf die Bedürfnisse der Psychologie ausgerichtet ist. Darunter verstehen wir einen kursorischen Grundlagenkurs in philosophischer Geistesgeschichte. Obwohl die Psychologie sich als moderne Wissenschaft betrachtet, hat sie viele Themen, viele methodische Fragestellungen und Ansatzpunkte, viele Entscheidungen über grundlegende Methoden und Inhalte, die selten reflektiert werden, aus der philosophischen Tradition übernommen. Nicht nur, dass die Psychologie aus der Philosophie entstanden ist. Die Philosophie und ihre Geschichte ist gleichsam die Wurzel und der Nährboden, aus der und in der unsere Wissenschaften wurzeln und keimen. Eine mindestens kursorische Kenntnis dieser Tradition scheint uns für eine profunde Ausübung jeglicher Wissenschaft und vor allem der Wissenschaft der Psychologie unabdingbar. Wer sich diese Kenntnis im Rahmen der Schuldbildung oder anderer Kurse bereits angeeignet hat, kann diese Kapitel kursorisch oder selektiv zur Kenntnis nehmen. Dem Studierenden in den Anfangssemestern soll damit eine gewisse geistesgeschichtliche Grundlage gegeben werden.
- Nach der Geschichte der Philosophie werden wir die Geschichte der Psychologie im Spezielleren behandeln, um verständlich zu machen, wie vielgestaltig die Forschungstraditionen innerhalb der Psychologie sind.
- Der nächste Teil befasst sich mit einem für die Psychologie zentralen Problem, das selten innerhalb der Psychologie thematisiert wird: dem sogenannten Leib-Seele-Problem. Darunter ist die Frage zu verstehen, wie – philosophisch gesprochen – die unterschiedlichen Bereiche von Psyche und Organismus, von seelischen und leiblichen Vorgängen zusammenhängend gedacht werden. Die Beantwortung dieser Frage hat nämlich viele methodische und praktische Konsequenzen. Es ist nützlich, sich über diese Tatsache Rechenschaft abzulegen und mindestens einmal in seinem Studenten- oder professionellen Leben diesen Sachverhalt reflektiert zu haben. Deswegen widmen wir ihr einigen Raum, in dem nicht nur das systematische Problem angerissen wird, sondern auch die neuere Diskussion skizziert wird.

- In einem weiteren Abschnitt werden sodann die modernen und aktuelleren Positionen der Wissenschaftstheorie, besonders diejenigen, die von Psychologen gerne für sich reklamiert werden, diskutiert. Wir werden im Unterschied zu vergleichbaren Büchern vor allem auch den moderneren Positionen der nach-positivistischen und nach-popperianischen Ära Aufmerksamkeit schenken.
- Wir schließen das Buch mit einigen Überlegungen zur Ethik und zur Praxis und fassen unsere Position in einem Schlusskapitel zusammen. Weit davon entfernt, das komplexe Thema Ethik komplett und vollständig aufrollen zu können oder zu wollen, denken wir dennoch, dass es notwendig ist, im Rahmen einer solchen Einführung auf die wesentlichen ethischen Grundprobleme, ihre Tradition und Geschichte und ihre Praxisrelevanz für therapeutisch und in der Forschung tätige Psychologen hinzuweisen.

Einige Worte zur Benutzung

Der Text dieses Buches folgt im Aufbau dem Vorlesungsplan, den ich über viele Semester in einem zweisemestrigen Vorlesungszyklus am Institut für Psychologie der Universität Freiburg i. Br. entwickelt habe. Dadurch ist zwar ein gewisser innerer Aufbau vorgegeben, der meiner Meinung nach durchaus sinnvoll ist. Die Kapitel können aber auch für sich selber gelesen und bearbeitet werden. Aus diesem Grund sind auch einige Redundanzen im Text. Sie sollen Quereinsteigern das Verständnis erleichtern und dienen didaktisch der Wiederholung und Vertiefung.

Ich habe in diesem Text bewusst auf viele Literaturangaben verzichtet, die meiner Erfahrung nach Studierende in den Anfängen eher verwirren statt hilfreich zu sein. Am Schluss jedes Kapitels ist weiterführende Basisliteratur in Fettdruck markiert, Spezialliteratur zur Vertiefung mit einem Stern, und andere Literatur, auf die ich verweisen will oder die ich zur Argumentation heranziehe. Die Literatur ist nummeriert, um den Bezug zum Text herzustellen.

Dieses Buch ist ein sehr persönliches Buch, das den Weg des Autors als philosophierendem Psychologen und psychologisierendem Philosophen über die letzten 25 Jahre folgt. Insofern ist es ein subjektives und auch ein notwendigerweise einseitiges Buch. Es ist bewusst selektiv und subjektiv, es vermeidet bewusst den Anschein enzyklopädischen Wissens. Die Lücken und Grenzen dieses Buches kommen daher, dass die Möglichkeit eines Einzelnen, alles zu überblicken, in unserer Zeit immer geringer werden. Gleichzeitig ist dadurch für den Leser auch die Chance gegeben, eigenes Verständnis zu entwickeln und zu vertiefen. Aus diesem Grunde möchte ich alle Leser explizit zu Rückmeldungen über Fehler, Unklarheiten, Lob und Kritik einladen und anregen. Dies wird bei späteren Auflagen die Gelegenheit bieten, Versäumtes nachzuholen, Löcher zu füllen, unmarkiertes Gelände zu kartographieren. Ich habe versucht, trotz des Anspruchs auf wissenschaftliche Gültigkeit lesbar, verständlich und unterhaltsam zu bleiben. In diesem Sinne soll dieses Buch nicht nur informativ, sondern auch unterhaltsam sein, und ich wünsche allen Lesern Freude dabei.

Danksagung

Dieses Buch verdankt sein Entstehen vor allem denen, von denen ich selber gelernt habe und die mir Anregungen und Hilfen gegeben haben. Allen voran zu nennen ist mein wissenschaftlich-psychologischer Lehrer, Prof. Jochen Fahrenberg, der mir durch das Angebot, diese Vorlesung zu halten, die Möglichkeit gab, die entsprechenden Gedanken und Texte zu entwickeln. Er hat das Entstehen des Manuskripts mit einigen wegweisenden kritischen Gedanken begleitet, für die ich sehr dankbar bin. Viele seiner Anregungen habe ich aufgegriffen, andere nicht, sodass der Text durchaus von mir zu verantworten ist, auch und vor allem dort, wo er als ergänzungsbedürftig erlebt wird.

Für die grundlegende Einführung in das philosophische Denken, viele Auseinandersetzungen, persönliche Gespräche und Tutorien bin ich meinem philosophischen Lehrer Prof. Friedrich A. Uehlein besonders dankbar. Ohne diese gründliche Schulung wäre es mir nie möglich gewesen, das entsprechende Problembewusstsein zu entwickeln.

Viel gelernt über Wissenschaftstheorie habe ich von meinem wissenschaftstheoretischen Lehrer Prof. Erhard Oeser, dessen Gedanken und Anregungen mich sehr inspiriert haben. Prof. Thomas Slunecko hat einige der hier vorgelegten Kapitel sorgfältig korrigiert und kommentiert, wofür ich ihm dankbar bin. Auch wenn er aus Gründen der zeitlichen Belastung nicht als Koautor fungieren wollte, empfinde ich ihn aufgrund seiner Anregungen, Kritik und Bemerkungen als stillen Teilhaber.

Für Einsichten über die Bedeutung und das Wesen der introspektiv-partizipativen Forschungsmethodik bin ich meinem klinischen Lehrer Dr. Theo Glantz (†) dankbar.

Nicht zuletzt möchte ich mich bei einigen Generationen von Freiburger Studierenden bedanken, die meine Vorlesungen mit Aufmerksamkeit verfolgt und mit wohlwollender Kritik bedacht haben, sodass mir die Stärken und Schwächen meines Konzepts klarer bewusst geworden sind. Transkription und Gestaltung des Textes verdanken sich der tatkräftigen und kompetenten Mitarbeit von Andreas Sommer, ohne den es mir nicht möglich gewesen wäre, einen solchen Text inmitten vieler anderer Verpflichtungen zu verfassen.

Die Tatsache, dass ich mir überhaupt den Luxus erlauben kann, mit meinen Forschungsthemen im akademischen Bereich präsent zu sein und obendrein ein solches Buch zu verfassen, ist der großzügigen finanziellen Förderung durch das Samueli-Institut (*www.samueliinstitute.org*) zu verdanken, das mir persönlich und einer Reihe meiner Mitarbeitern die Möglichkeit des wissenschaftlichen Arbeitens gibt. Dafür bin ich den Gründern des Instituts, Henry und Susan Samueli, und seinem Leiter, Dr. Wayne Jonas, aus tiefstem Herzen dankbar. Dem Leiter des Instituts, an dem ich tätig bin, Prof. Dr. Franz Daschner, danke ich für die wissenschaftliche und menschliche Offenheit, mit der er mich und meine Arbeitsgruppe über die letzten Jahre unterstützt und begleitet hat.

Freiburg, im November 2004
Harald Walach

Teil I: Das Wesentliche

1 Was ist Wissenschaft? – oder: Die Detektivgeschichte als Modell für die Wissenschaft

Wissenschaft hat viel mit der Arbeit eines Detektivs gemeinsam. Beide finden ein Ensemble von Fakten vor, die in irgendeinem geheimnisvollen Zusammenhang zu stehen scheinen. Beide suchen sie verbindende Strukturen, die die Fakten erklären, möglicherweise zukünftige Fakten vorhersagen und vielleicht zur Aufklärung eines Rätsels beitragen können. Für den Detektiv ist das Rätsel sein konkreter Fall, für die Wissenschaft die Welt als Ganzes oder ein Teil daraus, den sich ein Wissenschaftler zu bearbeiten ausgesucht hat. Wollen wir anhand einer Detektivgeschichte diese Gemeinsamkeiten etwas genauer unter die Lupe nehmen.

Es handelt sich um eine Geschichte, die der englische Schriftsteller Gilbert Keith Chesterton von seiner Detektivfigur Pater Brown erzählt [2, 3]. Wir geben sie in Auszügen wieder, und wer Lust auf einen kleinen Ausflug in die Welt der Belletristik hat, sei eingeladen, im Folgenden den Originaltext der Geschichte in Auszügen direkt zu verfolgen.

Die Ehre des Israel Gow

Ein stürmischer Abend in Olivgrün und Silber brach an, als Father Brown in einen grauen schottischen Plaid gehüllt an das Ende eines grauen schottischen Tales gelangte und die eigenartige Burg Glengyle erblickte. Sie verschloss das eine Ende der Schlucht oder des Hohlwegs wie eine Sackgasse; und sah aus wie das Ende der Welt ...

Der Priester hatte sich für einen Tag von seinen Geschäften in Glasgow weggestohlen, um seinen Freund Flambeau zu treffen, den Amateurdetektiv, der auf Burg Glengyle gemeinsam mit einem anderen offizielleren Beamten Leben und Tod des verblichenen Earl of Glengyle untersuchte ... Während vieler Jahrhunderte hatte es niemals einen redlichen Herrn auf Burg Glengyle gegeben; und als das viktorianische Zeitalter anbrach, hätte man meinen sollen, dass alle Exzentrizitäten erschöpft seien. Der letzte derer von Glengyle aber wurde den Traditionen seines Stammes dergestalt gerecht, dass er das einzige tat, was ihm zu tun übrig geblieben war: Er verschwand. Damit meine ich nicht, dass er ins Ausland ging; allen Berichten zufolge befand er sich immer noch in der Burg, wenn er sich überhaupt noch irgendwo befand. Aber obwohl sich sein Name im Kirchenbuch befand und im Register des Hochadels, hat niemand ihn je unter der Sonne gesehen.

Falls überhaupt jemand ihn sah, war es ein einsamer Diener, ein Mittelding zwischen Stallknecht und Gärtner. Er war so taub, dass die Geschäftsmäßigeren ihn für stumm hielten, während die Tieferblickenden ihn für schwachsinnig erklärten. Ein hagerer rothaariger Arbeiter, mit mächtigem Kiefer und Kinn und ausdruckslosen Augen; er hörte auf den Namen Israel Gow und war der einzige, schweigende Dienstbote auf jenem verlassenen Besitz. Aber die Energie, mit der er Kartoffeln ausbuddelte, und die Regelmäßigkeit, mit der er in der Küche verschwand, vermittelten den Leuten den Eindruck, dass er für die Mahlzeiten eines Höhergestellten sorgte und dass der merkwürdige Earl sich immer noch in der Burg barg. Und wenn die Gesellschaft noch eines weiteren Beweises bedurft hätte, dass er sich dort aufhielt, so reichte die hartnäckige Behauptung der Dienstboten, dass er nicht zu Hause sei.

Eines Morgens wurden der Ortsvorsteher und der Prediger (denn die Glengyles waren Presbyterianer) auf die Burg gerufen. Dort stellten sie fest, dass der Gärtner, Stallknecht und Koch seinen vielen Berufen noch den weiteren eines Leichenbestatters hinzugefügt und seinen noblen Herrn in seinen Sarg genagelt hatte. Wie viele oder wie wenige weitere Untersuchungen diese eigenartige Tatsache begleiteten, war bisher noch nicht klar erkennbar; denn der Vorgang war nie juristisch untersucht worden, bis Flambeau vor zwei oder drei Tagen in den Norden gekommen war. Da aber ruhte der Leichnam von Lord Glengyle (wenn es denn sein Leichnam war) bereits seit einiger Zeit in dem kleinen Friedhof auf dem Hügel.

Als Father Brown den dunklen Garten durchschritt und in den Schatten der Burg geriet, waren die Wolken schwer und die Luft feucht und gewitterschwül. Vor dem letzten Streifen des grün-goldenen Sonnenuntergangs sah er eine schwarze menschliche Silhouette; einen Mann mit einer Angströhre, der einen großen Spaten geschultert hatte. Diese Zusammenstellung erinnerte merkwürdig an einen Totengräber; als Brown sich aber an den stummen Knecht erinnerte, der Kartoffeln ausgrub, fand er es natürlich genug. Er wusste einiges über den schottischen Bauern; er wusste von seiner Achtbarkeit, die es verlangen mochte, zu einer amtlichen Untersuchung „schwarz“ zu tragen; er wusste auch von der Sparsamkeit, die deswegen keine Stunde lang das Graben verlieren würde. Sogar das Stutzen des Mannes und sein misstrauisches Starren, als der Priester vorbeiging, entsprachen der Wachsamkeit und dem Argwohn dieses Menschenschlags.

Flambeau selbst, der in Begleitung eines mageren Mannes mit stahlgrauen Haaren und Papieren in den Händen war, Inspektor Craven von Scotland Yard, öffnete ihm die große Tür. Die Eingangshalle war größtenteils kahl und leer; aber die fahlen höhnischen Gesichter von einem oder zwei der verruchten Ogilvies blickten herab aus schwarzen Perücken und sich schwärzenden Leinwänden.

Als Father Brown den Verbündeten in einen der inneren Räume folgte, sah er, dass sie an einem langen Eichentisch gesessen hatten, davon ihr Ende mit beschriebenen Papieren bedeckt war, flankiert von Whisky und Zigarren. Die gesamte übrige Fläche war bedeckt mit einzelnen Gegenständen, die in Abständen angeordnet waren; so unerklärlichen Gegenständen, wie Gegenstände nur sein können. Ein Gegenstand sah aus wie ein kleines Häufchen glitzernden zerbrochenen Glases. Ein anderer sah aus wie ein hoher Haufen braunen Staubes. Ein dritter schien ein einfacher Holzstock zu sein.

„Sie scheinen hier eine Art von geologischem Museum zu haben“, sagte er, als er sich niederließ, und ruckte mit dem Kopf kurz in die Richtung des braunen Staubes und der kristallinen Bruchstücke.

„Kein geologisches Museum“, erwiderte Flambeau; „sagen Sie lieber ein psychologisches Museum.“

„Oh, um Gottes willen“, rief der Polizeidetektiv lachend, „wir wollen doch erst gar nicht mit so langen Wörtern anfangen.“

„Wissen Sie denn nicht, was Psychologie bedeutet?“ fragte Flambeau mit freundlichem Erstaunen. „Psychologie bedeutet, es rappelt im Karton.“

„Ich kann immer noch nicht ganz folgen“, erwiderte der Beamte.

„Na schön“, sagte Flambeau entschieden; „was ich meine ist, dass wir über Lord Glengyle nur eines herausgefunden haben. Er war irre.“

Die schwarze Silhouette von Gow mit Zylinder und Spaten glitt, undeutlich gegen den dunkelnden Himmel umrissen, am Fenster vorbei. Father Brown starrte sie unbewegt an und antwortete:

„Ich kann ja verstehen, dass da irgendwas Sonderbares um den Mann war, denn sonst hätte er sich nicht lebendig begraben – und auch nicht so eine Eile gehabt, sich tot begraben zu lassen. Aber was lässt Sie denken, er wäre ein Irrsinniger gewesen?“

„Na gut“, sagte Flambeau; „dann hören Sie sich nur mal die Liste der Gegenstände an, die Craven im Haus gefunden hat.“

„Dazu brauchen wir eine Kerze", sagte Craven plötzlich. „Ein Sturm kommt auf, und es ist schon zu dunkel zum Lesen."

„Haben Sie unter Ihren Sonderbarkeiten", fragte Brown lächelnd, „irgendwelche Kerzen gefunden?"

Flambeau hob sein ernstes Gesicht und richtete seine dunklen Augen auf den Freund.

„Das ist auch seltsam", sagte er. „25 Kerzen und keine Spur von einem Kerzenhalter."

In dem sich schnell verdunkelnden Zimmer ging Brown bei dem sich schnell verstärkenden Wind am Tisch entlang da hin, wo ein Bündel Wachskerzen zwischen den anderen Ausstellungsbruchstücken lag. Dabei beugte er sich zufällig über den Haufen rotbraunen Staubes; und ein scharfes Niesen zerbrach die Stille.

„Hallo!" sagte er. „Schnupftabak!"

Er nahm eine der Kerzen, zündete sie sorgfältig an, kam zurück und steckte sie in den Hals der Whiskyflasche. Die unruhige Nachtluft, die durch das zerbrochene Fenster fuhr, ließ die lange Kerzenflamme wie ein Banner wehen. Und rings um die Burg konnte man die schwarzen Föhren Meilen über Meilen wie eine schwarze See um den Felsen rauschen hören.

„Ich will das Verzeichnis verlesen", begann Craven ernst und hob eines der Papiere auf, „ein Verzeichnis von dem, was wir zusammenhanglos und unerklärlich in der Burg fanden. Sie müssen wissen, dass die Burg fast ausgeräumt und vernachlässigt ist; ein oder zwei Räume sind aber von jemandem in einem einfachen aber keineswegs ärmlichen Stil bewohnt worden; jemand, der nicht der Knecht Gow war. Hier ist die Liste:

Erstens. Ein sehr beachtlicher Hort wertvoller Steine, fast alles Diamanten, und alle lose, ohne jede Fassung. Selbstverständlich ist es nur natürlich, dass die Ogilvies Familienschmuck besaßen; nun sind dies genau die Schmucksteine, die fast immer in besondere Fassungen eingesetzt werden. Die Ogilvies aber scheinen sie lose wie Kupfermünzen in den Taschen getragen zu haben.

Zweitens. Haufen über Haufen loser Schnupftabak, nicht etwa in einer Büchse oder auch nur in einem Beutel, sondern in losen Haufen auf den Wandsimsen, auf der Anrichte, auf dem Piano, überall. Es hat den Anschein, als ob der alte Herr sich nicht die Mühe machen wollte, in einer Tasche zu suchen oder einen Deckel aufzuklappen.

Drittens. Hier und da im Haus sonderbare kleine Häufchen aus winzigen Metallteilen, manche in der Form von Stahlfedern und andere in der von mikroskopischen Rädchen. Als ob man irgendein mechanisches Spielzeug auseinandergenommen hätte.

Viertens. Die Wachskerzen, die man in Flaschenhälse stecken muss, weil nichts anderes da ist, sie hineinzustecken.

Nun bitte ich Sie zu beachten, wie viel sonderbarer all dieses ist als das, was wir erwartet haben. Auf das Haupträtsel waren wir vorbereitet; wir haben alle auf den ersten Blick gesehen, dass mit dem letzten Earl irgend etwas nicht in Ordnung war. Wir kamen hierher, um herauszufinden, ob er wirklich hier lebte, ob er wirklich hier starb, ob jene rothaarige Vogelscheuche, die ihn begrub, etwas damit zu tun hat, dass er starb. Stellen Sie sich vor, der Diener tötete wirklich den Herrn, oder stellen Sie sich vor, der Herr ist nicht wirklich tot, oder stellen Sie sich den Herrn als Diener verkleidet vor, oder stellen Sie sich den Diener an der Stelle des Herrn begraben vor; erfinden Sie sich welche Tragödie auch immer im Stil von Wilkie Collins, aber dann haben Sie immer noch nicht eine Kerze ohne Kerzenhalter erklärt, oder warum ein älterer Herr aus gutem Hause gewohnheitsmäßig Schnupftabak auf dem Piano verstreuen sollte. *Den Kern der Geschichte können wir uns vorstellen; es sind die Ränder, die rätselvoll sind* (Hervorhebung durch den Autor). Selbst die wildeste Fantasie des menschlichen Geistes kann Schnupftabak und Diamanten und Wachs und loses Uhrwerk nicht miteinander verbinden."

„Ich glaube, ich sehe die Verbindung", sagte der Priester. „Dieser Glengyle hasste die Französische Revolution. Er war begeisterter Anhänger des *ancien régime*, und deshalb versuchte er, das Familienleben der letzten Bourbonen buchstäblich nachzuspielen. Er hatte Schnupftabak, denn das war der Luxus des 18. Jahrhunderts; Wachskerzen, denn sie waren die Beleuchtung des 18. Jahrhunderts; die mechanischen Eisenstückchen stellen die Uhrmacherei von Ludwig XVI. dar; die Diamanten sind für das Halsband Marie Antoinettes bestimmt."

Die beiden anderen Männer starrten ihn mit aufgerissenen Augen an. „Welch eine vollkommen ungewöhnliche Idee!" rief Flambeau. „Glauben Sie wirklich, dass das die Wahrheit ist?"

„Ich bin absolut sicher, dass sie das nicht ist", antwortete Father Brown, „nur sagten Sie, dass niemand Schnupftabak und Diamanten und Uhrwerk und Kerzen in eine Beziehung bringen könnte. Ich habe Ihnen eine solche Beziehung aus dem Ärmel geschüttelt. Die wirkliche Wahrheit liegt mit Sicherheit tiefer."

Er schwieg einen Augenblick und lauschte dem Heulen des Windes um die Türme. Dann sagte er: „Der verblichene Earl of Glengyle war ein Dieb. Er lebte ein zweites und dunkleres Leben als ein zu allem entschlossener Einbrecher. Er hatte keine Kerzenhalter, weil er die Kerzen nur kurzgeschnitten in seinen Laternen verwendete. Den Schnupftabak verwendete er wie die wildesten französischen Verbrecher den Pfeffer: um ihn plötzlich in großen Mengen einem Häscher oder Verfolger ins Gesicht zu schleudern. Der letzte Beweis aber ist das eigenartige Zusammentreffen von Diamanten und kleinen Stahlrädern. Damit wird Ihnen doch wohl alles klar? Diamanten und kleine Stahlräder sind die beiden einzigen Instrumente, mit denen man eine Glasscheibe ausschneiden kann."

Der Zweig einer geknickten Föhre peitschte im Sturm schwer gegen die Fensterscheibe hinter ihnen, wie eine Parodie auf einen Einbrecher, aber sie sahen sich nicht um. Ihre Augen hafteten an Father Brown.

„Diamanten und kleine Räder", wiederholte Craven nachdenklich. „Ist das alles, was Sie denken lässt, das wäre die richtige Erklärung?"

„Ich glaube nicht, dass das die richtige Erklärung ist", erwiderte der Priester gelassen; „aber Sie haben behauptet, niemand könne diese vier Dinge miteinander verbinden. Die wirkliche Geschichte ist natürlich viel langweiliger. Glengyle fand wertvolle Steine auf seinem Besitz, oder glaubte es wenigstens. Jemand hat ihn mit diesen losen Diamanten getäuscht und behauptet, man habe sie in den Burgkellern gefunden. Die kleinen Räder sind irgendein Diamantenscheidegerät. Er konnte die Sache nur sehr grob und in kleinem Maßstab durchführen, mit der Hilfe einiger Schäfer oder anderer rauer Burschen aus diesen Hügeln. Schnupftabak ist der einzige große Luxus dieser schottischen Schäfer; er ist der einzige Stoff, mit dem man sie bestechen kann. Sie hatten keine Kerzenhalter, weil sie keine brauchten; sie hielten die Kerzen in den eigenen Händen, wenn sie die Burghöhlen durchforschten."

„Und das ist alles?" fragte Flambeau nach einer langen Pause. „Sind wir damit endlich an die nüchterne Wahrheit geraten?"

„O nein", sagte Father Brown.

Als der Wind in den fernsten Föhren mit einem langen spöttischen Heulen erstarb, fuhr Father Brown mit völlig unbewegtem Gesicht fort:

„Ich habe das nur vorgebracht, weil Sie behaupteten, niemand könne glaubwürdig Schnupftabak mit Uhrwerken oder Kerzen mit Edelsteinen verbinden. *Zehn falsche Philosophien passen aufs Universum; zehn falsche Theorien passen auf Burg Glengyle. Wir aber wollen die wirkliche Erklärung für Burg und All* (Hervorhebung durch den Autor). Gibt es keine anderen Beweisstücke?"

Craven lachte, und Flambeau stand lächelnd auf und wanderte den langen Tisch entlang.

„Fünftens, sechstens, siebtens usw.", sagte er, „sind bei weitem vielfältiger als erhellend. Eine sonderbare Sammlung nicht von Bleistiften, sondern von Bleiminen aus Bleistiften. Ein sinnloser Bambusstock mit einem ziemlich gesplitterten Ende. Der könnte das Instrument des Verbrechens sein. Nur gibt es kein Verbrechen. Die einzigen anderen Gegenstände sind einige alte Messbücher und kleine katholische Bilder, die die Ogilvies wohl seit dem Mittelalter aufgehoben haben – ihr Familienstolz war eben stärker als ihr Puritanismus. Wir haben sie nur deshalb ins Museum aufgenommen, weil sie seltsam zerschnitten und entstellt sind."

Der ungestüme Sturm draußen trieb schauerliche Wolkenwracks über Glengyle dahin und stürzte den langen Raum in Dunkelheit, als Father Brown die kleinen illuminierten

Seiten aufnahm, um sie zu untersuchen. Er sprach, bevor der Zug der Dunkelheit vorüber war; aber es war die Stimme eines völlig neuen Mannes.

„Mr. Craven", sagte er, und sprach wie ein zehn Jahre jüngerer Mann, „Sie haben doch eine gesetzliche Vollmacht, hinzugehen und das Grab zu untersuchen, oder? Je eher wir das tun, um so besser, damit wir dieser scheußlichen Geschichte auf den Grund kommen. Wenn ich Sie wäre, würde ich jetzt gehen."

„Jetzt", wiederholte der überraschte Detektiv, „und warum jetzt?"

„Weil dies ernst ist", antwortete Brown; „hier geht es nicht mehr um verschütteten Schnupftabak oder lose Kiesel, die aus hunderterlei Gründen umherliegen können. Ich kenne nur einen Grund dafür, dass *das* gemacht wird; und dieser Grund reicht hinab bis an die Wurzeln der Welt. Diese religiösen Bilder sind nicht einfach beschmutzt oder zerrissen oder verkritzelt, wie das aus Müßigkeit oder Bigotterie geschehen kann, durch Kinder oder durch Protestanten. Diese wurden sehr sorgfältig behandelt – und sehr eigenartig. Überall da, wo der große verzierte Eigenname Gottes in diesen alten Illuminationen vorkommt, ist er sehr sorgsam herausgeschnitten worden. Das einzige andere, was herausgeschnitten wurde, ist der Heiligenschein um den Kopf des Jesuskindes. Deshalb sage ich: Nehmen wir unsere Vollmacht und unseren Spaten und unsere Hacke und gehen hinauf und öffnen den Sarg."

„Was genau meinen Sie?" fragte der Londoner Beamte.

„Ich meine", antwortete der kleine Priester, und seine Stimme schien im Röhren des Sturmes lauter zu werden, „ich meine, dass der große Teufel des Universums vielleicht gerade jetzt oben auf dem höchsten Turm dieser Burg hockt, gewaltig groß wie hundert Elefanten und brüllend wie die Apokalypse. Irgendwo auf dem Grund dieses Falles ist schwarze Magie."

„Schwarze Magie", wiederholte Flambeau mit leiser Stimme, denn er war zu aufgeklärt, als dass er nicht von diesen Dingen gewusst hätte; „was aber können diese anderen Dinge bedeuten?"

„Oh, sicherlich irgend etwas Verdammungswürdiges, vermute ich", sagte Brown ungeduldig. „Woher soll ich das wissen? Wie sollte ich denn all ihre Irrwege hienieden erraten können? Vielleicht kann man aus Schnupftabak und Bambusrohr ein Folterinstrument machen. Vielleicht gieren Wahnsinnige nach Wachs und Stahlspänen. Vielleicht kann man aus Bleistiftminen eine Wahnsinn-Droge herstellen! Unser kürzester Weg in dieses Geheimnis ist der den Hügel hinauf zum Grab."

Seine Gefährten merkten kaum, dass sie gehorchten, und folgten ihm, bis eine Bö des Nachtwindes sie im Garten fast auf ihre Gesichter niederwarf. Und dennoch hatten sie ihm wie Automaten gehorcht; denn Craven fand ein Beil in seiner Hand und die Vollmacht in seiner Tasche; Flambeau trug den schweren Spaten des seltsamen Gärtners; Father Brown trug das kleine goldene Buch, aus dem der Name Gottes gerissen war.

Der Pfad hügelan zum Friedhof war gewunden, doch kurz; nur im Druck des Windes erschien er mühsam und lang. So weit das Auge blicken konnte, und weiter und weiter, je höher sie am Hang hochstiegen, wogten Meere und Meere von Föhren, die nun unterm Wind sich alle in eine Richtung bogen...

„Wissen Sie", sagte Father Brown mit leiser, aber entspannter Stimme, „die Schotten waren, schon ehe es Schottland gab, ein sonderbares Volk. Eigentlich sind sie immer noch ein sonderbares Volk. Aber in prähistorischen Zeiten haben sie wohl tatsächlich Dämonen verehrt. Und deshalb", fügte er freundlich hinzu, „sagt ihnen auch die puritanische Theologie so zu."

„Mein Freund", fragte Flambeau und wandte sich fast zornig um, „was bedeutet denn all dieser Schnupftabak?"

„Mein Freund", erwiderte Brown mit gleicher Ernsthaftigkeit, „alle echten Religionen kennzeichnet eines: ihr Materialismus. Und Teufelsanbetung ist eine wahrlich echte Religion."

Sie hatten das grasige Haupt des Hügels erreicht, eine der wenigen kahlen Stellen, die sich aus dem krachenden und röhrenden Föhrenwald erhoben. Ein billiger Zaun, teils aus Holz und teils aus Draht, klapperte im Sturm und wies ihnen die Grenze des Friedhofs. Als aber Inspektor Craven endlich die Ecke des Grabes erreicht und Flambeau seinen Spaten, Spitze nach unten, abgesetzt und sich darauf gestützt hatte, waren sie beide fast ebenso wackelig wie der wackelige Zaun aus Holz und Draht. Zu Füßen des Grabes wuchsen große hohe Disteln, grau und silbern in ihrem Verfall. Manchmal, wenn sich ein Ball aus Distelwolle im Winddruck löste und an ihm vorbeiflog, zuckte Craven zusammen, als wäre es ein Pfeil.

Flambeau trieb das Blatt seines Spatens durch das zischelnde Gras in die nasse Erde darunter. Dann schien er innezuhalten und sich darauf zu stützen wie auf einen Stab.

„Weiter“, sagte der Priester sehr sanft. „Wir versuchen nur, die Wahrheit herauszufinden. Wovor haben Sie Angst?“

„Davor, sie zu finden“, sagte Flambeau.

Der Londoner Detektiv sprach plötzlich mit einer hohen krähenden Stimme, die eine fröhliche Gesprächsstimme sein sollte. „Ich frage mich, warum er sich wirklich so versteckt hat. Irgendwas Übles, nehme ich an; war er ein Aussätziger?“

„Schlimmer als das“, sagte Flambeau.

Er grub während einiger scheußlicher Minuten schweigend weiter und sagte dann mit erstickter Stimme: „Ich fürchte, der hier hat nicht die richtige Form.“ ...

Flambeau grub in blindem Eifer weiter. Aber der Sturm hatte die erstickenden grauen Wolken beiseite geschoben, die an den Hügeln hingen wie Rauch, und graue Felder schwachen Sternenlichtes enthüllt, ehe Flambeau den Umriss eines rohen Holzsargs freigelegt und den irgendwo auf den Rasen gekippt hatte. Craven trat mit seiner Axt hervor; eine Distelspitze berührte ihn, und er fuhr zusammen. Dann trat er entschlossener vor und hackte und hebelte mit ebensolchem Eifer wie Flambeau drauflos, bis der Deckel abgesprengt war und alles, was da war, schimmernd im grauen Sternenlicht lag.

„Knochen“, sagte Craven, und dann fügte er hinzu: „aber das ist ja ein Mann“, als ob das etwas Unerwartetes wäre.

„Ist er“, fragte Flambeau mit einer Stimme, die seltsam auf und nieder schwankte, „ist er in Ordnung?“

„Scheint so“, sagte der Beamte heiser und beugte sich über das undeutliche verfaulende Skelett in der Kiste. „Einen Augenblick.“

Ein mächtiger Schauder überlief Flambeaus riesige Gestalt. „Wenn ich jetzt darüber nachdenke“, schrie er, „warum im Namen des Wahnsinns sollte er nicht in Ordnung sein? Was packt einen Mann in diesen verfluchten kalten Bergen? Ich glaube, das ist die schwarze hirnlose Gleichförmigkeit; all diese Wälder, und über allem das uralte Grauen des Unbewussten. Das ist wie der Traum eines Atheisten. Föhren und noch mehr Föhren und millionenmal mehr Föhren –“

„Um Gottes Willen!“ schrie der Mann am Sarg. „Er hat ja keinen Kopf.“

Während die anderen erstarrten, zeigte der Priester zum ersten Mal das Zusammenzukken der Betroffenheit.

„Keinen Kopf!“ wiederholte er. *„Keinen Kopf?“*, als hätte er eher irgendeinen anderen Mangel erwartet.

Halbverrückte Vorstellungen von einem kopflosen Säugling, geboren zu Glengyle, von einem kopflosen Jüngling, der sich in der Burg verbarg, von einem kopflosen Mann, der jene alten Hallen oder jenen üppigen Garten durchschritt, zogen wie ein Panorama durch ihren Sinn. Aber nicht einmal in diesem erstarrten Augenblick schlug diese Sage Wurzeln in ihnen und schien auch keinen Sinn zu ergeben. Sie standen und lauschten den lauten Wäldern und dem heulenden Himmel, töricht wie erschöpfte Tiere. Denken schien etwas Ungeheures zu sein, das plötzlich ihrem Zugriff entschlüpft war.

„Da stehen also drei kopflose Männer“, sagte Father Brown, „rund um das offene Grab.“

Der blasse Detektiv aus London öffnete den Mund, um zu reden, und ließ ihn wie ein Dorftrottel offenstehen, während ein langgezogener Schrei des Windes den Himmel zerriss; dann blickte er auf die Axt in seinen Händen, als ob sie nicht zu ihm gehöre, und ließ sie fallen.

„Father“, sagte Flambeau mit jener kindlichen, ernsten Stimme, die er nur selten benutzte, „was sollen wir tun?“

Die Antwort seines Freundes kam mit der explosiven Promptheit eines gelösten Schusses.

„Schlafen!“ rief Father Brown. „Schlafen. Wir haben das Ende des Weges erreicht. Wisst ihr, was Schlaf ist? Wisst ihr, dass jeder Mensch, der schläft, an Gott glaubt? Schlaf ist ein Sakrament; denn er ist ein Akt des Glaubens und er ist Nahrung. Und wir brauchen ein Sakrament, auch wenn es nur ein natürliches ist. Uns ist widerfahren, was Menschen sehr selten widerfährt; vielleicht das Schlimmste, was ihnen widerfahren kann.“

Cravens geöffnete Lippen näherten sich einander, um zu fragen: „Was meinen Sie?“

Der Priester wandte sein Gesicht der Burg zu, als er antwortete: „Wir haben die Wahrheit gefunden; und die Wahrheit ergibt keinen Sinn.“

Er schritt ihnen voraus den Pfad hinab mit einem stürmischen und rücksichtslosen Schritt, der an ihm sehr selten war, und als sie die Burg erreicht hatten, warf er sich mit der Unschuld eines Hundes in den Schlaf.

Trotz seines mystischen Lobgesangs auf den Schlummer war Father Brown eher auf als alle anderen, mit Ausnahme des schweigsamen Gärtners; und ward aufgefunden, wie er eine große Pfeife schmauchte und jenen Fachmann bei seiner wortlosen Arbeit im Küchengarten beobachtete. Gegen Tagesanbruch hatte der rüttelnde Sturm im rauschenden Regen geendet, und der Tag kam mit eigenartiger Frische. Der Gärtner schien sogar gesprochen zu haben, aber beim Anblick der Detektive pflanzte er seinen Spaten mürrisch in ein Beet, sagte irgendwas über sein Frühstück, schlurfte die Kohlkopfreihen entlang und schloss sich in der Küche ein: „Ein wertvoller Mensch, das“, sagte Father Brown. „Er pflegt die Kartoffeln ganz erstaunlich. Aber“, fügte er mit leidenschaftsloser Nachsicht hinzu, „er hat seine Fehler; wer von uns hat die nicht? Er hat dieses Beet nicht ganz regelmäßig umgegraben. Da zum Beispiel“, und er stampfte plötzlich auf eine Stelle. „Wegen dieser Kartoffel habe ich wirklich meine Bedenken.“

„Und warum?“ fragte Craven, den das neue Steckenpferd des kleinen Mannes erheiterte.

„Ich habe meine Bedenken“, sagte der andere, „weil der alte Gow selbst seine Bedenken hatte. Er stach mit seinem Spaten methodisch in jede Stelle bis auf diese. Also muss genau hier eine mächtig feine Kartoffel stecken.“

Flambeau zog den Spaten heraus und trieb ihn ungestüm in die Stelle hinein. Er hob mit einer Ladung Erde etwas heraus, das nicht wie eine Kartoffel aussah, sondern eher wie ein monströser Pilz mit übergroßem Hut. Aber es traf den Spaten mit einem kalten Klicken; es rollte dahin wie ein Ball und grinste zu ihnen auf.

„Der Earl of Glengyle“, sagte Brown traurig und blickte bedrückt auf den Schädel hinab.

Dann, nach einem Augenblick des Nachdenkens, nahm er Flambeau den Spaten weg und sagte: „Wir müssen ihn wieder verstecken“, und packte ihn in die Erde. Danach stützte er seinen kleinen Körper mit dem mächtigen Kopf auf den großen Griff des Spatens, der fest in der Erde stak, und seine Augen waren leer und seine Stirn war voller Falten. „Wenn man nur“, murmelte er, „die Bedeutung dieser letzten Monstrosität begreifen könnte.“ Und indem er sich über den großen Spatengriff lehnte, verbarg er seinen Kopf in den Händen, wie man das in der Kirche tut.

Der Himmel leuchtete an allen Ecken in Blau und Silber auf; die Vögel zwitscherten in den winzigen Gartenbäumen; das schien so laut, als sprächen die Bäume selber. Aber die drei Männer waren schweigsam genug.

„Na, ich jedenfalls geb's auf“, sagte Flambeau schließlich heftig. „Mein Gehirn und diese Welt passen nicht zusammen; und das ist alles. Schnupftabak, zerstörte Gebetbücher und das Innere von Musikautomaten – was –“

Brown warf seine zerquälte Stirn zurück und pochte mit einer für ihn sehr ungewöhnlichen Unduldsamkeit auf den Spatengriff. „O pah, pah, pah!“ rief er. „Das alles ist so klar wie Kloßbrühe. Ich habe den Schnupftabak und all das Uhrwerk und all das abgegriffen, als ich heute morgen die Augen aufschlug. Und danach hab ich das mit dem alten Gow geklärt, dem Gärtner, der weder so stumm noch so dumm ist, wie er zu sein vorgibt. Bei den losen

Dingen fehlt nichts. Und beim zerrissenen Messbuch hab ich mich auch geirrt; da ist nichts Schlimmes. Aber diese letzte Angelegenheit. Gräber zu schänden und toter Männer Köpfe zu stehlen – da steckt doch sicherlich Schlimmes drin? Da steckt doch sicher schwarze Magie drin? Das passt doch nicht in die einfache Geschichte vom Schnupftabak und den Kerzen." Und wieder schritt er auf und ab und rauchte mürrisch.

„Mein Freund", sagte Flambeau mit grimmem Humor, „Sie müssen mit mir vorsichtig umgehen und sich daran erinnern, dass ich einstmals Verbrecher war. Der große Vorteil jenes Zustandes war, dass ich die Geschichte immer selbst entwarf und sie so schnell spielte, wie es mir gefiel. Dieses Herumlungern, wie es das Geschäft des Detektivs verlangt, ist für meine französische Ungeduld zuviel. Während meines ganzen Lebens habe ich, gut oder nicht, alles sofort erledigt; ich habe meine Duelle immer am nächsten Morgen gefochten; ich habe meine Rechnungen immer pünktlich bezahlt; ich habe nicht mal einen Besuch beim Zahnarzt aufgeschoben –"

Father Brown fiel die Pfeife aus dem Mund und zerbrach auf dem Kiesweg in drei Stükke. Er stand da und rollte mit den Augen, das wahre Abbild eines Schwachsinnigen. „Gott, was bin ich für ein Dummkopf!" wiederholte er immer wieder. „Gott, was für ein Dummkopf!" Dann begann er in einer fast trunkenen Weise zu lachen.

„Der Zahnarzt!" wiederholte er. „Sechs Stunden im geistigen Abgrund, und alles nur, weil ich nie an den Zahnarzt gedacht habe! So ein einfacher, so ein schöner und friedvoller Gedanke! Freunde, wir haben die Nacht in der Hölle verbracht; aber jetzt ist die Sonne aufgegangen, die Vögel jubilieren, und der strahlende Umriss des Zahnarztes tröstet die Welt."

„Und ich werde den Sinn herauskriegen", schrie Flambeau und stürmte vor, „selbst wenn ich die Foltern der Inquisition anwenden muss."

Halten wir an dieser Stelle inne und spielen für einen Moment den Detektiv. Welches ist das Rätsel und wie lässt es sich lösen? (Für die Ungeduldigen: Die Lösung und das Ende der Geschichte folgt sogleich; wir raten aber davon ab, die Unsitte, eine Detektivgeschichte von hinten zu lesen, an dieser Stelle greifen zu lassen.)

Folgendes sind die Fakten: Der Schlossherr Earl of Glengyle ist gestorben. Es gibt eine seltsame Gestalt, den Diener Israel Gow, der sich ausgesprochen merkwürdig verhält. Im Schloss finden sich verschiedene Gegenstände: Lose Diamanten, Kerzen ohne Halter, Uhrräder ohne Gehäuse, Schnupftabak, verschiedene Stökke ohne Knauf, Bleistiftminen. Es gibt auch veränderte Gegenstände: Bilder ohne Heiligenschein, eine Leiche ohne Kopf, und schließlich den abgetrennten Kopf der Leiche, vergraben im Gemüsegarten. Gesucht wird nun ein theoretisches Modell, eine verbindende Theorie, die all diese Gegenstände und all diese Fakten so miteinander verknüpft, dass sie ein sinnvolles Ganzes ergeben, ohne dass eines der Elemente vernachlässigt ist. Pater Brown und seine Kollegen geben in seiner Geschichte selber mehrere mögliche Theorien zum Besten.

Theorie Nr. 1: Der Schlossherr ist ein Liebhaber des *ancien régime*. Während verschiedene Dinge wie Diamanten, Kerzen und Schnupftabak noch dazu passen mögen, sind andere Gegenstände, z. B. die Bilder ohne Heiligenschein, schwer mit dieser Theorie vereinbar. Also schreiten wir weiter:

Theorie Nr. 2: Der alte Earl of Glengyle war ein Dieb. Das würde erklären, warum sich so viele Diamanten, Kerzen und vielleicht noch Uhrräder finden, aber wiederum würden andere Elemente nicht zu diesem Modell passen.

Theorie Nr. 3: Schwarze Magie. Sie scheint für Pater Brown diejenige Theorie zu sein, die am besten passt. Sie erklärt auch in der Tat fast alle Elemente der vorgefundenen Geschichte schlüssig. Die Frage ist, ob sie stimmt. Und diese Theorie lehrt uns auch sogleich sehr vieles über die Tücken der wissenschaftlichen Theoriebildung. Obwohl die Theorie alle Daten und alle Elemente, die wir vorfinden, einigermaßen gut und schlüssig miteinander in Verbindung bringen kann, ist sie doch nicht die beste aller möglichen Theorien, weil sie zu kompliziert ist (abgesehen davon, dass sie falsch ist, wie sich später herausstellen wird). Sie ist zu kompliziert, weil sie sehr viele Annahmen macht, die nicht mit den Fakten übereinstimmen. Außerdem nimmt sie Zuflucht zu einigen Elementen, die nicht von den Fakten abgedeckt werden, und ist deshalb als Theorie zu komplex. In der Wissenschaft spricht man davon, dass Theorien möglichst sparsam sein sollen. Dafür hat sich das Wort von „Ockhams Rasiermesser“ eingebürgert. Was dies genau bedeutet, werden wir im Kapitel über Ockham und das Mittelalter erläutern. Hier sei so viel verraten, dass möglichst wenig auf theoretische Strukturen zurückgegriffen werden soll, die nicht überprüfbar oder im Rahmen des Vorgefundenen nicht belegbar sind.

Pater Brown verwirft dann also auch all diese möglichen aber falschen Theorien mit dem folgenschweren und bemerkenswerten Satz *„Zehn falsche Philosophien passen aufs Universum; zehn falsche Theorien passen auf Burg Glengyle.“* Die Frage ist, welche Theorie ist die richtige?

Die richtige Theorie ist wie gesagt die, welche
a) alle vorgefundenen Fakten
b) möglichst schlüssig,
c) möglichst sparsam, und
d) möglichst durch Erfahrung oder Überprüfung an der Wirklichkeit erklären kann.

Hören wir die Geschichte weiter, um zu sehen, welche Theorie nun die richtige ist.

Father Brown unterdrückte, was eine momentane Neigung zu sein schien, auf dem jetzt sonnenbestrahlten Rasen zu tanzen, und rief Mitleid erheischend wie ein Kind: „Ach lasst mich doch ein bisschen albern sein. Ihr wisst nicht, wie unglücklich ich war. Und jetzt weiß ich, dass es in dieser Geschichte überhaupt keine schwere Sünde gibt. Nur ein bisschen Verrücktheit, vielleicht – und wen stört das schon?“
Er wirbelte einmal herum und sah sie dann ernsthaft an.
„Dies ist nicht die Geschichte eines Verbrechens“, sagte er; „es ist vielmehr die Geschichte einer sonderbaren und verdrehten Redlichkeit. Wir haben es mit dem vermutlich einzigen Mann auf Erden zu tun, der nicht mehr genommen hat, als ihm zustand. Dies ist eine Studie der wilden Lebenslogik, die immer schon die Religion seiner Rasse war.
Jener alte Spruch der Gegend über das Haus der Glengyle

Was grüner Saft für das Wachsen der Bäume
War rotes Gold für der Ogilvies Träume

ist ebenso wörtlich gemeint wie bildlich. Er bedeutet nicht nur, dass die Glengyles nach Reichtum trachteten; es war ebenso wahr, dass sie buchstäblich Gold horteten; sie besaßen eine große Sammlung von Schmuck und Gerätschaften aus diesem Metall. Sie waren tatsächlich Geizhälse, deren Wahn diese Form annahm. Nun gehen Sie im Lichte dieser Tatsache einmal all die Dinge durch, die wir in der Burg gefunden haben. Diamanten ohne ihren goldenen Ring; Kerzen ohne ihre goldenen Kerzenhalter; Schnupftabak ohne goldene Schnupftabakdosen; Bleistiftminen ohne die goldenen Stifte; einen Spazierstock ohne seinen goldenen Knauf; Uhrwerke ohne ihre goldenen Uhren – oder besser Taschenuhren. Und wie verrückt es auch klingt, weil die Heiligenscheine und der Name Gottes in den alten Messbüchern aus reinem Gold waren, wurden auch sie entfernt."

Der Garten schien heller zu werden, das Gras fröhlicher in der stärkenden Sonne zu wachsen, als die verrückte Wahrheit erzählt war. Flambeau zündete sich eine Zigarette an, als sein Freund fortfuhr.

„Wurden entfernt", berichtete Father Brown weiter, „wurden entfernt – aber nicht gestohlen. Diebe hätten dieses Geheimnis nie ungelüftet gelassen. Diebe hätten die goldenen Schnupftabakdosen, den Schnupftabak und alles geklaut; die goldenen Stifte, die Bleistiftminen und alles. Wir haben es mit einem Menschen zu tun, der ein eigenartiges Gewissen hat, aber gewiss ein Gewissen. Ich habe diesen verrückten Moralisten heute morgen in jenem Küchengarten gefunden, und ich habe die ganze Geschichte gehört.

Der verblichene Archibald Ogilvie kam von allen je auf Glengyle Geborenen einem guten Menschen am nächsten. Aber seine bittere Tugend wandelte sich zur Menschenfeindlichkeit; er grämte sich über die Unredlichkeit seiner Vorfahren und verallgemeinerte daraus eine Unredlichkeit aller Menschen. Insbesondere aber misstraute er jeglicher Menschlichkeit oder Freigebigkeit; und er schwor: Wenn er einen Mann fände, der nur nehme, was ihm exakt zustehe, dann solle der alles Gold der Glengyles haben. Nachdem er so der Menschheit den Fehdehandschuh hingeworfen hatte, schloss er sich ein, ohne auch nur im mindesten zu erwarten, dass er eine Antwort darauf erhielte. Eines Tages aber brachte ihm ein tauber und scheinbar schwachsinniger Bursche aus einem entfernten Dorf ein verspätetes Telegramm; und Glengyle gab ihm in ätzendem Hohn einen funkelnagelneuen Farthing. Zumindest bildete er sich das ein, aber als er seine Münzen zählte, war der neue Farthing noch da und ein Sovereign verschwunden. Dieser Zwischenfall bot ihm weite Aussichten auf zynische Überlegungen. Der Bursche würde auf jeden Fall die schmierige Gierigkeit der Art beweisen. Entweder würde er verschwinden, der Dieb einer Münze; oder er würde tugendsam mit ihr zurückgekrochen kommen, der Heuchler in Erwartung einer Belohnung. Mitten in der Nacht wurde Lord Glengyle aus seinem Bett gepocht – denn er lebte allein – und musste dem tauben Schwachsinnigen die Tür öffnen. Der Schwachsinnige brachte ihm nicht etwa den Sovereign, sondern exakt 19 Schilling 11 Pence und 3 Farthings Wechselgeld.

Die wilde Korrektheit dieses Tuns erfasste das Hirn des verrückten Lords wie Feuer. Er schwor, dass er Diogenes sei, der lange einen ehrlichen Menschen gesucht und schließlich einen gefunden habe. Er verfasste ein neues Testament, das ich gesehen habe. Er nahm den buchstäblichen Knaben in sein weitläufiges vernachlässigtes Haus auf und erzog ihn sich zu seinem einzigen Dienstboten und – in einer eigentümlichen Weise – zu seinem Erben. Und was immer dieses absonderliche Geschöpf verstehen mag, es verstand vollkommen die beiden fixen Ideen seines Herrn: erstens, dass der Buchstabe des Gesetzes alles ist; und zweitens, dass er das Gold der Glengyles erben solle. So weit so gut: und soweit ist auch alles einfach. Er hat das Haus von Gold entblößt, und nicht ein Gramm genommen, das kein Gold war; nicht soviel wie ein Gramm Schnupftabak. Er hob selbst das Blattgold einer alten Illumination ab und war vollkommen zufrieden, dass er den Rest unzerstört ließ. Alles das habe ich verstanden; aber ich konnte diese Geschichte mit dem Schädel nicht verstehen. Der menschliche Kopf, zwischen Kartoffeln vergraben, bedrückte mich wirklich. Es machte mir Sorgen – bis Flambeau das Wort sagte.

Jetzt wird alles in Ordnung kommen. Er wird den Schädel zurück ins Grab bringen, sobald er das Gold aus dem Zahn genommen hat."

Und wirklich, als Flambeau an jenem Morgen den Hügel überquerte, sah er jenes sonderbare Wesen, den gerechten Geizhals, wie er an dem geschändeten Grab grub, den Schal um den Hals im Bergwind flatternd; den nüchternen Zylinder auf dem Kopf.

(Aus Chesterton, G. K.: Father Brown's Einfalt. Zürich: Haffmanns, 1991, S. 121–139.)

Die Lösung der Geschichte, nämlich „alles Gold der Ogilvies", ist nicht bereits in den vorgegebenen Fakten vorhanden, sondern sie ist das Fehlende, das was die einzelnen Elemente verbindet und als das noch nicht Vorhandene auftritt, zumindest in dieser Geschichte. Die *Lösung ist also eine Struktur*, ähnlich wie eine wissenschaftliche Theorie eine Struktur ist, die vorgefundene Einzelelemente so verbindet, dass sich ein sinnvolles Ganzes ergibt.

Welches ist nun die Methode des Pater Brown? Pater Brown sammelt zuerst alle relevanten Fakten. Die Betonung liegt hier auf *relevant*. Fakten sammeln kann jeder und das reine Sammeln von Fakten ist noch keine wissenschaftliche Tätigkeit. Anders als der Briefmarkensammler, der einen vollständigen Überblick über die Welt der Briefmarken haben will, ist es für den Wissenschaftler wichtig, die *relevanten* Daten und Fakten zu sammeln, denn er hat weder die Zeit, noch das Geld, noch die Möglichkeiten, alle Fakten zu sammeln. Dies ist das Geheimnis des guten Detektivs und des guten Wissenschaftlers, dass er gleichsam intuitiv oder in einem komplexen Zusammenspiel zwischen Intuition, Überprüfung der Intuition an der Wirklichkeit und regelgeleitetem Handeln weiß oder ahnt, welche Fakten er überhaupt sammeln muss. Dahinter steht das Problem, dass man eigentlich immer eine Theorie braucht und auch schon hat, die die Wahrnehmung bzw. Datensammelstrategie des Wissenschaftlers so lenkt, dass er genau dort hinsieht, wo die wichtigen Fakten zu finden sind. Ob die Fakten dann die relevanten und die wichtigen sind, zeigt sich erst im weiteren Gang der Geschichte und der erfolgreiche bzw. „gute" Wissenschaftler unterscheidet sich vom erfolglosen oder weniger guten Wissenschaftler genau darin, dass er einen guten Griff für die relevanten Fakten hat, so wie eben auch der gute Detektiv instinktiv an die richtige Stelle sieht.

Pater Brown sammelt also zuerst alle relevanten Fakten und stellt dann probeweise Theorien auf oder Versuchshypothesen, die zunächst einmal Ordnung in die Fakten bringen. Man beachte, dass dieser Prozess schon relativ bald geschieht. Denn ohne eine solche zugrunde liegende Hypothese oder Theorie könnte Pater Brown vermutlich nicht diejenigen Fakten sammeln, die er wirklich benötigt und die ihm hilfreich sind. Von diesen anfänglichen Theorien oder Versuchshypothesen leitet er Folgerungen ab; Folgerungen dessen, was hätte sein müssen oder vorfindbar sein müsste, wenn diese Theorie stimmt. Diese Ableitungen und Folgerungen überprüft er sodann an der Wirklichkeit, um zu sehen ob sie stimmen. Wenn die Ableitungen nicht zutreffen, muss er seine Theorie modifizieren oder überlegen, was das Auftreten der abgeleiteten Tatsachen hätte verhindern können.

Auf diese Art und Weise durchläuft er den Zirkel von

a) Fakten zur Kenntnis nehmen,
b) Theorie aufstellen,
c) Ableiten von Folgerungen,
d) Überprüfung dieser Folgerungen an der Wirklichkeit und also
e) Fakten zur Kenntnis nehmen,

mehrmals seine ursprüngliche Theorie verwerfend oder modifizierend oder eine neue aufstellend, bis er zu einem Moment kommt, an dem alle Fakten zusammenpassen.

Dies ist dann die Lösung des Problems oder die wirkliche Geschichte, die die Fakten erklären kann. Bemerkenswert hierbei ist die Tatsache, dass der Ein-Fall der Theorie ein kreativer Akt ist, der in keiner Weise in den vorgefundenen Daten oder Fakten oder in deren Verbindung vorhanden ist. Zwar erscheint die Lösung hinterher völlig logisch und auch als diejenige, die allein die Fakten so treffend und befriedigend erklärt. Der Prozess dorthin aber ist alles andere als linear und logisch, sondern verläuft wechselhaft, sprunghaft und ist im Letzten unverfügbar. Ähnlich ist es auch mit der Wissenschaft: Das Finden einer guten oder fruchtbaren Theorie ist ein unverfügbarer kreativer Akt, der, wenngleich in den Konsequenzen sehr rationell erscheinend, im Geschehen selber alles andere als rational begründbar ist.

Die Begriffsgeschichte der Wissenschaftstheorie kennt für diesen kreativen Prozess den Begriff *Abduktion* [8]. Obgleich dieser Begriff und dieser Prozess in der Wissenschaftstheorie herkömmlicherweise stark vernachlässigt wurde, ist er doch ein zentraler. Es ist das Verdienst von Charles Sanders Peirce, darauf hingewiesen zu haben, wie bedeutsam die Abduktion im Wissenschaftsprozess ist. Vernachlässigt wurde dieser Begriff vermutlich deswegen, weil er nicht systematisch rekonstruierbar ist, weil er nicht algorithmierbar ist, d.h. nicht mit einem linearen Rechenprogramm simulierbar, und weil er somit unverfügbar ist. Mit *systematisch rekonstruierbar* ist dabei gemeint, dass jedes abduktive Moment, also jeder neue Einfall einer passenden Theorie jeweils anders ist. Es gibt keine Regel, nach der man Abduktion lernen kann. Und es gibt kein Kochbuch oder Rezept, nach dem vorgegangen werden kann, sodass man hinterher wüsste, dies ist nun die richtige Abduktion. Sie ist nicht algorithmierbar, weil es keine lineare Kombination von Handlungsaufforderungen oder Befehlsschritten gibt, die zur gesuchten Lösung führen würde. Es ist deswegen die Abduktion auch *der* Teststein für künstliche Intelligenz schlechthin. Denn die Abduktion, also das Finden einer passenden Struktur zu einzelnen Elementen, scheint – zumindest bislang – ein intelligenter Akt zu sein, der genuin für den Menschen ist und nicht von Automaten oder künstlicher Intelligenz erzeugbar zu sein scheint. Dieser Akt der Abduktion ist auch unverfügbar, weil er nicht willentlich, absichtlich oder bewusst erzeugt werden kann. Es handelt sich dabei um einen Ein-Fall im wahrsten Sinne des Wortes, um einen glücklichen Zu-Fall, um das, was ein Aha-Erlebnis auszeichnet. Jeder kennt ein solches Erlebnis: Plötzlich ist die gesuchte Lösung da; plötzlich weiß man, wie es sein *muss*. Aber es ist schwierig anzugeben, was genau zu diesem Moment geführt hat. Und weil Abduktion so wenig systematisch greifbar ist, wurde ihr vergleichsweise wenig Aufmerksamkeit im Wissenschaftsprozess gewidmet. Gleichwohl ist sie das zentrale Moment der wissenschaftlichen Kreativität: das Finden einer zufriedenstellenden Struktur für die Erklärung oder die Verbindung einzelner Datenpunkte.

Der Beginn des Datensammelns sowohl in der Wissenschaft als auch bei Pater Brown ist die viel besser bekannte *Induktion*. Bei der Induktion handelt es sich um das Sammeln vieler Einzelbeobachtungen, die allmählich zu einer Allgemeinaussage verbunden werden. Beobachtet man beispielsweise viele Tage lang, wie die Sonne im Osten auf- und im Westen untergeht, so kommt man allmählich zu der Ansicht, dass jeden Tag die Sonne im Osten auf- und im Westen untergeht. Auf diese Art und Weise wurden in der Frühzeit die ersten wissenschaftlichen oder wissenschaftsähnlichen Erkenntnisse gewonnen, indem der Verlauf und die Position der Gestirne viele Nächte lang genauestens in Einzelbeobachtungen registriert wurde, von denen aus dann auf allgemeine Aussagen geschlossen wurde. Allerdings bemerkte man sehr bald bei der Reflexion über diesen Prozess der Induktion, dass er selber nie zum Ende kommt. Zeitlich und räumlich lässt sich nie jede Einzelbeobachtung so durchführen, dass am Schluss wirklich *alle* Fälle erfasst werden können. Wer sagt mir denn, dass die Sonne morgen wieder aufgehen wird? Möglicher Weise findet in der Nacht das Ende der Welt statt und damit ist der Satz „jeden Morgen geht die Sonne im Osten auf“ falsch.

Etwas spitzfindiger formuliert wird daraus das sogenannte Induktionsproblem [10]: Ein nicht empirisches Prinzip, nämlich das Induktionsprinzip, kann nicht aufgrund der Einzeldaten der Erfahrung oder der Empirie, die nämlich erst durch das Prinzip begründet werden soll, selbst begründet werden. Dies führt zu einer Zirkularität oder, wie dieses Problem auch heißt, zu einem Regress ins Unendliche. Denn das Induktionsprinzip kann erst dann als durch die Empirie belegt gelten, wenn alle möglichen Fälle von Empirie abgeschlossen worden wären, zu denen aber immer bereits das Prinzip vorausgesetzt werden muss. Allein schon an diesem Induktionsprinzip lässt sich erkennen, dass auf Induktion allein, also auf der emsigen Beobachtung von einzelnen Tatsachen und der Verallgemeinerung, Wissenschaft nicht begründet werden kann. Ein Problem der Psychologie war es lange Zeit, dass sie sehr induktiv vorgegangen ist, wenngleich dies vor allem in der Anfangsphase eines Forschungsprogramm nötig sein kann. Dadurch häuft man zwar eine Menge von Fakten an, es ist aber schwierig, zu einer verbindlichen theoretischen Struktur zu gelangen.

Jede Wissenschaft beginnt in aller Regel induktiv, d.h. Einzelfälle und Fakten beobachtend. Dies war auch am Anfang der Psychologie der Fall, und deswegen wird die Psychologie von vielen immer noch häufig rein induktiv gesehen, also als empirisches Sammeln von Fakten, die dann irgendwann geordnet werden. Wir sehen am Beispiel von Pater Brown, dass mit dieser ersten Sammlung von Fakten, mit der Aufnahme des Tatbestandes sozusagen, sowohl die Arbeit des Detektivs als auch des Wissenschaftlers beginnt. Aber wenn nicht sehr bald Fakten und Strukturen geordnet werden entsprechend impliziten Hypothesen oder vorläufigen Theorien, werden sie zu einem nur wenig aussagekräftigen Sammelsurium von Beobachtungen.

C. S. Peirce [8] hat die Induktion an folgendem Beispiel verdeutlicht: Stellen wir uns einen Sack vor in dem Bohnen sind. Ich weiß nicht genau, welche Art von Bohnen in diesem Sack sind. Ich greife nun in den Sack und nehme eine Bohne nach der anderen heraus und prüfe sie auf Farbe und Konsistenz. Nach einer gewissen Zeit – und genau das ist die Frage, wann die gewisse Zeit ausreichend ist – sehe ich, dass alle Bohnen, die ich bis jetzt aus dem Sack genommen habe, weiß sind. Daraus schließe ich: Alle Bohnen in diesem Sack sind weiß. Es könnte jedoch sein, dass unten schwarze Bohnen sind und oben weiße. Wenn ich nun 100 Bohnen genommen habe und daraus folgere, alle Bohnen sind weiß, könnte ich eben genau den Fehler machen, dass ich meine empirische Untersuchung zu früh abbreche und zu einer Allgemeinaussage komme, die sich als falsch erweisen würde, wenn ich den gesamten Sack inspizieren würde. (Spitzfindige könnten jetzt vorschlagen, wir können ja einmal von oben und dann von unten oder aus der Mitte Bohnen entnehmen und das Problem so etwas mildern. Dies ist richtig, schafft das Problem aber nicht grundsätzlich aus der Welt.)

Pater Brown wendet deswegen auch eine zweite Methode an, die er gewissermaßen komplementär zur ersten verwendet: Er leitet aus der Zwischenhypothese, die er sich bildet, Einzelaussagen ab, die er dann überprüft. Er stützt sich also nicht nur auf das Beobachten von Tatsachen, sondern, vermittelt durch Abduktion (siehe später) generiert er Zwischenhypothesen oder vorläufige Theorien, aus denen er dann überprüfbare Einzelaussagen ableitet. Beispielsweise überlegt er etwa, was der Fall sein könnte oder müsste, wenn seine Theorie der Schwarzen Magie zuträfe. Dann überprüft er, ob diese Vermutung richtig ist. Er muss also bestimmte Einzelfälle identifizieren, die mit der Gesamtstruktur der Theorie vereinbar sind. Das Problem, das hierbei entsteht, ist, dass die Einzelaussagen, die an der Wirklichkeit überprüft werden, nur so gut sein können wie die Theorie, aus der sie abgeleitet werden. Die entscheidende Frage ist also eigentlich: Wie komme ich zu einer gehaltvollen Theorie? Denn die Ableitung eines Einzelfalles oder einer Konkretisierung aus einer theoretischen Struktur ist vergleichsweise einfach. Hierbei sind logisches Denken und ein kleines bisschen Imaginationsfähigkeit gefragt. Das Paradebeispiel für eine solche Ableitung, die auch als deduktiver Schluss bekannt ist, ist der Syllogismus:

Alle Menschen sind sterblich, Sokrates ist ein Mensch;
also ist Sokrates sterblich.

Die Einzelaussage „Sokrates ist sterblich“ wird abgeleitet aus der allgemeinen Gesetzesaussage „alle Menschen sind sterblich“ und aus der empirischen Beobachtung, dass Sokrates ein Mensch ist. C. S. Peirce illustriert die *Deduktion* an seinem Bohnenbeispiel folgendermaßen: Wir haben einen großen Sack vor uns in dem Bohnen sind, von denen wir wissen, sie sind alle weiß (etwa weil es die Aufschrift auf dem Sack verrät oder weil ich jemanden die Bohnen habe einfüllen sehen). Ich greife in den Sack, nehme blind eine Bohne heraus und weiß nun, ohne dass ich die Bohne anzuschauen brauche: Sie ist weiß.

Wir sahen: *Induktion* hat das Problem, dass sie von sich aus nicht zu einer gehaltvollen Allgemeinaussage gelangen kann. *Deduktion* benötigt eine gute und gehaltvolle Theorie, um überhaupt sinnvolle Aussagen über die Einzelsituation machen zu können. *Abduktion* ist nun die Operation, die uns zu einer solchen gehaltvollen Theorie führt. Sie verbindet Einzelfälle und Strukturen aus *unterschiedlichen* Bereichen und kann oft aufgrund weniger Einzelfälle mit Hilfe von Hintergrundwissen und Kreativität zu einer sinnvollen theoretischen Struktur führen. Peirce nannte die Abduktion *„facts in search of a theory“* – Fakten auf der Suche nach einer Theorie. Das Problem der Abduktion ist, dass abduktive Schlüsse, weil sie oftmals sehr schnell getroffen werden, fehleranfällig sind. Das beste Beispiel hierfür ist Pater Browns Zwischenhypothese, es handele sich um Schwarze Magie. Das zweite Problem hatten wir zuvor schon erwähnt: Es gibt keinen direkten Algorithmus oder eine Formel, die uns erläutern würde, wie wir zu einem guten abduktiven Schluss gelangen. Anders als der deduktive Syllogismus, der logisch sehr klar und beweisbar ist, ist ein abduktiver Schluss nicht algorithmierbar. Deshalb müssen abduktive Schlüsse immer rekursiv überprüft werden, d. h. sie müssen, so wie Pater Brown es tut, durch Ableitungen weiterer Einzelfälle an der Wirklichkeit überprüft werden.

Peirce illustriert die Abduktion in seinem Bohnenbeispiel folgendermaßen: Vor mir steht ein Sack, der die Aufschrift „Bohnen“ trägt. Ich weiß also: In diesem Sack sind Bohnen. Irgendwo im Raum am Boden finde ich eine *weiße* Bohne. Also schließe ich: „Die Bohne stammt aus diesem Sack.“ Anders als bei der Deduktion, wo ich die Bohne aus dem Sack nehme und damit gewissermaßen automatisch weiß, dass die Bohne weiß sein muss, habe ich hier zwei nicht notwendigerweise aufeinander bezogene Einzelaussagen, die ich in Verbindung bringe. Die erste Einzelaussage ist die Aussage: Hier ist ein Sack mit Bohnen; die zweite Einzelaussage ist eine nicht in unmittelbarem Zusammenhang mit diesem Sack aufgefundene weiße Bohne. Der abduktive Schluss bringt nun diese beiden Einzelaussagen in einen Zusammenhang und folgert, dass die Bohne aus diesem Sack stammt. Es ist sofort erkennbar, wie kühn diese Aussage ist. Es hätte ja sein können, dass ein zweiter weißer Bohnensack im Raum stand, der kurz vor meinem Eintreffen weggetragen worden ist. Es könnte auch sein, dass jemand in den Bohnensack Salz gefüllt hat und die Bohne aus seiner Hosentasche fiel, als er das tat ...

Dieses Beispiel illustriert die Fehleranfälligkeit des abduktiven Schließens und gleichzeitig die kreativen Möglichkeiten. Das Geniale an Pater Brown oder Sherlock Holmes oder anderen kreativen Detektiven ist nun, dass sie die drei Elemente Abduktion, Induktion und Deduktion kunstvoll und in rascher Folge miteinander so in Verbindung bringen, dass sich ihre jeweiligen Schwächen möglichst gering halten und ihre Stärken zu einer machtvollen analytischen Struktur potenzieren [4]. Man könnte davon sprechen, dass die drei Schlussformen Abduktion, Induktion und Deduktion wie in einem Zirkel miteinander in Verbindung stehen (s. Abb. 1.1)

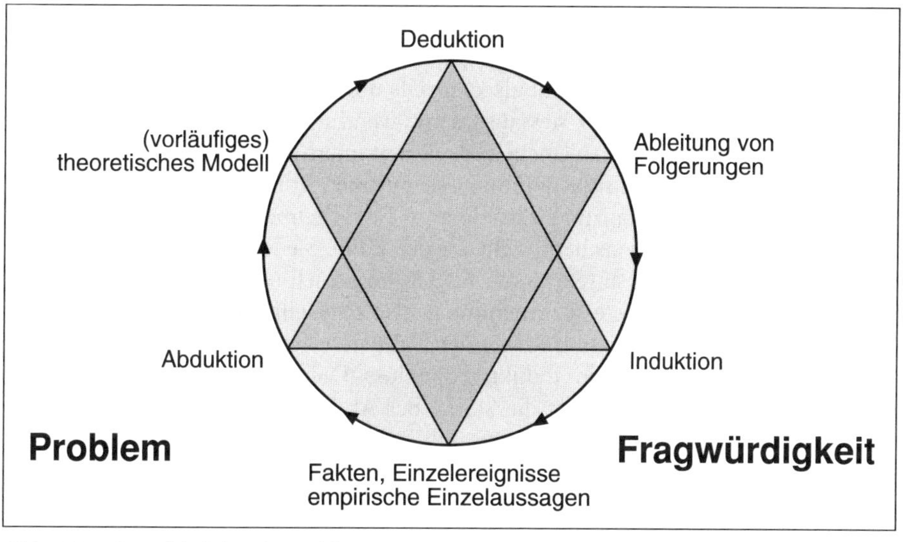

Abb. 1.1: *Der Zirkel der drei Schlussarten.* Induktion, Abduktion, Deduktion und wieder Induktion: Aus der Beobachtung und Feststellung verschiedener Fakten und Einzelereignisse, die fragwürdig sind, ergibt sich eine Frage oder ein Problem, das zu lösen ist. Durch Abduktion werden die Elemente in ein vorläufiges theoretisches Modell eingepasst, aus dem durch Deduktion Folgerungen abgeleitet werden, die dann wiederum induktiv an der Erfahrung geprüft werden. Das Ergebnis fließt in den nächsten Schritt ein. Der Zirkel wird so lange durchlaufen, bis das Problem gelöst, die Frage geklärt ist.

[6, 7]. Durch die Induktion werden Fakten, Einzelereignisse und empirische Einzelaussagen gesammelt, die alleine für sich genommen wenig Bedeutung haben. Durch einen abduktiven Schluss werden sie in eine vorläufige theoretische Struktur gebracht und dieses vorläufige theoretische Modell erlaubt es, deduktiv Einzelaussagen abzuleiten, die nicht bereits offenkundig sind und die dann empirisch testbar sind, womit wir wieder bei der Induktion angelangt wären. Diese drei Schlussformen sind auch wissenschaftstheoretischen Positionen zuzuordnen, die mehr oder weniger einseitig auf diese Formen der Rationalität bestanden haben.

Abduktion wurde bis auf wenige Ausnahmen vernachlässigt. Der erste Autor, der darauf hinwies, war Aristoteles in seiner zweiten Analytik, die überhaupt als die erste Wissenschaftstheorie des Abendlandes gelten kann [1]. Bis auf wenige Ausnahmen – z. B. Roger Bacon und Robert Grosseteste [9] im Mittelalter, Leibniz, Peirce und Einstein – hat die Wissenschaftstheorie sich wenig um diese Schlussform gekümmert, wie gesagt vermutlich deswegen, weil sie nicht wirklich systematisch erklärbar und erschließbar ist. Es gibt eine ganze Reihe von Äußerungen zum Thema Kreativität, Ästhetik und Zufall in der Wissenschaft. Dies sind jene Momente – man muss fast sagen Glücksmomente der Wissenschaftsgeschichte – in denen zufällig die richtigen Elemente zusammen kamen und eine gute Theorie wie aus dem Nichts geboren worden ist. Der Newtonsche Apfel, der Newton angeblich die Gravitation gelehrt haben soll, ist vielleicht das berühmteste Beispiel. Wie wir im Kapitel über den *Kritischen Rationalismus* sehen werden, ist diese Theorieform eher deduktiv strukturiert. Popper sprach von der „kühnen theoretischen Vermutung“, aus der Einzelaussagen abgeleitet werden sollten, die dann falsifizierbar wären. Komplementär dazu ist der *Positivismus* anzusiedeln, der sich von der genauen Beobachtung, von Detailaussagen und den Generalisierungen auf eine allgemeine theoretische Struktur das wissenschaftliche Heil erwartet. Genau daran und am Induktionsproblem ist er gescheitert.

Jede der drei Schlussformen hat also Vorteile und Nachteile. Aus diesem Grunde werden sie im Wissenschaftsprozess insgesamt, wenn schon nicht von einer Forscherperson alleine, idealerweise zu einem Zirkel kombiniert. Die Induktion, mit der jede Wissenschaft normalerweise beginnt, hat den großen Vorteil, dass sie mit anscheinend einfachen durch Erfahrung feststellbaren Tatsachenberichten beginnt, über die in aller Regel leicht Konsens hergestellt werden kann. Sie hat den Nachteil, dass die Anzahl der möglicherweise relevanten Fakten potenziell unendlich ist und dass sie ohne gerichtete und geleitete Wahrnehmung, also ohne eine gute Theorie im Hintergrund, leicht die *wichtigen* und *relevanten* Fakten verfehlt. Diese Theorie, mindestens als vorläufige, liefert ein abduktiver Schluss. Die rasche, kreative Aufstellung von theoretischen Strukturen ist die Stärke der Abduktion. Ihre Schwäche ist ihre potenzielle Fehleranfälligkeit, weil sie rasch von Einzelbeobachtungen zu theoretischen Strukturen wechselt. Deduktion hat den großen Vorteil der logischen Sicherheit. Wenn ein Schluss logisch korrekt durchgeführt wird, ist der Schluss notwendigerweise richtig. Die Begrenzung der Deduktion besteht darin, dass sie immer nur solche Sachverhalte in Form eines Schlusses bereitstellen kann, die bereits implizit in einer Theorie enthalten sind. Die Sicherheit des Schließens wird also erkauft damit, dass nicht wirklich Neues in einem deduktiven Schluss abgeleitet werden kann. In weit entwickelten und hoch formalisierten Theorien der Physik zum Beispiel kann es durchaus möglich sein, dass durch ein deduktives Verfahren auch contraintuitive, also nicht augenfällige, und damit interessante Folgerungen aus einer Theorie abgeleitet werden können, die dann viele Wissenschaftlergenerationen faszinieren und mit Ausarbeitungen beschäftigen können. Dies darf aber nicht darüber hinwegtäuschen, dass der Inhalt des Schlusses formal bereits in der Theorie enthalten ist. Eigenheiten, Schwächen und Stärken der einzelnen Schlussverfahren sowie die Korrektur der Schwächen sind in Tabelle 1.1 noch einmal zusammengestellt.

Tab. 1.1: Die drei Schlussverfahren.

Schlussverfahren	Inhalt	Problem	Lösung
Induktion	Sammlung vieler Fakten und Einzelbeobachtungen; Schluss von Einzelereignissen auf Allgemeinaussage. Vorteil: Nahe an der Erfahrung	Einzelaussagen allein können nie einen nicht empirischen Satz (das Induktionsprinzip) begründen; um *relevante* Fakten sammeln zu können, benötigt man bereits eine vorläufige Theorie.	Rasch von reiner Induktion zu vorläufiger Theorie (vermittels Abduktion) wechseln und mit Hilfe dieser Theorie konkrete erwartete Einzelereignisse überprüfen.
Abduktion	Aufgrund unverbundener Einzelaussagen auf zugrunde liegende Theorie schließen. Vorteil: Rasche Ordnung von Einzelaussagen in mögliche Theorien.	Fehleranfällige Schlüsse.	Mit Hilfe der vorläufigen Theorie konkrete Erwartungen formulieren und daran die Theorie überprüfen.
Deduktion	Aus einer Allgemeinaussage Einzelaussagen logisch ableiten. Vorteil: Richtigkeit des Schlusses bei korrekter logischer Durchführung.	Keine wirklich neuen Erkenntnisse möglich.	Kombination des deduktiven Schlusses mit den anderen Verfahren.

Wir sehen also an diesem kleinen Beispiel von Pater Brown – und wir könnten im Grunde jede Detektiv- oder Kriminalgeschichte als Beispiel verwenden – wie Wissenschaft vorgeht. Wissenschaft hat mit dem Detektiv gemeinsam, dass sie eine unerkannte Struktur, nämlich eine gute Theorie, möglichst eine wahre Theorie, entdecken will, mit der die vorgefundenen Fakten zufriedenstellend erklärbar werden [5]. Mit dem Detektiv muss Wissenschaft zunächst einmal verschiedene Theorien entwickeln und dieser Prozess ist selber nicht rational verfügbar. Ähnlich wie der Detektiv leitet der Wissenschaftler aus diesen vorläufigen Theorien Schlussfolgerungen ab, die an der Wirklichkeit überprüft werden. Während der Detektiv allerdings irgendwann einmal die Wahrheit entdeckt, indem der Täter geständig oder die Fakten wirklich zufriedenstellend erklärt werden – und hier genau hinkt das Beispiel – ist der Wissenschaftler im Grunde nie am Ende. Denn er weiß, dass es immer eine rivalisierende Theorie geben wird, die dieselben Fakten und möglicherweise noch mehr erklären und verbinden kann, die wiederum an der Wirklichkeit überprüfbar ist, und dass dieser Prozess möglicherweise nie zu einem von der Wirklichkeit diktierten Ende kommt, sondern vielleicht nur an ein Ende, das von der Gemeinschaft der Wissenschaftler oder der Gesellschaft diktiert wird, die keine weiteren Erklärungsbedürfnisse anmeldet. Der Prozess wird spätestens dann wieder in Gang kommen – und dies ist das für die Wissenschaft Kennzeichnende – wenn ein neugieriger Geist sich die Mühe macht und die simple Frage stellt: Ist dies wirklich die einzige Art und Weise, wie wir die Dinge sehen können? Dieses unverfügbare Element der Wissenschaft, dass ein einziger querdenkender, mit den angebotenen Erklärungen unzufriedener Geist ausreichend ist, um den Prozess der Forschung voranzubringen, dieses Faktum ist innerhalb der Wissenschaft selber nicht weiter erklärbar, sondern wiederum eines jener unverfügbaren Elemente, die Wissenschaft so spannend und abenteuerreich machen.

Wir wollen aber das Element des Individuellen, wiewohl es an der Wiege der Wissenschaft steht, nicht überbetonen. Denn, und dazu kommen wir dann im zweiten Kapitel, Wissenschaft ist im Wesentlichen ein sozialer Prozess.

In der psychologischen Praxis wird die Rolle der Abduktion und ihre Methode sehr häufig durch die *Interpretation* eingenommen. Ähnlich wie ein Wissenschaftler seine Daten interpretiert und auf eine theoretische Struktur rückschließt, wie wir das als abduktiven Schluss gekennzeichnet haben, interpretiert eine klinische Psychologin das Material, das ihre Klientin berichtet, oder eine Psychoanalytikerin die Äußerungen ihres Patienten, seine Lebensgeschichte, Traumbilder und ihre eigenen momentanen Reaktionen auf die Situation. In diesem Sinne sind Interpretation und Abduktion sehr ähnliche Vorgänge. Immer wird hierbei von vorliegenden Einzelbeobachtungen und -aussagen auf eine zugrunde liegende Struktur geschlossen und diese Struktur anhand von weiteren Aussagen, die aus ihr abgeleitet werden, verifiziert oder – wenn die Aussagen nicht mit ihr übereinstimmen – modifiziert. Interpretation kann also als eine Form von Abduktion angesehen werden, die anhand von Textmaterialen, kulturellen oder persönlichen Äußerungen vorgenommen wird. Umgekehrt kann unsere Vertrautheit mit der Interpretation etwa von Texten oder menschlichen Äußerungen unser Verständnis für wissenschaftliche Abduktion erhellen. Egal wie wir das Phänomen benennen wollen: Weder der Wissenschaftler noch der Detektiv noch der Kliniker kommt ohne die Bewertung und Ordnung empirischer Einzelaussagen anhand einer theoretischen Struktur aus. Es ist vielmehr eine Grundeinsicht der neueren Wissenschaft und Wissenschaftstheorie, dass Beobachtung ohne Theorie unmöglich und Theorie ohne Beobachtung steril ist. Egal wie man das komplexe Wechselspiel zwischen Theorie und Beobachtung, Einzelaussage und Allgemeinaussage konzeptionell und theoretisch fassen will, man kommt um eine Beschreibung dieses Ebenenwechsels und um eine begriffliche Fassung dieses Phänomens nicht aus. Wir haben als Bindeglied und als Kupplung zwischen diesen beiden Bereichen den Begriff der Abduktion gewählt. Möglicherweise würde der Begriff der Interpretation oder noch ein weiterer uns nicht bekannter die gleiche Sache beschreiben. Wichtig als Essenz scheint uns jedoch, dass Wissenschaft ähnlich wie die Arbeit des Detektivs ein komplexer Prozess ist, der häufig rasche, vielfach zu durchlaufende Wechsel zwischen Einzelbeobachtung (Erfahrung, Empirie) und Allgemeinaussage (theoretische Struktur, Theorie) nötig macht. Insofern ist der hier skizzierte Wechsel zwischen Induktion und Deduktion vermittels der Abduktion sehr ähnlich mit dem, was wir später unter dem Begriff *Hermeneutik* wieder finden werden, der das wissenschaftliche Verstehen von Textmaterial bezeichnet. Hier wie dort geht es letztlich um die Interpretation von Einzelereignissen – Fakten oder Textmitteilungen – vermittels einer höher geordneten Struktur – Theorie oder Sinngestalt –, die sich jeweils in einem zirkulären Wechsel ergänzen.

Wollen wir dieses erste Kapitel mit einer graphischen Metapher, vielleicht sogar programmatisch beenden: Die frühere, vielfach noch weitverbreitete Wissenschaftstheorie der Moderne nahm einen linearen Prozess an. In diesem werden immer mehr Wissen, immer mehr Fakten und immer mehr Theorien zu einem großen Gebäude der Wissenschaft vereinigt. Der postmoderne Standpunkt entspricht mehr der Form eines Kreises oder Zirkels. Irgendwo beginnt er, meistens bei der Sammlung von Fakten, aber er wird immer neu durchlaufen. Neue Fakten zwingen immer wieder zu einer Umgestaltung von Theorien, die gleichzeitig wieder neue empirisch zu überprüfende Phänomene vorhersagen, nahelegen oder wahrscheinlich machen. Gleichzeitig wird in diesem Forschungsprozess immer wieder die eine oder andere Anomalie entdeckt werden, die zeigt, dass die bislang verwendeten theoretischen Strukturen noch nicht umfassend genug sind. Irgendwann, wenn zu viele dieser Anomalien ans Tageslicht getreten sind, wird das gültige theoretische Modell verändert werden müssen. So durchläuft die Wissenschaft ein ums andere Mal den beschriebenen Zirkel, manchmal schnell im Laufe einzelner Experimente oder ihrer Serien, manchmal auch sehr langsam, wenn man die Wissenschaft als Gesamtprozess betrachtet.

Quintessenz

- Wissenschaft verwendet *drei* verschiedene *Typen des Schließens*:
- *Induktion*: Schluss von vielen Einzelereignissen auf eine allgemeine Grundstruktur/ Gesetzesaussage/ Theorie – Verallgemeinerung
- *Deduktion*: Schluss von einer allgemeinen Struktur auf einen Einzelfall – Syllogismus
- *Abduktion*: Schluss von verschiedenen, anscheinend unverbundenen Einzelfällen auf eine verborgene, hypothetische Struktur oder Theorie – Einfall/ Kreativität
- Alle drei Schlusstypen werden von verschiedenen Wissenschaftsbereichen und in verschiedenen Stadien des Wissenschaftsprozesses in unterschiedlicher Ausführlichkeit oder Explizitheit angewandt.
- Im Normal- und auch Idealfall wechseln sich die Schlusstypen ab, abhängig vom Stadium des Forschungsprozesses. Es ergibt sich ein Kreisprozess.
- Es gibt keine „optimale" Form des Schließens. Jede Schlussform allein angewandt ist problembehaftet. Deswegen müssen sie sich abwechseln und ergänzen. Darauf hat bereits Aristoteles hingewiesen.

Literatur

Kompakte Basisliteratur zu dieser Sichtweise gibt es unseres Wissens nicht. Die dargestellte Sichtweise ist ein Kondensat, das vor allem aus den nachfolgend zitierten Arbeiten zusammengesetzt ist.

Die hier beschriebene Zirkelstruktur wurde in neuerer Zeit von Erhard Oeser [6, 7] im Rückgriff auf Aristoteles beschrieben. Bei Aristoteles [1] findet sich auch der erste Nachweis von Abduktion als eigener Schlussweise. Die Parallelität zwischen Wissenschaftsprozess und Detektivarbeit wurde von modernen Semiotikern im Rückgriff auf Charles Sanders Peirce [8] vorgenommen. Erhellende Aufsätze finden sich bei Eco [4] und Ginzburg [5]. Die klassische Originalbeschreibung der drei Schlussformen findet sich bei Peirce [8]. Ein Beispiel für mittelalterliche Wissenschaftstheorie für Spezialisten mit Lateinkenntnissen ist Grosseteste [9].

[1] Aristoteles. (1990). *Lehre vom Beweis oder Zeite Analytik (Organon IV)*. Hamburg: Meiner.

[2] Chesterton, G. K. (1911). *The Innocence of Father Brown*. New York: John Lane.

[3] Chesterton, G. K. (1991). *Father Brown's Einfalt*. Zürich: Haffmans Verlag.

[4] *Eco, U. & Sebeok, T. A. (Hrsg.) (1985) *Der Zirkel oder im Zeichen der Drei: Dupin, Holmes, Peirce. Supplemente Bd. 1*. München: Fink.

[5] Ginzburg, C. (1988). *Spurensicherungen. Über verborgene Geschichte, Kunst und soziales Gedächtnis*. München: DTV.

[6] *Oeser, E. (1979). *Wissenschaftstheorie als Rekonstruktion der Wissenschaftsgeschichte. Band 1: Metrisierung, Hypothesenbildung, Theoriendynamik*, München: Oldenbourg.

[7] *Oeser, E. (1979). *Wissenschaftstheorie als Rekonstruktion der Wissenschaftsgeschichte. Band 2: Experiment, Erklärung, Prognose*, München: Oldenbourg.

[8] Peirce, C. S. (1931). *Collected Papers. Ed. Ch. Hartshorne & P. Weiss: Bd. 1–6; Ed. A. Burks: Bd. 7–8*. Cambridge: Harvard University Press. Bd. 7, S. 218
VII.218 (Aus „Scientific Method“)

Abduction ... is the first step of scientific reasoning, as induction is the concluding step. ... Abduction and induction have, to be sure, this common feature, that both lead to the acceptance of a hypothesis because observed facts are such as would necessarily or probably result as consequences of that hypothesis. But for all that, they are the opposite poles of reason ... The method of either is the very reverse of the other's. Abduction makes its start from the facts, without, at the outset, having any particular theory in view, though it is motivated by the feeling that a theory is needed to explain the surprising facts. Induction makes its start from a hypothesis which seems to recommend itself, without at the outset having any particular facts in view, though it feels the need of facts to support the theory. Abduction seeks a theory. Induction seeks for facts. In abduction the consideration of the facts suggests the hypothesis. In induction the study of the hypothesis suggests the experiments which bring to light the very facts to which the hypothesis had pointed.“

Deduction: All beans from this sack are white. These beans are from this sack. Therefore these beans are white.

Induction: These beans are from this sack. These beans are white. Therefore, all beans from that sack are white.

Abduction: All beans from that sack are white. These beans are white. Therefore, these beans are from this sack.

[9] Robert Grosseteste. P. Rossi ed. (1981). *Commentarius in posteriorum analyticorum libros*. Florenz: Leo S. Olschki. 2. Testi e studi per il Corpus Philosophorum Medii Aevi, S. 281-286.

[10] Stegmüller, W. (1975). *Das Problem der Induktion: Humes Herausforderung und moderne Antworten: Der sogenannte Zirkel des Verstehens*. Darmstadt: Wissenschaftliche Buchgesellschaft.

2 Wissenschaft im historischen und sozialen Kontext

2.1 Absolute Voraussetzungen: Collingwood

Lange Zeit galt in der Wissenschaftstheorie die Doktrin, Wissenschaft sei ein in sich begründeter und begründbarer rationaler Prozess, der unabhängig und jenseits der sozialen, kulturellen und historischen Gegebenheiten nur durch Rationalität gesteuert seinen unbedingten Gang nehme. Diese Auffassung einer kultur-, politik- und geschichtsunabhängigen Wissenschaftsentwicklung ist in der letzten Zeit ins Wanken geraten [12]. Als Leitfiguren, die den Prozess der Kontextualisierung, also des Aufweises, dass Wissenschaft von sozialen und geschichtlichen Prozessen genauso abhängt wie andere gesellschaftliche Aktivitäten, wollen wir im Folgenden drei Gestalten hervorheben und besprechen, die zentral für diese Entwicklungen waren. Dies sind Robin G. Collingwood, Ludwik Fleck und Thomas S. Kuhn. Damit wollen wir nicht sagen, dass es nicht auch andere wichtige Personen gegeben hätte. Aber diese drei Denker verkörpern beinahe in Reinkultur die Essenz dessen, was diese neue Entwicklung ausmacht.

Bereits 1940 schrieb Robin Collingwood sein *Essay on Metaphysics* [1]. Damals verhallte sein Ruf zwar beinahe ungehört, war aber dennoch in der Folge immens wirkmächtig und wird heute als ein Meilenstein gesehen, was daran sichtbar ist, dass sein Werk 1998 neu aufgelegt wurde. In diesem Essay versucht Collingwood nachzuvollziehen, wie Philosophie im Speziellen und Wissenschaft im Allgemeinen eigentlich zu ihren grundlegenden Aussagen kommen. Seine Ana-

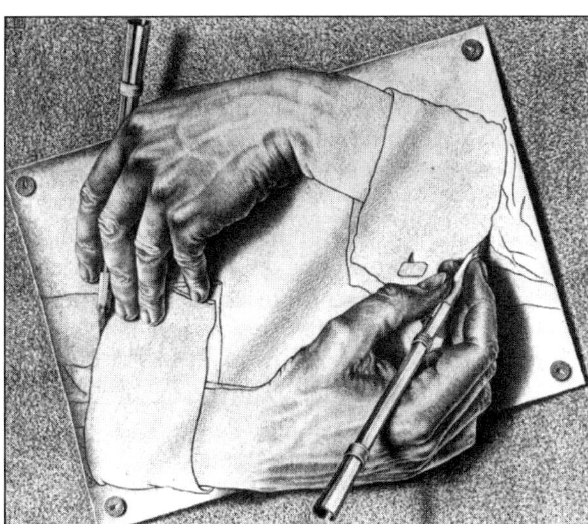

Abb. 2.1: Maurits Cornelis Escher (1898–1972), Die sich zeichnenden Hände, M. C. Eschers „Drawing Hands" © 2004 The M.C. Escher Company – Baarn – Holland.

lysen führen dazu, dass es kein System geben kann, das aus sich heraus schlüssig sowohl seine Fundamente als auch seine Methoden begründen kann. Hierzu muss es immer auf Begründungsstrukturen zurückgreifen, die außerhalb des Systems liegen. Diese Grundeinsicht liegt am Grunde des postmodernen Selbstverständnisses der Wissenschaft und Collingwood war einer derjenigen Denker innerhalb der Philosophie, der diese Grundstruktur vielleicht als Erster deutlich gesehen und am klarsten zum Ausdruck gebracht hat.

Ikonographisch kennzeichnend für diese Einsicht sind die berühmten Zeichnungen von Escher, der Hände zeichnet, die sich selber zeichnen oder andere rekursive Strukturen [5], die uns zunächst einsichtig, bei genauerem Hinsehen aber als falsch erscheinen, etwa unendliche Treppen, die nie nach oben oder unten laufen, sondern immer wieder in sich selbst münden.

Dies ist der künstlerische Reflex des gleichen Gedankens: Kein System kann seine eigene Begründung außerhalb seiner selbst finden, sondern innerhalb seines Ganzen. Jedes Spiel, etwa Schach oder „Mensch ärgere dich nicht", funktioniert wunderbar, solange man sich an die Regeln hält. Die Regeln selber sind zwar Bestandteil des Spiels, sind aber bereits vor dem Spiel vorgegeben und gesetzt, ohne dass sie sich innerhalb des Spiels entwickeln oder verändern würden. Das Gleiche gilt für gesellschaftliche Konventionen. Sie wurden irgendwann einmal entwickelt und das gesellschaftliche Leben funktioniert, solange man sich daran hält. Fragt man aber danach, ob und wie das gesellschaftliche Leben selber diese Konventionen begründen kann, so stößt man schnell auf die Paradoxie, dass die Konventionen zwar das gesellschaftliche Leben steuern, nicht aber aus diesem rational herleitbar sind. Die gleiche Grundstruktur hat Collingwood für die Wissenschaft aufgedeckt. Wissenschaft funktioniert wunderbar, solange man sich an bestimmte Konventionen hält. Die Begründung für diese Konventionen aber und vor allem der Aufweis ihrer Rationalität gelingt nicht aufgrund derjenigen Wissenschaft, die diesen Konventionen folgend getrieben wird. Diese grundlegenden Voraussetzungen, die jedes System und damit auch die Wissenschaft machen muss, und die nicht im Rahmen dieses Systems begründbar sind, nennt Collingwood *„absolute presuppositions"* – absolute Voraussetzungen. Damit meint er Grundaussagen, die jedes wissenschaftliche Programm, jede Art von Wissenschaftstheorie oder jede Art von Wissenschaftsprozess macht, um selbst als Prozess zu funktionieren. Collingwood deckt auf, dass diese absoluten Voraussetzungen zwar gemacht, selten aber reflektiert oder kritisiert werden. Philosophie und Wissenschaftskritik sah er als die Tätigkeit an, die die Struktur und Natur dieser absoluten Voraussetzungen thematisiert und kritisch reflektiert. Sie zu verändern oder gar vorzugeben, dazu fehlt der Philosophie und der Wissenschaftskritik seiner Meinung nach sowohl die Kompetenz als auch die Kraft. Typische absolute Voraussetzungen, die wir beispielsweise in unserem modernen Wissenschaftsbetrieb machen, sind etwa folgende:

1. *„Die Natur und ihre Gesetzmäßigkeiten sind im Grunde durch Vernunft und vernunftgeleitetes Handeln ergründbar."*

Dies ist z. B. eine auf den ersten Blick selbstverständliche, auf den zweiten Blick aber durchaus nicht notwendige Voraussetzung. Würden wir nicht davon ausgehen, dass die Natur in ihrer Grundstruktur rationalen oder gleichsam gesetzmäßigen Gegebenheiten folgt, so wäre unsere gesamte Wissenschaft hinfällig. Wir machen also in jedem wissenschaftlichen Prozess die Voraussetzung, dass diese von uns zu ergründende Natur solchen grundlegend rationalen Strukturen gehorcht. Dass diese Voraussetzung nicht ungewöhnlich und unsinnig ist, erweist die Physik mit ihren Erfolgen, wenn sie beispielsweise mathematische Strukturen verwendet, um die Natur der Materie zu modellieren und zu beschreiben.

2. *„Die Natur ist in kleinste Entitäten materieller Art aufteilbar."*

Dies ist die materialistisch-atomistische Hypothese, der im Moment unsere gesamte Naturwissenschaft folgt, und die implizit auch auf die Psychologie übergegriffen hat. Irgendwie gehen wir alle davon aus, dass unsere komplexe Welt – Tische, Häuser, Menschen, Tiere, Pflanzen, Gesellschaften – zergliederbar ist und in kleinere Gesamteinheiten zerlegbar ist, bis hin zu den Quarks, den winzigsten Bausteinen der Materie, aus denen sich die atomaren Elementarteilchen zusammensetzen, wie unsere moderne Teilchenphysik annimmt. Verfolgt man den Gedanken, so kommt man theoretisch immer weiter ins unendlich Kleine. Wer gibt uns denn die Gewissheit, dass die Quarks wirklich die letzten Bestandteile der Materie sind? Wenn die zunächst als unteilbar erschienenen Dinge, die sogenannten Atome, sich bereits wieder als aufteilbar in kleinere konstituierende Teile erwiesen haben, und diese Elementarpartikel wiederum zusammengesetzt aus noch kleineren Teilen erschienen, warum sollen dann nicht die Quarks wiederum in noch kleinere Teile zerlegbar sein? Im Grunde ist dieser Prozess bis ins unendlich Kleine hinein verlängerbar und doch geht unser Geist und unsere Auffassung davon aus, dass irgendwo kleinste materielle Partikel als Elementarbausteine vorhanden sind, die das Auftreten komplexerer Strukturen erklärbar und verstehbar machen. Die absolute Voraussetzung, die gemacht wird, ist, dass es so etwas wie Grund*bausteine* zuallererst *gibt*. Und diese Tatsache wiederum ist nicht aus der beteiligten Wissenschaft – z. B. der Physik oder der Naturphilosophie – heraus belegbar oder beweisbar, sondern sie ist eine Voraussetzung, die gemacht wird, damit diese Wissenschaft funktioniert. Dass es auch anders sein könnte, belegen andere Arten von Weltauffassungen, die etwa Beziehungen als grundlegend bestimmen und Einzeldinge aus diesen abgeleitet verstehen.

3. Eine weitere Voraussetzung, die häufig gemacht wird, ist beispielsweise, dass *das Auftreten komplexer Strukturen erklärbar ist durch die Kombination verschiedener Einzelelemente. Das Einfache begründet durch seine Beziehungen das Komplexe.*

Auch diese Voraussetzung ist Bestandteil unseres Wissenschaftssystem und im Sinne Collingwoods eine absolute Voraussetzung, die innerhalb des Systems nicht begründbar ist aber gemacht werden muss, damit das System selber funktioniert.

4. Noch eine absolute Voraussetzung im Sinne Collingwoods wäre beispielsweise die Aussage, welcher Status den mentalen oder psychologischen Akten zugebilligt wird, oder anders ausgedrückt die Grundentscheidung, die ein Wissenschaft-

ler zum Leib-Seele-Problem getroffen hat. Geht man beispielsweise davon aus, dass es ein eigenes geistiges, psychisches Sein gibt, welches vom Materiellen verschieden ist, so wird die gesamte Wissenschaftsauffassung und der gesamte Wissenschaftsprozess ein anderer sein, als wenn man etwa davon überzeugt ist, dass sich im Leben alle mentalen und psychischen Phänomene aufgrund der Beschaffenheit und Zusammensetzung der Materie verstehen lassen. Dies ist beispielsweise die absolute Voraussetzung, die momentan innerhalb der Biowissenschaft vorherrscht. Überspitzt formuliert könnte man diese Form der absoluten Voraussetzung folgendermaßen umschreiben: „*Alle mentalen und psychischen Phänomene lassen sich durch die Konstellation materieller Komponenten erklären und verstehen.*" Es ist wichtig an dieser Stelle festzuhalten, dass dies keine wissenschaftliche Aussage im Sinne einer empirisch belegten oder belegbaren Behauptung ist, sondern eine philosophisch gesehen absolute Voraussetzung, die gemacht wird, damit die Wissenschaft so wie sie im Moment funktioniert, ihren Gang gehen kann.

Absolute Voraussetzungen haben also den Status von metaphysischen Sätzen, die selber nicht durch die Wissenschaft, die sie lenken und leiten sollen, begründbar sind. Ohne sie würde Wissenschaft aber nicht funktionieren, weil sich der Wissenschaftsprozess auf bestimmte Grundgegebenheiten einigen muss, genauso wie eine Gesellschaft nicht funktioniert wenn sie nicht bestimmte grundlegende Regeln hat, an die sich mindestens die Mehrheit der Mitglieder hält. Was aber ist der Status dieser absoluten Voraussetzungen?

Collingwoods Verdienst war es darauf hinzuweisen, dass diese absoluten Voraussetzungen weder durch rationalen Diskurs und bewussten Konsens zustande kommen, noch durch eine explizite Diskussion der Wissenschaftler, noch von irgendwelchen selbsternannten Wissenschaftspäpsten dekretiert werden, sondern dass sie gewissermaßen das Destillat des Zeitgeistes sind, also aus dem allgemeinen sozial-geistigen Klima einer Zeit wie von selbst erwachsen und den Wissenschaftsprozess infiltrieren und informieren. Es ist dies so, als würde sich das allgemeine geistige Klima, das eine Zeit oder eine Epoche beherrscht, eben auch innerhalb der Wissenschaft spiegeln, nur eben methodisch versierter. Collingwood war der Meinung, dass der Prozess des impliziten Postulierens, Formulierens oder Filtrierens dieser absoluten Voraussetzungen im Letzten kein rationaler sondern ein sozialer Prozess sei. Niemand würde letztlich rational darüber reflektieren, welches die Grundlagen der Epoche seien und diese Grundlagen dann auf die Wissenschaft übertragen. Sondern *weil* Wissenschaft ein sozialer Prozess ist, der eben auch aus den sozialen Gegebenheiten einer Epoche gespeist und genährt wird, genau deswegen würden sich auch die Grundlagen, auf die eine Zeitepoche aufbaut, in den Wissenschaften spiegeln, und umgekehrt wären die Wissenschaften deshalb ein Spiegel ihrer Zeit und damit historisch und sozial relativ.

Dass eine Wissenschaft Voraussetzungen macht und diese Voraussetzungen zentral für das Fortschreiten der Wissenschaft sind, diese Erkenntnis ist nicht neu. Einen solchen Standpunkt haben auch Kant oder Hegel vor Collingwood vertreten. Neu ist allerdings, dass Collingwood sich von einer rationalen Begründbarkeit dieser absoluten Voraussetzungen verabschiedet. Würden Kant oder Hegel noch auf der Einsehbarkeit, auf der rationalen Vermittelbarkeit, auf der unmittelbaren

Notwendigkeit solcher absoluten Voraussetzungen bestanden haben, so sieht Collingwood – übrigens in einer Zeit als die philosophischen Voraussetzungen, die der deutsche Idealismus geschaffen hat, im grausamen Donnerwetter des Zweiten Weltkriegs zerbersten –, dass die Rede von der vermeintlich rationalen, intellektuellen Begründbarkeit dieser absoluten Strukturen Schall und Rauch ist. Deswegen ist Collingwood ein postmoderner Philosoph, der sich von der Begründbarkeit dieser grundlegenden Strukturen verabschiedet und stattdessen gezeigt hat, dass sie zwar wegleitend für die Wissenschaft selber sind, aber aus ihr nicht mehr zu begründen, sondern durch den Evolutionsprozess der sozialen Gemeinschaft vorgegeben werden. Damit, so könnte man überspitzt sagen, wird Wissenschaft zu einem Destillat des Politischen oder von den politisch, sozialen und historischen Gegebenheiten abhängig.

Ob diese Analyse wirklich richtig ist oder nicht, wollen wir an dieser Stelle nicht entscheiden. Ihr ist selbstverständlich auch widersprochen worden. Toulmin beispielsweise hat zwar die Analyse als solche akzeptiert, Collingwood aber vorgeworfen, er würde verkennen, dass auch dann, wenn keine expliziten Diskussionen stattfinden, rationale Kriterien die Entwicklung von absoluten Voraussetzungen steuern. Aber wir wollen darauf hinweisen, dass diese Analyse wahrscheinlich um einiges näher an der Wirklichkeit liegt als vermeintlich absolute oder absolutistische Konzeptionen des Wissenschaftsprozesses, die der Meinung sind, eine zutiefst im Menschen verwurzelte Rationalität würde den Prozess der Wissenschaft steuern. Collingwoods Verdienst war es darauf hinzuweisen, dass die steuernden Elemente des Wissenschaftsprozesses die gleichen sind wie diejenigen, die die soziale, geschichtliche und politische Entwicklung beeinflussen. Diese sind äußerst komplex und im Grunde das Destillat der sozialen Entwicklung und damit auch politisch und sozial beeinflussbar.

Interessanterweise hat nahezu zeitgleich mit Collingwood auf dem Gebiet der Mathematik der deutsche Mathematiker Kurt Gödel mit seinem Unabschließbarkeitstheorem einen sachlich analogen Fall mathematisch-formal bewiesen [2]. Gödel konnte nämlich zeigen indem er die von Whitehead und Russel verwendete axiomatische Theorie der mathematischen Logik zur Hand nahm, dass in jedem axiomatischen, d.h. durch bestimmte grundlegende Regeln vorgegebenen, formalen System, wie z. B. einer wissenschaftlichen oder mathematischen Theorie immer Sätze existieren, die innerhalb dieser Theorie oder dieses Systems nicht beweisbar sind. Das bedeutet, dass jedes theoretische Modell, jede mathematische Axiomatik, ja schlicht jedes System von Aussagen immer solche Aussagen enthält, die nicht mit Hilfe dieser Theorie selber begründbar oder belegbar sind. Von der Struktur her und formal gesehen ist dies also dieselbe Grundaussage wie diejenige, die Collingwood trifft. Der große Unterschied zu Collingwood und gleichzeitig das große Verdienst von Gödel war es, dass diese Aussage nicht nur philosophisch und dadurch kritisierbar, sondern exakt-formal bewiesen wurde und damit nicht mehr hinterfragbar war. Anders ausgedrückt: Gödels Unabschließbarkeitstheorem aus dem Jahre 1930 ist also die abstrakte, formal-mathematische Formulierung desselben Sachverhalts: Egal wie ein System von Aussagen beschaffen ist, egal wie komplex oder fundamental, wie formal, wie einfach oder kompliziert, jedes System von Aussagen, jede wissenschaftliche Theorie, jede Weltanschauung, jedes Axiomensystem enthält Sätze, auf die es aufbaut, und die nicht mehr innerhalb dieser Theorie bewiesen oder belegt werden *können*. Daraus ergibt sich ein folgenschwerer Sachverhalt: Theorien können nie mehr als letztendlich gültig oder bewiesen angesehen werden, weil es immer sein kann, dass sich die Grundaussagen, auf die sich die Theorie stützt, als unhaltbar erweisen oder dass auf anderen Grundaussagen konkurrierende Theorien errichtet werden, die der vorhandenen widersprechen. Diese Tatsache wird innerhalb der neueren philosophischen Diskussion auch das „Letztbegründungsproblem" genannt und bezeichnet die eben hier diskutierte Feststellung, dass es keine letztlich zwingende Begründung für philosophische oder theoretische Systeme geben *kann*.

Praktisch ins Psychologische gewandt ergibt sich daraus das Prinzip der konkurrierenden oder multiplen Weltanschauungen [3]. Dieses äußert sich in verschiedenen, ja oftmals sogar widersprechenden Menschenbildern. So mag der eine innerhalb seines Systems ein durchaus stimmiges Modell vom Menschen entwerfen, in dem der Mensch als in sich gut und entwicklungsfähig, als mit natürlichen Selbstheilungskräften begabt und kommunikativ angesehen wird, wie das z. B. die Anthropologie des Pädagogen und Gesprächspsychotherapeuten Carl Rogers voraussetzt. Eine grundlegend andere Anthropologie hingegen wäre z. B. die eher pessimistische von Sigmund Freud, der dem Menschen in seinen letzten Lebensjahren sogar einen Trieb zur Vernichtung und zum Tod unterstellt, der mit dem Liebes- und Lebenstrieb konkurriert. Solche konkurrierenden Menschenbilder, die Grundaussagen über das Wesen des Menschen treffen und auf deren Fundament ganze Psychologien aufgebaut wurden, sind die pragmatisch-psychologische Konsequenz aus dem Letztbegründungsproblem oder aus der collingwoodschen Erkenntnis von der Unbegründbarkeit der absoluten Voraussetzungen. Es sind genau die unterschiedlichen absoluten Voraussetzungen, die – wenn sie konsequent weiter gedacht werden – in die verschiedenen Menschenbilder münden und uns am Schluss verwirrt fragen lassen, wie denn eine Wissenschaft wie die Psychologie so konträre Auffassungen vom Menschen hervorbringen kann. Die Antwort besteht in der Erkenntnis, dass man je unterschiedliche Voraussetzungen machend verschiedene Theorien entwickeln kann, die in sich durchaus stimmig sind. Kommt man jedoch zur Ebene der grundlegenden Voraussetzungen, so ist rationaler Diskurs zwar möglich, aber keine endgültige Entscheidung mit Hilfe der Rationalität. Denn oftmals sind diese Entscheidungen existenzieller Natur, von weltanschaulichen oder kulturellen Voraussetzungen geprägt und sehr häufig nicht bewusst reflektiert.

Was Collingwood also die „absoluten Voraussetzungen" nannte, mündet heute in der philosophischen Diskussion in das sogenannte „Letztbegründungsproblem", in dem die Unmöglichkeit thematisiert wird, philosophische Systeme rational zwingend zu begründen. Mathematisch auf den Punkt gebracht ist es dieselbe Struktur, die Gödel mit seinem Unabschließbarkeitstheorem nachgewiesen hat. Der pragmatische Widerhall in der Psychologie findet sich in den sogenannten Anthropologien oder Menschenbildern, die grundlegende Aussagen über die Natur des Menschen machen und Annahmen treffen, die sie letztlich nicht nur nicht begründen wollen, sondern der Sache nach nicht mehr begründen können. Es wird deshalb niemand umhin können, die verschiedenen Menschenbilder zu analysieren, die unterschiedlichen Psychologien zugrunde liegen, und die absoluten Voraussetzungen destillieren, die diese jeweils machen. Collingwood folgend hätten wir die

Aufgabe, diese absoluten Voraussetzungen zu analysieren und einer kritischen Reflexion zu unterwerfen. Entscheiden muss sich letztlich jeder selber, welcher Satz von absoluten Voraussetzungen, welche Menschenbilder, welches Wissenschaftsverständnis ihm oder ihr am meisten zusagt.

2.2 Die soziale Bedingtheit wissenschaftlicher Erkenntnis: Fleck

Collingwoods radikale These über die arationale Natur des Wissenschaftsprozesses blieb zu seiner Zeit eher ungehört. Ludwik Fleck entwickelte seine Gedanken zur Natur des Wissenschaftsprozesses offensichtlich parallel, aber unabhängig von Collingwood [13]. Er arbeitete als Arzt und bakteriologischer Forscher in Lemberg während des Dritten Reiches. Durch seine Arbeit über bakteriologische Erreger wie die Syphilis-Spirochäte oder den Typhuserreger konnte er feststellen, dass es so etwas wie „den" Erreger im Reintyp, den man angeblich durch das Mikroskop ganz einfach feststellen könne, gar nicht gibt. Er entwickelte an der historischen Analyse und an der aktuellen Erfahrung seiner bakteriologischen Arbeit seine Lehre vom Denkkollektiv und vom Denkstil [4]. Dass diese bahnbrechende Arbeit so lange brach lag ist der Tatsache geschuldet, dass Ludwik Fleck ein jüdischer Arzt und Wissenschaftsphilosoph war, der zu seiner Zeit vom Naziregime gebannt war. Seine Werke wurden nicht rezipiert, sodass seine Gedanken erst durch die Vermittlung amerikanischer Übersetzungen in den achtziger Jahren wieder verfügbar wurden. Fleck war, wie gesagt, ein bakteriologischer Forscher, der aktiv in der damals modernen Forschung zur Entwicklung des Syphiliserregers und seiner Beschreibung tätig war. Dabei bemerkte er Folgendes: Um Erreger feststellen zu können genügt nicht ein unvoreingenommener und uninformierter Blick durchs Mikroskop. Jeder, der selber mikroskopiert hat, weiß, dass man zunächst im Mikroskop überhaupt nichts sieht außer irgendwelchen Strukturen, die man gar nicht zuordnen kann. Man weiß z. B. als Uneingeweihter gar nicht zwischen den eigenen Wimpernhaaren und dem mikroskopischen Präparat zu unterscheiden. Bevor man durch so ein wissenschaftliches, vergrößertes Auge wie das Mikroskop zu blicken vermag, muss man eine komplexe Schulung durchlaufen, während derer einem das Sehen neu beigebracht wird. Und nicht nur das: Man muss das zu Sehende zunächst einmal präparieren, d. h. aus seiner Umgebung herauslösen, fixieren, einfärben, etc. Diese Fixations-, Färbe- und Präparationsprozesse sind alles andere als eindeutig, stellte Fleck fest. Denn bestimmte Erregertypen werden in einem bestimmten Fixations- und Färbeverfahren komplett gefärbt, andere aber nur teilweise. Gibt man nun den teilweise gefärbten Erregertypen auch den Status des gesuchten Erregers? Sagt man, dass diese Erreger eine Subvariante der zu untersuchenden Spirochäte sei oder sagt man, dies sei eine neue Variante? Wer gibt einem die Demarkationslinie vor, ab wann man von einem gleichen oder anderen Erreger spricht? Heute würden wir vielleicht sagen, es ist eine Frage der genetischen Übereinstimmung. Aber selbst hier müsste definiert werden, was genetische Übereinstimmung eigentlich heißt und ab wann ein Erreger als genetisch gleich zu werten ist und ab wann nicht. Würde ein Unterschied von einer Gensequenz bereits eine neue Gattung von Erreger begründen oder nur eine Unterart des gleichen Erregers? Auch zu Flecks Zeiten, als es nur visuelle Unterscheidungsmöglichkeiten gab, eben die Reaktionsfreudigkeit unter bestimmten Färbegegebenheiten, ergab sich das Problem, dass die Einteilung in Klassen keine einfach kategorischen, sondern beinahe kontinuierliche Prozesse waren. Irgendwann wurde dieser Frage- und Suchprozess einfach willkürlich abgebrochen und es wurde eine Tatsache festgestellt. Dass dies so war und so geschah, dies nannte Fleck den „Denkstil" der geprägt war durch das „Denkkollektiv". Das Denkkollektiv ist die Gruppe derjenigen Wissenschaftler, die im Diskussionsprozess entscheidet und sich einigt, was sie als Tatsache zu akzeptieren bereit ist.

Um eine wissenschaftliche Tatsache festzustellen, genügt also nicht nur einfaches naives Beobachten. Vielmehr ist das Zustandekommen einer wissenschaftlichen Tatsache der Fähigkeit zu verdanken, im Rahmen einer wissenschaftlichen Schulung zu sehen, und zwar das zu sehen, was die Schulung einen zu sehen lehrt, zu kommunizieren, mit anderen darüber zu sprechen, sich auszutauschen und im Rahmen der gleichen Verfahrensweisen auf die Wirklichkeit zu blicken.

Das Subjekt von Wissenschaft, das, was Wissenschaft betreibt, ist also in Flecks Analyse das sogenannte „Denkkollektiv". Wir können darin eine frühe Variante des heute oftmals gebrauchten abstrakten Begriffs der „Scientific Community", der „Wissenschaftlergemeinde" erkennen. Denkkollektiv bedeutet in Flecks Diktion die Gemeinschaft von Wissenschaftlern, die im Rahmen einer gemeinsamen Tradition zu sehen, wahrzunehmen, zu denken, methodisch zu forschen und sich mitzuteilen gelernt haben. Dieses Denkkollektiv, so sagt Fleck, ist ein „fluider" – flüssiger und wechselhafter – Körper, der nicht stur und für alle Ewigkeiten festgelegten Regeln folgt, sondern der durch die sozialen Gegebenheiten auch die Regeln, die sein Forschen und Arbeiten bestimmt, je neu erfindet, umdefiniert und entsprechend entwickelt. Diese Regeln sind damit wiederum sozialer Natur, und auch wenn sie sich an gewisse rationale Vorgaben halten, so werden sie doch immer sozial vermittelt sein. Auf diese Art und Weise bildet sich aus diesem Denkkollektiv ein bestimmter Stil heraus, dem eben alle Wissenschaftler, die im Rahmen dieser Tradition groß geworden sind, folgen. Dieser Stil definiert beispielsweise, welche Entitäten überhaupt wahrgenommen werden. Konkret bedeutete dies für Fleck, dass eben die Art der Färbemethoden, die angewandt werden um einen Erreger sichtbar zu machen, auch das Feld des potenziell Entdeckbaren definiert.

Der britische Physiker und Astronom Arthur Eddington hat einmal gesagt, die Wissenschaft sei wie ein Netz mit einer bestimmten Maschenweite und nur Fische einer Länge, die größer ist als die Maschenweite, würden in diesem Netz gefangen. Es sei ein Fehler, daraus zu schließen, nur solche Fische kämen überhaupt im Meer vor. Ähnlich ist Flecks Lehre vom Denkstil zu sehen. Die Lehr- und Lerntradition eines bestimmten Denkkollektivs gibt eben auch vor, welches Instrumentarium benutzt werden kann und damit, welche Gegenstände im Blickfeld des Wissenschaftlers überhaupt erkennbar werden [7]. Blickt man etwa in den Himmel ohne Hilfsmittel, so sieht man eben nur eine bestimmte Menge von Sternen. Und sieht man den Jupiter mit bloßem Auge an, so kann man keine Monde erkennen. Sieht man den Saturn ohne Vergrößerungsglas, so erkennt man auch keinen Ring. Erst das Hilfsmittel des Teleskops, ein erweitertes Wahrnehmungsfeld also, erlaubt es andere Gegenstände wahrzunehmen. Im gleichen Sinne ist Flecks Denkstil zu sehen. „Denkstil" meint die Ausbildungs- und Wahrnehmungstradition eines wissenschaftlichen Kollektivs. Dieser Stil lehrt zuallererst erkennen, welche Gegenstände im Rahmen eines wissenschaftlichen Erkenntnisprozesses vorkommen können. So wird etwa ein verhaltenstheoretisch geschulter Forscher in einem klinischen Falle andere Zusammenhänge wahrnehmen als ein tiefenpsychologisch geschulter. Während der Verhaltenstheoretiker auf die Kontingenzen, Verstärkungs- und Bestrafungsmechanismen abhebt, wird der tiefenpsychologisch geschulte Analytiker sein Auge auf die historischen Gegebenheiten richten, auf die unbewusste Dynamik eines Geschehens, und beide werden sie völlig unterschiedliche „Gegenstände" erkennen, die der je andere nie und nimmer zu sehen in der Lage sein wird. Dies hängt eben damit zusammen, dass der Denkstil, dem die beiden Forscher angehören, völlig anders ist. Flecks Verdienst war es, darauf hinzuweisen, dass es so etwas wie eine unschuldige, eindeutige wissenschaftliche Tatsache nicht gibt, sondern dass diese wissenschaftliche Tatsache davon geprägt ist, welche Wahrnehmungs- und Denkoperationen einem durch seine wissenschaftliche Ausbildung und Herkunft vermittelt wurden. In Anlehnung an das Wort Wittgensteins, der einmal sagte, „die Sprache ist der Horizont, in dem wir wahrnehmen", könnte man sagen, die wissenschaftliche Ausbildung und Herkunft definiert die Wirklichkeit, die wir wahrnehmen können. Dies ist Flecks Vermächtnis. Pointiert auf den Punkt gebracht hat Fleck es so ausgedrückt: *Eine wissenschaftliche Tatsache ist die Übereinkunft, mit dem Denken aufzuhören.* In diesem Satz ist auch das Wissen darum enthalten, dass es so etwas wie eine reine, unvermittelte, unmittelbare Tatsache und Erkenntnis nicht geben kann; vielmehr ist diese immer durch den Filter der je eigenen (Wissenschafts-)Sozialisation vorgeprägt. Dies gilt übrigens auch für unsere Alltagswahrnehmung, nur dass hier der Filter unserer Wahrnehmung die Kultur im weitesten Sinne ist. Dies ist auch der Grund, weswegen viele Gesellschaften und auch Wissenschaftskulturen immer wieder versuchen, diese Filterprozesse zu reduzieren, um sich dem „reinen Phänomen", der „unverstellten Wirklichkeit" anzunähern, indem sie spezielle Übungen oder Schulungen durchführen. In unserer Wissenschaftstradition ist die Phänomenologie eine solche Richtung. Dem gleichen Zweck dient die wissenschaftliche Kritik und die Debatte. In östlichen Kulturen bezwecken verschiedene Meditationstechniken etwas Ähnliches.

Fleck hat seine Gedanken zu einer Zeit entwickelt, als das nationalsozialistische Regime bereits einen dunklen Schleier über die deutsche Wissenschaft gebreitet hatte. Fleck überlebte als jüdischer Arzt in Auschwitz, weil er an dem deutschen Programm für die Impfung gegen den Typhuserreger arbeitete und deswegen für die Machthaber notwendig war. Dies erklärt aber auch, warum seine Gedanken so lange gebraucht haben, bis sie wiederum ins allgemeine Bewusstsein der wissenschaftlichen Gemeinschaft gedrungen sind. Ein wichtiger Katalysator, der sowohl auf die Gedanken Collingwoods als auch Flecks zurückgriff, war Thomas Kuhn, der durch seine eigene Theorie seinen Vorläufern wieder indirekt den Platz gab, der ihnen zusteht.

2.3 Thomas Kuhn – Wissenschaftliche Revolutionen

Lange Zeit hielt man die Thesen von Thomas S. Kuhn zur Struktur wissenschaftlicher Revolutionen für genuin und aus dem eigenen schöpferischen Schaffen des amerikanischen Wissenschaftsphilosophen entsprungen, bis eine genauere Analyse und eine Nachforschung über seine Quellen ergab, dass er sich sowohl auf Collingwood als auch auf Fleck stützte, als er seine These von der Struktur wissenschaftlicher Revolutionen vorstellte [13]. Beide Denker haben ihn mehr oder weniger explizit inspiriert und auf beide hat er mehr oder weniger offen und klar erkennend zurückgegriffen. Als Kuhn seine Thesen erstmals 1955 vorstellte [8], herrschte innerhalb der Wissenschaft die Doktrin, die noch auf den Positivismus des Wiener Kreises zurückging, Wissenschaft sei ein rationaler Prozess, der in andauernder methodischer Selbstkritik die Annäherung an die Wahrheit und Wirklichkeit vergrößere und somit in aufsteigender Reihe die Wahrheitstreue und Wirklichkeitskonformität wissenschaftlicher Aussagen immer mehr vergrößere, sodass am Ende die vollständige und vollkommene Erkenntnis über die Natur der Welt zu erwarten sei, aufgrund derer sich die Menschheit endgültig von den Banden der Natur befreien und ihr Schicksal und ihre Lebensweise entsprechend verbessern könne. Diesem naiven Wissenschaftsglauben einer linear vorwärts schreitenden Rationalität machte Kuhn mit seiner Lehre von der Struktur wissenschaftlicher Revolutionen ein Ende [8, 9].

Kuhn stellte fest, dass es unterschiedliche Phasen innerhalb des Wissenschaftsprozesses gäbe. Dies war das Resultat seiner historischen Analysen von wichtigen und erfolgreichen wissenschaftlichen Entdeckungen. Aus der Retrospektive sieht es nämlich so aus, als wären beispielsweise die Gravitationslehre Newtons oder die Lehre vom Kreislauf, die von William Harvey entwickelt wurde, immer schon akzeptierte und lineare Entwicklungen aus der früheren Wissenschaft gewesen. Demgegenüber hält Kuhn fest, dass es „Plateau-Phasen" im Wissenschaftsprozess gäbe, in denen eine bestimmte Grundhaltung herrscht. Diesen Konsens und diese Grundhaltung der Mehrheit aller Wissenschaftler nennt Kuhn das „Paradigma". Darunter versteht er etwa Standardexperimente oder Standardmethoden zur Lösung eines Problems. Diese wurden einmal entwickelt und haben sich dann als nützlich und sachdienlich erwiesen. Dazu gehört meistens auch ein theoretisches Konzept, das auf einen philosophischen oder wissenschaftlichen Vordenker zurückgeht. Beispielsweise herrschte in der Medizin Jahrhunderte lang die aristotelische Physiologie vor, welche die Prozesse des Organismus als Mischungsvorgänge der vier Säfte interpretierte. Ein solches Paradigma stellt dann den generellen Denkrahmen zur Verfügung, innerhalb dessen gehandelt und experimentiert, geforscht und mit Problemen umgegangen wird. Dies ist, was Kuhn „Normalwissenschaft" nennt: die Erforschung der Implikationen, Konsequenzen und Vorgaben dieses Paradigmas und seine Anwendung auf gegebene Fragestellungen und Probleme. Analysiert man aber die Historie genauer, so stellt man fest, dass allmählich zunehmend mehr Wissenschaftler mit den Vorgaben dieses Paradigmas unzufrieden werden, weil sie sehen, dass bestimmte, vielleicht neu entdeckte Fakten im Rahmen dieses Denkmodells nicht befriedigend erklärt werden können, ähnlich wie dies mit Pater Browns vorläufigen Theorien der Fall war.

Auf der anderen Seite stellt man bei genauerem Nachdenken fest, dass man das ganze Paradigma verändern müsste; im Beispiel von Pater Brown, dass man eine neue Theorie aufstellen müsste, wenn man neu entdeckte Fakten mit integrieren will. Anders als die linear-progressive Konzeption von Wissenschaft in der positivistischen Theorie stellt nun Kuhn fest, dass der Wissenschaftsprozess nicht linear und harmonisch verläuft, sondern ausgesprochen revolutionär, disruptiv und kämpferisch. Denn durch die Fakten, die nicht im Rahmen des herrschenden Paradigmas erklärbar sind und durch neue Wissenschaftler, die unzufrieden sind mit den Möglichkeiten dieses Paradigmas, entsteht Druck. Es kommt zu einer Krise, in welcher sich Neuerer gegen Anhänger der alten Form von Wissenschaft stellen und sie heftigst bekämpfen, oft auch mit unlauteren Methoden. Das allein löst aber noch nicht das Problem. Vielmehr muss ein radikaler Neuentwurf vorgelegt werden, welcher die beklagten Mängel behebt, aber auch das alte Paradigma mit integriert.

Zwei Beispiele: Die kopernikanische Revolution und die kognitive Wende

Die kopernikanische Revolution war beispielsweise eine solche wissenschaftliche Revolution Kuhnscher Prägung [7, 11]. Das alte ptolemäische Weltbild hat nämlich eigentlich sehr viele astronomische Fakten zufriedenstellend erklärt. Es konnte präzise astronomische Vorhersagen zum Stand der Planeten und Sterne machen. Es konnte auch Sonnen- und Mondfinsternisse vorhersagen. Sein Nachteil war, dass dieses Modell sehr kompliziert war und dass es eine entscheidende Voraussetzung machte, die schwer zu verifizieren oder zu widerlegen war: nämlich dass die Erde im Mittelpunkt des Sonnensystems stand. Aufgrund verschiedener Entdekkungen, u. a. auch der Tatsache, dass es nicht nur unseren Mond, sondern auch die Jupitermonde gab, wurde dieses Modell zunehmend haltloser. Entscheidend ist aber nicht, dass empirische Entdeckungen und empirische Präzision oder Impräzision der Impuls dafür waren, dieses geozentrische Weltbild des Ptolemäus aufzugeben, sondern dass sich dahinter gewichtige Machtspiele abspielten, die mit der Macht der Kirche und der Macht der alten Institutionen im Gegensatz zu neu aufstrebenden Wissenschaften zu tun hatten. Diese Wissenschaften waren auch ein Reflex des wachsenden Selbstbewusstseins der Bürger und Kaufleute gegenüber den alten politischen Feudalinstitutionen. Somit war dieser Kampf um das korrekte astronomische Weltbild viel mehr als nur die Frage nach der sachlichen Wahrheit. Genauso ist die kuhnsche Revolution immer ein komplexer Vorgang, bei dem sich nicht nur wissenschaftlich-sachliche Interessen und Meinungen streiten, sondern auch soziale und politische Lager bekämpfen. Das neue heliozentrische Weltbild, das Kopernikus lehrte, und das im Übrigen bereits von Aristarch von Samos in der Antike vorgeschlagen worden war, war keineswegs präziser als das ptolemäische in der Vorhersage der Sternenpositionen. Im Gegenteil, es war eigentlich schlechter. Es hatte aber einen entscheidenden Vorteil: Es war einfacher in der Struktur und entsprach der damals allerdings nicht zu verifizierenden Tatsache, dass die Erde in der Tat nicht Mittelpunkt unseres Sonnensystems ist. Der Kampf zwischen diesem alten und dem neuen Paradigma war allerdings kein rationaler, sondern ein immens emotionaler, konfliktbeladener und politischer.

Irgendwann, so Kuhn, werden die Anhänger des alten Paradigmas immer schwächer, die neu heranwachsende Generation fühlt sich naturgemäß mehr den neuen

Methoden und Denkweisen verwandt und wendet diese vermehrt an, sodass das neue Paradigma immer mehr Anhänger gewinnt und das alte immer mehr Anhänger verliert. Max Planck hat einmal gesagt, dass eine alte Theorie nicht deswegen überwunden wird, weil sie als falsch erkannt wird, sondern weil ihre Anhänger allmählich aussterben. So ähnlich muss auch der Sieg des neuen Paradigmas unter der kuhnschen Hypothese gesehen werden: Der Kampf zwischen dem alten und dem neuen Paradigma ist kein rationaler, sondern zunächst einmal ein Kampf um Pfründe und Einfluss. Meistens liegen die Erkenntnisse oder Methoden, die letztlich dazu führen, das neue Paradigma als das richtige zu erkennen, zum Zeitpunkt des Kampfes gar nicht vor. Zur Zeit des Kopernikus gab es eigentlich keine Möglichkeit, empirisch zu verifizieren, ob das heliozentrische oder das geozentrische Weltbild das richtige war. Erst die Modifikationen des kopernikanischen Systems durch Kepler einige Jahrzehnte später ergaben die Möglichkeit, die Vorhersagen des kopernikanischen Systems genauso präzise, ja präziser und einfacher zu machen als diejenigen des ptolemäischen Systems, und erst die Gravitationstheorie Newtons ließ auch wissenschaftlich verstehen, wie das heliozentrische System mechanisch funktionieren kann. Zur Zeit des Kopernikus gab es also keine empirischen oder andere wissenschaftlichen Gründe, die seinem System mehr Recht gaben als dem alten. So ähnlich sieht Kuhn den Kampf zwischen dem alten und dem neuen Paradigma weniger als einen rationalen als einen politischen Prozess, der letztlich dadurch gewonnen wird, dass mehr Anhänger des neuen Paradigmas sich in die Waagschale werfen und somit das Rad der Geschichte weiterdrehen. Dies geschieht so lange, bis das ehemals neue Paradigma zum vorherrschenden wird, weil eben die Mehrzahl der Wissenschaftler sich zu ihm bekennt und damit dieses zum Normalzustand der Wissenschaft wird. Das vormals neue Paradigma wird zum vorherrschenden, die aus ihm sich ergebenden Konsequenzen und Ableitungen werden im Rahmen der Normalwissenschaft überprüft, empirisch getestet und die Konsequenzen aus diesem Paradigma werden auf praktische Probleme angewandt. Dieser Prozess geht so lange, bis wiederum neue Anomalien auftreten, die im Rahmen des herrschenden Paradigmas nicht erklärbar sind und eine neue Theorie notwendig machen.

Kuhn hatte als ausgebildeter Physiker und Wissenschaftsforscher vor allem die lange Geschichte der Physik im Blick, als der sein Modell entwickelte. Insofern könnte man vielleicht einwenden, dass die Psychologie als Wissenschaft viel zu jung sei, um innerhalb dieses Modells angemessen widergespiegelt zu werden. Doch obwohl die Psychologie eine junge Wissenschaft ist, kann man die kuhnsche Analyse auch auf einige der historischen Gegebenheiten innerhalb der Psychologie anwenden. Ein Beispiel hierfür ist die *kognitive Wende*, die später im Rahmen der Psychologiegeschichte ausführlicher behandelt und diskutiert wird. Seit 1913, als Watson sein behavioristisches Manifest verfasste, war der sogenannte Behaviorismus, also die Doktrin, dass nur Verhalten und von außen Beobachtbares als Gegenstand der psychologischen Wissenschaft zu gelten habe, zumindest innerhalb der angelsächsischen Welt zu einer Art Hauptparadigma avanciert. Andere Meinungen hatten es schwer publiziert zu werden und Meinungsführer anderer psychologischer Sichtweisen wurden teilweise isoliert, nicht zur Kenntnis genommen oder nicht an einflussreiche Positionen berufen. Die oftmals noch in der alten experimentellen Tradition forschende deutsche Psychologie hatte international auf diese Entwicklung wenig Einfluss. Einige Dekaden dauerte der Vormarsch des Behaviorismus, und manche munkelten schon, die Psychologie hätte die „Seele" verloren oder wäre im Begriff, ihren eigentlichen Gegenstand und ihre Bestimmung aufzugeben. Erst als Ende der 1950er-, Anfang der 1960er-Jahre klar wurde, dass mit der behavioristischen Konzeption viele für die Psychologie wichtige Sachverhalte, wie z. B. die Sprache und der Spracherwerb, nicht zufriedenstellend erklärt werden können, gelangten auch andere Stimmen an die Öffentlichkeit, wurden immer zahlreicher geäußert, und, was besonders wichtig ist, auch gehört. Bahnbrechend waren hierbei Publikationen von Ulrich Neisser und anderen, die darlegten, dass Kognitionen – also von außen nicht sichtbare Vorgänge – für die Psychologie von konstitutiver Bedeutung seien und eben gerade nicht mit verhaltenstheoretischen Ansätzen allein erklärbar wären. Erst dadurch wurde es möglich, bislang von der behavioristischen Sicht der Wissenschaft ausgeschlossene Prozesse wie etwa Denken, Vorstellungen und Imaginationen oder Wünsche, innerhalb der Psychologie wieder neu wissenschaftlich zu analysieren und zu behandeln. Dies war keinesfalls ein nahtloser, friedlicher Übergang von einer alten, als falsch erkannten Sichtweise zu einer neuen oder besseren, sondern durchaus ein Kampf zwischen Anhängern unterschiedlicher Sichtweisen, der erst in der neuesten Zeit durch verschiedene Integrationen zu einer verbindenden Sichtweise verwandelt wurde. Auch wenn nicht alle Elemente des kuhnschen Paradigmenwandels in dieser Geschichte eindeutig und klar nachweisbar sind, so sind doch die wesentlichen Elemente auch hier sichtbar: die Dominanz einer metaphysischen Grundkonzeption, in diesem Falle das Versprechen des Behaviorismus alle Phänomene der Psychologie erklären zu können, die Ausgrenzung anderer als „unwissenschaftlich" oder unbrauchbar deklarierter Sichtweisen, in diesem Falle die ältere Introspektionspsychologie mit ihren Konzepten von Vorstellungen, Wünschen und Denken, die mindestens zeitweilige Dominanz eines herrschenden Bildes innerhalb der wissenschaftlichen Organe, etwa wichtiger Publikations- und Veröffentlichungsinstitutionen, und der teilweise heftige und polemisch geführte Kampf von Wissenschaftlern einer neuen Generation gegen die Machtinstanzen eines „alten Paradigmas", der nicht nur mit Mitteln der rationalen Diskussion geführt und gewonnen wurde.

In diesem Sinne ist also die kuhnsche Analyse auch brauchbar, um Vorgänge innerhalb der Psychologiegeschichte erhellen zu können.

2.4 Wissenschaft als sozialer Prozess

Kuhns Thesen sind nicht unbestritten geblieben. Viele seiner historischen Analysen haben sich bei genauerer Nachprüfung als nicht ganz zutreffend erwiesen, und bei detaillierterer Kenntnis der historischen Prozesse ist oftmals mehr Kontinuität auszumachen, als beim ersten Hinschauen sichtbar ist, wie beispielsweise Erhard Oeser in seinen historischen Analysen gezeigt hat (vgl. Referenzen 6 & 8, Kapitel 1). Dennoch ist ein Verdienst von Thomas Kuhn bleibend: Er hat darauf hingewiesen, dass der Verlauf der Geschichte nicht immer unkompliziert ist, und dass der Entwicklungsprozess der Wissenschaft selber weniger rational zu sein scheint als

Wissenschaftler und Öffentlichkeit dies gerne hätten. Damit hat Kuhn, aufbauend auf Collingwood und Fleck, auch eine wichtige Konstante im Wissenschaftsprozess isoliert: Wissenschaft als sozialen und historisch bedingten Prozess. Dass damit nicht gesagt sein muss, dass dieser Prozess *völlig* irrational ist, ist für uns selbstverständlich. Die Aussage, Wissenschaft werde in ihrem Fortschreiten nicht notwendigerweise von derselben Rationalität gesteuert, die sie in ihrer Methodik ins Werk setzt, heißt noch lange nicht, dass der gesamte Wissenschaftsprozess völlig irrational wäre. Die Grunderkenntnis, die sich aus den Analysen Collingwoods, Flecks, und Kuhns ergibt, ist aber, dass die Wissenschaft in ihrer Grundkonzeption ein soziales Unternehmen ist. Damit unterliegt es den Gesetzmäßigkeiten oder Bedingungen komplexer sozialer Systeme, und für denjenigen, der nicht selber Wissenschaft betreibt, ist kaum einsichtig, wie sich eine solche Wissenschaftlergemeinschaft als soziales System konstituiert. Für eine politische Gruppe oder einen Verein ergibt sich eine vergleichbare Struktur. Hier gibt es gewählte Vorsitzende, Schriftführer, Kassenwarte und eine mehr oder weniger deutliche Hierarchie innerhalb der Gruppierung, die sich durch Dienstjahre oder bestimmte Kompetenzen erklären lässt. Innerhalb der Wissenschaftlergemeinschaft oder „Scientific Community" sind diese Prozesse weniger transparent und deutlich. Gleichwohl ist das Resultat der moderneren Analyse des Wissenschaftsprozesses, dass Wissenschaft als konstitutives Merkmal einen sozialen Charakter hat. Weniger der einzelne Wissenschaftler als die Wissenschaftlergemeinschaft ist das Subjekt der Wissenschaft. Wissenschaft wird betrieben von all denen, die wissenschaftlich tätig sind. Dies sind zunächst einmal sehr operational und pragmatisch definiert all diejenigen, die wissenschaftliche Publikationen vorlegen, die der Allgemeinheit und anderen Wissenschaftlern zugänglich gemacht werden und neue Erkenntnisse berichten.

Ausbildung, Prüfung, Publikationen

Wissenschaftler ist also zunächst jeder, der einen bestimmten Ausbildungsprozess durchlaufen hat, der damit im fleckschen Sinne einem bestimmten Denkkollektiv angehört und einen bestimmten Denkstil erlernt hat und diesen dann anwendet. Anders als in anderen sozialen Gruppierungen gibt es aber innerhalb der Wissenschaft wenig formale strukturierende Prozesse. Beispielsweise gibt es keinen „Wissenschaftspapst" oder einen Vorsitzenden der Wissenschaftlergemeinde oder einen Protokollführer. Allerdings könnte man in Analogie die bedeutenden Wissenschaftler, die durch viele Auszeichnungen geehrt wurden, als die Vorsitzenden der Wissenschaftlergemeinde apostrophieren, oder die Herausgeber der bedeutenden Wissenschaftsjournale wie *Science*, *Nature*, *American Psychologist* und ähnlicher, als die „Schriftführer" der Wissenschaftlergemeinde. Aber letztlich definiert sich Wissenschaft durch die Erkenntnisse, die Wissenschaftler in ihrem Prozess gewonnen haben und publizieren konnten. Die Betonung liegt hierbei auf „*konnten*". Denn wissenschaftliche Erkenntnisse gewinnen ist eines. Diese Erkenntnisse sind aber nur dann wirklich wissenschaftliche Erkenntnisse, wenn sie allgemein verfügbar gemacht werden. Sie werden erst dann einflussreich und wirkmächtig, wenn sie aufgegriffen, gelesen und rezipiert werden. Allgemein verfügbar gemacht werden sie durch Publikation. Nun ist aber Publikation nicht gleich Publikation.

Denn je nachdem, in welchen Zeitschriften eine Arbeit publiziert wird, wird sie mehr oder weniger breit zur Kenntnis genommen oder erhält einen mehr oder weniger deutlichen Status als wissenschaftliche Erkenntnis. Hierbei maßgebend sind die Filterprozesse durch den sogenannten *Peer Review* Prozess, den die wenigsten Außenstehenden wirklich kennen oder in seiner Bedeutung verstanden haben.

Damit ist Folgendes gemeint: Ein Wissenschaftler macht eine neue Entdeckung, die er für bedeutsam hält. Beispielsweise hat er ein neues Experiment oder eine neue Methodik entwickelt, oder er hat aufgrund eines Experiments neue Voraussagen einer Theorien getestet. Er will nun seine Erkenntnisse öffentlich machen durch Publikation. Er wird also ein Publikationsorgan wählen, welches sowohl die Leserschaft erreicht, von der er glaubt, dass sie seine Ergebnisse am besten verwerten kann, als auch ein Publikationsorgan, welches so gut und angesehen ist, dass es möglichst viele Leser erreicht. Und hier kommt die implizite Hierarchie der Publikationsorgane ins Spiel, die zu kennen und zu handhaben mit zum Handwerkszeug des Wissenschaftlers gehört. Dieses Renommee von Publikationsorganen ist häufig implizit und wenig klar zu durchschauen, aber für den Eingeweihten doch ziemlich offensichtlich. Unser Wissenschaftler wird also ein möglichst renommiertes Publikationsorgan ins Auge fassen und seinen Text den Vorgaben dieser Zeitschrift gemäß verfassen. Die Zeitschrift wird das Textmanuskript nach Prüfung im eigenen Haus an mehrere externe Gutachter vergeben. Schon der interne Prüfprozess ist ein Filterprozess, der dazu führt, dass bei renommierten Zeitschriften oft bis zu 90% der Arbeiten schon im Vorfeld abgelehnt werden und nur die wirklich „Erfolg versprechenden“ weiter in den Begutachtungsprozess gegeben werden. Die Gutachter sind nun andere Wissenschaftler, die bereits im Rahmen dieser Zeitschrift durch Publikationen bekannt geworden sind oder auf ihrem Gebiet als Fachleute anerkannt sind. Man bemerke, dass hier bereits viele implizite Wertungen wie „Fachleute“, „anerkannt“ usw. getätigt werden, die nicht wiederum explizit und begründbar sind, sondern die sich auf viele kleine implizite Wertungen stützen. Die Gutachter überprüfen sodann das Manuskript und tun dies selbstverständlich auf dem Hintergrund der ihnen vorliegenden Erkenntnisse und Kompetenz. Selten fallen Gutachten einmütig aus; meistens werden zwei bis vier Gutachten zu einem Text bemüht und an den Schriftleiter der Zeitschrift zurückgegeben. Die Gutachter kommen dann zu dem Ergebnis, dass die Arbeit publizierfähig ist, dass sie verändert werden muss oder dass sie abgelehnt werden sollte. Der Schriftleiter muss sich dann aufgrund der vorliegenden Gutachten und der in dem jeweiligen Organ geltenden Regeln ein Bild davon machen, wie er weiter verfahren will. Entsprechend wird die Arbeit entweder zur Publikation angenommen oder sie muss verändert werden oder sie wird abgelehnt. Dieser sogenannte *Peer Review* Prozess ist der entscheidende Filterprozess bei der wissenschaftlichen Publikation und ist Spiegelbild der sozialen Prozesse, die im Wissenschaftsbetrieb vorherrschend sind.

Man kann sich als Außenstehender leicht vorstellen, dass Arbeiten, die vergleichsweise unkompliziert zu verstehen sind, die nahe an akzeptierten Vorgaben sind und anerkannte Theorien wenig in Frage stellen, tendenziell leichter und in höherrangigen Zeitschriften publizierbar sind als solche, die akzeptierte Meinungen oder den Stand der Forschung grundlegend in Frage stellen. Durch diesen Filterprozess ist Wissenschaft zunächst einmal konservativ und muss es auch sein. Solche Prozesse definieren das, was die wissenschaftliche Gemeinschaft als „akzeptabel" oder „wissenschaftsfähig" hält. Sie widerspiegeln aber auch den sozialen Prozess dessen, was Wissenschaft im Kern ausmacht.

Wissenschaft als sozialer Prozess definiert sich also über das, was im Rahmen einer wissenschaftlichen Teilkultur als akzeptabel und publikationsfähig gilt. Das heißt nicht, dass nicht auch außergewöhnliche, radikale oder herrschende Meinungen in Frage stellende Texte publizierbar sind. Sie haben es allerdings meist schwerer, müssen gegen mehr Widerstand kämpfen und können selten damit rechnen, sofort in den allgemein gelesenen Zeitschriften der Wissenschaftlergemeinde akzeptiert zu werden.

Ein weiterer sozialer Aspekt von Wissenschaft ist die Tatsache, dass jemand zunächst einer solchen Wissenschaftlergemeinschaft – oder einem Denkkollektiv im fleckschen Sinne – angehören muss, indem er Universitätskurrikula und Prüfungsregularien durchlaufen und dies mit entsprechenden Leistungskriterien belegen muss. Oftmals wird von jungen Studierenden oder Jungwissenschaftlern dieses Regularienwesen als antiquiert beklagt. Darüber vergisst man, dass es sich hierbei nicht nur um formale Prüfungen mentaler kognitiver Kompetenz handelt, sondern dass sich dahinter auch sozial konstitutive Initiations- und Integrationsprozesse verbergen. Der Prüfungsdruck, der beispielsweise entsteht, wenn man bei Diplomprüfungen möglichst viel Material präsentieren muss, ist vom Standpunkt der Wissensvermittlung und Überprüfung von Wissenspräsenz nicht optimal. Denn unter solchen Bedingungen muss kaum irgendjemand in der Praxis arbeiten. Aber vom Standpunkt der Zugehörigkeit zu einer sozialen Gruppe ist ein solches Prüfungsregularium durchaus als Initiationsprozess verständlich. Denn hierbei muss man dokumentieren, dass man im Stande ist, eine bestimmte Menge an kognitiver Information sinnvoll zu strukturieren, wiederzugeben und für eine gewisse Zeit mental präsent halten zu können und dies auch durchaus unter einem bestimmten emotionalen und sozialen Druck. Diese Fähigkeiten werden zu späteren Zeitpunkten anderweitig gebraucht, wenn man beispielsweise während eines Kongressvortrags komplexe Information innerhalb kürzester Zeit analysieren und auf Brauchbarkeit oder Stimmigkeit bewerten können muss; oder wenn man später bei einem eigenen Experiment und im Austausch mit Kollegen und Mitarbeitern viele Informationen parallel präsent halten können muss, um sinnvolle Eigenbeiträge liefern zu können.

Diese Regularien haben also nicht nur die Prüfung kognitiv-mentaler Kompetenz zum Ziel, sondern sind auch Bestandteil eines sozialen Eingliederungsrituals. Deswegen gibt es innerhalb des Wissenschaftsprozesses auch Stufen, vom einfachen Studenten hin zum geprüften und diplomierten Psychologen und weiter zur Promotion und darüber hinaus. Während im alten deutsch-kontinentalen Wissenschaftssystem sich an die Promotion als spezielles endgültiges Eingliederungsritual noch die Habilitation anschloss – und vom Standpunkt einer sozialen Komponente von Wissenschaft ist dieses Ritual durchaus auch sinnvoll – ist in der angelsächsischen Welt nach der Promotion die Eingliederung in den Wissenschaftsbetrieb vollkommen und wird anschließend nur noch von der Anzahl und Qualität der Publikationen definiert. Die Publikationen sind ab diesem Zeitpunkt der Leistungsausweis des Wissenschaftlers.

Hierbei geht es je nach Wissenschaftstradition um die Quantität, manchmal – aber leider immer seltener – um die Qualität dieser Publikationen. Da aber Quantität immer leichter und schneller zu bewerten ist als Qualität, ist in moderner Zeit eher die Tendenz zu beobachten, die Quantität zu bewerten und die Qualität aufgrund einfacher bibliometrischer Kennzahlen zu quantifizieren. Dahinter verbirgt sich die Bewertung einer Zeitschrift durch ein bibliometrisches Institut in Amerika, welches aus der Anzahl der Abonnements und der Zitate, die von einer Zeitschrift in anderen Zeitschriften auftauchen, eine Maßzahl berechnet, die man unter bestimmten Vorgaben und entsprechenden Kautelen als Kennzahl für die Qualität einer solchen Zeitschrift verwendet. Ob diese Maßzahl, der sogenannte Impactfaktor, wirklich sinnvoll ist, ist derzeit umstritten, aber angesichts der starken Konkurrenzsituation unter den Wissenschaftlern und angesichts der politischen Tendenz, Wissenschaftler laufend bewerten zu wollen, wird diese Tendenz vorläufig wohl kaum zu bremsen sein. Wie dem auch sei, Publikationen und ihre Bewertung sind die Währung, mit der sich Wissenschaftler innerhalb ihrer Gemeinschaft ausweisen. Wer selber publiziert, kennt den Leistungsdruck bzw. den von Gutachtern ausgeübten Verbesserungsdruck und weiß, wie schwer es ist, in den angesehenen Journalen zu publizieren und wird deshalb auch entsprechende Publikationen eines Kollegen entsprechend honorieren.

Diese Güte der Publikationen ist allerdings in hohem Maße disziplinabhängig und von der subjektiven Meinung der Bewertenden bedingt. Wer beispielsweise im Rahmen eines anerkannten Forschungsmodells arbeitet und innerhalb dieses Modells viele einfache kurze Experimente durchführt, kann in der gleichen Zeit wesentlich mehr sogenannte hochrangige Publikationen vorweisen als einer, der an einer grundlegenden Analyse – sagen wir, eines historischen Prozesses innerhalb der Wissenschaft – arbeitet und für diese Forschungen vielleicht viele Jahre mühseliger Archivarbeit investiert, um schließlich eine einzige Publikation aus dieser Arbeit entspringen zu lassen, die noch dazu „nur“ in einer von wenigen Spezialisten gelesenen Fachzeitschrift erscheinen wird. In diesem Sinne ist auch die Bewertung der Güte der Publikationsleistung eines Wissenschaftlers in hohem Maße von bestimmten, oft impliziten, Voraussetzungen und Vorgaben abhängig.

Eigenständigkeit und soziale Akzeptanz

Ein weiterer Qualitätsausweis eines Wissenschaftlers ist sein Innovationspotenzial. Dies bedeutet immer, dass er nicht nur herrschendes Wissen anwendet und vermittelt, sondern auch neue Aspekte einbringt. Wie neu und wie innovativ dies sein soll und darf, ist allerdings weithin strittig. Denn wenn die Sichtweisen zu neu und zu innovativ sind, und dies lässt sich für viele historische Fälle leicht belegen, dann ist die Vermittelbarkeit des Wissenschaftlers fraglich und es ist leicht möglich, dass ein zu starkes Innovationspotenzial das Misstrauen einer berufenden Kommission weckt. Auf der anderen Seite sollten immer auch eigene neue Gesichtspunkte vorhanden sein, die die Kreativität des Wissenschaftlers belegen. Weitere Kriterien zur sozialen Integriertheit eines Wissenschaftlers ist die Akzeptanz im laufenden Wissenschaftsbetrieb, die durch Vorträge auf Kongressen, Einladungen zu Vorträgen und Symposien, Gutachtertätigkeit oder Mitarbeit in den Schriftleitungen wissenschaftlicher Zeitschriften dokumentiert wird. All dies sind sehr fluide Merkmale eines Wissenschaftlerprofils. Dennoch lässt sich für denjenigen, der im Wissenschaftsbetrieb selber beheimatet ist, aus all diesen Kennzahlen – Publikationstätigkeit, Anzahl und Güte der Publikationen, Eingebundensein in den Wissenschaftsbetrieb, Innovationspotenzial der Publikationen – in etwa ersehen, welche soziale Position einem Wissenschaftler im Moment zukommt und vielleicht, welches Potenzial in der Zukunft noch in ihm steckt. Gleichwohl dürften diese Analysen deutlich gemacht haben, dass die viel beschworene „Scientific Community", die Wissenschaftlergemeinde, kein festes und definiertes Gremium ist, sondern eher eine flüssige, gleitende soziale Gegebenheit, der sich auch der Wissenschaftler, wenn er weiterkommen will, anzupassen hat. Insofern ist über dieses soziale Vorgegebensein als Grundvoraussetzung von Wissenschaft keine Illusion möglich. Nur wer diese soziale Gegebenheit und Bedingtheit von Wissenschaft verstanden hat, wird die Ergebnisse und den Prozess der Wissenschaft richtig einordnen können.

Neuere soziologische Theorien und Analysen von wissenschaftlichen Erfolgen wie etwa die von Latour [10] zeigen sehr deutlich, dass die wesentliche Tätigkeit eines Wissenschaftlers das gekonnte Changieren zwischen inhaltlich-sachlicher wissenschaftlicher Arbeit und den sozialen Erfordernissen seiner Tätigkeit ist. Denn ohne das Beschaffen entsprechender Geldmittel ist wissenschaftliches Arbeiten nicht möglich. Das Beschaffen von entsprechenden Geldmitteln erfordert viel soziale Kompetenz und Eingebundensein in die entsprechenden gesellschaftlichen Zusammenhänge. All die Geldmittel sind nur schwer anzuwenden, wenn ein Wissenschaftler mit seiner Arbeitsgruppe im Streit ist und nicht im Stande ist, die Aktivitäten und Fähigkeiten einer wissenschaftlichen Arbeitsgruppe konstruktiv zu bündeln und zu lenken. Schließlich muss auch noch ein ausreichend guter sachlicher Bezug zur Wirklichkeit vorhanden sein. Denn die besten finanziellen Mittel, die besten Kontakte zur Gesellschaft und die beste Arbeitsgruppe wird keinen wissenschaftlichen Ertrag bringen, wenn die Theorie und die Idee, von der ein Wissenschaftler ausgeht, nicht ausreichend in theoretische Errungenschaften und brauchbare Empirie eingebunden ist. Erst durch dieses gelungene Wechseln zwischen verschiedenen Rollen und Kompetenzen, erst durch dieses gegenseitige Befruchten sozialen Geschehens und wissenschaftlicher Analyse wird Wissenschaft zu dem, was sie ist: ein kollektives Bemühen um Verstehen und Nutzbarmachen der Welt im Dienste der Allgemeinheit.

Dass dieser Dienst an der Allgemeinheit nicht nur ein hehrer, zweckfreier Begriff ist, haben die Analysen der Frankfurter Schule deutlich gemacht. Vielmehr ist das soziale Gefüge, innerhalb dessen Wissenschaft geschieht, von einem stetigen Interessensgeflecht bedingt, hinter dem komplexe gesellschaftliche Machtverhältnisse stehen. So wird die Wirtschaft mit ihrem Interesse an Profit andere wissenschaftliche Schwerpunktsetzungen fordern als etwa eine Gemeinde von Geisteswissenschaftlern oder Archäologen, die sich um die Ergründung, sagen wir des europäischen Altertums bemühen. Und erst, wer die ökonomischen Interessen zwischen Patientenversorgung, herrschenden Interessengruppen der Ärzte und bestehenden Interessensansprüchen ärztlicher und psychologischer Therapeuten verstanden hat, wird einsehen, warum bestimmte Forschungsprojekte (im Bereich der klinischen Psychologie etwa) derzeit Aussicht auf Erfolg haben und andere nicht, und zwar unabhängig von ihren inhaltlichen Schwerpunkten und ihrer methodischen Güte.

Die neuere Analyse des Wissenschaftsprozesses ergibt also eine vielfache und hoch komplexe Verflechtung sozialer Prozesse mit den Prozessen, die dem

Wissenschaftsprozess inhärent sind. Nur wer die mannigfaltigen Interaktionen zwischen Wissenschaft und Gesellschaft und Wissenschaftlern als Gesellschaft für sich zur Kenntnis nimmt und verstanden hat, sieht Wissenschaft in ihrem alltäglichen Entstehen als ein soziales, sich selbst steuerndes und damit auch sich selbst gestaltendes System.

Wissenschaftliche Information

Zum Schluss noch ein Wort über die Resultate wissenschaftlicher Aktivität, die sogenannten Publikationen. Für den Außenstehenden ist es oftmals unklar, welchen Stellenwert eine wissenschaftliche Publikation hat, und gerade heute, zu Zeiten von Internet und allgemeiner Verfügbarkeit von Informationen, wird die Frage nach dem Wert einer Information wieder neu aktuell. Vor der Zeit des Buchdruckes garantierten bereits die schiere Arbeit und die Materialkosten eines Buches – vielleicht die Häute einer Herde von 200 Schafen für ein mitteldickes Buch, nicht gerechnet die Schreibzeit –, dass nur solche Dinge aufs Pergament gelangten, die dem Publizierenden diesen Aufwand auch wirklich wert waren. Und auch nach Erfindung der Druckerpresse waren die Rahmenbedingungen die eigentlich limitierenden Faktoren bei der Publikation. Heute kann scheinbar jeder alles veröffentlichen. Er braucht nur eine Internetadresse und einen Computer. Deswegen wird Auswahl und Filtern von Information und die Bewertung des Publizierten immer zentraler werden.

Wissenschaftliche Informationen unterscheiden sich von allgemeinen, öffentlich zugänglichen Informationen wie beispielsweise die eines Publikumsjournals dadurch, dass sie bestimmten Qualitätskriterien genügen müssen. Man unterscheidet verschiedene Typen wissenschaftlicher Publikation, wie sie in Abb. 2.2 dargestellt werden. Wichtig für das Verständnis ist, dass sich Genauigkeit und Verständlichkeit einer Information komplementär zueinander verhalten. Je höher die Verständlichkeit ist, desto niedriger ist in aller Regel die Genauigkeit einer Information und desto niedriger ist in aller Regel die Aktualität. Auf dem höchsten Niveau von Aktualität und gleichzeitig für den Außenstehenden am wenigsten verständlich, aber mit der höchsten Spezifität und Genauigkeit von Informationen, bewegen sich sogenannte wissenschaftliche Originalarbeiten. Dies sind die eigentlichen Ergebnisse des Wissenschaftsprozesses, direkte Resultate wissenschaftlicher Tätigkeit, z. B. Ergebnisse von Experimenten, Berechnungen, theoretische Analysen, Modellentwicklungen, etc. Diese Arbeiten werden beinahe ausschließlich in wissenschaftlichen Fachorganen publiziert, die von Herausgebergremien und Gutachtern qualitätsgesichert werden. Weil sie sich an ein Fachpublikum richten, sind an diese Arbeiten sehr viele Voraussetzungen gebunden, was Vorverständnis, Terminologie und Hintergrundwissen angeht, auch um die Information möglichst platzsparend darstellen zu können. Deswegen sind sie für den Außenstehenden und häufig auch für den Fachmann der Nebendisziplin ohne entsprechende Ausbildung kaum verständlich. Dies muss den Nichtfachmann nicht Wunder nehmen. Würden wir beispielsweise auf eine Baustelle gehen und nur einen Moment dem Jargon der Facharbeiter zuhören und versuchen zu begreifen was sie tun, wir würden genauso verwirrt dastehen wie jemand, der eine Fachwissenschaft nicht studiert hat und vor einer Fachpublikation steht. Es handelt sich hierbei um Mitteilungen, die an andere Mitglieder der wissenschaftlichen Gemeinschaft gerichtet sind. Auch wenn hierfür die Begriffe „Veröffentlichung“ oder „Publikation“ gebraucht werden, so ist die angesprochene Öffentlichkeit doch eine sehr ausgewählte von oftmals nur wenigen hundert Menschen weltweit.

Damit diese Fülle der Originalarbeiten, die häufig nur ganz wenigen Spezialisten im Detail bekannt sind, auch einem breiteren Fachpublikum zugänglich gemacht werden, gibt es auf einem weiteren Niveau, das besser verständlich aber weniger spezifisch ist, die Kategorie der Überblicksarbeiten, Zusammenfassungen, Reviews oder Meta-Analysen. Dies sind Originalarbeiten, die die Arbeit anderer zusammenfassend darstellen, bewerten und zu einer Essenz des derzeitigen wissenschaftlichen Erkenntnisstandes kommen. Sie sind beliebt, weil ein Wissenschaftler, der sich über ein Fachgebiet orientieren will, aufgrund dieser Zusammenfassung einen schnellen Überblick über den Stand der Wissenschaft gewinnt. Wenn man als Außenstehender häufig über den derzeitigen „Stand der Wissenschaft“ reden hört, so ist damit meistens diese Ebene gemeint: die kompetente Zusammenfassung von Originalarbeiten durch Wissenschaftler, die dieses Fachgebiet beherrschen. Auf einem Niveau darüber bewegen sich die zusammenfassenden Buchkapitel, Handbuchartikel oder Monographien, die ein Fachgebiet umfassender darstellen. Ihr Vorteil ist, dass die in ihnen enthaltenen Informationen oftmals leichter verdaulich und für ein breiteres Publikum verständlich dargestellt werden, weil historische und methodische Hintergründe beschrieben und Voraussetzungen mitgeteilt werden. Diese Art der Information hat meist längere Gültigkeit, weil sie eben weniger auf aktuelle Ergebnisse aufbaut, sondern diese zusammenbringt und destilliert. Lehrbücher wiederum versuchen auch diese Information aufbereitet darzustellen und sind deswegen weniger spezifisch, aber besser verständlich und in ihrer Aktualität ebenfalls weniger nah am aktuellen Forschungsbetrieb. Die oberste Spitze dieses Eisberges stellen populäre Sach- und Schulbücher dar, die häufig bei ihrem Erscheinen Dinge kolportieren, die an der Basis der Wissenschaft bereits wieder hinterfragt oder überwunden sind. Abbildung 2.2 fasst diese Typisierung wissenschaftlicher Information zusammen.

Eine andere Art und Weise, die wissenschaftliche Publikationskultur zu visualisieren, wäre das Wurzelwerk eines Baumes. Dabei wären die Originalarbeiten die feinen Wurzeln, die in viele Verzweigungen und Verästelungen reichen und in der Tiefe der Erde wurzeln, und das was sichtbar ist, nämlich der Stamm und die Zweige, Äste, Blätter und Früchte, wären die von außen wahrnehmbaren und verständlichen Publikationen, wie sie in Zeitungsartikeln, populären Büchern, Schul- oder Lehrbüchern dargestellt werden. Die eigentliche Tätigkeit aber findet in der Tiefe statt, im Untergrund, wo das Material, welches den Stamm aufbaut, herbeigeschafft wird.

Wissenschaft – Ein soziales Unternehmen

Wissenschaft ist also ein komplexes vernetztes soziales System, dessen eigentliche Struktur noch wenig verstanden ist. Wenn irgendetwas darüber definitiv aussagbar ist, dann das: Wissenschaft bewegt sich nach Regeln und Vorgaben, die sie selber

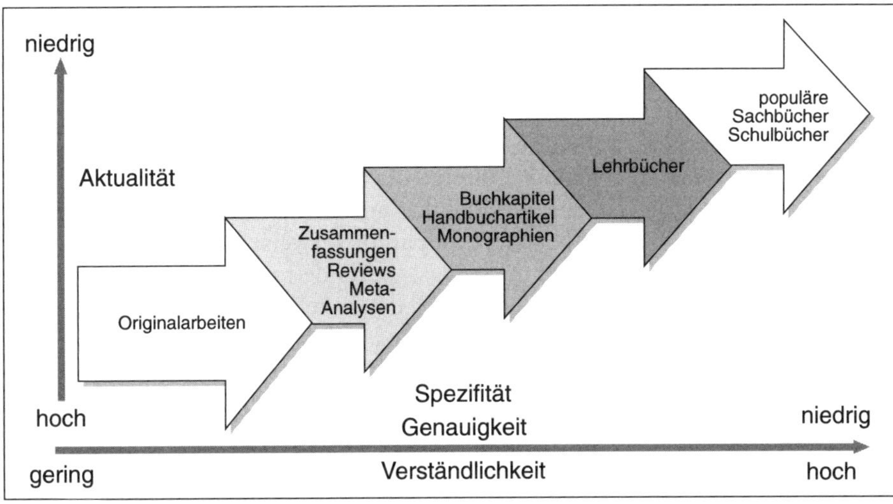

Abb. 2.2: *Typisierung wissenschaftlicher Information.* Man beachte die komplementären Beziehungen von hoher Aktualität und Genauigkeit und geringer Verständlichkeit und umgekehrt.

selten wahrnimmt, nicht erfunden hat und die in keiner Weise in ihrer Verfügung stehen. Wer dies verstanden hat, verfällt wenigstens nicht der Hybris zu meinen, Wissenschaft sei die „Krone" menschlicher Aktivität. Wissenschaft ist schlicht und ergreifend eine von vielen menschlichen Kultur- und Lebensformen, in denen sich eine bestimmte Gruppe von Menschen organisiert, um ein bisschen mehr Verständnis über die Welt und ihre Gesetzmäßigkeiten zu erwerben und dies der Allgemeinheit zur Verfügung zu stellen. Der Unterschied zu manchen anderen Kultur- und Lebensformen ist der, dass zumindest in unserer westlichen Gesellschaft seit etwa zweihundertfünfzig Jahren die Gemeinschaft erkannt hat, dass diese Form der Kultur für sie selber sehr nützlich ist, weswegen sie zu einer öffentlichen Institution geworden ist.

Zwar wird gerade in der neueren Diskussion auch die Notwendigkeit der privaten Finanzierung von Wissenschaft betont, aber auch diese private Finanzierung funktioniert nur deshalb, weil die Grundstrukturen öffentlich finanziert werden. Dahinter verbirgt sich die grundlegende Einsicht unserer modernen Gesellschaft, dass Wissenschaft ein gesellschaftliches Unternehmen ist, der Allgemeinheit verpflichtet und von der Allgemeinheit finanziert. In diesem Bewusstsein bewegen sich im Normalfall Wissenschaftler – oder wenigstens sollten sie dies tun, denn das, was sie tun und treiben, sollte immer an die Bedürfnisse der Allgemeinheit rückgekoppelt bleiben. Dies soll nicht dazu führen, dass nun plötzlich die Politik über Inhalte der Wissenschaft bestimmt. Hierfür gibt es zumindest in unserer Tradition die klare Vorgabe, dass die Wissenschaft selber unabhängig und von allen politischen Einflussnahmen frei sein soll. Dies ist im Übrigen ein akademisches Recht, welches bereits im Mittelalter von der sich etablierenden Universität gegenüber den kirchlichen und weltlichen Autoritäten durchgesetzt wurde und nicht leichthin verspielt werden sollte. Da die Wissenschaft als soziales Denkkollektiv der Gesellschaft verstanden werden kann, muss sie auch bestimmte Freiräume haben, die zunächst nicht unbedingt einsichtig sind. Denn niemand weiß, wohin sich eine intellektuelle Entwicklung innerhalb der Wissenschaft bewegt. Deswegen ist das oftmals bejammerte Abgehobensein der Wissenschaft notwendig für ihr eigenes soziales Funktionieren. Nur weil Wissenschaft als soziale Instanz eine gewisse finanzielle, intellektuelle, politische und selbstverfasste Eigenständigkeit gegenüber anderen Institutionen hat, kann sie ihren Auftrag der intellektuellen Durchdringung unserer Welt wahrnehmen. Sie kann dies nur tun als eigene soziale Institution mit den ihr eigenen Gesetzmäßigkeiten, die paradoxerweise weder von ihr gemacht noch von ihr gesteuert noch von ihr bewusst verändert werden können. Insofern ist Wissenschaft wie alles andere Leben auch einem Selbstevolutionsprozess unterworfen, dessen Dynamik immer noch sehr unzureichend verstanden ist [11].

Quintessenz

- Wissenschaft baut auf Voraussetzungen auf, die sie selber nicht immer reflektiert und die oftmals nicht offenkundig sind. Collingwood nannte diese Voraussetzungen „absolute Voraussetzungen – absolute presuppostions".
- Gödel hat in seinem Unabschließbarkeitstheorem gezeigt, dass jedes System Sätze enthalten *muss*, die innerhalb des Systems nicht mehr entscheidbar sind.
- Wissenschaftliche Tatsachen entspringen einem komplexen Forschungs- und Denkprozess, der in seinem Wesen sozialer Natur ist. Fleck hat darauf hingewiesen, dass das Feststellen und Definieren solcher Tatsachen in hohem Maße von der Ausbildungs- und Denktradition einer Wissenschaftlergruppe abhängig ist. Deshalb sagte er:
  „Eine wissenschaftliche Tatsache ist die Übereinkunft, mit dem Denken aufzuhören."
- Der Fortschritt der Wissenschaft ist nicht notwendigerweise linear und rational.
- Kuhn wies darauf hin, dass Wissenschaft oftmals durch kritische Phasen hindurchgeht, die er als Revolutionen bezeichnete. Anschließend folgt eine Phase der Normalwissenschaft, bis zu viele Anomalien eine Revision des herrschenden Paradigmas notwendig machen.
- Wissenschaft ist also ein sozialer Prozess. Ihr Subjekt ist die wissenschaftliche Gemeinschaft, die „Scientific Community".
- Der soziale Prozess der Wissenschaft dokumentiert sich in den komplexen sozialen Ritualen der universitären Ausbildung und Prüfung, sowie der Publikation und Rezeption wissenschaftlicher Erkenntnisse.
- Die soziale Einheit der Wissenschaft ist im Gegensatz zu anderen sozialen Gruppen flüssiger und abstrakter und von außen nicht einfach zu verstehen.
- Wissenschaftliche Information unterscheidet sich von anderen Informationen hauptsächlich durch die Qualitätssicherung durch Kollegen.
- Die Publikation wissenschaftlicher Erkenntnisse ist ebenfalls ein Prozess, der durch viele soziale Faktoren beeinflusst wird.
- Wissenschaft ist also ein komplexes soziales System, dessen Dynamik wir noch nicht verstanden haben.

Literatur

[1] *Collingwood, R. G. (1998, orig. 1940). *An Essay on Metaphysics.* Oxford: Clarendon Press.

[2] Devlin, K. (2002). Kurt Gödel – Separating truth from proof in mathematics. *Science, 298,* 1899–1900.

[3] **Fahrenberg, J. (2004).** ***Annahmen über den Menschen. Menschenbilder aus psychologischer, biologischer, religiöser und interkultureller Sicht.*** **Heidelberg: Asanger.**

[4] *Fleck, L. (1980). *Entstehung und Entwicklung einer wissenschaftlichen Tatsache. Einführung in die Lehre vom Denkstil und Denkkollektiv. Mit einer Einleitung herausg. v. L. Schäfer und T. Schnelle.* Frankfurt: Suhrkamp. (Original erschienen 1935).

[5] Hofstadter, D. R. (1979). *Gödel, Escher, Bach: An Eternal Golden Braid. A Metaphorical Fugue on Minds and Machines in the Spirit of Lewis Carroll.* New York: Basic Books.

[6] Koestler, A. (1964). *The Sleepwalkers. A History of Man's Changing Vision of the Universe.* Harmondsworth: Penguin Books.

[7] Koestler, A. & Smythies, J. (Eds.) (1969). *Beyond Reductionism: New Perspectives in the Life Sciences.* London: Huchingson.

[8] **Kuhn, T. S. (1967).** ***Die Struktur wissenschaftlicher Revolutionen.*** **Frankfurt: Suhrkamp.**

[9] Kuhn, T. S. (1977). *Die Entstehung des Neuen – Studien zur Struktur der Wissenschaftsgeschichte.* Frankfurt: Suhrkamp.

[10] **Latour, B. (2000).** ***Die Hoffnung der Pandora. Untersuchungen zur Wirklichkeit der Wissenschaften.*** **Frankfurt: Suhrkamp. (Auch als Suhrkamp Taschenbuch)**

[11] **Oeser, E. (1988).** ***Das Abenteuer der kollektiven Vernunft. Evolution und Involution der Wissenschaft.*** **Berlin, Hamburg: Parey.**

[12] Suppe, F. (Ed.) (1977). *The Structure of Scientific Theories.* Urbana: University of Illinois Press.

[13] Toulmin, S. (1985). Conceptual revolutions in science. In R. S. Cohen & M. W. Wartofsky (Eds.), *A Portrait of Twenty-Five Years: Boston Colloquium for the Philosophy of Science 1960–1985.* (pp. 58–74). Dordrecht: Reidel.

3 Psychologie: (mindestens) zwei Gesichter einer Wissenschaft

Die Psychologie hat den Widerstreit der Wissenschaft, der an ihrer Wiege stand und gleichzeitig ihr Geburtshelfer geworden ist, mit übernommen: den Streit zwischen aufstrebender Natur- und traditioneller Geisteswissenschaft. Der Freiburger Philosoph Windelband, der zu einem Initiator der wissenschaftlichen Psychologie in Freiburg werden sollte, hatte Ende des 19. Jahrhunderts zum ersten Mal über diese Dichotomie gesprochen, und Wilhelm Dilthey hatte diesen Begriff Anfang des 20. Jahrhunderts aufgegriffen und polemisch verwertet, indem er den Geisteswissenschaften eine eigene Methodik und eigene Existenzberechtigung gegenüber und abgegrenzt von der Naturwissenschaft zugesichert hat. Geisteswissenschaft, so die Argumentation, beschäftigt sich mit dem menschlichen Geist und seinen Manifestationen in Texten, Literatur und anderen kulturellen Erzeugnissen. Naturwissenschaft hingegen beschäftigt sich mit der Natur und ihren Manifestationen in der Materie und in ihren Formen. Wo aber steht die Psychologie? Ist nicht der menschliche Geist ein Produkt der Natur und also folgerichtig nur von Naturwissenschaft und mit Hilfe ihrer Methodik zu erforschen und zu erklären?

Genau diese Debatte und dieser Widerstreit der Meinungen, der am Anfang der Psychologie gestanden hat, ist bis heute innerhalb unserer Wissenschaft tragend geblieben. So ist die Psychologie eine Wissenschaft mit diesen zwei und möglicherweise sogar mehr Gesichtern geworden und geblieben: Auf der einen Seite ist sie Geisteswissenschaft und bedient sich geisteswissenschaftlicher Methodiken, z. B. der Textinterpretation, der Interpretation von Träumen, Biographien oder ausführlichen Interviews. Auf der anderen Seite verwendet die Psychologie messende, quantifizierende Verfahren, wie sie die Naturwissenschaft zu ihrem Erfolg geführt hat, indem sie versucht, mit Hilfe von Fragebögen Gemütszustände zu quantifizieren, die Intelligenz zu messen oder andere Persönlichkeitskonstrukte zu erfassen, oder mit Hilfe von psychophysiologischen Verfahren Zusammenhänge zwischen physiologischen Indikatoren wie etwa Immunparametern, dem Blutdruck oder der autonomen Erregung und psychologischen Angaben herzustellen. Für Studierende der Psychologie, aber auch für Praktiker stehen sich diese Verfahren anscheinend verbindungslos und oft auch widersprüchlich gegenüber. Es sieht so aus, also müsste man sich für das eine oder das andere entscheiden, denn das Messen der Depression scheint ja schließlich das Verstehen eines konkreten Zusammenhangs auszuschließen. Zumindest scheint dies so. Gibt es möglicherweise eine verbindende oder übergreifende Sichtweise? Wir schlagen in diesem Kapitel eine solche verbindende Sicht vor und verwenden dafür ein im Laufe dieses Buches immer wiederkehrendes Motiv, die Denkfigur der *Komplementarität*. Wir wollen deshalb am Anfang ein paar Sätze auf das Verstehen und die Umschreibung von Komplementarität verwenden, bevor wir dann auf ihre Anwendung zu sprechen kommen. Im Rahmen des später folgenden Exkurses über die Bedeutung der Quantenmechanik und der Verschränkung werden wir diese Diskussion vertiefter aufgreifen.

3.1 Komplementarität

Der Begriff Komplementarität ist den meisten Menschen bekannt als ein Schlüsselbegriff der Quantenmechanik. Er wurde eingeführt von Nils Bohr [4], um den merkwürdigen Sachverhalt, den er in der Quantenmechanik entdeckte, beschreiben zu können, dass es dort nämlich Größen gibt, die zwar *gemeinsam zur Beschreibung einer Sache nötig, aber nicht gleichzeitig mit beliebiger Präzision feststellbar sind* [5]. Sind zwei Beschreibungen komplementär, dann beziehen sie sich immer auf eine Sache und sind notwendig, um diese Sache zu kennzeichnen. Obwohl sie sich aber auf dieselbe Sache beziehen, sind sie nie gleichzeitig mit beliebiger Präzision anwendbar. Versucht man die eine Größe maximal genau festzulegen, verwischt sich dabei die andere und wird unscharf. Umgekehrt wird beim Versuch, die jeweils andere Größe festzulegen die erste ungenau. In der Quantenmechanik führt dies zur berühmten Heisenbergschen Unschärferelation, die genau diesen Sachverhalt mathematisch-formal feststellt. Bekannt sind etwa die komplementären Größen Ort und Moment eines Teilchens. Während in der klassischen Mechanik beides theoretisch mit maximaler Genauigkeit gleichzeitig feststellbar ist, ist dies in der Quantenmechanik nicht mehr möglich. Dort muss man sich entscheiden für eine Messvorrichtung, die den Ort maximal genau bestimmt; dann wird die Kenntnis des Impulses völlig unscharf. Umgekehrt kann man sich für die Messung des Impulses entscheiden, wodurch man die genaue Kenntnis vom Ort eines Teilchens verliert. Nun könnte der spitzfindige Experimentator auf die Idee kommen zu sagen, wir messen zuerst den Impuls des Teilchens und gleich darauf den Ort und können so beides zugleich feststellen. Genau dies ist bei komplementären Größen eben nicht möglich. Denn – und dies ist eine formale Grundannahme der Quantenmechanik – die Reihenfolge der Messungen ist nicht egal, und je nachdem welche Messung zuerst vorgenommen wird, resultiert ein anderes Ergebnis. Dies ist eine andere Beschreibung für den Sachverhalt der Komplementarität und wird in der Quantenmechanik mit der sogenannten Nichtkommutativität der entsprechenden Größen bezeichnet. Kommutativität kennen wir aus unserer normalen Abelschen Algebra: 2x3=6, und es ist vollkommen egal, ob wir zuerst 2 mit 3 multiplizieren oder zuerst 3 mit 2. Diese formale Struktur nennen wir kommutativ. Genau dies ist in der Quantenmechanik nicht möglich, und durch diese Nichtkommutativität sind formal gesehen komplementäre Größen definiert.

Bohr führte also den Begriff der Komplementarität ein, weil er nicht in der Lage war, die von der Quantenmechanik beschriebenen Sachverhalte anders zu klassifizieren. Behalten wir also folgende Bestimmungsstücke von Komplementarität für die folgende Diskussion im Auge:

1. Komplementäre Größen sind immer solche, die sich auf *ein- und dieselbe* Sache beziehen.
2. Ihre Anwendung ist nicht gleichzeitig mit beliebiger Präzision möglich.
3. Die Reihenfolge ihrer Anwendung ist nicht egal.
4. Komplementäre Größen beschreiben nicht nur Gegensätze, sondern maximal inkompatible Sachverhalte.

Wenn wir also im Folgenden Komplementarität als Schlüsselbegriff immer wieder bemühen werden, so tun wir dies weniger im formalen als im sachlichen Rückgriff auf eine Grunderkenntnis der Quantenmechanik [2,3]. Dahinter steckt die Intuition, dass Inhalte, die für die grundlegende Beschreibung der Welt, also für die formale Beschreibung der Materie, wie sie in der Quantenmechanik vorliegt, von Bedeutung sind, vermutlich auch auf anderen Ebenen wichtig sind. Wir wollen uns an dieser Stelle mit dem Hinweis darauf begnügen, dass die innerhalb der Psychologie größtenteils angewandten Denkfiguren noch immer auf die Physik um die Zeit zwischen 1880 und 1900 zurückgreifen und die meisten Forscher und Denker sich den Luxus erlauben und unserer Meinung nach dem Irrglauben aufsitzen, die Entwicklungen der neueren Physik seien für die Belange größerer Systeme, wie sie die Psychologie beschreibt, ohnedies unerheblich. Wir werden darauf im Verlauf dieses Buches an verschiedenen Stellen noch zu sprechen kommen.

Wir verwenden also den Begriff der Komplementarität nicht in der gleichen Präzision wie die Physik. Dies ist aus dem einfachen Grund nicht möglich, da es innerhalb der Psychologie und anderer komplexer Theorien keine so wohl definierten und formalisierten Theorien gibt wie dies in der Physik der Fall ist. Wir werden aber sachlich den Begriff in der gleichen Art und Weise behandeln. Dies sieht auf den ersten Blick so aus, als hätten wir gleichsam in einem Piratenakt einen Schlüsselbegriff aus einer Wissenschaft herausgerissen und auf einen anderen Wissenschaftsbereich übertragen. Dies ist allerdings bei genauerem Hinsehen falsch. Denn Bohr selber hatte den Begriff ursprünglich aus der Psychologie entlehnt und ihn höchstwahrscheinlich seiner vergleichsweise guten Kenntnis der damaligen zeitgenössischen Psychologie und seinen Kontakten zu Psychologen und Philosophen zu verdanken [1]. In diesem Sinne tun wir nichts anderes, als dem Begriff seinen ursprünglichen Platz innerhalb der Psychologie wieder zurückzugeben.

Als visuelle, ikonographische Darstellung von Komplementarität mögen uns die bekannten psychologischen Vexierbilder dienen, in denen zwei Perspektiven oder Sachverhalte zur gleichen Zeit dargestellt sind, in aller Regel aber immer nur eine sichtbar ist.

Abb. 3.1: Vexierbild „junge Dame/alte Frau" als visuelle Darstellung von Komplementarität

Bekannt ist etwa das Bild von der alten und jungen Frau (s. Abb. 3.1). Man kann hier entweder eine junge Frau erkennen, die vom Vordergrund aus nach hinten blickt. Dann sieht man ihr anmutiges Kinn, lange Wimpern, eine große Feder, ein Ohr und ein Halsband. Wenn man lange genug auf dieses Bild blickt, kann man aber auch eine alte Frau erkennen. Dann wird das Kinn der jungen Frau plötzlich zur Nase der alten Frau, das Halsband der jungen Frau plötzlich zum schmalen verkniffenen Mund der alten Frau, die untere Halspartie zum Kinn, das Ohr und die Wimpern der jungen Frau werden zu den beiden Augen der Alten, die sich im Halbprofil leicht nach vorne gewandt darstellt. Die große Feder oder der Hut der jungen Frau wird plötzlich zu einer Art Kopftuch, und mit einem Mal ist das gesamte Bild verwandelt. Was nun von besonderer Bedeutung für unseren Zusammenhang ist, ist die Tatsache, dass es den Wenigsten gelingen wird, beide Sichtweisen zugleich einzunehmen. Entweder sieht man das Bild als junge oder als alte Frau. Oftmals wechselt es auch in schneller Folge, und manchmal ist es nur schwer möglich, die andere Perspektive einzunehmen. Dennoch sind beide Sichtweisen nötig, um das Bild komplett zu beschreiben. Es waren übrigens solche Vexierbilder, vom dänischen Wahrnehmungspsychologen Edgar Rubin für seine Studien entwickelt, die höchstwahrscheinlich den Anlass gaben, um Bohr den Begriff der Komplementarität nahe zu bringen. Insofern dürfen wir diese Bilder getrost verwenden, um den Begriff visuell zu illustrieren.

3.2 Geist und Natur – zwei komplementäre Seiten in einer Wissenschaft

War an der Wiege der Psychologie noch die *Dichotomie* Geistes- oder Naturwissenschaft gestanden, und haben sich viele Forscher entweder für das eine oder das andere entschieden, so ist der Standpunkt, den wir hier vertreten wollen, ein dezidiert *komplementärer*: Psychologie muss *sowohl* Natur- *als auch* Geisteswissenschaft sein, wenn sie den Menschen in seiner Doppelnatur entsprechend verstehen und begreifen will. Denn der Mensch selber stellt eine solche komplementäre Verbindung zweier anscheinend nicht miteinander kompatiblen Seiten dar. Er ist durch und durch Naturwesen und Produkt der Evolution und insofern auch legitimer Gegenstand der Naturwissenschaft. Auf der anderen Seite ist er der Quell- und Kernpunkt dessen, was wir als Geist verstehen. Er produziert als Kulturwesen geistige, kulturelle Äußerungen, die nur mit Mitteln der Geisteswissenschaft zu verstehen und zu handhaben sind. Es wäre unsinnig, Literatur, Kunst, Religion oder soziales Zusammenleben einzig und allein mit Mitteln der naturwissenschaftlichen Analyse begreifen zu wollen. Insofern ist der Mensch genau jenes Doppelwesen, das für die Psychologie auch Anlass zu ihrem Doppelgesicht ist. Deswegen ist Psychologie sowohl Natur- als auch Geisteswissenschaft. Diese Komplementarität werden wir später in der Diskussion um das Leib- und Seele-Problem wieder finden, und wir reißen sie hier nur kurz an: Weil das natürliche, leibliche, körperliche Sein des Menschen und sein geistig-seelisches bewusstes Sein, sein Leib und sein Bewusstsein, sein Gehirn und dessen bewusste Erlebnisweise zwei komplementär aufeinander bezogene Seiten darstellen, die ein- und dieselbe Sache charakterisieren, deswegen muss Psychologie als Wissenschaft auch *beide* Zugangswege sowohl in ihrer Methodik als auch in ihrem Gegenstandskatalog gegenwärtig halten. Dies ist auch der Grund für die oftmals verwirrende und gleichzeitig notwendige, scheinbare Widersprüchlichkeit psychologischer Methodik. Wir finden hier eben die verstehende biographische Analyse des klinischen Falles mit der gleichen Berechtigung als wissenschaftliche Arbeit vor wie etwa die äußerliche oder physiologische Betrachtung. Beides gemeinsam erst führt zu psychologischer Wissenschaft im vollständigen Wortsinn.

Historisch gesehen hat sich die Psychologie in ihrem Bedürfnis, sich von der Philosophie und der geisteswissenschaftlichen Methodik abzugrenzen, über lange Zeit vermehrt, ja an manchen Orten und bei manchen Forschern fast ausschließlich, naturwissenschaftlicher Methodik bedient. Dies ist nicht verwunderlich. Denn die Naturwissenschaft hat mit ihrer Methodik enorme Erfolge im Verständnis der Natur zu verzeichnen gehabt. Daher liegt es auch nahe, naturwissenschaftliche Methodik für die Ergründung der Natur oder der materiellen Seite des Menschen zu verwenden. Allerdings mag es manchmal den Anschein haben, als wäre die naturwissenschaftliche Methodik und Betrachtungsweise allzu sehr im Vordergrund. Dies muss, wie gesagt, als historische Abgrenzungsbemühung zur geisteswissenschaftlichen Heimat der Psychologie – der Philosophie – verstanden werden. Gleichzeitig aber haben sich, vor allem in neuerer Zeit, oftmals noch wenig verbundene geisteswissenschaftliche Methoden – etwa hermeneutische Analysen, narrative Theorien, biographische Analysen in der klinischen Psychologie – immer mehr in das Forschungsfeld geschoben. Wir würden diese Entwicklung so diagnostizieren, dass sich hier die geistige Seite des Menschen mit ihrem unreduzierbaren Anspruch auf Gültigkeit zu Wort meldet. Deshalb müssen wir Psychologie als Wissenschaft genau in dem Bereich *zwischen* den beiden Wissenschaftsformen, Natur- und Geisteswissenschaften, ansiedeln. Psychologie überbrückt die Kluft und verbindet die beiden Ufer. Sie ist sowohl Geistes- als auch Naturwissenschaft, und je nach Fragestellung, je nach Aufgabe, je nach Zielsetzung verwendet sie einmal stärker dieses, einmal stärker jenes Methodenarsenal. Oftmals wird es auch so sein, dass einzelne Forscher ausschließlich geistes- oder naturwissenschaftlich arbeiten, weil nur in den seltensten Fällen ein- und dieselbe Person alle Methoden gleich kompetent handhaben kann. Aber als kollektives Unternehmen gesehen ist die Psychologie komplementär zu sehen. Sie verwendet naturwissenschaftliche und geisteswissenschaftliche Methoden, sie betrachtet die materielle und die kulturell-geistige Seite des Menschen, sie vereinigt einen analysierenden materialistischen Standpunkt mit einem verstehend-geisteswissenschaftlichen. Konstitutiv für psychologische Wissenschaft und Forschung sollte also nicht das Entweder-oder als Entscheidung zwischen natur- oder geisteswissenschaftlicher Perspektive sein, wie es in den Anfangszeiten der Psychologie üblich war, sondern verstärkt ein Sowohl-als-auch. Beides ist eben notwendig für ein- und dieselbe Sache, sowohl die objektivierende Betrachtung von außen, die der Naturwissenschaft eigen ist, als auch die subjektiv rekonstruierende und verstehende Methodik der Geisteswissenschaft. Menschliche Erfahrung stellt sich immer in dieser Doppelnatur dar. Sie ist auf der einen Seite reines Innen. Dies ist z. B. dann der Fall, wenn rein subjektives Erleben, persönlich gefärbte Affekte, subjektive Erfahrungen und persönliche Entscheidungen oder Weltanschauungen im Mittelpunkt der Betrachtung stehen. Auf der anderen

Seite hat der Mensch auch eine eindeutige Zuordnung zum Bereich der Natur. Er ist ein biologisches Wesen, steht in einer biologisch-evolutiven Entwicklungslinie der Primaten, ist in den Gesamtkontext des ökologischen und biologischen Systems unseres Planeten eingebettet.

3.3 Das Besondere am Forschungsgegenstand Mensch

Obwohl wir also durchaus der Meinung sind, dass der Mensch als Naturwesen eine biologisch-naturwissenschaftliche Betrachtung möglich macht, so ist diese naturwissenschaftliche Betrachtungsweise in der Psychologie doch von anderer Art, als dies etwa innerhalb der Biologie der Fall ist. Biologie hat Forschungsgegenstände zu ihrem Thema, die einigermaßen „naturgegeben“ sind. Biologische Systeme, wie Pflanzen, Bakterien, Tiere, Tiergesellschaften, ökologische Systeme, sind einigermaßen klar beschreibbar und vorgegeben und können in aller Regel durch einen verobjektivierenden Blick von außen gut verstanden und beschrieben werden. Auch wenn es vor allem in der Primatenforschung Beispiele von partizipartiver Forschung gibt, wo Forscher sich als Mitglieder von Primatengruppen etabliert haben, oder wenn etwa gerade im Bereich der von Menschen gezähmten Tiere, wie Hunde, Pferde, Katzen, etc., besondere Arten von teilnehmender Beobachtung möglich zu sein scheinen, so sind dies doch Ausnahmefälle und spielen in aller Regel für den großen Gang der Biologie als Wissenschaft eine geringe Rolle. In aller Regel kann der Biologe sein System von außen betrachtend als vorgegeben definieren und verobjektivierend erkennen. Das Besondere an der psychologischen Vorgehensweise und wissenschaftlichen Erkenntnis ist aber, dass die von der Psychologie beforschten Gegenstände nur teilweise natürlich und unbedingt vorgegeben sind. Zwar haben alle Menschen Gedächtnis, Motivationen, Affekte, Wahrnehmungen und andere biologisch gegebene Erlebens- und Verhaltensweisen. Aber diese sind in den seltensten Fällen von außen komplett eindeutig beobachtbar. Vielmehr muss innerhalb der Psychologie, um einen naturwissenschaftlichen Zugang möglich zu machen, eine indirekte Methodik angewandt werden. Gedächtnisleistungen können z. B. nur durch die willentliche Mitarbeit eines freiwilligen Versuchsteilnehmers studiert werden, von dem wir annehmen, dass er die Wahrheit sagt. Bakterien oder Zellen können nicht lügen (Primaten, Pferde und Hunde schon eher). Menschen aber sehr wohl. Wann immer wir Menschen zum Forschungsgegenstand machen treten wir in den Lebens- und Bedeutungskontext eines anderen Individuums, einer anderen individuellen und bewussten Existenz, die das, was sie tut, wiedergibt und befolgt, zu allermeist bewusst und mehr oder weniger freiwillig tut. In diesem Sinne ist psychologische Forschung immer Forschung in Interaktion mit anderen. Viele traditionelle Forschungsansätze übersehen diesen Sachverhalt geflissentlich oder gehen von der vereinfachenden Annahme aus, dass dies unerheblich sei. Streng genommen muss jedoch bei jedem psychologischen Forschungsakt klar sein, dass psychologische Forschung *nie* reines verobjektivierendes Beobachten oder Messen sein *kann*, sondern immer Interaktion zwischen bewussten Individuen sein wird.

Insofern ist die anfangs erwähnte Komplementarität bereits im Forschungsprozess konstitutiv. Denn auch wenn wir einen Menschen nur als naturwissenschaftlich interessierenden Forschungsgegenstand betrachten, können wir dessen Individualität, Spontaneität, bewusste Wahrnehmung des Umfeldes nicht ignorieren. Wenn wir etwa eine Zelle im Rahmen eines biologischen Experiments mit einem definierten Milieu stimulieren, so wird die Reaktion je nach Ausgangslage immer einigermaßen gleich sein. Wenn wir einen Menschen mit einem Fragebogen „stimulieren" und auf Reaktionen in Form von Beantwortungen der Fragen warten, haben wir eine sachlich komplett andere Situation vor uns. Der Mensch als komplexes, bewusstes und Zeichen verarbeitendes System wird unsere Fragen im Rahmen seiner eigenen semantischen Welt verarbeiten und mehr oder weniger auf die gleiche Art und Weise verstehen, wie wir unsere Fragen gemeint haben. Ist sein kultureller oder privater Hintergrund sehr verschieden, wird sein Verständnis unserer Frage vollkommen anders ausfallen als wir sie ursprünglich intendiert haben, und seine Antwort wird eine Antwort sein, deren Bewertung vielleicht vollkommen anders ist als die, die wir aufgrund unseres eigenen Vorverständnisses geben würden.

Insofern schafft psychologische Wissenschaft, auch wenn sie naturwissenschaftlich und vermeintlich objektiv vorgeht, immer ihren Gegenstand, den sie beforscht, erst selber. Auch wenn es sich um „Forschungsgegenstände" handelt, die vermeintlich von außen leicht einsehbar vorliegen, wie etwa das Gedächtnis, so ist doch gleichwohl unsere Art, sich diesem Forschungsgegenstand – also in unserem Falle dem Gedächtnis – zu nähern, konstitutiv für den Gegenstand selber. Diese Aussage scheint zwar trivial und nicht speziell für den Forschungsbereich der Psychologie zu sein. Denn schließlich gilt für alle Wissenschaftsbereiche, dass das, was wir erkennen, von den Methoden, die uns zur Verfügung stehen, bestimmt ist. Durch das Mikroskop wurden etwa der Biologie Bereiche erschlossen, die vorher nicht vorhanden waren. Und durch das Teleskop wurden der Astronomie Dimensionen eröffnet, von denen vorher niemand eine Ahnung hatte. In dem selben Sinne ermöglichen die modernen Methoden der Hochenergiephysik Einsichten in die Frühzeit des Universums und in kleine Bausteine der Materie, die strikt abhängig von der verwendeten Methodik sind, und an keiner Stelle kommt die von uns hier bemühte Komplementarität zwischen Bewusstsein und Materie ins Spiel.

Dennoch ist die Situation im Falle der Psychologie eine andere: Zwar bestimmt auch hier die angewandte Methodik die Möglichkeit der Erkenntnis. Wenn wir z. B. implizite Gedächtnisaufgaben verwenden, werden wir zu vollkommen anderen Ergebnissen über die Funktionsweisen des Gedächtnisses gelangen als wenn wir nur explizite Erinnerungsaufgaben verwenden. Und genau so wurden auch neuere Erkenntnisse zur Bedeutung des impliziten Gedächtnisses gewonnen, die früher nicht denkbar waren. Dennoch bestimmen innerhalb der Psychologie stärker als in anderen Wissenschaften Vorentscheidungen des Forschers, alltägliche Vorerfahrungen und persönliche Standpunkte sowohl die Auswahl des Forschungsgegenstandes als auch die Methodik. Denn im Vergleich zum Zellbiologen, der keinerlei besondere Standpunkte oder Vorlieben gegenüber seinen Zellkulturen besitzt, hat jeder Psychologe einfach deswegen, weil er eben ein Mensch mit menschlichen Erfahrungen ist, in jedem seiner Forschungsbereiche bestimmte Vorerfahrungen.

Ein klinischer Forscher etwa, der die Bedeutung der frühen Kindheit für Bindungsverhalten erforschen will, hat etwa selber persönliche Erfahrungen aus seiner frühen Geschichte und Vergangenheit, die seine eigenen Bindungserfahrungen und damit implizit seinen Forschungsansatz bestimmen. Er mag sich dieser Gegebenheiten aufgrund seiner eigenen persönlichen Erfahrungen durch Psychotherapie oder Selbsterfahrung mehr oder weniger bewusst sein. Sie werden aber immer, ob er es will oder nicht, seine Art zu forschen, seinen Stil mit Versuchspersonen zu interagieren, seine Art der Themenwahl, seine Interpretation der Forschungsergebnisse beeinflussen. Selbst bei so vermeintlich unzweideutigen Sachverhalten wie dem Gedächtnis oder der Wahrnehmung werden solche subjektiven Faktoren notgedrungen eine Rolle spielen. Denn nie kann der Forscher, der sich eines psychologischen Forschungsgegenstandes annimmt, aus seiner Rolle und Gegebenheit als Mensch heraustreten.

Um wieder mit Collingwood zu sprechen, sind die absoluten Voraussetzungen, die ein Forscher macht in diesem Fall sein individuelles Gewachsen- und Gewordensein, hinter das keiner zurücktreten kann. Dies sind die Selbstverständlichkeiten, die nicht hintergehbaren Vorbedingungen ihrer Forschungsweise, die immer in irgendeiner Form ins Forschen mit einfließen. Bislang hat sich die psychologische Forschung erst relativ wenig mit der Bedeutung dieser biographischen Faktoren für die Art und Weise und auch die Ergebnisse psychologischer Forschung auseinandergesetzt. Es sollte aber mindestens wissenschaftstheoretisch informierten Forschern und Lesern klar sein, dass kein einziges psychologisches Forschungsergebnis ohne diese Relativierung behandelt werden darf. Die Absicherung vor individueller Verzerrung und Irrtum kann auch hier letztlich nur durch das Kollektiv und die Gesamtbewegung der Psychologie als Wissenschaft geleistet werden. Denn hinter den individuellen Horizont eines Forschers kann keiner zurück.

3.4 Beispiel Depression

Wollen wir diese komplementäre Doppelnatur psychologischen Forschens an einem konkreten klinischen Beispiel illustrieren. Wir können etwa den Fall eines depressiven Patienten zunächst rein naturwissenschaftlich-verobjektierend betrachten. Wir werden in diesem Falle einen Depressionsfragebogen verwenden und feststellen, wie ausgeprägt die Depression ist. Wir können möglicherweise physiologische Messungen vornehmen und die Aktivität des Serotoninsystems oder bestimmter Immunparameter bestimmen, um festzustellen, inwiefern die Depression sich in körperlich messbaren Parametern niederschlägt. Wir können verschiedene physiologische Tests verwenden, um den Typ der Depression zu klassifizieren. Ein Mediziner wird noch bestimmte diagnostische Maßnahmen vornehmen, um z. B. körperliche Ursachen wie schwere Infektionen, Krebs oder Stoffwechselstörungen als Ursache der Depression auszuschließen. Wir können einen rein verobjektivierend psychologischen Blick auf die Depression werfen und sie z. B. über ihre Verhaltens- und Antriebseingrenzung klassifizieren. Dann werden wir etwa die Reduktion sozialer Kontakte, die Reduktion des Antriebs durch mangelnden Appetit oder mangelnde sexuelle Appetenz feststellen. Wir werden typische verbale, nonverbale und paraverbale Signale der Depression erkennen, die den verminderten Antrieb und Affekt des Depressiven kennzeichnen, wie etwa leise Stimme, wenig Aktivität, reduzierte Mimik, trauriges Gesicht, etc. All dies sind psychologische und physiologische verobjektivierende Ansätze zur wissenschaftlichen Beschreibung von Depression.

Bereits bei der Klassifizierung und beim Verstehen verbaler oder nonverbaler Signale bedienen wir uns aber unseres eigenen persönlichen und biologischen Erfahrungshorizontes. Wir wissen z. B. aus eigener Erfahrung, wie sich Niedergeschlagenheit anfühlt und äußert. Deswegen können wir sie auch beim anderen verstehen. Deswegen ist es uns auch möglich, leichte Zeichen depressiver Gestimmtheit, auch wenn der Betreffende das Vorhandensein einer Depression verneint, zu erkennen.

Zusätzlich zu dieser Außensicht hat aber jede Depression auch eine bestimmte Innenperspektive. Sie hat eine bestimmte Art und Weise wie sie sich anfühlt, eine subjektive Form des Affektes, ihre Innensicht gewissermaßen, die sich von außen nie wirklich wird erkennen lassen. Nur wer selber einmal traurig, niedergeschlagen oder depressiv gestimmt war, wird aufgrund der eigenen Erfahrung nachvollziehen können, wie es ist, wenn man depressiv gestimmt ist. Zusätzlich zu dieser komplett subjektiven Sicht, die ebenso zur Depression dazu gehört wie die Außensicht, ist noch die je individuelle Geschichte einer Depression zu beachten. Im einen Fall ist sie vielleicht ein altes Erbe misslungener Bindung zwischen Mutter und Kind; im anderen Fall ist sie möglicherweise das Resultat von wiederholten Ausgrenzungserfahrungen in der späteren Kindheit. Im wieder anderen Fall ist sie vielleicht einfach die Reaktion auf den Verlust eines geliebten Menschen durch Tod oder Trennung. Obwohl sich die äußeren Signale und Zeichen vielleicht sehr ähnlich zeigen werden, sind doch die inneren Prozesse, die zu dieser je eigenen Form der Depressivität geführt haben, grundverschieden. Zu einer kompletten Sicht der Depression würde im Rahmen einer Psychologie als Wissenschaft die komplementäre Betrachtungsweise führen: das Verstehen der inneren Seite und das Betrachten der äußeren Seite.

Für den praktischen Fall wird es von Bedeutung sein, welchen Zugang ein Kliniker als erstes wählt. Er wird sich einen komplett anderen Zugang zum Patienten erarbeiten, wenn er zuerst versucht, die biographische Seite, die individuelle Sicht eines depressiven Patienten zu verstehen, als wenn er ihn zuerst einer objektiven Analyse unterwirft. Entsprechend werden spätere therapeutische Handlungsmöglichkeiten leichter und andere Zugänge schwieriger sein. Insofern spielt auch hier das Element der Komplementarität eine Rolle, das wir vorher erwähnt haben: Die Reihenfolge der Anwendungen komplementärer Perspektiven ist nicht unerheblich.

Ein weiteres Element der Besonderheit psychologischer Forschungsgegenstände können wir an unserem Beispiel der Depression illustrieren: die Konstruktion des Gegenstandes durch die Methodik. Depressivität kommt nicht in der gleichen Art und Weise in der Natur vor wie etwa Chlorophyll in den Blättern. Vielmehr nennen wir Depression ein Ensemble von Symptomen und Gegebenheiten, die immer wieder vergesellschaftet auftreten. Jeder Mensch ist hin und wieder traurig oder unleidig gestimmt. Jeder Mensch hat Phasen geringerer Aktivität oder Unlust, und jeder kennt aus eigener Erfahrung Situationen von reduziertem Antrieb und einer gewissen Unlust zu leben. Normalerweise sind solche Zustände vorübergehender Natur, ändern sich vergleichsweise schnell und geben Raum für wieder neue Erlebensweisen. Erst wenn wir ein Ensemble von Symptomen hartnäckig, immer wiederkehrend und alles andere übertönend vorfinden, werden wir von einer Depression sprechen. Gleichwohl ist die Depression als klinische Entität nicht in der gleichen Weise objektiv und leicht sichtbar wie etwa die Hautfarbe eines Menschen. Man muss bestimmte Methoden anwenden, um sie feststellen zu können. Und von der Anwendung dieser Methoden hängt auch zugleich das Ergebnis ab. Wird etwa ein Kliniker mit daseinsanalytischer Ausbildung einen Menschen befragen und dessen Biographie rekonstruieren, wird er vielleicht eine komplett andere Diagnose und Feststellung treffen, wie wenn ein verhaltenstheoretisch orientierter klinischer Psychologe denselben Menschen befragt. Wenngleich man versuchen kann mit Methoden der Statistik und mit vielen Patienten, sowie mit unterschiedlichen Methoden solche Probleme in den Griff zu bekommen – und genau dies macht das Besondere psychologischer Methodik aus, dass man eben zu solchen Triangulierungen von Methoden und Ergänzungen verschiedener Zugänge greifen muss, um zu einer vollständigen Sicht eines Forschungsgegenstandes zu kommen – so wird doch im individuellen Falle der psychologische Erkenntnisstand durch die besagten individuellen und persönlichen Voraussetzungen und Gegebenheiten mitbedingt werden. Zur Besonderheit der Psychologie als Wissenschaft gehört es deshalb, dass diese unterschiedlichen Zugänge, diese anscheinend widersprüchlichen Methoden zusammengeführt werden müssen, um einen wissenschaftlichen Zugang zum Forschungsgegenstand Mensch zu erlangen. Und trotz allem werden wir eine Begrenzung nie überwinden können: die rekursive Struktur, dass wir als Menschen mit unserem Vorwissen, mit unserer kulturellen Geprägtheit, mit unserer historischen Bedingtheit den Mensch zum Untersuchungsgegenstand machen.

Wir finden uns hier wieder in einer rekursiven Struktur, wie sie von Escher gezeichnet und von Gödel formal beschrieben worden ist: Wir können dieses System nie durch vermeintliche archimedische Punkte außerhalb seiner Selbst begründen, sondern bewegen uns innerhalb dieses Systems. Erst das Wissen um diese Begrenzung und die Anerkennung dieser Relativität wird uns ein klares Bewusstsein davon geben, was Psychologie ist und kann, und eben auch, was ihre Begrenzungen sind.

Eine Gefahr besteht eigentlich erst dann, wenn wir diese Begrenzungen und diese Systemvoraussetzungen für die Psychologie als Wissenschaft vergessen. Dann sind wir in Gefahr, relativ gesehen nützliches aber begrenztes Wissen zu verabsolutieren. Wir könnten dann vergessen, dass „Depression" in gewisser Weise ein Konstrukt ist. Wir könnten dann übersehen, dass andere Kulturen das gleiche Symptomenbündel möglicherweise mit dem gleichen Recht wie wir sie als Depression bezeichnen vollkommen anders rekonstruieren und behandeln. So lange wir diese Bedingtheiten im Blick behalten, stellt uns die Psychologie ein mächtiges Instrumentarium zum Verständnis des Menschen zur Verfügung. Ein Schlüsselbegriff scheint uns in der Tat die Komplementarität zu sein. Denn erst durch die Verbindung von geistes- und naturwissenschaftlicher Perspektive, von Innen- und Außensicht, von biologischer und kultureller Betrachtung kommen wir dem näher, was die Doppelnatur und zugleich das Geheimnis des Menschen ausmacht.

3.5 Vorläufige Definitionen und Zusammenfassungen

Bereits Aristoteles hat festgestellt, dass Definitionen immer das Ergebnis einer vollständigen Erkenntnis und nicht ihre Bedingung sein können. Insofern sind gute und vollständige Definitionen eigentlich immer erst am Ende einer Untersuchung und Betrachtung möglich. Wir wollen gleichwohl hier eine gewisse Zwischenbilanz ziehen, bevor wir uns der philosophischen Propädeutik zuwenden und das bislang Gesagte in einigen Definitionen vorläufiger Art zusammenfassen.

Wissenschaft wollen wir verstehen als den kollektiven und gemeinschaftlichen Versuch von Menschen, der durch die Allgemeinheit unterstützt und finanziert wird, die Natur und das Wesen der Welt und ihrer Bedingungen besser zu verstehen und nutzbar zu machen. Sie ist systematisierte Erfahrung, und sie bedient sich dabei verschiedener Methoden der *Absicherung vor Irrtum*: Sie verwendet Forschungsmethoden, die in den Teildisziplinen definiert und gelehrt werden, und deren korrekte Anwendung durch Qualitätssicherungsprozesse überprüft wird. Diese Methoden dienen dazu, Irrtum zu reduzieren und nach Möglichkeit auszuschalten. Eine Methode *der* Wissenschaft schlechthin gibt es jedoch nicht. Vielmehr werden sich die Prozesse der Sicherung gegen Irrtum in unterschiedlichen Disziplinen sehr unterschiedlich darstellen. Wissenschaft als kollektiver Prozess der Erkenntnisgewinnung hat sich im Laufe der Menschheitsgeschichte herausgebildet und unterliegt heute bestimmten sozial vermittelten Normen. Diese bestehen z. B. in den Ausbildungsregularien von Universitäten, in den Forschungsmethoden bestimmter Forschungskollektive und -schulen, in den akzeptierten Normen für das Akzeptieren wissenschaftlicher Information zur Publikation und in einigen Konstanten, die sich durch verschiedene Wissenschaftsdisziplinen und Zeiten hinweg identifizieren lassen. Dazu gehörten etwa die relative Unabhängigkeit von Forschungsergebnissen von Ort, Zeit und Person des Forschers. Dies wird in aller Regel operationalisiert durch die Forderung, dass Forschungsergebnisse reproduzierbar sein sollten.

Wissenschaft hat sich entwickelt – hierzu mehr in den historischen Kapiteln – aus den Bemühungen zunächst einzelner, später vieler Forscher, sich von vorgegebenen Meinungen, Dogmen und Ideologien nicht mehr gängeln zu lassen [6]. Insofern ist Wissenschaft ein Kind der *Aufklärung* und gleichzeitig ihr wesentlicher Motor. Moderne Wissenschaft kann nur verstanden werden als komplexe Interaktion zwischen dem einzelnen Forscher und seinem sozialen Umfeld, mit der Absicht und dem Ziel, Teilbereiche der Welt besser zu verstehen und zu beschreiben und nach Möglichkeit zu beeinflussen. Dieser Vorgang ist ein komplexer Konstruktions- und Rekonstruktionsprozess, bei dem die Welt in eine innige und intime Interaktion mit dem Forscher als Person und der Wissenschaft als kollektiver Unternehmung tritt. Charakteristisch für die Psychologie als Wissenschaft ist hierbei ihre Doppelnatur, die wir mit dem Begriff der Komplementarität versucht haben zu charakterisieren. Komplementarität meint dabei, dass zwei maximal inkompatible Sichtweisen notwendig sind um einen Gegenstand zu beschreiben. Diese beiden Sichtweisen sind in aller Regel nicht gleichzeitig anwendbar und die Reihenfolge ihrer Anwendung ist in aller Regel nicht unerheblich. Komplementarität von Zugangsweisen zeigt sich in der Psychologie durch die Notwendigkeit eines natur- und eines geisteswissenschaftlichen Zugangs. Deswegen wendet die Psychologie messende, beobachtende und analysierende Verfahren der Naturwissenschaft genauso an wie interpretierende, verstehende und rekonstruierende Verfahren der Geisteswissenschaft. Beides gemeinsam macht die Wissenschaftlichkeit der Psychologie aus und sie begründet sich daher, dass der Mensch sowohl ein Natur- als auch ein Kulturwesen ist, sowohl in den biologischen Evolutionsprozess der Natur eingebunden als auch Ursprung und Quelle der Kultur. Philosophisch gesprochen ergibt sich diese komplementäre Struktur aus der biologisch-materiellen und geistigen Seite des Menschen. Konstitutiv für die Psychologie ist außerdem, dass sie eine Wissenschaft ist, deren Forschungsgegenstand nicht einfach in der Welt vorgefunden wird, sondern der immer zu einem gewissen Grade vom Forscher selbst und dessen Methode und individueller Perspektive mit geprägt und mit bestimmt ist. Insofern ist die Psychologie eine konstruktive Wissenschaft. Darin weist sie dieselbe rekursive Struktur auf, wie wir sie zuvor als charakteristisch für die postmoderne Situation gekennzeichnet haben, indem wir das Beispiel von Eschers Händen und Gödels Unabschließbarkeitstheorem verwendet haben. Sie kann ihre Grundlagen nicht selber begründen, sondern schafft sie sich in ihrer Anwendung je neu.

Quintessenz

- Die Psychologie hat als Wissenschaft eine Sonderstellung. Sie verbindet natur- und geisteswissenschaftliche Perspektive. Dies hängt mit ihrem Forschungsgegenstand Mensch zusammen: Er ist zugleich Natur- und Geistwesen. Wir beschreiben diese Situation mit dem Begriff der Komplementarität:
  - Komplementarität meint die Anwendung zweier maximal inkompatibler Beschreibungsweisen für ein- und denselben Gegenstand.
- Der Mensch hat eine leiblich-körperliche Seite, die mit der Methodik der Naturwissenschaft untersucht werden kann.
- Der Mensch hat eine geistig-bewusste Seite und befindet sich damit im Zuständigkeitsbereich der Geisteswissenschaften.
- Die Psychologie hat die Aufgabe, beide Perspektiven zu verbinden. Sie tut dies, indem sie unterschiedliche Methoden, die sich anscheinend gegenseitig ausschließen, auf ein- und dieselbe Sache anwendet: naturwissenschaftlich-messende und geisteswissenschaftlich-verstehende Verfahren.
- Die Psychologie als Wissenschaft ist außerdem dadurch gekennzeichnet, dass sie ihren Forschungsgegenstand immer auch selbst – in Grenzen – schafft und konstruiert.

Literatur

[1] Plaum E. (1992). Niels Bohrs quantentheoretische Naturbeschreibung und die Psychologie. *Psychologie und Geschichte*, 13:94–101.

[2] Walach, H. (1998). Der Komplementaritätsgedanke in der Interaktion zwischen Psychologie und Physik. In J. Jahnke, J. Fahrenberg, R. Stegie & E. Bauer (Hrsg.), *Psychologiegeschichte – Beziehungen zu Philosophie und Grenzgebieten. Passauer Schriften zur Psychologiegeschichte* (Bd. 12, S. 85–108). München: Profil.

[3] Fahrenberg, J. (1979). Das Komplementaritätsprinzip in der psychosomatischen Forschung und psychosomatischen Medizin. *Zeitschrift für klinische Psychologie, Psychopathologie und Psychotherapie*, 27:151–167.

[4] Bohr, N. (1958). *Atomphysik und menschliche Erkenntnis*. Braunschweig: Vieweg.

[5] Meyer-Abich, K. M. (1965). *Korrespondenz, Individualität und Komplementarität.* Wiesbaden: Steiner.

[6] Kant, I. (1999). *Was ist Aufklärung? Ausgewählte kleine Schriften.* Hrsg. von H. D. Brandt. Hamburg: Meiner.

Teil II: Philosophiehistorisches Propädeutikum, oder: Im Galopp durch die Philosophiegeschichte

Einführung

Warum überhaupt Geschichte, könnte man sich fragen. Welchen Sinn hat es, sich mit vergangenen Fragestellungen und Lösungsversuchen auseinanderzusetzen? Ist es nicht so, dass sich Geschichte gerade dadurch auszeichnet, dass sie vorbei und vorüber ist und moderne Wissenschaft gerade deswegen notwendig, weil vergangene Lösungsversuche unzureichend waren?

Ja und nein. Ja insofern, als es offensichtlich immer eine Weiterentwicklung sowohl von Fragestellungen als auch von Lösungsversuchen gibt. Allein schon der Blick in unsere alltägliche Lebenswelt mit ihren vielfältigen Annehmlichkeiten von warmem Wasser bis hin zu Heizung und sanitären Anlagen belehrt uns, dass die Forschungsbemühungen vergangener Generationen eindeutig dazu geführt haben, dass unser Leben in gewisser Hinsicht annehmlicher und „besser" geworden ist. Insofern bedeutet „moderne Gegenwart" Fortschritt im Vergleich zur Vergangenheit.

Auf der anderen Seite wollen wir die psychologische Grundhaltung auch auf die Geschichte anwenden: Seine Gegenwart im individuellen und kollektiven Sinn versteht erst der richtig, der seine Herkunft verstanden hat und zu deuten weiß. Deshalb ist Geschichte nicht nur das zu überwindende Vergangene, sondern das immer in der Gegenwart still und unerkannt Wirkende. Ein Verständnis der Geschichte ist analog der persönlichen Analyse des individuellen Gewordenseins: Wenn ich meine Herkunft besser verstehe, die kulturellen, familiären und politischen Bedingungen meines Aufwachsens als Kind, dann weiß ich meine Stärken und Schwächen in der Gegenwart, meine Empfindlichkeiten und meine Unerschrockenheit gleichermaßen besser zu deuten, zu verstehen und einzusetzen. Ich weiß mich besser vor Fehlern zu bewahren und kann mit größerer Zuversicht das, was mein Eigenes ist, leben und entwickeln.

In gleichem Maße gilt auch kollektiv für die Wissenschaft, dass wir ihre Bedingtheiten, ihre Besonderheiten, ihre Stärken und ihre Schwächen besser verstehen, wenn wir verstanden haben, wie sie historisch gewachsen ist. Deswegen ist Philosophie und Geistesgeschichte auch für Psychologen, und vor allem für Psychologen, die ja im Rahmen einer ganz jungen Wissenschaft tätig sind, aus unserer Sicht von größter Bedeutung. Denn erst wenn man historisch verstanden hat, wie es dazu kommen konnte und musste, dass sich eine eigene Wissenschaft namens Psychologie etablierte und innerhalb kürzester Zeit zu vergleichsweise großer Bedeutung gelangen konnte, erst wenn man diese geschichtliche Dimension verstanden hat, kann man sowohl die Stärke als auch die Schwäche unseres Fachs besser verstehen und wird vor allem einsehen, in welche Richtung eine weitere Entwicklung vielversprechend oder eher hinderlich sein kann.

Dass eine solche Erkenntnis und Einsicht jeweils individuell andere Schattierungen tragen wird, tut nichts zur Sache. Denn die Perspektiven und Hinsichten auf diese Geschichte sind auf jeden Fall vielfältig. Dennoch wird sich eine gemeinsame

Konstante herausbilden, nämlich die der historischen Entwicklungslinien hin zur Psychologie und ihrer speziellen Fragestellungen.

Ein Blick in die moderne und aktuelle politische Situation lehrt uns unserer Meinung nach Folgendes: Dort, wo politische Vergangenheit nicht zur Kenntnis genommen wurde, nicht aufgearbeitet, geschweige denn verantwortlich reflektiert wurde, dort kommen die Geister der Vergangenheit abrupt zu neuem Leben und spuken in der Gegenwart, als sei keinerlei historische Distanz zwischen uns und früheren Generationen. Dies ist offensichtlich für alle neofaschistischen und antisemitischen Bewegungen der jüngeren Zeit, die scheinbar einen Generationensprung machen und so tun, als wäre die nationalsozialistische Vergangenheit gerade eben noch Gegenwart gewesen und müsste in die Zukunft hinein verlängert werden. Wir haben die Vermutung, dass dies eben daran liegt, dass Geschichte nicht genügend kollektiv verstanden, aufgearbeitet und reflektiert worden ist. Im gleichen Sinne kehren auch innerhalb der Wissenschaft Themen, Fragestellungen und gewisse Sackgassen wieder, wenn sie nicht genügend in den Gesamtkorpus des Wissens integriert worden sind, bzw. wenn sie ungenügend verstanden worden sind.

Als konkretes Beispiel können wir hier die Geschichte der Introspektion kurz andeuten, der wir später einen eigenen Abschnitt widmen wollen: Introspektion, also das Betrachten, zur Kenntnis nehmen, Beobachten und Analysieren der eigenen inneren mentalen Vorgänge – z. B. des Wollens, Begehrens, Empfindens, Wahrnehmens oder Fühlens – stand ganz am Anfang der empirischen Psychologie. Introspektion wurde verworfen, weil sie anscheinend unbrauchbar war, um zu wissenschaftlichen Erkenntnissen zu gelangen. Etwa die Wiener Psychologie unter Bühler und später Rohracher trug einen wesentlichen Teil dazu bei, introspektive Daten als unbrauchbar für die Psychologie zu charakterisieren. Damit wurde zusammen mit der behavioristischen Wende der Weg dafür gelegt, über Generationen hinweg Psychologie als Wissenschaft vom Erleben und Verhalten mehrheitlich nur von der Außenperspektive her zu betreiben. Damit wurde historisch gesehen eine andere Zugangsweise zum Erleben in den Hintergrund gedrängt. Mittlerweile erkennen wieder vermehrt verschiedene Forscher und methodische Richtungen innerhalb der Psychologie an, dass eigentlich nur der Zugang über die eigene innere Erfahrung, also das, was jemand subjektiv für sich selber und in sich selber wahrnimmt, die entscheidende, wenn nicht gar die wichtigste Ebene der psychologischen Betrachtung darstellt. Insofern kehrt das vormals abgelegte und vermeintlich als unwissenschaftlich Gebranntmarkte, nämlich die Introspektion, als unerledigtes Thema wieder zurück in die wissenschaftliche Gegenwart.

Historie ist also nicht nur Selbstzweck und Bildungsbürgertum, sondern dient auch dazu, Gegenwart besser zu verstehen und zukünftige Wege besser deuten zu können. In diesem Sinne legen wir allen Lesern dieses Buches nahe, sich mit der Geschichte der Philosophie und Geistesgeschichte im Allgemeinen und der Geschichte der Psychologie im Besonderen mindestens in groben Zügen auseinanderzusetzen. Wir können im Folgenden keine systematische Analyse der Geistesgeschichte geben und wollen dies auch nicht. Unsere Markierungen sollen eigentlich mehr dazu dienen, die grundlegenden Themen schattenrissartig aufzuzeigen, um ein Verständnis dafür zu wecken, inwiefern sie noch immer unerledigt sind und neue Methoden und neue Ansatzpunkte notwendig und geboten sind.

Jede Philosophie- und Geistesgeschichte ist immer auch eine Positionierung dessen, der sie verfasst. In diesem Sinne kann und will unsere Darstellung der Historie nicht objektiv oder ausgewogen sein. Wir wählen bewusst aus, und zwar solche Themen, die uns in unserer eigenen wissenschaftlichen Entwicklung bedeutsam erschienen. Dies sind vor allem solche Themen, Autoren und Fragestellungen, die im Rahmen der Psychologie von besonderer Bedeutung sind. Diese Auswahl und individuelle Schwerpunktsetzung soll vor allem einem dienen: dem Leser über eine basale Information hinaus Anregung zu bieten, sich selber mit dieser Geschichte an Punkten, an denen sie ihm wertvoll erscheint, auseinanderzusetzen. In einem kulinarischen Vergleich gesprochen, handelt es sich hierbei also vor allem um einen Appetitanreger, ein *amuse geule*, von dem wir uns erhoffen, dass es Lust auf ein eigenes Studium der Philosophie und der Geistesgeschichte machen wird. Darüber hinaus soll durch die Geschichte aber auch klar werden, wie sich zentrale Themen der Psychologie – etwa der Seelenlehre oder Grundfragen der Methodik – entwickelt und unser modernes Verständnis geprägt haben. Sie bereitet gleichzeitig die systematische Argumentation des zweiten Teils vor und dient dem Verständnis mancher Abkürzungen, die wir notgedrungen bei den ersten drei Kapiteln haben vornehmen müssen.

Deshalb möge uns der informierte Leser die Einseitigkeiten, vielleicht auch die Verzerrungen von historischen Positionen nachsehen. Es war nie unser Anliegen ausgewogen zu sein. Ausgewogene Philosophiegeschichten kann es nicht geben, außer als langweiliges Sammelsurium von Meinungen. Wir wollen versuchen – und daher der Untertitel – dem weniger informierten Leser einen raschen und vor allem für die Psychologie motivierenden Überblick zu geben. Die Leserin, die bereits einen gewissen Hintergrund mitbringt, mag diesen Teil vielleicht nur kursorisch lesen oder überspringen und gleich zum systematischen Teil übergehen.

4 Themenvorgabe in der Antike

Zweifellos hat sich der Mensch schon immer mit seiner Umwelt handelnd und erkennend auseinandergesetzt, zunächst einfach zur Bewältigung seines Alltags und zur Sicherung seiner Existenz. Daraus wurden handwerkliche und künstlerische Aktivitäten, die bereits viele tausend Jahre vor der Zeitenwende bezeugt sind. Eine eigentlich wissenschaftliche Auseinandersetzung mit der Welt aber scheint erst zu einem späteren Zeitpunkt allgemein in den Hochkulturen üblich gewesen zu sein, für die in den verschiedenen kulturellen Umkreisen unterschiedliche Zeitpunkte anzunehmen sind. Mit wissenschaftlicher Auseinandersetzung mit der Welt meinen wir hier, dass Menschen an die Welt herangetreten sind, mit keinem anderen unmittelbaren Zweck außer die Welt und ihre Abläufe besser zu verstehen.

Damit wollen wir *Wissenschaft* von *Technik* unterscheiden, die den Sinn hat, allein die Beherrschbarkeit der Natur und der Umwelt ins Zentrum zu stellen. Eine wissenschaftliche Fragestellung z. B. wäre es zu verstehen, warum es Gezeiten gibt, während eine technische Fragestellung diejenige wäre, wie Gezeiten vorhersagbar und evtl. nutzbar zu machen sind. Zweifellos gibt es hierbei Gemeinsamkeiten, aber die Stoßrichtung ist doch jeweils eine unterschiedliche. Wissenschaftliche Auseinandersetzung mit der Welt impliziert, dass man der Welt unterstellt, dass man sie verstehen *kann*, dass ihr also so etwas wie eine rationale verstehbare Grundstruktur eigen ist oder zumindest an sie herangetragen werden kann, sodass wir etwas über die Welt wissen können. Zum anderen impliziert die Zuversicht und das Selbstbewusstsein des menschlichen Geistes, ein solches Verständnis bewirken zu können. Das Besondere an einem solchen wissenschaftlichen Grundverständnis liegt nun darin, dass es zunächst keine andere Zielsetzung und keinen anderen Zweck verfolgt, als den, einfach zu wissen, zu verstehen oder zu erkennen. Erkenntnis oder Verständnis der Welt wird hierbei zu einem Selbstzweck. Im Unterschied zu anderen Bemächtigungsversuchen gegenüber der Welt, ist wissenschaftliches Erkennen zunächst anscheinend zweck- und zielfrei. Dass dies vor allem in moderner Zeit auch ein schwerwiegendes Selbstmissverständnis der Wissenschaft ist, steht auf einem anderen Blatt. Zweifellos haben Wissenschaft und Technik, also das Bemühen um Erkenntnis und der Wille nach Beherrschung der Natur, sich immer gegenseitig befruchtet und durchdrungen. So dürfte etwa das Bedürfnis nach effektiver Bewässerung von Feldern mit ein Grund für viele Entdeckungen der Geometrie, der Hydrostatik und der Hydraulik gewesen sein. Aber bereits die ersten systematischen philosophischen Versuche, etwa bei Platon und später bei Aristoteles, unterscheiden klar zwischen Technik, also Anwendung von Wissen, und Erkenntnis. Auch wenn diese Trennung nie stilrein aufrechterhalten worden ist, so war sie doch für viele Jahrhunderte wegleitend für den Gang und die Entwicklung der Wissenschaft. Erst in der modernen Gestaltung der Wissenschaft, und nicht zuletzt in der Psychotherapie, verwaschen sich diese Grenzen. In der modernen klinischen Psychologie etwa, also z. B. in der tiefenpsychologischen Methodik

Freuds, ähnlich wie in den modernen verhaltenswissenschaftlichen klinischen Ansätzen, wird Forschungsmethodik zum Erkennen klinischer Probleme gleichzeitig auch zur Methode ihrer Veränderung und damit die Grenze zwischen Technik und Wissenschaft fließend.

Zunächst aber, und historisch gesehen, muss es geradezu bewegend anmuten, wie sich plötzlich aus einem kulturellen Umfeld anscheinend ohne Vorbilder die großen Fragen nach dem Sinn, dem Ziel und dem Grund unserer Existenz erheben. Dies scheint in einer historischen Zeit dokumentiert worden zu sein, die von Karl Jaspers die Achsenzeit genannt wurde und etwa zwischen 800 und 600 vor Christus über verschiedene Kulturen hinweg als allgemeiner Aufbruch feststellbar zu sein. In Indien, wo die yogische Wissenschaft bereits eine längere Tradition hatte, erhebt sich der historische Shakyamuni Gautama Buddha, der die Frage nach dem Grund des Leidens, dem Sinn der menschlichen Existenz und der Natur der Welt auf eine radikale und historisch zum ersten Mal fixierbare Weise gestellt hat. Man ordnet Buddha und die von ihm begründete Lehre zwar gemeinhin den Hochreligionen zu und meint damit, dass es sich dabei um eine Auseinandersetzung mit den nicht dezidiert wissenschaftlich zu beantwortenden Fragen der Welt handelt. Man verkennt dabei aber, dass zur damaligen Zeit noch keine Trennung in wissenschaftliche und religiöse Fragestellungen gemacht oder als sinnvoll erkannt wurde. Insofern Buddha die radikale Frage stellte, was die Natur unserer Wahrnehmung und unserer Repräsentation von Welt und Ich ist, lässt sich diese Entwicklung durchaus dem Frühstadium von Wissenschaft zuordnen. Es ist an dieser Stelle interessant darauf hinzuweisen, dass gerade neueste Kognitionswissenschaftler wie Varela in jüngster Zeit den Versuch unternommen haben, die von Buddha begründete Introspektionsweise der Achtsamkeitsmeditation mit der Herangehensweise der Kognitionswissenschaft zu verknüpfen, um die auf wissenschaftliche Weise gewonnenen Daten mit der Frage der inneren Erfahrung zu verbinden [12]. Wir werden diesen Traditionsstrang zu einem späteren Zeitpunkt wieder aufgreifen. Das Hauptanliegen des historischen Buddhas und sein Vermächtnis war es, auf der einen Seite auf den Wechsel und den Wandel aller Erscheinungen hinzuweisen und auf die mangelnde Substantialität des Ichs (mit Substantialität meinen wir hierbei und im Folgenden die Position, dass etwas Dauer und Konstanz über die Zeit und verschiedene Erscheinungen hinweg besitzt). Diese Erkenntnis wurde dem historischen Buddha nach einem langen Meditationsweg zuteil und würde in moderner Sprache als innere Erfahrung bezeichnet werden. Dass diese Position heute wieder bedeutsam wird lassen neuere Erkenntnisse der Neurowissenschaften vermuten, auf die wir später zu sprechen kommen werden.

Etwa um die gleiche Zeit der als Achsenzeit benannten Epoche tauchten in Palästina die alttestamentlichen Propheten auf und in Kleinasien und Griechenland die vorsokratischen Philosophen. Gemeinsam ist all diesen Gestalten, dass sich zum ersten Mal individuell benennbare, benannte und sich selbst so nennende Denker aus der anonymen Menge der Menschen herauslösen und historisch greifbar werden. Während die religiös orientierten Propheten des Judentums keine im eigentlichen Sinne wissenschaftlichen Anliegen hatten, kann man die Themenvorgabe der vorsokratischen Philosophen durchaus als wissenschaftlich bezeichnen. Sie wollten nämlich verstehen lernen, was der Urgrund für die Welt sei, die Ursache für Werden und Vergehen, für Wandel und Gestalten. Sie wollten diese Natur der Welt erklären und verstehen, jenseits von theologisch-religiösen Mythen und Lehren, rein durch die Kraft des Denkens und des menschlichen Geistes. Hier wird bereits ein erstes und wegweisendes Motiv für die Abgrenzung von Wissenschaft gegenüber Religion oder anderen Zugängen zur Welt sichtbar: das Motiv der Aufklärung. Damit ist das Bestreben des menschlichen Geistes gemeint, sich von ideellen und ideologischen Bindungen so weit wie möglich zu lösen und in größtmöglicher Freiheit Erkenntnis zu gewinnen, und diese Erkenntnis, nicht vorgegebene Regeln und Vorschriften zum Wegweiser für menschliches Handeln werden zu lassen. Dies unterscheidet diese vorsokratischen Philosophen von anderen Schriftstellern und deswegen sieht man in ihnen die Wiege unserer westlichen modernen Wissenschaft. Man nennt sie Vorsokratiker, weil sie in den knapp 150 Jahren vor der historischen Gestalt des Sokrates wirkten und schrieben, also ungefähr um 600 bis 500 vor Christus. Wir wollen uns kurz vor allem folgenden Gestalten zuwenden: Thales von Milet, Anaximander, Pythagoras, Heraklit, Parmenides und den Atomisten.

4.1 Thales von Milet

Thales von Milet war der Erste, der davon ausging, dass es so etwas wie einen Urstoff, eine Ursubstanz, einen einzigen Ursprung von allem geben müsse und nannte es das Wasser. Interessant an dieser Position ist weniger die uns etwas willkürlich erscheinende Benennung des Urstoffs als Wasser, als vielmehr die Grundeinsicht, dass die Vielfalt der erscheinenden Welt von Pflanzen, Tieren, Menschen, geologischen Gegebenheiten auf eine einzige Grundsubstanz und Grundwirklichkeit zurückgeführt werden können muss. Darin treffen sich diese vorsokratischen Philosophen mit der Grundeinsicht des Shakyamuni Buddha, dass in der Tiefe der Welt und des Wesens alles von einer Natur sei oder eins ist. Dieselbe Grundeinsicht oder Intuition bestimmte die Vorsokratiker, nämlich dass es so etwas wie einen Ur-Ursprung aller Dinge geben müsse, etwas, das sowohl die Verschiedenheit als auch die Einheit der Welt erklären können müsse. Dass Thales das Wasser als *Arche*, als Urgrund benannte, ist historisch leicht verständlich, denn er war als Einwohner der Hafenstadt Milet aufs Innigste mit dem Wasser vertraut und kannte die wohltuende und schreckliche Macht und Gewalt des Wassers gleichermaßen. Er wusste, dass Wasser belebend ist und ohne Bewässerung in trockenen Zeiten keine Feldfrucht wuchs; und er kannte das Meer als den anscheinend unerschöpflichen Schoß von Leben vielfältigster Art. Das Wasser ist dabei weniger konkretistisch zu sehen und zu deuten, also als die konkrete Flüssigkeit, sondern mehr als ein grundlegendes Prinzip. Dieses grundlegende Prinzip war für Thales weich und fest zugleich, flüssig und sich überall hin verteilend und gleichzeitig widerständig. Dass diese Position nach den Erkenntnissen der modernen Evolutionsforschung und Paläontologie gar nicht so falsch ist, steht auf einem anderen Blatt.

4.2 Anaximander

Anaximander war der Erste, der einen komplett abstrakten Begriff für diese Ursubstanz, die *Arche* oder den Grund allen Seins, annahm. Er nannte es das Grenzenlose, das Unergründbare, das *Apeiron*. Der griechische Begriff Apeiron ist zu verstehen als ein Neutrum, das den Gegensatz zu etwas Begrenztem umreißt. *Peiras*, die Grenze, oder *peiron*, das Begrenzte, meint einen eingegrenzten Bezirk, etwas, das man physikalisch bestimmen kann, oder, philosophisch, etwas, das positiv bestimmbar ist; etwa wenn wir sagen, das Photon habe die Masse 0, den Spin $^1/_2$ und eine neutrale elektrische Ladung. Auch wenn dies eine minimale Bestimmung ist, so ist es dennoch eine Bestimmung, und ähnlich ist es mit allen Bestandteilen, die die moderne Physik als konstitutiv für Materie definiert. All diese Bestandteile sind bestimmt und haben definierte Eigenschaften. Genau das Gegenteil hatte Anaximander für die Grundsubstanz im Blick, wenn er sagte, es sei das Unbestimmbare schlechthin; etwas, das insofern grenzenlos sei, als es nicht definierbar, nicht abgrenzbar und nicht festlegbar sei. Damit denkt er etwas, das bislang in der westlichen Geschichte undenkbar war: das Unendliche, nicht zu Definierende, was später zu einem konstitutiven Begriff des Göttlichen werden wird. Wenn im 15. Jahrhundert Nikolaus Cusanus sagen wird, Gott sei wie eine Kugel, deren Mittelpunkt überall und deren Peripherie nirgends sei, so versucht er, in einer geometrischen Metapher genau diese unbestimmbare Natur dessen, was er als grundlegend für die Welt ansieht, zu beschreiben und greift hiermit auf die von Anaximander vorgedachte Denkstruktur zurück, dass der Urgrund das grenzenlos Unbestimmbare sei.

4.3 Pythagoras

Eine besondere Position unter den Vorsokratikern scheint der in Süditalien wirkende Pythagoras einzunehmen. Pythagoras wird schon von den späteren Denkern wie Platon und Aristoteles als eine mythologische Gestalt eingeführt, der eine Geheimlehre begründet haben soll, über die wenig bekannt wurde, weil sie nirgends richtig aufgeschrieben oder publik gemacht wurde. Deswegen ist das, was wir über Pythagoras und seine Schule wissen, meistens sekundärer Natur und aus zweitrangigen Quellen überliefert. Wir wissen von Pythagoras, dass er zum ersten Mal so etwas wie eine Gemeinschaft der Eingeweihten, der Weisen und der Heiligen begründen wollte, die durch ein vertieftes Verständnis der Natur und der Welt zu einem besonders berufenen Leben zusammenkamen und den Sinn ihres Lebens in der Heiligung und in der Verbesserung ihres Schicksals sahen. Pythagoras scheint auch der einzige namhafte Vertreter einer Wiederverkörperungslehre im Westen gewesen zu sein, die er vermutlich aus indischen Quellen übernommen hat. Sinn dieses Erdenlebens wäre es Pythagoras zufolge, sich durch Pflege der Weisheit und der Wissenschaft so zu bilden und zu vervollkommnen, dass eine Wiedergeburt entweder nicht mehr nötig oder auf jeden Fall als eine Wiedergeburt im Stande der Weisheit geschehen würde. Etwas pointiert könnte man sagen, dass wir in der pythagoräischen Lehre von der Gemeinschaft der Weisen so etwas wie eine erste Vorform der Wissenschaft als einer Gemeinschaft der Eingeweihten, die Scientic

Community als eine Gruppe der Auserwählten sehen können. Ob dies tatsächlich so ist, sei dahingestellt. Tatsache ist, dass für dieses Selbstverständnis der Wissenden und Wissenschaftler als einer speziellen Gruppe in der pythagoräischen Lehre das erste Vorbild zu sehen ist.

Für Pythagoras war weiterhin maßgeblich, dass er als Erster versuchte, eine Mathematisierung des Kosmos durchzuführen. Für ihn war Kosmos – das griechische Wort, das zugleich „Ordnung" wie „Welt" bedeutet – gleichbedeutend mit Harmonie. Harmonie bedeutet ein verhältnis- und zahlenmäßig geordnetes Sein. So wie beispielsweise das Verhältnis eins zu zwei, musikalisch die Oktav, das Verhältnis zwei zu drei, die Quint, und das Verhältnis drei zu vier, die Quart, bedeutet, so wäre nach Pythagoras die gesamte Welt durch bestimmte Zahlenverhältnisse strukturiert. Während dies heute ein klein bisschen naiv klingen mag, so ist trotzdem dieser Ansatz, Zahlenharmonie am Grunde der Welt zu suchen, im Tiefsten der Physik Realität. Die moderne Physik verdankt ihre Kraft und wissenschaftliche Potenz vor allem der Tatsache, dass sie sich das Instrument der Mathematisierung der Natur zu Eigen gemacht hat. Darunter verstehen wir den Versuch, abstrakte mathematische Strukturen zu finden und diese auf die in der Natur vorgefundenen Ereignisse und Verhältnisse anzuwenden. Wenngleich die mathematischen Strukturen, mit denen die moderne Physik operiert, wesentlich komplexer sind als diejenigen, die Pythagoras zur Verfügung standen, so ist doch der Versuch und das Bedürfnis, eine Mathematisierung der geordneten Welt durchzuführen und die Zahlen am Grunde des Kosmos wirkend zu erkennen, ein wissenschaftlicher Grundimpuls, der sich in der modernen Physik, also rund zweitausend Jahre später, immer noch und mit großem Erfolg bemerkbar macht.

Ein weiterer, durchaus modern anmutender Gedanke, der auf Pythagoras zurückgeht, ist seine Position, dass Gegensätze das konstitutive Merkmal der Welt und der Harmonie sind. Jedermann, der auch nur ansatzweise etwas von Musik versteht, weiß, dass jedes Musikstück, egal welcher musikalischen Epoche oder Stilrichtung es angehört, nur deswegen lebt und interessant ist, weil es sich aus gegensätzlichen Strukturen aufbaut. Man muss die pythagoräische Lehre von den Gegensätzen zunächst vor allem musikalisch verstehen, um zu wissen, was damit gemeint ist. So wie ein Musikstück anscheinend gegensätzliche Positionen verwebt, Harmonien und Disharmonien, schnelle und langsame Bewegungen, hohe und tiefe Töne, so ist auch die Welt in anscheinend gegensätzlichen Positionen strukturiert und doch eine. Auch diese Grunderkenntnis wird uns immer wieder durch die Geschichte der Philosophie begleiten und hat in der modernen Physik, die bekanntlich die Komplementarität von Beschreibungen zu einem konstitutiven Merkmal ihrer Theorie macht, ihren vorläufigen Höhepunkt gefunden.

Die von Platon ins Leben gerufene und später immer wieder aufgegriffene Dialektik nimmt diesen Impuls des Pythagoras auf und führt ihn weiter. Dahinter verbirgt sich die Erkenntnis, dass Gegensätze nicht so behandelt werden dürfen, dass man nur einem Pol der Gegensätzlichkeit zustimmt, um die anderen auszugliedern, sondern dass sie in einer höheren Synthese verbunden werden müssen. Diese Idee, die Welt als ganze und nicht als in Teile zerfallende verstehen zu wollen, geht zurück bis in diese vorsokratische Periode. Insofern ist schon in seinen Anfängen der wissenschaftliche Grundgedanke, die Welt als eine zu begreifen, der tiefere Grund dafür, dass moderne wissenschaftliche Positionen immer einen impliziten Monismus vertreten. Darunter versteht man die Meinung, dass das Grundsubstrat, die Grundsubstanz der Welt *eine* ist und nicht zwei oder mehr. Die moderne naturwissenschaftliche Haltung ist derzeit, die Materie als das Grundsubstrat der Welt zu sehen und einen implizit materiellen Monismus zugrunde zu legen. Dies hat seinen tieferen Grund eben in der bis auf Pythagoras und andere Vorsokratiker zurückgehenden wissenschaftlichen Intuition, dass die Welt im Grunde eine ist und dass die anscheinenden Gegensätze wie Groß und Klein, sinnlich erfassbar, sinnlich nicht erfassbar, Materielles und Geistiges, als gegensätzliche Pole *einer* Wirklichkeit zu verstehen sind. Die Tatsache, dass unsere Theorie der Materie sehr gut ausgeprägt und wirkungsvoll ist, hat dazu beigetragen, dass in moderner wissenschaftlicher Auffassung die Meinung vorherrscht, dass das Nichtmaterielle – Geistiges, Psychisches – im Rahmen der materiellen Theorie der Welt erklärbar sein wird. Motivierend für diese implizit monistische Position ist also die auf die Vorsokratiker zurückgehende Meinung, dass die Welt im tiefsten Grunde eine sein muss.

4.4 Heraklit

Eine weitere mächtige Gestalt der vorsokratischen Epoche ist der um 500 vor Christus schreibende Heraklit. Er wird in alten Philosophiegeschichten häufig „Heraklit der Dunkle“ genannt, weil seine überlieferten Sätze und Epigramme oft unverständlich oder unvollständig zu sein scheinen. Heraklit hat Philosophen und Denker aller Epochen immer wieder von neuem fasziniert durch die Vielschichtigkeit und manchmal offensichtliche Modernität seiner Positionen. Er war der Erste, der dem Urgrund oder der Ursubstanz den Namen oder Begriff *Logos* gab, indem er sagt, alles wird durch den *Logos*, der Gott ist. *Logos* ist hierbei ein vielschichtiger, oftmals auch schwer zu verstehender griechischer Terminus. Er bezeichnet im Griechischen sowohl das Wort, den Begriff, als auch den Sinn und die Vernunft. Wenn Heraklit also sagt, alles wird durch den *Logos*, so meint er nicht nur das Wort oder den Begriff in unserem modernen Sinne, sondern er meint auch die vernunftmäßige Struktur der Welt. Wenn es in den Anfangsworten des Johannesevangeliums heißt „am Anfang war das Wort“, so wird hier im Griechischen genau derselbe Begriff verwendet, nämlich *Logos*. Heraklit meint damit, dass die Welt im Tiefsten vernunftmäßig strukturiert ist. Damit gibt er zum ersten Mal der Grundsubstanz, die Anaximander noch als unbestimmt und grenzenlos bezeichnete, eine positive Bestimmung. Dies wird für die künftige abendländische Geistesgeschichte wegweisend sein, indem die letzte Realität immer als intelligibel, vernunftmäßig, der Vernunft gemäß handelnd oder als verstehbar charakterisiert werden wird. Auch Heraklit vertritt die monistische Grundposition, die wir bereits bei anderen Vorsokratikern gesehen haben, indem er sagt, „alles ist aus allem eines und aus einem alles“ (Fragment B10, [13]). Mit dieser Aussage ist wiederum bezeichnet, dass die Welt in ihrer Struktur aus einer Grundsubstanz ist und die vielfältigen Erscheinungsweisen der Welt irgendwie durch eine Struktur verstehbar werden können.

Ein weiteres Charakteristikum von Heraklit ist seine Lehre von der Bedeutung der Gegensätze, die zum Motor der Entwicklung werden. Der bekannte auf ihn zurückgehende Ausspruch „Der Krieg ist der Vater aller Dinge“ (B53) muss vermutlich ergänzt werden durch die zweite Komponente „der Friede die Mutter aller

Dinge". Ein Kennzeichen für diese vielleicht als komplementaristische Position zu kennzeichnende Haltung ist Heraklits Aussage, dass die Gegensätze im Tiefsten eins sind. „Gutes und Schlechtes sind eins" (B58). Damit meinte er sicherlich nicht die oberflächliche Gleichsetzung guter und schlechter Handlungen, so als würde der Wohltäter dasselbe tun wie der Mörder oder der Dieb hätte die gleiche moralische Haltung wie der Stifter. Aber dahinter verbirgt sich die Grundintuition, dass auf einer sehr tiefen ontologischen Ebene (ontologisch = das Sein betreffend oder bezeichnend) eine Ebene existieren muss, in der diese Gegensätze vereint oder zusammengeführt sind.

Ein weiteres Kennzeichen von Heraklits Lehre war die Bedeutung der Veränderung oder des Flusses. Die Veränderung ist selbst das Sein oder das Grundlegende, nicht feste Gegenstände oder irgendeine Form von überdauernder Substanz. Dies drückt sich aus in mehreren Fragmenten, von denen das pointierteste das Fragment B12 ist: „In die selben Flüsse steigen sie, und immer anderes Wasser fließt vorbei." Der Fluss wird hierbei zur Chiffre für das Sein, das erst im Fließen Gestalt und Substanz gewinnt. Nicht das einzelne Wasserteilchen ist dasjenige, was charakterisierend für das Sein ist, sondern das Fließen selbst, der Wandel und das Vergehen, das ineinander Überführen und Überleiten von Seinszuständen. Dies ist im Übrigen eine nahe an der buddhistischen Ontologie orientierte Redeweise, die möglicherweise auch von solchen östlichen Quellen inspiriert wurde.

Heraklit formuliert zum ersten Mal auch das methodische Prinzip der Erkenntnis, das den vorsokratischen Philosophen eigen gewesen zu sein scheint, nämlich das in sich versunkene Nachdenken oder Erforschen. Er sagt: „Ich erforschte mich selbst" (B101). Damit ist weniger das skrupulante Sich-Selbst-unter-die-Lupe-Nehmen gemeint, wie manche von uns dies kennen, wenn wir uns die Frage stellen, was wir denn vielleicht falsch gemacht hätten, oder ob wir eine entsprechend gute Figur machen; das, was die moderne Psychologie als „Selbstaufmerksamkeit aus einer Außenperspektive" bezeichnet. Damit ist auch nicht das einfache Beobachten der internen Zustände gemeint, wie etwa dergestalt, dass ich feststelle, dass ich jetzt hungrig bin, oder ein Bedürfnis nach Abwechslung in mir verspüre. Nein, damit ist vielmehr das tiefe Den-Geist-zur-Ruhe-Bringen gemeint, sodass dieser die Welt und sich selbst als eins erlebt. Diese Art der Erkenntnishaltung hat also sehr viel Ähnlichkeit mit dem, was im östlichen Kulturkreis als Meditation oder später in der christlichen Zeit als Kontemplation behandelt wurde. Der Verdacht ist naheliegend, dass das, was die vorsokratischen und möglicherweise auch die sokratischen Denker als Denken bezeichneten, durchaus anders zu verstehen ist als das, was wir Moderne als Denken bezeichnen. Während wir damit das diskursive, rationale, regelgeleitete Überlegen verstehen, etwa wie man von A nach B kommt, wie ein bestimmtes Problem zu lösen ist oder die Anwendung logischer Schlussregeln, meint das griechische und vor allem vorsokratische Denken eine in sich versunkene, auf das Sein gerichtete Erkenntnisweise, die vor oder jenseits des Denkens nicht als diskursives, sondern als intuitives Anteilnehmen an der Welt und ihrer Grundstruktur gemeint ist.

Heraklit hat bereits ein vertieftes und besonderes Verständnis der Individualität. Dies wird häufig als charakteristisch für das griechische Denken im Allgemeinen gesehen und gilt für Heraklit ganz besonders. Er formulierte dies in einem berühmten Satz, den später Heidegger in seinem „Humanismusbrief" ausführlich kommentiert [6]: „Wesen dem Menschen der Daimon – *ethos anthropo daimon*" (B119). Dieser Satz ist wie alle heraklitschen Sätze aufgrund der extremen Kürze und Vieldeutigkeit sehr schwer zu übersetzen. Am besten nähert man sich ihm, wenn man die Grundbedeutungen der verschiedenen Begriffe analysiert. *Daimon* meint im Griechischen einen Gott oder etwas Göttliches. *Anthropos* ist der Mensch und hier im Dativ gebraucht; *ethos* bedeutet sowohl Wesen, also das Eigentümliche, als auch Heimat. Wenn wir heute noch z. B. vom Ethos des Arztes sprechen, so verwenden wir dieses griechische Wort in dem Sinne wie Heraklit es verwendet: das speziell Wesensmäßige oder Eigene. Der Satz würde dann also heißen: „Das Wesen des Menschen ist ein göttliches." Damit scheint Heraklit zum ersten Mal auf die spezielle Natur des Menschen gegenüber anderen Lebewesen oder Naturdingen hingewiesen zu haben, etwas das die ganze westliche Geistesgeschichte durchziehen wird, nämlich die Sondernatur des Menschen. Sokrates wird es wieder aufgreifen, wenn er in seiner Apologie davon spricht, dass ihn etwas Göttliches in ihm davor warne, Dinge zu tun, die nicht gut oder seinem Wesen gemäß seien. Die gesamte christliche Tradition wird fußend auf diesem Grundgedanken davon sprechen, dass in der Seele des Menschen etwas sei, das göttlich und unverwüstlich und nicht vom Übel einer bösen Tat zerstörbar sei. Die moralischen Philosophen und Theologen des Mittelalters werden dies die *Synderesis* nennen, dabei zurückgreifend auf eine stoische Begriffstradition und in der mystischen Tradition wird dieser Grundgedanke wieder auftauchen als der Seelenfunke, in dem eine Vereinigung mit dem Göttlichen möglich sei. Dieser Gedanke ist bereits in diesem Diktum des Heraklit vorgeprägt.

Durch die Hinwendung zu einer Welt des Werdens und Vergehens und durch die Bestimmung des Seins als Veränderung legt Heraklit den Grund für einen empirisch- wissenschaftlichen Zugang zur Welt. Damit wird jenseits des Denkens in dem vorher charakterisierten Sinne zusätzlich auch die Welt der Sinne und der Erfahrung von Welt zu einer gültigen Zugangsweise unserer Wissenschaft.

4.5 Parmenides

Historisch gesehen einen Gegenpol stellt Parmenides aus Elea dar. Er übernimmt oder definiert zusammen mit Heraklit gleichfalls den Logos als das Grundlegende und den Uranfang der Welt. Aber im Gegensatz zu Heraklit legt er Wert auf das Unwandelbare, auf die Unwandelbarkeit des Seins und die Beständigkeit des Absoluten. Sein berühmter Satz „Denken und Sein sind identisch" (B3) wird die Geburtsstunde der abendländischen Philosophie sein, die sich auf diese Grundaussage und Grundeinsicht berufen und sie zu ihrer methodischen Grundforderung erheben wird. Denn wenn Denken Sein ist, dann kann die Welt in ihrer Grundstruktur durch Denken aufgeklärt werden (den Begriff Denken muss man aber auch hier in seiner weiten und vollständigen Bedeutung hören). Parmenides übernimmt also die Grundaussage des Heraklit, dass der Logos, also das Vernunftmäßige am Wesen und am Grunde der Welt wirkt. Die Gleichsetzung von Sein und Denken, mit dessen Hilfe man sodann Zugang zu diesem Logos am Grunde des Seins gewinnen kann, wird eine folgenschwere Konsequenz haben: Man wird lange der Meinung sein, alleine mit Denken der Welt und ihrer Grundstruktur auf den Grund gehen zu können.

Des Weiteren stellt Parmenides einen Gegenpol zu Heraklit dar, indem er die Welt des Werdens als *Trug* entlarvt (möglicherweise dürfen wir hier vielleicht sogar von einem komplementären Gegensatz sprechen, so wie er im dritten Kapitel formuliert wurde). Damit postuliert er eine zweite, tiefer liegende Seinsstruktur, die dem Erscheinenden zugrunde liegen soll. Das Erscheinende selbst, also die Lebenswelt der Dinge, Geschehnisse und offensichtliche Tatsachen, wird damit zu einer Schattenwelt, die nur den Reflex oder den Abklatsch einer tiefer liegenden Welt, der Welt des unwandelbaren Seins darstellt. Diesen Gedanken wird später Platon wieder aufgreifen. Folgenschwer für die abendländische Geistesgeschichte wird sein, dass sich dadurch eine Abkehr von der sinnenfälligen Welt nahelegt. Denn wenn diese äußerliche Welt nichts als eine Scheinwelt ist, so wird es auch nicht viel an Erkenntnis bringen, wenn man sich mit ihr erfahrend, beobachtend, teilnehmend auseinandersetzt. Deshalb ist Parmenides der Begründer einer Denktradition, die sich im Rationalismus der Neuzeit und in den modernen philosophischen Systemen bis hinein zur Wissenschaftsskepsis eines Heideggers und Husserls fortsetzt, die meint, man könne die Grundstruktur der Welt ohne Erfahrung und ohne Empirie allein durch Denken und Vernunft ergründen. Die Naturwissenschaft der Moderne und mit ihr die Psychologie hat hier einen Gegenpol gesetzt und folgt darin viel stärker der von Heraklit vorgegebenen Denk- und Erkenntnisweise.

4.6 Leukipp und Demokrit

Schließlich bleiben noch die Atomisten zu nennen, die etwa zeitgleich oder nur wenig vor Platon gewirkt haben: Leukipp und Demokrit (ca. 400 v. Chr.). Die Atomisten können als die ersten wirklichen handfesten Materialisten der westlichen Geistesgeschichte gelten. Für sie war nur Leere und Materie existent. Materie selber würde aus unendlich vielen unteilbaren Teilchen, den Atomen, bestehen. Das griechische Wort *atomos* bedeutet „nicht teilbar". Hier ist zu bemerken, dass das Grundsubstrat der Welt, also die Atome, als etwas negativ Definiertes daherkommt: etwas, das nicht weiter teilbar ist. Damit wird so etwas wie ein Grenzfall des Materiellen gedacht; Materie als unendlich kleines Element. Unsere moderne Teilchenphysik hat sich diese Grundidee zu Eigen gemacht, indem sie immer weiter nach den grundlegenden Bestandteilen und Bausteinen der Materie forscht. Auch wenn sich die ursprünglichen Atome als doch noch weiter teilbar erwiesen haben, so bleibt die Leitidee, dass es so etwas wie ein gänzlich Unteilbares geben muss, im Denken und Wirken der modernen Physik eingegraben. Dass genau diese Tradition in modernen Theoriebildungen dazu führt, dass der ursprüngliche Materiebegriff als etwas Ausgedehntes und Passives vollständig aufgelöst wird, ist eine interessante Ironie und Dialektik der Geschichte. Der Grundgedanke von letzten Bauteilen der Materie jedenfalls geht auf die alten Atomisten zurück, die ihn vorgeprägt haben [14].

Ein weiterer wirkmächtiger Gedanke dieser Forscher war die Erkenntnis, dass Veränderung im Wesentlichen Mischung und Entmischung, Kontakt und Abstand von grundlegenden konstituierenden Teilchen sei. Damit wollten sie die Fülle der vorliegenden Sinnesdaten aus der Welt zurückführen auf ganz einfache Prozesse, nämlich die der Nähe und Distanz von grundlegenden Elementen. Auf diese Weise haben sie eine Denkfigur vorgeprägt, die auch uns Heutige durchdringt. Wir gehen davon aus, dass sich aus den einfachen Grundbestandteilen der Materie die Atome, aus deren Kombination die Moleküle und aus deren Kombination wiederum die makroskopischen Strukturen erklären lassen. Die Grundidee hierzu wurde von den Atomisten vorgeprägt. Ein weiterer von den Atomisten vertretener Gedanke war die Ansicht, dass alles mit Grund und aus Notwendigkeit (Leukipp, B2) geschieht. Damit ist der Determinismus als wissenschaftliche Leitmetapher vorgeprägt. Dieser geht davon aus, dass alles was geschieht, nach bestimmten Gesetzmäßigkeiten geschieht und wenig bis gar kein Spielraum für Variationen oder Freiheit herrscht. Leukipp und Demokrit haben also ein Universum vorgedacht, in dem alles durch Naturnotwendigkeit geschieht und in dem alles aus materiellen Prozessen besteht, streng an Gesetzmäßigkeiten orientiert. Der Determinismus als wissenschaftliche Leitfigur prägte in der Folge die Naturwissenschaft bis weit in unsere Zeit hinein und ist an vielen Stellen immer noch wirkmächtig. Die Vorstellung, dass man durch wissenschaftliche Erkenntnis alle individuellen Bewegungen und Ereignisse im Universum verstehen und andere vorhersagen könne, war die Grundidee der Physik des 19. Jahrhunderts. Sie wurde erst durch die Entdeckung der Quantenmechanik wissenschaftlich als unmöglich erkannt, in der die grundlegenden Prozesse statistischer und nicht deterministischer Natur sind. Die Entwicklungen der System- und Chaostheorie (s. später) haben schließlich dazu geführt, dass die neuesten Entwicklungen innerhalb der Wissenschaft von einem sehr subtilen Zusammenspiel von Gesetzmäßigkeiten und zufälligen Ausgangssituationen ausgehen. Insofern ist der Determinismus, wie er einst von den Atomisten vorgeprägt worden ist, heute als wissenschaftliche Denkfigur überholt. Gleichwohl prägt er das wissenschaftliche und vor allem populäre Verständnis von Wissenschaft immer noch sehr tiefgehend. Auch in manchen Spielformen der Psychologie marodieren deterministische Denkformen wie versprengte Horden aus einer alten Zeit.

Demnach hat solches Denken unzweifelhaft eine gewisse Schönheit in seiner Schlichtheit und Einfachheit, und dies erklärt auch seine Wirkmächtigkeit. Immer wieder wurde diese Grundidee aufgegriffen, von Epikur und seinen Schülern, von Lukrez etwa, und feierte schließlich in der modernen Naturwissenschaft einen vorläufig einzigartigen Triumph.

4.7 Platon (427–347 v. Chr.)

Platon stellt einen deutlichen und starken Gegenpol zu dieser materialistischen Weltsicht dar. Platon, der durch die Systematisierung und schriftliche Überlieferung der Dialoge des Sokrates bekannt ist und in diese Dialoge sein eigenes Denken hineinverarbeitete, versuchte auf der einen Seite die Frage des Heraklit nach dem Wesen vom Werden und Vergehen zu beantworten, und auf der anderen Seite die Position des Parmenides nach dem Wesen des Seins damit zu verbinden. Dabei versuchte er zu einer eigenen Synthese zu kommen, die wegweisend für die weitere Geistesgeschichte wurde. Der moderne Mathematiker und Philosoph Alfred North Whitehead schreibt zu Anfang seines eigenen bahnbrechenden Werkes *Process and Reality*, die ganze Philosophiegeschichte könne man als Fußnoten zu Platon auffassen und lesen. Wir werden hier nur einige maßgebliche Punkte herausgreifen und dies vor allem in Bezug auf die Psychologie tun.

Ideenlehre und Höhlengleichnis

Platons Grundfrage also ist die nach der Beständigkeit des Seins und nach dem Wesen vom Werden und Vergehen. Diese Frage beantwortet er so, dass er, dem Parmenides folgend, davon ausgeht, dass es so etwas wie Grundtypen, Grundformen des Seins gibt, die unwandelbar und unvergänglich sind, und die dem wirklich existierenden realen Sein ihr Gepräge und ihr Wesen verleihen. Diese Ideen, Idealbilder oder Archetypen existieren in einem eigenen Reich der intelligiblen oder einsehbaren vernunftmäßigen Welt, die ewig und unvergänglich ist und zu der nur die vernunftgemäße Schau Zugang hat. Denn sie sind nicht materieller, sondern geistiger Natur, oder intelligibel, wie der philosophische Terminus dafür heißt. Die Sinnenwelt hingegen ist vergänglich, oberflächlich und täuschend und hat keinen eigenen Bestand. Dies illustriert er mit seinem Höhlengleichnis:

Man stelle sich vor, in einer Höhle, in die nur wenig Licht von draußen dringt, sitzen verschiedene Menschen so gefesselt, dass sie nur eine Wand der Höhle betrachten können. Hinter ihnen sei ein Feuer oder eine Lichtquelle, und zwischen der Lichtquelle und ihnen würden nun Gegenstände vorbeigetragen. Die Menschen in der Höhle würden nur den Schatten der Gegenstände erkennen, der von der Lichtquelle auf die Höhlenwand projiziert wird. Da die Menschen in der Höhle nichts anderes außer dieser Schattenwelt kennen, würden sie diese Schatten durchaus für die wirkliche Welt halten und der Meinung sein, dies sei alles was existiert. Nun stelle man sich vor, irgendjemand würde diese Höhlenbewohner befreien, ihnen die Fesseln lösen, sodass sie sich zuerst einmal umdrehen können und von der eigentlichen Natur dieser Gegenstände überzeugen könnten. Wären sie nicht überrascht darüber, dass diese Gegenstände z. B. nicht einfach nur einfarbig, schattenhaft wären, sondern möglicherweise farbig, dreidimensional und auch noch ganz andere Details erkennen ließen, als dies in den Schattenbildern möglich wäre? Und nun stelle man sich vor, jemand würde diese Höhlenbewohner hinaus ins Freie führen, wo sie plötzlich das Tageslicht und die Sonne erblicken würden. Würden sie nicht völlig geblendet von dem hellen Schein der Sonne zunächst Schmerzen empfinden und zurück in die Höhle gebracht werden wollen? Solcher Art war für Platon die Existenz, die wir in dieser Welt führen: gleich Höhlenbewohnern, die nur einen Schatten und einen Abklatsch der wahren Wirklichkeit zu sehen bekommen und die dann, wenn sie einmal blitzartig das wahre Wesen schauen, dieses gar nicht aushalten können und sofort wieder zurück in die alte Wirklichkeit gebracht werden wollen. Dies war für Platon ein Gleichnis von der Welt der Ideen, deren oberste und alles belebende Idee des Guten er mit der Sonne verglich, die einen so hellen Schein und ein so helles Licht von sich gäbe, dass sie von den Höhlenbewohnern überhaupt nicht aushaltbar wäre.

Analog zur Befreiung der Höhlenbewohner und ihres Weges zum Licht war für Platon das Erkennen der Ideen eine Art Befreiungstat des Geistes, die nur in einer intellegiblen Schau möglich wäre. Man fühlt sich dabei an die verschiedenen Berichte von Erleuchtungserfahrungen erinnert, die vielleicht auch Platon zu seinem

Gleichnis inspiriert haben mögen. Denn sicherlich hatte er mehr als nur das analytisch diskursive Denken im Sinn wenn er sagte, diese Ideen seien nur einer geistigen vernunftmäßigen Schau zugänglich. Wie er sich eine solche Erkenntnis vorstellte, deutete er ansatzweise in seinem siebten Brief an, wenn er etwa sagt, es gäbe unterschiedliche Arten die Wahrheit zu erkennen. Eine Form der Wahrheit sei eine diskursive, dem rationalen Denken folgende, die andere sei eine Einsicht in das Wesen der Dinge, die sich plötzlich, sprunghaft und gewissermaßen geschenkt ereigne, nachdem jemand sich im Kreise Gleichgesinnter lange um Einsicht und Verständnis bemüht habe. Eine solche Art von Erkenntnis der Ideen, rein geistig und intelligibel, muss Platon wohl im Sinn gehabt haben. Durch die Hinwendung zur Welt der Ideen und vor allem durch die Orientierung auf die Idee des Guten, die er später mit dem Göttlichen identifiziert, und das Primat des denkend-schauenden Erkennens, legt Platon die Spur für eine philosophisch kontemplative Sicht der Philosophie und Wissenschaft. Damit wird er unter anderem zum Ahnherrn der modernen westlichen Philosophie.

Durch die von Parmenides ererbte Ablehnung der Welt des Seins, des Werdens, der alltäglichen Dinge, tritt ein Element der Weltabgewandtheit, ja der Abwertung des Materiellen, in die westliche Geistesgeschichte ein, die später mit religiös motivierten Wertsetzungen eine unheilige Allianz eingeht und zu einer gewissen Leib- und Weltfeindlichkeit führen wird, die im Grunde in dieser parmenideischen und platonischen Abwertung der äußeren Welt begründet liegt. Diese Tradition der Philosophie und Wissenschaft hat bis in den deutschen Idealismus des 19. Jahrhunderts hinein die Philosophie stark beherrscht und ist deswegen als Urgrund und Ursprung für die moderne Psychologie von Bedeutung. Dadurch, dass die äußeren Dinge als etwas Abgeleitetes gelten, die nur durch eine Teilhabe an den Ideen Wirklichkeit und Existenz hätten, wendet Platon seine Aufmerksamkeit weg vom Konkreten und sinnlich Erfahrbaren.

Vor allem im negativen Sinne wurde deswegen die platonische Philosophie und ihr Erbe für die moderne Psychologie wegbereitend: Von dieser Art des Wissenschaftszugangs und von der eher rational-spekulativ orientierten Philosophie, die allein durch Nachdenken auf den Grund der Welt und auf das Wesen der Dinge kommen wollte, musste sich die moderne Psychologie abheben und abgrenzen. Dies ist auch mit ein versteckter Grund, weswegen platonisierende Elemente innerhalb der modernen Psychologie bis hin zu Fragestellungen nach spirituellen Erfahrungen oder einer Wirklichkeit jenseits des materiell Gegebenen wenig Konjunktur haben. Die Psychologie musste sich gegen eine idealistisch geprägte Philosophie abgrenzen und wehren und deswegen ist es auch gut verständlich, dass solche platonisierenden Elemente nicht beliebt sind. Dennoch ist die platonische Psychologie für die abendländische Geistesgeschichte in vielerlei Hinsicht prägend gewesen, weswegen wir ihr kurz ein paar Worte widmen wollen.

Seelenlehre

Platon hat nie eine systematische Psychologie vorgelegt, sondern diese an verschiedenen Stellen in seinen Dialogen entwickelt und oftmals nur als Mythos, d. h. als sinntragende Geschichte oder Metapher, überliefert. Platon sagt, dass die Seele aus dem Reich der Ideen käme, selber ideeller, intelligibler Natur sei und sich dorthin zurücksehne. Sie ist in die materielle Welt gefallen aufgrund ihrer Neugier bzw. ihrer Bewegung, die sie innerhalb der Ideenwelt angenommen hat, wurde deswegen verkörpert und verkörpert sich so lange wieder, bis sie wieder zurückfindet in diese Welt der Ideen. Sie ist einem Gespann mit zwei Pferden vergleichbar: Die beiden Pferde sind ein Rappe und ein Schimmel; die Gier, das Begehren und der Mut oder der Wille. Während das eine Pferd, der Rappe, unedel ist, ist das andere edel. Die Gier, das Begehren, zieht nach unten zum Materiellen in die Welt, während das Muthafte, der Schimmel, der edle Teil, in die höhere Welt zurückstrebt. Der Wagenlenker ist der Geist, die Vernunft, der nun die Aufgabe hat, das Gespann auf dem Lebensweg zu steuern.

Unschwer erkennt man in dieser Grundmetapher der Seele mit ihren verschiedenen Elementen eine Grundstruktur, die wir bei Freud wieder finden werden: ein triebhaftes, tierisches, leibmäßiges Element der Seele, und ein eher nach oben geordnetes Element, das von einem vernunftmäßig operierenden Ich in einer Vermittlerrolle koordiniert werden muss. In einer etwas anderen Form findet sich das gleiche Modell wieder in einer transpersonalen Version der von Assagioli begründeten Psychosynthese, bei der zwischen einem höheren und einem tieferen Unbewussten unterschieden wird, und einem Ich in der Mitte, welches die Elemente koordiniert. Die Wurzel haben diese modernen psychologischen Theorien im platonischen Seelenmodell. In einer anderen Version ist das Seelenhafte dasjenige, was Bewegung vermittelt, während der Leib oder das Materielle das Statische ist. Dies wird die Funktion des Seelenhaften sein, die später Aristoteles aufgreifen wird. Das Beseelte ist also das Lebendige, das seine Bewegung aus sich selber hat.

Mit seiner Seelenlehre wurde Platon zum Ahnvater einer aus heutiger Sicht unselig zu nennenden Dualisierung der Welt, die später durch Descartes eine vertiefte Kodifizierung finden wird. Auf der einen Seite steht das Reich der Materie, das mit unseren dunklen und triebhaften Seiten identifiziert wird und moralisch weniger wertvoll ist, auf der anderen Seite das helle und bleibende Reich des Geistigen, dem die Seele eigentlich angehört und zu dem der Mensch streben sollte. Diese ontologische Dualisierung, teilweise unterstützt durch religiöse Lehren, war sehr lange Zeit die Folie, auf der sich psychologisches Denken bewegt hat. Dass es durchaus ernst gemeinte Vermittlungs- und Verbesserungsversuche, etwa durch Aristoteles oder Thomas von Aquin, gegeben hat, ändert nichts an der Tatsache, dass im allgemeinen Verständnis Platon diese Dualität grundgelegt und eine Seelensubstanzlehre vorbereitet hat, die über viele Jahrhunderte hinweg wirkmächtig blieb.

Erkenntnislehre

In der Erkenntnislehre unterscheidet Platon zwischen der Sinnenerkenntnis und der begrifflichen Erkenntnis. Während die Sinnenerkenntnis immer fehlerbehaftet ist, ist die begriffliche Erkenntnis eine Erkenntnis, die wahr ist. Diese begriffliche Erkenntnis lässt sich in der Mathematik z. B. gewinnen, in der man innerhalb der Geometrie oder innerhalb algebraischer Strukturen unmittelbar die Notwendigkeit bestimmter Zusammenhänge, z. B. des Lehrsatzes des Pythagoras, einsehen kann und damit zweifelsfrei wahres Wissen besitzt. Eine andere Form der begrifflichen Erkenntnis ist die bereits erwähnte Wesensschau der Ideen, die eine Art seinsmäßiger Wahrheitserkenntnis ist, die durch intuitiv intellektuelles Erschauen oder Betrachten zugänglich wird. Hier kann es nach Platon keinen Irrtum mehr geben und deswegen stellt er diese Art der Erkenntnis über alle anderen.

Platon gilt auch als Begründer der Dialektik. Zunächst einmal ist Dialektik die Kunst, einen Dialog zu führen und in einem Dialog zur Wahrheit zu kommen. Dies leitet sich schon aus der griechischen Wortwurzel her. Das Wort *dialegein* bedeutet sowohl „miteinander reden“, „sich unterhalten“, als auch „zum Grund und zur gründlichen Kenntnis gelangen“. Indem man sich über eine Sache lange und ausführlich unterhält, Gründe und Gegengründe darlegt, so Platons Meinung, zeigt sich auch die Wahrheit. Dies dürfte der tiefere Grund dafür sein, dass er keine systematischen Schriften verfasst hat, sondern nur Dialoge überliefert sind. Diese Dialoge sind alle ähnlich aufgebaut. Es wird eine Frage gestellt, z. B. nach der Natur des Schönen oder Guten, nach der Natur der Liebe oder nach dem Sittlichen, und in Rede und Gegenrede werden solange Gründe und Gegengründe für diese oder jene Position herangeführt, bis Klarheit über den Begriff herrscht. Dialektik ist also zuerst einmal eine Zerlegung eines Begriffes in seine Bestandteile, in die konstituierenden und wichtigen, und in die weniger wichtigen Elemente. Am Ende dieses Prozesses sollte der wahre Begriff dessen stehen, was gesucht ist. Konstitutiv dafür ist die Zerlegung in Polaritäten. Das Wahre z. B. kann nicht ohne das Falsche gedacht werden. Und auch das Wahre enthält mehr oder weniger wahre, mehr oder weniger sichere Aussagen, und so fort, bis man schließlich zum Begriff der Wahrheit schlechthin gelangt. Dieser Prozess der Zerlegung der Begriffe in konstituierende Elemente, die fast immer als Polaritäten auftreten, sind kennzeichnend für die platonische Dialektik. In einem übertragenen Sinne entwickelte sich daraus die Dialektik als philosophische Methodik. Sie meint, dass Begriffe immer auch ihre Gegenpole oder Gegensätze beinhalten müssen und zu einer höheren Synthese geführt werden.

Platon kann also als Urheber einer eigenen Methodik angesehen werden, die später immer wieder aufgegriffen werden wird und an markanten Punkten der Geistesgeschichte wichtige Wendungen verursachen wird. Im Mittelalter etwa wird Abelard die Dialektik verwenden, um Widersprüche innerhalb der christlichen Glaubenslehre und Überlieferung aufzudecken und sich damit viele Feinde machen. Gleichzeitig markiert dieser Einsatz von Dialektik die erste Selbstbefreiungsbewegung des menschlichen Geistes von dogmatischer Bevormundung. Später wird Hegel in einem kolossalen Versuch dialektischen Denkens ein komplettes System des menschlichen Geistes und der menschlichen Geschichte aufstellen. Auch wenn diese Philosophie heute wenig Konjunktur hat, so inspirierte sie doch Marx und Engels und die von ihnen gegründete Weltanschauung des dialektischen Materialismus, die beinahe ein Jahrhundert lang die politischen Geschicke der Welt prägte. Aus dieser Tradition kommend wird der Begriff Dialektik etwa von den Autoren der Frankfurter Schule Horkheimer und Adorno aufgegriffen.

Sie sprechen von der Dialektik der Aufklärung und meinen damit die Tatsache, dass Aufklärung eigentlich die Befreiung des Menschen von selbstverschuldeter Unmündigkeit beinhaltet. Wissenschaft wird gesehen als ein Instrument der Aufklärung. Wenn man diese Wissenschaft immer weiter treibt, so wie in unserer modernen Zeit, so kann dies sogar zum Gegenteil führen, nämlich zu einer neuen Abhängigkeit und zur Gegenaufklärung der nationalsozialistischen Diktatur. In diesem übertragenen Sinne meint Dialektik, dass eine Position immer ihren Gegenpol mitdenken muss, damit der Begriff vollständig ist. Deshalb ist dialektisches Denken komplex und hat in der modernen Naturwissenschaft wenig Konjunktur. Gerade die Psychologie aber, die den wohl kompliziertesten Forschungsgegenstand hat, wird um eine dialektische Betrachtung kaum herumkommen [5]. Wir wollen an dieser Stelle die Vermutung äußern, dass das, was in der älteren philosophischen Tradition als Dialektik gehandelt wird, der Sache nach im komplementaristischen Denken der Physik wieder neu erfunden wurde [11]. Hierzu dann später.

Platon wurde vor allem in neuerer Zeit wegen seiner Gedanken zur Gesellschaftslehre und zur Politik sehr kritisiert. Platon hatte zweifelsohne ein elitäres, ja man möchte heute fast sagen faschistisches Verständnis von der Art und Weise, wie Gesellschaften zu funktionieren hätten. Zwar enthält diese Lehre auch wohltuende Gedanken, wie etwa den, dass Könige oder Politiker Philosophen sein müssten und Philosophen zu den Leitern der Gesellschaft ernannt werden sollten, aber seine Vorstellungen davon, dass Frauen oder Sklaven oder weniger begüterte Menschen untergeordnete Rollen in der Gesellschaft zu spielen hätten, sind zweifelsohne historisch bedingt und können heute nicht mehr als wegweisend angesehen werden. Gleichwohl hat Platon mit seiner großen Autorität gerade auch durch diese Bereiche seiner Philosophie viele gesellschaftliche Bewegungen gerechtfertigt, die wir heutzutage als kritisch beurteilen würden. Fehlgeleiteter Dogmatismus und Herrenmenschenmoral haben sich gleichermaßen auf Platon berufen können wie aufgeklärte und tolerante Demokratie.

Während Platon eine Tradition grundlegte, die vor allem für die spekulative Philosophie und für die philosophische Durchdringung der Theologie maßgeblich war, ist sein Schüler Aristoteles in einem viel direkteren Sinne für die moderne Wissenschaftstradition von Bedeutung.

4.8 Aristoteles (384–322 v. Chr.)

Aristoteles war zunächst ein Schüler und Kollege Platons, bis er sich von diesem durch die Gründung einer eigenen philosophischen Schule absetzte. Diese Schule wurde als *Peripatetische Schule* bekannt (*peripatein* = herumwandern, spazieren gehen), weil in ihr das Philosophieren während des Gehens gepflegt wurde. Aristoteles ist der erste Systematiker unter den Philosophen. Hatte Platon noch seine Gedanken im Rahmen von Dialogen entwickelt und sie dadurch nahe beim gesprochenen Wort sein lassen, ja sogar bei der anscheinend alltäglichen Begegnung, so war für Aristoteles die systematische Entwicklung eines Gedankens wichtig, was sich in der strafferen Gliederung seiner Werke Ausdruck verschafft. Seine Schriften sind zu großen Teilen nicht von ihm selbst verfasst, sondern Mitschriften seiner Vorlesungen durch Studenten. Man darf dennoch davon ausgehen, dass darin die Meinung des Aristoteles wiedergegeben ist. Er wollte darin die gesamte Wissenschaft systematisch darstellen. Aristoteles war der erste Philosoph und Wissenschaftler, der eine für seine damalige Zeit gründliche Naturforschung betrieb, indem er sein Augenmerk nicht nur auf das vermeintlich Eigentliche (die platonische Ideenwelt) richtete, sondern auch auf die Welt des Vergänglichen, die Welt des Werdens und Vergehens, die Welt der Pflanzen, Tiere und Menschen. Seine Gedanken zur Natur, Biologie und Physiologie des Menschen z. B. blieben bis weit ins ausgehende Mittelalter und die beginnende Neuzeit hinein maßgeblich, so lange eben, bis eine neue Naturforschung die aristotelischen Erkenntnisse erweiterte, korrigierte oder ersetzte.

Aristoteles war der Erste, der eine Lehre von der Physik vorlegte, also von der Bewegung, der die Psychologie in einem eigenen Buch *„Über die Seele"* beschrieb [2], und der viele Beobachtungen zur Biologie zusammentrug, die uns aber nicht weiter beschäftigen werden. Als genuin philosophischen Beitrag muss man seine *Metaphysik* ansehen [1], die auch Namensgeberin für die daraus abgeleitete Wissenschaft war. Der Name stammt übrigens von den Bibliothekaren und Systematisierern des aristotelischen Wissens, die unterschieden zwischen den Büchern, die das Lebendige, Naturgemäße betrafen (*ta physica*), und jene Bücher, die dahinter standen (*meta physica*). Dies ist zunächst eine pure Ortsangabe, weil die Bücher eben nach denen zur Physik zu stehen kamen, ist aber natürlich auch eine subtile Charakterisierung dessen, was Inhalt der aristotelischen Metaphysik war, nämlich die grundlegende Wissenschaft vom Sein, so wie Aristoteles sie empfand. Diese aristotelische Metaphysik oder Ontologie sollte grundlegend für die nachfolgenden Jahrhunderte werden. Vor allem die scholastische mittelalterliche Philosophie griff auf diese Denkstruktur zurück und damit prägte Aristoteles das Denken des Abendlandes wesentlich bis in die Neuzeit hinein.

Ontologie

Ohne der Subtilität und der Tiefe des aristotelischen Denkens mit diesen wenigen Zeilen gerecht werden zu wollen, ist es doch vielleicht nützlich, ein paar Grundelemente der aristotelischen Ontologie bzw. seiner Metaphysik anzugeben. Für Aristoteles war das konkrete Seiende, das individuell Existierende, egal welcher Natur, nur zu verstehen als *verkörperte* Idee, wobei „Idee" das platonische Konzept meint. Er behielt die platonische Grundeinsicht bei, dass die Idee prägend für konkret materielles Sein sei. Er bestand aber darauf, dass diese Idee nur als konkret ausgeprägte, eben im Lebewesen erscheinende, eigentliche Wirklichkeit besäße. Damit dies geschehen könne, müsse sich die Gestalt (*morphe*) mit der Materie (*hyle*) verbinden. Wichtig bei diesem Gedanken ist, dass weder die Form an sich noch die Materie an sich irgendeine reale Existenz für sich beanspruchen können. Materie im aristotelischen Sinn ist pure Möglichkeit, reine Potenzialität, die aus sich selber und in sich selber überhaupt nichts darstellt. Erst die Gestalt gewordene Materie, eben das konkret Seiende, ist Wirkliches. Insofern ist weder die Idee noch die Materie für sich genommen irgend etwas Wirkliches, sondern erst, wenn sie im konkreten Ding zueinander und zur Verwirklichung finden. Gegenstand der Wissenschaft jedoch kann nicht das Einzelding sein, sondern nur das Gattungsmäßige, das Allgemeine. Eine Wissenschaft vom Einzelnen ist aristotelisch schlichtweg undenkbar, weil das Einzelne eben so wie es ist erscheint, aber nur in seiner Gattungsstruktur allgemeine erkennbare und erforschbare Wesenszüge trägt. Diese Auffassung ist mit ein Grund dafür, dass in der Psychologie, aber auch in anderen Disziplinen, die Forschung und die wissenschaftliche Diskussion immer auf das

Erkennen allgemeiner Strukturen gerichtet war und ist, und das Individuelle vergleichsweise wenig Beachtung gefunden hat. Jenseits der Frage, ob diese aristotelische Auffassung nun richtig oder falsch sei, ist es wichtig anzuerkennen, dass diese Auffassung sehr wirkmächtig geworden ist. Denn das Wesen oder die grundlegende Natur einer Sache sah Aristoteles – und da ist er Platon näher als er dies vielleicht selber sein wollte – nicht im konkret Individuellen, sondern im abstrakt Allgemeinen, eben dem Wesen oder der Gattung, der ein Gegenstand angehörte. Das Wesen des Menschen z. B. ist also weniger sein individuelles Sosein als das, was der Gattung Mensch eigen ist. Manche mächtigen Strömungen der Psychologie hatte diese implizite Metaphysik übernommen, indem sie nach allgemein gültigen Aussagen für den Menschen schlechthin suchten, und Bestrebungen zur Reform dieser allgemeinen Tendenz sind sehr langwierig, eben weil dieses aristotelische Diktum sehr tief in der westlichen Geistesgeschichte verankert ist.

Wissenschaftslehre und Logik

Aristoteles war auch der Erste, der eine formelle Wissenschaftslehre vorgestellt hat, und damit zum ersten Mal in der westlichen Geistesgeschichte so etwas wie eine Wissenschaftstheorie oder eine Reflexion über Wissenschaft schlechthin begründet hat. Diese Wissenschaftslehre ist zu finden in seinem sogenannten *Organon* (dt.: Werkzeug): die *Logik* und die erste und zweite *Analytik*. In der *Logik* legt Aristoteles die Grundpfeiler für das, was wir heute gemeinhin „die Logik" nennen. Er definiert hier die wesentlichen Grundbausteine für das was Widerspruchsfreiheit bedeutet, z. B. den Satz von der Identität, $a = a$, $a \neq b$. So trivial diese Sätze sind, so wichtig sind sie für die Begründung der Mathematik und der formalen Logik. Daraus abgeleitet ist der Satz vom ausgeschlossenen Dritten, der an verschiedenen Stellen im aristotelischen Werk vorkommt, und paraphrasiert lautet: Etwas kann nicht auf die gleiche Weise in derselben Hinsicht am gleichen Ort und zur selben Zeit sein und zugleich nicht sein. Damit ist eine Grundstruktur des westlichen Denkens ausgesagt, die uns sehr viele Fortschritte gebracht hat, an der wir aber auch leiden. Sie ist die Basis der sogenannten zweiwertigen Logik, in der eine Aussage entweder wahr oder falsch ist. Etwas, das nicht auf gleiche Weise in derselben Hinsicht am gleichen Ort und zur selben Zeit sein oder nicht sein kann, ist etwas vereinfacht gesprochen die Aussage, dass etwas entweder so oder anders ist, aber nicht beides zugleich. Entweder ist etwas rot oder etwas ist grün, aber nicht „grot". Entweder regnet es oder es regnet nicht; entweder die Sonne scheint oder sie scheint nicht; entweder ist ein Satz wahr oder er ist falsch; entweder ist ein Mensch gut oder böse. Man sieht sehr leicht, dass eine solche Denkstruktur, sobald sie in komplexe Bereiche vordringt (s. letztes Beispiel: Entweder ist ein Mensch gut oder böse, oder in der Psychologie: entweder ist jemand depressiv oder nicht, extravertiert oder introvertiert ...) leicht zu Problemen führt.

Das Verdienst von Aristoteles war es, darauf hinzuweisen, dass diese Logik die Basis einer rationalen Auseinandersetzung mit der Welt bildet, weil sie die Voraussetzung für beurteilbare und stimmige Sätze darstellt. Deshalb ist die Entwicklung dieser Logik ein immens wichtiger Schritt innerhalb der westlichen Geisteswissenschaft gewesen und ist immer noch Basis unserer Wissenschaft. Er begründet unsere Rationalität und hilft uns, im formalen und nicht formalen Denken konsistent, sauber und widerspruchsfrei zu bleiben. Mindestens ist dies in den meisten Fällen so. Dass für neueste und komplexe Ansätze, wie etwa für die Quantentheorie, aber vermutlich auch für die Psychologie, diese einfache logische Struktur nicht immer stimmt, werden wir später noch genauer sehen. Allerdings sei schon hier gesagt: Denkfaulheit, logische Inkonsistenz im Reden und Schreiben sollten nicht mit vagen Begründungen auf die Notwendigkeit von Komplexität und mehrwertiger Logik verteidigt werden. Auch wenn für bestimmte Bereiche der Wissenschaft die aristotelische Logik nicht gilt, so ist sie doch als Grundlage und in den meisten Fällen sehr nützlich und sollte beherrscht werden, bevor man sie transzendieren will.

In seiner Wissenschaftslehre führt Aristoteles verschiedene Schlussformen ein und charakterisiert sie nach ihrer Fähigkeit, zu wahren Aussagen zu gelangen. Dadurch analysiert er Satzfolgen in ihrer formalen Struktur so, dass man Fehler erkennen kann. Der Syllogismus z. B., den wir im Eingangskapitel als deduktiven Schluss kennen gelernt haben, wird von Aristoteles als eine Schlussform eingeführt, die notwendig wahre Sätze erzeugt. Der typische syllogistische Schluss wurde von uns bereits eingeführt: Alle Menschen sind sterblich; Sokrates ist ein Mensch, also ist Sokrates sterblich. Aufgabe dieses Schlusses ist es, notwendige Implikationen aus einem Begriff oder einer Begriffskette herauszuarbeiten.

In einem weiteren Schritt hebt Aristoteles von diesem deduktiven, schließenden Verfahren, welches von allgemeinen Aussagen auf das Besondere schließt, das induktive Verfahren ab, welches von Einzelfällen auf das Allgemeine kommt. Auf Aristoteles geht auch die Beobachtung zurück, dass gute Wissenschaft immer eine Verknüpfung beider Grundstrukturen in einem zirkulären Prozess darstellt und er formuliert in seiner Analytik im Wesentlichen auch diejenige Struktur, die wir eingangs am Beispiel von Pater Brown verdeutlicht haben, als den Zirkel zwischen Abduktion, Induktion und Deduktion.

Aristoteles war auch der Erste, der feststellte, dass der Wissenschaftsprozess immer auf letzten Wahrheiten fußen muss, die wir eingangs als absolute Voraussetzungen im Sinne Collingwoods kennzeichneten. Aristoteles war noch der Meinung, dass es tatsächlich eine gültige, verbindliche und vermittelbare Einsicht in diese letzte Wahrheit geben können muss, die unstrittig, weil rational sei. Deswegen kennzeichnete er seine Metaphysik auch als die „erste Wissenschaft“, mit der man eine solche Einsicht in die absolut notwendigen Voraussetzungen von Forschung tätigen könne. Dieser Glaube in die Rationalität und in die nachvollziehbare Notwendigkeit dieser Voraussetzungen ist mittlerweile erschüttert. Ein postmodernes Bewusstsein würde mit Aristoteles dahingehend übereinstimmen, dass solche absoluten Voraussetzungen notwendig sind, nicht aber darin, dass sie zwingend demonstrierbar und von allen rational einsehbar und erkennbar sind. Auf jeden Fall gebührt Aristoteles der Verdienst, als Erster formal auf diese Struktur hingewiesen zu haben.

Kategorienlehre

In seiner *Kategorienschrift* und in der *Metaphysik* führt Aristoteles außerdem etwas ein, was später für die gesamte abendländische Wissenschaft von Bedeutung geworden ist, nämlich seine Lehre von den Kategorien. Unter Kategorien versteht Aristoteles Redeweisen, Begriffsweisen, die nicht ineinander überführbar sind. Das griechische Wort *kategorein* bedeutet soviel wie „klassifizieren", „einordnen". Kategorien bezeichnen also solche Begriffe, die Dinge oder Gegenstände oder Aussagen einordnen in einer oder mehrfacher Hinsicht. Kategorien sind voneinander unabhängige Redeweisen, d. h. kategorische Aussagen oder Aussagen, die in einer Kategorie beurteilt worden sind, können nicht in eine andere Kategorie überführt werden. Zu den zehn nicht ineinander überführbaren Kategorien gehören:

- Substanz
- Quantität
- Qualität
- Relation
- Ort
- Zeit
- Aktion/Handlung
- Passion/Leiden
- Lage
- Zustand

Was Aristoteles damit meint, dass diese Kategorien nicht ineinander überführbar sind, sieht man sehr leicht, wenn man z. B. Ort und Zeit nimmt. Man kann ein Ereignis räumlich orten, indem man ihm z. B. drei Koordinaten zuweist, und man kann ein Ereignis zeitlich orten, indem man ihm einen Zeitpunkt auf einer absoluten Zeitskala zuweist. Es wäre hingegen nicht sonderlich sinnvoll, zumindest in einem aristotelischen Denkrahmen, diese beiden Aussagen ineinander überführen zu wollen. Genauso ist es mit der Kategorie Relation und Substanz. Mit Substanz meint Aristoteles das Bleibende, dasjenige was Bestand hat. Wir könnten in unserem modernen Sprachgebrauch sagen, Materie wäre eine Substanz (wohlgemerkt, für Aristoteles würde das nicht gelten!). Relation hingegen bezeichnet den Bezug verschiedener Gegenstände oder Elemente untereinander. Aristotelisch gesprochen macht es keinen Sinn, die Substanz, also z. B. das Materielle, in die Relation überführen zu wollen, weil dies nicht miteinander kompatible Begriffspaare darstellen. Verschiedene moderne Ansätze versuchen genau diese aristotelischen Dichotomisierungen zu überwinden, so z. B. die Prozessphilosophie Alfred North Whiteheads. Wir wollen aber zunächst bei dem historischen Sachverhalt und bei Aristoteles' Analyse bleiben, dass die Kategorien absolute und voneinander unabhängige Beschreibungsebenen darstellen, die nicht ineinander übergeführt werden können.

Besonders folgenschwer wurde dies für das Kategorienpaar Qualität und Quantität. Qualität, etwa die Farben Rot, Blau, Grün, oder die Empfindungsqualitäten schön und hässlich, und Quantitäten wie die Zahlen 1, 2, 3, 4, 5, sind laut Aristoteles nicht ineinander überführbar. Der scholastische Lehrsatz hierzu lautet *qualitas et quantitas non convertuntur* – „Qualität und Quantität vertauschen nicht". Die Psychologie als Wissenschaft, insofern sie naturwissenschaftlich-experimentell vorgeht, ist nun der Versuch, genau dieses Diktum zu widerlegen, indem sie versucht, qualitative Elemente – wie unser inneres Erleben, unser Bewusstsein – quantitativ fassbar zu machen. Ein Depressionsfragebogen beispielsweise, der in einem Zahlenwert das Ausmaß der Depressivität angeben soll, ist der Versuch, eine Qualität, nämlich den niedergedrückten Affekt einer Person oder die Vielgestaltigkeit des Symptombildes, in Zahlenwerten auszudrücken. Das Misstrauen gegenüber solchen Vertauschungsrelationen liegt auch der Skepsis zu Grunde, die manche Wissenschaftler oder die Gesellschaft insgesamt, diesen psychologischen Vorgehensweisen entgegenbringen und ist auch der Grund für das Misstrauen selbst vieler Psychologen diesen reduzierenden Beschreibungsweisen gegenüber. Eben weil zunächst und vordergründig zu gelten scheint, dass Qualität und Quantität nicht ineinander überführbar sind, hat sich innerhalb der psychologischen Forschung eine zweigleisige Tradition ausgebildet. Die eine folgt der naturwissenschaftlichen Tradition, in der versucht wird, Gegebenes quantitativ – durch Messen, Zählen und entsprechende mathematische Operationen – zu erfassen. Sie nimmt sich dabei den beispiellosen Fortschritt der Naturwissenschaften zum Vorbild. Die andere Tradition stützt sich eher auf den Versuch, Qualität als solche zu erfassen und sich im qualitativen Forschungsstil gegen die Reduktion oder Überführung von Qualität in Quantität zu wehren. Die Tatsache, dass diese beiden Ansätze einander bislang eher unvermittelt gegenüberstehen und selten jemals – sei es in der Person eines Forschers, geschweige denn in einer integrativen Methodik – kombiniert werden, ist letztlich ein Erbe des aristotelischen Kategoriendenkens, in dem Quantität und Qualität als nicht miteinander vertauschbare und nicht ineinander überführbare Grundkategorien gelten. Es versteht sich von selbst, dass *quantitative Elemente* einer bestimmten Qualität messbar sind, ohne die Qualität zu verlieren. In diesem Sinne kann man einen Depressionsfragebogen besser verstehen, wenn man ihn sieht als eine Messung der *Stärke* einer Depression, also einer quantitativ erfassbaren Seite der Depression. Wenn man hingegen glaubt, mit einem solchen Fragebogen die *ganze* Depression erfassbar gemacht zu haben, sitzt man einem Kategorienfehler im Sinne des Aristoteles auf. Die Spannungen stammen also vor allem von unsachgemäßen Verallgemeinerungen und Überdehnungen von Geltungsansprüchen.

Die Kategorienlehre des Aristoteles hat auch dazu geführt, dass wir Beziehungen als sekundär bzw. abgeleitet oder als separat von Substanz sehen. In unserem Denken kommen Gegenstände oder auch Personen vor, die für sich genommen und isoliert werden können, oder abstrakt gesprochen die Materie, die für sich selber Bestand hat, und erst in zweiter Linie oder davon getrennt die Beziehungen, die diese Gegenstände, Personen oder die Bestandteile der Materie zueinander haben. Materie als fester Baustein und Beziehungen zwischen materiellen Teilchen als unsichtbare Felder oder Kraftlinien werden als voneinander verschieden erlebt und gedacht. Auch dies ist ein Erbe des aristotelischen Denkens. Wir wollen an dieser Stelle darauf hinweisen, dass es auch ganz anders geartete Ontologien gibt. Im östlichen Denken wird beispielsweise der Bezogenheit, der Relation, der Primat zugeordnet und Gegenstände konstituieren sich aus ihren Beziehungen und sind gar nicht getrennt von Beziehungen zu denken. Dies gilt auch für Leibniz, den wir später behandeln. Einen ähnlichen Ansatz versuchte Whitehead mit seiner Prozessphilosophie.

Physik

An diesen beiden Beispielen sehen wir, wie stark das aristotelische Denken unsere gesamte Herangehensweise immer noch prägt und können uns vielleicht deswegen vorstellen, dass eine Bewusstmachung dieser Voraussetzungen Hilfestellungen dazu anbieten kann, sich über neue oder alternative Konzeptionen unserer Wirklichkeit Gedanken zu machen. Einen weiteren wichtigen Beitrag, den Aristoteles zur wissenschaftlichen Diskussion geleistet hat und der sich über Jahrhunderte durch unsere Wissenschaft hindurchzieht, ist seine Beschreibung der *Ursachen*. Für Aristoteles war die Ruhe der primäre Zustand eines jeden Gegenstandes und die Ursache diente dazu, den Grund für eine Veränderung zu beschreiben. Auch darin ist Aristoteles dem platonischen Erbe treu geblieben, dass für ihn nicht die Bewegung, sondern das in sich Verharren, die Ruhe, der Grundzustand ist. Aristoteles unterscheidet nun vier verschiedene Erscheinungsformen von Ursachen: die Wirkursache (*causa efficiens*), die Formalursache (*causa formalis*), die materielle Ursache (*causa materialis*) und die Final- oder Zweckursache (*causa finalis*). Zur Illustration verwendet Aristoteles folgendes Beispiel: Man stelle sich vor, ein Architekt will ein Haus bauen. Dazu benötigt er zuerst einmal das Material, etwa die Steine, den Mörtel, Sand und Wasser. Dies wäre also die *causa materialis*, die materielle Ursache des Hauses. Ein Haufen Steine, Sand und Zement, ergibt aber noch kein Haus. Um ein Haus bauen zu können, benötigt man einen Plan. Dies wäre aristotelisch die Formalursache, die *causa formalis*. Der Plan kann nur gezeichnet werden, wenn man eine Vorstellung davon hat, wie das Haus einmal werden soll. Im Geiste des Architekten existiert im Normalfall eine Vorstellung oder ein Bild des fertigen Endprodukts, von dem ausgehend er seinen Plan zeichnet und die Vorgehensweisen beim Bauen entwickelt. Dieser Endzustand des Hauses, der nur im Geiste des Architekten vorhanden ist und der das Entstehen des Hauses leitet, wird von Aristoteles als die Final- oder Zweckursache (*causa finalis*) beschrieben. Damit hat Aristoteles eine wichtige Entdeckung in seinen Ursachenbegriff mit einbezogen: dass nämlich das Entstehen komplexer Gegenstände oder gar von Kunstgegenständen eigentlich im Normalfall die Ausrichtung an einer Zielvorgabe voraussetzt, um sie wirklich gut zu verstehen. Schließlich benötigt es eine effiziente Ursache zum Hausbau. Dies wären die Aktivitäten der Bauleute, die Steine aufeinander schichten, dem Plan folgend Mörtel zwischen die Steine fügen, einen Dachstuhl auflegen und das Dach decken und schließlich das Haus von außen verputzen. Diese Aktivitäten, die schließlich sichtbar zur Vollendung des Hauses führen, sind die effiziente Ursache, die *causa efficiens*, des Hauses. Aristoteles legt aber Wert darauf zu sagen, dass die drei anderen Ursachen, die Formalursache, die materielle Ursache und die Finalursache, ebenso wichtig, wenn auch vielleicht von außen weniger erkennbar sind. Von außen sichtbar ist die effiziente Ursache. Diese wäre aber nicht verständlich, gäbe es nicht den Wunsch oder den Plan des Architekten, ein Haus in dieser und keiner anderen Weise zu bauen. Ohne die Formal- und die Finalursache ist nach Aristoteles die effiziente Ursache nicht wirklich begreifbar.

In der Folge wurde die Notwendigkeit dieser vier verschiedenen Ausprägungen des Begriffs von Ursache angezweifelt. Der Gang der Wissenschaftsentwicklung hat dazu geführt, dass in unserem heutigen Verständnis eigentlich nur noch die effiziente, die Formal- und die materielle Ursache als Begriffe überlebt haben. Die

Finalursache wurde bereits im Mittelalter in ihrer Notwendigkeit bezweifelt und im Laufe der Zeit als sinnvoller Begriff aufgegeben. Unsere moderne Wissenschaft versucht, die Ursächlichkeit von Veränderung zu begreifen, indem sie die Bewegung und Verbindung materieller Einheiten (Elementarpartikel, Atome, Moleküle, Organstrukturen) durch Felder von Kraft und deren Bewegung zu beschreiben versucht. Der moderne wissenschaftliche Ansatz würde beispielsweise das Einschalten einer Beleuchtung anders rekonstruieren als Aristoteles dies tun würde. Während für Aristoteles die Finalursache, nämlich mein Wunsch im Raum Licht zu haben, dazu führen würde, dass ich eine Kerze entzünde oder den Lichtschalter betätige, würde diese Finalursache in der modernen Rekonstruktion völlig wegfallen und sich auf die jeweils benachbarte Bewegung materieller Teilchen reduzieren. Die einzige Unbekannte dabei ist momentan noch die Frage, wie mein Wunsch Helligkeit zu erzeugen, also ein mentaler Akt, zu der materiell-effizienten Ursachenkette führen kann, die in meinem Gehirn Neuronenströme, schließlich elektrische Weiterleitung von Aktionspotenzialen, Muskelkontraktionen und wiederum Ionenströme im Leitungsdraht bis hin zum Glühen einer Birne führen kann. Der moderne Versuch der Rekonstruktion von Ursache ist die Reduktion des Ursachebegriffs auf die effiziente Ursache. Die Formalursache kann vielleicht als der Versuch beschrieben werden, gültige Naturgesetze zu finden, die die Bewegung von Materie beschreiben. Die materielle Ursache wird durch die Physik auf die Grundbausteine der Materie und ihre Verbindungen untereinander überflüssig gemacht. Einzig und allein die effiziente Ursache, also die Ortsveränderung materieller Teilchen, wird als sinnvoll und notwendig angesehen. Damit ist der komplexe Ursachenbegriff des Aristoteles in der modernen Sicht reduziert auf die effiziente Ursache. Wir werden später beobachten, dass eine solche Ursachenkonzeption wie sie etwa der newtonschen Mechanik zugrunde liegt, den komplexen Gegebenheiten, wie sie in biologischen geschweige denn psychologischen Systemen vorhanden ist, nicht mehr gerecht wird. Tatsache ist, dass die aristotelische Leitidee, Veränderung als Ortsveränderung zu begreifen, in ihrer letzten Durchführung in der modernen Naturwissenschaft zu einer Verarmung, aber auch Vereinfachung und dadurch zu einer Präzisierung des Ursachenbegriffs geführt hat.

Psychologie

Aristoteles war der erste antike Autor, der wirklich eine Psychologie im eigenen Sinne zu verfassen versucht hat. Was uns erhalten geblieben ist von der aristotelischen Psychologie ist sein Werk „Von der Seele“ – *Peri Psyches* (*De Anima*) [2]. Es handelt sich hierbei um eine systematische Vorlesungsreihe über die Art und Weise wie Aristoteles sich die Seele vorstellt. Wir wissen aus antiken Quellen, dass Aristoteles noch einen Dialog zur Seelenthematik geschrieben hat, den er eigentlich als bekannt voraussetzt und in dem die esoterische Lehre des Aristoteles von der Seele abgehandelt worden ist, also der platonische Anteil seiner Psychologie. Dieser ist allerdings verloren und wir können nur noch mutmaßen, was der Inhalt dieses Textes gewesen ist. Man vermutet, dass Aristoteles in diesem verlorenen Text all jene Elemente der Psychologie und der Seelenlehre behandelt hat, die bereits Platon wichtig waren, als er sein Mythologem von der Seele als aus dem Reich der Ideen kommend skizzierte. Der erhaltene Text hingegen ist mehr die wissenschaftliche Konzeption von der Psychologie.

Wegweisend ist für die aristotelische Psychologie, dass jedes Lebewesen immer belebte Materie ist und deswegen beseelt. Die Seele ist die Entelechie des Körpers. Entelechie ist dabei die Übernahme des griechischen Begriffs *entelecheia*, „das, was sein Ziel in sich trägt“. Sein Ziel in sich tragen heißt, dass das Ziel, auf das ein Lebewesen hin angelegt ist, sein Entwicklungsplan konstitutiv für das Lebewesen selber ist. Also ist das Leben des Lebewesens dessen Entfaltung auf sein endgültiges Ziel hin. Deshalb ist die Seele das Form- und Gestaltprinzip des Körpers, was die Scholastik mit dem Lehrsatz „anima forma corporis“ (Seele ist Form des Körpers) wiedergegeben hat. Die Seele kommt dabei in verschiedenen Gattungen vor. Sowohl Pflanzen als auch Tiere sind beseelt und natürlich auch der Mensch und haben ihre je eigene Seelenform. Während die Pflanze nur eine vegetative Seele aufweist, die für die lebendigen Akte der Pflanze maßgebend ist, also Ernährung und Stoffwechsel, haben die Tiere eine animalische Seele, die ihnen Wahrnehmung und Bewegung ermöglicht. Dies ist dabei nicht so zu verstehen, als würde zur Materie etwas Eigenes, neues, hinzutreten, sondern aristotelisch gedacht ist die Seele die spezifische Form, die die Materie in einem bestimmten Fall annimmt und das beseelte Lebewesen ist überhaupt nur in seiner Einheit zwischen Materie und Form als beseeltes Wesen existent. Unsere moderne, von Descartes verbildete Denkungsart, die die Seele als losgelöst von der Materie zu denken und sprachlich zu fassen versucht, ist im aristotelischen Kontext Unsinn. Wenn daher von einer „Tierseele“ die Rede ist, so ist damit gemeint, dass das Beseelt- oder Strukturiertsein eines Tieres ein anderes ist als das einer Pflanze. Denn beim Tier kommt zusätzlich zum Stoffwechsel eben noch die Fähigkeit der Wahrnehmung und der Bewegung hinzu. Und im selben Sinne ist das Lebendigsein des Menschen ein anderes, weil beim Menschen noch die *rationale* Seele, also die Fähigkeit zu denken, hinzutritt. Der Mensch hätte also nicht eine sondern drei „Seelen“, was man sich aber nicht so vorstellen darf, dass diese drei Seelen in irgendeiner Form separierbar wären. Aristoteles meint damit, dass im Menschen drei verschiedene, aber miteinander interagierende Seins- und Wirkprinzipien am Werk sind; eben der Stoffwechsel, der z. B. auch funktioniert wenn wir bewusstlos sind und Wahrnehmung und Bewegung komplett ausgeschaltet sind, die animalische Seele oder das Wahrnehmen und Bewegen, das auch noch aktiv ist wenn wir schlafen und unser Denken ausgeschaltet ist, und schließlich eben noch die rationale Seite, die das spezifisch Menschliche bezeichnet.

Der Geist, der das rationale Wesen des Menschen ausmacht (gr.: *nous*, lat.: *intellectus*), ist nach Aristoteles zweigeteilt. Der passive Teil des Geistes ist wie eine Tafel, auf den die Sinne bei ihrer Auseinandersetzung mit der Außenwelt dasjenige einschreiben, was erfahren und erlebt wird. Das Schreibende aber, das erst dazu führt, dass die Sinne bewusste Inhalte vermitteln können, ist nach Aristoteles der aktive Geist (*intellectus agens*). Dieser wird von Aristoteles konzipiert als aktiv-rationales Prinzip, welches koordinierend tätig ist. Die Sinne führen dem Geist die äußeren Sinnesdaten zu, diese werden synthetisiert vom sogenannten „Gemeinsinn“, das was die lateinische Tradition den *sensus communis* genannt hat, und dieser wird schließlich vom aktiven Geist gesteuert und koordiniert. Der aktive Geist, sagt Aristoteles, ist, anders als die vegetative und die animalische Seele und anders als der passive Geist, ein Prinzip, das von „draußen“ kommt. Das griechische Wort hierfür heißt *thyrathen*, was wörtlich soviel heißt wie „zur Tür herein“, „von draußen herein“.

Man vermutet, dass diese Seite der aristotelischen Seelenlehre in dem verschollenen Dialog „*Eudemos*“ abgehandelt worden ist, weil Aristoteles in *De Anima* nur sehr kursorisch darauf eingeht. Die Psychologie des Aristoteles ist so konzipiert, dass es einen natürlichen, naturwissenschaftlichen Teil gibt – die erhaltene Schrift *Peri Psyches/De Anima*, der die drei Seelenstufen bis hin zum rationalen Seelenteil des *intellectus passivus*, des passiven Geistes enthält. Der andere Teil der Psychologie ist der übernatürliche, der den aktiven Geist, den *intellectus agens*, enthält, der für Aristoteles von jenseits, aus der Welt des Göttlichen – Platon würde sagen aus der Welt der Ideen – kommt. Wie genau sich Aristoteles diese Synthese vorgestellt hat, ist nicht mehr ersichtlich. Es ist aber zu vermuten, dass Aristoteles die menschliche Psychologie so konzipierte, dass es ein jenseitig-göttliches Element in der Seele geben muss, welches die anderen Seelenteile koordiniert und vereinheitlicht.

Diese psychologische Konzeption, in der ein jenseitiger spiritueller oder geistiger Seelenteil als Krönung der Seele die anderen Elemente der Psychologie koordiniert und leitet, die selber wiederum als eins mit ihrem materiellen Sein gedacht werden, wird später die Leitmetapher und der Grundgedanke für die scholastisch-christliche Konzeption werden, die die abendländische Wissenschaft bis in unsere heutigen Tage bestimmt hat, und für die mystische Tradition, die religiöse Strömungen beeinflusst hat. Aristoteles hat hierzu die Grundlage gelegt und ist deswegen der Vater der abendländischen spekulativen Psychologie. Besonders wichtig ist es uns hier zu betonen, dass die Seelenteile und die Seelenkonzeption des Aristoteles, mindestens in ihrem naturwissenschaftlich-physiologischen Aspekt, wie er in *De Anima* dargestellt ist, keineswegs in einer modern dualistischen Fassung zu sehen ist, in der die Seele losgelöst von ihrer materiellen Erscheinung gedacht werden kann. Für Aristoteles war Gestaltungskraft, Form, Seelisches, immer nur in eins zu denken mit ihrer materiellen Konkretisierung. Weder die Materie an sich noch die Seele an sich wäre für Aristoteles ein sinnvoller Begriff gewesen. Diese Einheit des Seelen- und Materiebegriffs blieb für die abendländische Wissenschaft bestimmend bis in die Tage von Descartes und Newton, als diese Grundeinheit auseinanderbrach.

4.9 Resümee

Wenn wir die Themenvorgabe in der Antike ein kleines bisschen stärker pointieren, so sehen wir, dass die meisten Positionen, die in späterer Zeit maßgeblich waren, bereits in der Antike vorhanden waren. In der folgenden tabellarischen Übersicht (s. Tab. 4.1) wird dies sehr kursorisch noch einmal festgehalten. Sie unterscheidet zunächst die Hauptpositionen nach ihrer Ontologie (Lehre vom Sein, Grundfrage des Seins), also Idealismus und Materialismus, und dann nach den wesentlichen methodischen Vorgehensweisen. In der nächsten Spalte sehen wir die modernen Positionen: Idealismus, Materialismus, Rationalismus, Komplementarismus, Empirismus. Die entsprechenden Inhalte sind ihre wesentlichen Grundhaltungen. So ist beispielsweise im Idealismus die zentrale Aussage, dass der Geist, das Intelligible, primäres Sein sei (die philosophische Position des Idealismus ist nicht zu verwechseln mit der umgangssprachlichen Bedeutung des Begriffs!). Der pointierteste Autor für diese Position ist Platon, der Parmenides folgt. Ihm diametral entgegen steht die materialistische Position, deren Aussage darin besteht, dass das einzig Wirkliche Materie sei. Die antiken Atomisten waren die ersten Verfechter dieser Position und die moderne Naturwissenschaft kann als direkte Erbin dieser atomistisch-materialistischen Position gesehen werden. Diese beiden Haltungen sind die ontologischen Grundpositionen, die sich durch die gesamte Ideengeschichte in verschiedenen Formen immer wieder bekämpften. Schließlich kann man die drei methodischen Grundkonzeptionen erkennen:

Der Rationalismus, der häufig aber nicht notwendigerweise mit einer idealistischen Position gekoppelt ist, behauptet, Wirklichkeit könne allein durch Denken erkannt werden. Parmenides ist der pointierteste Autor dieser Richtung.

Eine andere methodische Grundposition nimmt der Komplementarismus ein, der eine moderne methodische Denkform ist, die vor allem seit der Quantenmechanik von Bedeutung geworden ist. In ihr wird die Bedeutung von Gegensätzen thematisiert und der antike Autor, der hierfür als Vorbild gelten kann, ist Heraklit. Man könnte diese Denkform auch als Dialektik ansprechen. Da das dialektische Denken jedoch häufig mit idealistischen Positionen – bei Platon oder Hegel – gekoppelt ist, erscheint es uns sinnvoller, den Komplementarismus als methodisch gesonderte Denkfigur zu isolieren, der in gewisser Weise die Dialektik enthält, aber insofern weiter geht, als es nicht um Auflösung oder Synthetisieren von Gegensätzen geht, sondern gerade um ihr Beibehalten. Wir werden dies später anhand der wichtigsten Elemente der Quantentheorie noch genauer erläutern.

Die realistisch-empiristische Grundposition, die auch für die Naturwissenschaft von großer Bedeutung geworden ist, behauptet die grundlegende Erkennbarkeit der Wirklichkeit durch Erfahrung. Und sie behauptet auch, dass Erfahrung es immer mit Wirklichkeit zu tun hat. Aristoteles ist der Garant für diese Position. Man beachte, dass dieser Begriff von Realismus eine Anlehnung an den angelsächsischen Sprachgebrauch darstellt, in welchem der Begriff Realismus immer die Bezeichnung dafür ist, dass das Erkennen Wirklichkeit zum Thema hat. Die deutsche philosophische Spielform des Begriffs Realismus hingegen meint meistens die Position, dass Allgemeinbegriffe oder Ideen wirklich sind im Gegensatz zum Nominalismus, der davon ausgeht, dass nur Einzelbegriffe Wirklichkeitscharakter haben. Es ist wichtig, diese beiden Begriffsspielarten des Begriffes „Realismus“ zu unterscheiden. Wenn hier oder im Folgenden von Realismus die Rede ist, so ist damit immer gemeint, dass Denken und Erkennen Bezug zur Wirklichkeit hat, *so wie sie in sich selbst ist.*

Abschließend sehen wir also, dass die modernen Grundpositionen ontologischer und epistemologischer (= dem Erkennen dienende) Art bereits in der Antike vorgeprägt sind. Das bedeutet nicht, dass seit den vorsokratischen und antiken Philosophen keine Fortschritte gemacht wurden. Es bedeutet lediglich, dass die modernen Grundpositionen bereits eine lange Geschichte haben und innerhalb dieser Geschichte gewisse Veränderungen erfahren haben, aber von ihrer Grundkonzeption her schon lange gegenwärtig sind. Ein solches Wissen mag vor allem dazu dienen, uns Moderne ein kleines bisschen bescheiden zu stimmen und uns vor der modernen Überheb-

Tab. 4.1: Zusammenfassung der Themenstellung in der Antike.

	Position	Inhalt	Autor
Ontologie	Idealismus	Geist primär, Materie abgeleitet	Platon, Parmenides
	Materialismus	Materie primär, Geist abgeleitet	Atomisten
Methodik	Rationalismus	Erkennen durch Denken	Parmenides, Platon
	Komplementarismus/Dialektik	Bedeutung von Gegensätzen	Heraklit, Platon
	Realismus Empirismus	Erkennen durch Sinneserfahrung	Aristoteles

lichkeit zu bewahren, die da meint, nur die neuesten Erkenntnisse seien wertvolle Erkenntnisse. Die Antike ist für uns nicht deswegen wichtig, weil sie bereits alle Probleme gelöst hat. Sie ist deswegen wichtig, weil sie oftmals in vorbildhafter Klarheit die Grundfragen aufgerissen und mögliche Antworten auf diese Grundfragen skizziert hat. Sie hat durch ihre Denktraditionen Pfade gelegt, die wir Heutige aufgrund der Sprache und der Kultur, in der wir aufgewachsen sind, wie selbstverständlich übernehmen. Wir haben auf die Unterschiedlichkeit von Substanz und Relation hingewiesen, die uns aufgrund dieser Kultur als selbstverständlich erscheint. Sie ist in keiner Weise selbstverständlich, sondern sie ist das Erbe einer mehr als zweitausendjährigen Kultur und Denktradition, die letztlich auf Aristoteles zurückgeht. Wenn wir Menschen als voneinander getrennt und ihre Beziehungen als sekundär zu den Menschen sehen, so ist dies nicht „normal und der Wirklichkeit entsprechend" in dem Sinne, dass es nicht anders möglich wäre, sondern es ist dies eine Denk- und Sichtweise, die auf die aristotelische Konzeption zurückgeht, in der Substanz und Relation als getrennt voneinander angesehen wurden.

Wenn wir etwa in einer asiatischen Kultur groß geworden wären, so würde uns umgekehrt die westliche Betonung der Individualität, der Getrenntheit des Einzelnen, der Rechte und der Autonomie des Individuums merkwürdig vorkommen, da unsere kulturelle Umwelt, unser Denken und Sprechen von den Jahrtausende alten Traditionen beispielsweise eines Buddha, eines Laotse, eines Konfuzius, in komplett anderer Weise geprägt wäre. Nunmehr ist es aber eine nicht zu verleugnende Tatsache, dass unsere moderne Wissenschaft das Erbe der westlichen antiken und mittelalterlichen Tradition übernommen hat und zu verwalten hat.

Ein Bewusstsein für diese Denktraditionen und ihr Gewordensein mag uns darin behilflich sein, auch andere Konzeptionen als denkbar und möglicher Weise passend für die Wirklichkeit zu sehen. Ein Blick in die Antike mag unser Bewusstsein dafür schärfen, welche absoluten Voraussetzungen wir in unserem Denken und Forschen machen, ohne dass wir dies auch nur zur Kenntnis nehmen geschweige denn reflektieren. Die antike Philosophie ist der Urgrund unserer kulturellen Tradition und zum Guten und Schlechten für das verantwortlich, was unsere moderne Wissenschaft uns über die Welt und unser Sein in der Welt lehrt. Wichtig ist uns nicht, dies auf der einen Seite heroisch zu überzeichnen oder auf der anderen Seite lächerlich zu machen. Wichtig ist uns, das Bewusstsein für diese Bedingtheiten zu schärfen. Eine kursorische Lektüre von Platon und Aristoteles lohnt sich also auf jeden Fall.

Eine Betonung der Leistungen und Errungenschaften sowie der Thematiken der antiken Philosophen soll uns nicht darüber hinweg täuschen, dass selbst diese vermeintlich heroische und klassische Zeit gewisse Probleme nicht thematisiert hat und nicht thematisieren konnte, weil sie nicht in ihrem Horizont standen. So war beispielsweise die Gleichheit der Menschen, die Sklaverei, die Rechte von Untergebenen oder die Emanzipation von religiösen Vorgaben für diese Zeit und diese Denker kein Thema. Auch hierin standen sie in ihrer eigenen historisch-kulturellen Situation und konnten diesen Horizont nicht übersteigen. Dies schmälert nicht ihre Leistung und sollte nicht dazu dienen, die Augen vor dieser unserer Erbschaft zu verschließen. Schließlich hat es auch unsere heutige Zeit trotz aller Aufklärung, trotz allen wirtschaftlichen und wissenschaftlichen Fortschritts nicht vermocht, diese grundlegenden sozialen und ethischen Fragen abschließend und befriedigend zu klären.

Quintessenz

- Die vorsokratischen Philosophen stehen am Anfang wissenschaftlichen Fragens in unserer westlichen Kultur.
- Sie stellen sich die Frage nach dem Urgrund des Seienden, die sie je unterschiedlich beantworten.
- In dieser Tradition wird der Grund dafür gelegt, dass Denken, in einem weiteren Sinn als wir das heute verstehen, als legitimer Zugang zur Wirklichkeit gilt.
- Alle wesentlichen methodischen und ontologischen Positionen werden in der Antike von irgendeinem Autor eingenommen und vertreten.
- Platon ist schulbildend für alle idealistischen Philosophien, die Geist und Intelligibles für das Wesentliche ansehen.
- Platon legt eine erste Seelenlehre vor. Nach ihr stammt die Seele aus dem Reich der Ideen, will dorthin zurück und muss sich dazu auf der Erde bewähren.
- Die Seele ist nach Platon dreigeteilt in einen niedrigeren, einen höheren Seelenteil und in einen steuernden Seelenteil. Freuds Modell kann im Grunde darauf zurückgeführt werden.
- Aristoteles legt die erste systematische Wissenschaftslehre und Psychologie vor.
- Für die Wissenschaftslehre grundlegend wird seine Logik.
- In der Psychologie unterscheidet Aristoteles drei Seelenarten: die pflanzliche oder vegetative, die tierische oder animalische und die rationale, menschliche Seele.
- Die rationale Seele untergliedert er in den passiven und aktiven Intellekt.
- Der aktive Intellekt ist für Aristoteles jenseitiger Natur. Die Lehre darüber ist verschollen, wirkt aber in der Psychologie der Scholastik und in der Mystik weiter.

Literatur

[1] Aristoteles. (1978). *Metaphysik.* Hamburg: Meiner.

[2] **Aristoteles. (1983). *Vom Himmel. Von der Seele. Von der Dichtkunst. Übers. & hrsg. v. O. Gigon.* München: DTV.**

[3] Aristoteles. (1990). *Lehre vom Beweis oder Zeite Analytik (Organon IV).* Hamburg: Meiner.

[4] Cornford, F. M. (1960). *Plato's Theory of Knowledge. The Theaetetus and the Sophist of Plato translated with a running commentary by F. M. Cornford.* London: Routledge & Kegan Paul.

[5] Fischer, G. (1998). *Konflikt, Paradox und Widerspruch: Für eine dialektische Psychoanalyse.* Frankfurt: Fischer

[6] Heidegger, M. (1967). *Wegmarken.* Frankfurt: Klostermann.

[7] **Höffe, O. (Hrsg.) (1985). *Klassiker der Philosophie. I: Von den Vorsokratikern bis David Hume.* München: Beck.**

[8] Horkheimer, M., & Adorno, T. W. (1969). *Dialektik der Aufklärung. Philosophische Fragmente.* Frankfurt: Fischer.

[9] **Kranz, W. (1976). *Die griechische Philosophie. Zugleich eine Einführung in die Philosophie überhaupt.* Birsfelden-Basel: Schibli-Doppler.**

[10] Platon. (1990). *Werke in acht Bänden; griechisch-deutsch.* Darmstadt: Wissenschaftliche Buchgesellschaft.

[11] Reich, K. H. (2003). *Developing the Horizons of the Mind: Relational and Contextual Reasoning and the Resolution of Cognitive Conflict.* Cambridge: Cambridge University Press.

[12] Varela, F. J., Thompson, E., Rosch, E. (1991). *The Embodied Mind. Cognitive Science and Human Experience.* Massachusetts: MIT Press.

[13] Weber, F. J. (Hrsg.) (1976). *Fragmente der Vorsokratiker. Text und Kommentar.* Paderborn: Schöningh.

[14] Whyte, L. L. (1961). *Essay on Atomism. From Democritus to 1960.* Middletown: Wesleyan University Press.

5 Spätantike, Neuplatonismus und Augustinus

Die Jahrhunderte nach den großen Gestalten Aristoteles und Platon beschäftigten sich damit, die platonische und aristotelische Philosophie zu systematisieren und ihre Implikationen weiter auszulegen [5]. Im Jahre 295 v. Chr., etwa eine Generation nach Aristoteles Tod, wurde im Reich der Ptolemäer – dem Gebiet, das Alexander der Große seinen Nachkommen hinterlassen hat – in der Stadt, die er nach sich benannt, jedoch nie betreten hat, in Alexandria also, die größte damalige Bibliothek gebaut, die das Wissen der antiken Welt sammeln sollte. Diese Bibliothek, die zuerst in den Wirren von Caesars Krieg mit Pompejus 48 v. Chr. und endgültig um 390 n. Chr. in Flammen aufging, sodass ein großer Teil der antiken Wissenschaftsüberlieferungen vernichtet wurde, zog große Wissenschaftler der damaligen Zeit an; viel Kraft wurde darin investiert, das gesammelte Wissen der Epoche zu katalogisieren und systematisieren.

Vor allem in der griechischsprachigen Welt gab es also auch nach Aristoteles eine ausgeprägte philosophische Tätigkeit, aber keiner der nachfolgenden Autoren reichte in Größe und Einfluss an die großen Denker heran. Parallel zu dieser Ausarbeitung der platonischen bzw. aristotelischen Systeme ging ein Aufblühen des römischen und ein Niedergang des griechischen Kulturkreises einher. Für die Entwicklung der Wissenschaften war dieser Wechsel nicht unbedingt förderlich. Die Römer waren Pragmatiker, die sich weniger um Erkenntnis und Wissenschaft um ihrer selbst willen bemühten als um anwendbare Technik. Daher ist es auch nicht verwunderlich, dass mit dem Aufblühen und dem Erstarken der römischen Macht keine parallele Erstarkung der wissenschaftlichen Bemühungen einherging. Was es in Rom an Wissenschaft und Philosophie gab, war im Wesentlichen aus Griechenland und seinem Kulturkreis geborgt oder importiert.

Dennoch sollen hier zwei Entwicklungen Erwähnung finden, die für die Psychologie in der einen oder anderen Form maßgeblich waren. Die Spätantike war gekennzeichnet durch das Aufstreben der christlichen Religion, bis sie schließlich unter Konstantin 313 n. Chr. Staatsreligion wurde. Dies ist ein an sich bemerkenswerter Vorgang, dem wir hier allerdings keine weitere Aufmerksamkeit schenken können und wollen. Was allerdings für die Tradition von Bedeutung wurde, war die Tatsache, dass sich diese neue Religion gegenüber der griechischen Weisheit und Wissenschaft zu rechtfertigen hatte. Die Behauptungen der Christus-Anhänger waren ja aus Sicht der herrschenden philosophischen Lehre in vielerlei Hinsicht irrational. Dies wird sehr schön illustriert durch die Erzählung der Apostelgeschichte (Apostelgeschichte, 17,16), als Paulus auf dem Areopag in Athen eine Rede hält und die Athener Philosophen für das Christentum gewinnen will.

Er wird von diesen Philosophen mehr oder weniger kopfschüttelnd stehengelassen. Die Vertreter der neuen Religion versuchten in der Folgezeit deswegen die philosophischen Grundgedanken, die in der platonischen Philosophie vorgeprägt waren, für sich nutzbar zu machen und als philosophischen Unterbau für ihre

Theologie zu verwenden. Für dieses Bemühen, das Christentum an die griechische Welt anzuschließen, findet sich im Kap. 17 der Apostelgeschichte übrigens noch ein anderer Beleg: Paulus setzt auf dem Areopag zu seinem vielleicht größten propagandistischen Trick an, wenn er im Wissen um den griechischen Altar für einen unbekannten Gott predigt, dass sich dieser Gott den Griechen nun in Christus offenbart. Damit wären sie von alters her schon an der Vorbereitung des Evangeliums beteiligt gewesen (*praeparatio evangelica*).

Die sich über Jahrhunderte vollziehende platonisierend-philosophische Untermauerung der allmählich sich entwickelnden christlichen Dogmatik hatte vor allem zwei Vorteile: Zum einen konnte man philosophisch gebildete Intellektuelle davon überzeugen, dass das christliche Religionssystem nicht so irrational ist wie es einem antiken Gebildeten auf den ersten Blick erschien und zum anderen konnte man eine verbreitete Form der damaligen Wissenschaft, eben die platonische Philosophie, als Stütze für seine eigene Auffassung reklamieren. Dass mit dieser Dogmatisierung der christlichen Lehre mit Hilfe der platonischen Philosophie auch ein unseliger Dogmatismus und starke Intoleranz in die an sich tolerante und freizügige jüdische Streitkultur eingeführt wurde, ist ein dunkles Kapitel dieser Geschichte, das wenigstens erwähnt werden sollte. Die Deutung von Christus als *logos*, das Wort des Vaters, ist z. B. eine solche platonisierende Interpretation der christlichen Botschaft. Der Begriff taucht ja schon zum Beginn des Johannesevangeliums auf. Die philosophischen Implikationen herausgearbeitet haben spätantike Autoren, die allgemein als „die Väter“ bekannt wurden. Von Bedeutung wurde bei dieser Entwicklung vor allem der Philosoph Plotin.

5.1 Plotin (205–270 n. Chr.)

Plotin, der bedeutendste spätantike Denker des 3. Jahrhunderts nach Christus, war ein Erneuerer der platonischen Schule [7, 8]. Wir wissen über sein Leben ein bisschen besser Bescheid als über das vieler anderer Philosophen, weil sein Schüler Porphyrius uns eine Lebensbeschreibung Plotins hinterlassen hat [vgl. 7, Bd. 1]. Aus dieser geht hervor, dass Plotin in der spätantiken Metropole Alexandria mit praktisch allen Gedankenströmungen der damaligen Zeit in Berührung kam, sich vermutlich auch eine Weile im indischen Raum aufhielt, auf jeden Fall mit indischen Denkern Berührung hatte. Plotin wird weniger für die Wissenschaft im engeren Sinne als für die philosophisch-mystische Tradition Bedeutung gewinnen. Seine Weltkonzeption ging in platonischer Tradition von einer jenseitigen Alleinheit aus, die er *to hen*, das Eine, nannte. Dieses konzipierte er völlig jenseitig dieser Welt, unnennbar, unbegreifbar und unfassbar. Dieses Eine, so Plotin, ergießt sich, durch seine Überfülle motiviert, aus sich selbst heraus und konstituiert den Geist. In ihm sind alle Ideen und alle konkreten Dinge allgegenwärtig. Erst im Geist entsteht Leben und Bewegung, Konkretes und Wirkliches und damit Differenzierung. Dem Geist schließlich entströmt die Weltseele, die alles belebt. Und erst aus der Weltseele entsteht gleichsam als kristallisierter Geist Materie. Materie wird also gedacht als der Distanzpol zum jenseitigen Einen, zwar mit ihm aufgrund der Herkunft verwandt, aber am weitesten entfernt. Den Neuplatonikern zufolge gibt es also eine eingefaltete Fülle, zu deren Wesen es gehört, sich zu entfalten, d. h. ein präexistierendes Inneres wird zum Ausgedrückten. Diese Annahme, das Ausgedrückte wäre bloß etwas Nachgelagertes, wird erst die Systemtheorie des 20. Jahrhunderts ganz durchbrechen. Denn sie wird davon sprechen, dass radikal Neues durch komplexe Anordnung verschiedener Elemente entstehen kann und dies mit dem Begriff der „Emergenz" belegen. Davon dann später.

Die Seele des Menschen sah Plotin als Mittelding zwischen den Welten des Geistes und der Materie, das die immerwährende Sehnsucht nach seiner Herkunft, nämlich dem Einen, in sich trägt und deswegen durch eine mystische Aufstiegsbewegung versucht, mit diesem wieder in Verbindung zu kommen. Es ist unschwer zu erkennen, dass sich hierin hinduistische Auffassungen in westlicher Terminologie spiegeln. Plotin wird deswegen auch häufig als Begründer der westlichen Mystik gesehen, weil er dieser Aufstiegsbewegung der Seele die größte Bedeutung beimaß. Er selber, so berichtet uns Porphyrius, sei mehrfach in der mystischen Ekstase mit diesem Einen in Verbindung getreten und so groß sei seine Sehnsucht gewesen, dass er kein Interesse mehr an dieser Welt gehabt hätte, ja dass er sich sogar geschämt hätte, in einem Leib zu wohnen.

Das plotinsche Gedankengebäude, später dann als Neuplatonismus bezeichnet, wurde für die spätere Geistesgeschichte besonders bedeutsam. Denn die plotinsche Triade – Eines, Geist und Weltseele – erlaubte es der christlichen Theologie ihre Grundpositionen als philosophisch begründbar auszuweisen. Damit soll nicht gesagt werden, dass Plotin ein christlicher Philosoph war. Im Gegenteil; er selber zieht oftmals schmähend über die christlichen Denker her und wird auch persönlich von diesen verunglimpft. Gleichwohl lieferte Plotin zwei Ankerpunkte für spätere Denker: Sein Konzept vom jenseitigen Einen, in dem alle Gegensätze aufgehoben sind und in dem es kein Entweder-oder, kein Gut oder Schlecht, kein Hell oder Dunkel, oder sonstige Polaritäten gibt, ermöglichte es, die aristotelische Logik in ihrer Zweiwertigkeit, und den Satz vom ausgeschlossenen Dritten philosophisch abzufedern. Denn innerhalb der aristotelischen Logik sind wesentliche christliche Theologeme – ein Mensch, der gleichzeitig Gott sein soll, oder ein Toter, der gleichzeitig lebendig sein soll, logische Undinge. Bei Plotin jedoch werden sie denkbar. Für das Christentum, das zu dieser Zeit in starker Theoriekonkurrenz mit nichtchristlicher Intelligenz steht – etwa mit anderen Kulten und orientalischen Religionen [6] –, ist das ein entscheidender Fortschritt. Die zentrale Frage für das europäische Denken lautet von da ab, wie das große Argumentativ (der Neuplatonismus) und das große Narrativ (das Christentum) verbunden werden können.

5.2 Augustinus (354–430 n. Chr.)

Die entscheidende Figur der spätantiken christlichen Philosophie [1-4], Augustinus von Hippo, ein aus Nordafrika stammender Bischof, nimmt sich genau dieser Aufgabe an. Er versucht das im (Neu)Platonismus Erreichte in christlicher Sprache zu überbieten, mit anderen Worten: die Impulse der neuplatonischen Philosophie christlich zu überformen, in christliche Begriffe und Denkfiguren zu übersetzen. Dass er damit vieles in das Christentum importierte, was nicht genuin frühchristlich oder biblisch war – z. B. die Leibfeindlichkeit (die Materie ist ja bei Plotin der gottabgewandteste Teil des Kosmos) und das Misstrauen gegenüber der Welt – steht auf einem anderen Blatt. Dass Augustinus Weltabgewandtheit und Zurückweisung jeglicher Erkenntnis über die Welt und die Natur und Selbstgenügsamkeit mit sich selber predigte, gehörte zum spirituell-kulturellen Umfeld des niedergehenden römischen Reiches. Es hatte aber zur Folge, dass die Denkbewegungen der folgenden Jahrhunderte von diesem vielleicht bedeutsamsten spätantiken christlichen Autor für lange Zeit auf diese Art des Denkens und Forschens festgelegt wurden. Unter dem Eindruck der Alleinheitslehre bekämpfte Augustinus jedenfalls all jene religiösen Alternativentwürfe der Spätantike aufs bitterste, die nicht von Alleinheit, sondern von einem dualen Schöpferprinzip ausgingen. Dies waren vor allem verschiedene gnostische Strömungen (bei denen die Welt als vom bösen Prinzip geschaffenes Seelengefängnis verstanden wird [6]), oder der ebenfalls bipolare Manichäismus, an den er selbst in seiner Jugend geglaubt hatte und sich in einer dramatischen, vom Tod seines Jugendfreundes ausgelösten Bekehrung abgewandt hatte. Augustinus verwendete die plotinsche Philosophie auch, um seine Trinitätsspekulation zu begründen. In verschiedenen Werken, z. B. seinem Genesis-Kommentar, und dann in seiner systematischen Schrift *De Trinitate* (*Über die Dreifaltigkeit*), legt er die Dreieinigkeit und die drei Personen Gottes aus im Sinne einer plotinschen Hypostasen-Philosophie. Gott-Vater wird mit dem plotinschen jenseitigen Einen identifiziert, der aus sich selbst überquellend den Sohn gebiert und die Beziehung zu diesem als Geist definiert. Der *plotinsche* Geist wird damit mit dem christlichen Logos, also dem Sohn Gottes, Christus, identifiziert, und der *christliche* Hl. Geist, die dritte göttliche Person, zunächst als Beziehung von Vater und Sohn, und in einem weiteren Schritt mit der dritten plotinschen Hypostase, der Weltseele. Damit verwendet Augustinus die stärkste damals verfügbare philosophische Denktradition, um die christliche Dogmatik zu stützen und zu begründen. Inwieweit dies schlüssig oder stimmig ist, mag dahingestellt sein. Tatsache ist, dass diese durch Augustinus begründete Verschwisterung von neuplatonischem Denken und christlicher Dogmatik für die kommenden Jahrhunderte wegweisend und über ihn dieses Denken durch die Völkerwanderungszeit hindurch in das christlich Mittelalter vermittelt wurde.

Diese trinitarische Grundstruktur war für Augustinus grundlegend für die gesamte Strukturierung der Welt und der Seele. Weil die trinitarische Grundstruktur für Augustinus so maßgebend war, konnte seine Vorstellung von der Seele auch nur dreigestaltig sein. War diese Dreigliederung schon bei Platon vorgeprägt, so wurde sie bei Augustinus noch stärker. Die Seele, als Ebenbild Gottes geschaffen, musste für Augustinus ähnlich wie Gott dreigestuft bzw. trinitarisch strukturiert sein. Deswegen sieht Augustinus die Seele dreigegliedert in Gedächtnis, Geist und Wille. Das Gedächtnis (*memoria*) ist in platonischer Tradition die Gegenwart des ganzen Seins, das „immer schon" am Grunde der Seele gegenwärtig ist und dessen man sich nur zu erinnern braucht. Der Geist (*intelligentia*) stellt so etwas wie das intelligible Schauvermögen dar, vermittels dessen die Seele im Stande ist, die Ideen und die Geistwelt zu erkennen. Der Wille (*voluntas*) schließlich repräsentiert die aktive Kraft der menschlichen Seele. Das Gedächtnis ist also analog zu Gott-Vater zu sehen, in dem alles immer schon vorhanden und aufgehoben ist, der Geist analog zum vernunfthaften *logos*, dem Wort oder Sohn, und der Wille entspricht der Gestaltungskraft des Heiligen Geistes. Diese Dreigliederung der Seele wird später das Mittelalter übernehmen und in Konkurrenz bzw. in Kooperation mit dem aristotelischen Seelenbegriff zu unterschiedlichen Amalgamen verschmelzen.

Des Weiteren übernimmt Augustinus von Plotin die Überzeugung, dass die Seele nur durch Einkehr in sich selbst zu einer Schau und Erkenntnis Gottes kommen könne, da dieser ja im Seelengrund selber seine Signatur hinterlassen hat. Augustinus betreibt also immer eine Art Suche nach den Spuren des Göttlichen (*vestigia dei*), in der menschlichen Psyche und Erfahrung. Kennzeichnend für spätere Zeiten wird das Augustinus-Wort werden *„noli foras ire, in te ipsum reddi"* – „Geh nicht nach draußen, kehr in dich selber ein". Damit wird eine Psychologie der Innerlichkeit, der Versenkung und der Betrachtung grundgelegt, die erst später wieder durch das Einbrechen der aristotelischen Philosophie ins christliche Mittelalter für einen empirischen Zugang zur Welt und für die Betonung der Erfahrung offen werden wird. Von Augustinus bis hin zur Hochscholastik, also für 900 Jahre, wird Beschäftigung mit der Seele vor allem ein frommes In-sich-Kehren sein, Versenkung in die eigenen Seelengründe im Gebet und in der Beschauung. Augustinische Psychologie ist in diesem Sinne kontemplative Psychologie. Jene Ideen von Wachstum, Fortschritt, denen die Moderne geradezu verfallen ist und die auch für die moderne Psychologie so kennzeichnend sind, sie sind für einen Metaphysiker augustinisch-platonischer Prägung, insofern er immer schon mit dem Vollkommenen angefangen hat bzw. sich in dieses rückversenkt, gänzlich fremd.

Augustinus selbst hat mit seinen *Confessiones* (*Bekenntnissen* [1]) ein unnachahmliches autobiographisches Dokument hinterlassen. Er berichtet darin – durchflochten von vielen philosophischen Überlegungen – über sein eigenes Leben, seine Bekehrung und seine Einkehr zu sich – auch für den nichtchristlichen Leser ein bewegendes Denkmal einer suchenden Seele. Für die moderne Geistesgeschichte besonders interessant ist sein elftes Buch der Konfessionen. Zum ersten Mal in der westlichen Geistesgeschichte wird hier problematisiert, was eigentlich Zeit sei. Augustinus stellt fest, dass es immer nur ein schon Vergangenes und ein noch Kommendes gibt, aber der Augenblick, so wie man ihn fassen möchte, verschwindet. Mit dieser Analyse, in der letztlich die Vergänglichkeit der Zeit der Unvergänglichkeit der Ewigkeit gegenübergestellt werden sollte, wird aber für die späteren Generationen grundgelegt, dass Zeit und Erleben von Zeit im Wesentlichen an die Seele bzw. das Bewusstsein gebunden ist, ja gewissermaßen zur Signatur der Seele wird. Nur die bewusst erlebende Seele kann Zeit, Vergänglichkeit und Veränderung erleben und konstituiert sich in diesem Erleben selber. Zeit ist also im eigentlichen Sinne zunächst einmal Seelisches. Dies wird später von anderen Autoren, z. B. Leibniz, wieder aufgegriffen werden und in der existenzialistischen Philosophie, ausgehend von Heidegger, einen geradezu charakterisierenden, virulenten Einschlag erhalten. Der Erste, der solche Gedanken gefasst hat, war Augustinus im Ausgang des 4. Jahrhunderts.

Augustinus ist die letzte große Gestalt der römischen Antike, bevor die Völkerwanderung das weströmische Reich zerschlägt und in immer wiederkehrenden Flutwellen seine Kultur bis auf Reste versinken lässt. Während Alexandria und seine Bibliothek verbrennt, während die griechische Gelehrsamkeit, die sich in den römischen Kulturmetropolen breit gemacht hat, in den Kämpfen der Völkerwanderung untergeht, wird aber Augustinus in den Schreibstuben der Klöster kopiert und überliefert. Nur wenige antike Texte überstehen im Westen den Sturm der Völkerwanderungszeit, und als die karolingische Ära anbricht und mit ihr eine gewisse Renaissance der römischen Kultur und eine relative politische Stabilität und Sicherheit, sind die Texte der antiken Autoren, die den christlichen Mönchen zur Verfügung stehen, nur wenige. Von Platon ist nur der *Timaios* und verschiedene Dialogfragmente überliefert; von Aristoteles nur wenige Schriften. Einige römische Autoren, Rhetoriker, Grammatiker, ein wenig Literatur steht den Klöstern zur Verfügung, aber nichts im Vergleich zu den 700.000 Bänden und Rollen, welche die Bibliothek von Alexandria beherbergt hatte. Augustinus jedoch wird durch diese Zeit hinübergerettet und mit ihm das platonisch-neuplatonische Gedankengut, das er in seine Theologie inkorporiert hatte. Als unter den karolingischen und merowingischen Herrschern zum ersten Mal innerhalb der Völkerwanderungszeit so etwas wie eine erste kulturelle Blüte entsteht, ist die Kenntnis des Griechischen beinahe völlig dahin. Als Ludwig der Fromme etwa vom oströmischen Kaiser einen griechischen Text des neuplatonischen Schriftstellers Pseudo-Dionysius Areopagita geschenkt erhält, findet sich an seinem Hof keiner, der ihn lesen kann und er muss den irischen Gelehrten Johannes Eriugena kommen lassen, um diesen Text ins Lateinische zu übersetzen.

5.3 Pseudo-Dionysius Areopagita (5. Jahrhundert n. Chr.)

Dieser Text, die „Mystische Theologie" des Pseudo-Dionysius Areopagita, ist ein zweiter wichtiger Meilenstein der neuplatonisch vermittelten Philosophie im christlichen Abendland. Der anonyme Schriftsteller dürfte ein Schüler des Plotinschülers Proklos gewesen sein, der die neuplatonische Philosophie ins Christliche gewendet hat. Um seinem Text mehr Ansehen zu verleihen, nannte er sich Dionysius vom Areopag – Dionysius Areopagita. Damit spielte er auf die bereits angedeutete Szene aus der Apostelgeschichte (Kap 17,16) an, in welcher Paulus nach seiner Areopag-Rede ziemlich unverrichteter Dinge wieder abziehen musste und keinen Gefolgsmann gewinnen konnte bis auf einen ansonsten unbekannten Philosophen namens Dionysius. Diese Autorität des vermeintlichen Paulusschülers Dionysius versuchte sich dieser syrische Schriftsteller des 5. Jahrhunderts anzueignen, indem er dessen Pseudonym verwendete. Der Bedarf an dieser Rede muss sehr hoch gewesen sein; Papst Gregor VI. hat relativ bald für deren Authentizität entschieden und erst Renaissance-Humanisten konnten belegen, dass es sich um eine Fälschung handelt; erst in neuester Zeit sind die Quellen einigermaßen klargelegt. Fast 1000 Jahre lang hatte also kaum jemand daran Anstoß genommen, dass ein Autor um 500 n. Chr. behauptet, bei der Predigt des Hl. Paulus am Areopag dabei gewesen und einer der Ersten getauften Griechen gewesen zu sein – bei einer Begebenheit also, die um das Jahr 50. n. Chr. in etwa stattgefunden haben muss.

Was ist nun das Besondere an den pseudodionysischen Schriften, von denen v.a. die zur mystischen Theologie und die Schrift über die himmlischen Hierarchien wirkmächtig wurden? Es sind von plotinscher Philosophie inspirierte, mit leichtem trinitarischen Firnis überzogene Texte der mystischen Philosophie, die davon handeln, wie die jenseitige Gottheit zu charakterisieren bzw. zu preisen sei. Vor allem in seiner Schrift über die himmlischen Namen demonstriert Dionysos Areopagita dabei, wie das Reden über Gott eskaliert, wenn man anfängt, alle bisherigen erdachten Gottesaussagen und Lobpreisungen noch einmal zu überbieten, indem man die Größe Gottes gerade dadurch heraushebt, dass man alles bisher über ihn Gesagte wieder ausstreicht und die Unbeschreibbarkeit Gottes, die Unsagbarkeit der Gotteserfahrung betont. Hier beginnt das, was wir heute negative Theologie nennen. D. h. lobpreisende Theologie wird hier als Anmaßung, als magisches Herunterreden Gottes aufgefasst. Um sicherzustellen, dass das theologische Reden sich nicht zu einer Herrschaftsfigur aufbläht gegenüber dem zu Besprechenden, wird die Beschreibung Gottes überprädikativ, d. h. sie löst sich von der Idee, irgendwelche positive Eigenschaften über ihn auszusagen. Gott ist nur durch ein Überwinden des Denkens, ohne Denken und Begriffe, in mystischer Schau erkennbar.

Parallel dazu betont Dionysos Areopagita, der wahrscheinlich ein griechisch-syrischer Mönch, ein Anachoret (also einer, der die Verbindung zur Welt abgeschnitten hat) gewesen ist, auch die Notwendigkeit der Weltflucht oder Weltentsagung dessen, der Gott erkennen will. Mit diesen beiden Momenten (negative Theologie und Weltflucht) war für jede spätere christlich-mystische Tradition der philosophisch-theologische Grund gelegt und Psychologie *konnte* in der Folge nur mystische, kontemplative Psychologie sein, die der Sache nach im Übrigen Ähnlichkeiten mit der buddhistischen und indischen Yoga-Psychologie aufweist.

Jede Geschichte ist immer auch Geschichte der Sieger. Wenn also in der Folge der Spätantike im christlichen Mittelalter Psychologie vor allem als mystische Psychologie aufgefasst wurde und Wissenschaft vor allem als Auslegung einer dogmatisch verfassten Theologie, dann wurde dadurch der Wissenschaftsprozess, den die antiken Philosophen und vor allem Aristoteles begonnen hatten, auch unterbrochen und Entwicklungslinien abgeschnitten, die erst viele Jahrhunderte später wieder aufgegriffen werden konnten. So wurde der ursprüngliche empirische Impuls des Aristoteles in seiner mittelalterlichen Auslegung zur Dogmatik verkümmert und eigenständige empirische, biologische und naturwissenschaftliche Forschung erst mit dem Beginn der Renaissance wieder denkbar und durchgeführt. Auch wenn man also aus einer anderen Perspektive davon sprechen kann, dass durch die Entwicklungen der Geschichte der wissenschaftliche Impuls, ja möglicherweise sogar die Aufklärung, die bei den Griechen bereits begonnen hatte, unterbrochen wurde, so ist dies doch die Geschichte, die stattgefunden hat und mit der wir uns auseinanderzusetzen haben.

Quintessenz

- In der Spätantike wird die neuplatonische Philosophie Plotins zum zentralen Moment der Geistesgeschichte.
- Plotin ist vor allem für die spätere Kulturgeschichte des Christentums wichtig.
- Er legt den Grundstein für die Mystik.
- Augustinus und andere Schriftsteller können durch die Aneignung Plotins die christliche Religion mit der stärksten damals vorhandenen intellektuellen Struktur verbinden und sie damit vom Ruf des Irrationalen befreien. Dies führt zusammen mit politischen Entwicklungen zu ihrer Dominanz.
- Augustinus prägt den dreigliedrigen Seelenbegriff von Gedächtnis – Einsicht – Wille, der für das gesamte frühe Mittelalter bedeutsam sein wird.
- Er gibt der Psychologie den entscheidenden Anstoß zur Innerlichkeit.
- In der Folge ist Psychologie vor allem verbunden mit Beschauung und Versenkung.
- Ps.-Dionysius vertieft diese Tendenz.

Literatur

[1] Augustinus, A. (1980). *Confessiones/Bekenntnisse. Lateinisch und deutsch.* München: Kösel.

[2] Augustinus, A. (2001). *De Trinitate (Bücher VIII–XI, XIV–XV, Anhang: Buch V).* Hamburg: Felix Meiner.

[3] *Flasch, K. (1986). *Das philosophische Denken im Mittelalter. Von Augustin zu Machiavelli.* Stuttgart: Reclam.

[4] **Flasch, K. (1987). *Einführung in die Philosophie des Mittelalters.* Darmstadt: Wissenschaftliche Buchgesellschaft.**

[5] *Ivanka, E. v. (1964). *Plato Christianus. Übernahme und Umgestaltung des Platonismus durch die Väter.* Einsiedeln: Johannes Verlag.

[6] Pagels, E. (1987). *Versuchung durch Erkenntnis. Die gnostischen Evangelien.* Frankfurt: Suhrkamp.

[7] Plotin. (1966). *Plotinus with an English Translation by A.H. Armstrong in Seven Volumes.* Cambridge: Harvard University Press. The Loeb Classical Library.

[8] Plotin. (1967). *Über Ewigkeit und Zeit (Enneade III,7). Übersetzt, eingeleitet und kommentiert von W. Beierwaltes.* Frankfurt: Klostermann.

6 Vom Mittelalter zur Neuzeit

Um die Bedeutung des Mittelalters einschätzen zu können, muss man sich klar machen, dass kulturhistorisch gesehen ein tiefer Graben zwischen der antiken Welt und der mittelalterlichen Gelehrsamkeit liegt. Der Zusammenbruch der römischen Kultur und das kriegerische Chaos der Völkerwanderungszeit hinterließen ein kulturelles, philosophisches und in gewisser Weise auch spirituell-religiöses Vakuum. Die Christianisierung der Germanenstämme, die zwar eifrig betrieben und vermittels der Order bekehrter Häuptlinge und Könige auch vergleichsweise flächendeckend verlief, darf nicht übersehen lassen, dass es sich hierbei um eine nur oberflächliche Adaptation eines im Grunde kriegerischen und rauflustigen Weltbildes handelt. Die antike Gelehrsamkeit war, das hatten wir im vorigen Abschnitt anzudeuten versucht, durch den Einbruch der Germanenstämme dahin. Einzig in wenigen Klöstern konnten sich vereinzelte Inseln der Gelehrsamkeit halten. So etwa in Irland, das von der germanischen Völkerwanderung einigermaßen verschont blieb, oder in anderen großen Klöstern, die häufig von irischen Wandermönchen begründet worden waren, so z. B. Sankt Gallen, die Reichenau, Sankt Peter in Salzburg, Tegernsee, um nur einige bedeutende Kulturzentren nördlich der Alpen zu nennen. Oder die großen Stammklöster in Italien, wie etwa das Monte Cassino des Hl. Benedikt. Hier lebte die antike Welt in Büchern und Schriften noch weiter. Aber zwischen diesen Kulturinseln und der weltlichen Macht, geschweige denn zwischen diesen Inseln und der einfachen Bevölkerung, klaffte ein riesiger Graben. Zum anderen muss uns klar sein, dass ein großer Teil der antiken Gelehrsamkeit für den Westen verloren war. In den östlichen Teilen des römischen Reiches war zwar vieles von den griechischen Texten in den großen Bibliotheken, etwa von Byzanz, erhalten geblieben, im Westen aber fast nichts. Schon Augustinus war des Griechischen kaum mehr mächtig. Spätere Autoren waren völlig unfähig griechische Texte zu lesen und von daher ist es verständlich, dass nur noch geringe Teile der griechisch geschriebenen antiken Gelehrsamkeit in den Westen vermittelt worden waren. Bis auf Teile der Logik waren z. B. beinahe die gesamten aristotelischen Schriften abhanden gekommen. Bildung im frühen Mittelalter war im Wesentlichen Grammatikschulung, ein bisschen Rhetorik, ein klein wenig antike Schriftstellerei und Enzyklopädiewissen sowie das Studium der heiligen Schriften und der Schriften des Augustinus. Man sollte auch nicht übersehen, dass die flächendekkende von Rom organisierte Christianisierung Europas mitunter extrem gewalttätig und unter Vernichtung bzw. Überlagerung vorhandener Kulturgüter und kultureller Errungenschaften vonstatten ging. Auch hier ist die überlieferte Geschichte Siegergeschichte, und wir wissen nur ansatzweise, welche kulturellen und religiösen Errungenschaften und Vorstellungen zugrund gingen.

Frühe Gelehrsamkeit

Erst allmählich kam es nach der karolingischen Wiedergründung des Römischen Reiches (um 800) und dessen Weiterführung durch die deutschen Salierkaiser zu einer allmählichen kulturellen und wirtschaftlichen Erstarkung Mitteleuropas, das mit einem ganz langsamen Aufblühen der Kultur und der Gelehrsamkeit einherging [2]. Diese war aber vor allem und fast ausschließlich auf die Klöster und Kathedralschulen konzentriert. Ein klein wenig Schriftstellerei und Literaturkenntnis darf man auch an den Höfen vermuten, vor allem an den größeren, weil Schreiben und Lesen für administrative Zwecke dort nützlich war. Hierfür dürften in der Anfangszeit vor allem Kleriker und in den Klosterschulen Ausgebildete zur Verfügung gestanden haben. Weder der Adel noch die Allgemeinbevölkerung konnte zu Beginn des Mittelalters lesen und schreiben, und wenn Hartmann von Aue sein Werk beginnt mit den Worten „Ein Ritter so gelehret was, dass er an den Buechen las“, so hob er damit das Außergewöhnliche eines schriftlich gebildeten Ritters hervor.

Mit dem Anwachsen der Bevölkerung, dem wirtschaftlich und politischen Aufschwung des beginnenden Hochmittelalters und den vermehrten Klostergründungen stieg auch die kulturelle Kraft Mitteleuropas. Vor allem in den Klöstern, die in dieser Zeit enormen Zustrom erhielten, ist eine rege Kopier-, Schreib- und Studiertätigkeit auszumachen. Diese wandert mit dem Aufblühen der Städte und der Bedeutung, die ihre Kathedralen als Bildungs- und Kulturzentren erhalten, auch in die dort angesiedelten Kathedralschulen. Im 11. Jahrhundert ist Studier- und schriftstellerische Tätigkeit vor allem in den Kathedralschulen von Chartres, in verschiedenen Pariser Schulen und Klöstern, so etwa bei Sankt Viktor auszumachen. Abgesehen von diesen säkulargeistlichen (d. h. nicht direkt klösterlicher Jurisdiktion unterstehenden geistlichen) Zentren waren nach wie vor die großen Klöster Zentren der geistigen Blüte. Immer mehr kristallisierte sich jedoch im 12. Jahrhundert ein geistiges Zentrum als führend heraus: Paris. Hier versammelten sich wie durch einen Magneten angezogen, und grundgelegt durch verschiedene kleinere Kathedralschulen, Gelehrte und Wissenschaftler, um zu forschen, sich auszutauschen und zu lehren.

Erste Universitäten

Man muss sich das ungefähr so vorstellen, als würde sich einer, der sich dem Studium verschrieben hat, in eine Stadt begeben, dort eine größere Wohnung mieten, seine Privatbibliothek mitnehmen, und die Tatsache, dass er Kurse und Seminare gibt, öffentlich annoncieren. Studierende streben zu ihm, entrichten ihm einen kleinen finanziellen Tribut und lernen bei ihm im Wohnzimmer. Auf diese Art und Weise haben in den Anfangszeiten der Pariser Universität Studium und Lehre stattgefunden. Allmählich organisierten sich die dort versammelten Lehrer zu dem, was sie später „Universitas“ nannten, und von dem sich der heutige Begriff „Universität“ ableitet. Universitas bezeichnete damals schlicht und ergreifend die Gesamtheit aller Lehrenden und Studierenden. Abgesehen von der Rechtsschule in Bologna (ab etwa 1100) war die Universitas von Paris die erste wirkliche Universität auf europäischem Boden (im islamischen Kulturkreis gab es allerdings schon Universitäten und Studierzentren um einige Jahrhunderte früher; diese wirkten indirekt durch ihre Überlieferungs- und Schriftstellertätigkeit auf den Westen, hatten aber keinen direkten Einfluss auf die weitere Entfaltung der Universitäten im Westen). Ihre formelle Gründung im Jahre 1231 (einzelne Schulen und Lehrtätigkeit schon etwa 100 Jahre früher) wurde bezeichnenderweise durch eine Bulle des Papstes und durch einen Brief des französischen Königs besiegelt. Darin wurde der Universität ein eigener rechtlicher Status zuerkannt und machte sie von der Jurisdiktion des ansässigen Ortsbischofs von Paris „exemt", d. h. die Universität konnte ihre rechtlichen Angelegenheiten selber regeln, war selber befugt, sich Gesetze zu geben und war in dieser Hinsicht nur dem Papst und dem König unterstellt. In dieser Selbstverfasstheit der ersten Universität auf europäischem Boden ist die Grundlage zu sehen für die noch heute geltende Eigenständigkeit von Universitäten, die in neuerer Zeit leider sogar von ihren eigenen Mitgliedern gegenüber der Politik weniger deutlich vertreten wird als dies ihre mittelalterlichen Kollegen gegenüber dem Klerus und dem Ortsbischof taten.

Mit der Gründung der Universität von Paris hatte sich ein wichtiger Wandel vollzogen: Die Gelehrsamkeit wanderte aus den Klosterbezirken und damit aus der Jurisdiktion der einzelnen Äbte hinaus in ein freies, sich selbst organisierendes Feld von Gelehrten. Zwar bürgerte es sich im Laufe der Zeit ein, dass dort auch die einzelnen Orden ihre Lehrstühle hatten und Vertreter auf diese Lehrstühle entsenden konnten, wodurch sie die ihnen eigene Tradition und Spiritualität auch im Lehrbetrieb und in der Ausbildung ihres Nachwuchses wahren konnten, dennoch ist nicht zu übersehen, dass dadurch erste akademische Freiheit ins Leben gerufen wurde. Die mittelalterliche Universität – und über viele Generation waren dies vor allem Paris, Oxford und Neapel – war Synonym und Kürzel für geistige Unabhängigkeit. Zwar wurde dort vornehmlich und hauptsächlich Theologie gelehrt. Aber damit jemand Theologie studieren konnte, musste er erst ein dreijähriges Studium der freien Künste (*artes liberales*) absolvieren, das er mit dem Magistergrad abschloss. Dies war ein Propädeutikum und vergleichbar einem Studium der Philosophie heute. Dort wurden die Grundlagen wie Geometrie, Rhetorik, Astronomie, Musik, Grammatik, Dialektik, Logik unterrichtet, was so viel hieß wie die Vermittlung des gesamten damals verfügbaren Wissens. Erst wenn ein künftiger Student der Theologie dieses Grundwissen erlernt hatte, wurde er zum Theologiestudium zugelassen oder konnte von dort in eines der beiden anderen möglichen Studienfächer abzweigen, nämlich in die Rechtswissenschaft und später dann auch in die Medizin. Das Theologiestudium war anders als heute das wichtigste und bedeutendste Studium der damaligen Zeit, welches so etwas wie ein allgemeiner akademischer Abschluss für höhere Berufsqualifikationen in der Administration oder in der Politik darstellte. Zwar waren viele der damaligen Studenten Kleriker, aber nicht notwendigerweise alle, die Theologie studierten oder Kleriker waren, traten hinterher auch in den Dienst der Kirche. Viele wurden von den staatlichen Organen zu Verwaltungszwecken herangezogen und manche studierten auch einfach nur aus Interesse an Erkenntnis. Die unter dem Namen *Carmina Burana* bekannt gewordenen Studenten- und Vagantenlieder sind Lieder etwa aus der Zeit der Hochblüte der Pariser Universität im Mittelalter und legen damit ein beredtes Zeugnis davon ab, dass sich hier bereits im Scholaren, im fahrenden Studenten und freien Akademiker, ein eigenes Lebensideal herauszubilden begann. Damit ist der Same für eine Spezies und treibende Kraft der Aufklärung gelegt: für den Intellektuellen der Neuzeit.

Erst in dieser Zeit, also im ausgehenden zwölften und beginnenden 13. Jahrhundert, wurden viele antiken Quellen wieder verfügbar. Dies geschah auf zweierlei Weise: Der Islam, der nach seinem Siegeszug im 9. Jahrhundert praktisch den gesamten Orient, Nordafrika und einen Großteil Spaniens zu seinem Einflussbereich gemacht hatte, war der antiken Gelehrsamkeit gegenüber sehr aufgeschlossen. Islamische Gelehrte begannen sehr bald, die griechischen Schriften zu erhalten, zu übersetzen und zu kommentieren. Auf zwei Wegen gab es zunächst Berührungspunkte mit dieser islamisch vermittelten Antike: Der Islam hatte Spanien teilweise unter seine Herrschaft gebracht. Dennoch gab es zwischen den Gelehrten einen regen Austausch, da die islamisch-jüdische Gelehrsamkeit durchaus Kontakt mit dem Westen pflegte und umgekehrt. Schriften wurden ausgetauscht und abgeschrieben und verschiedene Förderer der Wissenschaft unterhielten förmliche Übersetzungszentren, in denen mehrsprachige Mönche islamische oder hebräische Texte ins Lateinische übersetzten und umgekehrt. Auf der anderen Seite brachten die Kreuzzüge neben vielem Leid auch kulturelle Befruchtung. So mancher Ritter hatte seinen gelehrten Kaplan zur Seite, der sich um die Aneignung solcher Schriften kümmerte, und so mancher Kontakt endete nicht nur mit Blutvergießen, sondern auch mit dem Austausch von Schriften. Schließlich hatte die unselige Eroberung Konstantinopels durch die Kreuzfahrer des Vierten Kreuzzuges auch den kulturellen Vorteil, dass viele bis dahin unbekannte Schriften des griechischen Ostens in den lateinischen Westen kamen.

Auf diese Weise wurde langsam aber sicher das aristotelische Korpus in den lateinischen Westen vermittelt. Und um das Jahr 1253 war der gesamte Aristoteles, wie wir ihn heute kennen, in lateinischer Übersetzung in Paris verfügbar. Dies ging nicht ohne Widerstände und Revolten vonstatten. Die neuen, damals „modernen“ aristotelischen Texte entfachten Aufruhr, da sie nicht immer mit den herkömmlichen augustinischen Auffassungen kompatibel waren. Es gab mehrere Bannsprüche der klerikalen Obrigkeit, erwirkt durch konservative Lehrende gegen die Benutzung aristotelischer Schriften. Letztlich ließ sich aber der Siegeszug des Aristoteles in Paris und anderswo nicht aufhalten. Im Jahr 1253 war dieser besiegelt durch ein Dekret der Universität: Aristoteles und sein philosophisches Korpus wurde zum Grundlagentext für das Studium der freien Künste, also für das Philosophie-Propädeutikum, und damit zur Grundlegung der Theologie. Damit wurde die aristotelische Naturauffassung mit tausendjähriger Verspätung zur „modernen“ Sicht der mittelalterlichen Welt. Die großen Köpfe der damaligen Zeit – und man kann die Hitze und den geistigen Umsatz dieser Epoche gar nicht überschätzen, bedenkt man, in welch‘ kurzer Abfolge große Denker in Paris wirkten – sahen sehr rasch, dass es nur einen Weg geben könne: Aristoteles entweder zu „taufen“ und zu christianisieren oder ihn zu verwerfen. Albertus Magnus und Thomas von Aquin und mit ihnen die meisten ihrer dominikanischen Brüder gingen den Weg der Integration, andere, wie etwa Bonaventura und die meisten Franziskaner, oder Heinrich von Gent, stemmten sich gegen die aristotelisierende Philosophie und versuchten die alte augustinische, platonisierende Auffassung gegenüber Aristoteles zu verteidigen. Es war das große Verdienst des Thomas von Aquin, dass es ihm gelang, das aristotelische Denken mit der christlich-platonisierenden Auffassung der Vergangenheit zu einer einmaligen Synthese zu verschmelzen, die es für kurze Zeit möglich erscheinen ließ, dass die Grundaussagen der christlichen Dogmatik und Lehre als wissenschaftlich fundiert und begründbar erschienen.

6.1 Thomas von Aquin (ca. 1225–1274)

Thomas von Aquin gelang es, Aristoteles so zu verstehen und auszulegen, dass er nicht in Widerspruch zu christlichen Lehren treten musste. Indem er Aristoteles an manchen Stellen besser verstand, als dieser sich selbst verstanden hatte, brachte Thomas es fertig, die neuplatonisch-augustinische Tradition mit der neuen aristotelischen Philosophie so auszusöhnen, dass sich ein stimmiges Gesamtwerk ergab. Bedenkt man, in welch‘ kurzer Zeit Thomas die Fülle seiner Schriften verfasste, und unter welchen Bedingungen er arbeitete, so kann auch der Gegner eines solchen Systematisierungsversuchs ein Staunen nicht unterdrücken [1, 5, 8].

Thomas wurde um das Jahr 1225 geboren. Sein Geburtsort Aquino, in der Nähe von Neapel, fiel in den Einflussbereich des aufgeklärten Kaisers Friedrich II., des Staufers, der am liebsten in Süditalien und Sizilien regierte. Dieser hatte in Neapel eine kleine Universität installiert und eine potente Übersetzerschar an seinem Hof versammelt. In Thomas' Jugendzeit, seine Ausbildung in Neapel, fiel das Auftreten des Aristoteles in der westlichen Gelehrsamkeit. Thomas starb im Jahre 1274, nachdem er 1273 das Schreiben beendet hatte. Als das gesamte Corpus des Aristoteles in Paris zum Studium zugelassen und vorgeschrieben wurde, stand Thomas gerade in der Blüte seiner Schaffenskraft und war soeben Professor in Paris geworden. In den ihm noch verbleibenden 20 Jahren unternahm er es, dieses gesamte Corpus in sein System zu integrieren. Als im Jahre 1277 der Bischof von Paris 219 Thesen verschiedener Denker, Philosophen und Schriftsteller als häretisch verurteilte, war Thomas bereits drei Jahre tot. Sechzehn dieser Thesen stammten von ihm. Erst eine Denkergeneration später war seine Leistung einigermaßen anerkannt, aber nie unumstritten. Bereits wenige Jahre nach seinem Tod sollte sein System unter einer mächtigen und scharfsinnigen Attacke zugrunde gehen, die William von Ockham gegen dieses System ins Spiel brachte. Dennoch waren einige Errungenschaften des Thomas von bleibendem Wert und bestimmten den Gang der Wissenschaft maßgeblich.

Die aristotelische Auffassung, dass es so etwas wie eine „Erste Wissenschaft" geben müsse, die alle anderen Wissenschaften anleiten und begründen könne, das also, was Aristoteles mit seiner Metaphysik im Blick hatte, übernahm auch Thomas. Er definierte dazu einfach den Begriff „Metaphysik" um und erklärte die Theologie zur Leitwissenschaft. Er tat dies, indem er den abstrakten aristotelischen Seinsbegriff – Metaphysik war ja nach Aristoteles die Lehre vom Sein schlechthin – umdeutete. Er führte die Unterscheidung des Aristoteles in Einzelseiendes und Sein weiter und interpretierte das Sein schlechthin als Gott, als „Vollkommenheit der Vollkommenheiten", und Gott als „in sich stehendes (oder ruhendes) Sein – *ipsum esse subsistens*". Damit war die Metaphysik zur Theologie mutiert. Meister Eckhart wird eine Generation später diesen Schritt, den Thomas in seiner Schrift „Über das Sein und das Wesen" und in vielen Diskussionen ausfaltet, in den programmatischen Satz gießen: „*Esse est Deus* – das Sein ist Gott" (der im Übrigen, da er tautologisch ist, auch umgekehrt gelesen werden kann: „*Deus est esse* – Gott ist das Sein", oder wie Eckhart auch sagt: „Gott und das Sein sind dasselbe"). So sicherte Thomas den Primat der Theologie, ohne die Philosophie des Aristoteles verbiegen zu müssen.

Wenn nun das Sein selbst Gott ist, hat alles, was ist, an Gott teil. In vielen argumentativen Schritten, die uns jetzt nicht im Einzelnen interessieren müssen, zeigt Thomas, dass diese Teilhabe auf der einen Seite jedes Einzelseiende zu einem guten, in sich wahren Etwas macht, ohne jedoch die Grenzen zwischen dem Geschöpf und dem Schöpfer zu verwischen. „Sein", „Wahres", „Eines", „Gutes" – die sog. Transzendentalien – sind nach Thomas Begriffe, die zusammengehören und untereinander austauschbar sind. Wenn also jedes Einzelding Anteil am Sein hat, hat es gleichzeitig auch Anteil an den anderen transzendentalen Prädikaten. Damit ist das in der christlichen Schöpfungstheologie enthaltene „Gutsein" der Schöpfung (man vergleiche die Zusicherung im Schöpfungsmythos der Genesis: „Und Gott sah, dass es gut war"), philosophisch abgesichert. Der theologisch-philosophische Kunstgriff hierzu ist die Unterscheidung zwischen Sein und Wesen. Das Wesen eines jeden Dings hat teil am Sein, ist aber nicht mit dem Sein (in seiner Fülle und Gänze) identisch. Auf diese Weise konnte Thomas einen drohenden und die christliche Dogmatik unterspülenden Pantheismus abwehren und gleichzeitig der aristotelischen Philosophie treu bleiben.

Thomas war es auch gelungen, die bereits in Kapitel 3 skizzierte aristotelische Seelenlehre mit der augustinischen so zu verbinden, dass die christliche Lehre und die aristotelische Wissenschaft vereinbar schienen. Er interpretierte kurzerhand den aristotelischen intellectus agens, den aktiven Intellekt, als das unsterbliche Moment der Seele und hatte damit keinerlei Probleme mehr, die leib-seelische Einheit des Aristoteles zu akzeptieren. Gleichzeitig erteilte er anderen Interpretationsversuchen eine Absage, die aus Aristoteles so etwas wie eine Allseele ableiten wollten, in der jegliche Individualität verlorengehen würde. Auf diese Weise war die christliche Doktrin der Individualität (und individuellen Schuldfähigkeit) mit der wissenschaftlich-aristotelischen Lehre ausgesöhnt. Dies wurde später zur Grundlage für den westlichen Begriff des Individuums, einer frei handelnden und daher auch verantwortlichen Person.

Thomas schaffte auch den Spagat zwischen Aristoteles und Augustinus in der Seelenlehre. Für Augustinus war ja die Dreigliedrigkeit Gedächtnis – Verstand – Wille zentral. Thomas löste nun diese Elemente auseinander und verleibte sie dem aristotelischen Seelenbegriff ein. Das Gedächtnis wird zum möglichen Intellekt, wohingegen der aktive Intellekt mit dem augustinischen Verstand (der *intelligentia*) gleichgesetzt wird. Also verhalten sich augustinisches Gedächtnis und augustinischer Verstand wie aristotelischer Intellekt in seiner Passiv- und Aktivform. Damit findet eine subtile Umgewichtung statt: War für Augustinus noch das Gedächtnis das umfassendere Seelenvermögen, so wird es bei Thomas der Verstand, da dieser mit dem *Intellectus agens*, dem aktiven Intellekt aristotelisch das höhere Seelenvermögen anspricht. Das aristotelische Strebevermögen der vegetativen Seele wird nun von Thomas mit dem Willen vereint. Der Wille, der für Augustinus so zentral war und als Reflex des Hl. Geistes in der Seele galt, wird von Thomas zu einem mehrgliedrigen Element der Seele, das von der einfachsten, der vegetativen Schicht, zur höchsten, der rationalen Schicht, reicht. Wille ist Strebevermögen und strebt nach dem Guten. Dabei heißt „Streben" in Anlehnung an Aristoteles bei Thomas „passiv vom je Guten angezogen werden". Dies ist für uns Moderne reichlich kontraintuitiv, da wir Streben immer mit Aktivität verbinden. Wenn sich der Wille also verstehen lässt als Angezogensein, als „Erleiden" oder „Affiziertsein", aristotelisch gesprochen, dann kann sich dies durch alle Stufen der Seele hindurch ziehen. Auf der vegetativen Stufe ist die Seele dann eben von dem angezogen, was ihr gut tut, z. B. der Nahrung. Das Resultat ist das Streben nach Nahrung, oder Hunger. Auf der animalischen Stufe ist die Seele dann vielleicht angezogen von einem Partner, der ergänzt. Das Resultat ist Streben nach Verbundenheit mit dieser Person oder zwischenmenschliche Liebe. Auf der geistigen Ebene ist die Seele angezogen vom höchsten Gut, also von Gott. Das Resultat ist das Streben nach Gott, oder die liebend-erkennende Vereinigung mit ihm. Wille wird damit zur Spiegelseite des Verstandes oder zur Verwirklichung dessen, was die mittelalterliche Philosophie „Affekt" nannte. „Affekt" ist dabei aristotelisch zu hören: Dahinter verbirgt sich die lateinische Übersetzung des griechischen Wortes für „erleiden, erleben". In diesem Sinne ist der mittelalterliche Begriff von Affekt zu verstehen: Wir erleben das, wonach unsere Seele strebt, das, was uns gut tut. Dies nennt Thomas Wille. Damit ist der augustinische Begriff Wille – *voluntas* – mit dem aristotelischen Seelenbegriff so in Verbindung gebracht, dass selbst die theologische Konnotation, die Augustinus im Sinn hatte, weiter bestehen bleibt. Wille ist für Thomas das Streben nach dem Guten. Das Gute des Menschen ist Gott selbst. Man kann gar nicht anders, als Gott anstreben. Denn Gott ist das Gut der Seele. Er selbst „holt die Seele ab", könnte man in moderner Paraphrasierung sagen. Dies ist, was Thomas Wille nennt. (Auf einem anderen Blatt steht, dass der menschliche Wille nach Thomas auch andere Wege gehen kann, weil er frei ist. Dies gehört dann in den Bereich der Moraltheologie, um die wir uns hier nicht kümmern wollen.)

Dieses Streben nach Gott, die höchste Bestimmung des Willens, geht einher mit der Erkenntnis Gottes, genauer gesagt mit der Erkenntnis dessen Nichterkennbarkeit. Und insofern sind Wille und Verstand zwei Seiten der grundlegend rationalen Verfasstheit der Seele.

Damit ist auch das Ziel des Menschen in der thomasischen Philosophie genannt: Erkenntnis und Vereinigung mit Gott. Was für Aristoteles noch abstrakt war – Denken als die Bestimmung des Gottes – wird für Thomas ganz konkret und personal. Die Seele strebt gleichsam natürlich zu Gott, denn er zieht sie zu sich. Darin erkennt sie ihn und findet zugleich ihre Glückseligkeit. Thomas selbst hat dies vorgelebt und erfahren: Am 6. Dezember 1273 muss er wohl eine sehr tiefe Wesensschau oder Gotteserfahrung gemacht haben. Denn von da an hörte er zu schreiben auf, vollendete die Theologische Summe, an der er gerade arbeitete nicht mehr, und sagte zu seinem Sekretär Wilhelm von Tocco, der dies überliefert: „Alles was ich geschrieben habe ist Stroh im Vergleich zu dem, was ich geschaut habe." Und Thomas hat sehr viel, und sehr viel Profundes geschrieben.

6.2 Robert Grosseteste (ca. 1168–1253), Roger Bacon (ca. 1214–1292) und die ersten Anfänge der empirischen Wissenschaft

Bevor wir zu William Ockhams Attacke gegen den Thomismus kommen, wollen wir noch einmal zurückgehen und einen zweiten Strang der mittelalterlichen Entwicklung kurz skizzieren, der für die spätere Naturwissenschaft und empirische Wissenschaft von großer Bedeutung ist: die ersten Anfänge einer Naturgelehrsamkeit. Die vor allem um ein Verständnis der Schrift, um Vervollkommnung des moralischen Lebens und eine Besserung der menschlichen Natur bemühte theologische Wissenschaft der Klostergelehrsamkeit war wenig an einer Erkenntnis der Natur interessiert. Natur war nur insofern von Interesse, als sie Bestandteil des Kosmos und Gottes Schöpfung war. Alles, was darüber zu wissen war, war eigentlich in den Heiligen Schriften ausgesagt und bedurfte keiner weiteren Erklärung. Zwar waren die Klöster treibender Motor im Kultivieren des Landes und mussten insofern an Naturerkenntnis Interesse haben, als es für ihre landwirtschaftlichen Zwecke vonnöten war. Dies war aber zunächst vor allem praktisches, weniger ein wissenschaftliches Interesse. Als dann Aristoteles Schriften entdeckt wurden, war darin so viel über die Natur enthalten, dass es schien, als wäre eigentlich alles, was man über die Natur wissen kann, bereits grundgelegt. Erste Ansätze zu einer naturwissenschaftlichen Fragestellung sind bezeichnenderweise deshalb auch außerhalb des klösterlich-klerikalen Bereichs auszumachen.

Adelard von Bath (ca. 1080 – ca. 1152) war einer der ersten Gelehrten, der nach eigenem Bekunden aufgrund seiner Neugier Studien trieb und in die Welt reiste. Er bereiste den Orient und kam dort mit islamischer Gelehrsamkeit in Berührung. Zurückgekehrt nach England führte er seine Studien fort und stellte sich in den Dienst des englischen Königs. Er brachte verschiedene Schriften mit sich und sprach von der Notwendigkeit, die Natur zu erkennen. Empirie zu treiben, Erfahrung und Erkundung der Welt anzustellen, scheint auch in der Folge vor allem mit dem angelsächsischen Geist verbunden gewesen zu sein. Zwei Angelsachsen, der Bischof von Lincoln, *Robert Grosseteste*, und der spätere Franziskaner *Roger Bacon*, ebneten den Weg für eine Erfahrungswissenschaft der Natur. Robert Grosseteste war zunächst Kleriker, bevor er Bischof von Lincoln wurde, und stützte sich, vermittelt über seinen Lehrer Johannes von Salisbury, auf Schriften des Adelard von Bath und auf Aristoteles. Vermutlich hatte Adelard ein optisches Traktat des arabischen Schriftstellers Al-Hazen mit nach England gebracht. Jedenfalls war seine Beschäftigung mit Optik und optischen Phänomenen das erste Tor zu einer wirklichen Naturwissenschaft nach dem Zusammenbruch der antiken Welt. Und mit Grossetestes einfachen Experimenten, die die damalige Optik ermöglichte, war auch der Grund gelegt für einen empirischen Zugang zur Welt. Denn mit Prismen, Wassergläsern, Glaskugeln oder komplexem Fensterglas ließen sich einfache und effektive optische Experimente durchführen und beliebig wiederholen.

In diesem Zusammenhang taucht auch zum ersten Mal das Wort *Experiment* auf. Es leitet sich her vom lateinischen Begriff *experimentum* oder *experientia* – die Erfahrung – was wiederum abgeleitet ist vom lateinischen Verb *experiri* (in

Erfahrung bringen, bereisen, eine Erfahrung machen). Auf diese Weise taucht die Begrifflichkeit des Experiments zusammen mit einer wiederholbaren Erfahrung in der westlichen Geistesgeschichte auf. Robert Grosseteste führt die Gedanken, die aus der arabischen Optik übernommen worden sind, in seiner Schrift *Über das Licht* weiter. Hier vermählt er christlich-platonische Spekulationen über die Natur des Lichtes – wir erinnern uns daran, dass Platon in seinem Höhlengleichnis das Wesen des Guten mit dem Licht der Sonne illustriert hatte – und bringt dies mit empirischen Zugängen zur Optik in Verbindung. Er war auch einer der Ersten, die einen wirkmächtigen Kommentar zum *Organon* des Aristoteles, vor allem zu seiner Zweiten Analytik, schrieb – ein Beleg für das Interesse, das plötzlich die Wissenschaftslehre des Aristoteles (in der ja auch vom Erfahrungszugang zur Welt berichtet wird) erregte. Robert Grosseteste war deswegen wichtig, weil er höchstwahrscheinlich der erste Lehrer der Franziskanerschule der neuen Universität in Oxford gewesen ist, bevor er zum Bischof ernannt wurde; seine Rolle dürfte also nicht unmaßgeblich gewesen sein. Damit hat er eine bestimmte intellektuelle Denk- und Ausbildungsrichtung in das Franziskanerstudium in Oxford gebracht, das neben anderen auf dem Kontinent eines der bedeutsamsten wurde. Auch Roger Bacon, obwohl zum damaligen Zeitpunkt noch kein Franziskaner, rühmt Robert Grosseteste als einen seiner wenigen ernstzunehmenden Lehrer.

Das Wenige, das wir über die schillernde Figur des *Roger Bacon* wissen, ist, was sich an autobiographischen Hinweisen aus seinen eigenen Texten entnehmen lässt. Was wir seinen Schriften entnehmen können, ist die Tatsache, dass er als Erster wirklich vehement darauf bestand, dass es neben der Theologie und der Philosophie so etwas wie eine eigene Erfahrungswissenschaft (*scientia experimentalis*) geben müsse. Damit erntete er wenig Erfolg bei seinen Oberen vom Franziskanerorden, die ihm die letzten zwanzig Jahre seines Lebens Schweigen und Hausarrest auferlegten. Bacon verwendet das Wort Erfahrung – *experimentum*, *experientia* – sehr häufig. Ihm ist darum zu tun, eine Erfahrungswissenschaft der Natur ins Leben zu rufen. Wenngleich sich dahinter weniger eine moderne experimentelle Wissenschaft verbirgt, wie wir den heutigen Begriff verstehen, so ist doch darin eine Grundlegung der Naturwissenschaft zu sehen. Bacon hatte verschiedene praktische Zwecke im Sinn, als er von der Bedeutung einer Erfahrungswissenschaft sprach. So wollte er beispielsweise die Optik technisch angewandt sehen in großen Brenngläsern und Reflektorspiegeln, mit denen Licht gebündelt und zu einer mächtigen Waffe gegen die Araber in Jerusalem eingesetzt werden sollte. Oder er führte weitschweifig aus, wie nützlich es wäre, die Kraft des Magnetsteins, die erst kürzlich entdeckt worden war, zu navigatorischen Zwecken zu nützen.

Es ist selbstverständlich, dass Aristoteles, beim Wort genommen und zu Ende gedacht, letztlich nur zu einer empirischen Wissenschaft von der Welt führen konnte. Grosseteste und Bacon haben dies vermutlich als Erste erkannt, in Worte gebracht und publik gemacht. Roger Bacon hatte nie einen Lehrstuhl inne, außer vielleicht als philosophischer Lehrer in der Artistenfakultät für einige wenige Jahre. Er war vom Orden publizistisch kaltgestellt worden und verfasste dennoch dicke Bücher, die er heimlich aus seinem Verbannungsort schmuggelte. Aus diesen Gründen konnte er zwar nicht unmittelbare Wirkung entfalten; dennoch muss man in ihm einen geistigen Mentor des nach ihm mächtig wirkenden William von Ockham sehen. Wenn etwa Umberto Ecco in *Der Name der Rose* den William von Baskerville, den er nach Ockham modelliert, sagen lässt, Roger Bacon sei sein Lehrer gewesen, so ist dies mindestens in einem ideellen Sinne durchaus zutreffend.

6.3 Die Aufklärung beginnt im Mittelalter

Wir bringen mittelalterliche Wissenschaft in aller Regel mit konformer Auslegung christlicher Dogmatik in Zusammenhang. Dies dürfte ein ziemliches Zerrbild darstellen, und es ist wichtig zu betonen, dass die spätere Aufklärung, die aus der Naturwissenschaft, der politischen Revolutionsbewegung und der neuzeitlichen Philosophie erwachsen sollte, ohne ihre Wurzeln im Mittelalter kaum denkbar wäre. Denn bereits im Paris des 13. Jahrhunderts finden sich alle Elemente, die zur späteren Aufklärung gehören: Denker organisierten sich frei von kirchlicher und staatlicher Obrigkeit in selbstverfasster Gemeinschaft mit dem Ziel, Wissen und Erkenntnis zu erlangen und weiterzugeben. Hierzu gehörte auch – und dies belegen die Debatten der damaligen Zeit ganz genau [1-3, 5] –, dass man überkommene dogmatische Meinungen, auch der Kirche, in Frage stellte. Diese mittelalterliche Aufklärungsbewegung umfasste durchaus auch alle Bereiche. Positionen der kirchlichen Sexualmoral wurden genauso hinterfragt wie philosophische oder dogmatische. Philosophen wie Siger von Brabant stellten die Doktrin in Frage, dass es individuelle Seelen gäbe und postulierten eine Allseele, an der alle teilhätten. Andere Denker formulierten eine pantheistische Auffassung, die allerdings rasch von der kirchlichen Obrigkeit mit Gewalt unterdrückt wurde. Wieder andere revoltierten gegen das soziale Gefüge der mittelalterlichen Gesellschaft und stellten erstaunlich moderne Sätze auf, die an frühe demokratische und revolutionäre Manifeste erinnern [3]. Die mittelalterliche Universität hatte also, obwohl sie ursprünglich aus einem relativ kirchennahen und religiös gläubigen Kontext erwachsen war, genau jenen Freigeist erzeugt, der später zur Ablösung der Wissenschaft von der Theologie führen sollte. Auch wenn dies im Mittelalter in seiner Gänze noch nicht möglich wurde, so wurden doch in dieser Zeit die Grundlagen gelegt. Noch einige Jahrhunderte sollte die Vorherrschaft der Theologie dauern, doch bereits jetzt hatte sich die Autonomie des Denkens gegen die Dogmatik der Kirche erhoben und konnte vergleichsweise frei ihr Leben entfalten. Ein zentraler Prozess der Geistesgeschichte hatte begonnen: der Prozess der Emanzipation des Denkens und Forschens von dogmatischer und ideologischer Vorschrift, der lediglich einer Weltanschauung oder einem Glauben geschuldet war. Wenn es ein gemeinsames Erbe der westlichen Wissenschaft gibt, dann ist es dieses. Auch wenn die im Grunde frommen und gläubigen Denker der Früh- und Hochscholastik ihren Beitrag zu einem christlichen und damit für viele Heutige dogmatischen Weltbild geliefert haben, so haben sie durch ihre Tätigkeit und ihre Aktivitäten auch die Grundlage dafür gelegt, dass sich Wissenschaftler vieler späterer Generationen frei von dogmatischen und weltanschaulichen Zwängen bewegen konnten.

Auf eine ironische Dialektik der Geschichte wollen wir dennoch verweisen: In unserer postmodernen Zeit spielt die Religion politisch und gesellschaftlich gesehen kaum mehr eine dominante, geschweige denn vorschreibende Rolle. Die Macht der kirchlichen Institutionen und der Dogmatik ist gebrochen, und die Aufklärung unter der Flagge der Wissenschaft scheint ihren universellen Siegeszug zumindest in unseren westlichen Gesellschaften vollendet zu haben. Im Niedergang der religiösen Institutionen jedoch ist ein Vakuum entstanden. Man mag die Situation unterschiedlich deuten, aber die Nachfolge der dogmatischen christlichen Weltanschauung wird in der postmodernen Gesellschaft von anderen Institutionen angetreten, deren Wirkung kaum weniger doktrinär-fundamentalistisch und alle Bereiche umgreifend ist wie jene der alten Kirche. Zu denken wäre etwa an die Macht der Ökonomie und des Kommerzes, die in Form von allgegenwärtiger Werbung und Konsumverpflichtung unser ganzes Leben durchwirkt. Zu denken wäre weiterhin an die Macht der Medien und Unterhaltungsindustrie, die ihren suggestiven Griff nicht einmal im Schlaf lockert. Und lohnend wäre es auch, die Prozesse und Rituale der modernen Wissenschaftskultur vor diesem Hintergrund genauer zu durchleuchten. Denn dort, wo Wissenschaft nicht als Methodik zur Gewinnung von Erkenntnis, sondern als Weltanschauung behandelt wird und also szientistisch missverstanden wird, gewinnt sie die gleichen doktrinären Charakterzüge wie die dogmatischen Positionen von Religionen, die sie abgelöst zu haben meint.

6.4 William von Ockham (1285–1349)

Wir sind William von Ockham bereits im Einführungskapitel begegnet als Urheber des berühmten „Rasiermessers". Man sollte allerdings noch ein paar andere Dinge über diesen eminent wichtigen spätscholastischen Schriftsteller wissen [5, 6, 9]. William wurde 1285 in Ockham, einem Dorf in Südengland, also 11 Jahre nach dem Tod des Thomas geboren und er starb vermutlich 1349 in München an der Pest. Um Ockham, seine Lehre und sein Wirken verstehen zu können, muss man sich den spirituell-politischen Hintergrund seines Wirkens klar machen. Ockham war Franziskaner. Der Orden des Hl. Franziskus hatte sich bereits seit geraumer Zeit in zwei sich heftig bekämpfende Lager gespalten: Die einen, die sogenannten „Spiritualen" oder „Anhänger der alten Regel", beriefen sich auf das nie schriftlich festgehaltene Testament des Heiligen, der einen einfachen, armen, allein der Frömmigkeit und der Predigt verpflichteten Orden wollte. Die anderen, die sich an spätere Interpretationen hielten und die vom verfassten Klerus unterstützt wurden, bestanden darauf, das Testament des Hl. Franziskus sinngemäß auszulegen und wollten einen Orden, der stärker in die kirchlichen Strukturen und damit auch in die Macht- und Besitzverhältnisse integriert war, die damals im Allgemeinen herrschten. Zwischen den Spiritualen, zu denen viele der intellektuellen Geister im Orden gehörten, und den romtreuen Anhängern der leichteren Ordensauslegung entwickelte sich ein heftiger Machtkampf, der aufgrund von Roms Parteinahme zu Ungunsten der Spiritualen enden sollte. William Ockhams Wirken muss vor diesem Hintergrund verstanden werden, denn er war mit Sicherheit, wenn nicht selber ein Spirituale, so doch dieser „frommen" Richtung der Ordensauslegung eng verbunden. In diesem Zusammenhang wird sein Lehren und Wirken auch besser verständlich. Denn Teil der Spiritualen-Theologie war es, die Allmacht und Allwissenheit Gottes ins Zentrum der Theologie und der persönlichen Frömmigkeit zu stellen. Das erklärt, warum William Ockham die thomasische Philosophie und ihre Folgen so heftig bekämpfte: Thomas von Aquin hatte eine sogenannte „Naturalisierung" der Religion im Blick. Darunter ist zu verstehen, dass seine Theologie, konsequent durchdacht, eine philosophische Begründungen für theologische Wahrheiten geben können soll. Damit aber wird die eigentliche Basis der theologischen Wahrheit zu einer philosophischen und damit aus dem Allmachtsbereich Gottes in den einer logisch-philosophischen Notwendigkeit enthoben.

Ockhams Rasiermesser und die Begründung der Erfahrung

Anders gesprochen: Ockhams Bedürfnis war es, die Unmittelbarkeit und Allmacht Gottes vor dem rationalistischen Zugriff der Philosophen zu retten. Dieses Motiv für sein Philosophieren wird vor allem bei naturwissenschaftlich inspirierten Interpretationen gerne übersehen. Nur so ist es aber verständlich, warum er sein Rasiermesser mit solcher Vehemenz gegen die thomasische Erkenntnislehre schärfte, wie wir es im Anfangskapitel bereits skizzierten. Ockham kritisierte die aristotelisch-philosophische Auffassung von Wahrnehmung, um einem *unmittelbaren* Zugang zu Gott, zur Welt und zu seiner eigenen Innerlichkeit Raum zu geben [7]. Aristoteles und mit ihm Thomas waren ja der Ansicht, die Wahrnehmung würde über verschiedene Abstraktionsschritte zur Erfahrung und zur Erkenntnis gelangen. Die Sinne etwa würden *sensible Abbilder – species sensibiles* – von den Wahrnehmungsgegenständen abstrahieren, der Geist von diesen schließlich *intelligible Abbilder – species intelligibiles*. Damit aber wäre das „Material" des Geistes nicht unmittelbare, sondern mittelbare, abstrahierte Wirklichkeit, eben die Abbilder und nicht die Dinge, geschweige denn Gott selbst. Dieser war ja auch, wir erinnern uns, nach Thomas, der hier der neuplatonischen Tradition folgt, unerkennbar in seiner Wirklichkeit. Wie aber sollte ein unmittelbarer Zugang zu meiner eigenen inneren Wirklichkeit möglich sein? Zu meinem Sehnen und Streben etwa? Zu meiner Wahrnehmung? Wie eine direkte und unmittelbare Beziehung zu meinem persönlichen Gott, wenn alles immer nur über Abbilder vermittelt ist? Es gab nur einen Weg für Ockham, wie der unmittelbare Zugang zu sich selbst, zu den eigenen inneren, vielleicht auch religiösen Erfahrungen zu retten war, auf jeden Fall aber jeglicher unmittelbare und unvermittelte Zugang zur Welt: Die radikale Kritik des aristotelisch-thomasischen Weltbildes und der daraus abgeleiteten Erkenntnistheorie.

Er wetzt deshalb sein Messer und postuliert einen folgeschweren methodischen Leitsatz: Man soll „Wesenheiten" – wir würden modern sagen: Konstrukte, theoretische Konzepte – nicht unnötigerweise einführen: *„entia non sunt multiplicanda praeter necessitatem – Wesenheiten sollen nicht ohne Notwendigkeit vermehrt werden"*. Man beachte: An keiner Stelle leitet Ockham diesen Satz von irgendwoher ab. Er postuliert ihn als methodisches Prinzip und kritisiert von ihm ausgehend Thomas und die Tradition. Die scholastisch-aristotelischen „species" oder Abbilder, die Aristoteles und ihm folgend Thomas postulierten, sie fallen dem Messer zum Opfer. Sie sind nicht notwendig und begründbar. Damit aber fällt die Abstraktionslehre. Übrig bleibt nur ein unmittelbarer Erfahrungszugang zur Welt, sowohl zu den Dingen außen, über die Sinneserfahrung, als auch zu den jenseitigen Dingen und den Innenzuständen, wie eben etwa zu Gott, durch die innere Erfahrung. Die innere Erfahrung Gottes wird in der Folge vom Hauptstrom der Wissenschaft abgespalten werden und in der Tradition der Mystik und Innerlichkeit aufgehen.

Die Folge von Ockhams „Rettung“ des unmittelbaren Zugangs zur Welt aber wird zur Grundlegung der Erfahrung, der Empirie als einzigem legitimen Zugang zur äußeren Welt. Ockham hat damit die Voraussetzung dafür geschaffen, dass die Erfahrungswissenschaft, die sich schon vor ihm in Grosseteste und Bacon angekündigt hatte, zu einem legitimen, ja eigentlich zum einzigen Zugang zur Welt werden konnte.

Sprachkritik

Ockham war zutiefst misstrauisch gegenüber einer vernunftmäßig sich ausweisenden Theologie. Deswegen lehnte er auch viele Gedankengänge und Konstruktionen als unnötig ab. Neben diesen theologischen Momenten ist an Ockhams Schaffen vor allem interessant, dass er sich eines Werkzeugs bedient, das später maßgeblich für die moderne Wissenschaft wurde: der Sprachkritik. Er beginnt Begriffe zu analysieren, auf ihre Bedeutung hin zu hinterfragen und damit die fraglose In-eins-Setzung von Denken und Sein, von Benennen und Denken, die seit Parmenides die abendländische Wissenschaft beherrscht hatte, zu kritisieren. Mit seinem Aufweis, dass viele Begriffe zweideutig, viele Benennungen unklar sind und zu Widersprüchen führen, trat er in eine Tradition ein, die bereits von Abelard 200 Jahre vor ihm grundgelegt worden war. Die Kritik Ockhams aber war mächtiger und hatte Folgen. Möglicherweise war erst jetzt die Zeit reif geworden, Sprache zu reflektieren.

Ockham erkannte hellsichtig, dass wir die Tendenz haben, Dingen, die wir benennen, auch eine gewisse Wirklichkeit zuzuschreiben, obwohl wir vielleicht nur Begriffe gebrauchen. Diese Kritik sollten sich vor allem Psychologen zu Herzen nehmen, die allzu gerne Konstrukte erfinden, weil sie sich vielleicht gut messen lassen, und darüber vergessen, dass das Konstrukt in seiner ideellen Reinheit nur im Kopf des Konstrukteurs existiert, also keine objektive Realität besitzt, die in der „Wirklichkeit“ verankert ist. Ein aktuelles Beispiel wäre das Konstrukt Neurotizismus: Es wurde geprägt, weil es in einem Fragebogen multipel operationalisiert und als solches benannt wurde. Wendet man den Fragebogen nun über viele Fälle und durch viele Forschergenerationen hindurch an, entsteht leicht der Eindruck, als würde es so etwas wie Neurotizismus geben und vergisst darüber, dass am Anfang dieses Konstruktes eine operationale, d. h. durch Handlungsschritte bestimmte Definition stand. Derartige Konstrukte beginnen dann sehr leicht ein Eigenleben zu führen und man denkt, es gäbe eine Wirklichkeit, die durch dieses Konstrukt benannt wird. Tatsache ist hingegen, dass die Wirklichkeit durch die Bildung des Konstruktes zuallererst geschaffen wird. Das Gleiche gilt für viele klinische oder psychiatrische Diagnosen. William Ockham würde in so einem Fall sein Rasiermesser schärfen und sagen: *„entia non sunt multiplicanda praeter necissitatem“* – „Wesenheiten soll man nicht ohne Notwendigkeit einführen oder vermehren“. Denn Ockham hatte erkannt, dass wir die fatale Angewohnheit haben, Dingen, denen wir einen Namen zuschreiben können, auch unabhängige Existenz zuzubilligen. Wenn wir eben oft genug von der Gerechtigkeit reden, so denken wir es gäbe so etwas wie „die“ Gerechtigkeit und vergessen darüber, so Ockham, dass sich die Gerechtigkeit definiert durch die vielen Akte von Gerechtigkeit oder durch die vielen gerechten Menschen, die gerecht handeln. Ockham führte diese Sparsamkeit im Denken und im Sprechen sehr konsequent durch und wandte sie auf alle möglichen Beispiele an.

Zum Beispiel „Ursache"

Für unseren Kontext von Bedeutung ist seine Definition von Ursache. Ockham definiert Ursache in seinem Kommentar zur Physik folgendermaßen [4]: Ursache, so sagt er, nennen wir Folgendes: „Wenn etwas ist, so ist auch das andere. Wenn jenes nicht ist, ist auch dieses nicht". Diese scheinbar tautologische Formulierung hat einen tiefen Hintergrund. Während andere Ursachenformulierungen, etwa die von Thomas von Aquin oder die von Albertus Magnus, essenziell waren, d. h. die Ursache als ein primär Seiendes gesehen haben, so ist die Ockhamsche Formulierung von Ursache rein korrelativ. Hier wird weder eine Übertragung von Sein noch ein Anstoß von irgendetwas formuliert, sondern nur festgestellt: Wenn das eine ist, so ist auch das andere; wenn das eine nicht ist, so ist auch das andere nicht. Denn Ursachen, so würde Ockham sagen, kommen nicht in der Wirklichkeit vor, sondern nur in unserem Geist. Was wir sehen ist Rauch. Und wir schließen: Wo Rauch ist, ist auch Feuer. Der Akt der Verursachung des Rauches durch das Feuer ist etwas, das in unserem Geist geschieht. Diese Analyse der Ursache als ein mentales Konzept, als ein Konstrukt, das in unserer geistigen Operation geschieht, aber nicht in der Wirklichkeit vorgefunden wird, sollte später wirkmächtig werden bis zu David Hume im 18. Jahrhundert. Ockham hat als Erster verstanden, dass wir abstrakte Entitäten, die wir aus Einzelfällen ableiten, gerne als an und für sich existierende sehen. Aus dieser Sichtweise entstand der mittelalterliche Universalienstreit. Während die Anhänger der Universalienlehre in der Nachfolge Platons davon ausgegangen sind, dass die Universal-, also die Allgemeinbegriffe, wirkliche Existenz haben – *die* Gerechtigkeit, *die* Liebe, *die* Wahrheit, *das* Gute, *die* Ursache –, so war für Ockham und seine Anhänger, die sich später als die Nominalisten bezeichneten, klar, dass nur Einzeldinge – der gerechte *Mensch*, der wahre *Satz*, die liebevolle *Tat*, die kontingente *Tatsache* – wirkliche Existenz hatten und dass die Allgemeinbegriffe aus diesen individuellen Gegebenheiten von unserem Geist abgeleitet werden.

Hinwendung zur Kreatur und zum Einzelnen

Die Philosophiegeschichte hat schließlich Ockham und den Nominalisten Recht gegeben. Ockham wurde zu einem Urheber einer Richtung, die begann, sich auf das Einzelne, das Kontingente, dasjenige, was gerade so ist wie es ist, zu richten (mit kontingent ist dasjenige gemeint, das im Moment so ist aber auch ganz anders sein könnte). Während in der scholastischen Philosophie und Theologie das Kontingente, das geschöpflich Kreatürliche, gerade *nicht* unmittelbarer Gegenstand der Philosophie und Theologie war, sondern nur das absolute Sein, also Gott und das Göttliche, so wird für diese neue Wendung innerhalb der Geistesgeschichte genau das *Einzelne* zum Gegenstand der Wissenschaft. Wenn Allgemeinbegriffe und Universalien keine wirkliche Existenz haben, sondern diese von individuellen

Einzelfällen durch unseren Geist abstrahiert werden, dann muss notwendigerweise die Erforschung des Einzelnen eine rationale Analyse der Allgemeinbegriffe ablösen. Damit wird auch philosophisch der Grund gelegt für eine empirische Erforschung der kontingenten Welt.

Die Sprachkritik William Ockhams und die von ihr ausgehende Betonung des Einzelnen ist der zweite Pfeiler zur Begründung aller künftigen Naturwissenschaft. Er stellt in seiner Sprachkritik ein mächtiges Werkzeug zur Verfügung, das die Philosophie und die Logik benützen wird können, um widerspruchsfreie Aussagesysteme zu konstruieren und Scheinsubstantialität zu entlarven. Er gibt ein lebendiges Beispiel von Methoden- und Erkenntniskritik, in dem er vorführt, wie epistemologische Grundannahmen zu hinterfragen sind. Durch diese Haltung wird aber auch naturphilosophisch gesehen der antike Kosmos, in dem die aristotelische Philosophie und mit ihr auch die Hochscholastik eingebettet war, im guten Sinne des Wortes frag-würdig. Nachdem die Ordnung, die das thomasische Weltbild versucht hat herzustellen unter dem Messer von Ockhams Kritik zerfallen ist, wird es notwendig, sich der Welt wieder neu zuzuwenden. In Ockhams Weltbild kann Gott noch die rettende Klammer abgeben: Er hält in seiner Allmacht die Einzeldinge und ihre Beziehungen zusammen. War für Thomas die rationale Struktur des aristotelischen Kosmos der Garant für das Zusammenhalten der Welt, so wird nach Ockhams Kritik nur ein allmächtiger Gott diese Funktion ausüben können. Es ist eine Ironie oder zumindest eine interessante Dialektik der Geschichte, dass genau diese Bemühung Ockhams einem allmächtigen, allgütigen und allwissenden Gott den gebührenden Platz in einem Weltmodell einzuräumen, letztlich dazu geführt hat, diesen vor die intellektuelle Tür zu setzen. Denn es war Ockhams Methodik und Werkzeug, das der Wissenschaft letztlich jene Macht und Stellung gegeben hat, die früher der Religion Eigen war.

Ockham hat zu seiner Zeit das Konsequente getan: Als Anhänger der Spiritualen-Fraktion wurde er nach Avignon zum Papst zitiert, gleichzeitig mit dem als ketzerisch eingestuften Meister Eckhart. Während Eckhart nach Avignon ging, um sich dem Urteil des Papstes zu beugen, aber gestorben ist, bevor dieses Urteil erging, zog Ockham nach München an den Hof des exkommunizierten Wittelsbacher Kaisers Ludwig des Bayern. Dort hat er die letzten Lebensjahre vor allem damit verbracht, die theologische Unzulässigkeit einer autoritären Herrschaft zu brandmarken und den Weg für eine demokratisch verfasste politische Struktur innerhalb der Kirche und anderswo zu ebnen. Einen weiteren politischen oder sonstigen Erfolg verhinderte wohl die Pest im Jahre 1348/49, der vermutlich auch Ockham zum Opfer gefallen ist.

Geblieben ist von diesem vielleicht für die empirische Forschung wichtigsten Denker des Mittelalters sein kritischer Ansatz und sein Impuls hin zur Welt und zur empirischen Erforschung des Einzelnen. Damit hatte Ockham, ohne es vermutlich zu wollen und zu intendieren, den Grund gelegt für die mächtigste Nachfolgeinstitution der klerikalen Machtinstanzen des Mittelalters: die moderne Naturwissenschaft. Ockham wurde allerdings auch noch in einem anderen Sinne zu einem Begründer der modernen Naturwissenschaft: Wir hatten im Kapitel über Aristoteles gesehen, dass Aristoteles der Meinung war, nur das Allgemeine könne Gegenstand der Wissenschaft sein. Damit war gemeint die Gattung, die Art, aber in einem mittelalterlichen Sinne auch die Universalbegriffe. Insofern wäre Aristoteles, mittelalterlich gedacht, in gewisser Weise dem Lager der Universalisten zuzuordnen, gegen die Ockham ins Feld zog. Allgemeinbegriffe und Universalien kann man studieren, analysieren und wissenschaftlich erforschen, indem man sich, einzig gestützt auf die Vernunft und die Rationalität, Gedanken über ihre Zusammenhänge, über ihre Wesenszüge und Begleiterscheinungen macht. Insofern ist eine Wissenschaft vom Universellen als rein rationale Wissenschaft, als Philosophie, denkbar und wurde vor Ockham auch so verstanden. Indem Ockham genau diesen Begriff des Universalen und die Gültigkeit der damit verbundenen Wissenschaft bezweifelte, bekämpfte er nicht nur negativ gesehen die aristotelische Wissenschaftsauffassung, sondern legte positiv gesehen den Grundstein für eine empirische Forschung. Denn das Einzelne, sei es ein einzelner Mensch oder eine einzelne Ausprägung von Gerechtigkeit, Tapferkeit oder Liebe, kann nur empirisch festgestellt, studiert und beobachtet werden. Insofern war also eine notwendige innerliche Konsequenz der ockhamschen Philosophie die Hinwendung zum Erfahrungswissen, das Studium der Einzeldinge, so wie sie in der Welt vorkommen; somit aber war der begrifflich-theoretische Grundstein für eine empirische Wissenschaft gelegt, auch wenn Ockham alles andere als dies im Sinn hatte.

In der Gestalt Ockhams, der von seinen Schülern und Anhängern intuitiverweise richtig erkannt als *inceptor venerabilis* (verehrungswürdiger Neuerer) tituliert wurde, haben wir also einen Angel- und Wendepunkt der Wissenschaft von der mittelalterlichen zur neuzeitlichen Auffassung vor uns. Die Dialektik der Geschichte ist ihrerseits interessant, da Ockham alles andere als die alte mittelalterliche Welt, ihre Gläubigkeit, Frömmigkeit und Geordnetheit zerschlagen wollte. Ockhams Ziel war die Installation einer neuen Art von Frömmigkeit, einer Frömmigkeit, in der der direkte Bezug des Einzelnen zu seinem Gott und des Schöpfers zu seiner Welt philosophisch Platz hätte. Ironischerweise führte genau diese Bestrebung dazu, dass im Zuge der Wissenschaftsentwicklung diese Impulse Ockhams immer mehr an Kraft und Einfluss verloren, und andere, von ihm in keiner Weise vorherzusehenden Entwicklungen ihre Bahn nahmen.

Quintessenz

- In der Völkerwanderungszeit war ein Großteil der antiken Schriften für den Westen verloren gegangen.
- Bildung und Gelehrsamkeit fand nur in einigen wenigen Kulturinseln, in Klöstern und Kathedralschulen, statt.
- Aus diesen Kathedralschulen entwickelten sich im Laufe des 12. Jahrhunderts die ersten Universitäten, die zu Beginn des 13. Jahrhunderts formell eingerichtet wurden: Bologna, Paris, Oxford und Neapel.
- Das Mittelalter musste sich den Stand der antiken Gelehrsamkeit und Philosophie erst wieder allmählich erarbeiten. Antike Texte, vor allem Aristoteles, aber auch andere, wurden vermittelt durch die arabische Gelehrsamkeit dem Westen wieder bekannt.
- Thomas von Aquin unternahm es, Aristoteles mit der alten augustinischen Tradition zu verbinden.
- Er konnte in seiner Philosophie, die den Gipfel der Hochscholastik markiert, zeigen, dass Philosophie und Vernunft mit der christlichen Lehre zu einer Synthese geführt werden können.

- Thomas verbindet den augustinischen Begriff der Seele mit dem aristotelischen. Dies wird über Jahrhunderte die Basis für das Verständnis von „Seele" sein.
- In ihm sind Intellekt und Wille die beiden Facetten des „obersten" Seelenbereichs.
- Diesen setzt er mit dem aristotelischen „aktiven Intellekt" in eins und kann so die Lehre von der Unsterblichkeit der Seele philosophisch begründet.
- Die Theologie übernimmt in Thomas' Philosophie die Rolle, die die Metaphysik bei Aristoteles spielt. Denn Gott ist das Sein schlechthin.
- Ziel des Lebens ist die Erkenntnis Gottes und die Verbindung mit ihm. Dies wird für Jahrhunderte wegweisend.
- Die englischen Philosophen Robert Grosseteste und Roger Bacon beginnen als Erste, Erfahrungswissenschaft als eigenen methodischen Zugang zur Welt zu postulieren. Zum ersten Mal wird das Wort „Erfahrung" und „Experiment" als Synonym dafür regelmäßig verwendet.
- William Ockham kritisiert die thomasisch-aristotelische Erkenntnislehre, vor allem weil sie abstrahierte „Abbilder" der Wirklichkeit einführt.
- Ockham will den unmittelbaren Zugang zur Wirklichkeit und zu Gott begründen.
- Verbunden mit dem von ihm postulierten methodischen Prinzip der Sparsamkeit, seinem berühmten „Rasiermesser" und seiner Sprachkritik, legt er damit den Grund für die empirisch vorgehende Naturwissenschaft.
- Ihr Aufblühen wird auch dadurch begünstigt, dass durch Ockhams Kritik der substanziellen Benützung der Allgemeinbegriffe (Universalien) das Einzelne, Kontingente und Individueller Gegenstand der Wissenschaft werden kann.

Literatur

[1] *Chesterton, G. K. (1956). *Thomas von Aquin: Der Heilige mit dem gesunden Menschenverstand.* Heidelberg: Herle.

[2] Flasch, K. (1986). *Das philosophische Denken im Mittelalter. Von Augustin zu Machiavelli.* Stuttgart: Reclam.

[3] Flasch, K. (1989). *Aufklärung im Mittelalter? Die Verurteilung von 1277.* Mainz: Dietrich.

[4] Goddu, A. (1984). William of Ockham's arguments for action at a distance. *Franciscan Studies, 44,* 227–244.

[5] **Kobusch, T. (Hrsg.) (2000). *Philosophen des Mittelalters.* Darmstadt: Wissenschaftliche Buchgesellschaft.**

[6] **Imbach, R. (1985). Wilhelm von Ockham. In O. Höffe (Hrsg.), *Klassiker der Philosophie. I: Von den Vorsokratikern bis David Hume.* (S. 220–244). München: Beck.**

[7] Walach, H. (1994). *Notitia experimentalis Dei – Erfahrungserkenntnis Gottes. Studien zu Hugo de Balmas Text „Viae Sion lugent" und deutsche Übersetzung.* Salzburg: Institut für Anglistik und Amerikanistik der Universität Salzburg. Analecta Cartusiana 98:1.

[8] Weisheipl, J. A. (1980). *Thomas von Aquin. Sein Leben und seine Theologie.* Graz: Styria.

[9] Wilhelm von Ockham. (1984). *Texte zur Theorie der Erkenntnis und der Wissenschaft, hrsg. v. R. Imbach.* Stuttgart: Reclam.

7 Beginn der Neuzeit

Ockham ist die herausragende Gestalt am Ausgang der Scholastik; in den folgenden Jahrhunderten war die politische Situation in Europa alles andere als förderlich für die Wissenschaft. England und Frankreich verbissen sich in die Wirren des Hundertjährigen Krieges und lähmten ihre kulturellen und wirtschaftlichen Kräfte. Das deutsche Kaiserreich war im Interregnum durch die vielen Machtinteressen der Einzelfürsten gleichfalls gelähmt. Pestwellen rollten durch Europa, rafften einen Großteil der Bevölkerung dahin und warfen damit auch die politisch-wirtschaftliche Entwicklung um Generationen zurück. Die Wissenschaften begannen auf deutschem Gebiet erst langsam Fuß zu fassen. Die neu gegründeten Ordenshochschulen, so etwa das Studium generale der Franziskaner in Köln, hatten nur Interesse an der theologischen Gelehrsamkeit. Erst allmählich wurden erste Universitäten außerhalb Frankreichs gegründet, so Prag 1348 vom Luxemburger Kaiser Karl, oder Wien im Jahre 1365 vom Habsburger Erzherzog Rudolf IV. Erst langsam konnten diese neuen Stätten der Bildung an die traditionsreicheren in Paris und Oxford anschließen. Die von Grosseteste und Bacon inspirierte Naturforschung mischte sich mit den aus dem arabischen Raum kommenden Erfahrungswissenschaften, um etwa die Zusammensetzung der Stoffe zu erkunden. Dies wurde damals Alchemie genannt – aus ihr entwickelte sich später unsere moderne chemische Wissenschaft. Doch dieser Traditionsstrang ist für unsere Interessen weniger von Belang.

7.1 Die Renaissance

Der nächste große Kultur- und Entwicklungsschritt, den man gemeinhin mit dem Namen Renaissance belegt, ist zunächst eine rein italienische Entwicklung. Vor allem in Florenz, aber auch in anderen reichen Stadtstaaten der norditalienischen, unabhängigen Stadtprovinzen entwickelte sich ein mannigfaltiges Kultur-, Kunst- und Wissenschaftswesen. Dieses erhielt einen immensen Schub durch die vielen kulturellen Kontakte mit dem oströmischen Reich, das durch die erstarkende Macht der Osmanen bedroht war. Die Renaissance verstand sich als Wiedergeburt der Antike [10]. Sie brachte eine allgemeine Entwicklung der Kunst und der Bildung, der Philosophie und der Sprachwissenschaft mit sich, die durch neu entdeckte alte griechische Texte gespeist wurde, die aus Byzanz in den Westen kamen. Die Kenntnis des Griechischen wurde zur Mode unter den Gebildeten, und Künstler studierten die alten Schriften des Vitruv zur Architektur oder des Euklid zur Geometrie. Marsilio Ficino (1433–1499) begründete in Florenz eine neue Akademie nach dem Vorbild der alten platonischen in Athen und war insbesondere an der Wiederentdeckung platonischer und neuplatonischer Schriften und Philosophie interessiert. Insofern war die Naturforschung, die Empirie und die Wissenschaft im modernen

Sinne für diese Denker weniger von Belang als das Verständnis der wiedergefundenen Texte von Plotin, Jamblich, Proklos oder Porphyrius. Diese Texte wurden im Kreis der Florentiner Akademie, die von den Medici unterhalten wurde, intensiv studiert, kommentiert und ins Lateinische übersetzt. In dieser Philosophie kam eine systematische Erkundung der Natur nicht vor, da – wie wir gesehen haben – die platonische Tradition der Materie und den wechselvollen Schicksalen der wandelnden, sich verändernden Welt relativ wenig Bedeutung beimaß.

Von Ausnahmen wie Leonardo da Vinci abgesehen, war die Renaissance daher, was die Entwicklung der Kunst, der Architektur, der Malerei, der Musik, der Literatur und der schönen Künste anging, ergiebiger als in Bezug auf die empirischen Wissenschaften. Programmatisch von Bedeutung war allerdings die im Rahmen der Renaissance stattfindende Verschiebung der Aufmerksamkeit auf den Menschen und seine Belange, während für das Mittelalter die Erkundung und Erkenntnis des göttlichen Bereiches im Zentrum der Aufmerksamkeit des Denkens und Forschens gestanden hatte. Dies war im Grunde auch für William Ockham nicht anders gewesen, der trotz der erwähnten modern anmutenden Ansatzpunkte noch ganz in der mittelalterlichen Denk- und Lebensweise beheimatet war. In der Renaissance ändert sich das allmählich. Ikonographisch überstrapaziert ist Leonardo da Vincis Proportionenbildnis vom Menschen und die vielfältigen Darstellungen von Menschen, Bildnissen, Persönlichkeiten in der darstellenden Kunst, der Malerei und der Plastik. Wenngleich vor allem in der frühen Renaissance besonders noch religiöse Szenen die Folien für die Darstellung von Menschen und Menschlichem abbilden, so rückt doch zunehmend und unaufhaltsam der Mensch, das Individuum in seiner unvergleichlichen Besonderheit, in den Mittelpunkt des Interesses. Programmatisch hierfür kann vielleicht die Rede des Pico de la Mirandola (1463–1494) *De dignitate hominis – Von der Würde des Menschen* – gelten [11]. Diese vom 24-jährigen Pico verfasste Rede diente eigentlich als Einleitung zu einem Aufruf eines allgemeinen Konzils der Religionen – der jüdischen, der christlichen und der islamischen –, um zu einer Aussöhnung und einem konfessionsübergreifenden Religionsfrieden zu gelangen. Obwohl dieses Konzil nie stattfand, bildet doch die Vorrede und Einladung dazu ein ergreifendes Zeugnis dessen, wie Pico de la Mirandola und mit ihm die Renaissance den Menschen und seine Stellung im Kosmos sah. Das besondere Kennzeichen hierfür ist die Grundaussage, dass der Mensch als Knoten und Band zwischen alle Welten gestellt sei, zwischen die obere himmlische und die untere materielle, beide verbindend. Damit, und dies ist der neue Tonfall, sei der Mensch sogar erhabener als die Geistwesen der Engel, da er vermittels seines Leibes und seiner Materialität die Welt beeinflussen und innerhalb ihrer Erfahrungen machen könne. Er sei vermöge seines geistigen Seelenanteils auch über die Welt der Tiere, der reinen Animalität, der puren Materialität hinausgehoben und habe gerade in dieser Zwischen- und Sonderstellung seine eigentliche Würde.

Dieses Selbstverständnis, dass der Mensch als Einzelner und als Gattung zwischen Himmel und Erde, zwischen Geistigem und Materiellem, zwischen Vernunft und Animalität vermittelt und er sich deswegen im Rahmen der Schöpfung durch besondere Würde auszeichnet, ist zwar auch im Mittelalter belegbar, wird aber in dieser Dichte und mit diesem Pathos erst in der Renaissance wirkmächtig. Damit aber wird der Grundstein gelegt für das Selbstverständnis vieler nachfolgender

Denker- und Forschergenerationen, die aus den vorgeformten Bahnen der Tradition ausbrechen und sich auf das Abenteuer des Forschens, Denkens und Erkennens einlassen werden.

Am Ausgang der Renaissance finden wir dann, in enger zeitlicher Folge, vier herausragende Wissenschaftlerfiguren, die den weiteren Fortgang abendländischen Denkens und Forschens maßgeblich geprägt haben: Francis Bacon (1561–1626), Galileo Galilei (1564–1642), Johannes Kepler (1571–1630) und René Descartes (1596–1650). Bereits an ihren Lebensdaten ist ersichtlich, wie abrupt ein neuer starker Denkimpuls in das Abendland einbricht.

7.2 Francis Bacon (1561–1626)

Sir Francis Bacon (nicht zu verwechseln mit dem mittelalterlichen Philosophen Roger Bacon) ist zunächst als Kanzler im Dienste der englischen Königin Elizabeth I. von Bedeutung [6]. Als solcher lag ihm die Verbesserung der Lebenssituation der Menschen am Herzen. Er wollte Wissenschaft daher pragmatisch verstehen, d.h. als ein Verfahren, die Abhängigkeit des Menschen von der Natur zu mildern. Bacon sah sich selber vor allem als Neuerer, weniger als Vermittler der Tradition; sein Hauptwerk nennt er bezeichnenderweise *Novum Organum* (*Neues Instrumentarium* [4]). Denn für Bacon ist die tradierte Wissenschaft eine verkrustete Institution, die sich in der Auslegung des Aristoteles, der klassischen Texte und Theologen, totgelaufen hat. Sie trägt nichts zur Weiterentwicklung der Menschen bei, ist in gewissem Sinne steril und wenig innovativ. Sein Werk ist also vor allem eine Antithese gegen die überkommenen Wissenschaftsformen und gegen die akademische Tradition. Aus seinen Texten spricht auch Misstrauen gegenüber dem, was wir wahrnehmen, erfahren, erkennen und durch den Verstand aus unseren Wahrnehmungsgegenständen isolieren und analysieren können, ein Misstrauen, in dem sich die Heimatlosigkeit und Unbehaustheit des neuzeitlichen Menschen abbildet. Der für ein halbes Weltalter lang ordnungsstiftende platonisch-aristotelische Kosmos war damals nicht nur rational und intellektuell zerschlagen, sondern auch in der politischen Wirklichkeit zunehmend nicht mehr gegenwärtig.

Als Grundbefindlichkeiten des Menschen konstatiert Bacon demgemäß Unsicherheit und Verblendung. Verwirrt durch sogenannte *Idola* (Idole oder Zerrbilder, auch Götzenbilder) lebt er ein unfreies Leben inmitten falscher Vorstellungen, schlechter Lebensverhältnisse und geringer Zukunftsaussichten. Bacon unterscheidet insgesamt vier verschiedene Typen solcher Idole, die umgestoßen werden müssen, um aus der Verblendung herauszufinden.

Idola tribus – die „Idole des Stammes“: Sie bezeichnen die Vorgeformtheiten des Wahrnehmens, Denkens und Erkennens, wie sie durch die Zugehörigkeit zu einer bestimmten Kultur gegeben sind. Damit hat Bacon eine erstaunlich moderne Erkenntnis formuliert, die wir eingangs (bei Collingwood, Fleck und Kuhn) als Einsicht in die Bedingtheit von Erkennen und intellektueller Tätigkeit durch Kultur und Sprache analysiert haben.

Weiter spricht Bacon von den *idola specus* – den „Idolen der Höhle“. Gemeint ist damit die Beschränktheit von Erkenntnis, wie sie durch unsere Natur gegeben ist und auf die wir Rücksicht zu nehmen haben, wenn wir Aussagen über die Welt treffen. Mit dem Begriff *idola specus* nimmt Bacon implizit Bezug auf Platons Höhlengleichnis, in dem bekanntlich die Erkenntnisse der Menschen mit denen von Höhlenbewohnern verglichen werden, die an der Höhlenwand nur undeutliche Schatten erkennen können und nie die volle Wirklichkeit.

Eine weitere Behinderung erfährt der Mensch durch die *idola fori* – die „Idole des Marktes". Der Markt ist der Platz der Sprache, des politischen Austausches und des Klatsches. Bacon spielt darauf an, wie wir durch Gewohnheiten sprachlicher, umgangssprachlicher und alltäglicher Art in aller Regel davon abgehalten werden, klare und unvoreingenommene Erkenntnis zu gewinnen. Der common sense, der „gesunde" Menschenverstand bezüglich der Werte des Marktes – heute könnten wir ergänzen: der Marken und der Stars – ist der Feind der Erkenntnis. Schließlich führt Bacon noch die *idola theatri* – die „Idole des Theaters" – auf. Damit sind die Dogmen der Philosophie und der herrschenden intellektuellen Auffassung gemeint. Modern gesprochen verbirgt sich dahinter die jeweils gültige, akzeptierte und selten je reflektierte Weltanschauung, die die Art und Weise des Denkens, des Forschens und des In-der-Welt-Seins aller Zeitgenossen mehr oder weniger deutlich prägen.

Mit seiner Idolenlehre ist Bacon einer der ersten Denker, der systematisch die begrenzenden Bedingungen der menschlichen Erkenntnis reflektiert. Er nimmt in gewisser Weise die Erkenntnisse der Neuro- und Kognitionswissenschaften vorweg, indem er darauf hinweist, wie all unser Erkennen eingebettet ist in das, was uns biologisch, kulturell und im Rahmen unseres individuellen Gewordenseins überhaupt möglich ist. Weil eben unsere Sinne, unser Verstand und unser ganzer Erkenntnisapparat keinen unvoreingenommenen und direkten Zugang zur Welt hat, brauchen unsere Sinne und unser Verstand methodische Hilfe. Diese methodische Hilfe nennt Bacon *instrumenta* oder *experimenta.* Instrumente und Experimente sollen es also sein, die zur Erkenntnis führen. Wissenschaft wird also zu einer Erweiterung, Hilfe und Korrektur unserer gewöhnlichen Wahrnehmung und Erfahrung.

Bacon versteht Naturerkenntnis als Beherrschung der Natur. Damit ist ein wichtiges Motiv in die Wissenschaftsgeschichte eingeführt: das der Machthabe der Wissenschaft über die Natur zur Befreiung des Menschen von ihrem unmittelbaren Zugriff. War für die antiken Denker Erkenntnis Selbstzweck, lag für die mittelalterlichen Denker ihr Ziel im Aufweis der Vollkommenheit der Schöpfung bzw. Gottes: Für Bacon ist Erkenntnis nun pragmatisch motiviert. Natur ist nicht mehr wie im Mittelalter Bestandteil der Schöpfung und damit unproblematisch für den Menschen, sondern Natur wird zur Gegnerin der menschlichen Entfaltungswünsche. Man muss sich das England um die Zeitenwende zwischen dem 16. und 17. Jahrhundert vorstellen, um zu verstehen, was Bacon hierbei vor Augen steht: England ist auf dem Weg, eine der großen Seemächte zu werden. Tag für Tag stechen Schiffe in See, steuern fremde Häfen an, kommen mit Gütern beladen wieder zurück. Doch häufig tun sie dies auch nicht, weil sie ihren Kurs verloren haben, weil starke Stürme Schiffe, Mannschaften und Waren vernichten. Vor diesem Hintergrund drängt sich die Vorstellung von der Beherrschung der Natur, beispielsweise der Beherrschung des Meeres durch Navigation und Seefahrerkunst oder durch ein Verständnis der meteorologischen Zusammenhänge, geradezu auf. Vor allem der angelsächsische Zugang zur Wissenschaft, hat seit Bacon traditionell einen stark pragmatischen Beigeschmack: Wissenschaft dient zur Verbesserung der Lebensbedingungen, indem sie immer bessere Technik zur Verfügung stellt.

Ein treffendes Bild für das neue Naturverständnis, das in Bacons Schriften zum Ausdruck kommt, ist das einer Natur auf der Anklagebank, der man ihre Geheimnisse entreißen muss, da sie sie nicht freiwillig preisgibt. Bacon spricht davon, die Natur zu pressen – *naturam premere* –, eine Formulierung, die an Hexenprozesse und Foltermethoden erinnert: Man legt Daumenschrauben an und presst, um dem Delinquenten die Wahrheit zu entreißen. *Natura non nisi parendo vincitur* – „die Natur wird nur durch Gehorchen besiegt", sagt Bacon andererseits. Man kann also nicht einfach *gegen* die Natur forschen und arbeiten; man will sie zwar besiegen und den Kampf mit ihr gewinnen. Dies gelingt allerdings nur, wenn man auf sie hört und ihr sorgsam die Geheimnisse ablauscht. Hier beginnt sich ein Verständnis von Wissenschaft zu manifestieren, in welchem sich jene Trennung zwischen dem herrschenden Subjekt, dem Menschen, und dem beherrschten Objekt, der Natur, ankündigt, die in unserem heutigen Natur- und Technikverständnis beinahe komplett geworden ist.

Methodisch wird Bacon vor allem für die experimentelle Wissenschaft von Bedeutung, wenn er von der zufällig sich eben ereignenden Erfahrung zu einer systematisch-absichtlichen Erfahrung übergeht. Der Begriff *experiri* – „erfahren" leitet sich ja ursprünglich von der Seefahrt bzw. vom Reisen her: Man macht eben eine Erfahrung, wenn man reist und unterwegs ist. Was einem auf dieser Reise zustößt, und was man dabei erfährt, liegt, abgesehen von der Wahl der Route, nicht in der eigenen Macht. Nun wird die *absichtliche* Erfahrung als *experimentum* dem entgegengesetzt. Bacon sagt: „Bleibt die Erfahrung; beiläufig gemacht, heißt sie Zufall; absichtlich gesucht, heißt sie Experiment" (Novum Organon, 1.82 [4]). Experiment wird dabei als Handlung und als aktives Eingreifen in die Natur und ihre Abläufe verstanden. Es ist ein Instrument und eine Hilfe für die Sinne. „Jede richtigere Erkenntnis kommt von geeigneten Experimenten. Wo der Sinn nur über das Experiment, das Experiment über die Natur und die Sache selbst entscheidet" (Novum Organon, 1.50). Damit hat Bacon etwas grundgelegt, das für die gesamte moderne Experimentalwissenschaft maßgeblich ist: Der Forscher beobachtet nicht nur, so wie die antiken Astronomen die Kreisläufe der Sterne beobachtet haben, sondern er greift absichtlich und wiederholt in die Abläufe der Natur ein, um ihre Gesetzmäßigkeit zu verstehen. Im Idealfall kontrolliert er alle Bedingungen und manipuliert nur eine ihn interessierende Variable, um die Konsequenz dieser Handlung festzustellen. Damit wird Erkenntnis vom rezeptiv-schauenden, anteilnehmenden Wahrnehmen zum handelnden, ja manipulativen Eingreifen in die Naturprozesse. Erkenntnis ist also nicht rein rezeptives Aufnehmen, sondern durchaus aktiv konstruierend. Denn ein Experiment ist in letzter Konsequenz eine an die Natur gestellte Frage, die die experimentelle Manipulation im Idealfall beantwortet.

Wissenschaft in der neuen Konzeption des Francis Bacon ist also weniger Rezeption als Konstruktion. Sie ist weniger Wahrnehmen und Beobachten als Eingreifen, Manipulieren und Handeln. Damit ist nicht gesagt, dass dies eine falsche Haltung wäre, sondern lediglich, dass Wissenschaft nicht einfach „unschuldig" passiv beobachtet, wie dies manchmal vor allem die experimentelle Naturwissenschaft oder populäre Destillate als Selbst(miss)verständnis gerne so darstellt. Wenn Wissenschaft aktives Herangehen an die Natur ist, müssen wir uns darüber Rechenschaft geben, welche Art von Fragen wir stellen. Die Art unseres Experimentierens bedingt nämlich die Fragen, die wir an die Natur stellen, und damit auch den Horizont der Antworten, die wir von ihr überhaupt erhalten können. Wir erhalten nur Antworten auf Fragen, die wir stellen; und nicht auf andere, ungestellte Fragen, die vielleicht auch interessant wären. Insofern gibt das Experimentieren seit Bacon die Perspektive vor, die der Wissenschaftler auf die Natur und die ihn interessierenden Gegenstände einnimmt. Seit Bacon ist Wissenschaft nicht mehr nur einfaches Beobachten, zur Kenntnis nehmen oder Bestaunen der Natur und ihrer Zusammenhänge. Hinter diese Entwicklung können wir heute zwar nicht mehr zurück, doch es ist schon viel gewonnen, wenn wir diese Tatsache immerhin bewusst zur Kenntnis nehmen.

7.3 Galileo Galilei (1564–1642)

Nicht von ungefähr hat Galileo Galilei die Phantasie der Nachwelt immer wieder neu beflügelt als diejenige Gestalt, die die Wahrheit und Freiheit der wissenschaftlichen Erkenntnis gegen die Dogmatik der herrschenden klerikalen Strukturen unter Einsatz seines eigenen Lebens durchzusetzen versuchte [5]. Nicht umsonst hat Berthold Brecht, der Aufklärer, Mahner und Erzieher unter den modernen Schriftstellern, Galileo zum Protagonisten eines gleichnamigen Theaterstücks gemacht, das die nach den verschiedenen Interessenskonflikten und Interessenshintergründen bei der öffentlichen Darstellung von Wahrheit thematisiert. Auch wenn vieles, was über Galilei kolportiert wird, wohl mehr dem Mythos als der historischen Wahrheit angehört, ist doch der Grundriss seiner Gestalt im Lichte der Geschichte prägend für die Nachwelt [8, 9]. Wofür Galilei einstand – das heliozentrische Weltbild gegen das geozentrische Weltbild der Antike auch gegen klerikalen Widerstand zu verteidigen – war bekanntlich nicht seine Erfindung, sondern beruhte auf der Neuentdeckung des alten Weltbildes durch Kopernikus, eine Generation vor ihm. Galilei ist in diesem Zusammenhang dennoch bedeutsam, weil er die Gültigkeit der These, dass sich die Erde um die Sonne dreht und nicht umgekehrt, gegen die herrschenden Dogmen vertrat. Wenn er gegen Ende seines Lebens seine Darstellung wiederrief (nicht ohne später den oft zitierten Ausspruch hinzuzusetzen: „und sie dreht sich doch"), um den letzten Konsequenzen einer inquisitorischen Gerichtsverhandlung zu entgehen –, so war er dennoch maßgeblich an der Durchsetzung des kopernikanischen Weltbildes beteiligt.

Dabei war er, und dies macht seine eigentliche wissenschaftshistorische Stellung aus, wesentlich von Experiment und Beobachtung geleitet. Galilei behauptete also nicht einfach, Kopernikus habe Recht, sondern er sagte, er habe Beweise für die Richtigkeit von Kopernikus' Theorie. Die Richtigkeit oder Falschheit des ptolemäischen, d. h. geozentrischen Weltbildes, in dem die Erde im Mittelpunkt steht, hing davon ab, dass innerhalb des Sonnensystems keine neuen astronomischen Gegebenheiten entdeckt wurden. Denn alle Planetenbewegungen waren im alten Modell fein aufeinander abgestimmt und die Entdeckung neuer Planeten war darin weder vorgesehen noch leicht einzufügen. Als Galilei also behauptete, es gäbe Monde um den Jupiter und Jupiter habe damit den selben astronomischen Status wie die Erde, nämlich den eines Planeten, der um die Sonne kreist, musste dies selbstverständlich Aufruhr erregen und brachte das alte Weltbild ins Wanken. Das Entscheidende dabei war nun, dass Galilei dies nicht einfach behauptete, sondern die Monde mit Hilfe eines Fernrohrs auch sichtbar machen konnte.

Die sprichwörtliche Weigerung der Anhänger des alten Weltbildes, diese Tatsache überhaupt zur Kenntnis zu nehmen und durch dieses Fernrohr zu blicken, weil Planetenmonde aufgrund der alten Theorie ein unmögliches Phänomen darstellten, ist bezeichnend für die Haltung, die wir gewöhnlich gegenüber der Welt einnehmen: Wir sehen nur das, was die herrschende Theorie – und das muss keine wissenschaftliche Theorie, sondern kann ebenso gut eine Alltagstheorie sein – uns zu sehen vorgibt bzw. erlaubt. Insofern ist diese Weigerung, die neuen Daten zur Kenntnis zu nehmen, weder erstaunlich noch verwerflich noch ein Zeichen von ausgesprochener Borniertheit. Wir alle tun dies, täglich, stündlich, in erheblichem Maße. Nehmen wir ein Beispiel aus unserem modernen westlichen Alltagsverständnis: Wir gehen zuerst und zumeist von voneinander unabhängigen Individuen aus, die primär nichts miteinander zu tun haben und die sich dann sekundär bemühen, einander Informationen hin- und herzuschicken oder Beziehungen einzugehen. Diese Vorstellung ist daran modelliert, wie wir Gegenstände inmitten einer Welt leeren Raumes wahrnehmen – an einer Festkörpermetaphysik also, wie sie seit Parmenides für das Abendland typisch ist. Sie ist heute, schon was die materielle Welt betrifft, überholt und entspricht nicht mehr den avancierten physikalischen Beschreibungen der Welt. Sie ist allenfalls eine sehr approximative, doch eigentlich falsche Abstraktion, auf die wir aufgrund unserer Wahrnehmungsgegebenheiten (vgl. Bacons *idola specus*!) verfallen. Aber auch im Humanbereich würden andere Ontologien, die ihren Fokus auf die primäre *Bezogenheit* der Menschen oder auf Situationen statt auf Individuen legen, gar nicht verstehen, wie man diese überhaupt als derart isoliert voneinander wahrnehmen und in der Folge – wie das in manchen vom Ein-Personen-Paradigma geleiteten Psychologien geschieht – vermessen kann.

Ähnlich muss man sich auch die Situation zu Galileos Zeit vorstellen. Die Theorie gab bestimmte Rahmenbedingungen des Wahrnehmbaren vor und alle hielten sich daran. Das Besondere an Galileis Haltung war, dass er einer neuen Theorie folgend, nämlich der von Kopernikus, sich die Freiheit nahm, andere Denkmöglichkeiten zu eröffnen, Folgerungen aus diesen neuen Denkmöglichkeiten zu ziehen und genau das zu tun, was einen guten Wissenschaftler auszeichnet: nach dem im alten System Unmöglichen zu suchen – in seinem Fall nach einem anderen Trabantenplaneten außer dem Mond, nämlich einen Mond um den Jupiter (oder irgendeinem anderen Mond; dies spielt eigentlich keine Rolle). Galilei erlaubte sich also, den Rahmen der gültigen Theorie zu sprengen und seinen Blick, informiert durch eine neue Theorie, frei schweifen zu lassen. Dabei kamen ihm technische Gegebenheiten – die Entwicklung des Fernrohrs – zu Hilfe, die ihrerseits durch neue Erkenntnisse in der Optik und neue Fertigkeiten in der Herstellung und Bearbeitung von Glas möglich geworden waren.

Es ist im Übrigen eine interessante Dialektik der Geschichte und entbehrt nicht einer gewissen Ironie, dass im selben Sinne, in dem Galilei damals seine neue Beobachtung aufgrund einer ungewöhnlichen und nicht akzeptierten Theorie vor den klerikalen Autoritäten der Kirche verteidigen musste, die Naturwissenschaft, die aus dieser Entwicklung entstanden ist, mittlerweile in vielen Bereichen eine ähnliche Funktion von Orthodoxie angenommen hat. Völlig unabhängig von den institutionellen Strukturen, die eine solche Orthodoxie stützen, wiederholt sich das Phänomen immer wieder von neuem, dass lange gültige Theorien mit Vehemenz und emotionalem Eifer gegen die Bedrohung durch eine neue, vorgeblich unmögliche Sichtweise verteidigt werden. Es scheint ein Bedürfnis herrschender Institutionen zu sein, gleich welcher Art und welcher ideologischer Natur sie sind, das Gegebene zu bewahren und gegen Neues zu verteidigen. Diese Grundstruktur wird auch innerhalb der modernen Wissenschaft immer wieder neu auftreten – und so auch die damit einhergehenden Institutionalisierungsschäden. Wenn beispielsweise eine Besprechung eines Buches von Rupert Sheldrake, die vor einigen Jahren in *Nature* erschienen ist, behauptet, dieses Buch sei einer der besten Kandidaten für eine formelle Bücherverbrennung, so greift die gleiche Haltung Platz wie diejenige, die zu Galileis Verurteilung und zur Weigerung geführt haben, die Jupitermonde zur Kenntnis zu nehmen. Damit wollen wir keineswegs behaupten, dass Sheldrakes Theorien von den „morphogenetischen Feldern" wahr oder besser als die herrschenden sind. Es geht hier einzig und allein um die Tatsache, dass sich eine herrschende Orthodoxie zur Verurteilung einer alternativen Sichtweise der Welt aufschwingt, statt diese überhaupt empirisch – oder auch theoretisch – ausreichend zu untersuchen. Dieses Phänomen, so meinen wir, ist völlig unabhängig davon, dass die Instanz im Falle von Galilei die Kirche war. Die heutige Naturwissenschaft geht mit alternativen Entwürfen nicht viel zimperlicher um, außer, dass sie nicht mehr die Macht hat, Verbrennungen zu organisieren.

Dass Galilei seine in aller Augen so unwahrscheinlichen Beobachtungen so vehement verteidigen konnte, war ihm wohl nur auf der Basis beharrlichen Experimentierens möglich. Noch bevor Bacons theoretische Überlegungen zur Natur des Experiments allgemein bekannt waren, stellte sich Galilei mit seinem Assistenten auf den Turm von Pisa und machte seine berühmten Fallexperimente. Galilei löste also Bacons Forderung ein, noch bevor sie Allgemeingut wurde, und wurde damit zum Prototypen des modernen experimentierenden Wissenschaftlers. Er stellte nicht einfach nur Überlegungen an, sondern führte experimentelle Handlungen durch und überprüfte seine Resultate. Auf Galilei geht auch das in der Wissenschaft weithin wirkende Wort zurück, man solle alles messen, was messbar ist, und alles messbar machen, was noch nicht messbar ist. Einige Psychologen haben dieses Wort in starkem Maße beherzigt, doch müssen wir hier eine besondere Warnung anbringen. Denn zunächst einmal ist es ja in der Psychologie nicht offensichtlich, dass und was es hier eigentlich zu messen gibt. Dennoch ist ein großer Teil des Erfolges der modernen Psychologie darauf zurückzuführen, dass sie Konstrukte wie Persönlichkeit, Intelligenz, Depression, Lebenszufriedenheit, Selbstvertrauen, Introversion, um nur einige zu nennen, postuliert und Verfahren vorschlägt, um sie messbar zu machen. An dieser Stelle vergessen wir besonders gerne, dass es sich dabei nicht um eine Beschreibung von etwas handelt, das in der menschlichen Natur eben vorfindbar ist, sondern um künstliche Objekte, die wir selbst geschaffen haben. Dass der Mensch in der Lage ist, geistige Objekte hervorzubringen, zu vergessen, dass er an ihrer Schöpfung wesentlich beteiligt ist – und schließlich sogar an ihnen zu leiden beginnt, ist ein besonderes Paradoxon.

Dass dieses Messbarmachen die einzelnen Elemente voneinander isoliert, damit die Sicht auf Zusammenhänge auch verstellen kann und überhaupt zu einem Verlust der Qualität der Phänomene als solcher führen kann, steht auf einem anderen Blatt und wurde bereits im Zusammenhang mit den aristotelischen Kategorien diskutiert. Innerhalb der Psychologie ist offensichtlich die Frage, was eigentlich alles auf welche Weise messbar gemacht werden kann, noch lange nicht zu Ende diskutiert. Allerdings dürfen wir über den Enthusiasmus für das Messen und Messbarmachen nicht vergessen, dass die Aussage, man habe 1,3 l Wasser in einem Gefäß nichts über die Zufriedenheit aussagt, die ein Durstiger nach einer anstrengenden Wanderung verspürt, wenn er Wasser zu trinken erhält, und auch nichts darüber aussagt, was einer, der Wasser z. B. aus der Wasserleitung einer amerikanischen Großstadt trinkt, empfindet, verglichen mit dem, der Alpenquellwasser trinkt. Die Qualität bleibt vom Messen unberührt.

Historisch unbezweifelbar ist jedenfalls, dass Galileis Losung von der Messbarmachung der Welt wie ein posthypnotischer Befehl die gesamte Naturwissenschaft durchzieht und dazu führt, dass Messen zum Erfolgsrezept *par excellence* für das Fortschreiten der Wissenschaft wurde.

Galilei ist also der Prototyp des modernen Wissenschaftlers. Er wagt sich über die Grenze der von der herrschenden Theorie vorhergesagten Phänomene hinaus und eröffnet dadurch eine neue Welt. Dabei ist besonders hervorzuheben, dass Galileis Experimente zu völlig kontraintuitiven Einsichten führen. Denn in der Alltagserfahrung ist es eben nicht so, dass Steine und Blätter, so wie Galilei das postuliert, gleich schnell fallen. Es gehört ein gehöriges Maß an Experimentierkunst und Abstraktionsvermögen dazu, zu der Aussage zu gelangen, dass Gegenstände dies im idealisierten Fall tun. Insofern verkörpert Galileis Experimentieren einen neuen Zug von Wissenschaft: Sie kommt nicht einfach nur zu dem, was wir immer schon und ohnedies in unserer Alltagserfahrung wissen. Gerade die Experimente der modernen Teilchen- und Quantenphysik beispielsweise kommen zu völlig kontraintuitiven Einsichten über die Natur unserer Welt. Und eigentlich sind diejenigen Experimente am interessantesten, die ungewöhnliche oder nicht vermutete Zusammenhänge jenseits dessen aufdecken, was der gesunde Menschenverstand ohnehin schon immer gewusst hat.

Eine zeitgenössische wissenschaftstheoretische Paraphrase von Galileis Leistung könnte also etwa folgendermaßen lauten: Die herrschende Weltsicht, innerhalb derer wir leben und handeln und sind, unsere naive Alltagstheorie von der Welt sozusagen, ist immer schon überholt. Um Neues zu entdecken, neue Zusammenhänge zuallererst wahrzunehmen, bedarf es einer Sprengung des alten Theorierahmens und des Mutes, entweder das zu sehen, was eine alternative Theorien zu sehen vorgibt, oder möglichst unbelastet von der alten oder Alltagstheorie seiner Wahrnehmung und Erfahrung zu trauen. Eigentlich wäre es nötig, dass wir alle von Moment zu Moment, von Tag zu Tag immer wieder wie Galilei sind, d.h. von unserer gewohnten Weltsicht absehen und nach dem schauen, was wir wahrnehmen könnten, wenn wir überhaupt die Möglichkeit einer anderen Weltsicht zuließen.

7.4 Johannes Kepler (1571–1630)

Der österreichische Mathematiker Johannes Kepler wurde der Nachwelt bekannt durch die Aufstellung seiner Planetengesetze: So stellt er in seiner *Astronomia Nova* (1609) fest, dass die Bahnen der Planeten Ellipsen sind, in deren einem Brennpunkt die Sonne steht. Kepler war tief in der platonischen Tradition verwurzelt und übernahm auch die grundlegende platonische Intuition, am Grunde des Kosmos müssten mathematische Strukturen zu finden sein. Anders als die platonische Tradition, die diese Strukturen im Wesentlichen in einfachen, geometrisch idealisierten Körpern sah, verwendete Kepler die Mathematik, um die Geschehnisse des Kosmos konkret zu beschreiben. Mathematik war für ihn also zum ersten Mal in der Geschichte der Naturwissenschaften nicht nur die Freizeitbeschäftigung eines jenseitigen Gottes, sondern die Sprache der Natur bzw. der Ausdruck Gottes in der Natur selbst. Damit gelang es ihm tatsächlich, das kopernikanische Weltbild so zu formulieren, dass es wissenschaftlichen Ansprüchen Genüge tat.

Das kopernikanische Weltbild ging ja zunächst noch von konzentrischen Kreisen der Planeten um die Zentralsonne aus. Kepler veränderte dieses Weltbild, indem er die Bahnen zu Ellipsen machte. Dabei kam ihm ein wichtiges weiteres Moment der modernen Wissenschaft zu Hilfe: die Beobachtung und die detailgenaue Aufzeichnung von Daten. Kepler konnte sich nämlich auf das Werk seines Vorgängers Tycho Brahe stützen, eines dänischen Astronomen, bei dem er lange Jahre als Assistent und Schüler weilte. Tycho Brahe hatte in langen Nächten der Beobachtung die Positionen der Planeten sorgfältigst aufgezeichnet und Kepler seine Daten hinterlassen. Kepler publizierte sie später als *Tabula Rudolphina,* d.h. als die Tafeln des Kaisers Rudolph, der die Arbeiten von Brahe und Kepler am Prager Hof gefördert hatte. Wissenschaftshistorisch gesehen ist daran vor allem von Bedeutung, dass ohne diese empirischen Daten Kepler vermutlich nicht auf die Modifikation des Kreises zur Ellipse gekommen wäre. Denn in der klassischen, von platonischem Denken geprägten Vorstellung war selbstverständlich der Kreis die vollkommene Figur und nicht die Ellipse. Kepler ging also von der theoretischen Idealvorstellung des Kreises ab und dazu über, die Planetenbahnen anhand der empirischer Daten so zu modifizieren, dass die Daten mit der Theorie übereinstimmten und vice versa.

Damit hat er zum ersten Mal einen wichtigen Anspruch moderner Naturwissenschaft vorweggenommen: das enge Wechselspiel zwischen theoretischer Beschreibung und empirischen Daten. Es waren – und dabei erinnern wir an Kuhns Paradigmenlehre – vor allem die Anomalien in den braheschen Beobachtungsdaten, die Kepler dazu brachten. Es war nämlich notwendig, von der Idealfigur des Kreises abzuweichen, um auch die Außenpositionen der Planeten so darstellen zu können, dass sie in dem heliozentrischen Planetenmodell abbildbar wurden. Auf diese Art und Weise gelang es Kepler sowohl den Daten treu zu bleiben als auch eine mathematische Beschreibung zu finden, die diese Daten vollständig abbildete. Eben dazu musste er von der idealen *Figur*, dem Kreis, zur idealen *Proportion* übergehen. Seine Planetengesetze beschreiben letztlich Proportionen. So heißt es z. B. in der Astronomia Nova, dass der von der Sonne zu einem Planeten gezogene Fahrstrahl in gleichen Zeiten gleiche Flächen überstreicht. Mit diesem Manöver konnte Kepler die empirische Wirklichkeit höchst komplexer Naturphänomene mit einer mathematischen Idealstruktur versöhnen und ein anscheinend undurchschaubares Naturphänomen mit einfachen Formeln wiedergeben. Damit legte Kepler den Grund für ein heute noch zentrales Verfahren der Naturwissenschaft: der mathematischen Formalisierung einer Theorie. Dabei versucht man eine mathematische Struktur zu finden, welche die beobachteten Phänomene abzubilden in der Lage ist. Hat man diese Struktur gefunden, so ergeben sich in aller Regel – und dies ist die Kraft dieser Strategie – auch konkrete Folgerungen, Ableitungen und Konsequenzen jenseits des Horizonts der ursprünglichen Beobachtungen. Keplers Planetengesetze beispielsweise konnten nicht nur die ihm bekannten Planeten beschreiben, sondern waren auch auf andere, noch unentdeckte Planeten anwendbar. Aufgrund dieser Gesetze wurden tatsächlich auch die Planetenbahnen der später beobachteten Planeten berechnet. Als etwa die Abweichung des Neptun von seiner Idealbahn auf die Gravitationskraft eines weiteren, bisher noch unbekannten Planeten zurückgeführt wurde, konnte man mit Keplers Gesetzen die hypothetische Bahn eines solchen Planeten berechnen; auf ihr wurde später dann tatsächlich Pluto beobachtet. Die keplersche Strategie ist also mehr als nur eine mathematische Abbildung von Phänomenen. Sie ist zugleich die Basis für die Vorhersage neuer Phänomene aufgrund einer gegebenen mathematischen Struktur.

Damit legt sie die moderne Auffassung von der Mächtigkeit mathematisch-physikalischer Theorien grund. In der Quantenmechanik wurde diese Vorhersagestrategie völlig kontraintuitiver empirischer Fakten aus einer mathematischen Struktur bislang bis zum Äußersten getrieben; bis zum heutigen Tag wurden alle diese kontraintuitiven Vorhersagen von Phänomenen aus der mathematischen Struktur der Theorie im Falle der Quantenmechanik empirisch bestätigt. Weil diese Strategie der Mathematisierung und Formalisierung empirischer Phänomene so mächtig und wirkungsvoll war, sahen auch spätere Generationen von Wissenschaftlern in ihr den Königsweg zur wissenschaftlichen Erkenntnis. Deswegen muss es uns auch nicht verwundern, dass vor allem die verhaltenstheoretischen Psychologen der Anfangszeit immer darum bemüht waren, einfache mathematische Gesetze für anscheinend komplizierte Phänomene zu finden. Aus heutiger Perspektive muten diese ersten „Gesetze" vergleichsweise naiv an und entlocken uns meist nur ein Lächeln. Man muss allerdings hinter dem Bedürfnis den Grundimpuls verstehen: die erfolgreiche Strategie, deren Weg Kepler vorgezeichnet hat, auch auf andere als rein physikalische Phänomenbereiche anzuwenden.

Es ist jedoch zu vermuten, dass simple lineare Zusammenhänge im Bereich der psychologischen Theorien nur ganz enge Ausschnitte zu beschreiben im Stande sind. Das Fechnersche Gesetz, auf das wir noch zu sprechen kommen werden, das die Intensität eines Reizes mit der Intensität des Erlebens in Bezug setzt, ist ein solches einfaches Beispiel. Abgesehen von diesem und einigen wenigen anderen gibt es aber innerhalb der Psychologie keine wirklichen formalen Gesetze zur Beschreibung psychologischer Verhaltens- und Erlebnisweisen. Am nächsten kommen diesem Anspruch und Bedürfnis vielleicht noch moderne Netzwerktheorien, die versuchen, kognitive oder andere Aspekte des Funktionierens unseres Gehirns zu modellieren. Diese Modelle sind mathematische Vorgaben an ein System, das sich selber organisiert und bestimmte Funktionen der menschlichen Psychologie – z. B. Mustererkennung oder das Generieren bestimmter Alternativen – abzubilden und nachzuahmen vermag. All diese Bereiche sind allerdings nur kleine Ausschnitte aus der Komplexität der menschlichen Psychologie, und wir sind noch weit davon entfernt, eine komplette Formalisierung psychologischer Theorien im Sinne Keplers anbieten zu können. Die Frage ist, ob diese Strategie der Formalisierung, Mathematisierung und abstrakten Beschreibung komplexer Phänomene für andere als strikt materielle Systeme überhaupt sinnvoll ist. Mit dieser Frage verknüpft ist auch die Frage, ob die Gesetzmäßigkeit, die im materiellen Bereich zu herrschen scheint, und die unter dem Namen des Determinismus bekannt geworden ist, auch innerhalb der Psychologie gelten kann. Denn mit der mathematischen Beschreibung verknüpft ist die im collingwoodschen Sinne absolute Voraussetzung, dass sich hinter den vielfältigen Phänomenen im Grund strikt kausal determinierte Prozesse abspielen. Deswegen erst ist eine mathematische Beschreibung möglich und sinnvoll. Es ist zwar auch denkbar, eine Formalisierung eines nicht im strengen Sinne determinierten Geschehens durchzuführen, allerdings wird dann ein Unsicherheitsfaktor eingebracht, der die Intention und das Ziel der Formalisierung wieder sprengt. Die Frage, die sich für die Psychologie an dieser Stelle also stellt, ist die, ob psychologische Prozesse letztlich im selben Sinne determiniert und durch Gesetzmäßigkeiten bestimmt sind wie materielle. Diese Frage ist sowohl eine empirische als auch eine Frage der absoluten Voraussetzung. Es ist durchaus denkbar, dass innerhalb der Psychologie Teildomänen existieren, innerhalb derer eine gewisse Determiniertheit und Bestimmtheit durch Gesetze gelten. Das Fechnersche Gesetz, demzufolge die Reizintensität quadratisch wachsen muss um eine Verdopplung der wahrgenommenen Empfindung zu erreichen, ist ein Beispiel für eine solche Teildomäne, die einer linearen Gesetzmäßigkeit folgt. Es sei dahingestellt, ob der gesamte Bereich des Psychischen durch solche formalen Gesetze beschreibbar sein wird. Auf jeden Fall wird Keplers Impuls so lange weiter wirken, bis aus empirischen, formalen oder grundsätzlichen Gründen klar ist, dass ein solches Vorgehen für psychologische Prozesse nicht angemessen ist bzw. Klarheit darüber herrscht, in welchen Bereichen ein solches Vorgehen nicht angemessen ist. Einstweilen haben wir Keplers Erbe angetreten und müssen, wie jeder Erbe, die positiven und negativen Seiten dieses Erbes verwalten.

7.5 René Descartes (1596–1650)

Zweifel als Methode

René Descartes ist zweifellos der Philosoph, der den Übergang der alten Art des Denkens und der Wissenschaft in die Neuzeit am deutlichsten markiert [14]. Descartes sagt in seinen *Meditationen* selber, dass der Ausgangspunkt seiner Forschungen der Zweifel am überkommenen Wissen und an den falschen Meinungen gewesen sei, denen er selber hingegeben war [3]. Deshalb sucht Descartes einen vollständig neuen Ansatzpunkt, der weder aus der Tradition noch aus anderen Voraussetzungen wie beispielsweise der Grundannahme eines Gottes gegeben ist, sondern er sucht einen methodisch absolut sicheren Punkt, einen archimedischen Punkt der Sicherheit im Geist. Damit haben wir einen neuen Impuls des Denkens vor uns, der so für die Antike und für die alte Tradition nicht existierte. Für die Antike war die Natur, die Ordnung des Kosmos, selbstverständliche Voraussetzung und nicht zu bezweifeln. Für das christliche Mittelalter war die Gegebenheit der christlichen Verkündigung und damit eine gewisse Grundstruktur selbstverständlich und nicht zu bezweifeln. Descartes bringt den neuzeitlichen Impuls ein, ein System finden zu wollen, welches keinerlei Begründung außerhalb seiner selbst hat, sondern rein aus sich heraus begründet und als vernünftig ausgewiesen wird. Wir haben eingangs gesehen, dass diese als „modern" zu bezeichnende Haltung im Grunde in der neuesten Zeit als unmöglich befunden worden ist, weil es kein einziges System geben kann, das die Begründung für sich selbst aus sich selbst gewinnen kann. Diese Einsicht in die Nichtbegründbarkeit eines Systems aus sich selbst heraus markiert den Beginn der „postmodernen" Epoche in unserem Jahrhundert (diese Einsicht ist allerdings noch nicht überall angekommen). Descartes markiert den Anfang der Entwicklung der Moderne. Denn er war noch der Meinung, man könne im Geist selber, jedenfalls außerhalb der vorgegebenen Autoritäten und Ordnungen, den Angelpunkt und die Begründung für ein System finden.

Descartes suchte also ein System und einen Ankerpunkt, der ihm absolute Sicherheit geben könnte, die nicht von außen oder durch irgendeine Autorität garantiert werden muss. Er findet dieses Moment im Zweifel. Indem er alles bezweifelt, das Sicherheit und Wahrheit geben kann, selbst seine Sinne, selbst sein Denken, bemerkt er, dass er den Akt des Zweifelns selber nicht mehr bezweifeln kann. Zwar ist dieser Grundgedanke überhaupt nicht neu. Man findet ihn bereits bei Augustinus in dessen Werk *De Trinitate*, und möglicherweise kannte Descartes sogar diese Schrift, da Augustinus bis weit in die Renaissance hinein ein wichtiger Schriftsteller der philosophischen Tradition und philosophischer Grundlagentext war. Dies tut allerdings nichts zur Sache, da es einen zentralen Unterschied zwischen Augustinus und Descartes gibt. Denn Descartes macht diesen Zweifel zum methodischen Ansatzpunkt seines gesamten Denkens. In dieser unbezweifelbaren Tatsache des Zweifels selbst ist sich der Geist oder das zweifelnde Subjekt gegeben. Aus dem Zweifel leitet sich die Sicherheit des Subjekts ab, und aus der Sicherheit des zweifelnden Subjekts leiten sich auch die Gegebenheiten dessen geistiger Akte, des Denkens, des Zweifelns, etc., ab, und damit wird die sogenannte *res cogitans*, die denkende Sache oder der subjektive Geist, in der descartschen Philosophie das Sicherste und Unbezweifelbarste, Ausgangspunkt aller Wirklichkeitserforschung. Der Geist, das Denken, das denkende Ich ist das Einzige, was sich nach descartscher Methode als nicht bezweifelbar erweist. Daraus gewinnt Descartes vermittels eines Arguments, das dem ontologischen Gottesbeweis folgt und das wir hier nicht weiter verfolgen wollen, die unbezweifelbare Existenz eines unendlich vollkommenen Wesens, nämlich Gottes, und daraus wiederum leitet Descartes die Gegebenheit der Materie und des Ausgedehnten ab. Denn wenn es ein solch unendlich vollkommenes Wesen gibt – und Descartes fühlt sich dessen nach seiner Odyssee zum Abgrund des Zweifels sicher – dann kann dieses ihn nicht in seiner Sinnlichkeit täuschen. Diese vermittelt ihm jedoch das Vorhandensein von materiellen Dingen. In der Materie aber, im Ausgedehnten, findet Descartes eine kategorial verschiedene Substanz vor, etwas, das nicht mit dem Denken in eins gesetzt werden kann. Das Denken ist unausgedehnt, es hat keinen wirklichen Ort, sondern nur einen zeitlichen Verlauf. Materie aber zeichnet sich durch ihr Ausgedehntsein aus. Und so gelangt Descartes zur folgenschwersten Bestimmung, die die Neuzeit seither prägt: Zur Unterscheidung zwischen Geist und Materie, zwischen Ausgedehntem und

Denken, zwischen *res cogitans* und *res extensa*. Diese Zweisubstanzenlehre ist der Grund für Descartes' „*ontologischen Dualismus*", wie er auch genannt wird [13]. Mit diesem Begriff meint man, dass die Welt aus zwei grundlegenden Wesenheiten bestehend gedacht wird, nämlich aus geistigem Sein, das sich durch Nichträumlichkeit und Dimensionslosigkeit, durch Denken und dessen zeitlichen Verlauf auszeichnet, und aus ausgedehntem Sein, welches sich durch Materialität, durch das Ausfüllen des Raumes und Dimensionalität, durch Widerständigkeit und durch räumliche Beschreibungen auszeichnet.

Dieser Dualismus hat seit Descartes die Wissenschaft durchzogen und ist uns heute noch gegenwärtig im methodischen Dualismus, der selbst in der striktesten Wissenschaft, der Physik, implizit ist: Wir trennen die Wissenschaftszweige in Naturwissenschaften und Geisteswissenschaften. Naturwissenschaften beschäftigen sich eben mit dem materiellen Sein, Geisteswissenschaften aber mit dem geistigen Sein. Die Psychologie hält gewissermaßen eine Mittelposition inne, indem sie sowohl ihre Methoden als auch ihre Betrachtungsweise betreffend zum Teil naturwissenschaftlich, zum Teil geisteswissenschaftlich orientiert ist. Nicht einmal die Wissenschaft der Materie kann sich diesem methodischen Dualismus entziehen: Die physikalische Theorie in Form der Quantentheorie setzt nämlich immer einen sogenannten „Beobachter" voraus. Zwar könnte der Beobachter theoretisch auch eine Maschine sein, aber irgendwann nimmt die physikalische Theorie an, dass ein Ergebnis nicht nur in dem Sinne beobachtet und gemessen wird, dass eine Zahl auf einem Zeiger erscheint, sondern dass dieses Messergebnis bewusst wahrgenommen und entschieden wird. Dies aber ist wiederum ein nichtmaterieller Akt, der von der physikalischen Theorie einfach vorausgesetzt und benötigt wird, damit sie überhaupt funktioniert und innerhalb der Theorie der Materie nicht mehr beschreibbar ist. Insofern ist dieser ontologische Dualismus des Descartes auch heute noch wirksam im sogenannten epistemologischen oder methodischen Dualismus, bei dem ein wie auch immer gearteter geistiger Akt vorausgesetzt wird, ohne dass die Natur dieses geistigen Aktes genau spezifiziert wird. Wir werden auf dieses Problem bei der Leib-Seele-Diskussion wieder zurückkommen.

Mechanisierung des Lebendigen

Eine weitere Konsequenz dieser descarteschen Auffassung ist die Entseelung der Natur und ihre Mechanisierung [1, 2]. Wenn man Descartes' Grundgedanken konsequent zu Ende denkt, dann hat nur denkendes, geistiges, selbstbewusstes Sein wirklich geistige Substanz und alles andere gehört einem anderen Seinsbereich an. Zur Zeit Descartes waren Uhren die absolute Spitze der modernen mechanischen Erfindungskunst. Mechanische Uhren sind faszinierend: Mit einem Werk von Rädern und Zahnrädern lässt sich Regelmäßigkeit gesetzmäßig herstellen, sodass mit einer solchen Maschine die Zeit gemessen und dargestellt werden kann. Wenn man ein so komplexes Ding wie eine Uhr aus Zahnrädern und Federn, Achsen und mechanischen Teilen zusammenbauen kann, dann ist es ein Leichtes sich vorzustellen, dass auch komplexere Maschinen – kleine Roboter, evtl. Tiere, evtl. Menschen – nach dem gleichen Prinzip funktionieren könnten. Und so ist der Grundgedanke, dass Materie einen eigenen Seinsbereich darstellt und der Geist eine davon getrennte, kategorial andere Substanz, der Ausgangspunkt für eine Entseelung und Mechanisierung des Biologischen. Erinnern wir uns: Für Aristoteles und nach ihm für das gesamte Mittelalter waren Pflanzen, Tiere und Menschen beseelt und lebendig, und nur in diesem beseelten Lebendigsein bestand ihre Einheit. Eine Trennung von Lebensprinzip und Materie war in dieser Tradition nur abstrakt, nicht wirklich denkbar. Descartes führt nun die Trennung zur Vollendung. In seinem *Traité de l'homme* (*Abhandlung vom Menschen*) führt Descartes die Mechanisierung von Lebewesen konsequent durch. Er beschreibt Organismen als komplizierte Automaten, die durch eine gewisse Hydraulik der Bewegung und der Physiologie all diejenigen komplizierten Prozesse vollbringen, die wir eben von Lebewesen kennen. Damit wird zum ersten Mal in der Geistesgeschichte eine folgenschwere Grundannahme getroffen, nämlich die, dass biologische Systeme, Organismen, durch eine Mechanisierung ihrer Abläufe beschreibbar werden. Das Maschinenparadigma vom Organismus war geboren.

Die moderne Medizin folgte diesem Paradigma mit großem Erfolg. Aus der Vorstellung, der Organismus sei eine komplizierte Maschine, entwickelte sie ihre Theorien und Modellannahmen, die in vieler Hinsicht nützlich und wirkmächtig waren. So haben wir z. B. heute eine klare Vorstellung von den Prozessen, die beim Schock ablaufen und können diesem aufgrund dieser Kenntnis entgegenarbeiten. Die mechanische Vorstellung vom Herzen als einer Pumpe und die Kenntnis über die physiologischen Bedingungen des Funktionierens vom Herzen haben es möglich gemacht, dass in vielen Fällen ein akuter Herzinfarkt, wenn der Notarzt rechtzeitig eintrifft, nicht mehr zum Tod führen muss und sekundär manchmal sogar verhindert werden kann. Dies alles sind Früchte des Maschinenparadigmas, das aus Descartes' Auffassung vom Organismus als einer komplexen Maschine entstand. Die Psychologie, im Kielwasser der Medizin segelnd versucht, aus unserer Sicht allzu häufig, ebenfalls diesem Grundmodell zu folgen, wenn sie etwa den kognitiven Apparat als eine komplexe Maschinerie begreift, oder wenn sie psychische Störungen analog dem medizinischen Modell von Krankheit zu verstehen und behandeln versucht.

Die Schattenseite dieser philosophischen Entwicklung ist allerdings eine zunehmende Entfremdung des Geistes und des Bewusstseins von diesem Körper im Speziellen und von der Natur im Allgemeinen. Descartes hat mit seiner Philosophie einen Schnitt gesetzt, den sogenannten „cartesischen Schnitt". Er trennte Geist von Materie, Subjekt von Objekt, die beforschende Aktivität des Forschers vom passiven, beforschten Objekt. Wir alle sind im Rahmen dieses Dualismus aufgewachsen und erzogen worden und können kaum über diesen Horizont hinaussehen. Ein wesentlicher Impuls dieses Buches ist es, mindestens diese Voraussetzungen und ihre Konsequenzen deutlich zu machen, wenn wir schon diesen dualistischen Impuls nicht ganz überwinden können.

Es ist eine interessante Ironie und Dialektik der Geschichte, auf die verschiedentlich hingewiesen worden ist, dass genau dieses Programm der Mechanisierung der Natur dazu geführt hat, dass nun auch das Funktionieren des Geistes, also der descartschen res cogitans, nicht vor dieser Mechanisierung bewahrt bleibt. In der Künstlichen-Intelligenz-Forschung, in den Neurowissenschaften und dem modernen Verständnis vom Gehirn wird versucht, das Funktionieren des Geistes genau nach den mechanischen und gesetzmäßigen Prinzipien zu untersuchen und zu verfolgen, die Descartes für die *res extensa*, für die Materie, vorbehalten wissen wollte. Damit wird nun denkbar – mindestens für die Forscher, die innerhalb dieses Paradigmas tätig sind –, dass es möglicherweise gar keines Geistes, also einer separaten Substanz, bedarf, um das Funktionieren z. B. des Gehirns zu verstehen [1, 2]. Und auf diese Weise trägt der Impuls des Descartes, der eigentlich dazu dienen sollte, den Geist und das Denken als primär gegebene Substanz zu sichern, dazu bei, dass genau dieser Geist aus der Wissenschaft ausgetrieben wird. Damit führt der Versuch, die *res cogitans* zu bewahren und zu sichern, in letzter Konsequenz dazu, dass sie aufgegeben werden muss. In Weiterverfolgung dieses Grundgedankens könnte man vielleicht spekulieren, dass nur das Aufgeben dieses strikten ontologischen Dualismus auch dazu führen kann, den menschlichen Geist wieder in eine ihm angemessene Rolle auch innerhalb der Wissenschaft zurückzuführen.

7.6 Gottfried Wilhelm Leibniz (1646–1716)

Zwei Jahre vor dem Ende des Dreißigjährigen Krieges, vier Jahre vor Descartes Tod, wurde Gottfried Wilhelm Leibniz geboren, der wohl am umfassendsten gebildete Gelehrte deutscher Sprache der damaligen Zeit und vielleicht bis zum heutigen Tag [12]. Leibnizens Leben fiel in eine Zeit der Umbrüche und der Neuentdeckungen. Europa wurde nach dem Abschluss des westfälischen Friedens neu geordnet, verschiedene technische Errungenschaften, die die Wissenschaft weiterbringen sollte – wie das Mikroskop oder das Teleskop – waren gerade entdeckt oder wurden weiter perfektioniert. Leibniz stand persönlich oder brieflich in Kontakt mit den größten Geistern seiner Zeit. Er traf Spinoza, Leeuwenhoek, den Erfinder des Mikroskops, Newton, und korrespondierte mit dessen Schüler und Vertrautem Clarke. Er regte die Gründung der Preußischen Akademie der Wissenschaften an, deren erster Präsident er war, sowie der Akademie des russischen Hofes. Als Privatgelehrter in Diensten von Fürsten und Herzögen und als Bibliothekar war er den Zeitgenossen eine wandelnde Enzyklopädie. Leibniz reklamierte für sich, ähnlich wie Newton, die Entdeckung der Differenzialrechnung und legte erste Gedanken zu einem mathematisch-mechanischen Rechenverfahren vor, das die Basis von Rechenmaschinen und später von Computern wurde. Leibniz arbeitete eigentlich auf nahezu allen Gebieten der damaligen Wissenschaft – von der Theologie bis zur Mathematik, von der Philosophie bis zur Bergwerkskunde. Wir greifen lediglich diejenigen Errungenschaften heraus, die für die Psychologie von besonderer Bedeutung sind [7].

Die Monade

Leibnizens Ausgangspunkt war die Entdeckung Descartes, dass das Ich, das denkt, reflexiv auf sich bezogen ist und deshalb als geistige Substanz begriffen werden muss, unhintergehbare Voraussetzung der Erkenntnis ist. Im Unterschied zu Descartes bestand Leibniz aber darauf, dass es letztlich keine Substantialität von Materie in sich geben könne. Der durchaus schwer zu begreifende Gedanke, der Leibniz daraus erwuchs, war der einer Monade: Leibniz dachte die Monade als einen Begriff, der auf der einen Seite das unendlich Kleine, Ausgedehnte bezeichnete, so etwas wie ein Minimalatom. Die Monade war jedoch gleichzeitig nicht rein materiell, sondern kleinster Baustein der Welt als materiell-geistige Einheit. In der Monade dachte Leibniz den Vereinigungspunkt von materiellem und geistigem Sein als unendlich Kleinem, Unaufgespaltenem, Lebendigem; das, was gerade noch in sich und aus sich sein kann und eigene Individualität hat, das kleinste Unteilbare, das In-Dividuum schlechthin. Die Materie, so muss man sich wohl Leibnizens Idee vorstellen – und er ist an vielen Stellen seines Werkes diesbezüglich nicht konsistent – entwickelt sich gleichsam spiegelbildlich zur geistig-seelischen Welt. Unser Ich konzipierte Leibniz ebenfalls als Monade, also als eine geistig-seelische Einheit, in der alle Möglichkeiten des Denkens, des Fühlens, des Erlebens grundgelegt wären. Jede Monade stellt in Leibniz' Vision in perspektivischer Hinsicht den *ganzen* Kosmos dar. Allerdings ist auch jede Monade individuell in dem Sinne, dass sie eben nur eine bestimmte *Perspektive* auf den Kosmos entwickelt und erlebt. Das Leben der Monade ist nach Leibniz nicht das Aufnehmen von Erlebnissen und Dingen von außen, so wie sein großer Kontrahent, der Empirist John Locke dies sah, sondern reine Selbstentfaltung dessen, was in der Monade von Uranfang an grundgelegt sei. Daher ist das geistige Leben, das Erleben und das sich Entwickeln für Leibniz der Grundmodus des Lebens der Monade. *Das Leben und Erleben des Ich der bewussten Monade ist Selbstentfaltung.*

Leibniz war sich darüber im Klaren, dass nicht jedes Lebewesen selbstreflexiv ist, d. h. über seine eigenen inneren Akte Bewusstheit haben kann, so wie der Mensch. Und es war ihm auch klar, dass der Mensch nur über einen sehr geringen Teil seiner inneren Akte selbstreflexive Vergewisserung und damit Bewusstsein hat. Deswegen unterschied er verschiedene Stufen von Monaden, an deren Spitze im natürlichen Bereich die menschliche Monade steht, die die Möglichkeit nicht nur zum Erleben (*Perzeption*), sondern auch zum Nachdenken und zur Reflexion über dieses Erleben (*Apperzeption*) hat. Andere Monaden, wie etwa die der Tiere, der Pflanzen, der Steine, wären nach Leibniz weniger bewusst bis infinitesimal lebendig, indem die Perzeptionen – also die Erlebnisweisen – immer „kleiner" und immer weniger bewusst wären. So war für Leibniz die ganze Welt eine Stufenleiter, oder besser ein Kontinuum von Innerlichkeit und Erleben, an deren Ende der Mensch mit seinem bewussten Reflexionsvermögen steht.

Wir hören aus dieser Auffassung bereits die mathematische Konzeption des Differenzials oder des Integrals heraus, die von unendlich kleinen Schritten ausgehend ein Kontinuum abdecken. So ähnlich konzipierte Leibniz die Hierarchie der Monaden, in der bereits im Allerkleinsten die Möglichkeit des Ganzen grundgelegt ist und „irgendwie alles" enthält. Am Ende stand für Leibniz die Zentralmonade Gott, die das All selbst umfasst und alle perspektivischen Hinsichten aller Monaden in sich vereint. Der Grund für das reflexive und bewusste Erleben der menschlichen Monade waren für Leibniz das, was er die „Kleinen Perzeptionen – petits perceptions" nannte: Bewegungen des Seelenlebens, die zwar den Stoff für bewusste Reflexion und für das bewusste Erleben abgeben, aber selber nicht gewusst werden können. Damit legte Leibniz zum ersten Mal in der Geistesgeschichte eine in sich konsistente Überlegung zum Unbewussten vor. Denn Leibnizens Kleine Perzeptionen sind nichts anderes als ein unbewusster geistiger Grund des Erlebens und sich Entfaltens. Auch wenn wir keinen dynamischen Begriff vom Unbewussten in den Blick nehmen, wie etwa Freud, sondern einen moderneren, kognitiven Begriff des Unbewussten, so müssen wir Leibniz als dessen Stammvater ansehen.

Prästabilierte Harmonie

Leibniz konzipierte also die Welt vor allem als innerliche Standpunkte oder als verschiedene Hinsichten von Innerlichkeit, in der sich das, was in der Außenwelt oder in der Realität passiert, zeitgleich und koordiniert in allen Monaden entfaltet. Wenn also z. B. zwei Menschen einen Baum aus verschiedener Perspektive betrachten, so wäre in der leibnizschen Konzeption kein direkter Austausch von Energie und Masse vom Baum zu den Sinnesorganen zu sehen, sondern die Monaden entwickeln zeitgleich, synchron und koordiniert aus sich selber die Hinsicht auf die Welt, die sie gerade haben. Daher kommt der umstrittene Begriff der „*Fensterlosigkeit*" der Monaden. Monaden haben eben nach Leibniz keine Fenster, d. h. sie blicken nicht hinaus in die Welt, sondern sie entwickeln die Welt koordiniert mit allen andern in und aus sich selber. Wie aber ist dann garantiert, dass die beiden Betrachter den selben Baum zur selben Zeit so sehen wie er ist und sich darüber verständigen können? Und, wenn es Holzfäller sind, der eine den Baum fällt und der andere zum rechten Zeitpunkt aus der Falllinie des Baumes tritt, sodass er nicht getötet wird? Wie ist überhaupt eine konsistente Verständigung über Welt möglich, wenn alle Monaden fensterlos sind und jede nur die Welt aus sich selber entfalten lässt? Dieses Zentralproblem versuchte Leibniz zu lösen, indem er eine „*prästabilierte Harmonie*" annahm. Darunter verstand Leibniz den Gedanken, dass die Monaden kraft ihrer Entstehung und ihres Ursprungs in der Zentralmonade Gott von Anfang an so miteinander und mit der Welt koordiniert seien, dass es nur eine allen entsprechende, gemeinsame Entfaltung geben könne. Diese prästabilierte Harmonie garantiert für Leibniz auch die absolut koordinierte Parallelentwicklung von seelischen und leiblichen Abläufen. Eine eigentlich begriffliche Trennung zwischen materieller und ideeller oder geistiger Welt ist in der leibnizschen Philosophie eigentlich nicht konsistent durchzuführen, wenngleich er selber immer wieder von der Parallelität der materiellen und der seelischen Wirklichkeit spricht. Für Leibniz war die materielle Welt die Außensicht der inneren Welt und umgekehrt. Dass sich beides entspricht, wird eben mit der prästabilierten Harmonie begründet, die eine absolute und vollständige Koordination der materiellen und geistigen Prozesse gewährleistet. Dies ist auch der Grund, weswegen unser Seelenleben und die materielle Entsprechung in der Physiologie vollständig übereinstimmen. Wenn also, modern gesprochen, unsere Sinnesorgane bestimmte physiologische Prozesse auslösen, die grundlegend für unsere Wahrnehmung und unsere geistige Verarbeitung von Sinnesdingen sind, die wir gleichzeitig geistig wahrnehmen, so würde Leibniz sagen, dass diese beiden Prozesse absolut eng miteinander verzahnt und koordiniert sind und gleichsam zwei parallele Hinsichten auf dasselbe Geschehen darstellen.

Leibniz verdeutlicht dies mit dem Bild zweier paralleler Uhren: Damals war die Uhr bekanntlich die Grundmetapher der Feinmechanik und des koordinierten Geschehens. Es war auch bekannt, dass wenn man zwei Pendeluhren nebeneinander in einen Raum brachte, diese sich im Lauf der Zeit so koordinierten, dass die

Pendel gleichsinnig schlugen. Dieses Beispiel der gleichsinnig schlagenden Pendeluhren verwendet Leibniz um verständlich zu machen, wie er sich die prästabilierte Harmonie vorstellte. Ein inneres Grundprinzip koordiniert gleichsam das Geschehen auf der materiellen und auf der geistigen Ebene, ohne dass jedoch diese beiden Ebenen in irgendeiner Weise getrennte Substanzen im Sinne Descartes wären. Im Grunde gibt es nur eine Substanz, die – und hier nehmen wir einen modernen Begriff vorweg, den wir in Kapitel 3 vorläufig definierten und später weiterentwickeln werden – komplementär zueinander zu sehen sind. Sie sind komplementär in dem Sinne, dass sie zwei gleichsam sich einander ausschließende Hinsichten auf dieselbe Wirklichkeit darstellen und doch dieselbe Wirklichkeit beschreiben. Insofern müssen wir Leibniz als einen durchaus modernen Denker sehen, der die Grundeinsichten, die später in der Quantenmechanik getroffen worden und experimentell belegt worden sind, philosophisch vorweggenommen hat. Wenn die Quantenmechanik etwa eine grundlegende Verschränktheit aller Zustände und Systeme annimmt, bevor ihre Symmetrie durch einen Messprozess gebrochen wird, dann hat sie in letzter Konsequenz die leibnizsche Einsicht einer prästabilierten Harmonie auf einen formalen theoretischen Punkt gebracht. Hierauf werden wir später wieder zurückkommen.

Moderner Denker

Spinoza hatte die Idee, dass es eigentlich nur eine Substanz im Kosmos gebe, die sich sowohl geistig als auch materiell manifestiere, als Erster in dieser Klarheit formuliert. Leibniz hatte den Gedanken des Spinoza in seiner eigenen Philosophie weiter entfaltet, systematisiert und nach seinen Möglichkeiten präzisiert. Damit beginnt eine Entwicklungslinie, sich des Leib-Seele-Problems anzunähern, die auf der einen Seite versucht, die von Descartes eingeführte epistemologische Trennung in äußere und innere Welt beizubehalten, ohne daraus eine ontologische Trennung in zwei voneinander geschiedene Substanzen zu machen. Leibniz müssen wir verstehen als den Denker am Schnittpunkt der Geistesgeschichte, an dem sich subjektive und objektive Sicht auf die Welt, Innerlichkeit und Äußerlichkeit, Geistiges und Ausgedehntes, zu trennen beginnen. Leibniz sieht die Problematik – sowohl die philosophische als auch die theologische –, die durch dieses dualistische Denken auftritt, durchaus. Er versucht in seiner Philosophie den epistemologisch richtigen Impuls beizubehalten und die ontologische Aufteilung der Welt in zwei Substanzen zu vermeiden. Die Geistesgeschichte hatte genauso wie seine Zeitgenossen zu wenig für die Subtilität und Komplexität des leibnizschen Denkens übrig und folgte dem Ansatz, den Descartes und nach ihm Newton weiterentwickelt hatten. Zeitlebens kämpfte Leibniz gegen die Substanzialisierung, also die Verdinglichung, des dualistischen Standpunktes, den Descartes eingeführt hat. Zeitlebens kämpfte Leibniz auch gegen die Auffassung von Raum und Zeit, die Newton propagierte. Für Leibniz war der Raum eben nicht ein Behälter, in dem Gegenstände stehen, sondern Raum *konstituierte* sich zuallererst *durch* Gegenstände und war für Leibniz das Kraftgefüge, das Feld, das sich durch die Gegenstände erst aufbaut. Und Zeit war für Leibniz nicht ein äußerlich ablaufender Prozess, sondern es war die innere Zeit der Monaden, die sich erst durch das innere Geschehen der Entwicklung entfaltete. Dass wir aus heutiger Sicht Leibnizens Standpunkt als den moderneren und als den richtigeren erkennen, spricht für die Größe des Denkers, der vor etwa 250 Jahren die modernen Einsichten der Physik vorweggenommen hatte.

Leibnizens Auffassung von der Parallelität der materiellen und der geistigen Welt in einer grundlegenden Einheit wird von modernen Konzeptionen des Komplementarismus neu gefasst. Und ohne Leibnizens Idee von den Kleinen Perzeptionen als dem Grund des Psychischen, in dem alles bereits vorgeprägt ist, gäbe es keine moderne Tiefenpsychologie und vermutlich auch nicht C. G. Jungs Konzept vom Kollektiven Unbewussten. Somit müssen wir Leibniz als den ersten wirklich modernen Denker sehen, der eigentlich in seiner Konzeption moderner war als Descartes und Newton, und dessen Größe erst in neuerer Zeit von der Fachwissenschaft erkannt und aufgegriffen wird. Whiteheads Prozessphilosophie z. B. ist eine moderne und durchaus in vieler Hinsicht mit Leibniz kompatible Philosophie [15]. Und die meisten Erkenntnisse der modernen Quantenphysik lassen sich leichter im Rahmen eines philosophischen Weltbildes verstehen, das von leibnizschen Grundgedanken geprägt ist als von newtonschen.

Leibnizens anti-empiristischer Standpunkt mit dem polemischen Wort von der Fensterlosigkeit der Monaden wird von der modernen Neurophysiologie und Hirnforschung zum Teil bestätigt, wenn sie feststellt, dass aufgrund der Neurophysiologie eigentlich (noch?) nicht zwischen von außen kommenden und von innen generierten Zuständen unterschieden werden kann, und wenn sie uns klar macht, wie mächtig und bedeutsam die Konstruktionsprozesse in jeder anscheinend noch so simplen Wahrnehmung sind.

Quintessenz

- Die Renaissance bemühte sich vor allem um eine Wiederbelebung der Antike und brachte wichtige Impulse in Kunst und Gesellschaft ein.
- Für die weitere Entwicklung der Philosophie und Kulturgeschichte war ihre Betonung des Individuums und der Sonderstellung des Menschen zwischen Himmel und Erde fruchtbar.
- Aus der Renaissancebewegung erwuchsen auch für die Wissenschaft wichtige Impulse:
- Francis Bacon definierte als Erster wissenschaftliche Erkenntnis als Handeln, das absichtlich in die Natur eingreift. Dies geschieht durch das Experiment, das eine Frage an die Natur darstellt.
- Galileo führt solche Experimente auch wirklich durch.
- Er verkündet die Lehre von der Bedeutung des Messens: Messen, was messbar ist, messbar machen, was noch nicht messbar ist.
- Gleichzeitig markiert Galileo auch den Widerstand der unvoreingenommenen Beobachtung und Erfahrung gegen überkommene Theorie: Er unterstützt die Verbreitung des kopernikanischen, heliozentrischen Weltbildes durch seine Beobachtungen.
- Johannes Kepler verwendet die Beobachtungen seines Lehrers Tycho Brahe, also sorgfältig aufgezeichnete Daten, um das heliozentrische Weltbild mathematisch zu untermauern.

- Durch die genaue Überprüfung seiner mathematischen Modelle an diesen Daten gelangt er schließlich zu seinen Gesetzen und zu der Auffassung, dass die Planeten elliptische Bahnen ziehen.
- Bei Kepler wird zum ersten Mal ein komplexes Phänomen durch einfache mathematische Zusammenhänge beschrieben.
- Rene Descartes zweifelt an der gesamten philosophischen Tradition und erhebt den Zweifel zum methodischen Prinzip.
- Darin entdeckt er den vermeintlich einzigen sicheren Ort: die Selbstgewissheit des zweifelnden Ichs. Damit ist die moderne Zeit angebrochen.
- Aus dieser Gewissheit leitet er seine Zweisubstanzenlehre ab: In der Welt gibt es zwei nicht aufeinander rückführbare Substanzen: Geist und Ausgedehntes, res cogitans und res extensa, Bewusstsein und Materie. Der ontologische Dualismus ist geboren.
- Descartes führt auch das Maschinenmodell des Lebendigen ein, dem die gesamte Biowissenschaft einschließlich der Psychologie bis heute folgt. Die Ironie der Geschichte ist es, dass die Verfolgung dieses Maschinenmodells und dessen Anwendung auf den Geist, die cartesische *res cogitans*, den Geist als eigene Substanz überflüssig macht.
- Leibniz behält zwar die cartesianische Grundeinsicht bei, dass das sich selbst bewusste Ich der Ausgangspunkt der Erkenntnis ist.
- Er weigert sich aber, der Ontologisierung einer Zweisubstanzenlehre zu folgen. Stattdessen führt er den Begriff der „Monade" ein, in der Geistiges und Materielles in eins gedacht werden. Monaden entwickeln ihre eigene Hinsicht auf die Welt aus sich. Deswegen sind sie „fensterlos".
- Alle Abläufe der Welt sind so koordiniert, dass die Selbstentfaltung der Monaden miteinander übereinstimmen. Dies nennt Leibniz „prästabilierte Harmonie".
- Mit dem Begriff der „kleinen Perzeptionen" prägt er einen ersten modernen Begriff des Unbewussten. Seine Vorstellungen von Raum und Zeit und andere Konzepte sind besser mit den heutigen Einsichten der Quantenmechanik kompatibel als die Vorstellungen von Descartes und Newton.

Literatur

[1] Beckermann, A. (1988). Sprachverstehende Maschinen. Überlegungen zu John Searle's Thesen der Künstlichen Intelligenz. *Erkenntnis*, *28:65–85.*

[2] Beckermann, A. (1989). Aristoteles, Descartes und die Beziehungen zwischen Philosophischer Psychologie und KI-Forschung. In E. Pöppel (Hrsg.), *Gehirn und Bewusstsein.* (S. 105–123). Weinheim: VCH Verlagsgesellschaft.

[3] *Descartes, R. (1954). *Philosophical Writings.* London: Nelson.

[4] Francis Bacon. (1990). *Neues Organon. Lateinisch-deutsch. Hrsg. und mit einer Einleitung von. W. Krohn.* Hamburg: Meiner.

[5] *Koestler, A. (1964). *The Sleepwalkers. A History of Man's Changing Vision of the Universe.* Harmondsworth: Penguin Books.

[6] **Krohn, W. (1985). Francis Bacon. In O. Höffe (Hrsg.), *Klassiker der Philosophie. I: Von den Vorsokratikern bis David Hume.* (S. 262–279). München: Beck.**

[7] Leibniz, G. W. (1966). *Hauptschriften zur Grundlegung der Philosophie.* Hamburg: Meiner.

[8] Oeser, E. (1979). *Wissenschaftstheorie als Rekonstruktion der Wissenschaftsgeschichte. Band 1: Metrisierung, Hypothesenbildung, Theoriendynamik*. München: Oldenbourg.
[9] Oeser, E. (1979). *Wissenschaftstheorie als Rekonstruktion der Wissenschaftsgeschichte. Band 2: Experiment, Erklärung, Prognose*. München: Oldenbourg.
[10] Panofsky, E. (1979). *Die Renaissancen der europäischen Kunst*. Frankfurt: Suhrkamp.
[11] Pico della Mirandola, G. (1968). *De dignitate hominis. Lat. u. dtsch. Eingel. v. E. Garin*. Bad Homburg: Gehlen.
[12] **Poser, H. (1985). Gottfried Wilhelm Leibniz. In O. Höffe (Hrsg.), *Klassiker der Philosophie. I: Von den Vorsokratikern bis David Hume*. (S. 378–404). München: Beck.**
[13] Slunecko, T. (1996). *Wissenschaftstheorie und Psychotherapie. Ein konstruktiv-realistischer Dialog*. Wien: WUV – Wiener Universitätsverlag.
[14] **Specht, R. (1985). René Descartes. In O. Höffe (Hrsg.), *Klassiker der Philosophie. I: Von den Vorsokratikern bis David Hume*. (S. 301–321). München: Beck.**
[15] Whitehead, A. N. (1978). Process and Reality. Corrected Edition by D. R. Griffin & D. W. Sherburne. New York: Free Press.

8 Newton, Hume, Kant und die Folgen

8.1 Isaac Newton (1642–1727)

Descartes hatte einen wichtigen Impuls grundgelegt, der in Isaac Newton die ersten Früchte trieb: die Mechanisierung der Weltbeschreibung voranzutreiben. Hat man einmal begonnen, den Impuls der Mechanisierung und eines mechanistischen Verständnisses der Welt zu verinnerlichen, so ist es ein natürlicher Schritt sich vorzustellen, dass das Universum eine große komplexe Maschine, ähnlich einer Uhr, sei [3].

Newton hat bekanntlich durch sein Gravitationsgesetz diesen Impuls der Mechanisierung der Natur in die Wirklichkeit überführt [15]. Das Gravitationsgesetz beschreibt mit einer einfachen Formel die Tatsache, dass sich Gegenstände mit einer Kraft anziehen, die umgekehrt proportional zum Quadrat ihrer Entfernung ist. Mit diesem Gesetz lässt sich verstehen, warum Planeten – große Massekörper – umeinander bzw. um die Sonne kreisen müssen. Newton hatte also so etwas wie den Anfang einer Weltformel gefunden.

Kausalität, Lokalität, Nichtlokalität

Allerdings war bei der Gravitationsvorstellung ein Grundprinzip der Mechanisierung nicht eingelöst: nämlich das Vorhandensein räumlich nahe vermittelter Kraftübertragung. Im Räderwerk einer Uhr greifen ja bekanntlich Zahnräder so ineinander, dass eine Kraftübertragung stattfindet, die ohne Zwischenraum passiert. Modern gesprochen herrscht in einem mechanistischen Universum immer das Lokalitätsprinzip. Das Lokalitätsprinzip ist eine moderne Sprachregelung für das, was im alten mechanistischen Weltmodell durch die räumlich benachbarte Kraftübertragung bezeichnet wird. Es wurde eigentlich von Einstein erst richtig formuliert und besagt, dass sich alle Signale im Universum mit einer endlichen Geschwindigkeit ausbreiten müssen, die die Lichtgeschwindigkeit als Grenzwert haben [14, 17]. Dadurch können Bereiche des Universums, die nicht von einem Lichtsignal überbrückt werden, nicht miteinander in kausale Beziehung treten, weil das Licht eben eine bestimmte Zeit benötigt, um diese Distanz zu überbrücken und ein Signal zu übermitteln und damit die Wirkung einer Ursache zu übertragen. Weil aber in der einsteinschen Theorie die Lichtgeschwindigkeit die Grenzgeschwindigkeit und damit die Übertragungsgeschwindigkeit *jeder* Ursache ist, ist die Wirkung einer Ursache an diese Geschwindigkeit gebunden. Denn alle potenziellen Signale, die Ursachen vermitteln können, Photonen etwa, aber auch andere Austauschteilchen, können nur maximal mit Lichtgeschwindigkeit unterwegs sein. Bereiche des Universums, die also in kausaler Verbindung zueinander stehen, weil ein Lichtsignal sie erreichen kann, liegen technisch gesprochen innerhalb desselben Lichtkegels bzw. sind lokal miteinander verbunden. Andere Bereiche liegen außerhalb und sind nicht lokal miteinander verbunden. Da das Licht vom Mond zu uns etwa eine Sekunde benötigt, ist der Mond zur Erdzeit kausal nicht mit uns verbunden.

Angenommen, wir hätten eine Vorrichtung, die Eindringlinge vom Mond fernhalten soll und wir sähen, dass Eindringlinge versuchen, den Mond zu erobern und wir wollten unsere Einrichtung zur Eindringlingsvertreibung betätigen, so kämen unsere Handlungen immer zwei Sekunden zu spät, da das Lichtsignal und im Übrigen jedes bekannte Signal mindestens eine Sekunde zur Erde und ein Steuersignal zur Betätigung der Vertreibungseinrichtung eine weitere Sekunde benötigt. Deswegen sind Mond und Erde *zur gleichen Zeit* nicht lokal verbunden (sondern eben eine Sekunde später). Für unsere praktischen Anwendungen auf der Erde spielt die Lichtgeschwindigkeit als Grenzgeschwindigkeit zur Signalübertragung im Universum eine vernachlässigbare Rolle, nicht aber in astronomischen Zusammenhängen.

Das Newtonsche Gravitationsgesetz erklärt nun zwar die Planetenbewegung mit einem mechanistischen Prinzip, dieses ist aber gleichwohl nicht lokal [18]. Newton hat das in einem Brief an Bentley 1692 deutlich ausgedrückt, indem er sagte, dass sein Gravitationsgesetz ein großes Problem aufweise, das ihm sehr peinlich sei und das zu einer gewissen Absurdität führe: Es würde nämlich eine Wirksamkeit aus der Distanz postulieren [19]. Diese Wirksamkeit aus der Distanz – *action at a distance* – empfand Newton im Rahmen seiner kausal-mechanistischen Weltauffassung als wissenschaftlich problematisch. Er hatte zum damaligen Zeitpunkt und in seinem ihm zur Verfügung stehenden Verständnis keine Möglichkeit, diese Distanz zu überbrücken. Deswegen wurden in späteren wissenschaftlichen Theorien Hilfskonstruktionen eingeführt, wie etwa der Äther, der Kraftwirkungen übertragen können soll, oder Kraftfelder, die die Distanz zwischen solchen aufeinander wirkenden Objekten überbrücken sollen, oder in den neuesten Theorien virtuelle Austauschteilchen, die Gravitonen, die die Gravitationskraft lokal vermitteln sollen [14]. Man erkennt an all diesen Bemühungen, wie durchschlagend wirksam das von Descartes initiierte Maschinenparadigma in unserem Denken ist: Nur was aus wirklicher räumlicher Nähe heraus Kraft überträgt, kann auch Wirksamkeit entfalten und eine Ursache darstellen. Damit ist implizit das aristotelische Ursachengefüge, das aus vier Ursachentypen bestanden hat, letztlich und in der Konsequenz auf die Wirkursache reduziert, die durch räumlich nahe und nachvollziehbare Kraftübertragung aktiv werden kann.

Eng verbunden mit dem Descartschen Mechanisierungsprogramm ist also das Verständnis des Universums als eines von lokalen Kraftursachen beherrschten Maschinengefüges. Nicht mehr die aristotelische Vision eines beseelten Organismus ist die Leitmetapher der Moderne, sondern die Vorstellung vom Universum als eines Uhrwerks, in dem Räder ineinandergreifen. Deswegen wird in der modernen Wissenschaft auch die Frage nach der Ursache mit besonderer Heftigkeit virulent und manche Wissenschaftskonzeptionen – innerhalb der Psychologie vor allem solche, die stark von positivistischen Gedanken geprägt sind – gehen sogar davon aus, dass Wissenschaft nur als Ursachenbeschreibung wirkliche Wissenschaft sein kann. Diese Vorstellung ist eng an das Newtonsche Weltbild geknüpft, in der eine wissenschaftliche Beschreibung dadurch möglich sein soll, dass die räumliche Bewegung von Teilchen, die aufeinandertreffen und dadurch Bewegung weitervermitteln, durch Gleichungssysteme beschreibbar werden, die die Bahn dieser Teilchen abbilden und damit letztlich zu einer vollständigen Beschreibung des kausalen Ursachengefüges führen können. Die gleichzeitige Entdeckung des Limes, dessen Primat sich Newton und Leibniz versuchten streitig zu machen, und die daraus abgeleitete Integral- und Differenzialrechnung machte es möglich, solche Vorstellungen der mathematischen Beschreibung einer Teilchen- oder Bewegungsbahn vorzunehmen. Dies erklärt auch, dass man ein gesamtes Universum von sich bewegenden und aufeinander wirkenden Teilchen konzipieren kann, die kausal miteinander verknüpft sind. Damit war die Möglichkeit zumindest theoretisch grundgelegt, die gesamte Welt durchgängig kausal beschreiben zu wollen. Die Voraussetzung, die man dabei allerdings macht, ist diejenige einer durchgehenden Lokalität bzw. der engen Verzahnung von Kräften und deren Übertragung. Dieses Weltmodell einer großen Maschine liegt allen Newtonschen und von Newton beeinflussten Modellen zugrunde und geht davon aus, dass es eine nahtlose Übertragung von Kräften und ihren Wirkungen gibt. Und weil dies Newtons Zielvorstellung war, eine solche durchgängige mechanistische Konzeption des Universums zu ermöglichen, deswegen musste ihn diese inhärente Nichtlokalität seines Gravitationsprinzip auch letztlich verunsichern bzw. als unaufgelöster Rest übrigbleiben.

Determinismus

Eine Konsequenz und Implikation des Newtonschen Weltbilds also war es, ein durchgängiges Netz von Kausalbeschreibungen zu flechten, für welches Bewegungsgleichungen, die mathematisch als lineare und nichtlineare Differenzialgleichungen zu fassen sind, in Frage kommen. Die Maxwellschen Gleichungen, die die Theorie des Elektromagnetismus liefern, sind genau nach diesem Modell formuliert und gehen von der linearen Entwicklung idealisierter Punkte in einem Kraftfeld aus und beschreiben diese. Es ist nur natürlich, dass die Idealvorstellung des Gravitationsgesetzes zu der Idee führt, die gesamte Welt, alle Teilchenbewegungen schlechthin, im Rahmen solcher mechanistischer Vorstellungen zu beschreiben und zu formalisieren [1, 2, 3]. Den Grundgedanken wird später Julien de la Mettrie (1709–1751) aufgreifen und von der Vorstellung eines allwissenden Dämons ausgehen, der alle diese Bewegungen gleichzeitig überschaut und berechnet. In moderner Metaphorik könnte man sich einen Superrechner oder ein Superhirn vorstellen, welches all diese Teilchenbewegungen kennt und damit sowohl ihre Herkunft als auch ihre Zukunft berechnen und daraus vollständige Kenntnis des Gesamtsystems gewinnen kann. Aufgrund einer solchen Vorstellung entwickelte de la Mettrie die Idee eines durchgängigen Determinismus, der nur denkbar ist, wenn man ein solches mechanistisches Grundmodell der Welt anlegt, es verbindet mit dem Verbot nichtlokaler Kraftübertragung, und das Prinzip der lokalen Ursachenvermittlung durch die Beschreibung linearer oder nichtlinearer Bewegungsgleichungen verbindet. Newton hatte – wenn nicht in seiner Vorstellung, doch zumindest der Sache nach – dieses Modell grundgelegt. Dieses Grundmodell lokal wirkender Ursachen, die mechanistisch begreifbar und mathematisch beschreibbar sind, und das daraus entwickelte Ideal einer durchgängig kausalen Naturbeschreibung liegt auch heute noch dem Denken vieler Wissenschaftler zugrunde und ist mit Sicherheit die mächtigste wissenschaftliche Leitmetapher auch innerhalb der Psychologie. Eine solche Vorstellung wird häufig unter dem Schlagwort eines „Newtonschen Weltbildes“

gefasst. Damit meint man, dass die lokale Wirkung von Ursachen zusammen mit einer durchgängigen mathematischen Beschreibung einen geschlossenen Rahmen für eine Weltbeschreibung abgeben soll. Dass dies in keiner Weise gewährleistet ist, und momentan auch nicht im Entferntesten möglich erscheint [16], ändert nichts daran, dass diese Vorstellung als Leitmetapher und Zielvorstellung viele wissenschaftlichen Bemühungen lenkt und berechtigt erscheinen lässt. Zentral mit dieser Vorstellung verknüpft ist diejenige einer lokalen Ursache, hinter der sich die moderne Fassung des aristotelischen Begriffs von der *causa efficiens*, von der Wirkursache, verbirgt. Gerade der neueste Boom der Genforschung, mit der man meint, die Schaltzentralen des Lebens verstehen und unter Kontrolle bringen zu können, ist ein direktes Erbe dieser Vorstellung.

Betrachtet man die Grundzüge der modernen Physik, so sieht man, dass diese von Newton eingeführte Leitidee beibehalten worden ist. Wir gehen im heutigen physikalischen Weltbild davon aus, dass insgesamt vier Kräfte die Veränderungen der Materie steuern: Die starke und schwache Wechselwirkung ist für uns normalerweise nicht wahrnehmbar. Die starke Wechselwirkung ist die Kernkraft, die die Kernteilchen untereinander zusammenhält und die nur dann sichtbar wird, wenn in einem Kernspaltungsprozess die Distanz zwischen den Teilchen so vergrößert wird, dass die Kraft selber frei wird. Die schwache Wechselwirkung ist diejenige Kraft, die die Umwandlung von Teilchen in Zerfallsprozessen steuert. Die elektromagnetische Kraft ist diejenige, die für viele der uns bekannten Veränderungsprozesse verantwortlich ist. Im physikalischen Formalismus wird sie vermittelt durch virtuelle Teilchen, d. h. durch Teilchen, die selber keinen eigentlichen materiellen Status haben, nämlich die Photonen als Austauschteilchen. Diese sind definitionsgemäß masselos und deswegen schon eine Grenzvorstellung von Materie überhaupt. Schließlich zählt als vierte Kraft noch die Gravitationskraft zu den Grundkräften, die wiederum durch virtuelle, d. h. nicht direkt materiell erfassbare Teilchen, die Gravitonen, übertragen wird. Ein großer Teil der modernen wissenschaftlichen Anstrengungen geht z. B. dahin, Gravitonen als reale Teilchen tatsächlich einzufangen und nachzuweisen. Bisher sind sie nämlich nur Bestandteil der physikalischen Theorie und nicht empirisch nachgewiesen. Diese Kräfte also werden in modernen Theorien formalisiert und vermittelt vorgestellt durch virtuelle Austauschteilchen, die die Wirkung der Kraft gleichsam transportieren. Damit erhielt die Vorstellung einer lokalen Ursache, die Newton so bewegte, tatsächlich eine Fassung, die wissenschaftlich akzeptabel und in ihren Voraussagen bewährt ist.

Allerdings, und dies sei an diesem Punkt ganz deutlich hervorgehoben, kommt keine Theorie ohne diese virtuellen Teilchen aus. Der epistemologische Status solcher „virtuellen Kräftevermittler" ist jeweils derselbe. Es spielt dabei theoretisch und sachlich keine Rolle, ob wir uns solche Kräftevermittler als Engel, Dämonen, Ätherwellen oder virtuelle Partikel vorstellen. Epistemologisch gesehen handelt es sich immer um nicht direkt und unmittelbar beobachtbare Elemente einer Theorie, die nur in ihrer Formalisierung und in ihrer theoretischen Fassung vorkommt. Dass die Formalisierung von der Kraftvermittlung durch virtuelle Austauschteilchen wie Photonen wissenschaftlich gesehen erfolgreicher war wie beispielsweise die Vorstellung, dass unsichtbare Engelkräfte vermitteln würden, heißt nicht, dass diese Teilchen oder diese Theorien deswegen die Realität „wirklicher" abbilden. Sie bilden sie vielleicht in einer gewissen Hinsicht erfolgreicher und effizienter ab. Es ist sehr wichtig an dieser Stelle darauf hinzuweisen, dass das newtonsche Grundproblem, nämlich wie Kräfte und Wirkungen wirklich übertragen werden, seit Newton und bis heute nur vermittels virtueller, d. h. nicht wirklich materieller Teilchen, lösbar war.

Manche Disziplinen und Repräsentanten der Psychologie sind sich dieses Sachverhalts viel zu wenig bewusst, weswegen sie auch häufig in einer falsch verstandenen Wissenschaftlichkeit an mechanistischen Theorien kleben, die versuchen, solche nahtlosen Kräfte und Ursachenvermittlungen nahezulegen. Dabei wird meistens übersehen, dass diese Grundvorstellung, alles müsse durch lokale Ursachen vermittelt sein, nichts anderes als eine wirkmächtige und oftmals unbewusst wirkende Leitmetapher ist. Ihr zugrunde liegt die Vorstellung eines unbeseelten, mechanisch operierenden Universums als komplexer Maschine. Es ist denkbar, dass eine künftige Leitmetapher andere Elemente betont und damit auch andere Denkmöglichkeiten eröffnet [16, 17]. Wir wollen später versuchen, solche Alternativen mindestens ansatzweise zu skizzieren.

Einstweilen hat Newton mit seinem Gravitationsgesetz, mit seinem Impuls der mathematischen Beschreibung und mit seiner Frage nach kausalen Ursachen das kollektive Bewusstsein der Wissenschaft stark geprägt [14]. Es ist deswegen kein Wunder, dass David Hume vor allem dieses Konzept seiner kritischen Analyse unterzog und damit die Wissenschaft für diejenigen, die die Grundprobleme erkannt hatten, in eine deutliche Krise stürzte.

8.2 David Hume (1711–1776)

David Hume ist einer der Hauptvertreter des englischen Empirismus [2, 12, 13]. (Wir hätten statt seiner oder zusätzlich zu ihm auch den älteren John Locke einführen können, einen Zeitgenossen von Leibniz. Da aber Hume der Sache nach sehr ähnliche Thesen vertritt und für die spätere Diskussion bedeutsamer war, sei er uns prototypisch als Vertreter des englischen Empirismus genug.) Hinter dem *Empirismus* steht die Vorstellung, dass nur durch Sinneseindrücke, durch unsere Erfahrung – also die Empirie – Erkenntnisse möglich sind. Diese Haltung geht letztlich zurück auf eine Aussage des Aristoteles und später der Scholastik: *nihil est in intellectu quod non prius fuerit in sensu* – „Nichts ist im Geist, was nicht vorher schon in den Sinnen war". Aristoteles hatte diesen Satz in seinem Buch *Über die Seele* als grundlegend für die Tätigkeit der Sinne gemeint. Während für Aristoteles allerdings noch ein aktiver Intellekt zentral war, der die Tätigkeiten des Geistes koordinierte, ist für die englischen Empiristen, Locke und später Hume, dieser Geist selbst aus Sinneneindrücken zusammengesetzt, aufgebaut und abgeleitet. Deswegen ist dieser Leitsatz eine Prämisse, die Hume auch nicht weiter hinterfragt: Sinneseindrücke und von Sinneseindrücken abgeleitete Ideen sind das grundlegende Material des Geistes [8]. Beide unterscheiden sich nur durch ihre Lebhaftigkeit und Realitätsnähe. Während Sinneseindrücke lebhaft sind, sind Ideen weniger deutlich und weniger stark lebendig und realitätsnah. Ideen sind aber gleichwohl aus den Sinneseindrücken abgeleitet und durch stete Gewohnheit verfestigt. Dadurch wird der Geist zu einem Theater, auf dem die Sinneseindrücke und Ideen ihr Spiel treiben und letztlich niemand zuschaut.

Die Seele, die vormals noch als eigene Instanz und Substanz gedacht worden war, hat in dieser Philosophie keinen Platz mehr. Das Ich ist nichts als eine Ansammlung von Gewohnheiten, die durch das häufige Paaren von verschiedenen Ereignissen miteinander zustande kommen. Wenn ich sehr häufig das Läuten der Mittagsglocke mit dem Auftauchen von Nahrungsmitteln assoziiere oder den Geruch von Nahrung mit dem entsprechenden Bild und Geschmack, dann kommen eben die komplexen Vorstellungen von Mittagessen und anderen zustande. Diese empiristische Vorstellung von der Psyche wird später zu einem Hauptmerkmal vor allem der Assoziationspsychologie und amerikanischer behavioristischer, aber auch anderer kognitiv-psychologischer Theorien werden. Außerhalb der Sinne und des Geistes gibt es nach Hume keine verbindlichen Normen und Prinzipien. All diese Prinzipien werden aus Sinnesvorstellungen und Sinneseindrücken abgeleitet.

Das Kausalitätsproblem

Hume führt dies beispielhaft an der Analyse der Kausalität vor [8]. Er sagt, Kausalität sei eine rein im Geist vorkommende Idee, die keine Entsprechung in der Wirklichkeit hat. Sie entsteht aufgrund von drei Dingen:

1. aufgrund der Nachbarschaft von Ereignissen (Kontiguität),
2. aufgrund der zeitlichen Priorität der Ursache und
3. aufgrund der regelhaften Verknüpfung oder Abfolge von Ursache und Wirkung.

So entsteht der Begriff der Ursache in unserem Geist als Idee. Ursache sei deshalb kein Wesen der Dinge oder der Welt, sondern ein Charakteristikum unseres Geistes: eine abstrakte Idee, die wir den Dingen überstülpen. Nur, weil wir eben jeden Morgen die Sonne im Osten aufgehen sehen und im Westen untergehen sehen, und weil dies häufig gepaart wird, darum wird dies für uns zu einem ursächlichen Geschehen des Tagesganges. Tatsache ist aber für Hume, dass wir einfach immer nur Sequenzen von Sinneseindrücken haben, die kurz aufeinander folgen oder miteinander gepaart werden. Diese humesche Analyse der Kausalität, der zufolge Kausalität keine Eigenschaft der Dinge und der Welt, sondern eine abstrakte Idee unseres Geistes sei, ist bislang philosophisch gesehen noch nicht widerlegt worden [12].

Wir erkennen in den Ausführungen Humes leicht die argumentative Grundstruktur wieder, mit der Ockham seinerzeit Kritik an den Universalbegriffen geübt hat. In der Tat kann man Ockhams Analyse des Ursachenbegriffs als eine Vorwegnahme der humeschen Kritik sehen (es ist übrigens ziemlich unwahrscheinlich, dass Hume den Gedanken selbst von Ockham abgeschrieben hat; höchstwahrscheinlich hat er die Analyse aufgrund der in England vorherrschenden empiristischen Tradition neu erfunden). Es sei uns an dieser Stelle eine gedankliche Engführung und Analogisierung erlaubt: Ockhams Kritik eines essentialistischen, substanziellen Ursachebegriffes hat der empirischen Wissenschaft neue Anstöße gegeben und dazu beigetragen, dass sie sich vom Dogmatismus der kirchlichen Behörden befreien konnte. Humes Kritik einer essentialistischen Auffassung von Ursache-Wirkungszusammenhängen könnte dazu verhelfen, wenn wir sie endlich ernst nehmen würden, die Dominanz und Dogmatik einer veralteten newtonschen Weltauffassung zu überwinden [17].

Das Induktionsproblem

Die humesche Vorstellung ist philosophisch gesehen allerdings auch nicht in letzter Konsequenz durchführbar. Das zeigt uns das als „*Humesches Problem*" bekannte *Induktionsproblem.* Wir haben es eingangs schon kurz skizziert (vgl. Kap. 1). Es ergibt sich aus der Humeschen Philosophie, wenn man sie konsequent durchdenkt: Hume sagt, alle Begriffe leiten sich aus der Wahrnehmung ab. Damit können sich die Allgemeinbegriffe nur induktiv aus Einzelwahrnehmungen erschließen. Dass dies aber möglich wird, dafür benötigt man ein nicht empirisches, rationales Prinzip, nämlich das Induktionsprinzip selber, welches diese Gesetzmäßigkeit feststellt und sichert. Wie aber kann dieses Prinzip als rationales und nicht in der Wahrnehmung selber vorkommendes abstraktes Prinzip aus diesem begründet werden? Wenn man diesen Prozess zu Ende denkt, bemerkt man – und damit haben wir wieder die Grundstruktur der Nichtbegründbarkeit eines Systems aus seinen eigenen Fundamenten vor uns –, dass das Prinzip, welches ein solches Modell begründen könnte, nämlich das Induktionsprinzip, nicht selber im Rahmen dieses Modells vorkommt und begründbar ist, sondern vorausgesetzt wird. Es ist schwierig, wenn nicht unmöglich, dieses Prinzip aus konkreten Einzelaussagen abzuleiten, ohne in eine Zirkularität oder in einen unendlichen Regress zu gelangen, was beides philosophisch unbefriedigend ist. Deswegen können empiristische Weltmodelle oder epistemologische Konzeptionen immer nur so lange funktionieren, so lange man bereit ist, die Grundvoraussetzungen zu akzeptieren und die gemachten Voraussetzungen unhinterfragt lässt. Auch die moderne Wissenschaftstheorie hat dieses Problem nicht lösen können und das Induktionsproblem als ein Hauptproblem einer rein auf Induktion aufbauenden Wissenschaftstheorie erkannt. Praktisch wird es dann, etwa von Stegmüller, so gelöst, dass man von einer Wahrheitsnähe oder starken Wahrscheinlichkeit ausgeht, die für alle praktischen Belange ausreichen würde, im Gegensatz zu sicherem Wissen. Das Induktionsproblem ist auch mit ein Grund dafür, weswegen eine postmoderne Wissenschaftstheorie immer nur die Triangulation von verschiedenen epistemologischen Typologien (Induktion, Deduktion, Abduktion) betreiben kann und damit die jeweiligen Schwächen der einzelnen Positionen ausgleichen, wie wir dies im Eingangskapitel erläutert haben.

Auch die empiristische Position Humes enthält also eine immanente Dialektik: Indem sich Wissenschaft im humeschen Sinne und im Rahmen einer empiristischen Wissenschaftstradition allein auf die Erkenntnis von Sinnesdaten stützt und auf diese beschränkt und so einen rationalistisch-idealistischen Standpunkt, wie er sich aus einer cartesianischen Auffassung ableiten würde, radikal kritisiert, verliert der Empirismus selbst seine eigene Grundlage: nämlich ein rationales Verständnis des wahrnehmenden Geistes. Es ist deswegen kein Wunder, dass eine solche Auffassung Gegenbewegung und Kritik erzeugte, nämlich die Analyse der Vorbedingungen von Wahrnehmungen und geistigen Operationen schlechthin. Diese Aufgabe übernahm Immanuel Kant.

8.3 Immanuel Kant (1724–1804)

Analyse der Voraussetzungen von Erkenntnis

Kants Impuls war es, diesen Humeschen Empirismus zu kritisieren und die Bedingungen der Möglichkeit von Erkenntnis zu analysieren [6, 7]. Hume hatte dabei so etwas wie eine Alarmglocke geläutet, sodass Kant in ihm denjenigen sah, „der mich als erster aus dem dogmatischen Schlummer geweckt" [9]. Kant versucht deswegen in seiner *Kritik der reinen Vernunft* [KrV, 9] den Aufweis und die Analyse der *apriorischen Bedingungen von Erkenntnis*; damit meint er „die Bedingung der Möglichkeit von Erfahrung" überhaupt. Kant will zeigen, welche Voraussetzungen jegliche Sinneserkenntnis machen muss, um zu Erkenntnis und zu Erfahrung zu gelangen. Diese Analyse führt Kant zu dem, was er „*Transzendentale Kategorien*" nennt. Darunter versteht er Vorbedingungen, die „immer schon" gegeben sein müssen, damit überhaupt mentale, geistige Operationen möglich sind. Dieses „immer schon" bezeichnet das sogenannte *a priori*, das vor aller Erfahrung und Erkenntnis Vorhandensein-Müssen von strukturierenden und steuernden Voraussetzungen. Mit „transzendental" meint Kant das, was jenseits von Erfahrung und individueller Bedingtheit ist, was als Voraussetzung von Erfahrung bei allen Menschen und zu allen Zeiten gleichermaßen gegeben und vorausgesetzt ist. Kant war der Meinung, dass durch rationale Analyse solche Bedingungen ableit- und begründbar seien, weil sie eben immer schon bei jeder mentalen Operation vorausgesetzt sind und in der unhintergehbaren Selbsterfahrung des menschlichen Geistes gründen. Dieser wird von Kant gefasst als Selbstbewusstsein, das „Ich bin", das alle Vorstellungen soll begleiten können.

Transzendentale Kategorien

Als Transzendentale Kategorien, die die Bedingung der Möglichkeit von Erkenntnis sind, analysierte er solche der Anschauung, d. h. der Erfahrung, wie etwa Raum und Zeit, und solche des Verstandes, u. a. Einheit, Vielheit, Kausalität, Sein, Nichtsein, Qualität. Diese Kategorien ermöglichen Erfahrung und sind vorausgesetzt, damit Erfahrung funktioniert. Deshalb können sie nicht aus der Erfahrung abgeleitet werden. Raum und Zeit beispielsweise können nicht in den Sinnendingen gefunden werden, sondern müssen immer schon vorhanden sein. Denn nur wenn unser Geist imstande ist räumlich und zeitlich zu gliedern, kann es so etwas wie im Raum Gegebenes überhaupt erst geben. Damit greift Kant zurück auf die aristotelischen Kategorien oder grundlegenden Redeweisen und zeigt, dass Voraussetzungen mentaler Aktivität nicht aus Einzelerfahrungen selber ableitbar sind. Des Weiteren trennt Kant klar Erfahrung bzw. Anschauung und Denken bzw. Verstand. Erfahrung ist die kategoriale begriffliche Einordnung einer Sinnesempfindung und ihr Vollzug ist die Anschauung. Denken ist das Operieren mit Begriffen und das Vollziehende ist der Verstand. Weiterhin unterscheidet Kant zwischen der *phänomenalen* und der *noumenalen* Welt. Die phänomenale Welt ist die Welt der Erscheinungen (phainomenon: gr. die Erscheinung, das „Phänomen"), so wie sie uns erscheint. Die noumenale Welt ist die Welt des Geistes (noumenon: gr. zum Geist gehörig, vom Geist erkennbar), die Welt „dahinter" gewissermaßen, die die Welt der Erscheinungen garantiert. Damit führt Kant zum ersten Mal eine Unterscheidung ein, die für modernes Bewusstsein kennzeichnend ist: dass nämlich unsere Sinne und unsere Welterfahrung niemals zu den Dingen selber gelangen, sondern immer nur eine bestimmte Hinsicht auf diese Dinge darstellen, die eben durch unsere vorgegebenen Anschauungsformen – modern könnte man sagen durch die Strukturierung unseres kognitiven Apparates – bedingt sind. Deswegen ist das *Ding an sich*, also die Sache, wie sie in sich ist, für uns nie gegeben. Sinne geben immer nur Eindrücke wieder, die aufgrund unserer apriorischen Verfasstheit, unseres Sinnes- und Erkenntnisvermögens, möglich sind, aber es ist kein direkter Zugang zur Wirklichkeit möglich, wie sie an und für sich ist.

Analytisch und synthetisch

Kant führt außerdem die aristotelische Kategorienlehre und ihre Begrifflichkeit weiter, indem er zwei Typen von Sätzen unterscheidet, sogenannte analytische und synthetische. Analytische Sätze sind solche, die ihr Prädikat in sich enthalten und logisch notwendig sind. Ein Beispiel wäre „Die Rose ist eine Blume". Ein analytischer Satz ist notwendigerweise wahr, weil das Prädikat, also das, was dem Subjekt eine Eigenschaft zuschreibt, im Subjekt bereits enthalten ist. Insofern ist ein analytischer Satz lediglich eine Begriffsexplikation. Ein synthetischer Satz hingegen ist ein zusammengesetzter, einer, bei dem das Prädikat nicht notwendigerweise im Subjekt enthalten ist, wie beispielsweise in der Aussage „Die Rose ist gelb". Damit ist zwar ein logisch möglicher aber nicht notwendigerweise wahrer Satz bezeichnet. Die Richtigkeit oder Falschheit des Satzes ist empirisch zu bestätigen. Ferner gibt es apriorische Sätze, solche, die notwendig oder vorausgesetzt sind, und die gar nicht anders sein können als so zu sein wie sie sind. Analytische Sätze sind immer a priori, d. h. der Satz etwa „Ein Dreieck hat drei Ecken" ist ein analytischer Satz a priori. Er ist notwendigerweise wahr und die Wahrheit muss nicht erst festgestellt werden, sondern steht immer schon fest. Synthetische Sätze sind meistens *a posteriori*, d. h. sie sind zwar möglich, aber empirisch zu ergründen. Eine Rose kann beispielsweise gelb, rot, weiß oder manchmal sogar blau sein. Die Farbe der Rose muss erst empirisch festgestellt werden. Analytische Urteile a priori sind immer logische Explikation bereits vorhandenen Wissens. Wie bei der Deduktion, die sich im Rahmen der aristotelischen Logik ergibt, werden Begriffe analysiert und in ihnen enthaltene Beschreibungen ausgefaltet. Damit erhalten wir keine neuen Erkenntnisse im eigentlichen Sinn, sondern höchstens ein besseres Verständnis bereits bekannter Gegenstände. Bei synthetischen Urteilen ergeben sich immer neue Erkenntnisse durch neue Prädikatzuschreibungen. Bei synthetischen Urteilen *a posteriori* haben wir *Erfahrungserkenntnisse* im eigentlichen Sinne vor uns, während synthetische Urteile *a priori* den Bereich der *Vernunfterkenntnis* darstellen.

Tab. 8.1: Zusammenstellung des kantschen Urteilsschemas.

	A priori	Beispiel	*A posteriori*	Beispiel	Domäne
analytisch	Sätze, die ihr Prädikat in sich enthalten	Die Rose ist eine Blume; ein Dreieck hat drei Winkel	———	———	Notwendige Wahrheiten, Mathematik, Begriffsanalyse
synthetisch	?? Wahrheiten der Moral, Philosophie, Mathematik	Der Mensch ist ein moralisches Wesen; der Mensch hat den Drang zur Selbstverwirklichung; Altruismus ist gut	Erfahrungsurteile	Die Rose ist gelb, Michael ist intelligent	Empirische Wissenschaften

Synthetische Urteile a priori und die Entstehung der Psychologie

Unstrittig für Kant, seine Zeitgenossen und Nachfahren ist die Tatsache, dass analytische Urteile immer a priori sind. Dies sind die Gesetze der Logik und der Deduktion. Unstrittig ist auch, dass die meisten synthetischen Urteile a posteriori sind, d. h. in den Bereich der empirischen Wissenschaften fallen, die Prädikatszuschreibungen feststellen. Strittig hingegen ist der Geltungsbereich und die Möglichkeit synthetischer Urteile a priori. Kant war der Meinung, dass mathematische Sätze synthetische Urteile seien, die a priori feststünden. Er hielt auch die Moral für einen Bereich, in dem synthetische Urteile a priori feststehen. Allerdings ergibt die genauere Analyse, dass die Begründung solcher synthetischer Urteile a priori von großer Zweifelhaftigkeit ist. Denn auch hier müssen immer Voraussetzungen gemacht werden, von denen derjenige, der sie angibt, zwar sagt, sie seien einsichtig oder vernünftig, die aber historisch tatsächlich noch immer bezweifelt worden sind.

Dies ist der Punkt, an dem die moderne Psychologie ansetzt. Die Tatsache, dass es nicht möglich war, synthetische Urteile a priori wirklich zu begründen und allgemein akzeptabel zu machen, ergibt die Notwendigkeit, dass viele Bereiche, die von Kant der Philosophie zugeordnet waren, nun in den Bereich des empirischen Wissens fallen, also in den Bereich der möglichen Aussagen, die aber erst durch empirische Forschung begründet werden müssen. Die Geschichte nach Kant zeigt, dass das Vertrauen in die Vernunft und in die Möglichkeit wirklich zu synthetischen Sätzen a priori zu gelangen, also zu *neuer* Erkenntnis, die *notwendigerweise* wahr ist und *nur* durch rationale Analyse ergründet wird, sehr begrenzt ist. Wenn wir einem bestimmten Weltmodell folgen, dann ergibt sich daraus abgeleitet eine Fülle synthetischer Sätze, die *a priori* zu sein scheinen. Man weiß, was gut und recht ist, und muss es nicht erst mühsam ergründen. Man weiß, wie man sich verhalten soll, und muss dies nicht erst ausfindig machen. Man weiß auch, wie Menschen funktionieren, da dies vom Weltmodell vorgegeben ist. Auf diese Art und Weise funktionieren alle Weltanschauungen und Ideologien, indem sie eine Reihe von Sätzen und Grundvoraussetzungen vorgeben, deren Richtigkeit nicht mehr bezweifelt wird bzw. postuliert wird. So können dann relativ leicht viele Zusammenhänge und Aussagen als schlüssig abgeleitet und als richtig belegt werden. Probleme tauchen erst dann auf, wenn die Grundvoraussetzungen einer solchen Weltanschauung, einer Ideologie oder eines dogmatisch-fundamentalistischen Systems hinterfragt werden. Verlasse ich nämlich ein bestimmtes Modell, sind plötzlich all die synthetischen Urteile falsch und nicht mehr *a priori* gegeben. Abgesehen davon zeigte sich, dass es auch eine Fülle von Gegebenheiten gibt, die eben nicht anscheinend zweifelsfrei durch rationale Analyse begründbar sind. Dies beginnt bei Fragen der Moral und endet bei Fragen der Beschaffenheit unseres Wahrnehmungs- und Denkapparates.

Dies war historisch gesehen der Geburtsmoment der modernen Psychologie. Denn, wenn es nicht mehr möglich ist über die Natur des Seelenlebens durch reines rationales Nachdenken Klarheit und neues Wissen zu erlangen, dann muss dies durch empirische Forschung geschehen. Auch hier kommt wieder eine interessante Dialektik der Geschichte zum Tragen: Genau die Kritik des empiristischen Ansatzes durch Kant führte in der Folge dazu, dass in letzter Konsequenz nur empirisch über psychologische Sachverhalte entschieden werden kann.

Die Unterscheidung, zu der die Wissenschaft durch Kant gezwungen worden ist, ist die Unterscheidung zwischen einer Theorie, die Phänomene ordnet, und der Wirklichkeit selber, das was Kant „Dinge an sich“ nennt. Der moderne Systemtheoretiker Gregory Bateson nannte dies einmal apostrophierend „The map is not the territory – Die Landkarte ist nicht das Land“. Er meinte, wir würden ja schließlich nicht in ein Restaurant gehen und die Speisekarte essen. Kant hat darauf hingewiesen, dass die theoretische Ordnung der Dinge und die Dinge selbst voneinander verschieden sind, und dass unsere Möglichkeit die Dinge selber wahrzunehmen entsprechend begrenzt ist. Damit ergibt sich eine Kritik naiv-empiristischer Zugänge wie sie etwa von Locke und Hume geprägt und von positivistischen Richtungen der Wissenschaftstheorie favorisiert wurden. Dass solche Zugänge dennoch historisch immer wieder an Kraft gewinnen, hat verschiedene Gründe, u. a. auch die, dass die kantsche Philosophie in manchen Bereichen wenig rezipiert wurde oder in Vergessenheit geraten ist. Allerdings ergibt sich aus Kant gleichermaßen die Kritik eines rein rationalistischen Ansatzes für die Psychologie. Wenn einmal die Problematik synthetischer Urteile a priori, also der Möglichkeit durch reine Verstandeserkenntnis zu neuen Sätzen zu gelangen, erkannt ist, dann wird auch die Verbindlichkeit einer Axiomatik, also die Begründung absoluter Voraussetzungen oder eines bestimmten Menschenbildes, allein durch die Vernunft oder durch angeblich rationale Einsicht fraglich. Damit kann es aber auch kein verbindliches Wertesystem und Menschenbild geben, das „rein aus der Vernunft“ begründet wird ohne Zusatzannahmen (wie z. B. die allgemeine Konvention). So lässt sich verstehen, weswegen die moderne Psychologie mit so unterschiedlichen Welt- und Menschenbildern operiert, die miteinander in Konkurrenz treten und historisch gesehen unterschiedliche Domänen belegt haben, ohne sich gegenseitig als überlegen, rational begründbar gegenüber anderen Systemen oder als letztgültig etabliert zu haben [5]. Der Wettbewerb der Weltbilder, dessen, was man als gegeben anzunehmen bereit ist, leitet sich eben genau aus der Situation her, die Kants Analyse geschaffen hatte [4]. Man kann sie beklagen, weil sie Unübersichtlichkeit schafft. Viele fundamentalistische Strömungen der modernen Zeit sind wohl so motiviert.

Man kann sie auch begrüßen, weil sie Freiheit schafft, für die Gestaltung des eigenen Lebens- und Denkentwurfes. Diese Situation der modernen Psychologie, dass sie eben von sehr unterschiedlichen Gegebenheiten ausgeht, in kantscher Sprache unterschiedliche regulative Ideen akzeptiert, liegt eben daran, dass der Aufweis ihrer Stimmigkeit weniger eindeutig und vernunftbedingt ist, als man auf den ersten Blick glaubt. Ein informierter Blick auf die Geschichte dieser Situation mag uns davor bewahren zu meinen, unser eigenes Weltbild sei das einzig vernünftige, oder kollektiv, unsere eigene Kultur und ihre Voraussetzungen notwendigerweise die besten.

Motor der Aufklärung und Vater der Psychologie

Kants Analyse der empiristischen Philosophie Humes führte ihn also zu einer vollkommenen Neubestimmung der Philosophie und der Erkenntnistheorie. Bestandteil dieser Neubestimmung war gleichzeitig der überragende Platz, der der menschlichen Vernunft und Freiheit auf der einen Seite eingeräumt wurde, auf der anderen Seite aber auch die grundlegende Einsicht in ihre Grenzen. Kant machte in seinen Analysen deutlich, dass bestimmte Vorgaben der Tradition, auch wenn er sie persönlich nicht bezweifelte und als notwendig ansah, letztlich nicht mehr durch argumentative Schritte und rationale Analyse begründbar seien. Diese sogenannten regulativen Ideen, wie etwa Gott oder die Unsterblichkeit der Seele, zählte Kant zwar zu jenen Gegebenheiten, die notwendig seien um einen schlüssigen Begriff vom Menschen, von seiner Sittlichkeit und Freiheit, seiner Rationalität und Würde zu gewinnen, sie ließen sich aber nicht mehr anhand eines philosophischen Arguments zweifelsfrei beweisen. Aus diesem Grund verstand sich Kant selber als denjenigen, der die Metaphysik als philosophische Disziplin beendet hatte, und wurde von seiner Nachwelt auch häufig so gesehen. Damit einher ging eine gewichtige Umschichtung des Schwerpunktes, der kennzeichnend für die Aufklärung war, deren entscheidender Motor Kant sicherlich gewesen ist: War in der alten Metaphysik das Denken noch auf das Absolute ausgerichtet, also auf die transzendente jenseitige Wirklichkeit und den philosophischen Gott, so stellt Kant nüchtern fest:

„Das Feld der Philosophie in dieser weltbürgerlichen Bedeutung lässt sich auf folgende Fragen bringen:

1. *Was kann ich wissen?*
2. *Was soll ich tun?*
3. *Was darf ich hoffen?*
4. *Was ist der Mensch?*

Die erste Frage beantwortet die Metaphysik, die zweite die Moral, die dritte die Religion, und die vierte die Anthropologie. Im Grunde könnte man aber alles dieses zur Anthropologie rechnen, weil sich die drei ersten Fragen auf die letzte beziehen.“ [9]

Damit findet aber eine subtile und bedeutende Umgewichtung der philosophischen Bestrebungen hin zum Menschen statt und schließlich zur Psychologie. Denn die kantsche Verwendung des Begriffes Anthropologie ist identisch mit dem, was wir heute mit Psychologie bezeichnen.

Die vorkantische Psychologie bestand im Wesentlichen aus einer spekulativen Psychologie, die sich aus rationaler Analyse von philosophischen Voraussetzungen und deren Ableitungen speiste, wie wir dies in den Kapiteln über die aristotelische und mittelalterliche Psychologie gesehen haben. In diese Systeme flossen relativ wenige empirische Beobachtungen ein, sondern sie waren vielmehr von theoretischen Überlegungen und spekulativen Bemühungen geprägt. In dem Ausmaß jedoch, wie die Unmöglichkeit einer solchen spekulativen, also metaphysischen, Philosophie deutlich wird, etwa wenn Kant sagt, dass bestimmte regulative Ideen und Voraussetzungen angenommen, aber nicht mehr bewiesen werden können, muss sich auch die Wissenschaft vom Menschen, die Anthropologie, wie Kant sie nannte, oder die Psychologie, wie wir sie heute nennen, aus den Bereich der spekulativen Philosophie heraus und in die Welt der empirischen Selbst- und Fremdbeobachtung und der experimentellen Analyse hineinbewegen. Kritik der Voraussetzungen spekulativ-metaphysischen Denkens, wie Kant sie durchgeführt hat, und positive Begründung einer empirischen Wissenschaft vom Menschen, wie wir sie als Psychologie verstehen, bedingen sich also gegenseitig.

Kant ist uns Heutigen immer noch präsent als ein wesentlicher Motor der Aufklärung. In seiner Schrift *Was ist Aufklärung?* [11] definiert Kant die Aufklärung folgendermaßen:

„Aufklärung ist der Ausgang des Menschen aus seiner selbstverschuldeten Unmündigkeit. Unmündigkeit ist das Unvermögen, sich seines Verstandes ohne Leitung eines anderen zu bedienen. Selbstverschuldet ist diese Unmündigkeit, wenn die Ursache derselben nicht am Mangel des Verstandes, sondern der Entschließung und des Mutes liegt, sich seiner ohne Leitung eines anderen zu bedienen. Sapere aude! Habe Mut, dich deines eigenen Verstandes zu bedienen! ist also der Wahlspruch der Aufklärung.

Faulheit und Feigheit sind die Ursachen, warum ein so großer Teil der Menschen, nachdem sie die Natur längst von fremder Leitung freigesprochen ..., dennoch gerne zeitlebens unmündig bleiben; und warum es anderen so leicht wird, sich zu deren Vormündern aufzuwerfen. Es ist so bequem, unmündig zu sein. (...) Dass aber ein Publikum sich selbst aufkläre, ist eher möglich; ja es ist, wenn man ihm nur Freiheit lässt, beinahe unausbleiblich. (...)

Wenn denn nun gefragt wird: Leben wir jetzt in einem aufgeklärten Zeitalter? so ist die Antwort: Nein, aber wohl in einem Zeitalter der Aufklärung.“

Kant war sich der Tatsache sehr wohl bewusst, dass seine Philosophie in der Tradition der französischen Revolutions- und Aufklärungsbemühung ein wesentlicher Motor dieser Aufklärung sein kann und wird. Es ist darum auch kein Wunder, dass seine Schriften, vor allem seine kritischen zur Aufklärung in Religionsdingen, wie er dies nannte, von der preußischen Zensurbehörde kritisch beäugt und mit Zensur bedacht wurden. Der Grundimpuls dieser Aufklärungsbewegung ließ sich jedoch nicht unterdrücken, da er ein folgerichtiges und konsequentes Resultat der gesamten kantschen Philosophie darstellt: Wenn die grundlegenden metaphysischen Voraussetzungen, die frühere Philosophien gemacht haben, nicht mehr philosophisch beweisbar, sondern nur noch als regulative Ideen anzunehmen sind, dann wird die menschliche Person immer stärker ins Zentrum der philosophischen Überlegungen gerückt. Immer weniger wird Thema, dass der Mensch bestimmte Dinge zu glauben und zu akzeptieren habe, weil sie eben so geoffenbart, von Philosophen dekretiert oder von der Wissenschaft gefunden worden seien, sondern der Einzelne wird in seiner Autonomie, in seiner Freiheit, und auch in seiner Verantwortung, sein Leben denkend selbst zu gestalten, in die volle Verantwortung für seinen Lebensentwurf gestellt. Damit führt die kritische Philosophie Kants den Menschen in jedem Bereich immer wieder auf sich selbst zurück. Der Ausgriff auf eine jenseitige gegebene Ordnung, wie sie noch in einem thomasischen Weltbild möglich war, ist in der kantschen Philosophie nur noch als vom Menschen bewusst akzeptierte und als regulative Idee vorgestellte Konzeption möglich. Die Berufung auf dogmatische oder vermeintlich vorgegebene Wahrheiten wird dem kritischen und aufgeklärten menschlichen Geist zu wenig sein. Und Kant zeigt, dass in den meisten Fällen kaum mehr als gläubiges Akzeptieren möglich ist.

Die kantsche Philosophie gibt also Anlass, die Grundvoraussetzungen von Erkenntnis im Allgemeinen und von bestimmten Lebens- und Wissenschaftsbereichen im Besonderen kritisch zu hinterfragen. Kants Analyse besagt, dass wir ohne bestimmte Grundvoraussetzungen nicht auskommen. Während er im Bereich der Erkenntnistheorie bestimmte transzendentale Kategorien als einsehbar und gegeben annahm, war er sich darüber im Klaren, dass andere wichtige Grundvoraussetzungen nicht mehr beweisbar, sondern als regulative Ideen notwendig und seiner Meinung nach auch vernunftgemäß seien. Hierzu zählte er wie gesagt den Begriff von Gott und von einer unsterblichen Seele. *„Ganz anders* (als im Bereich der Erkenntnistheorie; Anmerkung HW) *ist es mit dem moralischen Glauben bewandt. Denn da ist es schlechterdings nothwendig, dass etwas geschehen muss, nämlich, dass ich dem sittlichen Gesetze in allen Stücken Folge leiste. Der Zweck ist mir unumgänglich festgestellt, und es ist nur eine einzige Bedingung nach aller meiner Einsicht möglich, unter welcher dieser Zweck mit allen gesammten Zwekken zusammenhängt und dadurch praktische Gültigkeit habe, nämlich, dass ein Gott und eine künftige Welt sei, ich weiß auch ganz gewiss, dass niemand andere Bedingungen kenne, die auf dieselbe Einheit der Zwecke unter dem moralischen Gesetze führen. Da aber also die sittliche Vorschrift zugleich meine Maxime ist (wie wenn die Vernunft gebietet, dass sie es sein soll), so werde ich unausbleiblich ein Dasein Gottes und ein künftiges Leben glauben und bin sicher, dass diesen Glauben nichts wankend machen könne, weil dadurch sittliche Grundsätze selbst umgestürzt werden würden, denen ich nicht entsagen kann ohne in meinen eigenen Augen verabscheuungswürdig zu sein.“* [9b, 856–857]

Kant war sich also darüber im Klaren, dass anders als im Bereich der Erkenntnistheorie, wo er seine transzendentalen Kategorien mit Hilfe rationaler Analyse ableiten und begründen konnte, im Bereich der großen moralisch regulativen Ideen die Begriffe von Gott und einer unsterblichen Seele nicht mehr einer begründeten Analyse zugänglich seien, sondern sich aus seiner eigenen Voraussetzung, der einer autonomen, frei handelnden und vernünftig denkenden Person gleichsam als Grenz- und Zielbegriffe ergeben müssen. Spätere Denker, wie Feuerbach, Marx oder Nietzsche, zweifelten diese Voraussetzung Kants vehement an und legten dadurch den Grundstein für die allgemeine postmoderne philosophische und kulturelle Befindlichkeit, in der diese für Kant noch selbstverständlichen regulativen Ideen von Freiheit, Unsterblichkeit und Bezogenheit des menschlichen Lebens auf Gott und eine jenseitige Welt für viele fraglich, ja sogar absurd erscheinen.

Durch die generelle Wendung der kantschen Philosophie weg von der Metaphysik hin zur Bedeutung des denkenden und vernünftigen Subjekts rückt nun aber der Mensch und die Wissenschaft vom Menschen ins Zentrum der wissenschaftlichen Betrachtung. Dies aber ist die Geburtsstunde der modernen Psychologie. Daher verwundert es uns auch nicht, dass Kant der erste neuzeitliche Autor war, der eine regelrechte psychologische Lehrschrift vorlegte. Seine Vorlesungen mit dem Titel *Anthropologie in pragmatischer Hinsicht*, die er zwischen 1772 und 1796 hielt und 1798 als Buch publizierte, stellen im Grunde ein Lehrbuch oder eine Enzyklopädie der Psychologie dar. Er geht dort auf weite Bereiche der menschlichen Psychologie ein, von der Sinneswahrnehmung bis zum Denken, zur Physiologie, zur menschlichen Motivation, zum Begehren und zum Triebleben bis hin zur Psychologie von Gruppen und Völkern. Da die Schrift vor allem anwendungsbezogen, daher „pragmatisch" gefasst ist, spielte sie in der intellektuellen Diskussion seiner Zeit zu Unrecht eine nur geringe Rolle. Dennoch ist sie historisch von großer Bedeutung, da sie ein erstes Beispiel für eine nicht spekulative, sondern empirisch fundierte Psychologie darstellt. Auch wenn die „Empirie", die Kant für seine Vorlesungen verwendete, eher kursorischer und unsystematischer Art war, so unterscheidet sich seine Psychologie doch von früheren vor allem dadurch, dass er weniger auf Argumente und auf Ableitungen aus einem System baute, sondern auf Erfahrung. Die Erfahrung, die Kant für seine Psychologie verwendete, bestand hauptsächlich aus persönlicher Introspektion, also eigener Innenerfahrung, und Erfahrung, die er aus den Materialien seiner Zeit, also aus Romanen, Biographien, Reiseberichten und gelehrtem Gespräch mit anderen Zeitgenossen gewinnen konnte. Dennoch stellt seine Psychologie ein Beispiel dafür dar, was er sich wohl unter der neuen Wissenschaft vom Menschen gedacht haben mag. Denn wenn der Mensch zum Zentrum der wissenschaftlich-philosophischen Bemühungen werden muss, dann muss auch die Wissenschaft vom Menschen, die Psychologie, einen zentralen Stellenwert erhalten. Wenn die grundlegenden, synthetischen, also neuen Erkenntnisse über den Menschen nicht mehr aus einem klaren System von Sätzen ableitbar sind, sondern nur durch Erfahrung gewonnen werden können, dann muss sich eine neue Psychologie auch auf Erfahrung stützen. Deshalb ist Kant nicht nur der theoretische Vater der modernen Psychologie, sondern in vieler Hinsicht auch das erste Vorbild für einen empirisch forschenden Psychologen. Auch wenn Kants Empirie wie erläutert alles andere als experimentell und systematisch im modernen Sinne war, so legte er doch die Spur für künftige Forscher, diesem Bereich zu folgen. Und setzte sich Kant in seinem „Fakultätenstreit" [11] dafür ein, dass die Philosophie als unabhängige Wissenschaft gegenüber den anderen drei Fakultäten Theologie, Recht und Medizin eine eigenständige Rolle erhielt, so war darin bereits die künftige Emanzipation der Psychologie historisch gesehen vorgeprägt. Denn wenn die kantsche Philosophie als Begründung der Autonomie des Subjekts und der Bedeutung des Denkens institutionell dazu führen muss, dass die philosophische Fakultät eine gleichberechtigte Rolle mit anderen erhält, dann muss auch die Wissenschaft vom Menschen, die Psychologie, in letzter Konsequenz den Status einer eigenen Disziplin erhalten, wie dies einige Wissenschaftlergenerationen nach Kant von dessen weitblickenden philosophischen Schülern betrieben werden wird. Weniger die sachliche Leistung also, eine stringente Psychologie vorgelegt zu haben, ist für Kant kennzeichnend, wenngleich seine Anthropologie immer noch durchaus lesenswerte und bedeutsame Einsichten enthält, sondern vor allem die Tatsache, dass er durch seine Philosophie der Wissenschaft vom Menschen einen systematischen Platz in den Wissenschaften eingeräumt und durch seine pragmatische Anthropologie ein erstes Beispiel dafür geliefert hat, wie eine solche Wissenschaft beschaffen sein könnte.

Kant war sich darüber im Klaren, dass eine empirische Wissenschaft vom Menschen im Rahmen einer Psychologie – oder Anthropologie, wie er sie nannte – nicht den gleichen Status wie den einer exakten Naturwissenschaft wird haben können. Als konstitutiv für naturwissenschaftliche Erkenntnisse sah Kant die exakte Reproduzierbarkeit und Herstellbarkeit von Sachverhalten an, wie sie durch die Geometrie vorgeprägt waren. Demgegenüber war ihm klar, dass der Mensch als reagierendes Subjekt nie in der gleichen Weise wird beforschbar sein können wie ein Naturgegenstand. Vielmehr kann man nach Kant durch Beobachtung und empirische Analyse von menschlichem Verhalten nur Teilbereiche der Psychologie erfassen, da Menschen sich beispielsweise verstellen oder anders geben können, als sie für gewöhnlich sind. Kant sah auch, dass die Introspektion, also die eigene Innenerfahrung, dort an Grenzen stoßen muss, wo sie unsere eigene Auffassung von uns selbst oder die prinzipielle Unergründbarkeit unseres Seelenlebens, z. B. unsere Triebe und Affekte, berührt. Dennoch legte er die generelle Vorgehensweise der Naturwissenschaft, also die Erfahrung, auch als ein Verfahren für die Psychologie, an und prägte damit deren weitere Entwicklung. In diesem Sinne enthält Kants Psychologie auch erste methodenkritische Bemerkungen, die die Grenzen psychologischen Erfahrungswissens und dessen Schwierigkeit beschreibt, wodurch bereits in diesem Werk ein Problemhorizont aufgespannt wird, der erst sehr viel später wieder erreicht werden wird. Wie so oft in der Wissenschaftsgeschichte nimmt auch hier ein weitsichtiger Denker die Zukunft und die Problematik eines Gedankens, und in diesem Falle eines Faches, um Generationen vorweg und prägt damit den Gang der Geschichte bis auf weiteres.

Ich, Autonomie, Ethik

Kants Analyse der Erkenntnissituation, wie er sie in der *Kritik der reinen Vernunft* darstellt, hatte ergeben, dass ein Subjekt, das „Ich", das alle Vorstellungen soll „begleiten" können, „immer schon" vorausgesetzt ist. Deswegen nannte Kant diese Grundgegebenheit das Transzendentale Subjekt. Daraus leitet sich in der Folge die zentrale Position des deutschen Idealismus ab: dass das sich selbst als bewusst erfahrende und gegebene Ich der Ansatzpunkt jeglicher Wissenschaft, jeglicher Philosophie und damit jeglicher rationalen Aktivität sei. Diese Grundvoraussetzung wird später von den deutschen Idealisten und Nachfolgern bzw. Weiterdenkern Kants entwickelt werden, von Fichte, Schelling und Hegel. Durch diese philosophische Position Kants gewinnt die bereits seit der scholastischen Tradition vorhandene abendländische Vorstellung von einem personalen Individuum, das durch die politische Bewegung der französischen Revolution zu einer neuen und vertieften Würde gelangt ist, auch philosophisch die entsprechende Begründung. Das subjektive, sich selbst bewusste Ich wird damit zum Kern und Angelpunkt der europäischen Geistes- und Kulturgeschichte und ist es bis in unsere Tage geblieben. Die Wissenschaft der Psychologie, die sich aus dieser kantschen Position entwickelt hat, hat selbstverständlich diese Grundvoraussetzungen übernommen, und analysiert Psychologie zunächst und zumeist als Individualpsychologie, also als eine Psychologie von sich selbst bewussten und voneinander als verschieden erfahrenden Subjekten. Prägend für die Psychologie wird also zunächst die Analyse des individuellen Bewusstseins und seiner Voraussetzungen sein.

Kennzeichnend für die Selbsterfahrung dieses Bewusstseins ist seine Autonomie. Ich bin, wenn ich dies will, im Stande aufzustehen und das Fenster zu öffnen oder zu schließen, und nichts scheint mich dazu zu zwingen. Die Autonomie und gegebene Freiheit ist also eine zentrale Konsequenz der kantschen Analyse. Selbstbewusstsein und Freiheit sind deshalb aufs Engste miteinander verbunden und prägen so die Grundgegebenheiten vor, die zumindest die Bewusstseinspsychologie, soweit sie sich innerhalb der kantschen Tradition bewegt, voraussetzt. Es ist wiederum eine interessante Dialektik der Geschichte, dass diese von Kant angestoßene Bewegung der empirischen Psychologie in späteren Generationen von Forschern genau diese Grundvoraussetzung der Freiheit des Individuums bezweifeln wird. Durchaus pessimistische Positionen, wie sie aus der Anthropologie und Psychologie Freuds abgeleitet werden können, würden z. B. die Freiheit vieler menschlicher Entscheidungen in Frage stellen. Manche lerntheoretischen Konzepte würden in ihrer Konsequenz davon ausgehen, dass menschliches Verhalten durch Lerngeschichte mehr oder weniger stark bedingt, also unfrei ist. Neurowissenschaftliche Analysen mancher als selbstgesteuert erlebter Verhaltensweisen zeigen, dass oftmals der als frei erlebte Akt, z. B. das Heben einer Hand, durch viele neuronale Prozesse vorbereitet und deswegen möglicherweise nur scheinbar frei ist. Wie dem auch sei, Kants Voraussetzung eines freien, selbstbewussten Ichs als Grundbedingung von Denken und Wissenschaft war auch der Ausgangsimpuls für die moderne wissenschaftliche und empirische Psychologie. In der Konsequenz basiert unsere gesamte Kultur, unser Rechtswesen und die meisten Voraussetzungen, die wir im intersubjektiven Verkehr mit anderen Menschen machen, auf dieser Voraussetzung eines freien, autonomen Individuums. Wir wollen an dieser Stelle wiederum darauf verweisen, dass dies nicht notwendigerweise eine absolute Wahrheit darstellt, sondern den Charakter einer absoluten Voraussetzung hat, die unser ganzes Denken, unsere ganze Kultur und unsere ganze Wissenschaft prägt. In anderen Kulturen, etwa in afrikanischen oder amerikanischen Stammeskulturen, wäre das entsprechende Subjekt weniger ein einzelnes Ich als z. B. eine Gruppe, ein Clan oder ein Stamm, möglicherweise sogar eine Sippe zusammen mit den bereits verstorbenen Angehörigen. In asiatischen Kulturen ist weniger das freie und bewusste Subjekt Voraussetzung der Kultur, sondern die *Beziehungen* zwischen Personen. Beginnt man die philosophische Analyse nicht mit Kant beim denkenden und wahrnehmenden Subjekt, beim „Ich bin“, das sich selbst in seinen geistigen Akten als gegenwärtig und als Voraussetzung für sein Bewusstsein erkennt, nimmt man also nicht mit Kant das Transzendentale Subjekt als Voraussetzung von Erkenntnis, sondern analysiert die Bedingungen, die notwendig sind, damit ein Subjekt, ein Ich entstehen kann, dann wird man andere Schwerpunktsetzungen gewinnen können. Dann wäre das *Apriori* nicht das Transzendentale Subjekt, sondern möglicherweise die Lebens- oder Kulturgemeinschaft. Denn diese ermöglicht es, z. B. durch das Zusammenleben von Menschen und durch die geschlechtliche Zeugung, dass Individuen entstehen. Diese ermöglicht es durch Fürsorge und Nahrung, durch menschliche Sorge und Zuneigung, dass Personen heranwachsen können, die die Welt angemessen wahrnehmen und in ihr handeln können.

Andere als die kantschen Voraussetzungen oder *Aprioris* würden also möglicherweise zu anderen Konzepten von Psychologie führen. Anders als bei manchen strikt idealistisch philosophischen Positionen führt Kants Philosophie jedoch nicht in eine solipsistische Aporie. Damit ist etwa die radikale Position gemeint, wie sie die Philosophie von Berkeley erzeugte, dass nämlich das selbstbewusste und sich erkennende Subjekt als alleinige Voraussetzung von allem erkennt und damit auch mit seiner Welt vollkommen alleine bleibt (unter Solipsismus versteht man die philosophische Doktrin, dass ein einzelnes Subjekt ganz alleine, für sich selbst genommen in der Welt steht und nur von sich und seinen Akten weiß). Denn Kant war sich darüber im Klaren, dass seine regulativen Ideen von Freiheit und Autonomie nur dann wissenschaftlich und sozial tragfähig sind, wenn sie im Rahmen einer gemeinschaftlichen Moral in einen sozialen Kontext eingebunden werden. Dies geschieht in seiner Ethik, in der er seinen berühmten kategorischen Imperativ gleichsam als Begrenzung der Freiheit des Einzelnen formuliert: „Handle nur nach derjenigen Maxime, durch die du zugleich wollen kannst, dass sie ein allgemeines Gesetz werde." [Metaphysik der Sitten, 11]. Durch diesen kategorischen Imperativ wird die Freiheit des Individuums eingegrenzt und der Freiheit aller anderen Individuen gegenübergestellt. Implizite Voraussetzung hier ist die Gleichheit aller Personen. Denn nur, wenn alle Individuen gleiches Recht und gleiche Freiheit haben, lässt sich die Würde und die Freiheit des Einzelnen aufrechterhalten. Daher muss sich das freie Handeln einer Person an den Möglichkeiten, Grenzen und Bedürfnissen aller anderen orientieren. Aus diesem Grund ist der kategorische Imperativ eine die Freiheit begrenzende und gleichzeitig die Freiheit begründende regulative Idee. Wenn jeder so handelt, dass sein Handeln zu einer allgemeinen Maxime für alle werden kann, dann benützt niemand seine Freiheit in egoistischer Weise. Denn wenn ein anderer seine Freiheit so benützen würde, dass er Dinge tut, die mich selber in meiner Freiheit einschränken, und dies würde zum allgemeinen Gesetz werden, so würde jener andere durch diese Maxime am Ende selber geschädigt. Insofern erscheint uns der kategorische Imperativ sachlich mit der berühmten goldenen Regel identisch zu sein, die postuliert, man solle Dinge nicht tun, von denen man auch nicht will, dass sie andere an einem selbst tun (im christlichen Bereich wurde diese goldene Regel in der Bergpredigt, Math. 10, formuliert; sie kommt aber in abgewandelter Form in praktisch jeder Kultur vor). Kants Philosophie führt also in der Ethik- und Moralphilosophie zur Gemeinschaft gleichberechtigter, autonomer und sich in ihrer Freiheit selbst beschränkenden Personen, die diese Selbstbeschränkung ihrer Freiheit sich im Wissen darum auferlegen, dass nur Freiheit in sozialer Verantwortung die Autonomie und Freiheit des Einzelnen im Letzten begründen kann.

Die kantsche Philosophie stellt also insgesamt die direkte Voraussetzung und historische Bedingung dar, aus der sich die moderne empirische Psychologie entwickeln konnte. Diese Bedingung und Voraussetzung war, wie wir gesehen haben, teilweise sehr direkt – durch philosophische Konsequenzen und Vorbildfunktion – , und teilweise indirekt, durch die Aufklärungs- und Signalwirkung, die Kants Philosophie hatte. Innerhalb der deutschen Philosophie wurde Kant sehr wirkmächtig, wenn auch nicht zum alleinigen Schulphilosophen. Dennoch gab es immer wieder Neuentdeckungen und Wiederauflagen der kantschen Philosophie und philosophische Ansätze, die direkt an Kant anknüpften. Deshalb kann man Kants Bedeutung für die moderne Psychologie nicht hoch genug schätzen.

Quintessenz

- Newton legte mit seinem Gravitationsgesetz den Grund für das Ideal einer mechanistischen Beschreibung der Welt.
- Eine solche Beschreibung geht von einer durchgehenden kausalen Determiniertheit aller Vorgänge aus und damit von einer prinzipiellen Berechenbarkeit.
- Ein solches Weltbild macht eine grundlegende Annahme: die der Lokalität.
- Damit ist gemeint, dass alle Vorgänge durch Kraftübertragung miteinander in Kontakt und Beziehung stehen.
- Hume geht davon aus, dass alle geistigen Inhalte durch Sinneserfahrung zustande kommen.
- Insbesondere analysiert er den Begriff der Ursache als Abstraktion unseres Geistes von der Regelmäßigkeit, mit der unsere Sinne Abläufe wahrnehmen als räumlich und zeitlich benachbart und in regelmäßiger Verbindung.
- Durch seine Analyse schafft er allerdings ein Problem: Das Humesche oder Induktionsproblem:
  Wenn alles nur durch die Sinneserfahrung zustande kommt, wie kann dann das Induktionsprinzip, das ja kein empirisches Prinzip ist, sondern vorausgesetzt, damit Erfahrung möglich ist, selber begründet werden?
- Dies ruft Kant auf den Plan, der die transzendentalen Voraussetzungen von Erkenntnis untersucht.
- Sie sind „transzendental", weil sie jeder Erfahrung und Verstandesoperation vorausgehen und von ihr vorausgesetzt werden.
- Dies sind seine transzendentalen Kategorien, Raum und Zeit etwa, oder Kausalität und Relation.
- Kant führt die Unterscheidung in apriorische und aposteriorische Sätze ein und in solche, die analytisch und synthetisch sind.
- Analytische Sätze enthalten ihr Prädikat in sich und sind deshalb notwendig wahr oder *a priori*. Synthetische Sätze enthalten eine Prädikatszuschreibung und sind deshalb meistens aus der Erfahrung gewonnen oder *a posteriori*.
- Strittig sind Sätze, die synthetisch sind und gleichwohl *a priori*, also notwendig wahr. Kant war der Meinung, solche Sätze gäbe es, beispielsweise in der Philosophie, in der Moral oder Mathematik.
- Die moderne Wissenschaft verabschiedet sich von dieser Vorstellung. Das Scheitern dieses Programms ist mit ein Grund, weswegen es die Psychologie als empirische Wissenschaft gibt.
- Aus Kants kritischer Philosophie ergibt sich, dass der Mensch im Zentrum der philosophischen Bemühungen zu stehen hat.
- Die Wissenschaft vom Menschen aber ist schon bei Kant die Psychologie, die dort den Namen „Anthropologie" führt.
- Systematisch wird sich daraus die empirische Psychologie entwickeln. Kant hat sie grundgelegt und ein erstes Beispiel dafür geliefert.
- Kants Betonung des Transzendentalen Subjekts, des freien und autonomen Ichs, ist die Grundvoraussetzung für alle spätere Wissenschaft auch im Bereich der Psychologie.
- Kants Ethik grenzt im kategorischen Imperativ die Freiheit der Person so ein, dass ein Zusammenleben von Menschen mit gleichen Rechten und gleicher Würde möglich wird.

Literatur

[1] Baierlein, R. (1992). *Newton to Einstein: The Trail of Light. An Excursion to the Wave-Particle Duality and the Special Theory of Relativity.* Cambridge: Cambridge University Press.

[2] **Clark, S. R. L. (1994). Ancient philosophy. In A. Kenny (Ed.), *The Oxford Illustrated History of Western Philosophy.* (pp. 1–54). Oxford: Oxford University Press.**

[3] Cohen, I. B. (1980). *The Newtonian Revolution with Illustrations of the Transformation of Scientific Ideas.* Cambridge: Harvard University Press.

[4] **Fahrenberg, J. (2004). Kant und das neue Bild vom Menschen. *Psychologie Heute*, 5, 46–52.**

[5] **Fahrenberg, J. (2004). *Annahmen über den Menschen. Menschenbilder aus psychologischer, biologischer, religiöser und interkultureller Sicht.* Heidelberg: Asanger.**

[6] **Höffe, O. (1985). Immanuel Kant. In O. Höffe (Hrsg.), *Klassiker der Philosophie II: Von Immanuel Kant bis Jean-Paul Sartre.* (S. 7–39). München: Beck.**

[7] Höffe, O. (2000). *Immanuel Kant.* München: Beck.

[8] Hume, D. (1997). *Eine Untersuchung über den menschlichen Verstand*, hrsg. v. J. Kulenkampff. Berlin: Akademie.

[9] *Kant, I. (1968). *Kritik der reinen Vernunft.* Berlin: Walter de Gruyter.

[10] *Kant, I. (2000, orig. 1798). *Anthropologie in pragmatischer Hinsicht*, hrsg. v. R. Brandt. Hamburg: Meiner.

[11] Kant, I. (1983 ff.). *Kants Werke in sechs Bänden.* Studienausgabe. Darmstadt: Wissenschaftliche Buchgesellschaft.

[12] **Kenny, A. (1994). Descartes to Kant. In A. Kenny (Ed.), *The Oxford Illustrated History of Western Philosophy.* (pp. 107–192). Oxford: Oxford University Press.**

[13] Kulenkampff, J. (2003). *David Hume.* München: Beck

[14] McMullin, E. (1989). The explanation of distant action: Historical notes. In J. T. Cushing & E. Mcmullin (Eds.), *Philosophical Consequences of Quantum Theory: Reflections on Bell's Theorem.* (pp. 272–311). Notre Dame, IN: University of Notre Dame Press.

[15] Schneider, I. (1998). Isaac Newton. München: Beck.

[16] Squires, E. J. (1994). Quantum Theory – a window to the world beyond physics. In E. Rudolph & I. O. Stamatescu (Eds.), *Philosophy, Mathematics, and Modern Physics.* (pp. 92–103). Berlin, Heidelberg: Springer.

[17] *Stapp, H. P. (1990). Transcending Newton's legacy. In F. Durham & R. D. Purrington (Eds.), *Some Truer Method. Reflections on the Heritage of Newton.* (pp. 227–245). New York: Columbia University Press.

[18] White, M. (1997). *Isaac Newton: The Last Sorcerer.* London: Fourth Estate.

Teil III: Geschichte der Psychologie, Wissenschaftstheorie, Ethik

9 Von der Philosophie zur Psychologie

9.1 Nach-Kantianische Wissenschaft

Kant hatte versucht, Philosophie, ja Wissenschaft neu zu begründen, indem er darauf hinwies, dass die Erfahrung, die ja auch für die Naturwissenschaft maßgebend ist, immer durch die apriorische Verfasstheit des menschlichen Geistes bedingt ist, sodass die Analyse dieser apriorischen Verfasstheit des Geistes als Domäne der Philosophie jeder empirischen Wissenschaft vorgelagert ist. Daraus entwickelte sich in der Zeit nach Kant das eifrige Bemühen der sogenannten Transzendentalphilosophie, dieses „immer schon" des menschlichen Geistes, die apriorischen Bedingungen von Erkenntnis zu analysieren und zu bestimmen. Eine Entwicklungslinie dieser Transzendentalphilosophie, die wir in diesem Buch nur ansatzweise andeuten, weil sie für die Geschichte der Psychologie wenig ergiebig war, ist die Entwicklungslinie des deutschen Idealismus.

Idealismus

Die großen Denker des *deutschen Idealismus*, Fichte, Hegel und Schelling, folgten Kant in ihrer Analyse und nahmen ihren Ausgangspunkt von der Selbstgewissheit des denkenden Ichs, das sie zum Prinzip allen Wissens machten, da ohne diese Selbstgewissheit überhaupt nichts gewusst werden kann. Daraus entwickelte sich eine Strömung der Philosophie, die einen Kontrapunkt zu der sich entwickelnden Naturwissenschaft zu setzen versuchte. Die idealistische Philosophie versuchte also Gewissheit über die Welt aus der Selbstgewissheit des Ichs herzuleiten. Dies ist ihr methodischer Ansatz und ihre unhintergehbare Voraussetzung. Daraus entwickelte Hegel eine elaborierte Philosophie des Geistes, in der sich aus der Selbstgewissheit des Geistes alles bis hin zur Natur ableiten lässt. Das Problem, das sich aus dieser Art von philosophischer Konzeption ergab, war, dass die Materie, die äußeren Umstände, ja auch die schiere Äußerlichkeit des Lebens, die ja auch politisch und wirtschaftlich gesehen für die Mehrzahl der Menschen in dieser Zeit das Zentrale waren, nicht zufriedenstellend erklärt waren. Obwohl der Ansatzpunkt des deutschen Idealismus, das Ich in seiner denkenden und reflexiven Grundstruktur als Ausgangspunkt allen Wissens, ja allen Seins, zu nehmen, philosophisch durchaus konsistent ist, scheiterte letztlich diese philosophische Bemühung daran, dass sie keinen konsistenten und gangbaren Begriff der Erfahrung und einleuchtenden Begriff der Materie entwickeln konnte.

Eine Ausnahme scheint uns der noch wenig erforschte und rezipierte amerikanische Semiotiker und Pragmatiker *Charles S. Peirce* zu sein [24]. Er versuchte im Grunde ebenfalls eine idealistische Konzeption der Welt, die er auf Ordnungen von Zeichenprozessen abstrahierte. In den von ihm entwickelten semiotischen Triaden von Objekt oder Bezeichnetem, Zeichen und Sinn lässt sich unschwer das dialektische Wechselspiel von These, Antithese und Synthese wiederfinden, wenngleich auch mit anderer Gewichtung und Benennung. Für Peirce ist, ähnlich wie für andere Idealisten, die Materie erstarrter Geist, oder schlafender Geist, um ein Wort Hegels zu verwenden. Allerdings versuchte Peirce eine konsequente Integration naturwissenschaftlicher Erkenntnis, was seine besondere Bedeutung ausmacht.

Die Naturwissenschaft ging jedoch andere Wege, vor allem einen Weg der Anwendung neuen Wissens, der von vielen als Weg der Eroberung gesehen wurde. Aus ihren Erkenntnissen, und zunächst aus einem Siegeszug der newtonschen Wissenschaft, ließen sich technische Errungenschaften herleiten, die bislang ohnegleichen waren. Die Beteuerung idealistischer Philosophen, dass letztlich doch das Ich, das Denken und der Geist, Ausgangspunkt all dieser materiell greifbaren Errungenschaften seien, waren vielleicht theoretisch nicht unbegründet, hatten aber in der praktischen Entwicklung der Wissenschaft und der Philosophie keine weiteren Auswirkungen.

Eine unmittelbare und für die Psychologie bedeutsame Entwicklung, die sich aus der idealistischen Philosophie ergab, war die Wiederbelebung des Begriffs des Unbewussten. Leibniz hatte diesen Begriff vorgeprägt. In der Konzeption der idealistischen Philosophien wurde die Seele zu einem schlafenden, vorbewussten Geist. Schelling vor allem speiste diese Bewegung, die sich mit romantischer Naturverklärung verbündete. Schon Herder hatte die Natur als das Schaffensprinzip schlechthin gesehen. Nun wurde es in Schellings Philosophie mit dem vorbewussten Zustand des Geistes identifiziert. Und von da war es nur noch ein kleiner Schritt zu der Vorstellung, die dann von Carus formuliert und vermittelt wurde, dass das Unbewusste als natürlicher Nährquell des bewussten Geistes all das enthält, was naturhaft-dunkel, schöpferisch-strebend waltet. Von hier führte aus der idealistischen Philosophie ein deutlicher Weg zur psychoanalytischen Theorie vom Unbewussten [32, 34].

Philosophie und Naturwissenschaft

Eine andere Entwicklung der Transzendentalphilosophie versuchte in kantscher Manier stärker an der Realität der geistigen Operationen zu bleiben, zu überlegen und zu philosophieren, wie Erkenntnis möglich wäre. Während sich die Philosophie also theoretisch um das kantsche Erbe kümmerte, schritt die Naturwissenschaft in ihren praktischen Auswirkungen der Technik auf dem Weg zur Befreiung des Menschen von der Natur und zur allgemeinen Wohlfahrt praktisch voran, ohne sich um die philosophischen Debatten im Tiefsten zu kümmern. Wissenschaftlich gesehen finden wir also am Ende des 19. Jahrhunderts und zu Beginn der Zeitenwende eine Philosophie, die sich von den Entwicklungen der Naturwissenschaft meistenteils abkoppelt und eine Naturwissenschaft, die sich von den subtilen Überlegungen der Philosophie nicht aufhalten lässt und ihrem eigenen Fahrplan folgt. Die Erfolge der Naturwissenschaft sowohl in der Grundlagenentdeckung, z. B. in der Chemie oder der Physik, als auch in ihren Anwendungen, der Technik, geben ihr im Grunde pragmatisch Recht. Daher muss es nicht Wunder nehmen, wenn verschiedene Philosophen zeitgleich und unabhängig voneinander die Sterilität einer philosophischen Erörterung des Geistes beklagen und auf der anderen Seite wahrnehmen, wie die naturwissenschaftliche Methodik der Erfahrung, des Messens, des Zählens und des Experimentierens zu ungeahnten und nie da gewesenen Erfolgen führt. Während die Philosophen sich darüber stritten, was nun eigentlich das Gute konkret im menschlichen Leben sei, wie Moral zu konzipieren sei, wie Wahrnehmung und ihre geistige Verarbeitung funktioniert, verwendeten Naturwissenschaftler den Wahrnehmungsapparat und das Denken, um etwas über die Welt herauszufinden und waren damit erfolgreich.

Dass dieser Erfolg gerade in politisch-sozialer Hinsicht nicht nur zu einer Befreiung der Menschen, sondern oft auch zu ihrer Verdinglichung verwendet wurde, führte wohl mit dazu, dass die politische Entwicklung ganz andere Wege ging. In den Revolutionsbewegungen des 19. und 20. Jahrhunderts bis hin zu der nationalsozialistischen Machtergreifung spielten philosophische Versatzstücke und naturwissenschaftliche Errungenschaften gleichermaßen eine Rolle. Die idealistische Philosophie hatte Marx und Engels befruchtet und beflügelt. Die braunen Macher der nationalsozialistischen Bewegung waren mit ihren abstrusen ideologischen Glaubenssätzen der Technikgläubigkeit anheimgefallen.

Wenn Kant Recht hatte, dann war neue Erkenntnis nur im Rahmen synthetischer Urteile möglich. Synthetische Urteile aber stellen, wie wir gesehen hatten, Aussagen dar, in denen einer Sache eine Eigenschaft zugeschrieben wird, die nicht schon aus ihrem Begriff ableitbar ist. Synthetische Urteile erfordern also Empirie, Erfahrung. Insofern es synthetische Urteile a priori nur in bestimmten Bereichen gab – laut Kant in der Moral, in der Theologie und in der Mathematik –, wäre eine gültige und solide Erkenntnis z. B. des menschlichen Innenlebens, der Psychologie, durch reines Nachdenken nicht mehr zu gewinnen. Synthetische Urteile als Voraussetzung neuer Erkenntnis erfordert Empirie, Erfahrungswissenschaft. Daher muss es nicht verwundern, dass Philosophen, die sich über den Zustand der Philosophie im Klaren geworden waren, und auf der anderen Seite nicht blind gegenüber den wissenschaftlichen Fortschritten in den Naturwissenschaften waren, darüber nachzudenken begannen, wie das Funktionieren des menschlichen Geistes zu erforschen sei und ob nicht auch die Kausalforschung, d. h. die experimentelle naturwissenschaftliche Methode, für die Philosophie geeigneter wäre als die philosophische Reflexion. Aus dieser geistesgeschichtlichen Spannung, die letztlich aus der kantschen Analyse erwuchs, entstand das Kraftfeld, in dem die moderne Psychologie ihren gegenwärtigen, vielleicht wichtigsten Ursprung hat.

9.2 Franz Brentano (1838–1917)

Einer derjenigen Philosophen, die maßgeblich für die Entwicklung der Psychologie als empirische Wissenschaft waren, war Franz Brentano [20]. Brentano wuchs in einem katholischen Elternhaus am Rhein auf. Er war über seinen Onkel, Clemens Brentano, und seine Tante, Bettina von Arnim, mit der literarischen Welt seiner Zeit verbunden. Nach einem ersten Studium in Philosophie entschied er sich zum Priestertum, wurde Priester und vollendete daraufhin seine Philosophiestudien. In Würzburg reichte er 1865 seine Habilitationsschrift ein und wurde Privatdozent für Philosophie. In der Verteidigung seiner Habilitationsschrift stellte er 25 Thesen zur Erneuerung der Philosophie dar. Eine der provokantesten davon lautete *„Die Methode der Philosophie ist keine andere als die der Naturwissenschaft"*. [4] Damit hatte er den Ton angeschlagen, der letztlich zu einer Abspaltung der Psychologie als empirischer Wissenschaft von der Philosophie führen sollte. Brentanos provokatives Wort von der naturwissenschaftlichen Methode der Philosophie meinte zunächst nichts anderes, als dass Methodik im positiven Sinne auch Grundlage der Philosophie zu sein habe. Dahinter verbarg sich seine Auffassung, dass es verschiedene Phasen auch der philosophischen Wissenschaft gäbe, deren Anfangsphase zu einem Höhepunkt und schließlich zu einem Verfall führen würde. Die Philosophen des deutschen Idealismus sah er als Vertreter einer Zerfallsperiode der Philosophie an, weswegen nun eine neue Epoche beginnen müsse, die sich eben wiederum einer neuen philosophischen Methode zu verschreiben habe, eben jener der Naturwissenschaft. Diese, so meinte Brentano, wäre aber eine Methode der Erfahrung und der systematischen Beobachtung. *„Die Philosophie ist eine Wissenschaft wie andere Wissenschaften und muss darum, richtig betrieben, auch eine mit der Methode anderer Wissenschaften wesentlich identische Methode haben. Die wissenschaftliche Methode (...) ist, das ist heute ausgemacht, auch für die Philosophie die einzig wahre. Und so allein wird sie sich dann auch mit den anderen Wissenschaften im Kontakt erhalten. (...) In allen aufsteigenden Epochen der Philosophie hat diese Methode geherrscht und wo sie verlassen wurde, war ihr Verfall notwendig; der wissenschaftliche Charakter war dahin."* (Brentano, *Meine letzten Wünsche für Österreich*. [zitiert nach 4, S. 162])

Mit diesem programmatischen Satz wollte Brentano also einen Anschluss an die anderen erfolgreichen Wissenschaften, und dies waren die Naturwissenschaften, gewährleisten. Dies schien ihm nur durch einen entschiedenen Schritt der Erneuerung möglich zu sein: nämlich die Psychologie, eine Wissenschaft der psychischen Zustände, zur Grundlage für die Philosophie zu machen. Denn erst, wenn man die Grundlage des Denkens, die Wahrnehmungsprozesse, die Denkprozesse, evtl. auch die motivationalen Prozesse, ausreichend verstanden hat, erst dann wird auch die Philosophie wissenschaftlich zu begründen sein. Daher ist es auch nicht verwunderlich, dass Brentano bereits erste Wahrnehmungsexperimente mit optischen Täuschungsfiguren, z. B. der Müller-Lyerschen Täuschung, machte, in der parallele Geraden verzerrt erscheinen, je nach ihrem Kontext. Brentano stellte also die Forderung auf, dass sich die Philosophie selbst auf eine empirisch zu fassende Psychologie gründen müsse. Dabei darf man das Worte „Empirie" nicht in unserem verkürzten Sinne nur als Erfahrung von äußeren Gegenständen sehen, sondern auch als innere Erfahrung.

Brentano unterschied zunächst zwei verschiedene Typen von Psychologie: die sogenannte „deskriptive Psychologie" oder „Psychognosie" und die „genetische Psychologie" [6]. Die „*deskriptive Psychologie*" oder „Psychognosie" war für Brentano die grundlegende Erfahrungswissenschaft, die er im Auge hatte. In ihr sollten durch die innere Erfahrung Denkprozesse und Wahrnehmungsprozesse ergründet und als evident erwiesen werden. Brentano meinte, dass solche innere Erfahrung in hohem Maße Evidenzcharakter besitzen würde, und daher eine Basis für die Wissenschaft abgeben könne. Damit wären also die Prozesse, die der äußeren Erfahrung zugrunde liegen, zunächst methodisch abgesichert und würden dann auch die Erfahrungserkenntnisse der äußeren Welt begründen können. Diese Auffassung scheint er schon sehr früh, nämlich in Würzburg, vertreten zu haben.

Seine Tätigkeit als Privatdozent für Philosophie in Würzburg war verbunden mit theologischer Arbeit als Sekretär der Bischofskonferenz in Fulda. Durch die Entwicklungen im Rahmen der katholischen Kirche fühlte sich der Denker und Wissenschaftler Brentano von seiner Kirche zunehmend entfremdet. Der Papst hatte sein Unfehlbarkeitsdogma verkündet, das es Brentano immer schwerer machte, sein Amt als Priester auszuüben, sodass er schließlich vom Priesteramt zurücktrat. Dadurch wurde er in Würzburg als Mitglied der Universität untragbar und nahm schließlich 1874 gegen viele Widerstände klerikaler Kreise ein Ordinariat für Philosophie in Wien an. Dort übte er eine große Anziehungskraft aus und muss als Quelle und Schlüsselfigur vieler Autoren angesehen werden, die später das Gebiet der Psychologie prägten. Nachweislich hörten Freud und Husserl die Vorlesungen von Brentano in Wien. Damit muss Brentano und seine Auffassung von der Empirie des Seelenlebens, seine Betonung der Introspektion und der inneren Erfahrung als Quelle sicherer psychologischer Erkenntnis auch als anregend für Freuds spätere Methodik gesehen werden. Gleichzeitig beeinflusste Brentano damit Husserls spätere Phänomenologie und die Begründung der Freiburger Schule der Psychologie sowie die Weiterentwicklung der Philosophie durch Heidegger und später die philosophische Hermeneutik.

In Wien und nach der Wiener Zeit entwickelte Brentano seine Aufteilung in genetische und deskriptive Psychologie weiter. Die deskriptive Psychologie war für Brentano zweifellos die grundlegende und vorrangige. In ihr ging es also, wie gesagt, um die Beschreibung, um die empirisch beschreibende Darstellung der inneren Akte. Damit meinte Brentano innere Erfahrung, die introspektiv, scharf und evident sei. Die spätere Geschichte hat diese Schwerpunktsetzung Brentanos nicht weiter übernommen, da sich die Akte der Introspektion alles andere als eindeutig erwiesen haben. Dennoch ist das Verdienst, zwei unterschiedliche Erfahrungsweisen voneinander abgehoben zu haben, nicht von der Hand zu weisen. Bereits Aristoteles, mit dessen Philosophie sich Brentano in seiner Dissertation auseinandergesetzt hat, hatte darauf hingewiesen, dass es so etwas wie unbezweifelbare Erkenntnis in den Erfahrungsakten gäbe, die Aristoteles die Wahrnehmung der den Sinnendingen eigenen Gegenstände nannte. Damit war zu verstehen, dass man sich zwar über den *Inhalt* des Gesehenen oder Gehörten täuschen könne, nicht aber über *die Tatsache*, dass man *etwas* sähe oder höre. So ähnlich muss man sich wohl auch Brentanos Rede von der Evidenz der inneren Akte vorstellen. Brentano meinte, dass diese inneren Akte und damit die Basis der Psychologie unbezweifelbar durch innere Erfahrung gegeben sei.

Eine wichtige Entdeckung Brentanos ist für einige Richtungen der kognitiven Psychologie bleibend gewesen, nämlich der innere Akt der *Intentionalität des Geistes*. Damit meinte Brentano die Tatsache, dass es Wesen des Geistigen und aller kognitiven Akte schlechthin sei, dass sie immer *auf etwas bezogen* seien und damit etwas repräsentierten.

Mit diesem Bezogensein und Repräsentieren ist gemeint, dass das Wesen des Geistigen immer ein In-Beziehung-Stehen mit etwas ist. Wenn ich beispielsweise einen Baum vor meinem Fenster wahrnehme, so steht mein Geist mit diesem Baum in Beziehung und repräsentiert ihn in gleicher Weise, als wenn ich die Augen schließe und mir diesen Baum nur vorstelle. Wenn sich ein Dürstender nach einem Glas Wasser sehnt, so ist das Wasser auf ähnliche Weise im Geist präsent, wie wenn er es in Wirklichkeit vor sich sieht oder auf einem Werbeplakat. Dieser Begriff der Intentionalität ist für die moderne Kognitionsforschung grundlegend als Repräsentation der Außenwelt im Geiste [28]. Brentano fasst ihn folgendermaßen: „*Vor allem ist es eine Eigenheit, welche für das Bewusstsein allgemein charakteristisch ist, dass es immer und überall (...) eine gewisse Art von Relation zeigt, welche ein Subjekt zu einem Objekt in Beziehung setzt. Man nennt sie auch intentionale Beziehung (...) Wie bei jeder Beziehung finden sich daher auch hier zwei Korrelate. Das eine Korrelat ist der Bewusstseinsakt, das andere das, worauf er gerichtet ist.*" [6, S. 21]

Brentano weist also darauf hin, dass Bewusstsein, auch wenn es der Bezug eines Subjekts zu einem Objekt ist, immer eine Überbrückung dieser Trennung darstellt, die im intentionalen Akt stattfindet. Diese begriffliche Analyse des Kognitiven oder des Geistigen ist im Übrigen auch heute noch Grundlage der kognitiven Psychologie.

Heute wesentlich mächtiger hingegen ist das, was für Brentano nachgeordnet war, nämlich die genetische Psychologie. Unter *genetischer Psychologie* verstand Brentano das, was eigentlich heute die Grundlage für die kognitive Psychologie darstellt, nämlich die biologische Psychologie oder die Physiologie. Diese war für ihn naturwissenschaftlich erklärend, würde aber aufgrund ihrer Methodik immer zu unscharfen Erkenntnissen führen. Während für ihn die deskriptive Psychologie, also die Beschreibung der inneren Akte, scharf und unbezweifelbar war, empfand er die Ergebnisse der genetischen Psychologie notwendigerweise immer in gewissem Sinne beliebig. Diese Schwerpunktsetzung und Charakterisierung wurde in neuerer Zeit genau umgekehrt. Brentanos Betonung der inneren Akte, der inneren Erfahrung und ihrer Evidenz war zwar psychologiegeschichtlich von Bedeutung, weil dies grundlegend für die Fächeraufteilung des modernen Fächerkanons der Psychologie, z. B. in Allgemeine Psychologie (deskriptive Psychologie) und Biologische Psychologie (genetische Psychologie) ist, die methodologische Bedeutung der Introspektion und der inneren Erfahrung aber trat in der Folge zurück und muss erst von ihrer Epistemologie her neu aufgeklärt und verhandelt werden. Diesen Gedanken werden wir später bei der Skizze einer modernen Wissenschaftstheorie der Psychologie wieder aufgreifen.

Durch die weitere Entwicklung seines Lebens wurde Brentano in der Mitte seiner Schaffenskraft vom akademischen Leben immer mehr ausgeschlossen. Als ehemaliger Priester verheiratete er sich mit einer jüdischen Kaufmannstochter und musste dies außerhalb vom katholischen Österreich tun, was ihn schließlich seine Professur und am Ende auch die Heimat kostete. Sein späterer Einfluss ist vor allem auf die Tatsache, dass er in Wien durch seine Vorlesungen viele spätere Gestalten und einflussreiche Personen geprägt hat, zurückzuführen und ist dadurch vor allem indirekt und oft unterschätzt. Die Bedeutung von Brentanos Denken und Wirken für die moderne Psychologie wird erst in neuerer Zeit wieder entsprechend erkannt und gewürdigt.

9.3 Die Entwicklung der Physiologie: Helmholtz und Fechner

Brentano hatte die genetische Psychologie, also das, was wir heute Physiologie oder Biologische Psychologie nennen, als nachgeordnet zur deskriptiven Psychologie der inneren Erfahrung gesehen. Das war für ihn als Philosophen nur natürlich und folgerichtig. Historisch gesehen muss diese Schwerpunktsetzung bezweifelt werden. Denn ein wichtiger, wenn nicht sogar der wichtigste Impuls zur Entstehung der modernen Psychologie ist zweifelsohne der Aufstieg der Physiologie gewesen.

Der Aufstieg der Physiologie und der modernen Medizin ist Mitte des 19. Jahrhunderts einer Dynamik ohnegleichen zu verdanken. Am Grunde dieser Dynamik scheint eine Art kollektiver posthypnotischer Befehl gelegen zu sein, der von Kants berühmtem Wort vom „Newton des Grashalms“ ausging. Kant hatte geschrieben: *„Es ist nämlich ganz gewiss, das wir die organisierten Wesen und deren innere Möglichkeiten nach bloß mechanischen Prinzipien der Natur nicht einmal zureichend kennen lernen, viel weniger uns erklären können, und zwar so gewiss, dass man dreist sagen kann, es sei für Menschen ungereimt, auch nur einen solchen Anschlag zu fassen oder zu hoffen, dass noch etwa dereinst ein Newton aufstehen könne, der auch nur die Erzeugung eines Grashalms nach Naturgesetzen, die keine Absicht geordnet hat, begreiflich machen werde ...“* [Kritik der Urteilskraft, B338; A334; 17, S. 352].

Dieses Wort, mit dem Kant seine Meinung kundtat, dass Lebewesen nie und nimmer nach mechanischen Prinzipien verstehbar sein würden, dass also nie ein „Newton des Grashalms“ erstehen werde, der Leben entsprechend mechanischen Prinzipien und Gesetzen würde beschreiben können, wirkte in ähnlicher Weise elektrisierend auf die Nachwelt, wie Humes Analyse der Erfahrung auf Kant gewirkt haben mag. Hinter diesem kantschen Diktum verbirgt sich eine Art implizites Denk- und Forschungsverbot, das von der Nachwelt in kollektiv-geistigem Trotz gegenüber dem Übervater übertreten wurde. Ob Kant Recht behalten wird oder nicht, steht auf einem anderen Blatt. Aber gewiss gibt es viele Wissenschaftler, die der Meinung sind, man würde einmal, in nicht allzu ferner Zukunft, auch das Leben nach mechanistischen Prinzipien erklären können.

Gerade durch den apodiktischen Charakter dieses Kant-Wortes, ein Newton des Grashalms sei unmöglich, provozierte Kant sein Gegenteil. Allenthalben maßten sich Forscher an, die natürliche Welt der Lebewesen nach mechanistischen Prinzipien zu erforschen. Das Maschinenparadigma der Lebewesen, das Kant in seinem Wort so heftig bekämpft, war geradezu das fruchtbarste der modernen Zeit. Es hatte wie wir sahen seinen Ausgang in Descartes *Traité de l'homme* genommen, wurde von de la Mettrie in dessen Buch *L'homme machine* aufgegriffen und zur Totalität geführt. De la Mettrie hatte behauptet, dass ein absoluter Geist, der alle Bewegungsabläufe und Positionen aller Teilchen im Kosmos würde kennen müssen, sofort und jederzeit alle Zustände aller Lebewesen und der ganzen Welt vorhersagen könnte. Auf den menschlichen Organismus angewandt bedeutete diese Grundmetapher vom Körper als einer Maschine, dass man bei genauer Betrachtung eigentlich alle Vorgänge mechanistisch erklären und verstehen können müsse. Wie mächtig, wie stark und wie einflussreich diese Basismetapher ist, sehen wir heute daran, dass in ihrer Folge die Physiologie und die Biologie des

Menschen bis hinein in die Gene entschlüsselt worden ist. Dieses Denken befruchtete auch die moderne Medizin. Rudolf Virchow begründete darauf seinen Gedanken der Zellularpathologie, demzufolge jegliche Krankheit eine Veränderung in der Physiologie des Körpers zugrunde liegen müsse. So selbstverständlich diese Idee für uns Heutige sein mag, so revolutionär war sie zu Virchows Zeiten, als noch antike Gedanken von der Säftelehre der antiken Philosophie in den Köpfen der Mediziner ihr Unwesen trieben, oder andere Arten spekulativer Medizin verbreitet waren. Virchow hingegen wendete das mechanistische Prinzip konsequent an und folgerte, dass eine Krankheit nur aus falsch geordneten physiologischen Prozessen entstehen könne, und suchte daher die Grundlage der Krankheit in einer Störung der physiologischen und zellulären Abläufe. Als Koch schließlich ziemlich zeitgleich mit Virchow den Tuberkelbazillus entdeckte und damit eine mechanische, nachweisbare und materielle Ursache für die Tuberkulose fand und somit die Infektiologie begründete, hatte diese Betrachtungsweise auch den ersten handfesten medizinischen Erfolg vorzuweisen. In der Folge wurde in der Lehre von der Physiologie und in der Lehre der Krankheiten das mechanistische Prinzip von Ursache und Wirkung bis in alle Details hinein durchgeführt und entwickelte sich zu einem mächtigen Instrument der Wissenschaft und der Behandlung. Als man beispielsweise in der zweiten Hälfte des 19. Jahrhunderts zu verstehen begann, dass Cholera von Erregern hervorgerufen wurde, die handfest von Mensch zu Mensch verbreitet wurden, und man in London begann, die Handgriffe von den öffentlichen Wasserzapfstellen zu entfernen und daraufhin die Cholera zurückging, so war ein erster klarer Beleg für die Wirksamkeit dieses Denkens in der Form von Hygieneprävention geschaffen. In derselben Weise entwickelte sich die Physiologie, also die Erforschung des gesunden Organismus, entlang dieser Maschinenmetapher weiter. Eine der zentralen Gestalten, die auch für die Psychologie bedeutsam wurden, war Hermann von Helmholtz.

Helmholtz

Hermann von Helmholtz (1821–1894) war ein breit gebildeter Wissenschaftler. Seine Beiträge reichen von der Physik bis zur Sinnesphysiologie. Er verstand sich wohl gleichermaßen als Physiologe und kann als einer der Väter der Physiologie gelten, wie als Physiker. Seine Arbeiten zur Reizleitung der Nervenbahnen beispielsweise waren grundlegend. Und die naturwissenschaftliche Methodik wendete er nicht nur in der Physik an, sondern auch in der Physiologie. Damit zeigte er seinen Schülern, dass mit der empirisch-experimentellen Methode am Menschen sehr wohl erfolgreich Wissenschaft betrieben werden kann. Zu seinen Schülern und Hörern gehörten so wichtige Forscher wie Wilhelm Wundt (1832–1920) und Sigmund Freud (1856–1939). Auch der amerikanische Psychologe und Philosoph William James (1842–1910) kam eigens, um Helmholtz zu hören, aus den Vereinigten Staaten nach Deutschland. Die Bedeutung von Helmholtz lag vor allem darin, dass er die Anwendbarkeit der empirisch-naturwissenschaftlichen Methodik nicht nur theoretisch lehrte, sondern praktisch vormachte, und damit eine Schule im modernen akademischen Sinne begründete, in der nicht nur theoretisches Wissen, sondern auch praktische Kenntnis weiter vermittelt wurde.

Fechner

Unabhängig von Helmholtz hatte Gustav Theodor Fechner (1801–1877) die naturwissenschaftliche Methodik auf Gegenstände der Psychologie anzuwenden versucht. Ihm verdanken wir das erste und im Wesentlichen immer noch gültige quantitative Gesetz der Psychologie, das sogenannte Fechnersche Gesetz:

$$E = c \log R.$$

Dabei ist E die Empfindung, die man durch einen Reiz hat, R ist die Reizintensität und c eine Konstante. Das Gesetz besagt also, dass zur Verdopplung der Intensität einer Empfindung eine Quadrierung der physikalischen Reizintensität notwendig ist. Fechner wendete die Methode der Physik auf verschiedene psychophysische Zusammenhänge an und prägte somit den Begriff „Psychophysik". Damit meinte er die systematische und gesetzmäßige Beziehung verschiedener physikalischer Reize zu Wahrnehmungsempfindungen. Dieser Impuls ist der Psychologie seit Fechner erhalten geblieben. Gustav Theodor Fechner beeinflusste damit auch Wilhelm Wundt.

Fechner war abgesehen von der Psychophysik, für die man ihn kennt, ein äußert vielseitiger Gelehrter, der auch versuchte, einen wissenschaftlichen Begriff für die spirituell-religiöse Dimension zu finden [10]. Er ging von einer allumfassenden Weltseele, fast im Sinne Plotins aus. Individuelle Seelen verhalten sich in seinem Bild wie die Berge von Wellen zum Meer. Stellt man sich die Wellenberge oberhalb der allgemeinen Wasserlinie als abgeschnitten vor, ergibt sich das Bild von vereinzelten Wasserinseln. So ähnlich sah er die individuellen Seelen. Man erkennt leicht, dass sich hierin bereits der Begriff des kollektiven Unbewussten vorgeprägt findet, den Jung später aufgreifen wird [34].

Fechner prägte vermittelt durch seine Psychophysik auch den Begriff der „Schwelle", die Intensitäten erreichen müssen, um wahrnehmbar zu sein. Damit war im Rückgriff auf Leibniz die Idee in die Psychologie eingeführt, dass es ein Kontinuum von psychischer Aktivität gäbe, die erst ab einer gewissen Intensität *bewusst* wahrgenommen wird. Dieser Begriff ist in der modernen Neuropsychologie und Kognitionsforschung immer noch – oder vielleicht besser – wieder neu, aktuell.

9.4 Wilhelm Wundt (1832–1920)

Wundt kann als einer der großen Gründergestalten der modernen Psychologie gesehen werden [20, 32]. Brentano hatte in Wien vor allem die theoretischen und philosophischen Grundlagen für die Entwicklung der modernen Psychologie gelegt und beschrieben. Wundt legte in Leipzig die Basis für die Psychologie als Wissenschaft. Es sollte nicht übersehen werden, dass Wien damals, zum katholischen Habsburgerreich gehörend, von den Einflüssen der kantschen Philosophie praktisch frei geblieben war. Kant als Protestant konnte seinen Einfluss nie in der südlich-katholischen Domäne der Habsburger geltend machen. Umgekehrt war in Leipzig, das näher an der preußisch-protestantischen Einflusszone lag, der Kant zuzuordnen ist, der von Kant ausgehende Wind stärker spürbar. Als Assistent von Helmholtz hatte Wundt dessen experimentelle, empirische Methodik am Beispiel der Physiologie in eigener Anschauung erfahren. *1879 gründet er das erste Psy-*

chologische Institut der Welt in Leipzig und legte damit die Basis für die akademische Institutionalisierung des Faches. Er wendete, abgesehen von Fechner und Helmholtz, als Erster die empirisch-experimentelle Forschung auf verschiedene psychologische Fragestellungen an, z. B. auf die Art der Wahrnehmung, auf das Denken und auf das Gedächtnis. Laboruntersuchungen mit Kontrollprozeduren, die so typisch für die Naturwissenschaft sind, wurden damit in die Psychologie eingeführt und zum experimentellen Standard erhoben. Wundts Arbeit war weit gesteckt und reichte von einer Psychologie des Sozialen und der Nationen (Völkerpsychologie) bis zu einer Psychologie der Wahrnehmung und der geistigen Akte.

Das vielleicht Charakteristischste an Wundts Art, Psychologie zu betreiben, war sein Bedürfnis, „Wahrnehmungsatome“ oder „psychische Atome“ zu isolieren und zu beschreiben. Darunter verstand er einfache, ja einfachste und unhintergehbare Grundgesetzmäßigkeiten des Psychischen, die durch empirische Methodik und Experimente aufzusuchen und zu finden seien, und aus denen die komplexen psychischen Geschehnisse zu erklären wären. Dahinter erkennen wir unschwer einen der Grundimpulse der modernen Wissenschaft: die Analyse des Komplexen durch Zerlegung in einfache und grundlegende Bausteine und Elemente. Diese Methode war ja in der Naturwissenschaft erfolgreich gewesen. Man hatte die Möglichkeit erkannt, die komplexen Gegenstände auf ihre Chemie zu reduzieren, diese auf unterschiedliche Elemente und die Elemente schließlich auf eine grundlegende Struktur ihrer atomaren Bausteine. Ein ähnliches Verfahren schwebte wohl Wundt bei seiner Psychologie vor und damit wurde er zum Vater einer der mächtigsten Richtungen der modernen Psychologie: der empirischen, experimentellen, allgemeinen Psychologie. In der Folge der wundtschen Tradition wurde diese Grundidee zu einfachen, ja einfachsten Gesetzmäßigkeiten des Psychischen vorzudringen, die Leitmetapher der allgemeinen Psychologie schlechthin. Wundt wäre nicht ein großer Psychologe gewesen, hätte er nicht gesehen, dass mit experimenteller Manipulation im Labor nur ein Teil der menschlichen Psychologie wissenschaftlich greifbar werden würde, nämlich einzelne Aspekte der Wahrnehmung, des Gedächtnisses und der Motivation. Andere Bereiche der Psychologie, etwa die Psychologie des Sozialen, die Völkerpsychologie, die angewandte Psychologie, müssen sich hingegen einer anderen Methodik bedienen, nämlich derjenigen der Beobachtung. So haben wir also hier bei Wundt bereits die grundlegende methodische Dichotomie vorliegen, die die heutige Psychologie auch in ihrer empirischen Ausprägung durchzieht: nämlich die Gliederung in experimentelle empirische Vorgehensweisen, bei denen ein Eingriff des Forschers handlungs- und erkenntnisleitend für die Erfahrung wird, und die rezeptive, nicht-experimentelle Empirie der Beobachtung im natürlichen Feld, bei der der Forscher das, was er natürlicher Weise vorfindet, erfahrungsmäßig zur Kenntnis nimmt und analysiert. Wundt zeigt in seinem Werk beide Methoden in ausgewogener Art und Weise, wie bereits seine mehrbändige *Völkerpsychologie* zeigt. Historisch wirkungsmächtig geworden hingegen ist vor allem sein experimenteller Ansatz, der historisch und geistesgeschichtlich gesehen auf der Hauptströmung der damaligen Naturwissenschaft reitet, der Analyse des Komplexen in einzelne Bausteine und Elemente.

Da Wundt das erste psychologische Laboratorium der Welt begründet hatte, nimmt es wenig Wunder, dass die meisten aufgeschlossenen Geister der damaligen Zeit, die sich für diese Fragestellungen interessierten, früher oder später für längere oder kürzere Zeit bei Wundt in Leipzig Vorlesungen hörten, sich einschrieben, oder mit ihm Kontakt pflegten. So hatte beispielsweise William James vielfältige Kontakte mit Wundt, besuchte diesen und nahm Teile seiner Psychologie auf. James McKeen Cattell (1860–1944), der spätere Begründer der empirischen Persönlichkeitsforschung, studierte bei ihm. Und auch Hugo Münsterberg sowie Oswald Külpe (1862–1915), die beiden Begründer der Freiburger und der Würzburger Schule, waren Schüler von Wilhelm Wundt.

9.5 Hugo Münsterberg und die Freiburger Schule der Psychologie

In Freiburg lehrte der Neukantianer Windelband Philosophie. Schon damals war sichtbar geworden, dass die psychologische Analyse der Erkenntnisvoraussetzungen bedeutsam für das Verständnis und die Gültigkeitsansprüche der Philosophie wären. Eine Richtung, die in dieser Zeit immer mehr am Erstarken war, wurde unter dem Namen „Psychologismus" bekannt. Darunter versteht man die Haltung, alle Gegebenheiten und Voraussetzungen der Erkenntnis, das was für Kant noch apriorische Verfasstheit des Geistes war, die transzendental, also jenseits des individuellen, erkennenden Subjekts lag, in die individuelle Psyche zu verlegen. Husserl wird genau diese Haltung später vehement bekämpfen. Der Neukantianismus bot sich inzwischen an, diese psychologischen Voraussetzungen der Erkenntnis genauer zu analysieren. Daher waren allgemein immer mehr Stimmen laut geworden die forderten, man müsse diese Erkenntnisvoraussetzungen und das psychologische Funktionieren des Geistes experimentell untersuchen und eigene Laboratorien gründen.

An der Schwelle zu dieser Entwicklung in Freiburg beschloss Windelbands Nachfolger Riehl ein psychologisches Laboratorium einzurichten. Er gründete zunächst eine Assistenz für Psychologie, aus der später dann das Freiburger Psychophysisches Laboratorium hervorging. Er berief Hugo Münsterberg (1863–1950) nach Freiburg und regte die Gründung dieses psychologischen Laboratoriums an. Dieses wurde 1888, neun Jahre nach der wundtschen Gründung in Leipzig, gegründet, und Münsterberg begann sogleich auch in Freiburg nach wundtscher Manier mit psychologischen Versuchen und empirischer Forschung. Münsterberg hatte allerdings im Gegensatz zu Wundt vor allem Interesse an individuellen Differenzen im Bereich der grundlegenden und allgemeinen Psychologie, und später dann vor allem an der angewandten Psychologie. So entwarf er Testprozeduren für Aufmerksamkeits- und Belastungstests und vieles andere mehr. Diese Differenz zu seinem Lehrer Wundt führte immer wieder zu Auseinandersetzungen und persönlichen Kränkungen. Münsterberg war etwa auch der Meinung, dass alle Lehrer, Richter und Ärzte in Psychologie, und zwar sowohl in der Entwicklungspsychologie als auch in der angewandten Psychologie, ausgebildet werden sollten. Von diesem Anwendungsbezug der münsterbergschen Psychologie zeugt auch heute noch die vom Bund deutscher Psychologen (BDP) verliehene Hugo-Münsterberg Medaille. Wenige Jahre später, 1892, wurde Münsterberg von William James nach Harvard geholt, um die Psychologie als Fach zu installieren und voranzutreiben. Dort hatte bereits der Freund und Kollege von William James, Charles S. Peirce, 1878 das erste dokumentierte verblindete psychologische Experiment durchgeführt. Das Labor blieb einige Jahre unbesetzt. 1903 wurde dann Jonas Cohn, der es bis 1933 leiten sollte, zum Vorstand des Labors, während die Ordinarien für Philosophie – Rickert, Husserl, später dann Heidegger – offiziell die Direktoren des Labors blieben. Cohn führte die von Münsterberg begonnene Tradition fort, war allerdings mehr an Fragen der Wertsetzung und der Philosophie interessiert, denn an eigentlicher Experimentalpsychologie.

Edmund Husserl (1859–1938) hatte in Wien Franz Brentano gehört. Dieser war einer der Quellen seiner phänomenologischen Philosophie, in der er den Versuch machte, aus dem Dilemma der Kantschen Transzendentalphilosophie und der verobjektivierenden Methode der modernen Naturwissenschaft eine neue philosophische Methode zu begründen. Die Phänomenologie strebt eine möglichst vorurteilslose Analyse der Erscheinungen und durch sie einen direkten Zugang zur Welt an. Um Phänomene „wie sie in sich selbst sind" beurteilen zu können, müssen zuallererst die Prozesse bekannt sein, die bei der Wahrnehmung und Vermittlung von Phänomenen eine Rolle spielen. Daher unternahm es Husserl, nachdem er 1916 die Philosophieprofessur in Freiburg angetreten hatte, genau diesen Prozessen näher zu kommen. Er war allerdings weniger an der experimentellen Psychologie interessiert, denn der Psychologismus war ihm wie der Szientismus – also die überhöhte Wertschätzung der naturwissenschaftlichen Weltauffassung – zuwider. Vielmehr versuchte Husserl, durch möglichst vorurteilsfreie Analyse der Phänomene den objektiv-geistigen Gegebenheiten auf die Spur zu kommen. Er war der Meinung, dass sich nur durch eine möglichst von Vorurteilen und Vormeinungen freie Erfahrung, an den Phänomenen selbst, und nicht durch Analyse des Geistes oder durch Nachdenken über die Voraussetzungen, die Grundstrukturen des menschlichen Geistes erschließen würden. Die beiden wissenschaftlichen Hauptströmungen seiner Zeit sah er als Irrwege: Die verobjektivierende Wissenschaft des naturwissenschaftlichen Ansatzes verdinglichte die Welt, benützte und verzerrte sie und sah sie nicht so, wie sie in sich war. Dieser szientistische Zugriff auf die Dinge, der diese missbraucht und verbiegt, war ihm ein regelrechtes Verstellen der Wirklichkeit. Der Psychologismus andererseits, der aus der neukantianischen Schule erwachsen war, stellte alle Erkenntnis in die Beliebigkeit und machte sie abhängig von psychologischer Verfasstheit und damit von individuellen Gegebenheiten. Seine Phänomenologie sollte aus diesem Dilemma heraus in eine neue, unverstellte Zugangsweise zu den Dingen führen. Heidegger, sein Nachfolger in Freiburg und mit ihm die philosophische Hermeneutik haben diesen Grundgedanken aufgegriffen. Dadurch wurde Husserl in Deutschland durch die Begründung dieses phänomenologischen Zugangs der Urheber all jener Richtungen, denen sich die qualitativen methodischen Zugänge verdanken. Gleichzeitig wurde sein Ruf, vermittelt durch Heidegger, in Frankreich aufgegriffen, wo die Phänomenologie später durch Merleau-Ponty und andere zur Hauptströmung wurde. Rückvermittelt durch die Verbindung mit konstruktivistischen Gedanken wirkt sie heute wieder korrigierend auf die verobjektivierenden empirischen Ansätze zurück. Husserls Glaube und Postulat einer voraussetzungslosen Wesensschau musste selbstverständlich Kritik der experimentell-empirisch forschenden Psychologen provozieren. Die differenzielle Psychologie und vor allem die Sozialpsychologie hatte nämlich mittlerweile eine Fülle von Bedingungen dokumentiert und analysiert, die für die Wahrnehmung bedeutsam sind. Gestaltpsychologen beispielsweise hatten eine Fülle von Kontexteffekten isoliert und konnten zeigen, dass es voraussetzungslose Wahrnehmung praktisch nicht gibt. Sozialpsychologen hatten auf die Bedeutung des sozialen Kontextes bei der Wahrnehmung von anscheinend unstrittigen Sachverhalten hingewiesen und konnten zeigen, dass etwa sozialer Druck einer Gruppe auch objektive Wahrnehmungen verzerrt. In diesem Sinne blieb der phänomenologische Standpunkt, wie ihn Husserl und die Phänomenologie entwickeln wollten, als methodisches Postulat innerhalb der empirisch-experimentell forschenden Psychologie ohne großen Nachhall. Allerdings ist die Kritik am phänomenologischen Standpunkt von psychologischer Seite aus auch nur teilweise zwingend. Denn die differenzial- und sozialpsychologischen Voraussetzungen von Wahrnehmung analysieren immer den *Normalfall* von Wahrnehmung, wohingegen phänomenologische Wahrnehmung eigentlich einen Sonderfall und eine spezielle Schulung von Wahrnehmung voraussetzt. Es wäre durchaus lohnend, hier einen Dialog zu beginnen. Denn es wäre immerhin denkbar, dass z. B. Schulen der Meditation, wie etwa die Achtsamkeitsmeditation, die im Grunde eine Übung in möglichst vorurteilsfreier Wahrnehmung darstellt, und der phänomenologische Standpunkt, wie ihn Husserl intendierte, nahe beieinander liegen. Daraus wiederum würde sich ergeben, dass möglicherweise doch eine Annäherung an ein phänomenologisches Reinbewusstsein und damit eine Transzendierung der Voraussetzungen von Erfahrung zumindest zeit- und teilweise möglich wird.

Martin Heidegger (1889–1976) wurde Husserls Nachfolger in Freiburg und somit auch automatisch Direktor des Psychologischen Laboratoriums, das immer noch von Jonas Cohn geleitet wurde. War schon Husserl der experimentell und empirisch forschenden Psychologie nicht gerade aufgeschlossen, so war Heidegger diesem empirischen Zugang gänzlich abhold. Seine Existenzphilosophie wendete sich mit einer globalen Bewegung beinahe gegen alle abendländische Philosophie, der er „Seinsvergessenheit" vorwarf, Verdinglichung, Banalisierung und Verrat an der Wirklichkeit wie sie war. Auch wenn diese Bewegung am Ende fruchtbar wurde, indem sie die gesamte existenzialistische Richtung der Philosophie und später dann die Hermeneutik möglich machte, so war sie doch zunächst für die Entwicklung der Psychologie unergiebig, bis auf die vor allem regional im Raum um Zürich bedeutende Richtung der Existenzialanalyse [5].

Cohn war zumindest bei Heidegger nicht sonderlich hoch im Kurs; Anträge auf Beförderung zu einem Ordinarius wurden vermutlich durch Heidegger konterkariert. Und als im Zuge der aufstrebenden nationalsozialistischen Bewegungen, die von Heidegger durchaus unterstützend und wohlwollend begleitet wurden – man kann über dem Eingang zum Hauptgebäude der Freiburger Universität noch immer die Worte „Dem deutschen Volke" erkennen, die Heidegger in seiner Amtsperiode als Rektor einmeißeln ließ – Deutschtümeleien die Regel wurden, war Cohn als Gelehrter jüdischer Abstammung nicht mehr tragbar. Er wurde 1933 von Heidegger, der die Anordnung des Ministeriums befolgte, mit einem kurzen Schreiben entlassen. Kurz darauf schlug Heidegger vor, das psychologische Labor zu einem Institut für politische Erziehung umzuwidmen und mit einem nationalsozialistisch orientierten Forscher zu besetzen. 1942 wurde es geschlossen und ein neues Institut gegründet. An dessen Spitze wurde Robert Heiß gerufen, der das Freiburger Institut zu neuer Blüte geführt hat. Robert Heiß wurde als Professor für Psychologie und Philosophie auf den neu gegründeten Lehrstuhl berufen und hatte ein ausgeprägtes Interesse an den Philosophen Hegel, Marx und Kierkegaard. Er lehrte auch Tiefenpsychologie, angewandte Psychologie und Charakterkunde und bereitete damit eine breit ausgerichtete und philosophisch gut fundierte psychologische Ausbildung in Freiburg vor.

Heiß vertrat die Psychologie in großer Breite, von qualitativen Methoden wie Schriftanalyse und Graphologie, Traumdeutung hin zu den ersten quantitativ-persönlichkeitsbeschreibenden Tests. Eine zweite Professur wurde geschaffen, die vor allem die Frage der Testpsychologie und angewandten Psychologie untersuchen sollte (Hiltmann).

Der Heiß-Lehrstuhl wurde von Fahrenberg übernommen, der sich vor allem der differenziellen aber auch der biologischen Psychologie annahm, und sich über lange Jahre u.a. in der Forschung über Psychophysiologie engagierte.

Nach dem Krieg hatte der rührige Parapsychologieforscher Hans Bender, der zunächst in Bonn, später dann in Straßburg lehrte und forschte, eine außerplanmäßige und später dann eine ordentliche Professur erhalten. Er machte die Freiburger Psychologie auch populärwissenschaftlich bekannt durch seine Forschungen zu Spukfällen und Poltergeistberichten und begründete das Freiburger Institut für Grenzgebiete der Psychologie und Psychohygiene, e.V., das seither als private Forschungs- und Beratungseinrichtung weit über die Grenzen Freiburgs hinaus einen guten Ruf genießt.

Durch die Aufwertung der Psychologie in den 1960er- und 1970er-Jahren wurden neue Lehrstühle geschaffen, und das Gesicht des Instituts für Psychologie, das wir heute kennen, entstand.

Man sieht an dieser Kurzdarstellung der Psychologie in Freiburg bereits, wie jung die Tradition ist. Nur vier Wissenschaftlergenerationen trennen heutige Psychologiestudenten in Freiburg von den Wurzeln des Faches in der Philosophie und von der Einsicht, dass psychologische Phänomene ebenfalls wissenschaftlich-empirisch zu erforschen sind. Wenn einem modernen, denkenden Studenten daher manche Ansätze, Fragestellungen, Methoden oder Experimente doch sehr krude und einfach vorkommen, angesichts der Komplexität menschlicher Phänomene, so ist es wichtig, sich diese doch sehr kurze Geschichte bewusst zu machen.

9.6 Die Wiener Schule

Brentano hatte in Wien den Beginn der wissenschaftlichen Erforschung psychischer Phänomene grundgelegt. Zunächst nur in der Theorie zwar, aber doch mit großer Resonanz. Als er den Wiener Philosophielehrstuhl aufgeben musste, folgte *Ernst Mach* (1838–1916). Der anerkannte Physiker, der sich jedoch ausgiebig auch zu Fragen der Methode und der Erkenntnis geäußert hatte, übernahm den Philosophielehrstuhl, auf dem Brentano die theoretischen Grundlagen eines künftigen Faches Psychologie gelegt hatte, das als empirisch-naturwissenschaftliches auftreten sollte. Mach hatte durch seine Verbindung zu philosophischen Kreisen, aus denen später der Wiener Kreis der neupositivistischen Schule hervorgehen sollte (siehe später), und durch seine physikalische Ausbildung einen dezidiert empirischen Standpunkt. Nur in der Erfahrung war Wirklichkeit zugänglich, und außer der Erfahrung gab es nichts. Diese oftmals auch als solipsistisch kritisierte Position, die beinahe dazu führt, dass nur die je eigene individuelle Erfahrung als Wirklichkeit anerkannt wird, führt in ihrer Konsequenz zu radikalem Empirismus. Auch wenn Mach dann später nach Graz ging, so griff doch die nach seiner Zeit in Wien erstarkende Bewegung des Wiener Kreises die Grundideen auf oder verbreiterte sie. Damit war der Grund für einen positivistisch-empirischen Zugang zur Psychologie auch von dieser Seite her gelegt.

Diese Tradition der Empirie ging über auf Karl Bühler (1879–1963), der mit seiner Frau Charlotte die empirische Psychologie am psychologischen Institut begründete. Er versuchte das Denken und Problemlösen von Versuchspersonen zu ergründen, indem er sie zur Introspektion anhielt. Sein Ergebnis war, dass nicht Assoziationsketten, sondern eine unanschauliche Erfahrung für das Denken und die Erfahrung der Einsicht verantwortlich war, das er als Aha-Erlebnis klassifizierte. Seine Frau, die mit Kindern arbeitete, kann, zusammen mit dem in Hamburg tätigen William Stern, als Begründerin der wissenschaftlichen Entwicklungspsychologie gesehen werden.

Es war aber vor allem Bühlers Nachfolger Hubert Rohracher, der mit seinem Lehrbuch der Psychologie und mit der Einrichtung des ersten neuropsychologischen Labors an einem psychologischen Institut die damals entdeckte Elektroenzephalographie aufnahm und zur Untersuchung psychologischer Phänomene einsetzte. Sein Ansatzpunkt war ein explizit reduktionistischer. Ihm schwebte vor, durch den Einsatz solcher physiologischer Messmethoden, die physiologischen Korrelate psychischer Akte zu dokumentieren und am Ende eine Übersetzung der introspektiven psychischen Sprache in die der beobachtbaren, wissenschaftlich dokumentierbaren Daten vorzunehmen. Dieses Programm wurde von Rohrachers Schüler Giselher Guttmann weiterverfolgt, der vor allem mit der EEG-Technologie forschte. Diese Forschungen, und die anderer Neuropsychologen, ergaben jedoch in letzter Konsequenz, dass die ursprünglich anvisierte einfache 1:1-Korrelation von psychischem Erleben und eindeutig identifizierbaren physiologischen Korrelaten als illusorisch gelten muss. Das reduktive Element, das in der eigentlichen Naturwissenschaft so erfolgreich war, also die Rückführung komplexer Phänomene auf einfache, zugrunde liegende Strukturen, muss in der Psychologie mindestens in seiner einfachen Variante weiterhin als gescheitert angesehen werden.

Interessanterweise hatte sich die Psychologie der Wiener Schule – in Abgrenzung von der Philosophie und von der Medizin – völlig unbekümmert um die zeitgleich in Wien sich etablierende Psychoanalyse entwickelt. Dies mag für den Außenstehenden merkwürdig sein, da diese Entwicklungen ja eigentlich „um die Ecke herum“ stattfanden. Aufgrund der erwähnten Tendenzen der Psychologie, sich strikt auf von außen beobachtbare Daten zu stützen, um den Anschluss an die Naturwissenschaft zu gewinnen, ist diese getrennte Entwicklung als Selbstschutzmechanismus des neuen Faches jedoch gut zu verstehen. Bereits Wundt hatte in verschiedenen Publikationen darauf hingewiesen, dass es für die wissenschaftliche Akzeptanz der Psychologie notwendig sei, vor allem leicht zugängliche, alltagspsychologische Phänomene und solche, die dem Bereich des Alltagsbewusstseins angehören, zu beforschen. Damit war eine implizite Ächtung der tiefenpsychologischen Methodik Freuds verbunden, der sich ja vor allem den unbewussten Prozessen der Psyche zuwandte. Vermutlich hängt die Ausgrenzung der psychoanalytischen Forschungsmethodik von einem Großteil der akademischen Psychologie mit dieser von Wundt beeinflussten und auf ihr aufbauenden Forschungstradition zusammen und dürfte auch im Bereich des Wiener Psychologischen Instituts mindestens indirekt wirksam gewesen sein. Dazu kommt, dass die empirische Psychologie, Brentano und Mach folgend, sich dem parallel zu ihr in Wien entwikkelnden Forschungsmodell des logischen Positivismus als der damaligen Speerspitze der empirischen Wissenschaftstheorie einfügten. Dieser stellt „harte", von allen Menschen, und vor allem von außen beobachtbare Beobachtungsdaten an die Basis aller Wissenschaft. EEG-Methodik, Verhaltensbeobachtung und Objektivierung im Test, mit denen die empirische Psychologie zu arbeiten begann, passte sehr gut in dieses Forschungsmodell und galt daher als „wissenschaftlich". Das Verstehen von psychischen Inhalten, das Übersetzen metaphorischer Sprache, wie der Traumsprache oder der Sprache von Fehlhandlungen, das letztlich nur in der Evidenzerfahrung einer engen Zweierbeziehung gelingen kann und schon deshalb nicht komplett verobjektivierbar ist – diese völlig andere Methode, die die Psychoanalyse favorisierte, musste zu einem Schulenstreit führen. Die internen Streitereien der analytischen Schulen waren außerdem nicht dazu angetan, dieses Verhältnis einfacher zu gestalten. Die Psychologie, die um ihre Anerkennung als wissenschaftlich-akademische Disziplin genauso, wenn nicht sogar mehr zu ringen hatte wie die Psychoanalyse, konnte sich natürlich nur durch strikte Abgrenzung, durch Anlehnung an die verobjektivierende Art der Empirie des Positivismus und durch weites Hinüberlehnen zu den Naturwissenschaften im eigentlichen Sinne des Wortes jene Anerkennung als Wissenschaft verschaffen, die sie sich wünschte. Obwohl also die Psychologie gerade in Wien durch Brentano eine gemeinsame Wurzel mit der Psychoanalyse hatte, waren doch aufgrund der unterschiedlichen wissenschaftstheoretischen Grenzziehungen und methodischen Festlegungen völlig andere und sich teilweise feindlich gegenüberstehende Wissenschaftssysteme entstanden. Wenn wir es recht sehen, dann ist erst heute die Zeit gekommen, wo man das Nebeneinander unverkrampfter sehen kann und möglicherweise sogar wechselseitige Befruchtung durch unterschiedliche Methodik erkennen kann, die die Schwächen und Lücken der eigenen ergänzt [15]. Dies scheint für beide Seiten zu gelten, da die empirische Psychologie vermehrt zu narrativen, qualitativen und hermeneutischen Methoden zurückkehrt und die psychoanalytische Therapieforschung sich Methoden der Psychotherapieforschung zum Beleg ihrer Wirksamkeit bedient, die dem objektivierenden Forschungsansatz entwachsen sind.

9.7 Die Würzburger Schule und die Grundlegung der Gestaltpsychologie

Die Weiterverbreitung der wundtschen Auffassung der Psychologie wurde vor allem durch Oswald Külpe (1862–1915) betrieben, der bei Wundt studiert hatte und ein neues psychologisches Institut in Würzburg gründete. Dort richtete er seine Aufmerksamkeit vor allem auf Fragen der Denk- und Willenspsychologie. Sein Einfluss ist deswegen von Bedeutung, weil er später auch noch psychologische Institute in Bonn und München gründete und damit die empirisch-experimentelle Methode für die gesamte Psychologie in Deutschland verbreitete. Karl Bühler, der für die Wiener Schule von Bedeutung wurde, und sein Schüler Narziß Ach (1871–1946) führten diese Denkpsychologie weiter in eine Richtung, die Brentano eingeschlagen hatte. Ach versuchte Willensprozesse durch reine Introspektion zu ergründen. Die Denk- und Willenspsychologie Narziß Achs war ganz der deskriptiven Psychologie Brentanos verpflichtet. Ach wollte allein durch innere Erforschung des Willensaktes, durch das, was geschieht, wenn jemand etwas anstrebt, Klarheit über die psychologische Natur des Willens erhalten. Diese introspektive Methode, wie sie von Brentano als grundlegend empfohlen wurde, scheiterte aber an der Erforschung des Willens, weil immer klarer wurde, dass mit ihr das Entstehen der psychischen Ereignisse selber, ihre Bedingung und ihr Zustandekommen nicht ergründbar sind, sondern nur das Resultat. Dieses Resultat aber ist in der bewussten Auffassung „immer schon" bedingt durch die vorbewussten und nicht bewusstseinsfähigen Prozesse, wie wir heute sagen würden. Diese Prozesse mussten dem introspektiven Ansatz verborgen bleiben und deswegen war diese Methode letztlich auch für den empirisch-analytischen Ansatz der Psychologie nicht weiter fruchtbar.

Fruchtbar wurde diese Methode hingegen für die Gedächtnisforschung, die von Ebbinghaus in Berlin begründet wurde. *Hermann Ebbinghaus* (1850–1909) versuchte durch einfache Experimente herauszufinden, wie das menschliche Gedächtnis funktioniert. Er deckte dabei so grundlegend gültige Prozesse auf wie Positionseffekte des ersten und des letzten Platzes, die besagen, dass man sich diejenigen Gegenstände, die am Anfang und am Schluss einer Gedächtnisreihe stehen, am leichtesten merken kann. Er entdeckte die Gedächtnisspanne und die Tatsache, dass es so etwas wie Langzeit- und Kurzzeitgedächtnis gibt, und viele andere Details, die später in der Gedächtnisforschung übernommen wurden. Dies alles basierte zunächst auf einfacher Introspektion der Probanden, die über das Auskunft geben, was sie z. B. erinnern. Insofern war also die deskriptiv-introspektive Psychologie nicht umsonst, sondern ist vor allem dort noch Grundlage, wo sich der Forscher auf die introspektiven Daten einer Versuchsperson und nicht auf seine eigenen stützt. Während die Introspektion als Methode der Eigenbeobachtung zum Zwecke der Forschung eigentlich nur noch in der klinischen Psychologie von Belang ist, wurde sie nach Narziß Ach nicht mehr als methodisch legitimer Zugang zu Gesetzmäßigkeiten der Psychologie gesehen. Dennoch blieb der Ansatz, wie ihn Ebbinghaus weiterführte, nämlich die Introspektion und der Bericht über das, was eine Versuchsperson erlebt und berichtet, weiterhin legitimer Zugang der Psychologie. Und wenn wir heute von objektiven Daten sprechen, wenn wir uns etwa auf die Selbsteinschätzung von Menschen in Fragebögen stützen oder auf die Ergebnisse eines kognitiven Leistungstests, wenn wir lautes Denken verwenden, um die Problemlösungsoperationen einer Versuchsperson nachzuvollziehen, so darf uns diese Redeweise nicht darüber hinwegtäuschen, dass wir es dem Charakter und der Substanz nach immer noch mit introspektiven Daten zu tun haben, die sich in diesem Fall auf die naive Introspektion von Versuchspersonen stützen und nicht auf die geschulte Introspektion eines Forschers. Insofern wurde dieser genetisch introspektive Ansatz der Psychologie, wie er von Brentano und anderen grundgelegt, von der Würzburger Schule ausgebaut und von Ebbinghaus zur Basis der

Gedächtnisforschung gemacht wurde, von der Psychologie bis heute nicht aufgegeben.

Im Jahre 1890 veröffentlichte *Christian von Ehrenfels* (1859–1932) seine Arbeit über Gestaltqualitäten. Darin beschrieb er die Tatsache, dass die Wahrnehmung nicht nur aus Einzelelementen Ganzheiten aufbaut, sondern insgesamt gestalthaft vorgeht und Gestaltprinzipien zugrunde legt. Wenn wir beispielsweise eine Melodie hören, so setzen wir nicht die Melodie aus Einzelnoten zusammen, sondern sie tritt uns sogleich in gestalthaften Einheiten gegenüber. Das Gleiche gilt für optische Wahrnehmungen. Diese Arbeit wird als Geburtsstunde der Gestaltpsychologie angesehen, die auch zunächst von der Würzburger Schule beeinflusst war, sich dann aber durchaus selbstständig weiter entwickelte. Indirekte Einflüsse kommen auch hier von Brentano, der ja die Bedeutung der inneren Phänomenologie der Analyse der inneren Prozesse in seiner empirischen Psychologie zur Grundlage gemacht hatte. Nun hatte man also entdeckt, dass die Erfahrung und die Wahrnehmung nicht nur analytisch zu zergliedern sei in Einzelelemente, wie Wundt das vorschlug, sondern auch ganzheitliche gestalthafte Qualitäten besitze. Nicht nur werden viele kleine Punkte zu einer Gesamtheit zusammengebildet, sondern das Prinzip des Gesamthaften fasst zuallererst die vielen kleinen Punkte zu einem Ganzen zusammen. Abbildung 9.1 verdeutlicht dies: Wir sehen im Normalfall sofort ein „A“, obwohl es sich eigentlich nur um 8 Punkte handelt, egal wie groß oder klein die Gestalt ist, solange die Abstände zwischen den Punkten im Verhältnis zu ihrer Größe nicht zu groß werden, auch, wenn sie leicht verzerrt sind.

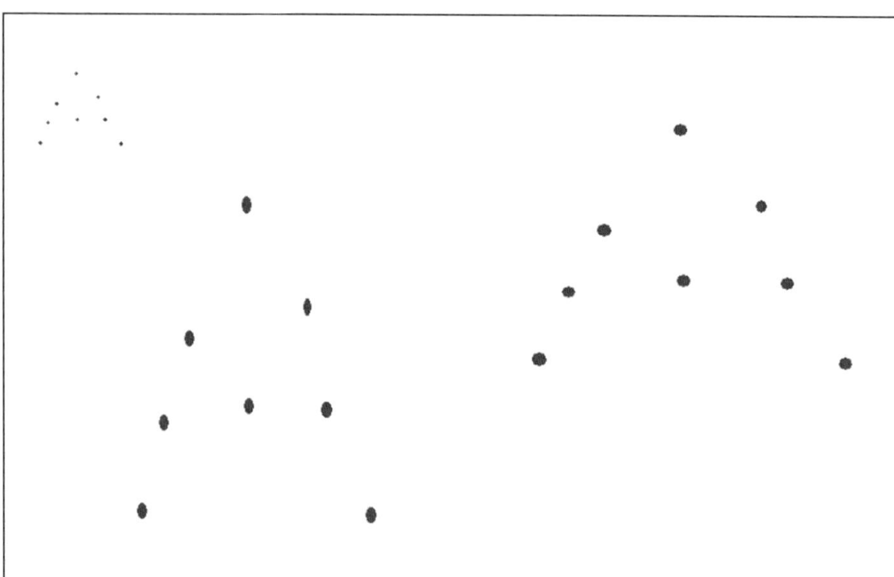

Abb. 9.1: Gestalt aus 8 Punkten, die normalerweise sofort zur Wahrnehmung eines „A" unabhängig von Form und Größe synthetisiert wird.

Die Gestaltpsychologen richteten in der Folge ihre Aufmerksamkeit auf diese ganzheitlich-synthetischen Eigenschaften der Wahrnehmung. Damit bildeten sie einen Gegensatz zur atomistischen Schule, die von Wundt begründet wurde. Während diese atomistisch-analytische Herangehensweise versuchte, einfachste Einzelelemente des psychischen Geschehens zu finden, versuchten die Gestaltpsychologen die gesamthaften Qualitäten zu ergründen. Die Arbeiten von Kurt Koffka, Max Wertheimer, Wolfgang Köhler und Kurt Lewin wurden grundlegend für viele spätere Entwicklungen [18–20, 32]. Sie bekämpften zunächst heftig die wundtschen experimentellen Ansätze. Dabei geht es weniger darum, dass die Methodik der empirischen Psychologie angezweifelt wurde, sondern die Vorannahmen, dass eine Analyse möglichst einfacher, ja simpler Wahrnehmungsvorgänge die Grundlage der Wahrnehmung entschlüsseln würde. Die Gestaltpsychologen fokussierten viel stärker auf die Strukturierungsgesetze der Wahrnehmung: Gesetze, die die aktive Rolle der Wahrnehmung beim Wahrnehmen und Denken beschreiben. Wenn wir beispielsweise zweideutige Gestalten sehen, so werden Tendenzen unserer Wahrnehmung dazu führen, dass wir diese Gestalten im Hinblick auf ein vollständiges und befriedigendes Wahrnehmungsergebnis schließen, wie dies etwa bei Abb. 9.1 der Fall ist. So postulierten die Gestaltpsychologen etwa das Gesetz der Guten Gestalt: Psychologische Prozesse würden, so sagten sie, dazu hin tendieren, unfertige Situationen zu schließen. In der Wahrnehmung führt dies eben zur Festlegung auf eine bestimmte Gestalt und in der klinischen Situation ergibt sich daraus das Bedürfnis, unfertige Situationen der Vergangenheit so lange zu bearbeiten bis sich eine „gute Gestalt“ ergibt. Dieser Impuls wurde später von Fritz Perls, dem Gründer der Gestalttherapie, aufgegriffen (vgl. später). Andere von den Gestaltpsychologen beschriebene Gesetze sind z. B. die Bedeutung des Kontextes für einen Stimulus oder die aktive Strukturierung der Wahrnehmung. Abb. 9.2 zeigt ein weiteres Beispiel für die aktive Strukturierung, die unsere Wahrnehmung vornimmt, indem der Kontext einen zweideutigen Stimulus (in der Mitte des Bildes) einmal als Buchstabe („B“) und einmal als Zahl („13“) erscheinen lässt.

Abb. 9.2: Zweideutiger Stimulus (Mitte) erscheint je nach Kontext anders.

Während die experimentell-atomistische Psychologie von Wundt ihre Tradition nahezu ungebrochen entfalten konnte, war die Gestaltpsychologie zumindest in Deutschland nur in ihrer Blütezeit bedeutsam und blieb aufs Ganze gesehen wenig einflussreich. Dies mag daran liegen, dass zu Beginn und in den Anfangsjahren einer jungen Wissenschaft so komplexe Zugangsweisen wie die der Gestaltpsychologien zu kompliziert und zu wenig grundlegend erschienen. Ein anderer Grund liegt sicher darin, dass die Mehrzahl der Gestaltpsychologen im Zuge der nationalsozialistischen Umgestaltung der „deutschen" Wissenschaft Deutschland verließen und auswanderten. So sind praktisch alle namhaften Gestaltpsychologen (Wertheimer, Perls, Köhler, Koffka, Lewin) vor oder im Krieg aus Deutschland ausgewandert und haben sich in den Vereinigten Staaten eine neue Existenz aufgebaut. Da sie dort teilweise ein relativ schlechtes akademisches Umfeld hatten, etwa keine Promotionsstudenten betreuen konnten, war ihr Einfluss begrenzt. Der einzige namhafte Vertreter der Gestaltpsychologie nach dem Krieg in Deutschland war Metzger in Münster.

Während die wesentlich einfacheren Herangehensweisen und theoretischen Prämissen der atomistischen Psychologie lange die Psychologie dominierten, zeigen vor allem neuere Erkenntnisse, dass der ganzheitlich-gestalthafte Ansatz der Gestaltpsychologen wissenschaftlich vielleicht sogar die Wahrnehmungsprozesse besser beschreiben kann. Denn die moderne Neuroforschung hat z. B. ergeben, dass Wahrnehmung eben durchaus sehr stark von unseren neuronalen Prozessen zunächst strukturiert und gefiltert wird, bevor wir zu einem endgültigen Perzept der Wirklichkeit gelangen. Unsere Repräsentation von Wirklichkeit baut sich eben nicht wie ein pointillistisches Gemälde aus vielen kleinen Einzelatomen auf, sondern sie wird von motivationalen und hochinferenten Filterprozessen strukturiert und geprägt. Technisch gesprochen ist Wahrnehmung nicht nur ein Akt des Aufbaus von Wahrnehmungsgegenständen „von unten – bottom up", von den Sinnesorganen bis hin zum fertigen Wahrnehmungsgegenstand in unserem Bewusstsein. Vielmehr wirken viele Steuerungsprozesse „von oben – top down" von Anfang an mit. Diese spiegeln beispielsweise unsere Motivationslage, die vorgibt, ob und was wir wahrnehmen wollen. Sie beinhalten auch den Kontext und die affektive Stimmung, die den Eingang der Sinneskanäle modulieren und damit bestimmen, was wir wie wahrnehmen und was nicht. Sie enthalten viele Vergleichsdaten aus der Erfahrung, mit denen die Eingangsdaten schon bevor sie bewusst werden verglichen werden.

Insofern könnte man sagen, dass der Impuls der Gestalttheorie ein bis zwei Wissenschaftlergenerationen zu früh kam, bevor er durch die Tradition und Analyse der modernen empirischen Wissenschaft bestätigt wurde. Köhler beispielsweise, der bereits während des Ersten Weltkrieges auf der deutschen Primatenstation in Teneriffa mit Primaten experimentierte und deren Problemlösungsverhalten studierte, beharrte darauf, dass es auch bei Affen und Primaten so etwas wie Einsicht in Problemsituationen und plötzliche Erkenntnis gäbe, die z. B. dazu führt, dass sie Werkzeuge benützen und konstruktiv an neuen Situationen Problemlöseverhalten anwenden, ohne dass dies durch viele Versuche und Irrtum aus psychischen Einzelerfahrungen zusammengesetzt wird, wie dies der Behaviorismus lange Zeit postulierte. Heute, so kann man sagen, ist der wundtsche Ansatz der empirisch-experimentellen Forschung, der zunächst atomistisch und assoziativ vor sich geht und damit die moderne allgemeine Psychologie und Kognitionswissenschaft begründete, in der modernen Kognitionspsychologie mit der zunächst ihm antagonistisch gegenüberstehenden Gestaltpsychologie verschmolzen. Die Gestaltpsychologie hat der Psychologie viele andere Impulse gegeben, die noch keineswegs aufgearbeitet worden sind. Kurt Lewin z. B. hat eine Feldtheorie des sozialen Lebens aufgestellt, in der die einzelnen Elemente eine soziale Gestalt werden. Diese Grundgedanken werden von verschiedenen modernen Ansätzen der Gruppenpsychologie aufgegriffen.

Fritz Perls, der in Berlin sowohl Kontakt zu Wertheimer als auch zur frühen Psychoanalyse hatte, übernahm viele Grundbegriffe der Gestaltpsychologie und übertrug sie in den klinischen Bereich. Grundlegend für die Perlsche Gestalttherapie sollte der Begriff von der Tendenz zur Schließung der Gestalt werden. Er sah auffälliges oder klinisch abweichendes Verhalten als Hinweis dafür, dass bestimmte persönliche Situationen und affektive Erfahrungen der Vergangenheit nicht zum Abschluss gelangen konnten und deswegen immer noch nach Schließung der Gestalt drängen. Damit wurde er zum Begründer einer wichtigen klinischen Schule der Psychologie, in der sich die Anfänge psychologischen Denkens und Forschens bis hinein in unsere Zeit auswirken.

9.8 Klinische Psychologie

Historische Voraussetzungen

Als einen Ahnherrn der Klinischen Psychologie darf man den Arzt und Naturforscher Franz Anton Mesmer (1734–1815) ansehen [9–11]. Mesmer wurde bekannt durch seine Lehre vom „animalischen Magnetismus“ und seine spektakulären Heilerfolge. Er hatte eine Ausbildung als Arzt und Naturwissenschaftler genossen und war dabei auf die damals modernen Lehren vom physikalischen Magnetismus gestoßen. Als Arzt begann er die Idee zu entwickeln, dass möglicherweise psychische Phänomene und Krankheiten überhaupt durch therapeutisch angewandten Magnetismus zu behandeln seien. Er ging dabei davon aus, dass auch Menschen so etwas wie magnetische Kräfte entwickeln und übertragen könnten, und nannte dies den „animalischen Magnetismus“. Er praktizierte diese neue Technik in Wien, wo er sich niedergelassen hatte und durch Heirat in ein nobles und hochstehendes Haus auch Zugang zu höheren gesellschaftlichen Kreisen erhielt. Bekannt wurde er schließlich durch die Heilung einer jungen blinden Pianistin, die als „Jungfer Paradies“ in die therapeutische Geschichte einging. Diese junge Frau scheint eine begnadete Pianistin gewesen zu sein, die, blind und von daher besonders attraktiv für das Publikum, offensichtlich eine große künstlerische Ausdruckskraft besaß. Diese wurde von Mesmer durch Anwendung seiner Magnetisierkunst von ihrer Blindheit geheilt. Als später dann ihr Ruf verblasste, weil sie eben keine blinde, sondern eine ganz gewöhnliche Pianistin war, hat sie sich bei Mesmer beschwert und scheint tatsächlich wieder erblindet zu sein. Daraus schließen heutige Autoren, dass es sich dabei nicht um die Heilung einer kompletten Blindheit gehandelt habe, sondern um die Beeinflussung eines hysterischen Phänomens.

Mesmer wurde durch diese und andere ersten Heilungen sehr bekannt und hatte bald großen Zulauf. Er übersiedelte nach Paris, wo er eine große private Ambulanz unterhielt, zu der Patienten aller Gesellschaftsschichten strömten und sich behandeln ließen. Er bestrich dabei Metallkörper, die er in Wasserbottiche – sogenannte Baquets – tauchte, um so das Wasser zu „magnetisieren". An diesen Baquets saßen oftmals mehrere Kranke und hielten sich dabei fest, um die magnetische Kraft auf ihre Körper übergehen zu lassen. Im Hintergrund spielte dezent ein Kammerorchester, um den heilenden Einfluss des Magnetismus zu verstärken. Mesmer hatte damit eine erste therapeutische Klinik auf psychologischer Grundlage aufgebaut, wiewohl er selber dies sicher anders gesehen hätte. Er war der Meinung, dass sich hinter dem animalischen Magnetismus eine handfeste physikalische Wirklichkeit verberge, die die Krankheitsvorgänge im Organismus beeinflussen würde. Wie genau dies vonstatten ging, war ihm wohl selber nicht ganz klar, aber er meinte, dass durch den animalischen Magnetismus Fehlströme und Fehlleitungen einer körpereigenen Energie wieder ins Lot gebracht würden.

Wie auch immer die zugrunde liegende Theorie zu bewerten ist, Mesmer muss unglaubliche Therapieerfolge gehabt haben. Anders ist es nicht zu erklären, dass er fast zu einer Kultperson im aufgeklärten Frankreich wurde. Dies führte so weit, dass schließlich die Akademie der Wissenschaften dazu aufgefordert wurde, das Phänomen des animalischen Magnetismus zu überprüfen. Es ist vielleicht eine gewisse Tragik der Geschichte, dass Mesmer selbst sich dieser Untersuchung entzog und stattdessen einen Schüler und Anhänger zu dieser Untersuchung beorderte. Da dieser aber erst seit relativ kurzer Zeit Anhänger und Schüler Mesmers war, konnte jeglicher Misserfolg immer auf diese mangelnde Vertrautheit mit dem System des animalischen Magnetismus geschoben werden. Deswegen konnte Mesmer – teilweise zurecht – später immer sagen, dass nicht er und seine Lehre untersucht worden seien. Ein Argument, auf das sich auch heutige Mesmerianer noch gerne stützen. Untersucht wurde also im Jahre 1784 an der Académie Francaise de sciences Prof. d'Eslon, der Dekan der medizinischen Fakultät und ein überzeugter Mesmer-Anhänger war. Er sollte verschiedene Personen, vor allem solche, die an psychischen Krankheiten, vor allem an Hysterie, litten, durch die Anwendung eines Magnetstabes behandeln. Als Neuerung wurde methodisch eingeführt, dass zwischen der Person und dem Behandler ein Vorhang gespannt wurde, sodass die behandelte Person nicht erkennen konnte, wann ein Magnetstab in ihrer Körpernähe tatsächlich angewandt wurde und wann nicht. Durch eine der ersten verblindeten klinischen Untersuchungen in der Geschichte zeigte sich sodann, dass der visuelle Kontakt zum Behandler durchaus notwendig für den therapeutischen Erfolg der Behandlung war, der auch in dieser Untersuchung belegt werden konnte. Allerdings war die Behandlung dann erfolglos, wenn der Sichtkontakt zum Behandler durch den Vorhang unterbrochen war. Man konnte also daraus folgern, wie die Akademie dies dann tat, dass das Phänomen des animalischen Magnetismus nicht zweifelsfrei bewiesen worden sei. Oder man könnte modern gesprochen folgern, dass für das Auftreten des Erfolges auch noch gewisse psychologische Bedingungen erfüllt sein müssen. Übrig blieb von der wissenschaftlichen Untersuchung des Mesmerismus innerhalb der wissenschaftlichen Gemeinschaft die Überzeugung, dass die klinischen Phänomene, die Mesmer erzeugt hatte, offensichtlich ernst zu nehmen und tatsächliche Heilungen sind, diese aber nicht durch Magnetismus, sondern durch psychologische Prozesse vermittelt seien. Damit wurde Mesmer zum Stammvater der Hypnosetherapie, und für die Forschung zeigte sich an diesem Beispiel die Bedeutung und die Macht der Suggestion.

Mesmer selber und seine Anhänger bezweifelten dieses Ergebnis heftig, und so gibt es auch heute noch Stimmen, die davon ausgehen, dass Mesmer ein „reales" Phänomen entdeckt habe, das in anderen wissenschaftlichen Weltbildern unter dem Titel „Lebenskraft", „Chi", „Prana", „Lebensenergie" bekannt sei. Die moderne Naturwissenschaft westlicher Prägung folgt der Tradition der Pariser Akademie und ihrer Interpretation und sieht in Mesmers therapeutischer Kraft eher einen Beleg für die Wirksamkeit der Hypnose und Suggestion, als einen feinstofflich-materiellen Prozess. Eher esoterische und wissenschaftlich nicht einflussreiche Interpretationen hingegen meinen, hinter diesem Phänomen verberge sich eine Art neuer, noch nicht bekannter und messbarer Energie. Dies ist mit dem Wort „feinstofflich" bezeichnet. Oft wird dabei ein Rückgriff auf die alte indische Yoga-Psychologie gemacht, der solche feinstofflichen, also zwar materielle, aber nur besonders feiner Wahrnehmung zugänglichen Bereiche bekannt sind.

Ohne diese Frage jetzt im Letzten beantworten zu wollen, ist es historisch wichtig festzuhalten, dass das Erbe Mesmers in die Entwicklung der klinischen Psychologie eingegangen ist. Vor allem die französische Schule der Neurologie und der Psychiatrie hat dieses Erbe Mesmers aufgegriffen und mit ihren Hauptvertretern Charcot, Bernheim und Janet gezeigt, dass Hypnose und Suggestion ein mächtiges therapeutisches und diagnostisches Instrument sein können [10].

Charcot, Bernheim und Janet

Die französische Schule, deren Hauptvertreter Jean-Martin Charcot (1825–1893) und Pierre Janet (1859–1947) in Paris, sowie Hippolyte Bernheim (1840–1919) in Nancy waren, ging von einer Neurasthenie-Theorie der psychischen Krankheiten aus. Damit ist gemeint, dass die „Nervenkraft" das Funktionieren unserer psychologischen und kognitiven Vorgänge garantiert. Nimmt diese Nervenkraft ab und nervöse Anspannung zu, so kommt es zu psychischen Krankheiten. Hypnose und Suggestion wurde von diesen Ärzten dazu verwendet, um einerseits die Effekte ihrer Theorien zu untersuchen und zu demonstrieren, andererseits um sie zu therapeutischen Zwecken einzusetzen. Wenn man durch Hypnose und Suggestion einen Geisteszustand erzeugen kann, der dem einer Hysterie ähnlich ist, so die Überlegung, dann muss die Hysterie durch ähnliche natürliche Prozesse ausgelöst werden. Andererseits, dies ist eine logische Folgerung, müsste die Hysterie durch ebensolche Vorgänge auch wieder heilbar werden. So studierten also diese Ärzte die Effekte von Hypnose und Suggestion an Kranken und Gesunden. Hysterie, eine Krankheit die man Problemen in der weiblichen Gebärmutter zuschrieb, war damals ein weitverbreitetes Problem. Frauen litten häufig an unerklärlichen Schmerzsyndromen, hatten Lähmungen oder berichteten über sonstige außergewöhnliche körperliche Zustände, für die man sich keine Erklärung zurechtlegen konnte. Gerade bei solchen Patientinnen schien Hypnose die geeignete Methode zu sein. Die Lehre aus Franz Anton Mesmers therapeutischen Bemühungen war, dass mit Hilfe solcher therapeutischer Rituale eben sehr wohl über die psychologische Einflussnahme körperliche Krankheiten behandelbar waren. Und so ergab sich ein reichhaltiges Forschungsprogramm [25].

Zahlreiche angehende Neurologen, Ärzte und Forscher aus anderen Ländern wohnten den Demonstrationen, Übungen und Vorlesungen der französischen Lehrer bei. Zu ihnen zählten Freud, C. G. Jung und der Genfer Psychologe Flournoy. Über Freud ging diese Tradition in die klinische Tiefenpsychologie ein. Flournoy, der einen wichtigen und bedeutsamen separaten Einfluss auf Carl Gustav Jung hatte, vermittelte damit diese Tradition auch in die zweite mächtige Strömung der analytischen Psychologie [33, 34]. Breuer und Freuds Studien zur Hysterie 1909, die man gemeinhin als die Geburtsstunde der Psychoanalyse ansieht, sind zunächst nichts anderes als Fallbeschreibungen von Krankheits- und Therapiegeschichten vermittels Hypnose [7]. Mit hypnotischen Methoden wurde dabei eine Patientin, Anna O., behandelt, die unter hypnotischer Induktion von traumatischen Erlebnissen in ihrer Kindheit berichtete und sich anschließend, obwohl amnestisch, also erinnerungslos, für das was sie unter Hypnose sagte, dennoch erleichtert zeigte. Viele Sitzungen hypnotischen Diskurses, den Anna O. selber als „talking cure" bezeichnete, wurden so dokumentiert und zeigten, dass Material, das für die bewusste Psyche des Alltagsbewusstseins unzugänglich ist, unter anderer Bewusstseinslage, nämlich in einem hypnotischen Zustand, durchaus erinnerbar wird. Dies ließ Freud und Breuer darauf schließen, dass es so etwas wie ein unbewusstes Reservoir vergangener traumatischer Erlebnisse geben müsse, welches durch bestimmte psychologische Methoden zugänglich gemacht werden könne. Daraus ergab sich eine Trauma-Theorie der Neurosen: Das Trauma entsteht, so die Vermutung, in früherer Kindheit, wird vergessen oder aktiv verdrängt und lebt ein stilles verborgenes Leben im Untergrund der Psyche, von wo aus es die traumatischen und hysterischen Symptome produziert. Suggestion und Hypnose kann dann zu einer Reinigung von unterdrückten Gefühlen und Erinnerung führen, so war mindestens diese ursprüngliche Theorie, und somit zur Heilung beitragen. Freud widerrief diese Ansicht später und bestand darauf, dass die reine Wiedererinnerung und Abreaktion, die Katharsis, keinen therapeutischen Wert habe, wenn nicht eine Einsicht in die Ursachen und Gründe der eigenen klinischen Anteile bestünden. Freud war auch der Meinung, dass die erinnerten Traumata und sexuellen Übergriffe aus der Kindheit keinen Realitätsgehalt hätten, sondern vielmehr der Fantasie der Kinder entspringen würden, woraus er später seine Theorie der frühkindlichen Sexualität und ihrer Unterdrückung machte, die angeblich am Grund der neurotischen Symptome liegen soll.

Die eigentlich hypnotherapeutische Tradition wirft deswegen Freud auch Verrat an den traumatisierten Patienten vor und behauptet, genau dies sei das Ergebnis der hypnotischen Exploration von Patienten gewesen, dass frühe Traumata am Grund ihrer Störung lägen und diese müsse man auch als solche ernst nehmen. Daraus entwickelte sich eine frühe Spaltung der klinischen Tradition in die psychoanalytische, die die Bedeutung der persönlichen Verarbeitungsprozesse, der Phantasie und der eigenen Anteile, am frühen Störungsgeschehen betont, und die Analyse als Bearbeitung der Widerstände gegen das Erinnern in den Vordergrund stellt, und eine hypnotherapeutische Tradition, die die ursprüngliche Trauma-Theorie aufrechterhält. Diese geht davon aus, dass durch Erinnern Heilung und Verarbeitung geschieht. Moderne Hypnotherapeuten würden zwar vermutlich nur in seltenen Fällen davon ausgehen, dass in der Hypnotherapie rekonstruierte traumatische Situationen ein exaktes Abbild der ursprünglich traumatisierenden Erfahrung darstellen; sie würden aber gleichwohl darauf beharren, dass diese Traumaerlebnisse ursächlich für die Störung und ihre Erinnerung und Integration, ursächlich für eine Heilung sind.

Freud und die Psychoanalyse

Sigmund Freud (1856–1939) hatte sich zwar zunächst als Mediziner, Physiologen und Neurologen gesehen, später aber als Psychologen bezeichnet. Ihm gebührt das Verdienst, die Psychoanalyse als psychologische Forschungs- und Behandlungsmethode entwickelt und damit eine Bewegung in die Welt gesetzt zu haben, die aus der modernen Psychologie nicht mehr wegzudenken ist [9, 23]. Viele Psychologen, vor allem diejenigen, die aus der empirischen und experimentellen Tradition kommen, verwalten das Erbe Freuds und der Psychoanalyse mit großer Skepsis, oft sogar mit Feindseligkeit. Dies ist verständlich vor dem Hintergrund der völlig verschiedenen historischen Quellen, Forschungstraditionen und epistemologischen Grundannahmen. Historisch gesehen ist diese Feindseligkeit, die z. B. auch darin sichtbar ist, dass kaum Vertreter der psychoanalytischen Richtungen Lehrstühle an psychologischen Instituten haben, jedoch eher abwegig. Denn die Psychoanalyse muss als Kristallisationspunkt mannigfaltiger Traditionsstränge gesehen werden (Abb. 9.3).

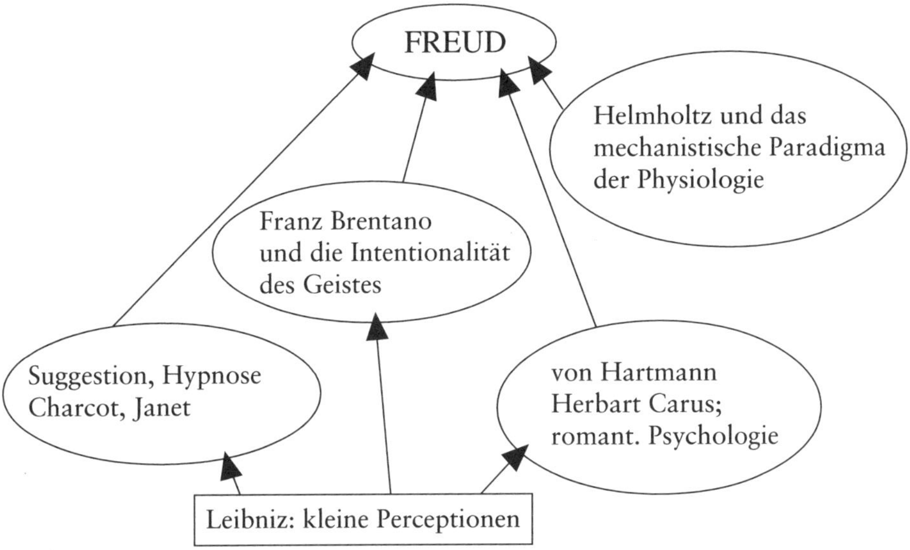

Abb. 9.3: Einige der wichtigsten Traditionsstränge, die in der freudschen Psychoanalyse vereinigt sind.

Wir haben sie verschiedentlich skizziert und wollen sie hier noch einmal kurz zusammenfassen: Freud hörte Vorlesungen bei Jean-Martin Charcot (1825–1893) in Paris und bei Liebeault (1823–1904) sowie Bernheim (1840–1919) in Nancy. Von dort hatte er die Bedeutung der Suggestion, der Hypnose und der Idee einer Tiefenschicht der Psyche, die durch psychologische Methoden zugänglich sei, übernommen. Freud hörte in Wien die Vorlesungen Franz Brentanos und dessen Idee einer empirischen Psychologie, die durch unmittelbare Einsicht und Introspektion in die psychischen Vorgänge Aufklärung über die Gesetzmäßigkeiten des Seelenlebens bringen können soll. Die Idee des Unbewussten selbst, das sahen wir bereits bei der Diskussion von Leibniz, ist keineswegs neu. Leibnizens „kleine Perceptionen" bieten das philosophiehistorische Reservoir dieses Gedankens, welches vor allem später in der romantischen Philosophie, vermittelt durch Herder, Hegel und Schelling, vielfältig aufgegriffen wurde und geradezu zu einem *locus classicus* der Romantik wurde. Dort war ja der Gegensatz zwischen der dunklen Nacht der Natur und des Unbewussten gegen die Helligkeit des Geistes oftmals Gegenstand der literarischen und kulturellen Diskussion. Formuliert wurden diese Gedanken von Autoren wie Carus, Schopenhauer, Herbart und von Hartmann [34, 36]. Freud konnte also auf die grundlegende Gedankenwelt eines irgendwie gearteten Unbewussten zurückgreifen und hatte den Begriff keineswegs erfunden. Hinzu kommt, dass Freud durch seine medizinische Ausbildung, sein Studium bei Helmholtz, und durch andere Quellen der aktuellen medizinischen Wissenschaft von einem impliziten Maschinenparadigma des Körpers ausging. Dieses übertrug er mehr oder weniger bewusst auf die Seele. So ähnlich, wie sich der Mediziner des 19. und 20. Jahrhunderts den Körper als komplexe Maschinerie vorstellt, stellte sich Freud auch die Psyche vor. Seine Terminologie ist häufig die eines Dampfmaschinenkonstrukteurs oder -kontrolleurs. Dort wird von „Druck" gesprochen und von „Ausgleich", von „Ventilen" und „Ablassen". Die Idee der kommunizierenden Röhren und des hydraulischen Drucks, der in kleinen Schläuchen große Gewichte bewegen kann, standen für all diese Gedanken Pate, die Freud in seiner Psychoanalyse weiterentwickelte. Und wer jemals Bilder aus Descartes „Traité de'l homme" gesehen hat weiß, dass schon Descartes eine solche Vorstellung vom Organismus entwickelt hat.

Mit dem Aufweis der historischen Quellen eines Autors soll keineswegs dessen Originalität oder Leistung geschmälert werden. Auch hier soll Freuds Genie nicht verringert werden dadurch, dass man ihm nachweist, er habe aus Quellen geschöpft. Die Quellen standen ja jedermann zur Verfügung. Freuds Leistung war es, aus diesen Quellen eine einigermaßen einheitliche Richtung und Schule zu begründen. Das Unbewusste als der dynamische Motor des Seelengeschehens, das frühkindliche oder kindliche Trauma als mindestens eine der Quellen von psychischer Störung und das aktive Vergessen von krankmachenden Erlebnissen sind drei Grundzüge von Freuds Werk, die jenseits der historischen Bedingtheit vieler Formulierungen und jenseits von Schulenstreitereien Bestand haben werden. Die moderne Neurowissenschaft zeigt beispielsweise, dass wesentliche Prozesse, die unser Verhalten steuern, weder bewusst sind noch bewusst werden können. Sie zeigt auch, dass Prägungen und Bahnungen dieser Prozesse sehr früh grundgelegt werden und oftmals kaum mehr modifizierbar sind [8, 23, 25, 27, 29]. Das dynamische, also motivationsvermittelnde, Unbewusste Freuds hat sich in der modernen Neurowissenschaft zum kognitiven, also informationsverarbeitenden, Unbewussten gewandelt. In ihm findet man die Grundlage unseres kognitiven geistigen Funktionierens, von dem der bewusste Anteil nur einen ganz kleinen Teil ausmacht. Insofern sind sich die Grundintentionen Freuds und die Einsichten der modernen Neurowissenschaft näher als manche Wissenschaftler, die jeweils nur das eigene Lager gut kennen, vermuten würden [15].

Wissenschaftstheoretische und epistemologische Sonderstellung

Wissenschaftstheoretisch gesehen bleibt jenseits des therapeutisch-klinischen Wirksamkeitsanspruchs, den die Psychoanalyse erhebt und der noch empirisch zu klären bleibt, die Frage und die Errungenschaft einer biographisch-verstehenden Forschungsweise. Das Wesen der psychoanalytischen Situation besteht ja darin, dass ein geschulter Analytiker zusammen mit seinem Patienten aus dessen möglichst unzensierten gedanklichen und affektiven Äußerungen seelische Wirklichkeit rekonstruiert. Hatte der frühe Freud noch geglaubt, dass es sich dabei um eine naturgetreue Rekonstruktion ursprünglich gegebener Situationen handelt, so ist der späte Freud und mit ihm die spätere Psychoanalyse dazu übergegangen, diese Rekonstruktionen zu sehen als das, was sie sind: als Erzählungen, „Narrationen", und rekonstruktive Leistungen einer persönlichen Lebensgeschichte. Dass darin Wirklichkeitsgehalt eingewoben ist und reale Erfahrungen die Basis dieser Erzählungen darstellen, ist unbestritten. Dass es sich dabei aber nicht um fotografische Abbildungen einer Vergangenheit handelt, die wie auf einem Film gespeichert und abrufbar sind, dies ist sowohl Ergebnis der modernen Gedächtnisforschung als auch der klinischen Erfahrung. Allerdings erhebt die Psychoanalyse mit ihrer Methode den Anspruch, kommunizierbare, intersubjektive Wirklichkeit zu beschreiben und diese Beschreibung als veränderungsmächtig zu klassifizieren. Damit wird epistemologisch gesehen ein völlig neuer Zugang zur Wirklichkeit postuliert, der bislang nirgendwo sonst in der Wissenschaft stattfand.

Dieser neue Zugang besteht in der Erkenntnissituation: Zwei Personen versuchen die biographische Situation gemeinsam zu verstehen. Die biographische Situation aber, das Leben des Patienten, ist in keiner Weise als verobjektivierbar gegenwärtig. Selbst wenn große Teile der biographischen Narration eines Patienten erfunden sein sollten, so wäre dies doch die individuelle Wirklichkeit des Patienten, die ihm in diesem Moment gegenwärtig ist. Das hermeneutische Verständnis, das in dieser Zweiersituation entsteht, hat aber den Anspruch Wirklichkeit zu beschreiben – nämlich die individuelle Wirklichkeit eines Patienten. Die analytische Erkenntnissituation will nun aus vielen solchen Wirklichkeitsbeschreibungen abstrahierend Aussagen über das Funktionieren unseres Seelenlebens im Allgemeinen treffen. Wie die Übereinstimmung verschiedener moderner Ergebnisse der Neuroforschung mit den ursprünglichen Behauptungen Freuds zeigt, ist diese Idee auch nicht ganz abwegig. Welchen Status eine solche Forschung epistemologisch gesehen allerdings hat, ist eigentlich noch unklar. Man sieht an diesem Beispiel, dass die Wissenschaftslehre der Psychologie mehr sein muss als nur von der Chemie oder der Physik abgekupferte Epistemologie von äußeren Tatbeständen.

Angenommen, die gemeinsame klinische Arbeit zwischen Therapeut und Klientin würde ergeben, die Klientin sei in ihrer Kindheit sexuell und psychologisch missbraucht worden, eine Erhärtung der Tatsache des sexuellen Missbrauchs sei aber nicht mehr möglich, z. B. weil die betreffende Person verstorben ist oder sich weigert Auskunft zu geben. Wissenschaftlich gesehen wäre in diesem Sinne keine verobjektivierende Auskunft über das Geschehen möglich. Die klinische Situation, das Evidenzerleben von Patientin und Therapeutin und vor allem – im Idealfall – der pragmatische Erfolg der therapeutischen Rekonstruktion könnte jedoch darauf schließen lassen, dass mindestens in diesem individuellen Fall die biographische Rekonstruktion nicht fehlgeleitet war. Daraus kann man sicherlich keine justiziable Aussage über die Wirklichkeit ableiten. Man kann aber daran erkennen, dass die psychologische Erkenntnis einer individuellen Welt und damit einer individuellen Auffassung und Perspektive auf die Wirklichkeit einen anderen epistemologischen Charakter hat als die nur veräußerlichende Beschreibung der Wirklichkeit, wie sie in den Naturwissenschaften stattfindet. Auf diesen Tatbestand hingewiesen zu haben und eine Forschungsmethode in die Psychologie praktisch eingeführt und dort angewandt zu haben, ist das bleibende Verdienst Freuds und der tiefenpsychologischen Richtungen, die sich von ihm ableiten oder parallel zu ihm entstanden sind [23]. Diese neue oder andere epistemologische Perspektive werden wir später unter dem Thema der Hermeneutik und der qualitativen Forschungsverfahren wieder entdecken. Zwar wird dieses Erkenntnisverfahren von Freud selbst nicht als Hermeneutik bezeichnet, der Sache nach hat es aber sehr viel Ähnlichkeit damit. Wir wollen diese Diskussion deshalb an diesem Punkt unterbrechen.

Freud war Zeit seines Lebens der Meinung, er habe mit der Psychoanalyse nicht nur ein therapeutisches, sondern vor allem ein Forschungsinstrument geschaffen, welches gültige Auskunft über das psychische Geschehen geben könne. Die psychologische Methodenlehre ist sich im Grunde noch völlig uneinig darüber, welchen epistemologischen Status solche Aussagen wissenschaftlich gesehen haben können. Es empfiehlt sich deshalb, diesen epistemologischen Standpunkt zur Kenntnis zu nehmen und als Problem für zukünftige Diskussionen im Auge zu behalten.

Verschiedene moderne Autoren haben darauf hingewiesen, dass Freuds Bedürfnis sich der naturwissenschaftlichen Auffassung der Psychologie und Medizin anzunähern, im Grunde die Psychoanalyse verzerrt hat. Dieses szientistische Selbstmissverständnis der Psychoanalyse habe, so Habermas, die Psychoanalyse ihrer eigentlichen Sprengkraft beraubt. Richtig an diesem Vorwurf ist die Erkenntnis, dass die Erfahrung, die aus einem psychoanalytisch-hermeneutisch verstehenden Zusammenhang kommt, einen anderen Charakter, eine andere Aussagewertigkeit und vor allem einen anderen Zugang hat als naturwissenschaftlich objektivierende Erkenntnis.

Von Bedeutung ist die historische Tatsache, dass Freud mit der Psychoanalyse eine mächtige Bewegung geschaffen hat. Viele Forscher und Therapeuten haben sich in der Nachfolge Freuds und seiner analytischen Bewegung einer psychoanalytischen Selbsterforschung unterzogen und diese Vorgehensweise zu ihrem Beruf gemacht. Viele Wissenschaftler und Forscher haben Erkenntnisse der Psychoanalyse oder ihres eigenen analytischen Werdegangs in ihre Forschungen mit einbezogen. Die Psychoanalyse hat sich entgegen vieler Anfeindungen und entgegen der Tatsache, dass sie verglichen mit den neueren therapeutischen Verfahren empirisch – im Sinne einer objektivierenden Wissenschaft – weniger gut belegt ist, trotzdem aufgrund der historischen Erfahrung (neben der Verhaltenstherapie) als zentrale Therapieeinrichtung unseres Gesundheitswesens erhalten können und ist aus ihr nicht wegzudenken. Allein dieser historische Tatbestand muss dazu führen, auch wissenschaftstheoretisch, wissenschaftslogisch und wissenschaftshistorisch, die psychoanalytischen Traditionen innerhalb der Psychologie ernster zu nehmen, als dies im Normalfall im Rahmen der akademischen Psychologie geschieht.

Bindungsforschung: Brückenschlag zwischen analytischer Entwicklungspsychologie und akademischer Psychologie

Eine Entkrampfung der Diskussion, weg von ideologischen Grabenkämpfen hin zur Betonung der Gemeinsamkeit zwischen modernen kognitiven Entwicklungstheorien und psychoanalytischen Erkenntnissen, hat sich in neuerer Zeit vor allem im Bereich der Bindungsforschung ergeben. Diese auf den Psychoanalytiker Bowlby zurückgehende Forschungsrichtung betont in der Tradition psychoanalytischer Theoriebildung die Bedeutung der frühen Bindungserfahrung zwischen Kind und Mutter bzw. frühen Bezugspersonen. Diese Bindungserfahrung, so stellt sich immer mehr heraus, ist nicht nur zentral für die Entwicklung des emotionalen Wohlbefindens, sondern auch für die Entwicklung kognitiver Fertigkeiten.

Bindungsforscher betonen, dass eine unzureichende, verunsichernde oder gar bedrohliche Bindungserfahrung in der frühen Kindheit mit der Mutter oder auch mit anderen Bezugspersonen dazu führt, dass das eigene Bindungsverhalten im Kontakt mit anderen Menschen unsicher oder paradox wird, sodass es auch später schwieriger werden wird, entsprechend befriedigende zwischenmenschliche Beziehungen einzugehen, die diese ursprüngliche Verunsicherung korrigieren helfen könnten, etwa mit anderen Erziehungspersonen, Freunden, Partnern oder innerhalb von Liebesbeziehungen. Diese verunsichernde ursprüngliche Bindungserfahrung führt aber auch dazu, dass sich gewisse kognitive Fertigkeiten nicht ausreichend entwickeln können, beispielsweise die Fähigkeit, ein stabiles Bild von sich selbst und damit auch ein inneres Modell von den Innenzuständen anderer Menschen zu entwickeln. Denn wer keine ausreichend stabile Spiegelung von nahen Bezugspersonen erfährt, hat wenig Möglichkeiten, ein stabiles Selbstbild zu entwickeln. Wer aber kein stabiles Selbstbild hat, kann sich auch kaum vorstellen, wie es anderen Menschen geht oder welche Reaktionen seine Handlungen oder Kommunikation bei anderen auslösen. In diesem Sinne wird die defizitäre Bindungserfahrung über die Brücke der kognitiven Fertigkeiten und Strukturen, die dadurch grundgelegt werden oder eben nicht, die Erklärung für späteres Verhalten, das nicht zur gewünschten Befriedigung der eigenen Bedürfnisse führt. Hier bahnt sich also ein breit abgestützter Dialog zwischen empirisch-experimentell arbeitenden Psychologen und den tiefenpsychologisch fundierten klinischen Theoretikern an, dessen Ergebnis man in Zukunft mit Interesse entgegensehen kann.

Psychoanalyse

Die Entwicklung der Psychoanalyse spielte sich also parallel zur Entwicklung der akademischen Psychologie ab. Der standespolitische Grund ist darin zu sehen, dass sich Freud vor allem an Mediziner wandte, als klinischer Psychologe und ärztlicher Psychotherapeut verstanden werden wollte und insofern weniger die akademische Psychologie ansprach. Die Psychologen, umgekehrt darauf bedacht, sich als eigene Institution zu etablieren, waren wenig daran interessiert, sich medizinisch vereinnahmen zu lassen. Der sachliche Grund für die Sonderentwicklung ist darin zu sehen, dass sich die Psychologie durch den Behaviorismus und die aufkommende logisch-positivistische Forschungsmethodologie innerhalb der Philosophie und der Naturwissenschaften von der Forschungsmethode Freuds nicht nur nicht angezogen, sondern sogar abgestoßen fühlte. Wir hatten gesehen, dass die Psychoanalyse epistemologisch einen vollkommen anderen Zugang zur Wirklichkeit wählte als dies durch die verobjektivierenden Verfahren, die der Positivismus nahelegte, vorgesehen war. Zur damaligen Zeit war also weder ein epistemologisches Konzept für das Forschungsprogramm der Psychoanalyse innerhalb der Psychologie vorhanden, noch war denkbar, wie diese Forschungsmethode sich mit der weitverbreiteten positivistischen objektivierenden Empirie verbinden könnte. Daher entwickelte sich die Psychoanalyse in einem weitgehend von der akademischen Psychologie abgeschirmten Rahmen. Immer wieder gab es zwar Versuche sowohl des Brückenschlags als auch der Abgrenzung, der Hauptaffekt der akademisch institutionalisierten *Psychologie* gegenüber den tiefenpsychologischen Richtungen dürfte allerdings meistenteils als feindlich einzustufen sein, während die medizinischen Fakultäten in Lehrstühlen für Psychosomatik und Psychotherapie oftmals Psychoanalytikern eine Heimat boten. Verschiedene Autoren wiesen immer wieder darauf hin, dass das freudsche Modell vom Menschen einer von außen kommenden empirischen Widerlegung oder Bestätigung nicht wirklich zugänglich sei. Eine positivistische Interpretation der Wissenschaft zeigt, dass die meisten Konzepte von denen Freud ausging, einer empirischen Überprüfung von außen kaum standhalten. Als dann die kritisch-rationalistische Sichtweise innerhalb der psychologischen Empirie Mode wurde, konnte man sehr leicht belegen, dass viele der freudschen und psychoanalytischen Vorgaben auch diesem Modell, nämlich einer Falsifizierbarkeit, nicht genügen würden.

Dies sind nur einige der vielen Gründe, weswegen psychoanalytische Theoriebildung und Praxis innerhalb der psychologischen Institute vor allem innerhalb Deutschlands, aber auch anderswo wenig vertreten sind. Die Psychoanalyse entwickelte sich also vom Hauptstrom der akademischen Psychologie weitgehend unbeeinflusst. Bereits bei Freud können wir viele Entwicklungsschritte sehen, die wir jetzt nicht im Einzelnen nachzeichnen wollen. Seine ursprüngliche Intuition der Bedeutung eines Unbewussten, die er aus vielen Quellen übernommen hatte, wird später in seinem topographischen Modell, in dem er die Psyche in Es, Ich und Über-Ich differenziert, weitergeführt. Schließlich erweiterte er sein Triebkonzept dahingehend, dass er zwischen zwei antagonistischen Trieben, dem Eros (Libido, Lustprinzip) und dem Thanatos (Todestrieb, Aggression) unterschied. Gefragt, welches denn nun eigentlich der kleinste gemeinsame Nenner aller psychoanalytischen Lehren und Praktiken sei, antwortete Freud sinngemäß, dass ein psychoanalytischer Praktiker von der Wirklichkeit und Mächtigkeit des Unbewussten ausginge und dass er die Bedeutung der Übertragung und Gegenübertragung erkannt haben müsse.

Damit hatte Freud zwei weitere wichtige Konstrukte in die Debatte eingebracht. Unter Übertragung verstand er, dass der Patient seine inneren Konflikte und unbewussten Probleme in der therapeutischen Situation aktualisiere und den Psychotherapeuten mit denjenigen Eigenschaften ausgestattet sehe, die sein biographischer Konfliktpartner hatte. Wenn der Patient beispielsweise Probleme mit einer versagenden Mutter hatte, die nicht zur Verfügung stand wenn er sie brauchte, so wird der Analytiker im Laufe der Therapie etwa allmählich vom Patienten ähnlich versagend und unverfügbar wahrgenommen, wie dies bei der Mutter der Fall war. Er wird sich möglicherweise über die Urlaubsplanung des Therapeuten beschweren oder darüber, dass er nicht zu Extra- oder Telefonterminen bereit sei. Er wird sein Schweigen als versagendes Desinteresse wahrnehmen, usw. Das entscheidende Moment bei der Übertragung ist, dass die Eigenschaften, die der Patient am Analytiker wahrnimmt, nicht diejenigen des Analytikers, sondern diejenigen der biographisch problematischen Person sind. Auf diese Art und Weise werden die Themen dann in der Therapie bearbeitbar. Aber nicht nur das geschieht, sondern umgekehrt kann es auch sein, dass der Analytiker im Patienten Probleme anspricht, die gar nicht diejenigen des Patienten sind, sondern seine eigenen. Dieser Vorgang wird mit dem Namen „Gegenübertragung“ bezeichnet. In einer erweiterten Fassung des Begriffes meint Gegenübertragung, dass der Analytiker alle möglichen Innenzustände als eigene wahrnimmt, die gar nicht die seinen sind, sondern diejenigen des Patienten, der diese aber derzeit aus irgendwelchen Gründen nicht bewusst wahrnehmen kann oder darf.

Das zentrale Moment der psychoanalytischen Theorie und Praxis besteht in der Auffassung, dass die Bewusstmachung unbewusster Inhalte, ihre Deutung und ihre biographische Einordnung zu einer Veränderung dieser Inhalte führen und zu einer entsprechenden Verbesserung der Befindlichkeit und des Verhaltens. Die ursprünglichen freudschen Konzepte haben sich im Verlauf der psychoanalytischen Theoriebildung entscheidend gewandelt und wurden erweitert. Zwar gibt es auch heute noch viele Analytiker, die sich als direkte Erben und Nachfahren Freuds verstehen, aber wohl kaum einer würde die Entwicklungen der Psychoanalyse ignorieren, die inzwischen passiert sind. Die ursprünglichen thematischen Beschreibungen der Übertragungssituation z. B. wurden von Psychotherapieforschern und Psychotherapeuten auch anderer Richtung als durchaus bedeutsam anerkannt und werden in der neueren Psychotherapieforschungsliteratur als „Core Conflictual Relationship – zentrale Beziehungskonflikte“ definiert.

Weiterentwicklungen der Psychoanalyse

Weiterentwicklungen der Psychoanalyse fanden auch dahingehend statt, dass der *Narzissmus*, der von Freud in seinen späten Schriften als bedeutsam erkannt worden ist, und der ihn dazu führte, auch bestimmte Teile des Ichs als unbewusst annehmen zu müssen, innerhalb der Selbstpsychologie – beispielsweise von *Heinz Kohut* – eigene Beachtung fand. So hat diese neuere Entwicklung der psychoanalytischen Theoriebildung gezeigt, dass nicht nur die klassischen Triebe Sexualität und Aggressionstrieb eine Rolle im dynamischen Gefüge der Psyche spielen, sondern auch das Bedürfnis, als Selbst anerkannt, akzeptiert und bestätigt zu werden. Dies wird unter dem Begriff „Narzissmus" thematisiert. Damit ist nicht nur oder ausschließlich eine krankhafte Beschäftigung mit dem eigenen Ich gemeint, sondern vor allem die Bedeutung, die das eigene Selbst und ein gesundes Selbstgefühl für das innere Wohlbefinden haben. Andere Schulenbildungen, die sich mehr als Abspaltungen von der Psychoanalyse verstehen, haben eigene Schwerpunktsetzungen unternommen. Adler hat z. B. schon sehr früh darauf hingewiesen, wie bedeutsam die Anerkennung und die Bestätigung – also das Streben nach einer Machtposition – für die innere Ausgeglichenheit ist.

Andere, ausgehend von dem Freudschüler *Wilhelm Reich*, haben stärker den Körper für die Bedeutung psychologischer Befindlichkeit und Therapie thematisiert. Die Grundidee dabei ist, dass sich psychische Konflikte nicht nur in der Psyche, sondern auch im Körper manifestieren. Dies kann beispielsweise durch chronische Verspannungszustände, schmerzhafte Sehnenkontraktionen, durch veränderte Haltung und veränderten Muskeltonus zu dauerhaften körperlichen Veränderungen führen, die sich eben in der Haltung oder im Bewegungsstil niederschlagen. Es kann aber auch therapeutisch dazu benutzt werden, um über das bewusste Manipulieren solcher körperlichen Zustände die dahinterliegenden psychischen Konstellationen freizulegen und zu thematisieren. Dieser Ansatz hat seinen Weg von der Körperanalyse bis hin zur Bioenergetik gefunden und erfreut sich, wie auch andere körperbezogene Therapieansätze, immer größerer Beliebtheit, wenngleich sie empirisch-wissenschaftlich nur unzureichend untersucht sind.

Der bereits erwähnte *Fritz Perls* hat psychoanalytische Einsichten mit der Gestaltpsychologie verbunden und in der *Gestalttherapie* eine mächtige eigene Therapieströmung ins Leben gerufen. In ihr geht es im Wesentlichen darum, Gestalten der Vergangenheit, die damals nicht befriedigend auflösbar waren und damit nicht geschlossen wurden, in der Therapie zu beenden. Ein Mensch, der möglicherweise von seinem Vater dauerhaft und wiederholt gescholten und klein gehalten wurde, wird vielleicht das Bedürfnis verspüren, sich zu widersetzen und wird nun von seinem Therapeuten dazu angehalten, diese biographische Situation in der Gegenwart aktiv zu bearbeiten, indem er sich gegenüber dem als übermächtig imaginierten Vater durchsetzt. Perls hat in seiner Therapie auch viele andere Elemente, so z. B. die unmittelbare Aufmerksamkeit und Bedeutung der Gegenwart, die aus der buddhistischen Zen-Tradition kommt, eingeflochten und hat deshalb sein Augenmerk weniger auf die Vergangenheit als auf die Gegenwart gerichtet und auf die Erfahrung im Hier und Jetzt.

Andere Psychoanalytiker haben unterschiedliche Schwerpunktsetzungen vorgenommen und verschiedene technische Haltungen des Analytikers, andere Grundtriebe im Menschen oder frühere Phasen der pathologischen Entwicklung thematisiert. Während für Freud vor allem die ödipale Phase, also die Entwicklungsstufe, in der sich ein Mensch sexuell differenziert und Interesse für das andere Geschlecht zeigt, als maßgeblich für psychische Störungen ansah, haben andere Analytiker die Zeit davor thematisiert und versucht, diese zu differenzieren. Objekttheoretiker, wie z. B. Kernberg, haben darauf hingewiesen, dass sich durch die frühe Beziehungserfahrung innere Repräsentanzen von den äußeren Bezugspersonen eines Menschen bilden (diese Bezugspersonen werden in der Objekttheorie als „Objekt“ bezeichnet, was etwas irreführend aus der Sicht des herkömmlichen Sprachgebrauchs ist). Sie konnten durch diese Theorie plausibel machen, wie auch traumatisierende Situationen vor der psychosexuellen Differenzierung zu psychischen Problemen führen können.

9.9 Die positivistische Phase der Psychologie: Die Entwicklung des Behaviorismus

Zur gleichen Zeit, als Freud in Wien an der Entwicklung der Psychoanalyse und mit begrifflichen Konzepten arbeitete, die hochspekulativ, abstrahiert und weit von der sinnlichen Erfahrung entfernt waren, entwickelte sich die philosophische Gegenbewegung des logischen Positivismus ebenfalls in Wien, sozusagen einige Straßen weiter von Freud. Der logische Positivismus, den wir im Rahmen der modernen Wissenschaftstheorie noch einmal ausführlicher behandeln werden, hatte zum Ziel u. a. die in der Naturwissenschaft so erfolgreiche Methodik auch auf die Philosophie auszudehnen. Gegenstand und Ziel könnte eigentlich nur sinnlich beobachtbares einfaches äußeres Verhalten sein. Diese sich als philosophische Avantgarde verstehende Richtung des „Wiener Kreises“ fand ihr Echo in Amerika im etwa zeitgleich aufkeimenden Behaviorismus. Man wird in der Parallelität der Entwicklung eine allgemeine historische Entwicklung innerhalb der Geistesgeschichte erkennen dürfen.

Die Entwicklung des psychologischen Behaviorismus kann man historisch verorten mit dem behavioristischen Manifest John B. Watsons (1878–1950) im Jahre 1913. Dieses war als eine Art wissenschaftlich-gesellschaftliches Programm veröffentlicht worden. Watson behauptete darin, Psychologie müsse sich begnügen mit der Beobachtung und Veränderung von Verhalten. Erleben, innerliche Prozesse, alle von außen nicht beobachtbaren Tatbestände der bisherigen Psychologie seien wissenschaftlich nicht zu greifende und deswegen nicht von der Psychologie zu behandelnde Tatbestände. Wissenschaftliche Psychologie dürfe sich nur auf objektiv Beobachtbares stützen, also auf Verhalten. Insofern sich Affekte oder Kognitionen in Verhalten zeigen, können sie wissenschaftlich erforscht werden. Umgekehrt könne auch das komplexeste Verhalten und die kompliziertesten Emotionen verstanden werden, wenn man die Lerngeschichte und die Geschichte der Paarung von Reiz und Reaktion in einem Individuum erfassen könne. Deshalb müsse auch über diesen Weg die Veränderung menschlichen Verhaltens voranschreiten. Nicht durch das Verständnis irgendwelcher Tiefendimensionen, der Gefühle und subjektiven Motive, sondern durch eine Veränderung der Lerngeschichte ist der Mensch und damit die gesamte Gesellschaft veränderbar.

Man hört aus diesen neuartigen Tönen des behavioristischen Manifests auf der einen Seite Altbekanntes, auf der anderen Seite radikal Neues heraus. Das Altbekannte war bereits bei Wundt und Hume vorgegeben. Die Assoziation psychischer Atome von Verhalten und Bestätigung, von Reiz und Reaktion, war seit jeher Gegenstand der experimentell-empirischen Betrachtungsweise innerhalb der Psychologie. Jetzt, etwa ein halbes Jahrhundert später, wurde daraus ein regelrechtes wissenschaftliches Programm gemacht. Völlig neu an diesen Tönen hingegen ist der geradezu religiöse Eifer, mit dem das neue Programm verkündet wird. Grenzenlose Zuversicht über die Formbarkeit und Machbarkeit der menschlichen Verhältnisse sprechen daraus und grenzenlose Fehleinschätzung, was die Möglichkeit wissenschaftlicher Analyse psychologischer Gegebenheiten angeht. Deswegen muss es uns nicht Wunder nehmen, dass dieses scheinbar so einfache und einleuchtende Konzept des Behaviorismus sofort breite Wellen schlug. Es passte auch gesellschaftlich hervorragend in die Zeit der goldenen Zwanziger Jahre, in denen zumindest in Amerika der große Aufbruch und der große wirtschaftliche Reichtum angesagt zu sein schien. Der Erste Weltkrieg war gewonnen. Die alten Mächte in Europa hatten sich selber zerfleischt und damit ihre wirtschaftliche und kulturelle Potenz gelähmt. Die neue Zeit schien die neue Welt in Amerika zu favorisieren. Warum dann nicht auch den Menschen und seine psychologische Situation entsprechend formen? So geht auf Watson auch das berühmte Wort zurück, man solle ihm einfach irgendein Kind geben und er könne daraus einen Verbrecher oder ein Genie formen, je nachdem welche Lerngeschichte er ihm anbieten würde, eine Aussage, der in ihrer Radikalität heute wohl kaum mehr jemand folgen würde.

Der Behaviorismus, der von Amerika seinen Ausgang nahm, hatte auf dem Kontinent zwei Verbündete: zum einen die Sterilität der Introspektionspsychologie, die sich aus der Würzburger Schule entwickelte, und zum anderen die bereits erwähnte philosophische Richtung des Positivismus. Hätte die Introspektionspsychologie zu wirklich verwertbaren, anerkannten und replizierbaren Ergebnissen geführt, hätte sich möglicherweise der Behaviorismus nicht in der gleichen Weise verbreiten können wie er dies tat, und es wäre ohne behavioristisches Intermezzo die moderne kognitive Psychologie entstanden. Hinzu kommt, dass auch der experimentelle Teil der Psychologie wundtscher Prägung dem grundlegenden Denken behavioristischer Art nicht ferne lag. Mindestens aus methodischer Hinsicht war die Wundtsche Experimentalpsychologie, die einfachste Assoziationen zu erforschen suchte, nicht sehr weit von den behavioristischen Grundprogrammen entfernt. Die andere Art der Schützenhilfe kam von der positivistischen Wissenschaftsströmung innerhalb der Philosophie, mit der wir uns später noch auseinandersetzen werden. Nicht nur der Wiener Kreis, auch Bertrand Russell, ein durchaus unabhängiger Philosoph, bestärkte die behavioristische Richtung innerhalb der Psychologie. Und wie jedes neue Paradigma – darauf hat Kuhn hingewiesen – so musste auch der Behaviorismus zunächst einmal seine Normalwissenschaft generieren und innerhalb dieser die Möglichkeiten und Grenzen dieses neuen Paradigmas ausloten. Die Folge war eine extrem starke experimentelle Ausrichtung der Psychologie im Sinne Wundts, ein Zurückdrängen der ganzheitlichen und introspektiven Ansatzpunkte, wie sie beispielsweise durch die Introspektionspsychologie oder die Gestaltpsychologie gegeben war, und zumindest in Amerika, aber auch an vielen Forschungszentren in England und Kontinentaleuropa eine fast ausschließliche Fokussierung der wissenschaftlichen Anstrengungen auf die verhaltenstheoretische Erklärung psychologischer Vorgänge.

Behavioristisch gesehen konnte man irgendwie alles psychologisch Gegebene als Verhalten definieren. Selbst Gedanken wurden als stilles Sprechen und Sprechen als Verhalten definiert. Dass Affekte und Emotionen dabei nur als Emotionsverhalten und Physiologie vorkamen, versteht sich von selbst. Aber schon allein die wissenschaftliche Erforschung des Verhaltens, der Lerngesetze, der Bedingungen unter denen Verhaltensassoziationen gebildet wurden und unter denen auf bestimmte Reize bestimmtes Verhalten folgte, füllte die Tätigkeit so mancher Wissenschaftlergeneration aus. Hinzu kam, dass durch die unabhängig von den amerikanischen Behavioristen publizierten Arbeiten des russischen Physiologen Pawlow (1849–1936) eine mächtige Grundlage dafür entdeckt wurde, wie Verhalten gesteuert werden kann: durch Kopplung unbedingter Reaktionen mit Außenreizen. Diese sogenannte klassische Konditionierung, bei der physiologisch und biologisch vorgegebene Reaktionen und deren Paarung mit Auslösereizen untersucht werden, konnte zusammen mit anderen assoziativen Lerngesetzen, des Lernens durch Versuch und Irrtum oder des Lernens durch Verstärkung zufälliger Verhaltensweisen (operantes Konditionieren) ein mächtiges Erklärungsinstrument für die Vielfalt menschlichen Verhaltens abgeben. Und so muss es uns nicht Wunder nehmen, dass diese aus heutiger Perspektive etwas beschränkte Darstellungs- und Begriffsweise der Vielfalt der menschlichen Psyche so weit um sich greifen und so auch schließlich das Feld der akademischen Psychologie dominieren konnte. Es musste zunächst einmal das gesamte Spektrum dessen untersucht werden, was eigentlich durch Lernen alles erklärbar und verstehbar sein kann, und was nicht. Und dieser Bereich entwickelt sich weiter, da immer noch mehr körperliche und andere Prozesse entdeckt werden, deren Systematik den einfachen Lerngesetzen gehorcht. Insofern verdanken wir der behavioristischen Bewegung und ihrer Programmatik ein tiefes Verständnis der menschlichen psychologischen Prozesse.

Burrhus F. Skinner (1904–1990) konnte beispielsweise zeigen, dass beinahe jede beliebige Form von Verhalten – soweit zu den Möglichkeiten einer Spezies gehörend – zumindest bei Tieren durch geeignete Verstärkungsschemata eintrainiert und zementiert werden kann. Berühmt sind Skinners „abergläubische Tauben“. Bei diesen wurde irgendein zufälliges Verhalten der Tiere, beispielsweise ein Flügelschlag oder Hüpfen auf einem Bein oder eine bestimmte Form des Nickens, verstärkt, wodurch diese Tiere solche skurrilen Verhaltensweisen in zunehmendem Maße zeigten. Durch geeignete, nämlich intermittierende Verstärkungsschemata ließ sich dieses Verhalten so löschungsresistent einüben, dass es extrem häufig auftrat. Skinner verwendete das Ergebnis dieses Experimentes dazu um plausibel zu machen, wie abergläubisches Verhalten im Allgemeinen und überhaupt komplexe Verhaltensweisen, etwa kulturell überformte Verhaltensweisen im Rahmen kultureller Rituale, von Religionsausübung bis zum Cocktail-Talk, zustandekommen können.

Solche Experimente und Demonstrationen konnten selbstverständlich kein Beleg dafür sein, dass das Forschungsprogramm des Behaviorismus tatsächlich die gesamte Vielfalt psychischer Geschehnisse erklären würde können. Aber es war doch ein eindrucksvoller Beleg dafür, dass die verhaltenstheoretische Sichtweise viele verschiedene Erscheinungsformen von Verhalten erklären kann. Wie weit dies gehen kann und wie sinnvoll eine solche Betrachtung sein kann, sei kurz am Beispiel der modernen Forschungsrichtung der *Psychoneuroimmunologie* gezeigt [1].

Diese Forschungsrichtung erhielt ihren entscheidenden Impuls durch Experimente von Robert Ader aus dem Jahre 1980, die auf ältere Vorgängerarbeiten zurückgriffen [1]. Ader verabreichte Ratten ein Immunsuppressivum, das die Funktion der Immunzellen unterdrückt. Diese pharmakologische Intervention koppelte er mit einem Geschmacksreiz, nämlich Süßstoff. Er konnte zeigen, dass nach wenigen Paarungen bereits der Geschmacksreiz allein zur Immunsuppression führte, und zwar beinahe genauso stark wie der pharmakologische Reiz, der ursprünglich diese Reaktion ausgelöst hatte. In vielen weiteren Versuchen wurde dieses Modell auf seine Generalisierbarkeit getestet. Es zeigte sich, dass eine Vielzahl von völlig unbewusst und automatisch ablaufenden Reaktionen, sowohl solche des Immunsystems als auch endokrinologische, in bestimmten Grenzen konditionierbar sind. Dadurch wurde plausibel, wie eine psychologische Situation – eine bestimmte Reizsituation – mit einer anscheinend vollkommen autonomen physiologischen Reaktion wie einer Immunreaktion verkoppelt sein könnte. In der Folge wurden viele Studien durchgeführt die zeigten, dass psychologische Situationen zu Immunreaktionen führen konnten und umgekehrt, so etwa dass experimentell Infizierte unter Belastung häufiger Schnupfen entwickeln als andere. Implizit zeigt dies, dass das Lernparadigma noch lange nicht ans Ende seiner Leistungsfähigkeit gekommen ist, wenngleich in anderen Bereichen neue Entwicklungen eingesetzt haben, die die Gültigkeit und *universelle* Anwendbarkeit dieses Paradigmas stark relativiert haben.

9.10 Kognitive Wende

Kritik der behavioristischen Sprachtheorie

Auf dem Höhepunkt der Macht und Verbreitung des behavioristischen Paradigmas, als es so aussah, als könne die neuere Lerntheorie, die Burrhus F. Skinner in der Nachfolge Watsons eingeführt hatte, die gesamte Komplexität menschlichen Verhaltens erklären [35], brach auch schon sein Ende an. Das Ende wurde durch ein vergleichsweise unscheinbares Ereignis eingeläutet. Skinner hatte in seinen Werken versucht zu zeigen, dass *alles* menschliche Verhalten, auch das komplexe kulturelle Verhalten, Gedanken, innere Akte, ja sogar Kognitionen, verhaltenstheoretisch interpretiert und behandelt werden können. Er hatte in seiner Sprachtheorie versucht zu zeigen, dass Sprache als Paradebeispiel komplexen menschlichen Verhaltens ebenfalls als kontingente Reaktion auf zufällig verstärkte Reizsituationen zu verstehen sei. Man kann sich das etwa so vorstellen, als würde ein wahllos brabbelndes Kind durch bestimmte subtile Reize seiner Mutter, etwa ein Lächeln oder eine Berührung, dahingehend verstärkt werden, dass es genau die sinnvollen Laut- und Silbenkombinationen vermehrt zeigt, bis am Ende Sprache als sinnvolle grammatikalische Struktur und als komplexes Kommunikationsverhalten steht. Wenn erst einmal Sprache verhaltenstheoretisch analysierbar und nachvollziehbar wäre, so wäre selbst das menschliche Denken als stille verinnerlichte Sprache im Letzten als Verhalten zu begreifen. Diese Analyse des menschlichen Sprach- und Denkverhaltens hatte Skinner 1957 in seinem Buch *Verbal Behavior* vorgestellt. 1959 besprach der Linguist *Noam Chomsky* diese Sprachtheorie und kritisierte sie so grundlegend, dass damit der Anfang vom Ende des Behaviorismus als dominanter Strömung innerhalb der Psychologie eingeläutet wurde.

Chomsky konnte in seiner Besprechung zeigen, dass die behavioristische Sichtweise untauglich zum Verstehen mentaler Vorgänge und der Sprache ist. Denn anders als Skinner das in seinem Modell vorschlug, geschieht der Spracherwerb bei Kindern eben nicht sequenziell. Vielmehr entsteht häufig ohne große Vorankündigung durch sinnloses Silbenlallen relativ schnell eine Reihe von korrekten Wörtern und grammatikalischen Strukturen. Außerdem wies Chomsky darauf hin, dass kleine Kinder Sprache nicht linear-sequenziell zeigen, also angefangen von sinnlosem Brabbeln bis hin zu langsam immer komplexer werdenden grammatikalischen Strukturen, sondern dass diese Entwicklung sprunghaft geschieht. Oftmals gibt es überhaupt keine Silben die verstärkt werden könnten, bevor die Kinder richtige und sinnvolle Wörter und grammatikalische Strukturen anwenden. Außerdem können Kinder in einem bestimmten Alter alle möglichen Sprachen relativ rasch lernen. Kinder, die zweisprachig aufwachsen, lernen zwei Sprachen parallel und können sehr genau unterscheiden, welche Person welche Sprache spricht. Kinder, die aus einem kulturellen Kontext in einen anderen gestellt werden, lernen die Fremdsprache mit einer Geschwindigkeit, die vollkommen gegen linear verstärkte Sequenzen spricht. Dies sind nur einige wichtige Argumente gegen eine behavioristische Sprachtheorie, die Chomsky ins Feld führte.

Betonung der Kognitionen

Abgesehen von der Kritik an der Sprachtheorie wurde auch die verhaltenstheoretische Analyse von Kognitionen als innerem unbeobachtbarem Verhalten immer weniger tragbar. Schließlich konnten einige Kognitionspsychologen, unter ihnen vor allem *Ulrich Neisser*, zeigen, dass Kognitionen einen eigenen Status innehaben und nicht auf Verhalten reduzierbar sind [26]. Damit war zumindest für die englischsprachige Welt die kognitive Wende geboren. Die kognitive Wende lässt sich als eigene psychologische Forschungsrichtung, ja vielleicht sogar als eigenes Paradigma im Gegensatz zum Behaviorismus sehen. In ihr werden Positionen der älteren Psychologie, wie sie in der deutschsprachigen Psychologie nie ganz verlorengegangen sind, wieder neu aufgegriffen und thematisiert, diesmal aber internationalisiert und vor allem auch im Bereich der angelsächsischen Welt hoffähig. Während der Behaviorismus vor allem auf Beobachtbares, von außen sichtbares Verhalten, Wert gelegt hatte und alle internen Akte als nicht wissenschaftsfähig von der Tagesordnung verbannte, wies die Kognitionsforschung auf die Bedeutung genau dieser Akte hin. Denn Kognitionen, so die grundlegende Argumentation, würden immer intervenierend oder moderierend in die anscheinend automatische Sequenz zwischen Reiz und Verhalten eingreifen. Nicht jeder Reiz führt zu einer Reaktion, und nicht jede Verhaltensfolge kann unmittelbar auf eine bestimmte Reizsituation zurückgeführt werden. Vielmehr scheinen auch innere Stimuli – wie z. B. Wünsche, Vorstellungen oder Bilder – eine entsprechende Verhaltenssequenz auslösen zu können. Oftmals können solche moderierenden kognitiven Akte – etwa die Vorstellungen von den Konsequenzen eines Verhaltens oder die Überlegung, welche Kosten ein bestimmtes Verhalten haben würde – eine solche Verhaltenssequenz verhindern. Die Kognitionspsychologen wiesen also gegen die damals dominante radikal-behavioristische Strömung nach, dass Kognitionen, obwohl grundlegend unbeobachtbar und obwohl ihrer Definition nach subjektive Ereignisse, psychologisch bedeutsame Akte und wissenschaftsfähige Konstrukte sind.

Sie machten sich in der Folge daran zu verstehen, welche Kognitionen unter welchen Bedingungen und auf welche Weise steuernd und moderierend in Verhaltensprozesse eingreifen. Damit wurde aber auch die Erforschung des Denkens, die Erforschung des Problemlösens oder die Gedächtnisforschung erneut zum Fokus psychologischer Aufmerksamkeit. Denn nunmehr waren all diese inneren Akte, die ja aufgrund eines positivistisch-behavioristischen Programms nicht wissenschaftsfähig gewesen waren, in ihrem Wissenschaftsstatus wieder rehabilitiert und konnten ein Forschungsprogramm neu befruchten. Die alten Methoden der Introspektionspsychologen, die alten Programme der Gestaltpsychologen und die alten Fragestellungen der Gedächtnispsychologen wurden wieder neu auf die Tagesordnung gesetzt. Zwar war die Wissenschaft durch die Experimente der Verhaltenspsychologen nun vor allem methodisch um einige Schritte weitergekommen und konnte diese experimentelle Haltung auch auf die inneren Akte anwenden. Aber die grundlegenden Fragen und Themenstellungen waren letztlich die gleichen wie eine Generation zuvor, bevor der Behaviorismus die Führung übernommen hatte. So begannen Gedächtnispsychologen und Problemlösungsforscher erneut, Personen dazu anzuhalten, ihre inneren Akte zu beobachten und darüber zu berichten. Das, was zu Beginn des Jahrhunderts unter „Introspektion" fungiert hatte, wurde nun als „lautes Denken" zu einer vermeintlich neu erfundenen Forschungsmethode. Die Kognitionspsychologie begann also, sich Territorium wieder anzueignen, das aufgrund der behavioristischen Askese als vermeintlich unfruchtbar aufgegeben worden war.

Wahrnehmung als komplexer Akt

Ein weiterer Impuls zur Akzentverschiebung hin zu einem kognitiven Forschungsprogramm war aus der *Wahrnehmungspsychologie* entstanden. *Hubel, Wiesel* und andere Forscher hatten nämlich zeigen können, dass es sowohl auf der Ebene der visuellen Sinnesrezeptoren als auch auf der Ebene der neuronalen Verarbeitung in verschiedenen Schichten des Gehirns äußerst spezialisierte Zellen und Zellverbände gibt, die auf gestalthafte Elemente der Wahrnehmung reagierten. Sie zeigten, dass es Detektorsysteme für bestimmte komplexe Winkelanordnungen gibt, die Tieren und Menschen dazu dienen, Tiefenwahrnehmung und Perspektive zu erzeugen. Sie konnten zeigen, dass es reine Bewegungsdetektoren und solche gibt, die auf bestimmte Gestalten ansprechen. Damit war der ursprüngliche Ansatz, den die Gestaltpsychologie Anfang des Jahrhunderts versucht hatte in die Psychologie einzubringen, durch Entdeckungen grundlegender Art wieder zu Ansehen gelangt. Diese Erkenntnisse zeigten, dass die kognitiven Prozesse, die auf höheren neuronalen Ebenen des Gehirns ablaufen, durchaus rückwirkend wieder in die Strukturierung der neuronalen Reizleitung auf der Sinnesebene eingreifen. Auf diese Weise wurde deutlich, dass die Erforschung der kognitiven Prozesse notwendig war, um die grundlegenden Wahrnehmungsprozesse von Reizen zu verstehen. Das behavioristische Programm war ja vergleichsweise simplifizierend davon ausgegangen, dass es so etwas wie eine naive und unmittelbare Wahrnehmung von Reizen gibt, die dann durch Paarung zu komplexen Verhaltensweisen führen würde. Die Erforschung der Sinnesphysiologie zeigte hingegen, dass jeder noch so einfache Reiz bereits durch komplexe kognitive Prozesse gefiltert und moduliert wird. Das heißt in letzter Konsequenz, dass es so etwas wie einen einfachen Reiz überhaupt nicht geben kann, sondern dass jeder auch noch so einfache Reiz bereits durch kognitive Akte erzeugt und moduliert worden ist. Also kann nur ein Verständnis kognitiver Prozesse dazu führen, dass die vermeintlich einfache Reizgenerierung auf Sinnesebene verstehbar wird. Dies führt zu der paradoxen Situation, dass erst die neurowissenschaftlich fundierte Kognitionspsychologie verständlich macht, wie Verhaltenspsychologie funktioniert. Damit aber war das behavioristische Programm durch ein kognitionspsychologisches zu ergänzen, wenn das Modell der Verhaltenspsychologie zu einer wissenschaftlichen Erklärung von Psychologie beizutragen überhaupt zum Ziel kommen sollte.

Erweiterung der Verhaltenstherapie

Ein weiterer Kritikpunkt behavioristischer Programme ergab sich daraus, dass die simplistischen Vorstellungen der einfachen Reiz-Reaktionskopplung und Verstärkung zum Verständnis klinischer Phänomene nicht ausreichend war. Zwar konnten Behavioristen und Verhaltenstherapeuten bei einfachen Störungen, wie etwa isolierten Phobien, durch ihre Behandlungsweisen durchaus klinische Erfolge erzielen. Komplexere Störungen hingegen waren selten durch ganz einfache lerntheoretische Analysen aufzulösen. Auf diese Art und Weise wurde auch in der Verhaltenstherapie immer mehr deutlich, dass problematisches Verhalten nur dann dauerhaft verändert werden kann, wenn die gedanklichen, motivationalen oder anderen kognitiven Prozesse, die diesem Verhalten jeweils vorausgingen, wirksam verändert würden. So ergab sich allmählich aus dem strikt verhaltenstherapeutischen Programm ein erweitertes kognitiv-behaviorales Therapiemodell. In diesem Modell geht es zuallererst darum zu verstehen, wie bestimmte Reiz- und Lernsituationen zum Zustandekommen innerer Prozesse beitragen, die wiederum steuernd, auslösend und moderierend für das problematische Verhalten sind. Während beispielsweise in einem rein verhaltenstherapeutischen Behandlungsprogramm für problematisches Suchtverhalten – nehmen wir z. B. das Rauchen – versucht wurde, am Verhalten selber anzusetzen, versuchen kognitive Verhaltenstherapeuten zu verstehen, welche Bedeutung bestimmte Stimuli haben, die zum Rauchen führen, welche inneren Zustände es sind, die das Verhalten auslösen, welche Affekte damit einhergehen, oder welche motivationalen Ziele ein Klient mit diesem Verhalten verfolgt. Während strikte Verhaltenstherapie dann z. B. mit Belohnungs- und Bestrafungsprogrammen arbeitete, etwa Raucher in eine fensterlose Kabine sperrte und sie so lange rauchen ließ, bis ihnen übel wurde, oder einen Tag ohne Zigaretten mit Belohnungsmarken belohnte, werden kognitive Verhaltenstherapeuten viel mehr Wert darauf legen zu verstehen, unter welchen Auslösebedingungen ein Klient zur Zigarette greift. Die kognitiven Prozesse, die in diesem Moment ablaufen, würden dann z. B. in einem Tagebuch protokolliert und anschließend mit geeigneten Interventionen verändert werden. Stellt sich z. B. heraus, dass ein Klient vor allem dann zur Zigarette greift, wenn er nervös und aufgeregt wird, dann könnte ein kognitiver Verhaltenstherapeut versuchen, diese Aufregung und Nervosität in eine bewusste Wahrnehmung oder einen bewussten Satz zu übersetzen und diesen Satz – z. B.

„Jetzt werde ich wieder nervös" oder „Irgendetwas stimmt jetzt nicht mehr" – in eine andere Verhaltenssequenz münden zu lassen, z. B. eine zweiminütige Blitzentspannung. Auf diese Weise erhielt das behavioristische Forschungsprogramm auch aus der klinischen Praxis einen entscheidenden Impuls zur Reform.

Vom verhaltenstheoretischen zum kognitionistischen Forschungsprogramm

Durch das wesentlich umfassendere kognitionspsychologische Forschungsprogramm wurde es nun auch möglich, so verschiedene innere Akte wie Emotionen, Erwartungen, Gedanken, Erinnerungen, Motivationen unter dem gemeinsamen Überkonstrukt der Kognitionen zusammenzufassen und zu erforschen. Es war also nun nicht mehr nötig, eigene Forschungsprogramme fürs Gedächtnis, für die Affektpsychologie oder für die Motivationspsychologie zu schaffen, sondern man konnte alles unter dem großen Oberbegriff der Kognitionen fassen. Dadurch wurden Kognitionen als eigenes psychologisches Konstrukt zu einer real zu untersuchenden Größe und zu einer moderierenden Variable von erheblichem Einfluss. Nicht mehr die Endstrecke zwischen Reizaufnahme und Verhaltensausgabe, wie dies in der ursprünglichen behavioristischen Ansicht vertreten wurde, war allein von Bedeutung, sondern vor allem die Zwischenkomponenten der Reizverarbeitung, der Reizbewertung, der Reizsteuerung. All diese dazwischen liegenden Prozesse, die in unserem Kopf ablaufen – ob bewusst oder unbewusst – wurden nunmehr unter dem Stichwort „Kognitionen" zusammengefasst.

Ein weiterer Impuls ergab sich durch die Erforschung von Computersystemen. Diese Forschung war selbstverständlich eng mit dem technologischen Fortschritt verquickt, der es eigentlich erst in den 1960er-Jahren – also genau zu dem Zeitpunkt, als das behavioristische Programm von Kognitionspsychologen attackiert wurde – möglich machte, leistungsfähige künstliche Rechner zu bauen. Diese Entwicklung explodierte in einer exponentiellen Wachstumskurve und von Jahr zu Jahr gab es schnellere, leistungsfähigere und gleichzeitig kleinere Rechnersysteme, die es möglich machten, bestimmte Aspekte menschlicher Informationsverarbeitung zu simulieren oder nachzubauen. Dadurch wurde die Untersuchung von Kognitionen nicht nur durch die Introspektion, sondern auch durch das Simulieren in einem Rechnersystem und damit durch quantitative Modellbildung möglich [31]. Man konnte Programme schreiben, die so etwas Ähnliches wie einfache Reiz-Reaktionsverarbeitungssysteme darstellten. Diese konnten entsprechend programmiert und gestaltet werden, sodass menschliches Verhalten simuliert werden konnte und besser verstehbar wurde. Dadurch konnte der Kognitivismus als neues Forschungsparadigma installiert werden. Es griff den brentanoschen Begriff der Intentionalität auf und definierte Kognition als Repräsentation von Außenwelt in symbolischen Repräsentationen. Diese symbolischen Repräsentationen sind auf einem künstlichen Rechnersystem selbstverständlich Zahlenwerte. Die Programmierung von Zahlenwerten und ihre Umsetzung innerhalb eines Systems konnte es plausibel erscheinen lassen, dass auch in unserem Gehirn so etwas wie eine Berechnung stattfindet. Also war es nur logisch sich vorzustellen, dass in unserem Gehirn etwas Ähnliches passiert wie in einem Computersystem: Außenreize (Inputs) werden intern durch Aktivierung einer Reihe von Elementen und deren Verknüpfung, also durch bestimmte Zahlenwerte repräsentiert. Verknüpfungen zwischen Reizsituationen werden durch interne Übergangsregeln zwischen den Aktivierungszuständen von Elementen und deren Verknüpfung, also durch geeignete Algorithmen, repräsentiert. Und das Ergebnis, die Verhaltenssequenz (Output), ist das Ergebnis einer komplexen internen algorithmisch nachvollziehbaren Berechnung. Damit wird Kognition als regelgeleitete Manipulation solcher Symbole rekonstruiert und unsere kognitive Tätigkeit zur Berechnung (computation). Die neuere Kognitionswissenschaft hat also gegenüber der alten Introspektionspsychologie zwei entscheidende Fortschritte gemacht: Zum einen hat sie die mächtige Methode des Experiments übernommen. Zum anderen hat sie unterstützt durch die technische Entwicklung quantitative Modelle entwickelt, die das, was ansonsten nur von innen beobachtbar war, von außen simulierbar, berechenbar und damit steuerbar macht. Dass es auch an der Dominanz des kognitivistischen Paradigmas ähnlich heftige Kritik gibt wie seinerzeit am behavioristischen, dürfte wohl niemanden verwundern.

Von der kognitiven Psychologie zu den Kognitionswissenschaften

Fortschritte der Neurowissenschaften, also z. B. im Bereich der Neuroanatomie, aber auch im Bereich der bildgebenden Darstellung von Gehirnprozessen, unterstützten diese Entwicklung. Das EEG war bereits in den 1930er-Jahren zu einem Forschungsinstrument von Psychologen geworden. Es wurde immer weiterentwikkelt und verfeinert und konnte damit differenzielle Aktivierung von Gehirnarealen durch kognitive Akte und Aufgaben beschreibbar machen. In den 1970er- und 1980er-Jahren wurden dann weitere bildgebende Verfahren entwickelt, wie z. B. die Positronenemissionstomographie (PET), die die Stoffwechselaktivierung von Gehirnarealen durch radioaktive Markierung von Glucosemolekülen möglich macht, oder die funktionale magnetische Resonanzbildgebung (fMRI), die das magnetische Moment von Molekülen zur Bildgebung verwendet. Durch diese bildgebenden Verfahren wurde es möglich, Gehirnaktivität unter bestimmten Bedingungen darzustellen. Meistens sind solche Bildgebungen Differenzbilder, zeigen also die Aktivierung eines bestimmten Gehirnareals an. Dadurch wird die Aktivierung des Gehirns unter einer bestimmten Bedingung mit der unter anderen Bedingungen vergleichbar. So können die anatomischen Substrate psychologischer Aktivitäten markiert werden. Die Fortschritte in der Mikroneuroanatomie, die z. B. über den Aufbau von Neuronen und deren Funktionsweise Aufschluss geben, konnten plausibel machen, wie analog zu kleinen Computerschaltkreisen evtl. auch neuronale Verbindungen und kleine neuronale Netze als Minirecheneinheiten fungieren. Mittlerweile lässt sich sogar zeigen, wie auf zellulärer und molekularer Ebene Lernen zu Veränderungen in der Zelle oder an der Zellwand führt und damit, wie physiologische Bedingungen von psychologischen Gegebenheiten beschreibbar sind. Durch die Zusammenarbeit von Neurophysiologen, Computerwissenschaftlern, Programmierern und kognitiven Psychologen entstand ein mächtiges interdisziplinäres Programm der *kognitiven Neurowissenschaften* (Cognitive Neurosciences). Dieses Programm hat sich die Analyse menschlicher Kognitionen und ihres anatomischen Substrates im Gehirn zur Aufgabe gesetzt. Heutzutage ist es vermutlich ein ähnlich dominantes und dynamisch expandierendes Programm wie es seinerzeit der Behaviorismus war. Das Programm der kognitiven Neurowissenschaften wurde in der neuesten Zeit ergänzt durch das der „affective neurosciences“. In diesem Teilbereich wird vor allem untersucht, wie weniger bewusste, affektive und emotionale Komponenten unseres Erlebens im Gehirn repräsentiert sind und die Funktionsweise bewusster und höherer Prozesse steuern.

Es ist interessant zu beobachten, wie sich theoretische Kritik an einem Forschungsprogramm mit pragmatischen Möglichkeiten – Entwicklung der Computertechnologie – und neuen Methoden – Programmierung von Computersystemen, Bildgebung – verbündete und zu einem Forschungsprogramm wurde, welches das alte, einstmals mächtige Programm beinahe vollständig in den Hintergrund drängte, mindestens was die öffentliche Präsenz der Forschungsergebnisse angeht. Obwohl Verhaltenspsychologie, Lerntheorie und Verhaltenstherapie auch heute noch wichtige Bereiche der Psychologie sind, so kann man doch davon ausgehen, dass sie eher einen beigeordneten Rang innerhalb des großen Paradigmas der Kognitionspsychologie erhalten haben. So wird innerhalb der Kognitionspsychologie beispielsweise das Lernen neuer Verhaltensweisen als Veränderung von Gewichtungen kognitiver oder neuronaler Netze gesehen und innerhalb der Neurowissenschaften das physiologische Substrat in Veränderungen an Synapsen und innerhalb von Neuronen erforscht.

Parallel zu dieser Entwicklung entstand innerhalb der Philosophie eine eher funktionalistische Auffassung vom Geist. Diese besagt (wir werden später noch genauer darauf eingehen), dass mentale Akte durch verschiedene äußere oder materielle Systeme realisiert werden können, und dass es vor allem auf die Verknüpfungsregeln zwischen den Elementen eines Systems ankommt, damit man das Funktionieren des Geistes verstehen kann. Vorangetrieben durch die technologische Entwicklung der Computerbranche, ist nun in unserer Zeit nicht mehr die Feinmechanik irgendeines feinen Apparats wie einer Uhr oder eines Autos die Leitmetapher der Forschung geworden, sondern der Computer. Der Computer wurde nicht nur zur Leitmetapher, sondern in Bedeutungseinheit zum Forschungsmodell und zur Forschungsmethode. Auch diese Entwicklung ist noch lange nicht an ihr Ende gekommen. Durch die Entwicklung massiv paralleler Netzwerke, die z. B. im Konnektionismus oder in der Erforschung neuronaler Netze eine große Rolle spielen, kann auch das typisch menschliche Kognitionsverhalten besser simuliert werden [8, 31]. Denn wir Menschen zeichnen uns nicht wie ein klassischer PC durch sequenzielle Verarbeitung aus, sondern unser Gehirn kann als ein massiv paralleles Informationsverarbeitungssystem gesehen werden, in dem parallel eine Fülle von Informationen verarbeitet, gegeneinander verglichen, ausgetauscht und bewertet wird. Frühe Computertheorien des Geistes hatten nur serielle Rechner zur Verfügung, um menschliche Kognitionen zu simulieren. Neuere Theorien können sich der massiv parallelen Architektur neuerer Rechnersysteme bedienen, um sich an die Komplexität menschlicher Kognitionen heranzutasten. Es ist davon auszugehen, dass das kognitionistische Paradigma erst dann in entsprechender Weise so verändert werden wird, wie dies seinerzeit mit dem behavioristischen geschah, wenn diese Entwicklung aufgrund prinzipieller technischer Begrenzungen an ein Ende gerät oder sich aufgrund theoretischer Entdeckungen als undurchführbar erweist. In welche Richtung diese Entwicklung gehen wird, ist aus heutiger Sicht schwer festzustellen, da wir mitten in der Expansion des kognitionswissenschaftlichen Paradigmas gefangen sind und also nicht über einen klaren Begriff seiner Grenze oder seines Horizonts verfügen. Inzwischen wird die Entwicklung der neuronalen Netzwerktheorie, die Kognition als konzertierte Aktion eines komplexen Netzwerkes neuronaler Einheiten versteht, zunächst einmal versuchen, viele Einzelaspekte menschlicher Kognition zu simulieren und damit zu belegen, dass ein neuronales Netz zu kognitionsähnlichen Leistungen, ja zu Kognitionen, fähig ist. Dies ist technisch bereits realisiert mit so komplexen menschlichen Fähigkeiten wie der Mustererkennung, ja sogar der Lernfähigkeit.

Es konnte zweifelsfrei gezeigt werden, dass auch solche neuronalen Netze lernfähig sind, wenn sie entsprechend programmiert werden. Bei solchen Forschungsbemühungen geht man mit folgender Strategie vor: Ein einfaches Netzwerk von untereinander ähnlichen Elementen wird mit einfachen und zunächst ähnlichen Verknüpfungsregeln so in eine Netzwerkstruktur gebracht, dass alle Elemente untereinander in einer bestimmten aber ungewichteten Beziehung stehen. Wenn dieses Netz nun mit einem gewissen Input verschaltet wird, der die Verknüpfungsregeln zwischen diesen Elementen ändert, dann ist das Netz in der Lage, diese Verknüpfungsregeln immer stärker mit dem Input in Verbindung zu bringen. Wenn dies oft genug geschieht, dann kann ein bestimmter Input nun dazu dienen, ein Netzwerk in ganz gezielter Art und Weise zu aktivieren und die Gewichtungsbeziehungen zwischen den Elementen des Netzwerkes so zu verschieben, dass es mit genau diesem Input übereinstimmt, und dann zu einer entsprechenden Ausgabe führt. Solche Netzwerke sind auch lernfähig. Sie können sich an neue Situationen anpassen und sie können in Grenzen auch eigene Handlungsspielräume wahrnehmen und etwa eine Fehlerkorrektur vornehmen. Dieses Modell macht es plausibel, dass möglicherweise auch komplexe Verhaltensweisen im Rahmen eines neuronalen Netzwerkes simulierbar und damit quantitativ verstehbar werden. Es sollte nicht unerwähnt bleiben, dass es innerhalb der Neurowissenschaften auch eine starke Strömung derer gibt, die solche Computersimulationen ohne konkrete Rückbindung an die Gegebenheiten der Neurophysiologie für unsinnig halten. Denn es ist noch nicht klar, ob unser Gehirn tatsächlich einzig und allein wie ein parallel funktionierendes Rechnersystem operiert, oder ob nicht andere Funktionsweisen in Betracht gezogen werden müssen. Nicht zu übersehen ist hier wiederum, dass physiologische Gegebenheiten – hier die Anatomie unseres Gehirns – mit technischen Gegebenheiten überformt und dann anhand dieser technischen Gegebenheiten modelliert und verstanden werden. Der Rückschluss, dass die Physiologie so funktioniert wie diese technische Simulation es möglich erscheinen lässt, ist nur in den Grenzen dieses vorgegebenen Modells sinnvoll.

Von der Verhaltenstherapie zur kognitiv-behavioralen Therapie

Innerhalb der Verhaltenstherapie, die in den letzten Dekaden neben der Psychoanalyse zu dem institutionell mächtigsten klinischen Bereich der psychologischen Anwendung aufgestiegen ist, hat sich ebenfalls die Übernahme kognitionspsychologischer Einsichten bemerkbar gemacht. Wir haben dies zuvor in unserem Beispiel bereits angedeutet. Kognitive und verhaltenstheoretische Elemente sowie Einsichten der sozialen Lerntheorie sind in der Hauptströmung der neueren Verhaltenstherapie so miteinander verknüpft, dass es gar nicht mehr sinnvoll ist, verschiedene Formen der Verhaltenstherapie voneinander zu unterscheiden. Klinisch versucht man auch sehr komplexe Störungen, wie etwa die Persönlichkeitsstörungen, unter denen man bereits früh einsetzende Fehlentwicklungen versteht, kognitionspsychologisch zu analysieren. Persönlichkeitsstörungen zeichnen sich dadurch aus, dass die Verhaltensweisen, die von der Umwelt und von der Mehrheit der Bezugspersonen als inadäquat wahrgenommen werden, von den betroffenen Personen als persönlichkeitsnah und zur Persönlichkeit gehörig verstanden werden. Man nennt diese Wahrnehmung von Verhaltensweisen als zur Persönlichkeit gehörig „ich-synton". Während z. B. ein depressiver Mensch normalerweise seine Depression nicht als zu sich gehörig empfindet („ich-dyston"), würde ein Mensch mit einer Persönlichkeitsstörung seine Verhaltensweisen zunächst gar nicht als problematisch erkennen, sondern als zu seiner Person gehörig. In dieser Situation stellt eine kognitiv-verhaltenstheoretische Analyse eine besondere Herausforderung dar. Neuere Arbeiten konnten zeigen, dass auch bei solchen Störungen problematische Kognitionen, die hier allerdings als automatische Gedanken oder inadäquate Kognitionen konzeptualisiert werden, eine Rolle spielen (inwiefern sich hinter dem Konstrukt „automatische Gedanken" im Grunde das Unbewusste der analytischen Tradition bemerkbar macht, bliebe zu untersuchen). Reizsituationen werden von solchen Ansätzen nicht mehr als reine Auslöser von Verhalten gesehen, sondern als komplexe kognitive Signale, die mit Bedeutung, mit antizipatorischem Gehalt und mit Symbolwert versehen werden. Die soziale Lerntheorie hat die Bedeutung des Lernens durch Nachahmung mit in die Debatte gebracht. Dadurch werden innere Repräsentationen von beobachtetem Verhalten oder dessen Konsequenzen zu einem weiteren moderierenden Faktor, der ebenfalls nur als Kognition begrifflich fassbar ist.

Durch all diese Fortschritte innerhalb der Kognitionspsychologie ist eigentlich eine unbeabsichtigte Integration tiefenpsychologischer Ansätze erfolgt. Denn die moderne Kognitionswissenschaft hat längst erkannt, dass nur ein Bruchteil aller Kognitionen jemals bewusst werden oder bewusstseinsfähig sind [8, 27, 29]. Unter dem Strom unseres täglichen Bewusstseins, unserer inneren Akte und unseres Verhaltens, läuft ein um vieles breiterer Strom unbewusster kognitiver Verarbeitungsprozesse und Verhaltensweisen. Allein eine so komplexe Tätigkeit wie das Autofahren lehrt jeden Menschen, wie viele Prozesse unbewusst ablaufen. Komplexe Verhaltensweisen wie das Ausgleichen der Streckenführung einer Straße, das blitzschnelle Entscheiden, ob ein Reiz relevant für das Fahrverhalten ist oder nicht, Gefahr anzeigt oder nicht, beachtenswert ist oder nicht, laufen innerhalb von Bruchteilen von Sekunden ab und erreichen nur dann die Schwelle der Bewusstheit, wenn wirklich bewusst reagiert werden muss. Insofern hat das kognitionswissenschaftliche Paradigma ein kognitives Unbewusstes eingeführt, in dem sich viele Prozesse abspielen, die unsere bewussten Kognitionen und unser bewusstes Verhalten prägen, ohne jemals wirklich bewusst zu werden. Kognitionspsychologen konnten zeigen, dass wir implizit lernen, das heißt Neues zu uns nehmen, ohne dass wir jemals sagen können, wie dies geschehen ist. Sie konnten zeigen, dass wir implizit Kognitionen verarbeiten und unser Verhalten davon beeinflussen lassen, ohne dass wir jemals wüssten, wie dies denn geschehen wäre. Dieses implizite Gedächtnis oder das automatische Prozessieren von Information wurde zu einem bedeutsamen Erklärungsinstrument der neueren Kognitionsforschung. Der Unterschied zum Freudschen Unbewussten besteht allerdings darin, dass implizite Informationsverarbeitungsprozesse durch experimentelle Forschung tatsächlich als existent nachgewiesen werden konnten. Insofern könnte man sagen, dass die Grundidee Freuds, wonach es so etwas wie eine unbewusste Steuerungseinheit unseres Verhaltens in unserer Psyche gibt, durchaus von der neueren Kognitionsforschung bestätigt worden ist. Allerdings wurden nicht Freuds dynamische Ansichten über die Natur dieses Unbewussten übernommen, sondern seine strukturelle Verfasstheit eben als kognitives Unbewusstes. Die moderne Kognitionswissenschaft würde sich mit Freud an dem Punkt treffen, dass sie ebenfalls behaupten würde, dass der größte Teil unserer kognitiven Verarbeitungen ohne Bewusstsein abläuft und dennoch unser bewusstes Verhalten und Wahrnehmen massiv beeinflusst [15].

Es könnte sehr leicht sein, dass die neuere Wendung zur emotionalen Neurowissenschaft diesen bislang eher auf kognitive Bereiche beschränkten Prozess auch dahingehend vertieft, dass sie die dynamischen und triebhaften Aspekte des Unbewussten durch experimentelle Forschung näher erhellt. Es konnte bereits gezeigt werden, dass es aktive, unbewusst motivierte Prozesse des Vergessens gibt, und nicht nur solche des zufälligen Zerfalls. Damit ist ein wichtiges Element der Tiefenpsychologie – nämlich die Komponente der Verdrängung – zum ersten Mal ansatzweise empirisch gesichert worden [2]. Wir dürfen mit Spannung die weitere Entwicklung dieser emotionalen Seite der Neurowissenschaft abwarten.

9.11 Neben der Kognitiven Wende: Andere Bedeutsame Strömungen

Existentialismus und Humanistische Psychologie

Ausgehend von Kierkegaard, Heidegger, Sartre und Camus ist, vor allem nach dem Kriege, die existenzialistische Philosophie in weiten Teilen Europas und Amerikas Mode geworden. Diese Weltanschauung richtet ihre Aufmerksamkeit auf die existenzielle Situation des Menschen. Der Mensch ist sich nämlich als einziges Lebewesen dessen bewusst, dass sein Leben einen bestimmten Anfang und ein bestimmtes Ende – nämlich im Tod – findet, und dass diese Lebensspanne, die ihm zur Verfügung steht, die Einzige ist, die er hat und haben wird. Besonders Heidegger betont die Bedeutsamkeit des Todesgewahrseins, welches das menschliche Leben charakterisiert und mit einer ganz eigenen Bedeutung ausstattet. Die französischen Existenzialisten führen darüberhinaus noch die Bedeutsamkeit der Sinngebung durch den Menschen ein. Das Leben, das sich innerhalb des Kosmos einfach ereignet und in sich selber keinen Sinn aufweist, muss durch menschliche Handlungen erst sinnvoll gemacht werden. Also ist der Mensch im Letzten der Autor seines eigenen Lebens, der Sinngeber seiner Existenz, und deshalb für das, was ihm widerfährt, auch verantwortlich. Diese existenzialistische Haltung hat sich in vielen Fällen auch mit hermeneutischen Traditionen gepaart, die davon ausgehen, dass jeder Mensch sein eigenes Leben gestaltet und seine eigene Wirklichkeit formt. Es ist nicht verwunderlich, dass sich aufgrund einer solchen Haltung deutlicher Widerstand gegen die verobjektivierende positivistische und behavioristische Welt- und Menschenanschauung und Wissenschaft im Ganzen erhob. Denn wenn das eigene Leben fast so etwas wie ein individuelles Kunstwerk ist, dann ist eine verobjektivierende Betrachtungsweise, die alle Menschen über einen Kamm schert, nicht zulässig. Wenn der Mensch sich sein je eigenes Ziel setzt und seinen Sinn selber definiert, dann ist es nicht statthaft, dass eine wie auch immer geartete Wissenschaft ihm hierbei Vorgaben macht.

Carl Rogers und die Anfänge der Humanistischen Psychologie

So entwickelte sich aus der existenzialistischen Philosophie vor allem innerhalb Amerikas der humanistische Ansatz. Dieser ging, wie der Name schon sagt, von der Bedeutung des einzelnen Menschen aus und davon, dass der Mensch in sich selber die Fähigkeit trägt, sein Leben zu gestalten, Verantwortung dafür zu übernehmen und sich Werte zu erschaffen. Der Erste, der eine mächtige Gegenbewegung gegen die dominante behavioristische Strömung ins Leben rief, war Carl Rogers [30]. Ursprünglich aus der Theologie und Pädagogik kommend, stellte er sich die Frage, wie Menschen am leichtesten Probleme bewältigen und lernen können. Seine Einsicht ist einfach: Sie benötigen eine wohlwollende akzeptierende Atmosphäre, damit sie das, was ihnen je Eigen ist, entfalten können. Daraus entwickelte sich der klientenzentrierte Ansatz in der Gesprächspsychotherapie, der davon ausgeht, dass eine wohlwollende *akzeptierende* Atmosphäre (*Wärme*), *authentische Rückmeldung* durch den Gesprächspartner (*Echtheit*) und eine *Spiegelung* des affektiven Gehaltes einer Kommunikation (*Empathie*) ausreichend ist, um Klienten mit den tieferen Zielen und Entwicklungsmöglichkeiten in Berührung zu bringen, sodass sie sich selbst entfalten. Carl Rogers ging davon aus, dass so etwas wie eine „*organismische Weisheit*“ am Grunde des menschlichen Lebens wirkt, die die Tendenz hat, den Menschen zu größerer Selbstentfaltung und Selbstverwirklichung zu drängen. Diese, vielleicht naive Grundannahme ist überhaupt charakteristisch für humanistische Psychologen und wird in diesen Kreisen selten jemals kritisch hinterfragt. Der Mensch wird als Wesen definiert, das zur Selbstentfaltung und Selbstentwicklung strebt, und wenn man die Hindernisse entfernt, die dieser Entwicklung entgegenstehen, so wird er dies auch in einer menschlichen und sozial verantwortlichen Weise tun, die andere und sich selbst nicht schädigt. Es ist unschwer erkennbar, dass die implizite Annahme der humanistischen Psychologie genau diese Tendenz einer inhärenten Entwicklungslinie oder eines verborgenen Entwicklungspotenzials bzw. -drangs ist, wie wir ihn philosophisch bereits bei Leibniz gefunden haben. Die humanistische Psychologie ist vielerorts auch dafür gescholten worden, dass dieser Grundansatz eine Fokussierung auf das individuelle Ich, sein eigenes Glück, unabhängig von sozialen Gegebenheiten erleichtert. Damit aber sei sie inhärent unpolitisch und nicht an der Änderung der Verhältnisse interessiert. Außerdem sei sie blind gegenüber menschlichen Destruktionstendenzen. Gerade die Auswüchse der Konsumgesellschaft, die der Selbstentfaltung dient und dem Kult des eigenen Ichs verpflichtet sei, würden doch klar machen, dass dem Menschen eine Tendenz eigen ist, alles zu instrumentalisieren und dass somit verdeckte und offene Aggression durch eine solche naiv-menschentümelnde Theorie nicht angemessen beschrieben werde.

Maslow und die Transzendierung der Selbstverwirklichung

Ein weiterer wichtiger Autor der humanistischen Psychologie war Abraham Maslow, der der humanistischen Psychologie den theoretischen Rahmen gab [22]. Während Rogers vor allem das praktische Anliegen hatte, mit seiner Gesprächstherapie humanistisches Veränderungspotenzial freizusetzen, so ging es Maslow vor allem um die Systematisierung einer brauchbaren humanistischen Theorie. Er differenzierte menschliche Triebe und Bedürfnisse in verschiedene Hierarchiestufen und wies darauf hin, dass außer den Basisbedürfnissen („alpha needs") nach Nahrung, Wärme und Sicherheit, sexueller Fortpflanzung und entsprechender Dominanz in der Gruppe, auch andere Bedürfnisse bestanden, die er als die eigentlich menschlichen ansah. Diese sogenannten „beta needs" sind das Streben nach Werten und menschlicher Verwirklichung, die über die Biologie hinausgehen. Nicht nur Bedürfnisbefriedigung, wie dies die psychoanalytische Theoriebildung nahelegt, nicht nur Verstärkerzufuhr, wie dies von der Verhaltenstherapie postuliert wird, sondern vor allem die Entwicklung des in ihm angelegten Potenzials würden Menschen motivieren, meinte Maslow. Er ging daher davon aus, dass es ein menschliches Grundbedürfnis sei, sich selber zu verwirklichen und darüber hinaus sich auch selbst zu transzendieren. Dies sah er verwirklicht in „Gipfelerfahrungen", die er als Momente außerordentlicher Gefühlsintensität ansah. Solche Gipfelerfahrungen würden nicht nur zufällig geschehen, meinte Maslow, sondern würden von Menschen absichtlich intendiert werden, weil sie eben zum menschlichen Naturell dazugehören, wie das Bedürfnis nach Kultur zum Bedürfnis nach Nahrung dazugehört. Solche Gipfelerfahrungen würden intendiert werden durch religiös-spirituelle Praktiken, sie würden in außergewöhnlichen Naturerlebnissen oder in Kommunikationserfahrungen ungewöhnlicher Dichte geschehen. Sexuelle Ekstase ist genauso dazu geeignet eine Gipfelerfahrung herbeizurufen, wie dies religiöse Askese tun kann. Charakteristisch jedenfalls für den Menschen sei es, solche Gipfelerfahrungen anzustreben und immer wieder erreichen zu wollen. Damit hatte Maslow eigentlich schon die Selbstverwirklichung, wie sie die humanistische Psychologie kennzeichnet, überwunden und den Impuls zur Selbsttranszendenz grundgelegt [21].

Frankl: Sinnsuche als grundlegend

Der Impuls zur Selbsttranszendenz wurde besonders von dem in Wien wirkenden Psychiater Viktor Emil Frankl thematisiert [12, 13]. Frankl genoss als Überlebender des Konzentrationslagers und Schriftsteller, der diese Erfahrung reflektierte, besonderes Ansehen vor allem in populären Kreisen. Seine Erfahrungen im Konzentrationslager hatten ihn gelehrt, dass besonders der Sinn und die Erfahrung von Sinn ein menschlich kennzeichnendes Element darstellt. Diejenigen Menschen, die in der Lage waren, auch dem grausamsten Leiden noch Sinn abzugewinnen, hatten eher eine Chance zu überleben oder einigermaßen ungeschoren davonzukommen, stellte Frankl fest. Deswegen machte er den Sinn zum zentralen Element seiner Psychologie und seiner Behandlungsweise, die später als „Logotherapie" verbreitet wurde. Er dokumentiert an vielen Fallbeispielen und Überlegungen, dass es letztlich nur der Sinn des Lebens ist, nach dem Menschen streben, und der Menschen von ihrer existenziellen Isolation befreit. Damit hatte Frankl, aufbauend auf Maslow, den er immer wieder als Gewährsmann anführt, das Moment der Selbsttranszendenz als konstitutiv für den Menschen eingeführt. Konnte Selbstverwirklichung noch aus eigenem Antrieb und eigener Aktivität geschehen, so musste sich der Sinn als Selbsttranszendenz immer als geschenkt oder gefunden ausweisen. Man könne seinem Leben zwar Sinn geben, meinte Frankl, aber die Erfahrung des Sinns selber sei eine geschenkte und nicht eine zu machende. Dass er damit das theologische Erbe des jüdisch-christlichen Begriffs der Gnade in die Psychologie transportiert hat, sei hier sicherheitshalber erwähnt.

So betonen die vier großen Gestalten der humanistischen Psychologie jeweils unterschiedliche Aspekte des Menschen. Maslow, der die Selbstverwirklichung ins Zentrum seiner Aufmerksamkeit stellt und die Bedeutsamkeit spezifisch menschlicher Triebe und Impulse, legte konzeptuell und sachlich den Grund für Frankls Selbsttranszendenzauffassung des Lebenssinns. Carl Rogers mit seinem Glauben an das Menschliche war der Meinung, dass die menschlichen Werte Echtheit, Wärme und Empathie ausreichend sind, dass sich ein menschliches Entwicklungspotenzial von selber entfaltet. Fritz Perls, der stärker durch die Psychoanalyse geprägt war, war der Meinung, dass dieses Selbstentfaltungspotenzial nur dann zum Tragen kommen würde, wenn die im Menschen und in der menschlichen Biographie zu lokalisierenden Hindernisse ausgeräumt wären. Doch auch er glaubte letztlich an die Möglichkeit der Selbstentfaltung und an die Selbstentfaltung als den letzten Zweck menschlichen Lebens. Kritisch muss vermerkt werden, dass auch die humanistische Psychologie über eine beschränkte individualistische, ja vielleicht egoistisch-westliche Sichtweise nicht hinauskommt.

Die Transpersonale Bewegung

Diese Richtung der Psychologie, die sich oft auch selber als die „vierte Kraft" neben Psychoanalyse, Verhaltenstherapie und humanistischer Psychologie sah, erhielt Ende der 1960er-Jahre Konkurrenz durch eine Gruppe von Psychologen, die sich selber als „transpersonale Psychologen" bezeichneten. Einer ihrer Wortführer war mittlerweile Abraham Maslow geworden, der erkannt hatte, dass Selbstverwirklichung als Selbstzweck betrieben in die Isolation und damit in die Unzufriedenheit mündet. Maslow hatte eben gesehen, dass eine zentrale Komponente dieser menschlichen Bedürfnisse auch das Bedürfnis nach Selbsttranszendenz sei [21]. Er fand sich in der Gesellschaft einiger anderer wieder, die aus dem *Human Potential Movement* der 1960er-Jahre mit Unzufriedenheit an die Grenzen des Selbstentfaltungsstrebens gestoßen waren. Sie hatten erfahren, dass bei aller Selbstentfaltung, bei aller therapeutischer Durcharbeitung biographischer Hindernisse doch immer wieder Unzufriedenheit aufkam, Probleme mit den Verhältnissen entstanden, und dass diese sich häufig durch spirituelle Praktiken veränderten. Viele dieser Psychotherapeuten und Psychologen waren nach Indien oder Japan gegangen, um dort Meditation zu lernen. Umgekehrt waren viele Lehrer in den Westen gekommen, um dort zu lehren, und so entstand eine breite Bewegung von psychologisch gebildeten Laien und Psychotherapeuten, denen die Integration der spirituellen Dimension in die Psychologie ein Anliegen wurde. Der tschechische Psychiater *Stanislav Grof* hatte schon seit einigen Jahren mit bewusstseinsverändernden Substanzen experimentiert und wies auf die Bedeutung solcher Erfahrungen für die Psychotherapie und die Selbstfindung hin. Gleichzeitig hatte sich in Amerika eine neue Weltanschauungsbewegung gebildet, die sich selber als „New Age" – Neues Zeitalter – bezeichnete und die solche Entwicklungen innerhalb der akademischen Psychologie begierig aufgriff und popularisierte. In Europa hatte sich der italienische Psychiater *Roberto Assagioli* bereits in den 1920er- und 1930er-Jahren damit beschäftigt, spirituelle und esoterische Lehren in eine psychoanalytisch gebildete und vorgeformte Psychologie zu integrieren. Isoliert durch das faschistische Regime in Italien, wurde er erst in den 1970er-Jahren von kalifornischen Wahrheitssuchern entdeckt und auf dem Umweg über Kalifornien und England auch auf dem Kontinent wieder eingeführt. Karlfried Graf *Dürckheim* und seine Frau Maria Hippius hatten ebenfalls gegen Ende der 1960er-Jahre durch Kontakt mit der Zen-Meditation eine eigene neue Therapieform, die sogenannte initiatische Therapie, begründet und wiesen mit dieser darauf hin, dass und wie der Kontakt mit dem spirituellen Bereich für den Menschen heilend und verändernd sein kann. So speist sich aus vielen kleinen Quellen eine neue psychologische Bewegung, die der Transpersonalen Psychologie, die es allerdings erst an wenigen Stellen geschafft hat, akademisch hervorzutreten und mehr eine Volksbewegung denn eine akademische Bewegung darstellt.

C. G. Jung

An dieser Stelle scheint es uns auch sinnvoll, die Psychologie Carl Gustav Jungs (1875–1961) einzuordnen. Jung wird zwar sehr häufig als Freudschüler propagiert. Damit tut man ihm aber unrecht [34]. Denn wichtige Ideen und Lehren hatte er bereits lange vor dem Kontakt mit Freud entwickelt, für sich selber vorangetrieben und auch teilweise publiziert. Er war stark geprägt von Flournoy, einem Genfer Psychologen, der die französische Hypnotisten- und die Suggestionstradition vertrat, und von seinem Lehrer Bleuler, der diese Tradition ebenfalls am Spital in Burghölzli in Zürich weitervermittelte. Jung hatte auch durch seine weitgreifenden Studien der philosophischen Tradition, vor allem von Nietzsche und Schopenhauer, eine eigene Auffassung gewonnen, in der die Lehre vom kollektiven Unbewussten eine wichtige Rolle spielt [16]. Er war wohl auch der Erste, der diesen Bereich als „transpersonal", also als „über die Person hinausgehend", bezeichnete. Denn in dieser Lehre war das Unbewusste nicht nur ein persönliches Unbewusstes, wie dies für Freud und die psychoanalytische Richtung kennzeichnend ist, sondern ein überpersönliches, für die gesamte Kultur prägendes. Er war der Meinung, dass grundlegende psychische Strukturen, die unbewusst wären, das menschliche Leben kulturenübergreifend steuerten und formten. Deshalb nannte er seinen Begriff vom Unbewussten „kollektives Unbewusstes".

Die Strukturen, die prägend in diesem Bereich wirkten, nannte er „Archetypen" oder Urtypen. Man beachte an dieser Stelle, dass dies der gleiche Begriff ist, den die platonische Tradition für die Ideen bereithält. Die Vermutung liegt deshalb nahe, dass er die Archetypen als psychologische Entsprechung der platonischen

Ideen verstand, also als gestaltbildende Kräfte, die in das jeweilige individuelle Leben eingriffen. Der Prozess, der dadurch entstand, war für Jung der Prozess der Individuation oder Selbstwerdung. Dieser wäre, so meinte er, nicht durch das jeweilige Ich gesteuert, sondern würde diesen individuellen Lebensweg transzendieren und würde sich dann entfalten, wenn der Mensch sich diesem öffne und nicht entgegenstelle. Psychotherapie sah er als Hilfe für diesen Selbstwerdungsprozess an. Auf diesem Wege würden Menschen kulturübergreifend ähnliche Stadien durchlaufen und ähnliche Probleme antreffen, die durch entsprechende Archetypen gekennzeichnet sind. Diese würden sich in Imaginationen, Traumbildern und kollektiven Äußerungen wie der Kunst wiederfinden lassen. Deshalb war für Jung sowohl die Analyse der Träume als auch die aktive Imagination ein wichtiger therapeutischer Zugang zu dieser psychischen Wirklichkeit. Denn in solchen inneren Bildern würden sich diese Ordnungskräfte der Psyche manifestieren, und wenn sie einmal verstanden sind, ihre Wirkung im alltäglichen Leben entfalten. Bedeutsame Archetypen, die immer wieder auftreten, sind nach Jung „Animus" und „Anima", „der Schatten", „das Selbst", oder das Mandala. Im Animus oder in der Anima zeigt sich der unbewusste gegengeschlechtliche Anteil eines Menschen, der meistens in den Hintergrund abgedrängt ist. Dieser unbewusste Persönlichkeitsteil enthält Seiten, die oftmals durch eine Symbolfigur mit entgegengesetztem Geschlecht symbolisiert werden. Daher spricht man bei einem Mann von der Anima, bei einer Frau vom Animus. Bei einem Mann wären das etwa typischerweise eher emotional-affektive oder triebhafte Seiten, bei einer Frau vielleicht mehr intellektuell-strukturierende, entsprechend dem eben, was in einer Gesellschaft zu einem Geschlechterstereotyp gehört. Der Schatten enthält jene Anteile, die komplett abgedrängt und nicht zur Person gehörig angesehen werden, etwa starke Destruktionstendenzen. Das Selbst wäre die Vollgestalt eines Menschen, auf die hin er sich entwickelt. Als archetypisches Bild wertet Jung in unserer Kultur das Hl. Kind, also z. B. die Darstellungen von Jesus mit Maria, der Mutter. Die Ganzheit wird in allen Kulturen durch Mandalas ausgedrückt, Zentralbilder, die um einen Kern oft dynamische und konzentrische Kreise vereinen. Solche Bilder sieht Jung universell zu allen Zeiten und Kulturen am Werk. Sein Verständnis von Psychotherapie bedeutet eine Freilegung dieser ursprünglichen Entwicklungstendenz zur Ganzheit hin.

Jean Gebsers Kulturanthropologie

In dieser Hinsicht hat Jungs Modell eine gewisse Verwandtschaft mit der Kulturanthropologie und dem Modell der Bewusstseinsentwicklung nach Jean Gebser [14]. Gebser war Autodidakt und Nichtakademiker, was teilweise erklärt, warum er in akademischen Kreisen so wenig rezipiert wurde. Seine grundlegende Einsicht hatte er, als er als junger Mann in Spanien reiste und sich literarischen Zirkeln zugesellte. Er muss damals eine tiefe Schau gehabt haben, die ihm der Zen-Meister Suzuki später als „Kensho-Erfahrung", also als Wesensschau oder Erleuchtungserfahrung anerkannte. Sein Werk „Ursprung und Gegenwart" ist eigentlich eine Ausfaltung dieser ursprünglichen Erfahrung. In ihm legt er eine Entwicklungslehre des Bewusstseins in fünf Stufen vor. Diese gelten seiner Meinung nach sowohl für die Menschheit als Ganzes (phylogenetisch), als auch für den einzelnen Menschen in seiner Entwicklung (ontogenetisch). Sein Modell ist oftmals implizit bedeutsam geworden, so etwa scheint es der Anstoß für Ken Wilbers Systemspekulation gewesen zu sein, weswegen wir es kurz vorstellen.

Er unterscheidet die archaische, die magische, die mythische, die mentale und die integrale Phase. Die *archaische* ist naturgemäß diejenige Phase, die am weitesten vom heutigen Alltagsbewusstsein entfernt ist. Von ihr gibt es weder kulturelle noch schriftliche Zeugnisse, sodass man auf Mutmaßungen angewiesen ist und auf einige kulturelle Spuren, die Gebser interpretiert. Man kann in der archaischen Phase so etwas wie eine komplette Einheit zwischen Natur und Bewusstsein sehen, in der sich menschliches Bewusstsein noch aufgehoben in der Natur findet, so wie dies vielleicht für das Kleinkind ganz zu Beginn seiner Existenz im Uterus gilt.

Die archaische Phase wird abgelöst von der *magischen*. Dort taucht schon der Ansatz von Bewusstsein auf, aber noch als mit der Natur verbundenes. Bewusstsein ist dort nicht Selbst- sondern Stammesbewusstsein, Clanbewusstsein, und das Subjekt ist nicht das Ich, sondern die Gruppe. Eine erste Differenzierung gegenüber der Natur findet statt durch magische Rituale, mit denen dieses frühe Bewusstsein versucht, Macht über natürliche Vorgänge zu gewinnen. Man beachte die etymologische Verwandtschaft unseres Wortes „Macht" mit „Magie". Allerdings findet diese Bemächtigung noch aus der Verbundenheit mit der Natur, aus einem Bewusstsein der Einheit heraus statt. Im Jagdritual etwa versucht der magische Mensch sich die Natur dienstbar zu machen. Das imaginierte, vorgestellte Tier und das wirkliche sind im magischen Bewusstsein eins und werden durch das Ritual miteinander zur Deckung gebracht. Es ist nicht abwegig, die Höhlenzeichnungen, die an manchen Orten Einschläge von Spitzen aufweisen, so zu interpretieren, dass sie genau diese Funktion rituell-magischer Repräsentationen von Beutetieren gehabt haben. Magisches Bewusstsein funktioniert, weil die ursprüngliche Einheit mit der Natur noch nicht zerbrochen, sondern erst in Ansätzen differenziert wurde. In der individuellen Entwicklungsphase können bei kleinen Kindern vielfältige Reflexe eines solchen magischen Bewusstseins beobachtet werden.

Die magische Phase wird abgelöst durch die *mythische*, die zum ersten Mal so etwas wie ein Ich erkennen lässt. Dieses Ich ist allerdings nicht intellektuell-rational strukturiert, sondern emotional. Das Ich der mythischen Phase ist ein Affekt-Ich. Prototyp dafür sind die Helden der Mythen, allen voran Achill oder Odysseus. Nicht umsonst beginnt die Ilias des Homer mit dem Wort „*Menin aeide thea* – den Zorn singe mir, Göttin". Der Zorn oder der Affekt ist das maßgebliche Moment des mythischen Ichs und Gebser weist darauf hin, dass in dieser griechischen Wurzel *men-is* (für Zorn) bereits das lateinische Wort *mens* (Geist) enthalten ist. Wir sehen hier also die Wurzel für das Bewusstsein im Affekt. Der mythische Held ist derjenige, der sich als Ich und als Subjekt der Natur entgegenstellt, der aber noch im Wesentlichen durch seine Affekte und Emotionen geprägt ist. Das Ich des Mythos ist die Seele, nicht der Geist. Die Ikonographie des Mythos zeigt genau diesen Weg: Der Held kehrt nach Hause zurück, zu sich selbst und muss dabei die vielfältigen Gefahren überwinden, die ihm die feindliche Natur entgegenstellt. Odysseus muss sein Leben dem Meer abtrotzen und sich dabei den verschlingenden Kräften, die ihn zurück ins Unbewusste ziehen wollen, widersetzen, wie etwa Calypso oder dem Gesang der Sirenen. Er wehrt sich gegen den menschenfressenden Zyklopen mit einem reflexiven Sprachtrick, indem er die Sprache nicht nur deutend, sondern symbolisch verwendet. Er bezeichnet sich nämlich als „Niemand", was genau dazu führt, dass die direkte Benutzung des Wortes durch den verletzten Polyphem zu seiner Befreiung führt, da dieser ja bekanntlich um Hilfe ruft, indem er schreit „Niemand hat mich verletzt". Dahinter kann man die veränderte Funktion der Sprache orten, die eben nicht mehr nur hindeutenden Charakter auf konkrete Gegenstände zu gewinnen beginnt, sondern bereits in ihrem symbolischen Gehalt verwendet wird. Dies wiederum setzt eine kognitive Struktur voraus, die sich aus der konkretistischen Behandlung der Welt gelöst und zu einer gewissen Symbolik fähig ist.

Erst in der klassisch griechischen Zeit und später dann am Ende des Mittelalters beginnt sich ein bewusstes reflexives Ich in Gebsers Vorstellung zu formieren. Dieses sieht sich als der Natur gegenüber erkennend und handelnd, und nicht nur ihr ausgeliefert und sich von ihr mühsam freimachend. Die philosophischen Bemühungen der klassischen griechischen Zeit mögen hierfür ein Beispiel sein. Ikonographisch bedeutsam für dieses nunmehr *mentale* Bewusstsein ist die Perspektive. Die Perspektive ermöglicht es dem Betrachter, sich und den betrachteten Gegenstand als räumlich getrennt wahrzunehmen und verdichtet die mentale Erfahrung im Bild: Ich und Welt, Subjekt und Objekt, sind getrennt. Rational intellektuelle Operationen ermöglichen es diesem Bewusstsein, sich in seiner Reflexivität und in seiner Macht der Natur gegenüber selbst als Zentrum der Welt zu erfahren. Die mentale Phase ist nach Gebser die dominante Kulturepoche unserer heutigen Zeit. Sie hat sich langsam seit der Renaissance in unserer Kultur und unserer Weltauffassung verbreitet und dürfte heute zur wesentlichen Modalität des modernen westlichen Menschen gehören. Selbstverständlich ist sie auch Voraussetzung von und Bedingung für Wissenschaft.

Das Interessante an Gebsers Weltsicht ist nun, dass er diagnostiziert, diese mentale Phase würde und müsse demnächst durch eine sogenannte *integrale* Bewusstseinsstruktur abgelöst werden. Was darunter zu verstehen ist, konnte Gebser selber nicht in aller Deutlichkeit sagen, da sich dieses Bewusstsein erst allmählich ankündige. Es lässt sich allerdings aus seinen Darstellungen rekonstruieren, dass er damit so etwas wie eine Art Erleuchtungsbewusstsein im Sinn gehabt haben muss. Gemeint ist damit jedenfalls, dass die mentale Bewusstseinsstruktur, die Ich und Welt als getrennt ansieht, überwunden wird nicht im Sinne eines Rückschritts zu früheren Phasen, sondern im Sinne eines Fortschritts zu einer integraleren Konzeption von Bewusstsein. In ihm ist das mentale Subjekt nicht aufgelöst und verschwunden, sondern in seiner Rückbezüglichkeit zur Welt, in seiner Verbundenheit mit allem und in seiner Bezogenheit zu anderen Subjekten als Überbewusstes gegenwärtig. Integralität und Mentalität widersprechen sich also nicht, sondern haben eine inklusive Beziehung in dem Sinne, dass integrales Bewusstsein nach Gebser das mentale einschließt, aber gleichzeitig darüber hinausweist. Im integralen Bewusstsein sind demzufolge auch die früheren Stadien als bewusste und bewusst benutzbare zur Verfügung. Kulturgeschichtlich sah Gebser die integrale Bewusstseinsstruktur im Keime vorhanden. Er sah beispielsweise die Lichtzeichnungen Picassos, in denen ein Bild nicht vergegenständlicht dargestellt wird, sondern in der zeitlichen Folge durch einen Lichtgriffel in die Dunkelheit gemalt wird, als ein ikonographisches Beispiel für Integralität an. Denn die zu erfassende Struktur ist nicht im statischen Sinne gegenwärtig, sondern im Prozesshaften, und nur erkennbar, wenn bestimmte Vorrichtungen getroffen werden, z. B. wenn eine überbelichtete Fotografie die Sequenz der Lichtgriffelbewegungen aufzeichnet und Gleichzeitigkeit suggeriert. Er sah auch die Formalismen der modernen Quantenmechanik, die mit Paradoxien und komplementären Begriffen operiert, als ein kulturhistorisches Zeichen für eine neue Bewusstseinsstruktur an.

Ob Gebser mit dieser Diagnose Recht hat, sei dahingestellt. Verschiedentlich wurden problematische Seiten an diesem Modell geäußert. Stufenmodelle und Entwicklungsmodelle haben immer eine inhärente Bewertungstendenz in sich, die suggeriert, etwas müsse anders oder besser werden, oder etwas sei erst zu erreichen. In der Tat sind diese Bewusstseinsstufen wohl in der Praxis nie so abgegrenzt und klar gestaltet wie Gebser dies darstellt, weder in kulturhistorischen Zeitepochen noch in der individuellen Entwicklung. Vor allem aber der Aspekt, dass unsere mentale Form des Bewusstseins, wie sie heute auch für die Wissenschaft Gültigkeit hat, nicht notwendigerweise die Endstation von Rationalität darstellt, scheint uns ein bedenkenswerter Gedanke, der vielleicht dazu hinführt, dass wir gerade innerhalb der Psychologie darüber reflektieren, welche Rolle Bewusstsein im Arbeits- und Forschungsprozess spielt. Denn implizit in einer gebserschen und von Gebser befruchteten Sicht der Welt wäre es, unterschiedlichen Bewusstseinsformen unterschiedliche Arten von wissenschaftlicher Betrachtung zuzuweisen. So könnte es beispielsweise sein, dass die verobjektivierende Bewusstseinsform, aus der unsere klassische empirische Naturwissenschaft besteht, nur *eine* Form von Bewusstsein und damit Forschungsmöglichkeit reflektiert. Inwiefern andere Bewusstseinszustände und -formen andere Arten der Wissenschaft bedingen würden, dies bliebe zu untersuchen und schiene uns zu untersuchen fruchtbar [3]. Möglicherweise ist die Zeit allmählich gekommen, um eine solche Wissenschaft unterschiedlicher Bewusstseinszustände als transpersonale Wissenschaft oder vielleicht besser als Wissenschaft, die Bewusstseinszustände untersucht und respektiert, voranzutreiben.

Dies könnte eine noch zu konzipierende spirituelle Psychologie oder eine Psychologie der Spiritualität leisten. Damit bewegen wir uns vollends am Rande dessen, was momentan im Rahmen der akademischen Psychologie konsensfähig ist. Gleichwohl erscheint uns dieser Bereich von Bedeutung, weswegen wir uns erlauben, ihn im Rahmen eines Exkurses kurz anzudeuten.

9.12 Exkurs: Spiritualität und Wissenschaft

Wissenschaft ist ein Kind und ein Motor der Aufklärung. Seit Kant das Bedürfnis und die Ziele der Aufklärung philosophisch formuliert und unterstützt hatte, war die Entwicklung der Aufklärung und des wissenschaftlichen Fortschrittes nicht mehr aufzuhalten. Zwar gab es noch lange Zeit Versuche von kirchlichen Behörden wissenschaftliche Ergebnisse zu ignorieren, gegen sie zu polemisieren oder sie gar zu unterdrücken, wie selbst Kant noch durch die Übergriffe der Zensurbehörde erleben musste, oder in neueren Tagen der Jesuit Teilhard de Chardin, aber im Grunde ist nicht zu übersehen, dass diese Übergriffe Rückzugsgefechte einer an Macht verlierenden Institution waren. Abgesehen von Inseln des Fundamentalismus in den Vereinigten Staaten, wo im Rückgriff auf fundamentalistisch-religiöse Positionen die Evolutionslehre ignoriert wird, hat die Aufklärung und mit ihr die

Bedeutung wissenschaftlicher Erkenntnisgewinnung überall zumindest in der westlich-zivilisierten Welt Einzug gehalten und ist damit auch weltweit zu einer mächtigen kulturellen Bewegung geworden.

Es sollte auch nicht vergessen werden, dass die Wissenschaft als kollektive Unternehmung der Menschheit vielleicht die einzige gemeinsame Anstrengung von Menschen über Länder und Nationengrenzen hinweg ist, sieht man einmal vom Sport ab, bei der eine einigermaßen friedliche und gelungene Kooperation die Regel ist. Insofern haben die Ideale der Aufklärung im Rahmen der Wissenschaft durchaus fruchtbaren Boden gefunden. Zu Beginn des neuen Jahrtausends sind zumindest in der westlichen Welt die Kirchen von der Wissenschaft und vielleicht von Hollywood als Quelle sinnstiftender Mythen abgelöst worden. Anders ausgedrückt: Die Verbreitung der wissenschaftlich-säkularen Kultur, wie sie durch die Aufklärung inspiriert worden ist, ist mittlerweile in der westlichen Welt ziemlich durchgängig. Wenn diese Entwicklung im Folgenden etwas skeptisch betrachtet wird, so soll damit nicht gesagt werden, dass sie falsch oder sogar rückgängig zu machen sei. Es ist das Wesen der Historie, dass Entwicklungen weder falsch noch richtig und schon gar nicht rückwirkend veränderbar sind. Aber das Verständnis eines Prozesses kann Kräfte und Ideen zur weiteren Gestaltung freilegen.

Das Motiv der Aufklärung war es, den Menschen aus Unmündigkeit und rein dogmatisch-ideologischen Bindungen zu lösen. Kant meinte damit auch, dass Menschen nicht einfach nur aus Folgsamkeit oder Gewohnheit einem Glauben anhängen, sondern diesen auch vernünftig durchdringen und auf dessen Grundlagen reflektieren sollten. Für Kant waren noch viele der für die Religion zentralen Begriffe, wie etwa die Unsterblichkeit der Seele oder die Existenz Gottes, unbezweifelt und als regulative Ideen für sein Weltbild und seine Philosophie notwendig. Die historische Entwicklung seit Kant hat vieles von diesen Voraussetzungen als fragwürdig erscheinen lassen. Die beiden Weltkriege mit ihrer unbeschreiblichen Grausamkeit haben den Glauben vieler Zeitgenossen an eine vernünftige oder gar wohlwollende Weltordnung dahinschwinden lassen. Erkenntnisse der Neurowissenschaften und der damit verbundenen wissenschaftlich-philosophischen Diskussion haben den Begriff einer unsterblichen individuellen Seele, wie er der westlich-christlichen religiösen Auffassung zugrunde liegt, als äußerst fragwürdig, wenn nicht problematisch erscheinen lassen. Heftige und wirkmächtige Religionskritik von Feuerbach, Marx, Engels, Nietzsche, Freud und anderen haben ein Weiteres dazu beigetragen, dass die selbstverständliche Kopplung einer transzendentalen Wirklichkeit und menschlicher Rationalität, wie sie für Jahrhunderte wegleitend war, zerbrochen ist. Damit sind jenseitige Begründungskonzepte für das menschliche Leben und seine Fragen und Probleme in das Reich der persönlichen Entscheidung und des privaten Glaubens verschoben und aus dem Geltungsbereich der Wissenschaft verschwunden. Die Aufklärung hat sich – fast – vollendet. Das Resultat dieser Entwicklung ist überdies häufig, dass zumindest aufgeklärten und gebildeten Zeitgenossen die naive Möglichkeit an religiöse Lehrsätze und Vorgaben zu glauben, kein ehrlicher und authentischer Lebensweg zu sein scheint.

Auf der anderen Seite, so haben wir gesehen, kann Wissenschaft ihre eigenen Grundlagen letztlich nie selber begründen und muss immer auf einen Satz von absoluten Voraussetzungen zurückgreifen, die sich entweder aus persönlichen Entscheidungen oder aus der sozialen, weltanschaulichen Situation ergeben, die sachlich die Funktion und den Status einer Weltanschauung haben. Wissenschaft wird also schon der Sache nach nie die Rolle und die Funktion einer sinnstiftenden Religion oder Weltanschauung ersetzen können. Ist die Alternative also Beliebigkeit und die Not des Einzelnen, sich nach freien Stücken eine eigene Weltanschauung aus passenden Versatzstücken zusammenzuschrauben? Ist die Alternative zu einer traditionell-religiösen Gläubigkeit die neumodisch-blinde Gläubigkeit an den Fortschritt und die Reichweite der Wissenschaft? Das, was viele moderne Philosophen als Szientismus, als überzogenen Glauben an die Macht und den Einfluss der Naturwissenschaft, kritisiert haben? Ist nicht an solchen Stellen, an denen die Wissenschaft versucht, das religiöse Vakuum zu füllen, ein Prozess zu beobachten, in dem die Wissenschaft die gleichen Verfallserscheinungen, nämlich Dogmatismus, Intransparenz und Menschenfeindlichkeit aufweist, wie dies stellenweise die verfasste Religion tat und immer noch tut?

An dieser Stelle tritt uns der Begriff und das Phänomen der Spiritualität als ein möglicher Ausweg oder eine mögliche Klammer in den Blick. Als soziologisch-psychologisches Phänomen ist es unbestreitbar – dies zeigen viele Umfragen und Erhebungen –, dass Menschen sich trotz des Bedeutungsschwundes, den die traditionellen Kirchen erleben, nicht weniger für die „letzten Fragen“, die bereits Kant formuliert hat, interessieren. Sie wenden sich teilweise anderen Religionen zu, teilweise suchen sie ihren Sinn in spirituellen und religiösen Übungen oder Praktiken, und insgesamt scheint es eine Verschiebung weg von den traditionell verfassten Religionen und Kirchengemeinschaften hin zu einer privaten, aber deswegen nicht notwendigerweise weniger intensiven Gläubigkeit und Spiritualität zu geben.

Die empirischen Wissenschaften, allen voran die Psychologie, haben im Gefolge der positivistischen Wissenschaftsreform sehr häufig das explizite Metaphysikverbot des Wiener Positivismus (siehe nächstes Kapitel) verinnerlicht und Phänomene der Religion, der Gläubigkeit der Religiosität versucht allenfalls peripher im Rahmen einer reduktiv-erklärenden oder abstinent-beschreibenden Religionspsychologie zu behandeln. Spiritualität als Forschungsgegenstand war über lange Zeit innerhalb der Psychologie kein Thema. Erst in den letzten 10 Jahren kann man, allein was die Menge der Publikationen anbelangt, zunehmendes Interesse an diesem Bereich auch innerhalb der akademischen Forschung feststellen. Es hat den Anschein, als würde mit dem Abnehmen des positivistischen Einflusses auf die Gestaltung empirischer Forschung innerhalb der Psychologie auch die Nachwirkung des Metaphysikverbots schwächer.

Wie lässt sich diese Entwicklung systematisch, inhaltlich und historisch verstehen und bewerten? Ergibt sich vielleicht hierdurch für die Wissenschaftstheorie und für die Forschung eine neue und interessante Perspektive? Wir markieren im Folgenden einige Hinweise in groben Zügen. Zuvor jedoch einige *Begriffsklärungen*:

Unter *Spiritualität* wollen wir einen Lebensvollzug verstanden wissen, der auf eine über das einzelne Ich hinausweisende Realität erlebend und handeln Bezug nimmt. Dies kann eine transzendente Wirklichkeit wie klassischerweise in der Religion sein, dies kann aber auch die Realisierung des Eingebundenseins in einen größeren Lebenskontext von Menschen, der Ökosphäre oder anderen über das Individuum hinausreichenden Belangen sein. Unter *Erfahrung* wollen wir eine Erkenntnis von Wirklichkeit verstehen, die kognitive, affektive und motivationale Komponenten zugleich enthält. Damit unterscheidet sie sich von der rein theoretischen Erkenntnis, die meistens nur kognitive Komponenten enthält und auch von der Einsicht, die häufig nur kognitive und affektive Komponenten enthält, aber selten motivationale. Wesen der Erfahrung jedoch ist es, dass sie auch Impulse zu verändertem Verhalten und damit motivationale Komponenten enthält. Wer nur theoretisch weiß, dass die Herdplatte heiß ist, wird vielleicht noch nicht die Motivation verspüren, sie zu meiden. Wer die entsprechende Erfahrung gemacht hat, wird in Zukunft heiße Herdplatten meiden. Im selben Sinne wird jemand, der nur aus theoretischen Analysen weiß, dass sein Verhalten unsere Ökosphäre schädigt, nicht unbedingt die Motivation haben es zu verändern. Wer aber selber eine entsprechende Erfahrung gemacht hat, oder sich sehr tief mit den entsprechenden Zusammenhängen beschäftigt hat, sodass für ihn daraus eine Erfahrung wurde, wird anders handeln.

Spirituelle Erfahrung wäre dann die Erfahrung einer transzendenten, d. h. über das individuelle Ich hinausweisenden Wirklichkeit, die das ganze Leben durchdringt und anders als kognitives Verständnis nicht nur den Inhalt von Lehrsätzen oder Glaubensdoktrinen meint, sondern die Wirklichkeit selbst. *Religiöser Glaube* hingegen bezeichnet lediglich kognitiv verankerte Konzepte. Der alte Satz des Meisters Eckhart „esse est deus – das Sein ist Gott" kann beispielsweise lediglich als philosophische Erkenntnis aufgefasst werden und damit ein Verständnis von Wirklichkeit bezeichnen. In dem Sinne, in dem diese Erkenntnis vertieft wird zu einer auch affektiv bedeutsamen Einsicht, wird sie vielleicht die Haltung innerhalb des Lebens verändern. Als existenzielle Erfahrung gemeint würde sie das Leben so durchdringen, dass sich daraus auch verhaltensmäßige Konsequenzen ergeben. Die Biographie und die Schriften des Meisters Eckhart deuten darauf hin, dass dieser vielleicht wortgewandteste unter den mittelalterlichen Mystikern mit diesem Satz nicht nur eine philosophische Wirklichkeit ausdrücken wollte, sondern den darin gemeinten Inhalt als existenzielle Erfahrung gemacht hat.

Wenn eine spirituelle Erfahrung im Rahmen einer etablierten Religion interpretiert und verstanden wird, dann bezeichnen wir sie meistens als *religiöse Erfahrung*. In diesem Sinne verwendete der erwähnte mittelalterliche Mystiker Meister Eckhart den Begriffsapparat der christlichen Theologie, um seine Erfahrung auszudrücken und in Sprache umzusetzen. Andere Schriftsteller, die beispielsweise aus der jüdischen oder der buddhistischen Tradition kommen, verwenden ihre je eigenen kulturellen Schemata, um ihre spirituellen Erfahrungen auszudrücken und zu kanalisieren. Es wäre eine lohnende, aber diese Untersuchung sprengende Frage, inwiefern es Kultur- und Zeiten übergreifende Konstanten spiritueller Erfahrung gibt oder inwiefern diese durch den sprachlich-kulturellen Horizont dessen, der sie macht, geformt und geprägt sind.

Unter *Religion* schließlich wollen wir ein System von Sätzen, Regeln und Ritualen verstehen, die zum einen Ausdruck einer Fülle von individuellen spirituellen Erfahrungen sind, zum anderen aber eigentlich ursprünglich den Zweck hatten, solche Erfahrungen zu kanalisieren und zu ermöglichen. Als Element dieser Aufgabe geben sie meistens auch ein moralisch-ethisches Regelwerk vor, das häufig kulturtragend wird. Viele Anhänger und viele Kritiker von Religionen reduzieren das Wesen und die Bedeutung von Religionen dann häufig nur noch auf jene moralisch-ethische Komponente.

Es ist lohnend und denkbar, das Wesen unserer christlich-westlichen Kultur auf die wenigen spirituellen Grunderfahrungen zurückzuführen, die aus den neu- und alttestamentlichen Schriften für die Begründer dieser Religion bezeugt und charakteristisch sind. Dies wären etwa die großen Prophetengestalten des Alten Testaments oder die Gründergestalt des Christentums selber, der historische Jesus, und dessen Anhängerschar. Diese ersten spirituellen Grunderfahrungen wurden schließlich in einem komplexen Prozess, den wir in den historischen Eingangskapiteln kurz skizziert haben, verschmolzen mit Elementen der römischen Staatstradition, mit Elementen der antiken Gelehrsamkeit und Philosophie, und schließlich auch mit Elementen der germanisch-keltischen Religionen und Kulturen, bis daraus die christlichen Kirchen entstanden sind, die wir heute kennen. Durch Inkulturation in anderen Kulturen, etwa Asien oder Afrika, geht dieser Prozess auch heute noch weiter. Wesen und Begleiterscheinung dieses religiös-kulturellen Entwicklungsprozesses ist es, dass ursprüngliche Erfahrungen in Lehrformeln und Ritualen kristallisieren, die ohne die entsprechende Erfahrung als Leerformel erlebt werden und schließlich als sinnlos und widersprüchlich. Die Kirchengeschichte zeigt, dass solche Prozesse innerhalb der Geschichte der christlichen Kirchen immer wieder vorgekommen sind und durch große Reformergestalten wie etwa die Gründerväter der christlichen Orden oder Reformatoren wie Luther in neue und häufig tiefere Bahnen gelenkt wurden. In unserer westlichen Kultur war die christliche Kirche Voraussetzung für den Aufstieg der Wissenschaft und damit auch indirekt Motor für den Aufklärungsprozess, der am Schluss durch die wissenschaftliche Emanzipation zu einer Loslösung eben dieser Wissenschaft von der Kirche führte. Es wäre jedoch ein folgenschwerer Irrtum, den Bedeutungsschwund der christlichen Religionen und die mangelnde Autorität des christlichen Dogmas in den modernen westlichen Gesellschaften mit einer schwindenden Bedeutung von Spiritualität für Menschen schlechthin gleichsetzen zu wollen. Die wenigen Daten und Erhebungen, die es zu diesem Gebiet gibt, weisen eher in eine andere Richtung. In diesem Sinne scheint Spiritualität den religiösen Glauben in unseren modernen aufgeklärten Gesellschaften langsam aber sicher zu ersetzen. Welche Auswirkungen und Konsequenzen könnte dies für die Wissenschaft vom Menschen und deren Theorie haben?

Zum einen ist es für die Psychologie zunächst eine empirische Frage, die sie durch qualitative und womöglich sogar experimentell-quantitative Untersuchungen näher überprüfen könnte, ob und inwiefern Spiritualität für die Lebensgestaltung von Menschen eine Rolle spielt und welche Konsequenzen sie hat. Zum anderen aber gibt es einen subtilen Berührungspunkt zwischen der spirituellen Erfahrung und der Wissenschaft insgesamt, den wir hier kurz skizzieren wollen:

Kern jeglicher Religion, so unsere Behauptung hier, ist eine spirituelle Erfahrung, vermutlich können es sogar viele Erfahrungen sein, von einzelnen Personen innerhalb eines Kulturkreises gemacht und berichtet. Diese Erfahrung wird sodann in Mythen, in Bildern und in der kulturellen Semantik, die diesen Personen zur Verfügung steht, zum Ausdruck gebracht. Schließlich destilliert sich daraus so etwas wie eine verfasste und geglaubte Religion. Am Anfang dieses Prozesses aber steht die spirituelle Erfahrung. Dieser Prozess ist auf jeden Fall für die buddhistische Religion nachweisbar, dürfte vermutlich auch am Grund der hinduistischen Religion stehen und kann wohl sogar für die christliche Religion geltend gemacht werden, wenn man die Initialerfahrung der Taufe Jesu im Jordan als Chiffre für eine tiefe spirituelle Erfahrung liest. In diesem Sinne wäre für die hier vertretene

Auffassung die spirituelle Erfahrung grundlegend für ihre spätere oder gleichzeitige kanonisierte Fassung als Religion.

In der spirituellen Erfahrung haben wir, technisch gesprochen, eine innere Erfahrung vor uns. Diese Erfahrung erlebt der Betreffende als eine Offenbarung von Wirklichkeit. Dies können wir den vielfältigen Beschreibungen solcher Erfahrungen, die in der Literatur vorhanden sind, entnehmen. Spirituelle Erfahrung ist ihrem Wesen nach also *innere* Erfahrung von Wirklichkeit. (Inwiefern dieser Anspruch wiederum prüfbar, kritisierbar und damit intersubjektiv einlösbar ist, dies ist eine sehr schwierige und komplexe Frage, die wir im Moment ausklammern.)

Wissenschaft hingegen ist zunächst einmal die äußere Erfahrung von Wirklichkeit. Sie verwendet die Sinne und unseren kognitiven Apparat, um den Zugang zur Wirklichkeit zu strukturieren. Wir haben auch gesehen, dass das Wesen der psychologischen Wissenschaft ein doppeltes ist. Denn sie verwendet sowohl äußere sinnliche Erfahrung als auch Auskunft über innere Erfahrung in ihrem Prozess. Außerdem haben wir gesehen, dass der Wissenschaftler an einem bestimmten Punkt die Daten seiner äußeren Erfahrung ordnen und mit einer vorläufigen theoretischen Struktur in Verbindung bringen muss. Diese aber findet er nie in den Daten selber, sondern er erschließt sie aus ihnen. Das Suchen und Finden einer solchen theoretischen Struktur haben wir als Abduktion gekennzeichnet. Dahinter, so sahen wir, verbirgt sich ein kreativer, ja spontaner Akt des Findens einer theoretischen Struktur, die das Auftreten von Sinnesdaten und äußeren Erfahrungen erklären hilft. In einfachen Fällen ist dieser Prozess trivial. Betrachten wir aber das Entdecken profunder wissenschaftlicher Theorien, wie etwa der Gravitationstheorie durch Newton, der Relativitätstheorie durch Einstein oder der Quantentheorie durch Bohr, Heisenberg, Schrödinger und andere, dann sehen wir, dass die Prozesse, die zu dieser Entdeckung führen, alles andere als trivial sind. Ganz im Gegenteil: An dieser Stelle bedienen sich große Wissenschaftler einer besonders gearteten Form von Intuition, die ihnen einen nicht empirischen im Sinne von nicht allein auf äußere Erfahrung gegründeten Zugang zur Wirklichkeit ermöglicht. Und dieser Prozess, so scheint uns, hat sehr viel Ähnlichkeit mit dem, was Mystiker als spirituelle Erfahrung bezeichnen würden.

Unsere Vermutung und Behauptung an dieser Stelle wäre also, dass sich Wissenschaft und Religion an einer Stelle begegnen: Dort, wo sich Religion auf die innere Erfahrung ihrer Begründer, Reformatoren und großen Gestalten stützt, und dort, wo die Wissenschaft die Intuition und die innere Erfahrung der großen Theoretiker benötigt, um zu einer gehaltvollen Theorie zu kommen. In beiden Fällen ist innere Erfahrung von Wirklichkeit der Schlüssel zum vertieften Verständnis. Während sich die Wissenschaft von dort nach außen wendet, äußere Erfahrung und Empirie im eigentlichen Sinne des Wortes betreibt und diese durch methodische Schritte vor Irrtum sichert, wendet sich Religion und Spiritualität weiterhin nach innen und vertieft diese innere Erfahrung auf einem oftmals methodischen Weg der Schulung dieser inneren Erfahrung.

Es wäre in der Zukunft befruchtend, diese Parallelitäten weiter auszuloten und möglicherweise den Übergang und den Durchgang zwischen diesen beiden Bereichen leichter und selbstverständlicher möglich zu machen. Historisch lässt es sich zeigen, dass der Erfahrungsbegriff bis etwa in die Zeit der Hochscholastik hinein einer war: Innere und äußere Erfahrung waren begrifflich nicht getrennt. Durch

Prozesse der Differenzierung und möglicherweise auch der Ausgrenzung, deren Details für diesen Zusammenhang nicht weiter interessieren brauchen, wurde der gesamte Bereich der inneren Erfahrung aus dem Bereich der Wissenschaft – und dies war damals die Theologie – mehr oder weniger vollständig ausgegliedert und an die private Frömmigkeit delegiert. Daraus entwickelte sich ein wesentlicher Teil der mystischen Bewegungen. Nur in bestimmten Bereichen der spekulativen Theologie und Philosophie sowie neuerdings innerhalb der Psychologie erlangte der Bereich der inneren Erfahrung eine gewisse methodische Bedeutung. Die Psychologie erscheint uns deshalb als der historische und systematische Ort, an dem die beiden Erfahrungsbegriffe, die äußere empirische Erfahrung von Wirklichkeit und der innere Zugang zur Wirklichkeit, wie er sich in der spirituellen Erfahrung zeigt, verbunden werden könnten. Dass und wie dies geschehen mag, ist freilich ein Thema für die Zukunft.

Quintessenz

- Die Erkenntnissituation der kantschen Philosophie führte dazu, dass den Bedingungen von Erkenntnis mehr Raum eingeräumt wurde. Dadurch wurde Raum geschaffen für eine neue Form der Wissenschaft: die Psychologie.
- Parallel zu dieser Entwicklung konnte die aufsteigende Naturwissenschaft große Erfolge vorweisen, die sie durch strikte Anwendung der empirisch-experimentellen Methode erreichte.
- Deswegen wurde der Vorschlag Brentanos, die empirische Methode auch zur Methode der Philosophie zu machen, zugleich zu einem der Ausgangspunkte der neuen Psychologie.
- Brentano gliedert die Psychologie in die genetische Psychologie, die die naturwissenschaftliche Grundlage der Psychologie beschreiben soll, und die deskriptive Psychologie, die die inneren Erfahrungs- und Wahrnehmungsprozesse mit Hilfe der Introspektion oder Innenschau ergründet. Diese deskriptive Psychologie machte er zur wissenschaftlichen Basis der Psychologie.
- Damit wurde die Introspektion und die Betrachtung des Innenlebens zur primären empirischen Datenquelle der Psychologie.
- Der Physiker und Physiologe Helmholtz führte die experimentelle Methode aus der Physik kommend auch in die Physiologie und Wahrnehmungslehre ein und wurde als direkter Lehrer und Vorgänger von Wundt wegweisend für die Psychologie.
- G. T. Fechner wandte unabhängig von Helmholtz die naturwissenschaftliche Methodik auf die Psychologie an und legte mit dem Fechnerschen Gesetz das erste Beispiel für einen quantitativ formulierten Zusammenhang in der Psychologie vor.
- Wilhelm Wundt legte mit der Gründung des Leipziger Laboratoriums 1879 den Grundstein für die formelle Gründung der Psychologie als akademische Institution in Deutschland. Er war der Meinung, dass Psychologie auf der einen Seite experimentell-empirisch und auf der anderen Seite in natürlichen Zusammenhängen beobachtend vorgehen müsse. Mit seiner experimentellen Methode befruchtete er die Mehrheit der nachfolgenden Psychologengeneration.
- Kurz nach Wundt gründete dessen Schüler Hugo Münsterberg 1888 ein weiteres psychologisches Laboratorium in Freiburg und legte damit den Grundstein für die Freiburger Schule der Psychologie. Münsterberg legte vor allem Wert

auf die Anwendung der Psychologie und ihre weite Verbreitung in anderen angewandten Berufen, wie bei Lehrern, Richtern und Ärzten.

- In Wien folgte die Psychologie den Gründergestalten Brentano, Mach und den Vorgaben des Wiener Kreises. Dort wurde die neu entwickelte Elektroenzephalographie in die Betrachtung der Psychologie relativ früh integriert.
- Der Wundt-Schüler Külpe gründete die Würzburger Schule, die sich zunächst mit Fragen der Denk- und Willenspsychologie beschäftigt.
- Daraus entwickelte sich die Gedächtnisforschung von Ebbinghaus.
- Die Gestaltpsychologie erhielt ihren ersten Impuls durch Christian von Ehrenfels, der zeigen konnte, dass die Wahrnehmung sich immer aus großen Zusammenhängen von Einzelelementen nährt und von Anfang an synthetisch ist.
- Diese Richtung der Gestaltpsychologie wurde zu Beginn des 20. Jahrhunderts bis zur Herrschaft des Nazi-Regimes bedeutsam in Deutschland, mit Forschern wie Wertheimer, Koffka, Köhler, Lewin und dem späteren Begründer der Gestalttherapie Perls.
- Eine wichtige Quelle der klinischen Psychologie war der Arzt und Naturforscher Franz-Anton Mesmer, der mit dem animalischen Magnetismus und dessen Heilerfolgen eine erste Grundlegung für hypnotisch suggestive Therapien lieferte. Diese Tradition wurde vor allem in Frankreich durch Charcot, Janet und Bernheim aufgegriffen, die großen Einfluss auf spätere Schulengründer wie Freud, Jung und andere hatten.
- Dadurch wurde der bereits in der Philosophie der Romantik begründete Begriff des Unbewussten psychologisch konkretisiert.
- Sigmund Freud konnte durch seine ersten hypnotischen und suggestiven Versuche die Bedeutung unbewusster traumatischer Erinnerungen belegen.
- Freud schuf mit der Psychoanalyse eine neue Methode, die sich auf sorgfältige Introspektion, also Innenschau des Patienten und des Arztes, stützte und somit eine Methode der Erforschung als auch der Therapie darstellte.
- Neue Erkenntnisse aus der Bindungsforschung und aus der kognitiven Psychologie zur Bedeutung früher Bindungen und impliziter Informationsverarbeitungen führen in neuerer Zeit zu einem Brückenschlag zwischen tiefenpsychologischen und akademisch-psychologischen Forschungstraditionen.
- Das behavioristische Manifest von J. B. Watson im Jahre 1913 markiert mindestens für die angelsächsisch-psychologische Tradition einen Wendepunkt. Dort wurde die Doktrin mehrheitsfähig, dass Psychologie sich vor allem von außen beobachtbarem Verhalten zuwenden solle und innere Akte wie Emotionen, Affekte, Willensäußerungen insofern ignorieren, sofern sie nicht in beobachtbare Daten übersetzbar seien.
- Diese Strömung wurde durch Befunde Pawlows zur klassischen Konditionierung und Skinners zur operanten Konditionierung sowie durch viele andere lerntheoretische Befunde lange Zeit zu einer der mächtigsten Strömungen innerhalb der Psychologie.
- Die Kritik Chomskys und die Attacken kognitiver Psychologen gegenüber ausschließlich lerntheoretischen Konzepten führten schließlich dazu, dass Kognitionen ein eigener wissenschaftlicher Status zuerkannt wurde. Unter Kognitionen versteht man seither alle inneren Akte, wie Bewertungen, Wünsche, Affekte, Erwartungen und Gedanken.
- Erkenntnisse der Sinnesphysiologie, die zeigten, dass Wahrnehmung komplexe Akte darstellen, führten schließlich zusammen mit den Entwicklungen der Kognitionspsychologie zu einer Erweiterung des psychologischen Forschungsarsenals:

- Innerhalb der klinischen Psychologie wurde die Verhaltenstherapie zur kognitiven Verhaltenstherapie erweitert, innerhalb der allgemeinen Psychologie entwickelte sich aus der kognitiven Psychologie die Kognitionswissenschaft als interdisziplinäres Forschungsprogramm, das kognitive Psychologie, Neurowissenschaften und Computerwissenschaften verbindet. Die Kognitionswissenschaft ermöglicht es, durch neue Computertechnologie zusammen mit mathematischer Modellierung kognitive Prozesse zu studieren.
- Vor allem innerhalb der klinischen Psychologie wurden auch andere Forschungstraditionen wirkmächtig: Der philosophische Existenzialismus, ausgehend von Kierkegaard, Heidegger, Sartre und Camus befruchtete humanistische Psychologen wie Rogers und Maslow. Diese stellen vor allem das menschliche Entwicklungspotenzial, das Bedürfnis des menschlichen Organismus, sich zu entfalten und die Bedeutung der menschlichen Freiheit in das Zentrum der Betrachtung.
- Viktor E. Frankl wurde durch die Betonung der Dimension des Sinnes für die menschliche Entwicklung zu einem Mitbegründer einer Bewegung, die die Bedeutung von Dimensionen, die über das einzelne Ich hinausweisen, betonen, die transpersonale Psychologie.
- C. G. Jung hatte mit seiner Psychologie, die die Kollektivität unbewusster Vorgänge und die Entwicklung der Person auf einem Individuationsweg betonte, bereits früher auf die Bedeutung von Inhalten hingewiesen, die das einzelne Subjekt übersteigen.
- Jean Gebsers Kulturanthropologie schafft eine theoretische Möglichkeit, über die Bedeutung anderer als alltäglicher Bewusstseinszustände für die Psychologie und den Forschungsprozess nachzudenken, indem sie die Möglichkeit eines integralen Bewusstseins anspricht.

Literatur

[1] Ader, R. & Cohen, N. (1991). The influence of conditioning on immune responses. In R. Ader, D. L. Felten, & N. Cohen (Eds.), *Psychoneuroimmunology.* (pp. 611–646). San Diego, CA: Academic Press.

[2] Anderson, M. C., Ochsner, K., Kuhl, B., Cooper, J., Robertson, E., Gabrieli, S. W., Glover, G. H. Gabrieli, J. D. E. (2004). Neural systems underlying the suppression of unwanted memories. *Science*, 303:232–235.

[3] Atmanspacher, H. (1993). *Die Vernunft der Metis*. Stuttgart: Metzler.

[4] Benetka, G. (1999). „Die Methode der Philosophie ist keine andere als die der Naturwissenschaft...“: Die „empirische Psychologie“ Franz Brentanos. In T. Slunecko, O. Vitouch, C. Korunka, H. Bauer, & B. Flatschacher (Hrsg.), *Psychologie des Bewusstseins – Bewusstsein der Psychologie. Giselher Guttmann zum 65. Geburtstag.* (S. 157–175). Wien: Wiener Universitätsverlag.

[5] Binswanger, L. (1973). *Grundformen und Erkenntnis menschlichen Daseins.* München/Basel: Reinhardt.

[6] Brentano, F. (1982). *Deskriptive Psychologie. Aus dem Nachlass herausgegeben und eingel. v. R. M. Chisholm und W. Baumgartner.* Hamburg: Meiner.

[7] Breuer, J. & Freud, S. (1909). *Studien über Hysterie.* Leipzig und Wien: Franz Deuticke.

[8] *Caspar, F. (1998). A connectionist view of psychotherapy. In D.J. Stein & J. Ludik (Eds.), *Neural Networks and Psychopathology.* (pp. 88–131). Cambridge: Cambridge University Press.

[9] Crabtree, A. (1993). *From Mesmer to Freud: Magnetic Sleep and the Roots of Psychological Healing*. New Haven, CT: Yale University Press.

[10] Ellenberger, H. F. (1973). *Die Entdeckung des Unbewussten. Geschichte und Entwicklung der dynamischen Psychiatrie von den Anfängen bis zu Janet, Freud, Adler und Jung*. Bern: Huber.

[11] Florey, E. (1995). *Ars Magnetica. Franz Anton Mesmer 1734–1815: Magier vom Bodensee*. Konstanz: Universitätsverlag Konstanz.

[12] Frankl, V. E. (1971). *Ärztliche Seelsorge. Grundlagen der Logotherapie und Existenzanalyse*. Wien: Deuticke.

[13] Frankl, V. E. (1975). *Theorie und Therapie der Neurosen. Einführung in Logotherapie und Existenzanalyse*. München: Reinhardt.

[14] *Gebser, J. (1949, 1953). *Ursprung und Gegenwart. Zwei Bände*. Stuttgart: Deutsche Verlagsanstalt. Neu aufgelegt als DTV.

[15] Giampieri-Deutsch, P. (Hrsg.) (2002). Psychoanalyse im Dialog der Wissenschaften. Band 1: Europäische Perspektiven. Stuttgart: Kohlhammer.

[16] Jaffé, A. (Hrsg.) (1976). Erinnerungen, Träume, Gedanken von C. G. Jung. Olten: Walter.

[17] Kant, I. (1981). *Kritik der Urteilskraft*. Frankfurt: Suhrkamp.

[18] Koffka, K. (1935). *Principles of Gestalt Psychology.* New York: Harcourt-Brace.

[19] *Köhler, W. (1971). *Die Aufgabe der Gestaltpsychologie*. Berlin: Walter de Gruyter.

[20] **Lück, H. E. & Miller, R. (Hrsg.) (1993). Illustrierte Geschichte der Psychologie. München: Quintessenz.**

[21] Maslow, A. (1970). Theory Z. *Journal of Transpersonal Psychology*, *2*, 31–47.

[22] Maslow, A. H. (1978). *Motivation und Persönlichkeit*. Olten: Walter.

[23] *Mertens, W. (1990). *Psychoanalyse*. Stuttgart: Kohlhammer, 3. Aufl.

[24] Oehler, K. (1993). *Charles Sanders Peirce*. München: Beck.

[25] Miller, J. (1997). Going unconscious. In R. B. Silver (Ed.), *Hidden Histories of Science*. (pp. 1–35). London: Granta Books.

[26] Neisser, U. (1973). *Kognitive Psychologie*. Stuttgart: Klett-Cotta.

[27] Perrig, W. J., Wippich, W. & Perrig-Chiello, P. (1993). *Unbewusste Informationsverarbeitung*. Bern: Huber.

[28] Pylyshyn, Z. (1996). *Foundations of Cognitive Science*. Montgomery: Bradford Books.

[29] Reder, L. M. (Ed.) (1996). *Implicit Memory and Metacognition*. Mahwah, NJ: Lawrence Erlbaum Ass. Carnegie Mellon Symposia on Cognition.

[30] *Rogers, C. R. (1976). *Entwicklung der Persönlichkeit*. Stuttgart: Klett.

[31] Rumelhart, D. & McClelland, J. (1986). *Parallel Distributed Processing: Explorations in the Microstructure of Cognition*. Cambridge: M.I.T. Press.

[32] **Schönpflug, W. (2000). *Geschichte und Systematik der Psychologie. Ein Lehrbuch für das Grundstudium*. Weinheim: Psychologie Verlags Union.**

[33] Shamdasani, S. (1998). From Genava to Zürich: Jung and French Switzerland. *Journal of Analytical Psychology*, *43*, 115–126.

[34] Shamdasani, S. (2003). *Jung and the Making of Modern Psychology. The Dream of a Science*. Cambridge: University Press.

[35] Skinner, B. F. (1973). *Jenseits von Freiheit und Würde*. Reinbek: Rowohlt.

[36] *Whyte, L. L. (1978). *The Unconscious before Freud*. London: Julian Friedman.

10 Wissenschaftstheorie

Einführung

Theorien der wissenschaftlichen Tätigkeit, also Beschreibungen dessen, wie Wissenschaft am besten funktioniert, was dabei zu beachten sei und welche Methoden besonders hilfreich sind, gibt es, so haben wir im historischen Teil gesehen, schon lange. Aristoteles war der Erste, der eine systematische Wissenschaftstheorie geschrieben hat. Ausgehend von ihm haben spätere Autoren ihre eigenen Auffassungen von Wissenschaft meistens in ihren Kommentaren zum Organon abgehandelt oder bauen darauf auf. Wissenschaftstheorie im eigentlichen Sinne, als eigene Disziplin und eigene Denkrichtung innerhalb der Philosophie, ist jedoch eine Erfindung der Neuzeit. Wissenschaft als empirische Erforschung der Natur, so haben wir gesehen, ist im Gefolge der neuzeitlichen Entwicklungen als eigenständige Bestrebung aus der Philosophie und systematischen Beschäftigung mit der Welt heraus gewachsen. Dabei war die aktuelle Tätigkeit des Wissenschaftlers der Theorie und Reflexion darüber, was jemand tut, wenn er Wissenschaft treibt, immer schon voraus. Diese Situation hat sich auch durch die moderne Art der Wissenschaftstheorie nicht geändert und wird sich vermutlich nie ändern. *Wissenschaftstheorie* ist daher immer ein *Nach-Denken* über das, was Wissenschaftler tun, oder über das, was in der Geschichte der Wissenschaftsentwicklung von spezieller Bedeutung war. Wir wollen im Folgenden nicht alle Positionen, die je innerhalb der Geschichte der Wissenschaftstheorie vertreten wurden, systematisch aufreißen. Unser Anspruch ist auch nicht, alle Grundgedanken innerhalb der Wissenschaftstheorie zu sammeln und zu bewerten. Wir wollen vielmehr durch das Herausheben einiger prototypischer Haltungen innerhalb der Wissenschaftstheorie ein Verständnis dafür vermitteln, welche theoretischen Positionen vertreten wurden und werden, welche historischen und sachlichen Hintergründe hierfür auszumachen sind, welche Vor- und Nachteile diese Positionen haben, und schließlich, inwiefern diese Haltung auch in der heutigen wissenschaftlichen Alltagspraxis noch Bedeutung hat. Wir werden uns daher auf einige prominente Modelle stützen und diese ausführlicher diskutieren in der Hoffnung, dass sich durch diese Diskussion die wesentlichen Punkte klären lassen. Wir werden außerdem eine Auswahl treffen, die jene Theorien in den Blick nimmt, die vor allem für die Psychologie von Bedeutung sind oder waren.

Wissenschaftler wie Galilei, Leibniz oder Newton waren Wissenschaftler und Philosophen in einer Person. Diese Einheit von aktiv tätigem empirischen Wissenschaftler und Denker, der über diesen Wissenschaftsprozess selbst reflektiert, zerbricht auf dem Weg aus der beginnenden Neuzeit in die Moderne. Es ist schwierig für diese Trennung zwischen wissenschaftlicher Tätigkeit und Reflexion über Wissenschaft einen klaren Ort in der Historie zu bestimmen. Vermutlich ist dies nicht nur unmöglich, sondern auch unnötig. Jedenfalls kann man auf diesem historischen Weg beobachten, dass die Philosophie als grundlegendes Nachdenken über die Welt durch die Konkurrenz, die die Naturwissenschaft ihr bietet, in ihrem allgemeinen Geltungsanspruch immer weiter aus dem Zentrum an einen ihr gebührenden Platz verwiesen wurde. Wissenschaftliche Erkenntnisse gingen ihren Gang, egal ob die Philosophie sich damit befasste oder nicht, und auch einerlei, ob amtierende Philosophen diese Entwicklung gut fanden oder nicht. Die Vermählung von präziser Naturbeobachtung, Experiment und mathematischer Analyse, wie sie spätestens seit Newton zum Merkmal der Naturwissenschaft gehörte, erzeugte einen Impuls, der unabhängig von philosophischem Segen oder philosophischer Kritik weiterging. Zwar hatte Kant auf die Grundbedingungen von Erkenntnis hingewiesen und vermerkt, dass diese nicht in der empirischen Wirklichkeit, sondern nur in der Analyse der Voraussetzungen dieser Erkenntnis, also im menschlichen Geist zu finden seien. Aber dieser Impuls der kantschen Kritik erfasste die Naturwissenschaft nicht in ihrer Tiefe und konnte ihre Entwicklung auch nicht aufhalten. Wissenschaft etablierte sich immer mehr als kulturelles Phänomen, unabhängig von, ja sogar oft im Gegensatz zu und in gefährlicher Auseinandersetzung mit anderen politischen, religiösen oder gesellschaftlichen Instanzen. Naturwissenschaft, Erkenntnis der Naturzusammenhänge, hatte sich aus sich selber heraus gerechtfertigt und unterstützte den allgemeinen historischen Impuls, der seit der Aufklärung durch die gesamte europäische Gesellschaft ging. Dieser hatte ja bekanntlich zum Ziel, den Menschen von seiner Unmündigkeit zu befreien, damit auch die Herrschaft über die Natur zu verstärken und mit Hilfe der Technik diese Befreiung und Unabhängigkeit zu vertiefen.

Im Laufe der historischen Entwicklung der Wissenschaft kam es jedoch immer wieder dazu, dass Philosophen, hin und wieder auch Wissenschaftler selber, über diesen Prozess, der sich gesamtgesellschaftlich etabliert hatte, reflektierten und darüber nachsannen, welches nun die methodischen, systematischen oder andere Voraussetzungen waren, die zum Gelingen der Wissenschaft notwendig sind. Aus dieser allgemeinen gesellschaftlichen Entwicklung von Wissenschaft als eigener akademischer Disziplin ergab sich also im Laufe der Zeit die Notwendigkeit, diesen Prozess zu beschreiben und später dann zu begründen und zu verstehen. Wissenschaftstheorie begann also als eine Analyse, Kritik oder Fundierung des Prozesses der praktisch-empirischen Wissenschaft und kann damit als eine Metatheorie dessen, was Wissenschaft leistet und wie sie funktioniert, angesehen werden.

Man kann die Entwicklung der Wissenschaftstheorie in unterschiedliche Stadien einteilen. In den Frühphasen herrschte ungebrochener Optimismus vor. Diese Phase ist u.a. verbunden mit dem Namen *Auguste Comte* (1798–1857). Comte meinte, dass die Wissenschaft als Entwicklungsphase der Menschheit und jede Teildisziplin drei Stadien zu durchlaufen habe: die theologische, in der Doktrinen vorherrschen, die metaphysische, in der man nach jenseitigen Begründungen sucht, und die positiv-aufgeklärte Phase, in der Wissenschaft oder eine Disziplin sich in sich selbst begründet. Im ungebremsten Optimismus der Aufklärung meinte Comte, dass wir an der Schwelle zu einer neuen Zeit stehen, in der Wissenschaft die neue Weltanschauung werden würde.

Die Entwicklungen der Naturwissenschaft waren schnell, und technische Errungenschaften, die aus diesen wissenschaftlichen Entwicklungen entstanden, brachten große Umwälzungen mit sich, die man teilweise als Segnungen, teilweise sicher auch als Probleme schaffende Veränderung verstehen muss. So konnte etwa ein genaueres Verständnis der Thermodynamik, des Verhaltens von Wasser und seinen Phasen, dazu führen, dass die Dampfmaschine entwickelt wurde, die wiederum die Technik, die Produktion und die sozialen Verhältnisse fundamental beeinflusste. Es ist kein Wunder, dass die ersten Wissenschaftstheorien und die erste Phase dieser Entwicklung den allgemeinen Optimismus, der durch die Naturwissenschaft und Technik verbreitet wurde, teilten.

Entsprechend ist die frühe Phase der Wissenschaftstheorie eine positivistische. Dies bedeutet: Man nimmt die Wirklichkeit als etwas unhinterfragt Gegebenes, man sieht Wissenschaft als einen mehr oder weniger einfachen Abbildungsprozess, der diese Wirklichkeit in systematischen Zusammenhängen abbildet; und man sieht den gesamthaften Prozess der Wissenschaft als eine Entfaltung und Aufdeckung der Geheimnisse der Natur, ganz so wie Francis Bacon dies gemeint hatte.

Newton hatte mit seiner Mechanik ein Grundparadigma geschaffen, welches verhieß, man könne letztlich das gesamte Universum durch Analyse der entsprechenden Bewegungen von Teilchen und Elementen aufklären. Die ersten Wissenschaftstheorien, die sich aus dieser Wissenschaftshaltung ergaben, etwa die Philosophie eines La Mettrie oder eines Comte, folgten dieser uns heute etwas naiv anmutenden Vorstellung von der mechanischen Erklärbarkeit der gesamten Welt und stellten naturwissenschaftliche Erkenntnisse und Analyse sozusagen an die Spitze der Hierarchie von akademischen Disziplinen. Wissenschaftstheorie, so die frühe Idee, hätte die Aufgabe den Wissenschaftsprozess so zu analysieren und zu beschreiben, dass der künftige Wissenschaftler lernen könne, wie Wissenschaft am besten zu betreiben sei. Ähnlich wie die frühen Ansätze der Naturwissenschaft eine vergleichsweise einfache Epistemologie vertraten, nämlich eine simple Abbildtheorie der Welt, ähnlich einfach war auch die Reflexion über diesen Wissenschaftsprozess: Wissenschaft könne man methodisch genauso gestalten wie die Wissenschaft selber die Welt abbildet. Ziel einer solchen Wissenschaftstheorie war es, Bedingungen zu analysieren, unter denen „gute", von „schlechter" oder „weniger guter" Wissenschaft zu unterscheiden sei. Ähnlich wie ja Wissenschaft selber zwischen „wahren" und „falschen" Theorien oder Vorstellungen über die natürliche Welt zu entscheiden habe und dies auch könne, so ähnlich könne man auch durch die Theorie dieses Prozesses „gute" von „schlechter" oder „richtige" von „falscher" Art der Wissenschaftstätigkeit unterscheiden.

Eine solche allgemein vorschreibende Analyse des Wissenschaftsprozesses ist dann vor allem charakteristisch für den neueren *Positivismus der Wiener Schule*. Auch hier sollte durch die Analyse des Wissenschaftsprozesses selber gute Wissenschaft definierbar sein und dadurch Philosophie und Gesellschaft mit einem aufklärerisch-rationalen Impuls durch wahre Erkenntnis der Natur vorangebracht werden. Erst im Laufe der 1960er- und 1970er-Jahre zeigte sich, dass dieser Versuch, Wissenschaft als Regelwerk zu definieren, gar nicht funktionieren kann, da historisch gesehen die Tätigkeit der Wissenschaftler selber nicht immer solchen Regeln folgt, sondern unabhängig von der Analyse diesem Regelwerk immer schon voraus ist.

Der *kritische Rationalismus* Poppers als Gegenbewegung zu einer positivistischen Haltung versuchte zwar ebenfalls, Vorschriften methodischer Art in die Wissenschaftstheorie einzubringen, formuliert diese aber anders. Er ging dabei von einer im Vergleich zum Positivismus kritischeren Analyse des Erkenntnis- und Wahrnehmungsprozesses aus, endete letztlich jedoch auch in dem Versuch, der

Wissenschaft vorzuschreiben, wie sie zu funktionieren habe. Dies wurde auch durch Lakatos' Verbesserungsvorschläge nicht anders. Erst historische Analysen, die im Zuge der kuhnschen Publikationen analysierten, wie wissenschaftliche Veränderungen tatsächlich vonstatten gingen und welche Prozesse bei wichtigen wissenschaftlichen Entdeckungen historisch gesehen eine Rolle spielten, konnten zeigen, dass all die bislang angenommenen vereinfachten Theorien über Wissenschaft in dieser Weise nicht richtig sind.

Das Dilemma, das die Wissenschaftstheorie am Ende der 1970er-Jahre heraufziehen sah, war die Erkenntnis, dass Wissenschaft auf der einen Seite sowohl ein historischer Prozess ist, der ungeachtet aller theoretischen Vorgaben durch Philosophie oder Wissenschaftstheorie seinen Weg geht. Auf der anderen Seite konnte man erkennen, dass die aktuell in der Geschichte vorkommenden wissenschaftlichen Entwicklungen so ziemlich alle möglichen methodischen Varianten durchspielten, die von Wissenschaftstheoretikern als sich teilweise widersprechend analysiert worden waren, und auch methodische Schritte verwendeten, die überhaupt noch nicht im Blickfeld irgendwelcher Wissenschaftstheorien waren.

Die Quintessenz dieser neueren Analyse der Wissenschaftstheorie könnte man etwas pointiert etwa folgendermaßen darstellen: *Wissenschaftstheorie kommt eigentlich immer zu spät.* Denn der Prozess der Wissenschaft geht seinen Weg, unbekümmert von dem, was Wissenschaftstheoretiker oder -analytiker meinen, dass passieren soll. Die moderne Wissenschaftstheorie hat verstanden, dass es sowohl disziplinenspezifische Methodenlehren gibt als auch innerhalb von Disziplinen rivalisierende Strömungen, die sich aufs Heftigste bekämpfen, und dass gerade diese Divergenz methodischer Ansätze und der Dissens in grundlegenden Fragen den Fortschritt der Wissenschaft garantiert (falls es denn einen solchen gibt). Ja, auch diese Rede vom Fortschritt der Wissenschaft wurde in neueren Ansätzen komplett hinterfragt, die davon ausgehen, dass Wissenschaft ein kulturelles Phänomen darstellt genauso wie Tanz, Theater, Kunst, oder der Besuch esoterischer Workshops.

Vom Standpunkt eines radikalkonstruktivistisch-postmodernen Denkens aus gesehen, kann die Wissenschaft weder einen Fortschritt garantieren noch einen besonderen, ihr eigenen Geltungsbereich reklamieren. Alle kulturellen Äußerungen aller Kulturen und Zeiten sollten gleichbedeutend bewertet werden. Uns erscheint diese extrem konstruktivistische Haltung nicht unbedingt hilfreich beim Verständnis von Wissenschaft als Prozess, und noch weniger in der empirischen Praxis, wiewohl sie sicherlich eine Gegenbewegung zu naiven Abbildtheorien der Erkenntnis oder zu simplistisch fortschrittsgläubigen Wissenschaftskonzeptionen darstellt. Diese postmodernen konstruktivistischen Ansätze sollten unserer Ansicht nach allerdings als Antidot betrachtet werden, und Antidote haben die Eigenschaft, dass sie nur in einer bestimmten Dosierung wirksam sind, und wenn diese überschritten ist, selber zum Gift werden.

Nicht unerwähnt bleiben sollten andere moderne Konzeptionen, die vielleicht den am weitesten verbreiteten Konsens unter Wissenschaftlern darstellen. Diese könnte man „modifiziert realistische Positionen des Wissenschaftsprozesses" nennen. Sie sehen Wissenschaft durchaus als einen kollektiven Prozess, der sich dem Verständnis und der Beschreibung der Natur widmet und darin auch reale und wirkliche Erkenntnisse über diese Natur zu Tage fördert. Nur sind diese modernrealistischen Positionen dahingehend informiert und erweitert, dass sie um die Relativität und die Bedingtheit dieses Erkenntnisprozesses sowohl in historischer als auch sozialer Hinsicht wissen und diese Bedingtheit mit reflektieren. Diese modernen Haltungen innerhalb der Wissenschaftstheorie, die zum Teil sehr pragmatisch sind, sind unserer Einschätzung nach mindestens im experimentell-empirisch verankerten Teil der psychologischen Forschung noch nicht wirklich angekommen. Während sich die postmodern-konstruktivistischen Ansätze vor allem bei den qualitativ forschenden empirischen Psychologen einer großen Beliebtheit erfreuen, zeichnen sich quantitativ-empirisch forschende und experimentelle Psychologen nach wie vor durch ein vergleichsweise starres Festhalten an kritisch-rationalistischen und seltener durch positivistische wissenschaftstheoretische Positionen aus. Unsere Analyse soll im Folgenden durch eine Kritik dieser Positionen auch dazu beitragen eine wissenschaftstheoretische Betrachtung des psychologischen Forschungsprozesses voranzubringen, der dieser Disziplin angemessen ist und der sich von der vorschreibenden Art Wissenschaftstheorie zu betreiben verabschiedet.

10.1 Was ist eigentlich Wissenschaft?

Wodurch zeichnet sich Wissenschaft aus? Und was unterscheidet sie von anderen menschlichen Tätigkeiten? Ohne mit dem Folgenden eine komplett verbindliche Definition und Deutung geben zu wollen ist es doch hilfreich, bevor wir in die Wissenschaftstheorie im eigentlichen Sinne einsteigen, uns ein paar allgemeine Gedanken über Wissenschaft zu machen. In einer Kurzdefinition könnten wir sagen: *Wissenschaft ist der Versuch menschliche Erfahrung zu systematisieren und methodisch vor Irrtum zu sichern.*

Erfahrung macht jeder Mensch. Und der menschliche Geist zeichnet sich dadurch aus, dass er wiederholte und regelmäßig auftretende Erfahrungen sammelt, Gemeinsames abstrahiert und in theoretische Modelle bringt. Der Unterschied zwischen unserer Alltagserfahrung und der wissenschaftlichen Erfahrung ist allerdings nicht nur, dass sich wissenschaftliche Erfahrung durch die Anwendung von Methoden gegen Irrtum zu schützen versucht, sondern wissenschaftliche Erfahrung ist im Unterschied zur Alltagserfahrung eine viel stärker kollektive Erfahrung, die durch den sozialen Charakter von Wissenschaft, der eingangs erwähnt wurde, gefiltert und destilliert wird. Der Bauer, der auf seinem Feld unterschiedliche Arten von Saatgut der gleichen Sorte – sagen wir von Weizen – ausbringt, und ihr Wachstumsverhalten sowie die Ernte genauestens studiert, ist so etwas wie ein Protowissenschaftler. Er versucht Erfahrung etwas präziser und systematischer zu gewinnen, als dies durch lose Vergleiche und durch Hörensagen möglich wäre. Eine landwirtschaftliche Forschungsanstalt, die nun nicht nur auf einem Feld, sondern vielleicht auch auf unterschiedlichen Böden und in verschiedenen Klimazonen die gleichen Wachstumsversuche macht und sich nicht nur mit Fragen des Wachstums und der Fruchtfolge in einem Jahr begnügt, sondern dies vielleicht sogar in mehreren Jahren tut und unter den unterschiedlichen Bedingungen hinsichtlich Nährstoffen und Schädlingen analysiert, hat diese Protowissenschaft unseres Bauers bereits so weit getrieben, dass wir von wissenschaftlicher Tätigkeit sprechen würden.

Wissenschaft ist also der Versuch, Kenntnisse über die Welt und über die Natur zu erlangen, die aufgrund systematischer Erfahrung und durch methodische Sicherung gegen Irrtum zustande kommen.

Dadurch, dass es ein *kollektiver* Versuch ist, ist die begrenzte Möglichkeit des einzelnen Individuums überwunden, und die Erkenntnis von Wissenschaft kann von einzelnen Menschen auf die gesamte kulturelle Gruppe, ja im Idealfall auf die ganze Welt übertragen werden. Dadurch, dass Wissenschaft ein historischer Prozess ist, der in die gesamtgesellschaftlichen, sozialen und historischen Entwicklungen eingebunden ist, ist Wissenschaft notwendigerweise in einem gewissen Sinne kumulativ, so ähnlich wie Geschichte kumulativ ist. Die neue Generation von Menschen baut schließlich auf das auf, was die Elterngeneration hinterlassen hat, bringt ihre eigenen Impulse, Anliegen und Interessen ein und verändert die Welt und die Lebensbedingungen auf eine ihr gemäße Weise. Ganz ähnlich übernehmen Wissenschaftler Erkenntnisse ihrer Vorgänger und eignen sich den „Stand der Wissenschaft" an, greifen ungelöste Probleme auf, und verändern die Sicht der Welt durch die Lösung dieser Probleme genauso, wie sie manchmal auch neue Probleme schaffen, die wiederum ihre Nachfolgegeneration zu lösen hat.

Sozial gesehen werden immer wieder alte Wissenschaftler pensioniert und neue wachsen heran, die die Definition von Fächergrenzen, von Inhalten und Methoden verändern und dadurch den Gang der Wissenschaft bestimmen. Die Summe der Erkenntnisse einer früheren Generation, das was gerne als „der Stand der Wissenschaft" bezeichnet wird, wird durch neue Erkenntnisse teilweise verworfen, teilweise bestätigt und teilweise verändert. Auch wenn die noch aus positivistischen Zeiten stammende Meinung, Wissenschaft würde durch eine Anreicherung wahrer Erkenntnisse immer näher an die endgültige Wahrheit von der Beschaffenheit der Welt herankommen und gleichsam aufeinander aufbauend immer mehr Erkenntnisse produzieren durch die kuhnschen Analysen etwas in Misskredit geraten sind, so ist es doch kaum von der Hand zu weisen, dass der Wissenschaftsprozess kumulativen Charakter aufweist. Damit ist gemeint, dass alles in allem unser Wissen über die Welt wächst. Zwar ist dieses wachsende Wissen nicht immer unkompliziert, es ist nicht immer unschuldig, und es führt oft auch dazu, dass Schwellen überschritten werden, hinter die man nicht mehr zurückgehen kann, aber insgesamt muss man von einem Anwachsen und aufeinander Aufbauen von Wissen ausgehen. Auch der extremste Konstruktivist muss zugeben, dass die Grunderkenntnisse über den Aufbau der materiellen Teilchenwelt dazu geführt haben, dass wir zur Kernspaltung in der Lage sind. Dies hat in den Bomben von Hiroshima und Nagasaki verheerende militärische Wirkung gezeigt und im zivilen Sektor dazu geführt, dass wir Atomkraftwerke an- und abschalten können. Wenn jedoch einmal Atomkraftwerke angeschaltet sind und spaltbares Material erzeugt worden ist, so ist die Frage der Entsorgung des Materials und der Sicherung vor der Strahlung eine historische und soziale Schwelle, hinter die nicht zurückgegangen werden kann. In diesem Sinne ist Wissenschaft also als kumulativ zu betrachten. Sie erzeugt Erkenntnisse, die oftmals soziale und politische Dynamik auslösen. Diese Dynamik zieht wiederum Entscheidungen und Schritte nach sich, die deutliche Auswirkungen auf die Gesellschaft haben. An dieser Stelle ist es vielleicht wichtig darauf hinzuweisen, dass wissenschaftliche Erkenntnisse nie wertneutral sind. Auch dies ist eine Einsicht der neueren Analyse des Wissenschaftsprozesses, dass zwar die Erkenntnisse selber keine Wertsetzung implizieren, dass jedoch die Möglichkeit, Erkenntnisse zu benutzen, in der einen oder anderen Weise geschehen kann. Damit ist Wissenschaft – ob sie es will oder nicht – in gesellschaftlich-politische Prozesse der Nutzung und des möglichen Missbrauchs von wissenschaftlichen Erkenntnissen eingebunden.

Wissenschaft, so könnten wir also sagen, *ist ein kollektives Unternehmen, Erfahrung über die Welt zu systematisieren und methodisch gegen Irrtum abzusichern. Sie wird von vielen Wissenschaftlern getragen*, die in ihrer Gesamtheit eine soziale Einheit, *die wissenschaftliche Gemeinschaft*, bilden. Diese bestimmt sich nach bestimmten Ausbildungs- und Qualitätsrichtlinien, und organisiert sich im Letzten selber. *Wissenschaftliche Erkenntnisse führen i. d. R. zu einem vertieften Verständnis der Welt, bauen aufeinander auf, ergänzen sich gegenseitig und werden durch anwendungsbezogene Fächer*, z. B. die Technik- und Ingenieurwissenschaften, *sozial und wirtschaftlich genutzt. Dadurch steht Wissenschaft automatisch im Spannungsfeld zwischen politisch-wirtschaftlichen Interessen und dem puren Eigeninteresse nach vertiefter Erkenntnis.*

Was will Wissenschaft? Kriterien der Wissenschaftlichkeit

Wissenschaft will zunächst einmal nur *erkennen und verstehen*: Erkennen, wie sich bestimmte Dinge in der Welt verhalten, wie bestimmte Phänomene zu erklären sind, wie bestimmte natürliche Prozesse und Abläufe funktionieren. Um diese Erkenntnisprozesse gegen Irrtum zu sichern, haben sich Wissenschaften im Lauf der Zeit einen elaborierten Methodenkanon ausgearbeitet. Dieser ist für unterschiedliche Disziplinen zum Teil sehr verschieden, es können jedoch bestimmte *Konstanten und Gemeinsamkeiten* festgestellt werden.

Zu diesen gehören:

1. Wissenschaftliche Erkenntnisse müssen unabhängig vom beobachtenden Forscher sein. Das heißt, andere Forscher sollten zu anderen Zeiten und an anderen Orten die gleichen Beobachtungen machen können und dieselben Ergebnisse erhalten wie derjenige, der wissenschaftliche Ergebnisse zum ersten Mal mitteilt. Diese Forderung wird oftmals als Objektivität der Wissenschaft umschrieben. Da jedoch die Definition dessen, was objektive Wirklichkeit eigentlich sei, philosophisch und wissenschaftlich extrem kompliziert und auch strittig ist, scheint uns der Begriff *Intersubjektivität* besser geeignet zu sein den Sachverhalt zu vermitteln.
2. Die *Operationalisierung dieser Intersubjektivität*, also die Art und Weise wie Intersubjektivität gesichert und festgestellt wird, geschieht meistens dadurch, dass Befunde so lange kritisiert und hinterfragt werden bis Ergebnisse zum wiederholten Male festgestellt und berichtet wurden und damit unabhängig von einem einmaligen und evtl. zufälligen Ereignis als von anderen Forschern repliziert anerkannt werden. Wie weit diese *Replikation* gehen muss, d. h. wie viele unabhängige Ergebnisse vorliegen müssen, und welche Forschergruppen wie häufig zum gleichen Resultat kommen müssen bevor ein Ergebnis als wissenschaftlich akzeptiert und publizierbar anerkannt wird, darüber liegen keinerlei verbindliche Richtlinien vor. Ein Forschungsergebnis, das im Rahmen einer gut etablierten und wohlakzeptierten Theorie einen neuen Schritt

innerhalb dieses Theoriemodells macht, wird vielleicht ohne große externe Replikation als gültig anerkannt werden. Ein Forschungsergebnis hingegen, welches einer gesamten wohlakzeptierten und gut bestätigten theoretischen Orientierung widerspricht, wird sehr viele und sehr strikte unabhängige Replikationen vorweisen müssen, bevor es als wissenschaftlich akzeptabel gilt.

3. Wann ein wissenschaftlicher Befund als anerkannt oder verworfen gilt, entscheidet der öffentliche Diskussionsprozess. Dieser dokumentiert sich darin, welche Fragestellungen aufgegriffen und publiziert werden, welche Mitteilungen und Themen auf wissenschaftlichen Kongressen berichtet werden, welche Aussagen unwidersprochen bleiben und welche kritisiert werden. In diesem Prozess werden viele wissenschaftliche Aussagen dem Prozess des Vergessens anheimfallen, während andere Befunde aufgegriffen und zur Basis für neue Untersuchungen werden. Maßgeblich für all das ist die wissenschaftliche *Kritik und Skepsis*. Kritik muss das Leitmotiv von wissenschaftlicher Tätigkeit sein, da sonst die Gefahr besteht, falsche Befunde zu Wissen zu machen. Kritik und Kritisierbarkeit sind deshalb zu wichtigen Bestimmungsstücken wissenschaftlicher Tätigkeit geworden. Eine Theorie beispielsweise, die behauptet, die Welt sei von Außerirdischen bevölkert worden, die anschließend ihre Spuren verwischt haben, und die keinerlei Angaben über die Herkunft dieser Aussage machen kann, wäre in sich nicht wissenschaftsfähig, da sie gar nicht kritisierbar ist.
4. Daher gehört zu wissenschaftlichen Aussagen immer auch eine Angabe darüber, ob und wie die gemachte Erkenntnis überprüfbar ist. Diese *Überprüfbarkeit und Transparenz* hat sich in verschiedenen Modellen unterschiedlich geäußert. Positivisten glauben z. B. daran, dass eine Aussage zu verifizieren sei, während der kritische Rationalismus davon spricht, dass nur falsifizierbare Aussagen wissenschaftlich sind. Praktischerweise äußert sich die Überprüfbarkeit von wissenschaftlichen Aussagen darin, dass Wissenschaftler in ihren Publikationen die wichtigsten Daten oder deren Zusammenfassung mitteilen, sodass kompetente Leser die Schlüssigkeit der Folgerungen nachvollziehen können. Daten werden guten Gepflogenheiten und Absprachen zufolge, die im Falle von Patientendaten auch durch Gesetze verpflichtend sind, archiviert und anderen Wissenschaftlern zum Überprüfen auf Anfrage zur Verfügung gestellt.

Das erste Kennzeichen von Wissenschaftlichkeit ist also *Intersubjektivität*, von manchen auch immer noch gerne als Objektivität bezeichnet, und ihre praktische Äußerungsform ist die Replikation oder die *Replizierbarkeit* von wissenschaftlichen Befunden. Konstitutiv für den gesamten Prozess sind wissenschaftliche *Kritik und Skepsis*. Mindestbedingung ist außerdem *Transparenz und Überprüfbarkeit.*

Wissenschaft will vorhersagen: Das Wechselspiel von Theorie und empirischer Überprüfung

Wissenschaft ist keine Ansammlung von empirischen Befunden. Eine ausführliche Datensammlung, wie z. B. Tabellen über Sternenpositionen – wie dies die bereits erwähnten Tabula Rudolphina waren – oder Zahlenkolonnen, die das Wachstums- und Ernteverhalten bestimmter Weizensorten darstellen, sind ebenfalls noch keine Wissenschaft. Sie sind allenfalls die Basis und das Material, aus dem gute Wissenschaft entsteht. Wissenschaft ist gekennzeichnet durch einen Abstraktionsprozess, der empirische Daten mit Hilfe eines theoretischen Modells in Verbindung bringt, wie wir eingangs gesehen haben. Dieser abduktive Schritt, der aus empirischen Daten ein theoretisches Modell generiert, führt also aus der Welt der Erfahrung in die Welt des Geistes, der Modelle und Theorien. Dies erlaubt es der Wissenschaft, Vorhersagen zu machen. Die häufig gehörte Formulierung, Wissenschaftler hätten etwas vorausgesagt oder eine wissenschaftliche Theorie mache die Voraussage, dass ... ist nicht dem Allmachtswahn von Wissenschaftlern entstiegen, sie könnten die Zukunft vorhersagen und beeinflussen, sondern sie ist eine logisch-epistemologische Konsequenz daraus, dass Wissenschaft immer theoretische Modelle erzeugt und diese Modelle durch Ableitungen und Vorhersagen testen muss. Denn wenn einmal ein theoretisches Modell entwickelt ist, dann muss dieses Modell daraufhin geprüft werden, welche Ereignisse oder Konsequenzen sich aus ihm ergeben. Dies sind häufig Vorhersagen über künftige Entwicklungen, Ereignisse oder über Fakten, die noch nicht beobachtet bzw. beschrieben wurden.

Wenn man beispielsweise akzeptiert, dass Licht einen korpuskelhaften Charakter hat, also etwas Materielles darstellt, und wenn man akzeptiert, dass die Schwerkraft einen Einfluss auf Materie hat, dann muss man auch akzeptieren und kann aus diesen beiden Aussagen ableiten und vorhersagen, dass Licht, welches an einem massereichen Körper vorbei geleitet wird, eine mehr oder weniger starke Ablenkung erfährt. Die Ablenkung des Lichts also ist eine Vorhersage aus einer theoretischen Struktur, die aufgrund empirischer Erkenntnisse gewonnen wurde. Die Ablenkung des Lichts selber kann erst im eigentlichen Sinne des Wortes beobachtet werden, wenn diese theoretische Struktur klar ist. Deshalb ist sie eine Vorhersage der Theorie, die aber zum Wissenschaftsprozess selber dazugehört. Auf ähnliche Weise kann ein psychologischer Forscher, wenn er z. B. eine neue Theorie über das Gedächtnis aufgestellt hat, sich überlegen, welche Konsequenzen diese Theorie für andere Phänomenbereiche oder für bestimmte Situationen haben muss. Er wird daraus Ableitungen treffen und versuchen konkrete Vorhersagen zu formulieren. Dies sind dann empirisch zu erwartende Ergebnisse, die im Rahmen seiner Theorie auftreten müssten. Eine wissenschaftliche Theorie ist umso besser, je präziser die Vorhersagen sind, die sich aus einer solchen Theorie machen lassen. Wenn eine Theorie so präzise ist, dass sie nicht nur formal konsistent beschrieben, sondern auch mit entsprechenden mathematischen und quantitativen Aussagen versehen ist, dann können die Vorhersagen sogar in einem Messbereich angegeben werden, der den Gültigkeitsbereich der Theorie beschreibt. Dadurch erhalten empirische Befunde im Rahmen einer solchen Theorie einen wichtigen Stellenwert, denn sie entscheiden über die Richtigkeit der Theorie selber. Je weniger präzise eine Theorie ist, desto leichter werden auch abweichende, also nicht von der Theorie vorhergesagte empirische Befunde im Rahmen der Theorie erklärbar, was schnell dazu führen kann, dass sich eine Theorie gegen empirische Befunde immunisiert.

Allerdings sollte diese Diskussion nicht übersehen lassen, dass das Ideal von der quantitativ ausformulierten formalisierten Theorie, die präzise numerische Vorhersagen trifft, ein Idealfall ist, der fast nur auf die Physik oder andere Bereiche strikter Naturwissenschaft anwendbar ist. Innerhalb der Psychologie können Theorien selten so stringent formalisiert und quantitativ formuliert werden, dass numerisch präzise Vorhersagen gemacht werden. Umso stärker sind psychologische Forscher aufgerufen sich zu überlegen, welche der Qualität nach eindeutigen Aussagen ihre Theorien machen, die damit ebenfalls empirisch überprüfbar werden.

Weil es zur Methodologie des Wissenschaftsprozesses gehört, Erscheinungen und Erfahrungen durch eine abstrakte theoretische Struktur zu ordnen, diese dann auf ihre Implikationen zu befragen und die vermuteten Implikationen als konkrete Vorhersagen empirisch zu testen, aus diesem Grunde werden Theorien, die diesen Prozess nicht erlauben, als unwissenschaftlich kategorisiert. Denn selbstverständlich können empirische Erscheinungen durch sehr viele theoretische Strukturen abgebildet und erklärt werden. Aber nicht alle diese theoretischen Abbildungen sind wissenschaftlich im hier verwendeten Sinne des Wortes. Sie sind es nämlich dann nicht, wenn sie keine Ableitungen zulassen, die empirisch – also an der Erfahrung – überprüfbar sind. So ist es z. B. durchaus denkbar, dass das Donnern oder irgendein Wirbelsturm durch den Zorn irgendwelcher Gottheiten ausgelöst wird. Aber die Aussage, „Wetterphänomene sind Ausdruck der Emotionen von Göttern" ist keine wissenschaftliche, da keine Art und Weise angegeben werden kann, wie diese Aussage an der Erfahrung überprüft werden kann.

Man hört immer wieder die Aussage, dieses oder jenes sei unwissenschaftlich. Es ist sehr wichtig bei dem Wort von der Unwissenschaftlichkeit genau zu unterscheiden, was damit gemeint sei. Oftmals wird das Verdikt der Unwissenschaftlichkeit nämlich so verwendet, dass bestimmte Phänomene oder die Beschäftigung mit bestimmten Fragestellungen, die derzeit nicht im Fokus des allgemeinen Interesses liegen oder für die noch keine verbindliche Theorie existiert, als unwissenschaftlich deklariert werden. Eine solche Verwendung des Begriffes der Wissenschaft geht davon aus, dass es *Inhalte* gebe, die als solche wissenschaftlich und andere, die als solche unwissenschaftlich seien. Dies ist in aller Regel eine Haltung, die noch von einem unbewussten Positivismus der Wissenschaftstheorie gespeist wird, der meint, Wissenschaftlichkeit lasse sich durch den *Inhalt* dessen, was untersucht wird, definieren. Die hier vertretene Auffassung würde hingegen davon ausgehen, dass es nicht die Inhalte sind, die Wissenschaftlichkeit bestimmen, sondern die *Methode*, mit der Erkenntnisse gewonnen werden. Sollte z. B. eine wissenschaftliche Theorie dereinst ausformulieren können, wie der „Zorn der Götter" empirisch zugänglich und überprüfbar wäre, dann wäre auch die Aussage „Wetterphänomene sind Ausdruck der Emotionen von Göttern" eine potenziell wissenschaftliche Aussage. Dass wir uns eine solche Theorie im Moment nicht vorstellen können, da wir keinerlei Vorstellungen davon haben wie wir „Götter" verstehen müssen geschweige denn deren emotionalen Ausdruck, heißt noch lange nicht, dass dies nicht vielleicht irgendwann einmal möglich sein könnte. Was auf jeden Fall klar ist, ist die Tatsache, dass eine wissenschaftliche Theorie, die Wetterphänomene als emotionalen Ausdruck von Göttern definiert, angeben wird müssen, wie eine solche Aussage empirisch überprüfbar ist. Das methodische Unterscheidungskriterium zwischen wissenschaftlichen und unwissenschaftlichen Aussagen bzw. zwischen wissenschaftlich akzeptablen und inakzeptablen Theorien liegt also nicht im Inhalt, sondern darin, dass sie empirisch überprüfbar sind. Selbstverständlich sind in anderen Bereichen der Wissenschaft auch andere als empirische Prüfmethoden denkbar und notwendig. So wird etwa in der Philosophie die Überprüfung einer Aussage durch rationale und begriffliche Analyse stattfinden, oder in der Literaturwissenschaft durch Textbelege. In der Psychologie und in anderen empirischen Wissenschaften wird neben der theoretischen Stimmigkeit vor allem die empirische Überprüfbarkeit zum wichtigsten Merkmal der Wissenschaftlichkeit einer Aussage.

Der kritische Rationalismus hat die Behauptung eingeführt, eine wissenschaftliche Theorie müsse an der Erfahrung scheitern können. Wir wollen in unserer Aussage nicht so weit gehen, denn – wie wir noch sehen werden – diese Behauptung ist nicht unkompliziert und kann nicht für alle Fälle aufrechterhalten werden. Wir wollen deshalb die etwas weitere Formulierung verwenden und sagen, wissenschaftsfähige Aussagen müssen an der Erfahrung überprüfbar sein. Aus diesen Gründen ist es auch wichtig, im Rahmen wissenschaftlicher Tätigkeit präzise mit Begriffen umzugehen. Begriffe sind das Instrumentarium des Wissenschaftlers. Ähnlich wie ein Installateur zum Festziehen einer bestimmten Schraube nur einen bestimmten Schraubenschlüssel verwenden kann oder allenfalls einen mit verstellbarer Größe, so ähnlich muss auch der Wissenschaftler sich Rechenschaft über die Begriffe ablegen, mit denen er operiert. Deshalb ist die Begriffsanalyse, die präzise Definition oder mindestens die vorläufige Angabe einer Sprachregelung im wissenschaftlichen Kontext so wichtig. Dies ist auch der Hintergrund dafür, warum sich wissenschaftliche Texte manchmal sehr spröde lesen, da oftmals Begriffe verwendet werden, die in der Alltagssprache nicht oder unter anderen Bedingungen verwendet werden. Die Begriffe enthalten dabei meistens auch eine implizite Theorie und sind daher Chiffren für ein bestimmtes wissenschaftliches Verständnis von einem Sachverhalt. Wenn ich beispielsweise in einem wissenschaftlichen Kontext den Begriff „Salutogenese“ verwende, dann wird der Laie sehr wenig Inhalt mit diesem Begriff verbinden. Erst wenn der Kontext dieses Begriffes explizit gemacht wird, erhält er einen bestimmten Sinn – wenn beispielsweise bekannt ist, dass dieser Begriff von Antonovsky eingeführt wurde, um die Fähigkeit des Organismus zu beschreiben, Belastungen und Bedrohungen konstruktiv zu verarbeiten. Wenn ich dann weiterhin die Verwendung dieses Begriffes in der modernen klinischen Forschung als die Fähigkeit eines Organismus kenne, Selbstheilungsprozesse von sich aus oder nach Unterstützung von außen in Gang zu bringen, dann verändert sich die Schattierung des Begriffes gegenüber der ursprünglichen Formulierung durch Antonovsky wiederum. In diesem Sinne sind wissenschaftliche Begriffe Chiffren und Abkürzungen für ganze Forschungsprogramme und theoretische Gebilde. Man sollte an dieser Stelle auch daran erinnern, dass ein vollständiger Begriff, also die komplette Kenntnis einer Sache, erst am Ende und als Idealpunkt eines Forschungsprozesses anzusiedeln ist, und nicht als Ausgangspunkt. Dennoch ist präzise Begriffsverwendung auch zu Beginn eines Forschungsvorhabens nötig und wird dann meist durch eine Arbeitsdefinition erreicht, mit der die Verwendung eines Begriffes geklärt wird.

10.2 Theorie: Erklärung und Begründung

Eine gute wissenschaftliche Theorie will allerdings nicht nur natürliche Vorkommnisse beschreiben, sie will auch die ursächlichen Zusammenhänge, die Hintergründe für das Auftreten von Phänomenen verstehen. Wissenschaft ist daher immer auch die Aufklärung von Gründen und die Klärung von Ursachen [16, 18, 20]. Astronomie war beispielsweise jahrhundertelang reine Beobachtungswissenschaft. Planetenstände wurden aufgezeichnet und Modelle wurden konstruiert, die die Vorhersage von Planetenkonstellationen möglich machten. Das ptolemäische Weltbild ist keine Ursachenerklärung für die Himmelsbewegungen gewesen, sondern ein sehr gutes beschreibendes Modell, das vergleichsweise präzise in seinen Vorhersagen war. Eine Ursachenerklärung konnte erst durch die Newtonschen Gesetze geschehen, die die präzise Beschreibung der Sternenbewegungen durch Kepler mit einem mechanischen Prinzip, nämlich dem der Gravitation, verband. Dadurch wurde nicht nur geklärt wie die Himmelsmechanik funktioniert, sondern auch warum sie funktioniert. Wissenschaftliche Erklärungen und Bestrebungen zielen daher immer auf eine Ergründung der Ursachen ab. Allerdings ist es an dieser Stelle wichtig festzuhalten, dass auch die Gravitation letztlich erklärungsbedürftig ist und dass sich hinter ihr eines der größten Rätsel der modernen Physik verbirgt. Man glaubt zwar in Anlehnung an die Austauschkräfte der elektromagnetischen Kraft daran, dass auch die Gravitationskraft durch Teilchen vermittelt wird. Diese sind aber im Unterschied zu den Photonen empirisch noch nicht festgestellt worden. Dieses Beispiel mag zeigen, wie der Wissenschaftsprozess von einer präzisen Beschreibung hin zu einer guten theoretischen Struktur, die den beschriebenen Phänomenen zugrunde liegt, bis hin zu einer Theorie, die die Struktur selbst erklären kann, verläuft.

Verwertung und Technik

Wenn Phänomene auf diese Art und Weise wissenschaftlich verstanden worden sind, d. h. wenn gute Beobachtungen und intelligente Theoriebildung zu einem Modell über das Funktionieren einer theoretischen Hintergrundstruktur geführt haben, und wenn diese dann schließlich zu einer Aufklärung der ursächlichen Zusammenhänge beitragen, dann steht meistens schon die Anwendung und Vermarktung vor der Tür. Denn unvergessen blieb der Baconsche Impuls, Wissenschaft solle der Verbesserung der Lebensbedingungen dienen. Erkenntnis, dies scheint unsere menschliche Grundverfassung zu sein, wird selten einfach als solche dankend entgegengenommen werden, sondern will eigentlich fast immer in technische Anwendungen münden. Auch wenn diese Anwendung und der Anwendungsbezug wissenschaftlicher Erkenntnis streng genommen nicht mehr in den Bereich der Wissenschaft gehört, so soll er doch nicht aus dem Blick kommen, da die Anwendung wissenschaftlicher Erkenntnis schon mit dem Erringen der Erkenntnis selber in eins fällt. Die Aufklärung der atomaren Grundstruktur beispielsweise führte fast zeitgleich zur technischen Ausbeutung der Atomenergie. Es ist antizipierbar, dass die Aufklärung der menschlichen Genstruktur zu entsprechenden Anwendungen beim Testen und Therapieren führen wird. Es wäre völlig naiv, die Nutzung und den gesellschaftlichen Bezug wissenschaftlicher Erkenntnisse aus dem Wissenschaftsprozess auszugliedern und zu übersehen. Da Wissenschaft selber ein kollektives und von der Gemeinschaft finanziertes Phänomen ist, muss man sich überhaupt nicht wundern, dass die Gemeinschaft aus diesem kollektiv finanzierten und gestützten Prozess auch eine positive Rückmeldung in Form von verwertbaren Erkenntnissen haben will. Wissenschaft auf diese Auswertbarkeit und Anwendbarkeit zu reduzieren, hieße jedoch, sie in ihrem tiefsten Wesen zu verkennen.

Grundlagenforschung

Die Tatsache, dass wissenschaftliche Erkenntnisse fast immer mit der Frage nach ihrer Anwendbarkeit verknüpft sind, heißt nicht, dass nur anwendbare Erkenntnisse wissenschaftlich sind oder dass nur solche Erkenntnisse anzustreben sind, aus denen ein vermuteter Anwendungsbezug erwachsen kann. Viele wissenschaftliche Befunde, vor allem in der Grundlagenforschung, waren zunächst einmal reine Merkwürdigkeiten, manchmal auch reine Anomalien, auf die man sich keinen rechten Reim machen konnte, und erst viel später war ein möglicher Anwendungsbezug und eine mögliche technische Verwertbarkeit offensichtlich. Das Phänomen der Verschränkung z. B., auf das wir später noch eingehen werden, war zunächst ein reines Kuriosum. Einstein, Podolsky und Rosen haben in ihrer Kritik der Quantenmechanik dieses gleichsam beiläufige Phänomen verwendet um zu argumentieren, dass die Quantenmechanik doch wohl falsch sein müsse. Sie wiesen nämlich darauf hin, dass im Rahmen der Quantenmechanik einzelne Elemente eines Quantensystems miteinander auf eine Art und Weise in Verbindung stehen, dass ohne Signalaustausch Korrelationen zwischen diesen Systemelementen bestehen. Fast fünfzig Jahre war vollkommen unklar, ob diese Eigenheit, die aus der Quantentheorie herleitbar war, empirisch tatsächlich vorkommt, ob dieses Phänomen überhaupt existiere und wenn ja, welche Konsequenzen dies haben würde. Erst im Laufe der Zeit wurde klar, dass sich aus dieser Kuriosität der Quantentheorie ein empirischer Test der Theorie selber würde ableiten lassen. Und erst durch die empirische Testung dieses Phänomens konnten auch rivalisierende Interpretationen der Quantentheorie ausgeschaltet werden. Und erst in allerjüngster Zeit wurde erkannt, dass dieses Phänomen nicht nur eine Kuriosität des Universums darstellt, sondern möglicherweise technisch anwendbar sein könnte, z. B. bei der Datenverschlüsselung oder bei der Konstruktion neuer Quantencomputer, bei denen Verschränkung grundlegend ist.

So kann es also, wie dieses Beispiel uns lehrt, häufig vorkommen, dass gerade die Erkenntnis um ihrer selbst willen betrieben zu Einsichten führt, die erst viel später, wenn andere Fragen geklärt oder ein Phänomen in der Tiefe verstanden ist, in anwendungsbezogene Erkenntnisse oder technische Verwertbarkeit mündet. Dies ist auch der Grund, weswegen durch kurzfristige politische Interessen motivierte Mahnreden an die Wissenschaft, sie müsse gesellschaftlich relevant sein und anwendungsbezogen denken und forschen, mit äußerster Vorsicht zu genießen sind. Denn solche Aussagen übersehen, dass zwischen Erkenntnissen und ihrer Anwendung bzw. zwischen Erkenntnissen und dem Verständnis, ob sie überhaupt zur

Anwendung taugen, manchmal mehrere Wissenschaftlergenerationen liegen. Neue Erkenntnis wäre nicht neu, wenn sie nicht herrschende Meinungen radikal in Frage stellen würde, oder auch gesamtgesellschaftliche und politische bzw. weltanschauliche Strömungen hinterfragen würde. Und solche radikal neue Erkenntnis kommt meistens erst dann zum Tragen, wenn die Rahmenbedingungen so verändert sind, dass diese Erkenntnis schließlich Allgemeingut und damit reif zur Anwendung wird. Würde man solche Elemente der Wissenschaft aus dem Wissenschaftsprozess ausgliedern, von denen man mit lediglich aktuell informiertem Wissen meint, sie taugen ja sowieso nicht zur Anwendung, so wäre die radikal neue wissenschaftliche Erkenntnis im eigentlichen Sinne des Wortes damit auch schon abgeschafft.

Grundlagenerkenntnis also, oder wissenschaftliche Erkenntnis um ihrer selbst willen, und der Anwendungsbezug von Wissenschaft verhalten sich komplementär zueinander. Denn je radikaler eine wissenschaftliche Grundlagenerkenntnis ist, desto weniger offensichtlich ist beim ersten Hinsehen, wie diese Erkenntnis überhaupt verwendbar ist. Gleichzeitig bergen solche Erkenntnisse aber auch das größte Potenzial zur Veränderung und zur Anwendung. Diejenigen Erkenntnisse, bei denen Anwendungsbezug schon sichtbar ist bevor sie überhaupt getätigt wurden, liegen vergleichsweise nahe an der allgemeinen kulturellen, politischen und technischen Grundhaltung und bergen deswegen wenig innovativen Sprengstoff. Aus diesem Grund ist auch die strikte Trennung in Grundlagenerkenntnis und anwendungsbezogene Erkenntnis nicht wirklich durchführbar. Zwar gibt es sicherlich Disziplinen, die stärker grundlagenorientiert sind, aber auch das abstruseste Grundlagenphänomen und die abstrakteste Erkenntnis der Teilchenphysik kann eines Tages den Impuls zu einer mächtigen Anwendung geben, und umgekehrt ist es auch nicht selten der Fall, dass gerade die anwendungsbezogene Forschung oder die Anwendung von Erkenntnissen zu einer Revision der grundlegenden Theorien führt.

Ein prominentes Beispiel für den letzteren Sachverhalt stellt die moderne Psychotherapieforschung dar: Einzelne psychologische Therapien haben immer wieder dazu geführt, dass psychotherapeutische Anwendung und Praxis gestaltet wurde, die dann klinisch ausgebildete Praktiker schließlich in der Psychotherapie einsetzten. Diese therapeutische Praxis hat aber nicht selten darüber entschieden, was genau von den grundlegenden Theorien in der Anwendung brauchbar war und was nicht. So ist z. B. die klassische Form der systematischen Desensibilisierung theoretisch wunderbar begründbar und beschreibbar, funktioniert aber in vielen Fällen in der Praxis überhaupt nicht, und funktioniert in manchen Fällen in der Praxis ganz anders. Einstmals das Flaggschiff der verhaltenstherapeutischen Theorie und Praxis, nimmt die systematische Desensibilisierung heute im Rahmen der verhaltenstherapeutischen Tätigkeit einen vergleichsweise bescheidenen Raum ein. Und die Erkenntnisse aus der Praxis und der mangelnden Tauglichkeit des theoretischen Modells haben rückwirkend mit dazu beigetragen, dass die Theorie der Verhaltenstherapie modifiziert wurde.

Die beschriebene Komplementarität zwischen Neuigkeit und Radikalität einer Erkenntnis und ihrer Anwendbarkeit führt dazu, dass es überhaupt nicht nötig ist, wie manchmal von politischen Gruppen gefordert, Erkenntnisse sozusagen auf ihre Anwendbarkeit und ihre praktischen Folgen hin zu zensieren, bevor sie überhaupt publik geworden sind. Denn erst aus der Retrospektive lassen sich die Bedingungen angeben, unter denen eine bestimmte Erkenntnis am besten gar nicht hätte gemacht oder nicht publiziert werden dürfen, wenn eine solche Aussage überhaupt jemals sinnvoll ist. Bei der Entdeckung des Aufbaus des Atomkerns beispielsweise war ursprünglich nicht klar, ob dieses Modell überhaupt richtig und stimmig sei. Erste Stimmen, ob denn die Spaltung eines Atomkerns möglich wäre und ob daraus Energie zu gewinnen wäre, waren denn auch in aller Regel skeptisch. Und selbst wenn zu diesem Zeitpunkt die denkbare Entwicklung vorherzusehen gewesen wäre, wäre immer noch fraglich, ob Erkenntnisse wegen ihrer Anwendung oder wegen ihrer mangelnden Anwendbarkeit zurückgehalten werden sollten, dürften oder könnten.

Die Anwendung von Forschungsergebnissen ist also mit ihrer Entdeckung sehr eng vergesellschaftet, und auch wenn dieser Bereich oftmals nicht mehr im Verfügungsraume eines einzelnen Wissenschaftlers liegt oder eine Anwendung erst von einer ganz anderen Disziplin betrieben wird, so ist die Verwertung wissenschaftlicher Ergebnisse doch nicht aus dem Prozess selber wegzudenken. In diesem Sinne ist es auch durchaus sinnvoll und notwendig, wenn sich einzelne Wissenschaftler über die sozialen Bedingungen ihrer Tätigkeit von Zeit zu Zeit Rechenschaft geben. Es ist durchaus nicht so, dass wissenschaftliche Erkenntnis in einem völlig wert- und zweckfreien Raum geschieht. Die Gesellschaft oder andere ökonomische Interessengruppen, die Wissenschaft finanzieren, haben selbstverständlich bestimmte Bedürfnisse und Interessen, und es gehört zur Aufgabe der Wissenschaft, diese Interessensbindungen zu durchschauen, zu reflektieren, und wenn nötig sich davon zu distanzieren. Denn wenn Wissenschaft nur interessengeleitet vor sich gehen würde, sei es dadurch, dass die Interessen eines externen Sponsors wie z. B. der Industrie bedient werden, sei es dadurch, dass Wissenschaft nur auf kurzfristige Interessenperspektiven der Politik zu reagieren hätte, dann würde sich Wissenschaft letztlich selber abschaffen. Ohne einen gewissen Raum der Erkenntnis, der Spekulation und der anscheinend zweckfreien Forschungstätigkeit können auch jene wissenschaftlichen Einsichten und Erkenntnisse nicht mehr stattfinden, die dann zu wirklich durchschlagenden Veränderungen und Neuerungen führen.

10.3 Beschreibung und Erklärung

Nach diesen eher allgemeinen Ausführungen wollen wir nun etwas konkreter die einzelnen wissenschaftlichen Operationen untersuchen und beginnen mit der grundlegenden von allen, der Beobachtung bzw. Beschreibung. Wissenschaftliche Tätigkeit beginnt immer mit dem sorgfältigen Beobachten von Phänomenen [16, 20, 22]. Ausgangspunkt ist häufig die Alltagserfahrung oder das Merk-Würdige, das sich dem Forscher im Alltag zeigt, ein „Problem" in der Sprache Poppers [14]. Im Unterschied zu anderen, die diese Erfahrung auf sich beruhen lassen, versucht der Wissenschaftler die beobachteten Phänomene zu systematisieren, Erfahrungen allenfalls zu wiederholen und sehr gut und sorgfältig zu dokumentieren.

Die Tatsache, dass Melkerinnen z. B. weniger häufig von Pocken befallen wurden als andere Menschen, hätte eigentlich schon früher auffallen können, denn der Zusammenhang ist nicht erst durch Jenners Beobachtung dieses Sachverhalts aufgetreten. Jenner, der englische Arzt, der die Pockenimpfung entdeckte, war aber zum einen motiviert, diesen Zusammenhang zu sehen, weil er ein Interesse daran hatte die Pocken zu bekämpfen, und zum anderen war er ein präziser Beobachter. Deswegen fielen ihm diese Unterschiede in der Anfälligkeit für Pocken auf und erst durch diese sorgfältige Beobachtung konnte er zu seiner Hypothese kommen, Kuhpocken würden möglicherweise vor richtigen Pocken schützen. Jenner ordnete also seine Alltagserfahrung und erblickte die notwendigen Ähnlichkeiten und Unähnlichkeiten, Regelmäßigkeiten und Unregelmäßigkeiten; kurzum, die entsprechenden Muster in dem empirisch Gegebenen, was ihn zu seiner bahnbrechenden Entdeckung führte. In diesem Sinne steht am Anfang einer jeglichen wissenschaftlichen Erkenntnis und Tätigkeit die gute und sorgfältige Beobachtung.

Wir hatten schon darauf hingewiesen, dass erst durch die sorgfältigen Beobachtungsdaten Tycho Brahes Johannes Kepler seine Gesetze formulieren konnte. Und erst, wenn eine wirklich gute Beschreibung der interessierenden Phänomene vorliegt, kann sich die Wissenschaft daran machen, nach Zusammenhängen und Erklärungen zu suchen. Aus diesen Beobachtungen wird schließlich das erste theoretische Modell entwickelt, das die beobachteten Zusammenhänge und Regelmäßigkeiten abbildet. Während, wie wir sahen, die Physik vor allem formal-quantitative Theorien anstrebt, mathematische Modelle mit Gesetzescharakter, sind solche Aussagen innerhalb der Psychologie sehr selten. Kausale Erklärungen in der Psychologie – also Fragen nach dem Warum eines Phänomens – sind fast immer nur multifaktoriell und dadurch sehr unpräzise. Mit dem Zauberwort „multifaktoriell“ meinen wir, dass ein Phänomen in einem so komplexen Bereich wie der Psychologie selten nur durch eine einzige Ausgangsbedingung oder Ursache erklärbar ist. Oftmals spielt eine Fülle von Faktoren mit, damit ein bestimmtes Phänomen zustande kommt, deren Bedeutung im Einzelfall nur selten klar ist und auch im kollektiven Fall oftmals nicht quantitativ bestimmbar ist. Das Modell selber ist fast immer nur als Idealisierung zu sehen, und anders als in anderen Wissenschaften sind die Zusammenhänge in der Psychologie fast immer nur statistisch und nie oder sehr selten deterministisch. Auch wenn der Determinismus als Idealfigur einer positivistischen Wissenschaft noch stark in den Köpfen vieler Forscher auch innerhalb der Psychologie herumspukt, so ist kaum zu übersehen, dass die Psychologie und vermutlich die gesamten Sozialwissenschaften keine deterministische Gesetzmäßigkeiten aufweisen. Dies dürfte weniger damit zusammenhängen, dass diese Wissenschaftsbereiche noch vergleichsweise jung sind, wiewohl dies auch eine Rolle spielen mag, sondern vermutlich eher damit, dass die in Frage stehenden Phänomene und Probleme äußerst komplex sind und von daher der Sache nach nicht mit einfachen deterministischen Erklärungsmodellen abbildbar.

Das H-O-Schema der Erklärung

Das Standardschema der Erklärung, das aus der positivistischen Wissenschaftstradition kommt, ist das sogenannte Hempel-Oppenheim (HO)-Schema der deduktiv-nomologischen Erklärung [16, 18, 20]. In diesem Schema gibt es eine Gesetzesaussage oder mehrere Gesetzesaussagen, das Explanans oder das Erklärende. Es werden Randbedingungen formuliert, Antezedenzien, innerhalb derer die Gesetzesbedingungen gelten und ein zu erklärendes Ereignis, das Explanandum, wird sodann unter diese Gesetzesaussage subsumiert und dadurch erklärt. Dies ist nichts anderes als der bereits bekannte syllogistische Schluss der Deduktion, der allerdings durch eine reichhaltigere Gesetzesaussage im Verbund mit den Antezedenzien einen empirischen Einzelfall erklären kann, der nicht nur als Implikat immer schon in der Theorie enthalten war. Betrachten wir zwei Beispiele:

E1 (Explanandum 1):
„Warum ist Sokrates gestorben?"
E2: „Warum ist Hans depressiv?"

Die Gesetzesaussage zu 1 (G1) wäre:
„Alle Menschen sind sterblich."
Eine simple Gesetzesaussage, die E2 erklären könnte, ist nicht so einfach möglich. Wir können der Einfachheit halber zwei Gesetzmäßigkeiten zur Erklärung von E2 anführen:
G2a: „Serotoninmangel in bestimmten Bereichen des Gehirns führt sehr oft zu Depressionen."
G2b: „Störungen des Schlaf-Wach-Rhythmus und Kohlehydratmangel verändern den Serotoninhaushalt."

Die Randbedingungen sind für Explanans1
A1: „Sokrates ist ein Mensch",
und für E2:
A2a: „Hans ist Schichtarbeiter und ist auf Diät."
A2b: „Hans hat zu wenig Serotonin-Metaboliten im Urin."
A2c: „Wenn Hans Schokolade isst, geht es ihm besser."
Diese drei Antezedenzien könnten im Verein mit den beiden Gesetzmäßigkeiten G2a und G2b dazu führen, das Explanans E2 – die Depressivität von Hans – zu erklären.

Wir sehen, dass im Unterschied zum klaren Syllogismus in diesem reicheren Falle erstens mehr Annahmen gemacht werden, mehr Gesetzmäßigkeiten erforscht und bekannt sein müssen, und zweitens die Zusammenhänge nicht immer zwingend sind. Z. B. gibt es im Bereich der menschlichen Psychologie viele Menschen, deren Schlaf-Wach-Rhythmus gestört ist und die bei Kohlehydratmangel nicht depressiv sind, obwohl sich vielleicht auch bei diesen Personen der Serotoninhaushalt verändert. Man müsste also noch mehrere Gesetzmäßigkeiten einführen, wie z. B. die genetische Konstitution oder Metabolismus-Eigenheiten, die die Depression von Hans genauso zwingend erklären wie die Gesetzmäßigkeit, dass alle Menschen sterblich sind, den Tod von Sokrates. Möglicherweise müsste man auch noch viel mehr Antezedenzien kennen, um die Erklärungskraft der Gesetzmäßigkeiten stärker zu machen. Man müsste vielleicht die soziale Situation von Hans in Rechnung stellen und müsste vielleicht etwas über dessen Beziehungen, sein Privat- und Liebesleben und seine anderen diätetischen Gewohnheiten wissen, und vielleicht sogar etwas über dessen Geschichte, um seine Depressivität heute zu verstehen. An diesem Beispiel zeigt sich, dass die Erklärungsschemata aus den Naturwissenschaften nur mit Vorbehalt im Rahmen der Psychologie anwendbar sind.

10.4 Grundlegende Begriffe und Definitionen innerhalb der Wissenschaftstheorie

Wir wollen nun die zuvor für die Wissenschaft reklamierte Definition und Transparenz der Begriffe auch in diesem Zusammenhang einführen und üben.

Wissenschaft

Den *Begriff der Wissenschaft* hatten wir bereits definiert. Wir wollen ihn verstehen als eine *systematische und methodisch vor Irrtum so weit wie möglich gesicherte kollektive Erfahrung*. Andere Begriffe, die immer wieder im Bereich der Wissenschaft vorkommen, sind „*Urteil*“ oder „*Satz*“. Darunter verstehen wir eine Aussage, die entweder einem Objekt Eigenschaften zuschreibt, oder Beziehungen zwischen Objekten beschreibt, oder Bedingungen für Eigenschaften formuliert. Grammatikalisch lässt sich ein Satz durch Prädikatszuschreibung eines Subjektes charakterisieren. Formal wird ein solcher Satz oft durch einen großen Buchstaben, zum Beispiel A, dargestellt, dem ein kleiner Buchstabe in Klammern, z. B. (p), beigeordnet ist. Diese Aussage A (p) bedeutet, Subjekt A hat die Eigenschaft p. Diese Formalaussage kann nun unterschiedlich angereichert werden, indem entweder das Subjekt entsprechend definiert wird und die Prädikatsaussage entsprechend erweitert oder definiert wird. Sätze heißen manchmal auch „Urteil“, weil sie eine konkrete Bestimmung eines Subjektes durchführen.

Theorie

Mit dem Begriff „*Theorie*“ bezeichnen wir ein *System von Aussagen*. An dieses System stellen wir die Ansprüche, dass es erstens in sich *widerspruchsfrei* ist, zweitens *komplexe Phänomene erklärt, beschreibt oder vorhersagt* und im Idealfall mit bereits bekannten Theorien verknüpft oder sogar auf diese zurückführt. Wenn Letzteres möglich ist, sprechen wir von *Reduktion.*

Reduktion

Der Begriff der Reduktion ist kompliziert. Man spricht von *Theoriereduktion* und von *reduktiven Erklärungen. Theoriereduktion* wäre das Programm, das ein komplettes Theoriegebäude auf ein anderes zurückführt. Wenn man beispielsweise die Theorie der Gravitation komplett auf die Quantenfeldtheorie zurückführen könnte, so wäre dies eine Theoriereduktion, da eine Theorie vollkommen von einer anderen erklärt würde. Eine *reduktive Erklärung* hingegen bezieht sich meistens auf ein Phänomen. So ist die Erklärung „Blitze sind elektrische Entladungen“ oder „Blitze kommen durch starke und schnelle Ströme zwischen elektrisch geladenen Polen durch die Luft zustande“ eine reduktive Erklärung des Phänomens „Blitzschlag“. Hingegen wäre die Erklärung „Blitze kommen durch Zeus’ Donnerkeile zustande“ keine reduktive Erklärung, die ein komplexes Phänomen auf ein anderes, bekanntes zurückführt, sondern ein Erklärungsversuch, der für ein Phänomen, dessen Ursache unbekannt ist, eine andere, unbekannte Größe einführt. Der reduktive Erklärungstyp ist in der Wissenschaft sehr beliebt, weil er den Grad der Komplexheit verringert bzw. weil er für viele anscheinend verschiedene Phänomene eine zugrunde liegende Ursache angeben kann. Somit können z. B. durch elektromagnetische Erklärungen Blitzschlag, statische Entladung, Stromfluss und Nachrichtenübermittlung unter ein und dieselbe Theorie subsumiert werden. Reduktive Erklärungen können auch einen Pferdefuß aufweisen: Dann nämlich, wenn sie nur einen Teilbereich des Phänomens erklären, dies aber aus lauter Euphorie über die gelungene Erklärung übersehen wird. So hat beispielsweise die vermeintliche Erklärung „Psychische Störungen sind falsch geleitete Programme zur Verstärkerbeschaffung" übersehen lassen, dass das verhaltenstheoretische Paradigma viele Phänomenbereiche nicht erklären konnte. Reduktive Erklärungen lassen sich daran erkennen, dass man sprachlich gesehen immer ein „nichts als" einfügen kann: Blitzschlag ist nichts als Elektronenfluss. Immer wenn man dieses „nichts als" sprachlich getrost einfügen kann, ohne dass einen ein mulmiges Gefühl beschleicht, dann ist die reduktive Erklärung gelungen. Andernfalls ist Vorsicht geboten. Die Aussage „Wasser ist – nichts als – H_2O" ist für den Bereich der reinen Chemie zutreffend und damit eine reduktive Erklärung. Schon für den Bereich der Alltagswelt ist die Erklärung eine Abstraktion, weil Wasser eine Fülle anderer Substanzen enthält (und weil beispielsweise „schweres" Wasser, also D_2O, zunächst die gleichen Eigenschaften hat, aber kein „Wasser" in unserem Sinne des Wortes ist), und damit falsch.

Hypothese & Satz

Eine *Hypothese* ist ein aus einer Theorie abgeleiteter Satz, der sehr häufig die Form „wenn, dann" hat. Die Theorie muss dabei nicht unbedingt eine bereits vollständig wissenschaftlich akzeptierte oder bestätigte sein, sondern kann auch eine vorläufige Theorie sein oder eine Hilfskonstruktion. Hypothesen haben die Funktion, eine solche Theorie zu konkretisieren und in eine empirisch testbare Aussage zu überführen. Dies ist häufig vergesellschaftet mit Operationalisierungen (s. später).

Innerhalb der Sätze unterscheidet man *Allsätze*, oder *universelle Sätze*, und *singuläre Sätze*. Wissenschaftler haben es besonders gern, wenn ihre Theorien mit Allsätzen oder universellen Sätzen ausgesagt werden können, denn dann kann ohne Einschränkung eines Geltungsbereiches eine Aussage getroffen werden, z. B. „alle Menschen sind sterblich". Aus naheliegenden Gründen ist es sehr schwierig, solche Allsätze wissenschaftlich zu belegen. Wir haben darauf bereits im Eingangskapitel unter dem Thema „Induktionsproblem" hingewiesen. Denn ein Allsatz würde erfordern, dass alle in Frage kommenden Phänomene empirisch untersucht worden sind, was per definitionem unmöglich ist, oder er setzt eine dermaßen starke Theorie voraus, dass ein vernünftiger Zweifel an den Ableitungen dieser Theorie nicht möglich ist. Dies ist in den seltensten Fällen möglich. Singuläre Sätze sind solche, die einen Bezug zu definierten Einzelereignissen haben. Ein solcher singulärer Satz wäre etwa die Aussage: „Wenn Newton Recht hat, sehen wir heute eine Sonnenfinsternis", oder: „Hans hat einen Depressionswert von 24 auf der Allgemeinen Depressionsskala".

Begriff

Begriffe sind, wie wir sahen, die vollständige Definition eines Gegenstandes oder eines Sachverhaltes und spiegeln komplettes Wissen wieder. Deshalb meinte Aristoteles, dass der komplette Begriff erst am Ende einer Erkenntnis stehen könne. Modern werden Begriffe meistens im Rahmen einer Theorie definiert und mit einem Bedeutungsgehalt versehen, z. B. wenn wir definieren: „Jede beobachtbare Veränderung und Lebensäußerung ist Verhalten". Dies anerkennt, dass heutzutage die meisten Begriffe, die durch Konvention, Setzung und Gebrauch entstehen, sich auch durch zugewonnenes Wissen verändern und nach Möglichkeit präzise formuliert und definiert werden sollten. Weil diese moderne Erkenntnis der Begriffsbildung so bedeutsam geworden ist, darum hat sich die Sprachanalyse und Kritik viele Jahrzehnte lang vor allem mit dem Verständnis von Begriffen und mit der Frage beschäftigt, wie diese denn zustande kämen. Es hat sich gezeigt, dass weder ein rein konventionalistisches Verständnis von Begriffen – Begriffe sind rein willkürlich – noch ein rein naturalistisches Verständnis von Begriffen – Begriffe ergeben sich von selber aus dem Verständnis der Welt – die Situation angemessen beschreiben kann. Begriffe entstammen meistens in irgendeiner Form der Lebenswelt von uns Menschen und nehmen damit implizit Bezug auf eine ganze Reihe von Erfahrungen, Inhalten und Assoziationen, die wir als kompetente Sprecher einer Sprache mit einem Begriff in Verbindung bringen. Der Wissenschaftler verwendet dieses semantische Umfeld eines Begriffes, um ihn in eine bestimmte Art und Weise vorzuprägen und aufzuladen. Durch präzise Definitionen und Zuschreibungen wird dieses semantische Umfeld dann meistens entweder eingegrenzt oder in eine bestimmte Richtung erweitert.

Technisch gesprochen entsteht ein Begriff durch die Zuordnung eines Zeichens, eines Wortes oder Symbols zu einem Bezeichneten. Das Bezeichnete wird in der semiotischen Literatur, die sich mit diesem Prozess der Zeichenbildung beschäftigt, „Referent" oder „Designatum" genannt. Das Symbol oder Wort kann dabei der natürlichen Sprache entlehnt sein, es kann eine völlige Neuschöpfung sein, oder es kann auch ein ad hoc eingeführtes Symbolkürzel sein. Das Bezeichnete oder der Referent kann ein einfacher Sachverhalt sein, z. B. die Wärme, oder ein komplexes Konstrukt, z. B. die Intelligenz, oder sogar ein ganzes Forschungsprogramm mit eigener Geschichte und Implikationen, z. B. Evolution, Verhaltensmodifikation oder Psychotherapie. Die Zuordnungen von Symbolen zu Bezeichnetem entstehen häufig aus der natürlichen Sprache. Sie werden durch Definition und Setzung präzisiert und verändern sich im Verlauf der Forschungs- und Wissenschaftsgeschichte durch empirische Handlungen und die Forschung selber. Dadurch entsteht ein historischer Prozess des Austausches zwischen ursprünglichem Begriff, Verwendung des Begriffes, Übergang des Begriffes in die Alltagssprache und Rückwirkung auf die Wissenschaft.

Ein gutes Beispiel dafür ist unser moderner Begriff des Unbewussten. Ursprünglich von Freud für dynamische Prozesse verwendet – d. h. für Motivationsprozesse, auf die wir keinen Zugriff haben – gelangte das Wort eigentlich entgegen der hauptsächlichen Meinung der empirisch forschenden Psychologen, die lange Zeit davon ausgingen, dass der freudsche Begriff des Unbewussten ein wissenschaftliches Unding sei, in die natürliche Sprachwelt aufgeklärter Zeitgenossen. Aus dieser Sprachwelt ist der Begriff überhaupt nicht mehr wegzudenken, egal welche Meinung die akademische Wissenschaft zu diesem Thema hat. In neuerer Zeit jedoch wurde dieser Begriff durch Forschungen zu unbewusster Signal- und Informationsverarbeitung wieder in die Kognitionspsychologie eingeführt und hat nun eine dezidiert-kognitive Bedeutung und Wendung erhalten. Eine solche komplexe Entwicklung wissenschaftlicher Begriffe, also von der Definition zur empirischen Handhabung durch die Forschung zum allgemeinen Sprachgebrauch und wieder rückwirkend auf die Wissenschaft, ist typisch für komplexe wissenschaftliche Begriffe.

Bei Begriffen unterscheidet man zwischen „*Intension*“ und „*Extension*“. Unter *Intension* verstehen wir den *Inhalt eines Begriffes* oder seine *Definition*. Sie bezeichnet die Merkmale des Objektes, das diesem Begriff zugeordnet ist, z. B. „Verhalten ist jede Äußerung eines Organismus“. Diese Definitionselemente von Verhalten bezeichnen die Intension des Begriffes. Die *Extension* ist der gesamte *Anwendungsbereich des Begriffes* und umfasst die Menge der Objekte, die innerhalb des Begriffes Platz finden. Z. B. wäre die Extension des Begriffes „Verhalten“ eine genaue Aufschlüsselung dessen, was unter „Äußerung eines Organismus“ zu verstehen ist. Hierunter könnte z. B. verbales Verhalten fallen, nonverbales Verhalten, Handlungen eines Menschen, aber auch intraorganismische Vorgänge wie z. B. das Ausschütten von Hormonen oder die implizite Bewegung von Muskeln oder das Ansteigen des Blutdrucks. Wenn Verhaltenspsychologen z. B. davon sprechen, dass durch emotionale Belastung eine Ausschüttung des Hormons ACTH geschieht, so rechnen sie diese hormonelle Äußerung des Organismus implizit zur Extension des Begriffes Verhalten.

Operationalisierung

Wissenschaftliche Begriffsbildung wäre kaum möglich ohne *Operationalisierung*. Damit meinen wir, dass bei der Definition eines Begriffes auch die *empirischen Handlungen* angegeben werden müssen, die notwendig sind, um den Begriff mit Inhalten zu füllen. Wenn wir etwa den Begriff „durchschnittliche Lebenserwartung“ verwenden, so ist die implizite Operationalisierung dieses Begriffes die Anweisung: „Erfasse die Lebensdauer eines jeden Menschen innerhalb einer interessierenden Population und teile die Lebensdauer durch die Anzahl der beobachteten und in die Erfassung eingegangenen Mitglieder der Population.“ Wenn wir behaupten, ein Mensch sei sehr intelligent, so lautet die operationale Definition: „Wende einen gängigen Intelligenztest an und überprüfe, wie hoch sein Wert im Vergleich zum Bevölkerungsdurchschnitt ist. Wenn der so gefundene Messwert höher ist als derjenige für 95% der Bevölkerung, dann nenne diesen Menschen ‚sehr intelligent‘.“ Eine operationale Definition oder eine Operationalisierung ist also immer mit der Angabe einer Operation verbunden, mit der eine bestimmte Fragestellung in eine experimentelle Handlung überführt werden kann. Operationalisierungen werden also angewandt, um Behauptungen in eine Theorie und von dort aus in eine empirisch prüfbare Aussage überführen zu können. Auch wenn die zuvor erwähnten Beispiele trivial aussehen, so kann die Operationalisierung doch der entscheidend Schritt sein, um eine vergleichsweise abstrakte Theorie in eine präzise wissenschaftliche Form zu bringen, die sodann durch das Experiment oder empirische Handlungen überprüfbar wird.

Beispiele und Konkretisierung

Wenden wir nun die zuvor durchgeführten Begriffsbildungen und Definitionen in einem konkreten Beispiel an. Nehmen wir wieder das *Beispiel der Depression.* Der erste Schritt ist der der Definition. Sie will das Phänomen Depression beschreiben, eingrenzen, eine Begriffsabgrenzung vornehmen und die Intension und Extension des Begriffes bestimmen. Sie gibt eine Antwort auf die Frage „Was?“. Zu den Begriffselementen der Depression, wie sie innerhalb der klinischen Psychologie normalerweise verwendet werden, gehören der Affekt, die Kognitionen und das Verhalten. Depression ist also definierbar als ein Gefühl der Niedergeschlagenheit und des gedämpften Affektes. Sie geht mit bestimmten Gedanken einher, die Sinnlosigkeit, Wertlosigkeit, Schuldzuweisungen an sich selber und immer wiederkehrende Abwertung zum Inhalt haben. Dies ist begleitet von Antriebslosigkeit, sozialem Rückzug, Gewichtsreduktion und häufig auch sexueller Interesselosigkeit.

Ist das Phänomen in einer vorläufigen Definition einmal beschrieben, so ist der nächste Schritt das Beobachten und Dokumentieren des fraglichen Phänomens. Schließlich folgt das Aufstellen einer Theorie. Diese versucht die Frage nach dem Warum zu behandeln und Erklärungen einzuführen, Zusammenhänge aufzustellen und damit Ursachen zu verstehen. Es sind verschiedene Theorien der Depression im Umlauf gewesen oder werden immer noch diskutiert. Die wohl älteste Theorie der Menschheit ist die der Besessenheit durch einen bösen Geist. Diese Theorie würden wir heute „vorwissenschaftlich“ oder „animistisch“ nennen. Eine biologisch-physiologische Theorie versucht, den Affekt, das Verhalten und die entsprechenden Kognitionen auf eine Imbalance in der Verfügbarkeit von Neurotransmittern, insbesondere von Serotonin, im Gehirn zurückzuführen. Dies ist eine biologische und physiologische Beschreibungsebene. Die verhaltenstheoretische Theorie bringt die Lerngeschichte einer Person ins Spiel und betont dabei insbesondere den Entzug von Verstärkern. Tiefenpsychologisch-freudianisch wird Depression als Aggression gegen sich selbst gehandelt, während neuere tiefenpsychologisch-selbsttheoretische Richtungen Depression eher verstehen als Reaktion auf einen Verlust eines Selbstobjektes. Andere Theorien, wie z. B. existenzialpsychologische, gehen davon aus, dass es auch Depressionen gibt, die durch einen Sinnverlust im Leben gekennzeichnet sind.

Diese verschiedenen Theorien kann man als rivalisierende Modelle oder Theorien zur Beschreibung der Depression ansehen. Um sie genauer zu untersuchen, ist es also nun notwendig, Hypothesen zu formulieren, die empirische Überprüfungen zulassen. Ein animistisch operierender Schamane würde vielleicht nach Tabu-Brüchen suchen und die Hypothese aufstellen, dass bei jedem Depressiven irgendein Anhaltspunkt für eine Erzürnung der Geister durch solche Tabu-Brüche zu finden ist. Er sieht seine Theorie bestätigt, indem die Vertreibung der entsprechenden Geister durch sein Heilritual die Depression normalerweise bessert. (Dies ist übrigens, folgt man der ethnographischen Literatur, tatsächlich sehr häufig der Fall, und wir sollten uns hüten, solche Theorien, die aus anderen kulturellen Kontexten stammen, aufgrund unseres modernen wissenschaftlichen Verständnisses abzuwerten.) Der biologische Psychologe würde z. B. vermuten, dass eine Bestimmung des Neurotransmitterhaushalts im Gehirn, gemessen an den entsprechenden Metaboliten im Blut oder im Urin, belegt, dass bei Depressiven weniger Serotonin zentralnervös an den Rezeptoren verfügbar ist. Eine entsprechende Therapie, die Serotonin medikamentös besser verfügbar macht, hilft sehr häufig, was wiederum die Theorie bestätigt. (Würden wir nur dieser Theorie folgen, so würden wir übersehen, dass in klinischen Studien die Patienten, die nicht die richtige Medikation sondern eine Scheinmedikation – ein sogenanntes Plazebo – erhalten haben, sich auch sehr häufig bessern.) Der Verhaltenstheoretiker würde durch die genaue Analyse von Stimulus- und Verstärkungssequenzen bei Depressiven aufzeigen wollen, dass konstant mangelnde Verstärkerzufuhr zu einem Bestrafungszirkel führt. Aus diesem Grund schlägt er bestimmte Verhaltensänderungen vor, hilft dem Patienten dabei sie umzusetzen, und stellt fest, dass diese Intervention oftmals hilfreich ist. Die freudianische Theorie führt dazu, dass Psychotherapeuten mit besonders scharfen Augen auf die Geschichte der Aggression in der Erkundung der Biographie achten, und sie finden in der Tat sehr häufig Aggressionshemmung oder ein Verbot, Aggression auszuleben. Die selbstanalytische Theorie würde dazu anregen, die Hypothese zu untersuchen, welche Möglichkeiten zur Entwicklung von Selbstwertgefühl in der Biographie von Depressiven vorhanden war. Sie finden in der Tat sehr häufig Situationen mit Selbstwertbedrohung und mangelnde Möglichkeiten zur Entwicklung eines stabilen Selbstgefühls. Ihre Interventionen haben das Ziel, den Aufbau eines solchen Selbstgefühls zu unterstützen, und sie sehen häufig Besserungen. Die existenzialistische Theorie zur Entstehung von Depression lässt sich operationalisieren, wenn man beispielsweise nach speziellen Situationen und Möglichkeiten zum Finden und zum Erzeugen von Sinn fragt. Depressionen werden dann schneller bei sozial und weltanschaulich Entwurzelten gefunden und Strategien, um diese Sinnleere zu füllen, helfen solchen Patienten häufig.

Die Frage ist nun, wie diese Hypothesen in Operationalisierungen zu überführen sind. Bei der ersten Theorie, deren Hypothese lautete, dass Depression durch Zürnen der Geister aufgrund von Tabu-Verletzung entsteht, fällt es sehr schwer eine Operationalisierung anzugeben, die diese Hypothese empirisch testbar machen würde. Dies ist mit ein Grund, weswegen wir eine solche Hypothese und ein solches Theoriemodell nicht als wissenschaftlich ansehen würden. Die biologische Theorie jedoch führt zu einer klaren Operationalisierung, und Messexperimente sind leicht ableitbar. So könnte man beispielsweise Serotonin-Metaboliten im Blut und im Urin untersuchen, man könnte die Beeinflussung der Serotonin-Verfügbarkeit durch Medikamente und indirekt durch Nahrungs-, Bewegungs- und Schlafumstellung untersuchen, etc. Die verhaltenstheoretische Modellbildung wird durch die individuelle positive und negative Verstärkeranalyse operationalisiert. Bei der tiefenpsychologischen Theoriebildung fällt eine Operationalisierung bereits etwas schwerer. Denn hier kann man nur auf biographische Rekonstruktionen im Interview und therapeutischen Gespräch zurückgreifen. Man könnte evtl. die Hypothese aufstellen, dass sich unterdrückte Aggressivität in einer konkreten Übertragungssituation indirekt äußern würde, und könnte durch entsprechende Zwischen- und Brückenhypothesen empirische Operationen angeben, wie dies z. B. in einer Videoaufnahme an der Mimik oder in einer Analyse von Sprachmaterial an verbalen, nonverbalen und präverbalen Signalen sichtbar wird. Evtl. ließe sich die Entwicklung des Selbstbildes durch die Analyse des Bindungsverhaltens im Hier und Jetzt untersuchen und ebenfalls durch Fragebögen zur Geschichte der Beziehung mit den Eltern. Auch bei der existenzialistischen Hypothese ist eine Operationalisierung nicht ganz einfach, da Sinn definitionsgemäß individuell ist und also nur eine individuelle Rekonstruktion in Frage kommt.

Wir greifen nun wieder zurück auf das im Eingangskapitel bereits beschriebene Zusammenspiel von Induktion, Deduktion und Abduktion. Wir haben gesehen, dass die Theorie sich zunächst in Hypothesen äußern muss. Meistens lassen sich aus einer guten Theorie mehrere Hypothesen ableiten, die die Begriffskondensierung, die die Theorie durchführt, in reichhaltige empirisch prüfbare Beispiele übersetzt. Aus einzelnen Hypothesen lassen sich wiederum multiple Wege der empirischen Prüfung entwickeln, sodass sich eine Aufgliederung und Konkretisierung vom Abstrakten zum Konkreten, von der Theorie zu den Beobachtungen ergibt, wie dies in Abbildung 1.1 im ersten Kapitel dargestellt ist. In Abbildung 10.1 ist dieser Zusammenhang und die entsprechenden Ebenen einzeln dargestellt, in Abbildung 10.2 sind dann die entsprechenden Schritte eingearbeitet.

Theorie			T		
Hypothesen	H1		H2		H3
Beobachtungen Protokollsätze	P1	P2	P3	P4	P5

Abb. 10.1: Die drei Ebenen des wissenschaftlichen Prozesses: Einzeldaten/Beobachtung, Hypothesen, Theorien.

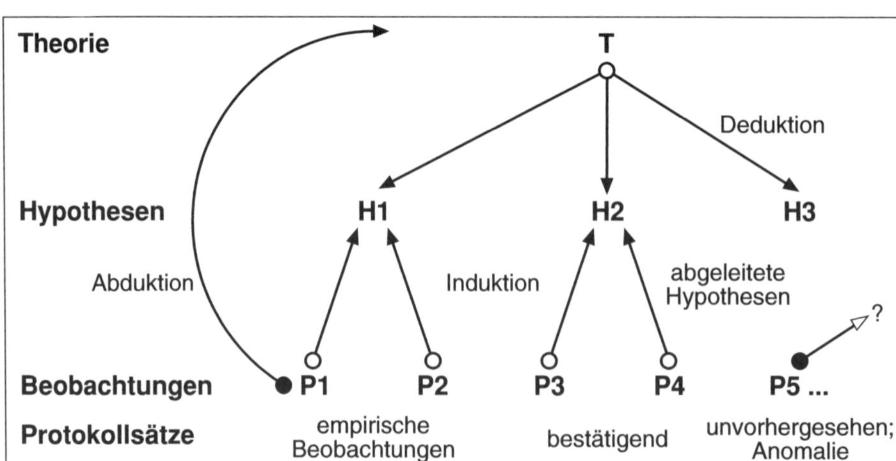

Abb. 10.2: Der Wechsel von Abduktion, Deduktion und Induktion zusammen mit dem Wechsel der verschiedenen Begriffsebenen Theorie, Hypothese, Beobachtung.

Durch erste empirische Beobachtungen im Verbund mit bereits bekannten Theoriemodellen gelangt der Forscher in einem ersten abduktiven Schritt zu einer vorläufigen Theorie. Von dieser Theorie leitet er durch Deduktion Hypothesen ab, und aus diesen Hypothesen werden vermittels der Operationalisierung experimentelle Handlungen im weitesten Sinne des Wortes generiert. Die Ergebnisse dieser Handlungen stellen empirische Beobachtungen dar, die nun induktiv diese abgeleiteten Hypothesen entweder bestätigen oder nicht. Die nicht bestätigten Hypothesen sind die interessantesten, denn sie weisen darauf hin, wo im vorliegenden Modell Lükken oder unaufgeklärte Zusammenhänge sind. Wenn man beispielsweise die Serotononinmangel-Hypothese der Depression verfolgt, so ist es für den Forscher erwartet und erfreulich bestätigend, wenn er bei den meisten Depressiven Hinweise auf einen Serotoninmangel findet. Interessant sind aber besonders solche Fälle, bei denen ein solcher Mangel trotz klinischer Depression nicht gefunden wird. Oder wenn im Zuge eines therapeutischen Experiments Medikamente verabreicht werden, die die Serotoninverfügbarkeit im Gehirn erhöhen, so ist die Wirksamkeit dieses Medikamentes bei Depressiven zwar bestätigend für den Forscher, viel interessanter vom erkenntnistheoretischen Gesichtspunkt sind aber jene Fälle, die im Rahmen eines solchen therapeutischen Experimentes gar nicht mit der wirksamen Medikation behandelt werden, sondern mit einer Scheinmedikation, und sich trotzdem bessern. Denn hier wurde ja nachgewiesenermaßen keine Serotoninverfügbarkeit im Gehirn pharmakologisch erzeugt, und dennoch scheint der Körper auf irgendeine Art und Weise die erhöhte Bioverfügbarkeit von Serotonin bewirkt zu haben. Diese unvorhergesehenen Befunde oder Anomalien führen nun dazu, dass der Forscher sein Modell erweitern muss. Er kann z. B. davon ausgehen, dass Serotonin auf verschiedenen Pfaden verfügbar gemacht wird oder dass nicht nur Serotonin, sondern auch andere Neurotransmitter bei der Depressionsentstehung und -aufrechterhaltung eine Rolle spielen. Oder er kann z. B. postulieren, dass nicht nur die pharmakologische Bereitstellung von Serotonin therapeutisch wirkt, sondern dass bereits die Hoffnung und Erwartung einer solchen Bereitstellung dazu führt, dass sie auftritt. Auf diese Art und Weise werden also durch induktive Schritte der Beobachtung die vorliegenden Hypothesen bestätigt oder nicht bestätigt, wodurch das Theoriemodell erweitert wird. Das erweiterte Theoriemodell wird wiederum zu veränderten Hypothesen Anlass geben, die wiederum in neuen Experimenten empirisch überprüft werden. Dieser Zirkel zwischen Abduktion, Deduktion und Induktion wird so lange durchlaufen, bis entweder ein zufriedenstellendes Theoriemodell existiert, das die Phänomene so weit als im Moment möglich und erwünscht erklärt, oder bis so viele Anomalien vorliegen, dass eine Erweiterung der herrschenden Theorie nicht mehr möglich erscheint. In diesem Fall wird ein stärkerer abduktiver Sprung nötig sein, der ein komplett neues Theoriemodell nötig macht.

In diesen Zirkel lassen sich nun auch die anfangs erwähnten Grundpositionen und die wichtigsten Haltungen innerhalb der modernen Wissenschaftstheorie einordnen. Dies wird durch Abbildung 10.3 anschaulich.

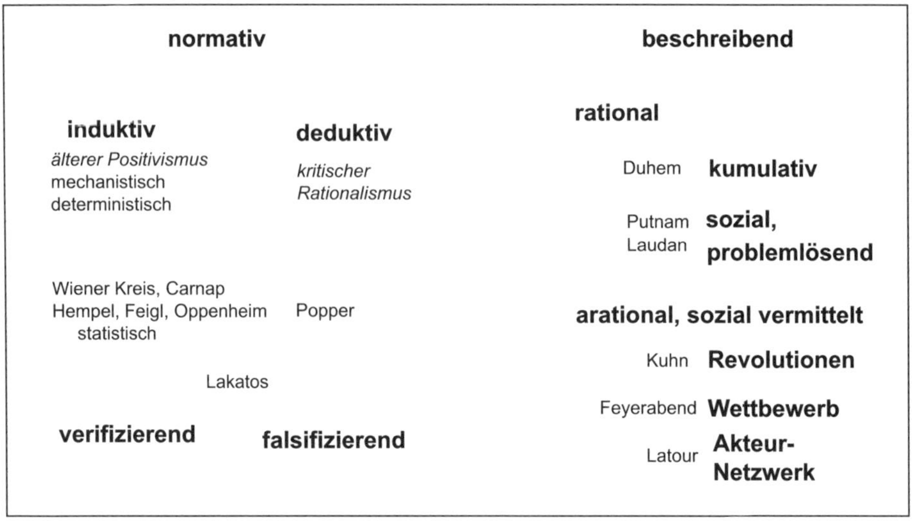

Abb. 10.3: Typologie der wichtigsten wissenschaftstheoretischen Strömungen und deren wichtigste Vertreter.

Ein vorläufiges Ordnungsschema wissenschaftstheoretischer Positionen

Man kann die Positionen ganz fundamental einteilen in normativ-vorschreibende (präskriptive) und in beschreibende. Zu den normativen gehören der Induktivismus der positivistischen Schulen, aber auch die eher deduktiven Strategien, die Popper und der kritische Rationalismus favorisieren. Während der induktiv vorgehende ältere und neuere Positivismus sich vor allem auf Verifikation beruft, wird von den Deduktivisten, Popper und den Erweiterungen durch Lakatos vor allem eine falsifizierende Strategie vorgesehen. Das Forschungsprogramm des Positivismus, sowohl des älteren als auch des neueren, kann man als mechanistisch und deterministisch bezeichnen. Während der ältere Positivismus noch eine komplette Durchdeterminiertheit der Natur annahm, sind die neueren Modelle des Wiener Kreises um Carnap, Hempel, Feigl, Oppenheim eher statistisch, versuchen aber dennoch eine weitgehend deterministische Beschreibung der Natur.

Von diesen eher normativen Positionen lassen sich die beschreibenden unterscheiden: Die ältere Position, die in der Person von Duhem kristallisiert ist, ging noch von einem rationalen Prozess aus, der kumulativ sei. Modernere Haltungen, charakterisiert durch Putnam, Laudan und Latour, sind hingegen eher pragmatisch, sozial und problemlösend orientiert. Von diesen rational und oftmals kumulativ beschreibenden Theorien kann man diejenigen unterscheiden, die von einem arationalen Prozess innerhalb der Wissenschaft ausgehen. Die beiden Protagonisten hierfür sind Thomas Kuhn mit seiner Theorie der wissenschaftlichen Revolutionen, die ohne rationalen Hintergrund ablaufen, und Paul Feyerabend, der nur den sozialen Wettbewerb von Theorien kennt.

Nach diesen allgemeinen Bemerkungen und Beschreibungen zur modernen Wissenschaftstheorie kommen wir nun zu den einzelnen wissenschaftstheoretischen Positionen.

10.5 Positivismus

Der Positivismus ist die älteste wissenschaftstheoretische Richtung und sowohl historisch als auch aktuell immer noch eine der einflussreichsten [1, 3, 16, 21]. Der ältere Positivismus wird mit dem Namen von Auguste Comte in Verbindung gebracht. Dieser hatte zum ersten Mal eine klar positivistische Theorie der Wissenschaft vertreten. Die Elemente einer solchen positivistischen Theorie der Wissenschaft sind immer die Gleichen, weswegen wir die Theorie von Comte nicht ausdrücklich eigens beschreiben. Für unsere moderne Wissenschaft am bedeutsamsten ist nämlich der moderne oder neuere Positivismus, der durch den Wiener Kreis eingeführt wurde. Der Wiener Kreis war eine philosophische Richtung, die durch die Philosophen Moritz Schlick, Otto Neurath, Rudolf Carnap, Herbert Feigl und die Mathematiker Friedrich Waismann und Kurt Gödel ins Leben gerufen wurde [3]. Der Wirkungsort dieser Autoren war die Universität Wien, woraus sich auch der Name ableitet. Man muss sich die Entstehung des Wiener Kreises und der Philosophie des neueren Positivismus als eine Reaktion auf die Unfruchtbarkeit moderner philosophischer Ansätze vorstellen, und vor allem als Reaktion auf die soziale Situation.

Philosophisch gesprochen hat sich die kantsche Philosophie in Wien nie durchsetzen können. Denn die katholische Mehrheit der Professoren im Habsburger Reich konnte sich mit den eher preußisch-protestantischen Entwicklungen des Kantianismus nie anfreunden. Die kantsche Philosophie hatte außerdem das Erkenntnisproblem nicht zufriedenstellend lösen können und war deswegen auch ungeeignet, den Fortschritt der empirischen Wissenschaft zu befruchten. Die Tatsache, dass die Wissenschaft fortschritt, obwohl die kantschen Voraussetzungen der Erkenntnis unzurcichend geklärt waren, strafte die pure Kritik der positiven Wissenschaft, wie sie durch Kant und seine Nachfolger getätigt wurden, Lügen. Auf der anderen Seite konnten idealistische philosophische Ansätze den Sprung vom Bewusstsein zur Materie, vom Geist zur materiellen Welt, nur unzureichend begründen. Für idealistische Philosophen wie Hegel ist die Materie zwar ebenso von Bedeutung, aber ein positiv-konstruktiver Begriff der Materie, wie er für eine moderne Naturwissenschaft notwendig ist, konnte diese Art von Philosophie nicht leisten. Parallel zu diesen Entwicklungen der Philosophie hatte sich die Naturwissenschaft völlig unbekümmert um philosophische Mahnungen und Theoriebildungen entwickelt und ihren eigenen Weg gefunden, wie ein Fluss, der trotz gebirgiger Landschaft immer weiter Täler und Abflüsse findet. Mochten die Philosophen noch so sehr auf die mangelnde Grundlage unserer Erkenntnis hinweisen, mochten die idealistischen Lehren noch so sehr von der Bedeutung des Geistes und des Bewusstseins reden, die Erkenntnis über die Bedeutung chemischer Verbindungen, das Verständnis mechanischer Zusammenhänge, sie gingen einfach ihren Weg und zeigten durch den Erfolg, dass Naturwissenschaft eine lohnenswerte Unternehmung des menschlichen Geistes sei. Auf der einen Seite also konnte jeder aufgeschlossene Geist des ausgehenden 19. Jahrhunderts den offensichtlichen Erfolg der naturwissenschaftlichen Entwicklung konstatieren. Auf der anderen Seite hatte eben diese Entwicklung in der Technik und aufgrund der Veränderung der Ökonomie zu desolaten sozialen Zuständen geführt. Das Habsburger Reich war dabei auseinanderzubrechen, bzw. war nach Ende des Ersten Weltkriegs in tausend Stücke zerborsten, und enorme soziale Probleme taten sich auf.

Die Philosophen und Wissenschaftler, die sich im Wiener Kreis zusammentaten, müssen aus der damaligen Perspektive als fortschrittliche Neuerer, die an der Verbesserung der sozialen Lage interessiert waren, verstanden werden. Sie wollten einen radikalen Neuanfang nicht nur der Philosophie, sondern der gesamten Wissenschaft, und gründeten ihre Tätigkeit im Wesentlichen auf drei Prinzipien:

1. Philosophie sollte nicht als spekulative Wissenschaft wie im Idealismus oder als kantsche Analyse der Erkenntnisvoraussetzungen betrieben werden, die nur durch Nachdenken und rationale Kritik zu ihren Erkenntnissen gekommen sein will, sondern *Philosophie sollte sich die exakten Naturwissenschaften zum Vorbild nehmen* und deren Methode auf der einen Seite nachahmen, auf der anderen Seite befruchten und informieren. Wir erinnern uns an dieser Stelle an die These Brentanos, dass die Methode der Philosophie die Methode der Naturwissenschaft sei.
2. Das hauptsächliche Instrument der Philosophie und der Theorie müsse *Logik* sein. Logik funktioniert am besten, wenn sie in einer formalisierten Sprache, die der Mathematik ähnlich ist, durchgeführt wird. Deswegen forderten die Positivisten des Wiener Kreises, Wissenschaftssprache müsse so weit wie möglich formalisiert werden. Denn dann ließen sich die Sätze auch logisch analysieren und auf Widersprüche und Inkonsistenzen hin untersuchen.
3. Ein prinzipielles und *absolutes Metaphysik-Verbot*. Metaphysik als philosophische Spekulation über die Grundlagen der Welt und der Philosophie führt letztlich immer zu letztbegründenden Aussagen, die von ihrem Wesen und Charakter her nicht empirisch, sondern fundamental sind. Da die bisherige Philosophie in den Augen des Wiener Kreises keine endgültige Klarheit, weder über die letzten Grundlagen, noch über die besten Methoden, noch über die richtige Art der Philosophie gebracht hatte, schien Metaphysik insgesamt untauglich. Man wollte sich auf das positiv Gegebene, empirisch Feststellbare konzentrieren, so ähnlich wie die Naturwissenschaft gerade durch die Konzentration auf einen bestimmten Bereich erfolgreich war. Ganz analog sollte die Philosophie durch Beschränkung und Ausgliederung von Bereichen, die unergiebig wären – nämlich Metaphysik und Religion – vorangebracht werden.

Diese drei Grundprinzipien, die sozusagen die absoluten Voraussetzungen des Wiener Kreises waren, wurden in drei methodischen Grundsätzen konkretisiert:

1. *Es gibt nur analytische und synthetische Sätze* (dies ist eine vergleichsweise triviale, aber dennoch wichtige Zusammenstellung der Voraussetzungen, die bereits Kant gemacht hatte). Analytische Sätze sind logisch wahr. Synthetische Sätze aber sind *immer* empirisch zu bestätigen. Während Kant dem ersten Teil dieser Aussage zugestimmt hätte, hätte er bei den synthetischen Sätzen auch solche zugelassen, die nicht *a posteriori*, also durch Erfahrung, sondern *a priori*, durch Vernunfterkenntnis möglich wären. Solche synthetischen Sätze *a priori* waren nach den Aussagen des Wiener Kreises wissenschaftlich unmöglich und verboten. Mit dem Rückzug auf synthetische Sätze, die nur *a posteriori* oder empirisch zu bestätigen wären, verabschiedete sich der Wiener Kreis von der Philosophie der alten Schule.

2. *Die Bedeutung eines Satzes ist die Methode seiner Verifikation.* Dies ist eine sehr operationale Auffassung von Wissenschaft. Denn diese Meinung des Wiener Kreises setzt voraus, dass nur solche Sätze sinnvoll und bedeutsam sind, bei denen auch eine empirische Operationalisierung angegeben werden kann. Sätze, die nicht verifizierbar sind, haben keine Bedeutung. Deshalb ist auch der dritte Grundsatz einsichtig.
3. Jeder sinnvolle Satz ist auf Sätze reduzierbar, die durch *unmittelbare Wahrnehmung* zustande kommen. Diese Sätze sind die berühmten „Protokollsätze" des Positivismus Wiener Prägung. Mit „Protokollsätzen" meinten die Philosophen des Wiener Kreises solche, die ganz einfache und unbestreitbare, unbezweifelbare Wahrnehmungen wiedergeben. Dies sind ganz einfache und anscheinend theoriefreie Beobachtungen, wie etwa: „die Maus bewegt sich" oder „die Tür ist blau" oder „draußen regnet es". Durch die Behauptung, dass jeder Satz so reduzierbar ist, dass eine ganz einfache Wahrnehmung über die Richtigkeit oder Falschheit entscheiden kann, versuchten die Positivisten, Wissenschaft als simples System einfacher bestätigter Beobachtungen zu konstruieren. Idealer Weise wäre dann natürlich die Richtigkeit eines jeden einzelnen Satzes zweifelsfrei empirisch bestätigbar und die Gesamtheit der Sätze würde eine wissenschaftliche Theorie abgeben. Dass dieses Ideal nicht einzuhalten war, liegt nicht nur an der Natur unserer Wahrnehmung, sondern auch daran, dass die vermeintlich einfachen, eindeutig empirisch entscheidbaren Sätze nicht so einfach und trivial sind, und dass Erfahrung, sobald sie es mit komplizierteren Sachverhalten zu tun hat, eben nicht in einfache, zweifelsfrei belegbare Atome auseinander fällt. Zur Kritik jedoch später.

Wenn man Wissenschaft versteht als ein System von Sätzen, deren Bedeutung durch die Empirie festgestellt wurde, da diese Bedeutung identisch ist mit der Verifizierung der Sätze, spielt natürlich die Wissenschaftssprache eine außerordentlich große Rolle. Denn die Sätze werden ja im Rahmen einer Theorie miteinander verknüpft, und da die Wissenschaftssprache formal durchführbar sein soll, müssen die entsprechenden Sätze einfach, zweifelsfrei, ohne jegliche Ambivalenz, in sich konsistent, logisch widerspruchsfrei, exakt und eindeutig sein. Wiewohl dieses Anliegen mit Sicherheit von großer Bedeutung und auch heute noch gültig ist, dass nämlich Wissenschaftssprache so einfach, so konsistent und widerspruchsfrei wie möglich sein soll, und nach Möglichkeit auch exakt und formalisierbar, so war der ideelle Anspruch des Wiener Kreises doch zu sehr von der Theorie und vom Wunsch bestimmt, als dass er auf die komplexe Situation der Wirklichkeit tatsächlich anwendbar gewesen wäre. Im Ideal des Wiener Kreises wäre eine Theorie also eine formale, logische Sprache, so ähnlich wie die Algebra eine formale Sprache darstellt, die durch klare Definitionen und Regeln bestimmt ist, sodass sich Widersprüche und Inkonsistenzen innerhalb der Satzstruktur der Theorie allein durch formale Operationen aufweisen lassen würden. Die Sätze, so das Modell des Wiener Kreises, stehen in eindeutig definierter Beziehung zur Alltagssprache der Beobachtungen. Interpretations- und Verknüpfungsregeln sollen dabei helfen, Wissenschaft als objektives, neutrales Abbild der Welt, die frei von Werten und ohne Urteil das widerspiegelt, was der Fall ist. Wittgenstein hat in seinem *Tractatus Logico-Philosophicus* diese faktische, nüchterne und auf reine logisch-empirische Analyse reduzierte Art der Vernunft klassisch skizziert [22].

Wissenschaftssprache, Logik und Unbegründbarkeit

Das Programm des Wiener Kreises steht und fällt also damit, ob eine so gestaltete Wissenschaftssprache machbar ist, und ob Wahrnehmung in dem einfach-ursprünglichen Sinne wie von den Neopositivisten intendiert, eindeutige Urteile über empirische Sachverhalte abgeben kann. Sachlich und historisch können einige Kritikpunkte, die letztlich auch zum Scheitern des Positivismus als herrschender Wissenschaftsauffassung geführt haben, genannt werden. Das Ideal einer in sich abgeschlossenen, logisch konsistenten Wissenschaftssprache, die formal durchführbar und innerhalb ihrer selbst entscheiden können müsste, ob ein Satz logisch richtig ist, wurde bereits durch die Erkenntnis Gödels hinterfragt, dass nämlich innerhalb eines jeden Systems formal unentscheidbare Sätze auftreten *müssen*. Dieses berühmte Unabschließbarkeitstheorem führt nicht nur dazu, dass die Letztbegründung eines jeglichen philosophischen Systems innerhalb seiner selbst nicht mehr zu leisten ist, es führt auch dazu, dass so etwas wie eine sich selbst begründende formale Sprache gar nicht existiert. Die Analyse einer jeglichen Formalsprache führt also zu dem Punkt, dass sie auf eine *andere* Sprache zurückgreifen muss, wenn sie sich selbst bestimmen und begründen will. Damit war *ein* Grundprogramm des Positivismus in sich selbst gescheitert: Es gibt keine *in sich* konsistente, *sich selbst* rechtfertigende und *aus sich selbst* verständliche Sprache, sei sie nun formal, natürlich oder andersgestaltig. Hinzu kommt, dass die formalen Sprachelemente nur durch den Bezug auf die natürliche Sprache und die Lebenswelt sinnvoll werden. Man hatte relativ bald erkannt, dass die einfachen Protokollsätze alleine nicht ausreichen, um eine reichhaltige Theorie zu beschreiben.

Damit eine Theorie auch bedeutungsvoll wird, muss sie zwangsweise auf nicht beobachtbare hypothetische Entitäten zurückgreifen [9]. So kann man etwa die Messresultate eines physikalischen Teilchenaufprallexperiments alleine in Zahlen von Geschwindigkeiten, Orten, Impulsen, usw. angeben, hat damit aber kein Wissen über die Teilchenwelt gewonnen. Vielmehr müssen diese Zahlen in Verbindung mit einer Theorie zu hypothetischen Einheiten verknüpft werden, und daraus kann auf die Existenz von an sich nicht beobachtbaren Elementen wie etwa einzelner Teilchen geschlossen werden. Das Ideal der Positivisten, lediglich Beobachtbares und empirisch Feststellbares in den Rang der Wissenschaftlichkeit zu erheben, ist spätestens dann ans Ende gekommen, wenn eine wissenschaftliche Theorie Aussagen über Grundstrukturen machen will, die nicht direkt der Beobachtung zugänglich sind. Zwar kann man den positivistischen Standpunkt einnehmen und solche Operationen schlicht und ergreifend verbieten, wie dies in der Frühzeit des Positivismus geschehen ist. Dies ändert aber nichts an der Tatsache, dass Wissenschaft, so wie sie gelebt und durchgeführt wird, sich nichts verbieten und vorschreiben lässt, sondern genau den Schritt von der Beobachtung zum Erschließen einer zugrunde liegenden Wirklichkeit laufend und fortwährend unternimmt. Ein Schritt von der Beobachtung hin zu nicht beobachtbaren Elementen innerhalb der Theorie war aber eigentlich im positivistischen Wissenschaftsprogramm nicht vorgesehen. Zwar haben verschiedene Autoren dies durch das Einführen theoretischer Entitäten und der Verknüpfungsregeln versucht, letztlich ist aber bereits mit dem Zulassen solcher nicht empirischer Elemente innerhalb der Theorie das positivistische Programm verlassen.

Die „Eimertheorie" der Erkenntnis

Ein schwerer wiegender Kritikpunkt jedoch war die Feststellung, dass die positivistische Wahrnehmungstheorie unhaltbar war. Durch verschiedene Erkenntnisse – philosophische Analyse im Verein mit empirischer Erkenntnis über die Natur des Wahrnehmungsvorganges – hat sich nämlich ergeben, dass es so etwas wie eine naive, eindeutige, unmittelbar wahre Wahrnehmung der Wirklichkeit nicht geben kann. Wir haben dies zuvor genauer bei der Diskussion der kognitiven Wende dargestellt. Damit verloren die Protokollsätze, deren unmittelbare Einsichtigkeit und Eindeutigkeit ja das Fundament der positivistischen Wissenschaftstheorie darstellt, ihr Gewicht. Denn wenn Wahrnehmung – wie die neuere Analyse ergab – nicht abbildend, sondern konstruktiv ist, wenn Wahrnehmung nicht eindeutig, sondern täuschbar ist, wenn Wahrnehmung nicht unstrittig, sondern in aller Regel strittig ist, dann kann sie auch nicht der letzte Schiedsrichter von Wirklichkeit sein. Wir haben zuvor, als wir die Entwicklung der Gestaltpsychologie diskutierten, diese Probleme behandelt. Diese Befunde, die vor allem aus gestaltpsychologischen Wahrnehmungsexperimenten stammten, aber auch unabhängig von den Gestaltpsychologen durch Philosophen, wie etwa Raimund Popper, vorgebracht wurden, führten in der Konsequenz die Grundlage der positivistischen Wissenschaftstheorie, das Abbildprogramm der Wahrnehmung, ad absurdum.

Historisch besonders interessant ist dabei die Verbrüderung dieser positivistischen Wissenschaftsauffassung mit dem in der Psychologie zur gleichen Zeit aufkommenden Behaviorismus. Denn ähnlich wie der Positivismus sich auf das Primat der Beobachtung stützte, postulierte der Behaviorismus, dass nicht das Innenleben, also Unbeobachtbares, zu Erschließendes, sondern nur das Verhalten, also Beobachtbares, Gegenstand einer wissenschaftlichen Untersuchung sein könne und im strikten Sinne des Wortes wissenschaftsfähig wäre. Damit huldigte auch der Behaviorismus einer naiven Erkenntnistheorie, der derjenigen des Positivismus sehr ähnlich war, auch wenn diese Naivität erst aus heutiger Sicht als solche erkennbar ist und zu damaliger Zeit eher als wissenschaftliche Enthaltsamkeit verstanden wurde. Auch der Behaviorismus übernahm das positivistische Abgrenzungskriterium: Wissenschaftliche Aussagen müssten quantifizierbar sein. Lange Zeit galt es den Behavioristen als wissenschaftliches Ziel, Verhaltensgleichungen aufzustellen, die das Verhalten als Ergebnis einer Serie von Stimuli und Verarbeitungsprozessen zeigen würden. Logische Analyse und Ablehnung nicht verifizierbarer Aussagen als Metaphysik gehörten genauso ins Programm des Behaviorismus wie in das Programm des Positivismus. Die beiden Entwicklungen sind sicherlich als Parallelentwicklungen zu sehen, die wohl aus ähnlichen gesellschaftlichen und philosophischen Quellen gespeist wurden – man erinnere sich an das Zustandekommen absoluter Voraussetzungen aufgrund eines weltanschaulichen Hintergrunds nach Collingwood. Gleichwohl ergaben sich verschiedene Berührungspunkte zwischen diesen beiden grundlegenden Strömungen. Der Philosoph Bertrand Russel, der den positivistischen Philosophien des Wiener Kreises sehr nahe stand, hat beispielsweise explizit auf die Verbindung zwischen Behaviorismus und positivistischer Philosophie hingewiesen. Da der Positivismus des Wiener Kreises sehr nahe an den Entwicklungen der modernen Physik war, von diesen teilweise inspiriert und diese teilweise informiert hatte, wurde aus ihm eine weitverbreitete wissenschaftstheoretische Strömung, die innerhalb der Psychologie durch das Bündnis mit der modernen Haltung des Behaviorismus sehr wirkmächtig wurde. Dadurch konnte sich der Positivismus auch innerhalb der Psychologie verbreiten.

Kritik am Positivismus: Das Induktionsproblem

Es dauerte deswegen auch mindestens eine wenn nicht gar zwei Wissenschaftlergenerationen, bis die positivistische Grundhaltung der akademischen Psychologie einer undogmatisch-pragmatischeren Forschungshaltung gewichen war. Ohne die gesamte Entwicklung im Einzelnen nachzeichnen zu wollen, lassen sich doch verschiedene Marksteine auf dem Weg von einer positivistischen zu einer erweiterten Wissenschaftsauffassung angeben. Mindestens für Deutschland, aber wohl auch für weitere Kreise der Wissenschaftlergemeinde, war der sogenannte Positivismusstreit zwischen Popper und Albrecht von Bedeutung. Obwohl Popper etwa zur gleichen Zeit wie die Philosophen der Wiener Schule in Wien wirkte und ausgebildet wurde, entwickelte sich sein wissenschaftlicher Weg unterschiedlich. Einige der wissenschaftlichen Voraussetzungen des Wiener Kreises, etwa die Bedeutung der Logik und die Ablehnung metaphysischer Philosophie teilte er. Die Erkenntnistheorie jedoch war eine radikal andere. Popper wies zum einen darauf hin, dass die positivistische Erkenntnistheorie, die er einmal verächtlich als „bucket theory of knowldedge" – als „Eimertheorie der Erkenntnis" – klassifizierte, alles andere als der menschlichen Wahrnehmung und Erkenntnis gemäß wäre. Das menschliche Erkenntnisvermögen, so Popper, ist keine leere Wand oder ein Eimer, in den von außen Inhalte hineingeworfen werden. Erkenntnis ist vielmehr immer konstruktiv, aktiv und nicht unbedingt ein Abbild der Wirklichkeit. Viel schwerwiegender jedoch als die Kritik der Erkenntnistheorie war Poppers Hinweis auf das Induktionsproblem, das sich bei jeder positivistischen Wissenschaftstheorie, die auf Induktion allein gründen will, ergibt [19]. Das Induktionsproblem hatten wir bereits im Eingangskapitel und bei der Behandlung Humes angesprochen. Es ergibt sich aus folgender Überlegung: Dass Induktion positivistische Wissenschaft begründen kann, fußt auf der Induktion, also auf dem Schluss vom Einzelnen auf das Besondere. Ohne Induktion funktioniert positivistische Wissenschaftslehre nicht. Nun ist die Induktion als Methode oder als Prinzip selber aber ein allgemeiner theoretischer Satz, formal ein Allsatz („alle Wissenschaft schreitet induktiv voran", oder „jede Wissenschaft geschieht durch einzelne Beobachtung", etc.). Das Induktionsprinzip ist also selber das Begründende, das einzelne Induktionsschritte soll begründen können. Als Allsatz aber kann es gar nicht durch induktive Schlüsse begründbar sein. Es wird vielmehr irgendwann ein pragmatisches Ende der Induktion dekretiert, und man kommt zu der Ansicht: Da Induktion bislang so gut funktioniert hat, muss das Induktionsprinzip richtig sein. Dies aber, so Popper, ist ein nicht zulässiger Schluss. Man hat zwar in der Folge immer wieder versucht, die Spitze des Induktionsproblems zu brechen, indem man eben von Wahrscheinlichkeit oder von vernünftiger Sicherheit, etc., gesprochen hat. All dies kann aber das Grundproblem nicht aus der Welt schaffen, dass eine positivistische Wissenschaftslehre ihr eigenes Prinzip nicht aus sich selbst begründen kann, nämlich aus Induktion, sondern auf eine externe Begründungsinstanz, z. B. den Konsens der Wissenschaftler oder Ähnliches, angewiesen ist. Das Induktionsproblem führt uns also dazu, dass auch der Positivismus, der ja angeblich frei von allen metaphysischen Bedingungen Wissenschaft als reine Beobachtung sehen wollte, nicht umhin kann, mindestens einen metaphysikähnlichen Grundsatz zu postulieren, nämlich das Induktionsprinzip. Damit, so Popper, taugt die positivistische Wissenschaftslehre nicht zur Begründung von Wissenschaft an sich, sondern allenfalls für einen Teilausschnitt von Wissenschaft. Sein eigener Ausweg wird später als kritischer Rationalismus vorgestellt werden.

Die „Theoriebeladenheit" von Beobachtungen

Etwa zeitgleich zu Poppers Kritik wies Hanson darauf hin, dass es so etwas wie unmittelbare, zweifelsfreie, objektive Wahrnehmung von Protokollsätzen nicht geben kann [21]. Anhand vieler historischer und faktischer Beispiele lässt sich zeigen, dass jede Wahrnehmung theoriebeladen ist (*theory ladenness*). Wir nehmen das wahr, was uns unsere Sicht der Welt wahrzunehmen vorgibt und erwarten lässt.

Ein sehr gutes klassisches historisches Beispiel ist die *Entdeckung des Herzschlags* durch William Harvey um 1620. Harvey hatte bekanntlich den Herzschlag und den Blutkreislauf entdeckt. Wir gehen in aller Regel davon aus, dass die Medizin vor Harvey den Herzschlag schlicht und ergreifend anders interpretiert hätte. Dies ist aber nicht der Fall. Offensichtlich hatten Mediziner früherer Zeit so etwas wie einen Herzschlag gar nicht wahrgenommen. Als Harvey nämlich seine Ergebnisse 1628 publizierte und behauptete, das Herz sei eine Pumpe, die das Blut durch den Körper pumpe, wodurch ein hör- und fühlbarer Herzschlag entstünde, ging ein Aufschrei durch die Gelehrtenschaft Europas. Namhafte Ärzte, darunter Parisano, ein Arzt und Philosoph in Venedig, behaupteten, keiner in Venedig könne das Herz schlagen hören, und keiner hätte jemals so etwas wie einen Herzschlag vernommen. Es ist wichtig darauf hinzuweisen, dass es hier nicht einfach um eine andere Interpretation des gleichen Phänomens geht, sondern, wenn man den Dokumenten Glauben schenken will, geht es darum, dass der Herzschlag als solcher nicht wahrgenommen wurde. Die entsprechende Stelle stammt aus einem Sammelwerk, das Harveys Theorien zusammen mit den entsprechenden Lehrmeinungen und Kontroversen abdruckt (Parisano, E: Recentiorum disceptationes de motu cordis, sanguinis et chyli, Leiden: Ioannis Maire, 1647, p. 107). Ein Originalexzerpt aus der entsprechenden Seite ist in Abb. 10.4 wiedergegeben; die Übersetzung der unterstrichenen Textstellen lautet:

„*... Dass ein Schlag in der Brust entsteht, den man hören kann, das nehmen wir freilich nicht wahr, noch können wir uns vorstellen, dass dies je geschehen wird ... außer Harvey leiht uns sein Hörrohr. ... Wie soll denn in der Brust ein Schlag geschehen, wie ein Ton? ... Harvey sagt, der Puls entstehe, wenn das Blut aus dem Herzen in die Aorta strömt, vom Ventrikel oder aus dem Vorhof, sodass aus dieser Bewegung des Blutes ein Schlag folge – ja, darüber hinaus, ein Ton: den können wir Tauben nicht hören, und keiner ist in Venedig, der dies hört. Wenn sie es in London hören können, dann sollen sie sich überglücklich preisen. Wir schreiben in Venedig.*"

In aquæ ab equō deglutitione, & motum percipi, & aquæ ſonitum exaudiri, facile admittimus: at in ſanguinis è venis in arterias traductione pulſum fieri in pectore, & exaudiri, nec nos quidem percipimus, nec imaginatione aſſequi poſſumus, nec etiam aſſequi nos unquam poſſe credimus, niſi ab Harveio ſuum aurium inſtrumentum acuſticum mutuemur. Inprimis iam talem ſanguinis traductionem non admittimus. Sed eſto, in eius gratiam; Ex corde in arteriam magnam, ſeu in ſaccum, (ut exiſtimat & tradit,) transmittatur; ſic non eſt ex venis, ſed ex corde in arterias traductio. Quodſi in pulmonibus, ex eorumdem venis, ſeu ex venæ arterialis ramis & ramulis, in arteriæ venalis ramulos, peragitur; quomodo perſentitur in pectore pulſus? quomodo ſonitus? Innocens ego ſum ab huius ſpeculationis ſubtilitate. Adde præterea, quòd Harveio pulſus fit ex immiſſo à corde ſanguine in aortam, ſeu in ſaccum & utrem; ut ita ex ſanguine ſequatur pulſus & (quod ulteriùs addit) ſonitus: quem nos ſurdaſtri audire non poſſumus, nec Venetiis ſunt qui audiant. ſi tantummodo Londini exauditur, fauſtum, felix, fortunatum eſto. nos Venetiis ſcribimus.

Contactus 80.

Abb. 10.4: Originaltext der Zurückweisung von Harveys Entdeckung des Herzschlags durch Parisano.

Die aristotelische Wissenschaftsauffassung lehrte, das Herz sei so etwas wie eine Konvektionserwärmungsmaschine, die das Blut erwärme, welches dann im Gehirn wieder abgekühlt werde und durch den Körper hinabsteige. Dieses Konvektionsphänomen erklärte laut Aristoteles den Kreislauf des Blutes, und in einem solchen Modell hat ein pumpendes Herz natürlich keinen Platz und damit ist der Herzschlag als Phänomen bedeutungslos. Dass man vielleicht punktuell Töne gehört haben mag, ist durchaus zu erwarten. Aber das Phänomen des Herzschlags als solches wurde erst möglich festzustellen, als eine andere Theorie eine solche Wahrnehmung zuallererst vorhersagte und möglich machte. Dies ist sicherlich ein drastisches, kollektives Beispiel dafür, dass so etwas wie eine unkomplizierte theoriefreie Wahrnehmung eine ideale Abstraktion darstellt. Weil aber Wahrnehmung in den seltensten Fällen frei von Theorie, unvoreingenommen und unstrittig ist, deswegen taugt sie auch nicht zur Begründung einer Wissenschaftslehre ohne theoretische Vorkonzepte, so wie der Wiener Kreis sich das vorgestellt hatte.

Verschiedene Kritikansätze am Positivismus des Wiener Kreises haben dazu geführt, dass der Positivismus als Wissenschaftstheorie in Kreisen wissenschaftstheoretischer Experten als überholt gilt. Es dürfte kaum mehr einen namhaften Wissenschaftstheoretiker oder Philosophen geben, der unkritisch den Positivismus vertritt. Dies ändert aber nichts an der Tatsache, dass positivistische Grundhaltungen und Grundeinstellungen innerhalb der praktisch tätigen Wissenschaft noch weithin verbreitet sind. Dies hängt damit zusammen, dass die theoretische Diskussion der Fachkreise oft erst einige Generationen später in die Kreise der anwendenden Wissenschaftler hindurchsickert. So ist beispielsweise das Metaphysikverbot des Positivismus immer noch so etwas wie ein posthypnotischer Befehl, der sich in vielen Sozialwissenschaften und auch der Medizin munter hält. Obwohl philosophisch mittlerweile klar ist, dass selbst ein Positivismus nicht ohne Grundprinzipien auskommt, die in seiner eigenen Sprache als metaphysisch zu bezeichnen wären, scheint das Verbot, solche Sätze überhaupt ernst zu nehmen, immer noch nachzuwirken. Und obwohl der reine Abbildcharakter der Wahrnehmung heute an vielen Stellen vollkommen unrealistisch und naiv erscheint, huldigen doch viele Wissenschaftler noch immer einem solchen naiven Abbildmodell wissenschaftlicher Erkenntnisse. Die schärfste und vielleicht einflussreichste Kritik am Positivismus des Wiener Kreises hat Karl Raimund Popper in seiner Theorie des kritischen Rationalismus ausgeübt. Ihm wenden wir uns nun zu.

10.6 Kritischer Rationalismus – Popper

Kritik am Positivismus

Obwohl Popper wie gesagt die Wurzeln seines Philosophierens mit vielen Autoren des Wiener Kreises teilt, so ist er doch zu einer durchaus anderen Wissenschaftsauffassung gelangt. In den 1950er- bis 1970er-Jahren legte er diese Auffassung in seinen Büchern, vor allem in seinem Werk *Logik der Forschung* und in seinem Buch *Objektive Erkenntnis*, dar, denen er bis zu seinem Tod 1994 treu geblieben ist [12–14]. Auf seine Kritik positivistischer Forschung, die ein Induktionsproblem erzeugt, haben wir schon hingewiesen. Poppers Ausgangspunkt der Kritik ist der Aufweis, dass es so etwas wie endgültige Sicherheit über allgemeine Sätze oder Allsätze aus der Erfahrung nicht geben kann. Prinzipiell ist die Erfahrung ein unabgeschlossener und unabschließbarer Prozess, da die Zukunft komplett offen und die Vergangenheit nicht in ihrer Gänze auslotbar ist. Eine Aussage wie „alle Schwäne sind weiß" oder „alle Raben sind schwarz" erscheint uns zwar auf den ersten Blick vernünftig, wäre aber laut Popper keine wissenschaftliche Aussage, da sie nicht komplett verifizierbar wäre. Denn wir können nie so lange warten, bis wir wirklich alle Raben untersucht haben. Außerdem kann es z. B. sein, dass vor 200.000 Jahren eine Spezies roter oder weißer Raben gelebt hat, die mittlerweile ausgestorben ist. Es könnte auch sein, dass durch Mutation in 50 Jahren weißgraue Raben entstehen, die dennoch aufgrund ihrer Genetik und Artzugehörigkeit als Raben angesprochen werden müssen. Deshalb kann es Verifikation als Bestätigung empirischer Aussagen in letzter Konsequenz nicht geben. Weil sich die Induktion, die selbst ein Allsatz und ein nicht-empirisches Prinzip ist, nicht durch ihre Anwendung begründen lässt, sondern in einen unendlichen Regress führt, deswegen eignet sich auch dieses Prinzip nicht zur Definition von Wissenschaftlichkeit. Popper weist also nach, dass sowohl das Induktionsprinzip als auch die Methode der Verifikation völlig untauglich als Kriterien der Wissenschaftlichkeit sind. Auch wenn andere am Positivismus orientierte Wissenschaftsphilosophen versucht haben, die ursprüngliche Position des Wiener Kreises modifizierend akzeptabel zu machen, erscheint die grundlegende Kritik Poppers doch bislang unhintergehbar und unwidersprochen. So hat man beispielsweise versucht, den Anspruch der Verifikation, sie könne absolute Sicherheit garantieren, dahingehend zu modifizieren, dass sie hinlänglich sichere Wahrscheinlichkeit erbringt. Man hat versucht, den Geltungsbereich von Allsätzen zu reduzieren und zu sagen, es wäre ausreichend, wenn eine vernünftig große Zahl von Beobachtungen angestellt würde. Man hat versucht, das Sicherheitskalkül in ein Wahrscheinlichkeitskalkül umzuwandeln und andere Schritte mehr. All diese Modifikationen haben aber nicht dazu geführt, dass Poppers durchschlagende Kritik jemals formell durch Verteidiger des Positivismus widerlegt worden wäre. Poppers Argument wurde zwar von anderer Seite überwunden, seine Kritik am Neopositivismus hingegen bleibt soweit wir sehen ohne ernstzunehmende Widersprüche.

Falsifikation als Methode

Weil also das induktive Vorgehen des Positivismus untauglich wäre zur Begründung von Wissenschaftlichkeit, schlägt Popper einen komplett anderen Weg vor. Der Kern der wissenschaftlichen Aktivität ist nach Popper das Aufstellen einer Theorie, die er als „kühne Vermutung" bezeichnet. Je kühner und je spekulativer das Modell, umso besser. Denn nur wenn eine Theorie neuartig ist und zu noch unverstandenen Folgerungen Anlass gibt, dann können auch aus dieser Theorie durch logische Ableitung nicht trivialer Hypothesen Voraussagen gemacht werden, die empirisch testbar sind. Das Grundmodell der popperschen Wissenschaftstheorie ist also eine Deduktion und eine Ableitung von einzelnen Sätzen aus einem theoretischen Modell. Der Kern des Vorgehens ist die Reduktion auf empirisch prüfbare singuläre Sätze. Diese singulären Sätze sollen so klar und zweifelsfrei formuliert sein, dass ein einfacher empirischer Test möglich ist, der eine Falsifikation einer falschen Theorie ermöglicht und Irrtum ausschaltet. Das Ziel wäre also die Ableitung von präzisen Einzelaussagen, die in einem entscheidenden Experiment widerlegt werden können. Dadurch wird nicht die Wahrheit der Theorie, sondern der Falschheitsgrad der Theorie erkannt. Denn Wahrheit ist nicht positiv feststellbar, sondern sozusagen nur als Annäherung an die Wahrheit approximativ erreichbar. Ziel ist also nicht Wahrheit, sondern Wahrheitsähnlichkeit oder Annäherung an die Wahrheit. Was hingegen feststellbar ist, ist die Falsifikation einer Vorhersage. Wenn ich beispielsweise eine Theorie des Wetters entwickelt habe, der zufolge es am nächsten Dienstag um 10:30 Uhr an einem bestimmten Ort regnen muss, dann lässt sich die Aussage „am Dienstag um 10:30 Uhr wird es regnen" sehr leicht empirisch widerlegen. Theoretische Modelle müssen also so formuliert werden, dass sich aus ihnen klare Ableitungen treffen lassen, die an der Erfahrung scheitern können müssen. Damit wird nicht die Verifizierbarkeit wie im Positivismus, sondern die *Falsifizierbarkeit zum wissenschaftlichen Schlüsselschritt.* Popper war der Meinung, dass gute Theorien so aufgestellt werden müssen, dass eindeutige Vorhersagen ableitbar wären, deren empirische Testung nicht nur eindeutige Aussagen über die empirischen Sätze machen, sondern die damit aufgrund der logischen Verquickung der Sätze mit der Theorie auch die Theorie widerlegen sollten. Wenn beispielsweise meine astronomische Theorie für

Mittwochmorgen um 10 Uhr eine Sonnenfinsternis vorhersagt, weil sie eben aus dem theoretischen Gefüge genau für diesen Tag errechnet wird, so wäre die Falsifikation dieser Vorhersage *a forteriori* auch eine Widerlegung der Theorie, meint Popper.

Dieses Modell klingt auf den ersten Blick sehr plausibel und scheint das Induktionsproblem wie einen gordischen Knoten mit einem Hieb durchtrennt zu haben. Denn dass über empirische Sätze eindeutige Entscheidungen per Experiment möglich sein müssen, dies scheint vernünftig. Wenn diese eindeutigen Sätze aus Theorien durch logische Ableitungen erfolgt sind, so müsste der Rückschritt vom Satz zur Widerlegung der Theorie ebenso eindeutig sein, sollte man meinen. Nun zeigt sich aber in der Praxis der Wissenschaft, dass dieses Programm so nicht funktioniert. Es gibt eine Fülle von Beispielen, an denen man zeigen kann, dass Widerlegungen, Falsifikationen einzelner Vorhersagen mitnichten zur Aufgabe der Theorie führen. Vielmehr wird in der Praxis dann meistens die Theorie erweitert, es werden Sonderfälle und Extrabedingungen eingeführt, unter denen das beobachtete Ergebnis eben doch innerhalb der Theorie verstehbar ist und theoretische Gefüge werden eher verändert als aufgrund einzelner empirischer Ergebnisse komplett verworfen.

Historisches Gegenbeispiel: Eddington testet Einsteins Vorhersage

Ein klassisches Beispiel dafür, dass Wissenschaft eben nicht nach dem Modell des kritischen Rationalismus funktioniert, ist die historische Entscheidung zwischen der Relativitätstheorie und Newtons Theorie aufgrund einer empirischen Testung der Voraussagen beider Theorien bei Eddingtons Expedition zur Beobachtung der Sonnenfinsternis [2]. Im Jahre 1918 war für den südatlantischen Raum eine Sonnenfinsternis zu erwarten. Eine Sonnenfinsternis kann als empirischer Testfall für Gravitationstheorien dienen. Denn die Sonnenfinsternis führt dazu, dass das Licht der Sonne am Tag komplett verdunkelt wird und dass plötzlich Sterne sichtbar werden, deren Licht die Sonne nahe passiert, die also optisch nahe an der Sonne stehen. Gravitationstheorien sagen nun voraus, dass das Licht dieser Sterne, das am massiven Massekörper der Sonne vorbei muss, mehr oder weniger stark gebeugt wird. Dadurch erscheinen uns diese Sterne am Tag der Sonnenfinsternis im Vergleich zu ihrer Nachtposition leicht verschoben. Die Einsteinsche Relativitätstheorie, die damals neu und noch heiß umstritten war, macht bezüglich dieser Ablenkung des Lichtes eine andere Vorhersage als die newtonsche Himmelsmechanik. Nach Einstein wird das Licht nämlich von der Sonne stärker abgelenkt als nach Newton, und zwar um ziemlich genau das Doppelte. Die Ablenkung des Lichtes sollte von der Erde aus als eine Veränderung des astronomischen Beobachtungsortes sichtbar werden, an dem jene sonnennahe Sterne von der Erde aus zu beobachten wären. Zwar ist der Unterschied nur klein, nämlich 1,7 Bogensekunden Abweichung (1 Sekunde = 1/3600 Grad) für die einsteinsche Theorie, und 0.8 Bogensekunden Abweichung für die newtonsche Theorie. Jedoch sollte durch präzise Beobachtung dieser Unterschied feststellbar sein. Wir haben hier also genau die Formalstruktur vor uns, die Popper postuliert: Wir haben zwei kühne, rivalisierende Theorien (Newton vs. Einstein). Beide Theorien machen präzise Vorhersagen bzgl. eines einzelnen zu beobachtenden Ereignisses (unterschiedlich starke Ortsveränderung bei der Wahrnehmung eines sonnennahen Sternes), und die beiden unterschiedlichen Theorien lassen sich auf zu erwartende quantitative Phänomene durch Berechnung festlegen. Es müsste also praktisch möglich sein, durch eine präzise Beobachtung zu entscheiden, ob die einsteinsche oder die newtonsche Theorie die richtige ist. Und Popper hätte seine Freude daran, dass wirkliche Wissenschaft in einem historisch wichtigen Beispiel genau so voranschritt, als er dies als methodisches Desiderat postulierte.

Wie nun verlief die aktuelle historische Testung der beiden rivalisierenden Theorien? Der bedeutende englische Physiker Arthur Eddington, der damals auch den Vorsitz der Royal Astronomical Society führte, veranlasste zwei große Expeditionen, die mit den damals möglichen fotografischen Mitteln die Sonnenfinsternis fotografieren sollten, sodass die entsprechenden Winkelmessungen vornehmbar wurden. Eine Expedition fuhr nach Sobral in Brasilien, Eddington mit der anderen auf die Inselgruppe Principe in der Nähe von West-Afrika. Von zwei verschiedenen Standpunkten aus also sollte das gleiche Phänomen beobachtet und fotografiert werden. Das Missgeschick wollte es, dass diejenige Gruppe von Wissenschaftlern, die die präziseren Instrumente dabei hatten, Eddington auf Principe, das schlechtere Wetter zur Beobachtung vorfanden, und dass diejenigen, die das bessere Wetter hatten, die schlechteren fotografischen Instrumente mit sich führten, aber mehr Daten beisteuern konnten. So waren also am Ende die Beobachtungen weniger eindeutig als man sich das hätte wünschen wollen. Die Details dieser spannenden wissenschaftsgeschichtlichen Episode sind in dem Buch von Colin und Pinch *The Golem* dargestellt [2, S. 43]. Aus diesem Buch entnehmen wir die folgende Tabelle 10.1, die die Messergebnisse dieser Expeditionen wiedergibt.

Tab. 10.1: Messergebnisse der beiden Sonnenfinsternisexpeditionen von 1918 zur Entscheidung über die Einsteinsche Relativitätstheorie: Angaben der Werte in Bogensekunden, um den sonnennahe Sterne im Vergleich zum Nachthimmel verschoben erscheinen; Mittelwerte und obere bzw. untere 10% Vertrauensgrenze (nach heutigen Standards rekonstruiert).

	Unterer Wert	Mittelwert	Oberer Wert
Sobral			
8 gute Platten	1,71	1,98	2,25
18 schlechte Platten	0,14	0,86	1,58
Principe (Eddington)			
2 schlechte Platten	0,94	1,62	2,28

Erinnern wir uns: Die Vorhersage aufgrund der newtonschen Theorie war eine Abweichung von 0,8 Bogensekunden, während die Vorhersage aufgrund der einsteinschen Theorie eine Abweichung von 1,7 Bogensekunden war. In der Tabelle sieht man nun sehr genau, dass die empirisch gefundenen Abweichungen widersprüchlich sind:

Die besten Daten (Sobral, 8 gute Platten) schlossen Einsteins und Newtons Theorie aus; sie lagen über den vorhergesagten Werten. Die meisten Daten (Sobral, 18 schlechte Platten) stützten Newtons Theorie ziemlich exakt. Und nur Eddingtons eigene, aber schlechte Daten, lagen nahe bei Einsteins Voraussagen.

Wir haben heute ähnliche, wesentlich präzisere Messungen zu späteren Zeitpunkten vorliegen und wissen, dass die einsteinschen Vorhersagen richtig und die newtonschen falsch sind. Damals aber war dies alles andere als klar. Aus heutiger Sicht dürfen wir vermuten, dass die Ungenauigkeiten der optischen und fotografischen Instrumente und die schlechten meteorologischen Voraussetzungen die Begründung für die unklaren Ergebnisse liefern. Aber aus Eddingtons Sicht und der seiner Zeitgenossen waren die Ergebnisse, wenn schon nicht ideal, so doch mindestens einigermaßen im Rahmen des zu Erwartenden und unterstützten eigentlich eher die newtonsche Vorhersage als die einsteinsche. Dennoch hat Eddington in der Folge dieser Expedition sich dazu entschlossen, die Daten der besseren Beobachtungsbedingung, die mit den schlechteren Instrumenten vorlieb hatte nehmen müssen, zu ignorieren und sich auf die wenigen Daten der schlechteren Beobachtungsbedingungen mit den besseren Instrumenten zu stützen, die näher an der einsteinschen Vorhersage lag. Eddington *wählte also aus seinen Daten das aus, was er für richtig hielt* und proklamierte Einstein zum eindeutigen Gewinner des wissenschaftlichen Wettbewerbs. Aus heutiger Sicht wissen wir zwar, dass Eddington Recht hatte. Die Datenbasis für sein Urteil war aber zum einen extrem schmal, zum anderen alles andere als eindeutig, und zum Dritten von Eddington in der ihm lieben Art und Weise beeinflusst. Es scheint also nicht so zu sein, als wären klare und präzise Vorhersagen und eindeutige Messungen das einzig Notwendige, um eine wissenschaftliche Theorie als haltbar oder haltlos zu erklären.

Colin und Pinch analysieren die soziale Interessenlage der damaligen Protagonisten sehr genau. Einstein war en vogue und modern zur damaligen Zeit. Eddington war der mächtigste Mann in der englischen Astronomie. Er war ein Enthusiast der Relativitätstheorie und davon überzeugt, dass die Ergebnisse der Expedition nur zur Bestätigung für diese Theorie gereichen konnten. Die Frage, die allerdings rein hypothetisch ist, wäre, was passiert wäre, wenn die Messungen so weit von Einsteins Vorhersagen weg gewesen wären, dass Eddington nicht einmal eine Chance gehabt hätte, Einstein als Gewinner des wissenschaftlichen Wettbewerbs auszurufen. Es liegt nahe anzunehmen, dass Eddington dann nicht gesagt hätte, Einstein sei widerlegt. Viel wahrscheinlicher hätte sich die Situation wohl so entwickelt, dass Eddington irgendwelche Rahmenbedingungen (schlechte Mess- oder Wetterverhältnisse) für ein komplettes Scheitern des Versuches verantwortlich gemacht und auf eine neue Chance gewartet hätte, was bei anderer Gelegenheit historisch auch immer wieder passiert ist. Dies ist vielleicht ein sehr drastisches Beispiel dafür, dass die präzise Ableitung aus einer Theorie alles andere als ausreichend ist, um den Wahrheitsgehalt bzw. die Falschheit einer Theorie feststellen zu können.

Die Erweiterungen des kritisch-rationalistischen Programms durch Lakatos

Die historische Wirklichkeit sieht also anders aus als Popper dies mit seinem Modell hätte haben wollen. Dies war mit ein Grund, warum das kritisch-rationalistische Programm als Vorschlag, wie Wissenschaft insgesamt funktionieren soll, nicht allgemein akzeptiert wurde. Weil klar war, dass historisch gesehen Wissenschaft selten in so eindeutigen Schritten vor sich geht wie Popper dies wünscht, hat Imre Lakatos versucht, das poppersche Programm durch einige Modifikationen zu retten [6–8]. Ob ihm dies gelungen ist, sei im Moment dahingestellt. Lakatos hat einige Schwächen des popperschen Modells eindeutig erkannt und entscheidende Verbesserungsvorschläge gemacht. Er hat nämlich gesehen, dass einzelne empirische Tests in den seltensten Fällen dazu führen, dass Theorien verworfen werden. Das sog. „Experimentum crucis", das Entscheidungsexperiment, das über Gedeih und Verderb einer Theorie entscheidet, ist eine Fiktion. Deswegen sieht Lakatos das theoretische Gefüge, aus dem Ableitungen getroffen und für das empirische Testungen vorgenommen werden, komplexer als Popper dies getan hatte. Er unterscheidet zwischen Forschungsprogramm und Theorien. „Forschungsprogramm" könnte man ein komplexes theoretisches Modell nennen, welches oftmals auch noch nicht ganz präzise ausformuliert ist, und das viele Teiltheorien enthält. So wäre z. B. der Behaviorismus ein Forschungsprogramm und die Theorie der systematischen Desensibilisierung eine Teilkomponente davon. Diese wiederum hätte einzelne Theorieelemente, wie etwa die Inkompatibilität von Entspannung und Angst. So ähnlich stellte sich Lakatos ein Forschungsprogramm als eine komplexe, in sich ruhende und zum Teil sehr veränderungsresistente Einheit vor, die sich durch einen Gürtel von Hilfstheorien und Hilfskonstruktionen einigermaßen immun gegenüber raschen Veränderungen macht. Empirische Testungen nun betreffen nie das Forschungsprogramm als solches, sondern nur bestimmte Teiltheorien oder Einzelhypothesen innerhalb dieses Programms. Ein einzelner empirischer Falsifikationsschritt führt nicht dazu, dass das Forschungsprogramm aufgegeben wird, sondern dass die Hilfstheorie hinterfragt wird. Ein einzelnes empirisches Negativergebnis oder Falsifikation führt in aller Regel auch nicht dazu, dass die Hilfstheorie aufgegeben wird, sondern höchstens dazu, dass sie mit größerer Sorgsamkeit betrachtet wird. Wenn beispielsweise ein einzelnes Desensibilisierungsexperiment fehlschlägt, so würde kein Wissenschaftler auf der Welt aufgrund dieses Befundes die systematische Desensibilisierung als empirisch widerlegt angesehen, geschweige denn den gesamten Behaviorismus über Bord geworfen haben. Wenn nun also die empirische Testung einer Vorhersage aus einer Theorie negativ verläuft und damit die Vorhersage falsifiziert ist, dann wird zunächst einmal nach Lakatos das Experiment in Augenschein genommen und evtl. wiederholt. Sollte sich das negative Ergebnis bestätigen, wird die Hilfstheorie, aus der die Vorhersage abgeleitet war, modifiziert. Dazu werden zunächst einmal Ad-hoc-Modifikationen an der Theorie vorgenommen. Sie heißen „ad hoc", weil sie nicht von Anfang an in der Theorie enthalten waren, sondern anlässlich der empirischen Falsifikation erst eingeführt worden sind. Negative Ergebnisse bei der Testung von Theorien führen so lange zur Hinzufügung von Ad-hoc-Modifikationen zur Theorie, solange der Kern des theoretischen Systems dies ermöglicht. Erst wenn das theoretische Modell durch diese Modifikationen so kompliziert und unübersichtlich wird, dass es nicht mehr praktisch erscheint, beginnen Wissenschaftler aufgrund von empirischen Ergebnissen neue Modelle zu entwickeln.

Dadurch, dass Lakatos das Forschungsprogramm zur theoretischen Einheit macht, also eine wesentlich abstraktere Komponente des Wissenschaftsprozesses als die wissenschaftliche Theorie dies darstellt, kann er historisch wesentlich besser den Gang des Wissenschaftsprozesses abbilden, als dies die poppersche Theorie tat. Was dennoch fraglich bleibt, ist, ob Wissenschaft nun tatsächlich so funktioniert wie Popper und Lakatos dies gerne hätten. Ein entscheidender und aus unserer Sicht bedeutender Schlag gegen kritisch-rationalistische und falsifikationistische Theoriekonstruktionen wurde von Hilary Putnam geführt.

Putnams Kritik am Falsifikationismus

Hilary Putnam hat in seiner Analyse des falsifikationistischen Wissenschaftsmodells versucht, historisch zu untersuchen, ob wissenschaftliche Veränderungen so passiert sind, wie Popper und Lakatos dies beschreiben oder zur Vorschrift machen wollen [14]. Sein Ergebnis kann kurz zusammengefasst werden: Nein, Wissenschaftsgeschichte funktioniert nicht im Sinne von Popper und Lakatos. Alle wissenschaftlichen Neuerungen wichtiger Art sind nicht über die sogenannten entscheidenden Experimente in Gang gekommen. Das Entscheidungsexperiment im Sinne von Popper-Lakatos, das durch Falsifikation eine Entscheidung über die Theorie möglich macht, existiert in diesem Sinne gar nicht. Zwar gibt es immer wieder entscheidende Experimente in der Geschichte der Wissenschaft, die eindeutige Klärungen mindestens einleiten, jedoch sind dies selten Falsifikationen von präzisen Ableitungen aus Theorien. Zwar ist es richtig, dass aus Theorien empirische Ableitungen getätigt werden. Dies würde auch Putnam zugeben. Jedoch sind diese Ableitungen öfter viel komplexer als Popper dies haben wollte und zum anderen sind die Entscheidungen genauso häufig Bestätigungen wie Widerlegungen von Theorien. Der Titel seines Aufsatzes „Die Bestätigung von Theorien“ legt denn nun auch nahe, dass historisch gesehen innerhalb der Wissenschaft sehr viel häufiger die kumulative Bestätigung von Theorien zu ihrer Annahme führt als die Widerlegung einzelner Vorhersagen aus Theorien zu deren Widerlegung. Dies mag damit zusammenhängen, dass auch Wissenschaftler Menschen sind und kaum irgendjemand sich negativ motivieren lässt. Wissenschaftler wollen positive Befunde und Bestätigungen für ihre Ansichten finden und nicht in quasi-masochistischer Manier Theorien aufstellen, die sie sich dann selber durch ihre empirische Arbeit demolieren. Eine solche gleichsam selbstzerstörerische Konzeption von Wissenschaft kann schon aus rein psychologischen Gründen nicht funktionieren. Nobelpreise werden bekanntlich nicht für die Zerstörung kühner Wissenschaftskonstruktionen vergeben, sondern für wichtige Entdeckungen, Befunde und Bestätigungen von Theorien. Der entscheidende Schritt, so Putnam, ist also nicht die Widerlegung von Theorien, sondern die kumulative Bestätigung von theoretischen Modellen, die manchmal auch über die Modifikation von Theorien hin zu einer angereicherten modifizierten Theorie erfolgt, die durch die Modifikationen auch das Ausbleiben erwarteter Forschungsergebnisse beschreiben und begründen kann.

Ein gutes Beispiel für dieses Vorgehen ist etwa die *Entdeckung des Planeten Pluto*. Lange Zeit war man ja davon ausgegangen, dass Neptun der entfernteste Planet im Sonnensystem wäre. Nun macht die newtonsche Theorie präzise Vorhersagen über die Bahn, die der äußerste Planet aufgrund der Schwerkraftverhältnisse ziehen müsste. Mit größerer Präzision der optischen Instrumente war jedoch allmählich klar geworden, dass die empirische Bahn von Neptun der theoretisch vorhergesagten nicht in allen Punkten entspricht. Es gab sogenannte Anomalien in diesen Beobachtungen. Ein naiv falsifikationistischer Ansatz würde nun behaupten, dies wären Falsifikationen der newtonschen Theorie gewesen, und deshalb müsste man diese über Bord werfen. Dies ist jedoch selbstverständlich nicht geschehen; vielmehr suchte man Erklärungen für diese Abweichungen und Anomalien. Eine ebenso einfache wie geniale Erklärung wurde schließlich von einem französischen Laienastronomen getätigt: Die Unregelmäßigkeiten aus der Neptunbahn müssten durch einen weiteren Planeten, der außerhalb der Neptunbahn kreist, erklärbar sein. Dieser neue Planet hatte also theoretisch gesprochen den Status einer modifizierenden Ad-hoc-Hypothese, die nun zur empirischen Beobachtung von Pluto führte. Man konnte Pluto deswegen beobachten, weil durch das theoretische Modell im Verein mit den empirisch beobachteten Anomalien eine ungefähre Bahn des hypothetischen Planeten berechnet werden konnte, sodass man ihn leichter sehen konnte. Da Pluto ein sehr kleiner Planet ist, der nur mit besonders guter Optik empirisch wahrnehmbar ist, war es auch nicht verwunderlich, dass den Beobachtern im 19. Jahrhundert dieser Planet entgangen ist. Als aber die Hypothese eines weiteren Planeten zusammen mit einer hypothetischen Planetenbahn allmählich in den Gemütern der Astronomen Platz fand, wurde dieser Planet auch tatsächlich entdeckt und die neue Hypothese wurde bestätigt. Das entscheidende Element an den nicht übereinstimmenden Daten hier ist also nicht die Falsifikation eines theoretischen Modells, obwohl man die anomalistischen Daten als solche Falsifikationen hätten interpretieren können, sondern die *Bestätigung* einer aus diesen anomalistischen Daten abgeleiteten *neuen Hypothese*. Sowie die neue Hypothese empirisch bestätigt wurde, kann sie auch schon als wissenschaftliche Wahrheit verkündet werden. Denn das visuelle Entdecken eines neuen Planeten kann nicht mehr durch das Nichtentdecken falsifiziert werden.

In diesem Sinne – und darauf hat Putnam zu Recht hingewiesen – spielt im historischen Prozess sehr viel häufiger das positive Bestätigen, das Auffinden und Entdecken eine Rolle als das negative Falsifizieren. Man könnte hier im Übrigen neuere historische Beispiele anfügen. So war es z. B. lange Zeit eine Doktrin, dass es vermutlich kaum andere Planetensysteme als das der Sonne gäbe. Erst als sich gegen Ende der 1980er-Jahre die Meinung durchsetzte, dies müsse nicht notwendigerweise der Fall sein, war auch die Suche nach anderen Planetensystemen wissenschaftlich akzeptabel, und in der Tat wurden solche dann auch gefunden. Immer wieder kann man sehen, wie komplex das Zusammenspiel zwischen Theorie und empirischem Befund im Wissenschaftsprozess historisch und faktisch ist. Was aber praktisch nie vorkommt, ist die Falsifikationsfigur wie Popper sie eingeführt hat. Darauf weist Putnam hin, und wir sehen nicht, dass dieser Hinweis seither von Vertretern des Falsifikationismus in irgendeiner plausiblen und historisch richtigen Art und Weise widerlegt worden wäre. Insofern muss das falsifikationistische Wissenschaftsmodell im Sinne von Lakatos und Popper als ein Vorschlag gesehen werden, wie Wissenschaft betrieben werden sollte. Aktuelle Wissenschaft, so wie sie funktioniert und historisch funktioniert hat, ist allerdings in den seltensten Fällen so vorgegangen, wie Popper das vorgeschlagen hat.

Falsifikationismus und statistische Hypothesentestung

Für die Psychologie ist möglicherweise noch Folgendes von Bedeutung: Da die Psychologie im experimentellen Teil ihres Selbstverständnisses meistens auf statistische

Verfahren zurückgreift und dies im Verein mit der fisherschen Logik des Hypothesentestens tut, kommt der Psychologie natürlich ein popperscher Wissenschaftsgedanke gerade recht. Denn die fishersche Logik des statistischen Hypothesentestens geht davon aus, dass Hypothesen verworfen werden. Denn man kann nur eine *Irrtumswahrscheinlichkeit* dafür angeben, was geschieht, wenn die Nullhypothese verworfen wird, aber keine Trefferwahrscheinlichkeit dafür, mit welcher Wahrscheinlichkeit eine Alternative richtig ist. Denn epistemologisch lassen sich unendlich viele Alternativen formulieren, aber nur *eine* dieser Alternativen wird gegenüber einer Nullhypothese eines *fehlenden* Unterschiedes getestet. Verantwortlich für diese Situation ist aber die *statistische* Theorie des Schließens, und nicht die Wissenschaftstheorie, wie man forschen müsse. Wissenschaftshistorisch gesehen ist das poppersche Wissenschaftsbild nicht haltbar. Dennoch hat es im Verein mit der Theorie des statistischen Schließens eine Art Eigenleben innerhalb der Psychologie und der medizinischen Statistik zu führen begonnen, das höchst merkwürdig ist, da es sich nicht auf historische oder sachliche Gründe berufen kann. Und wenn wir recht sehen, gibt es auch innerhalb der statistischen Theorie in der Psychologie immer mehr Autoren, die die Begrenzung dieses Ansatzes sehen. Deswegen werden innerhalb der quantitativen Vorgehensweise neuerdings viel stärker Verfahren in den Mittelpunkt gerückt, die die positive Beschreibung, z. B. in Form von Effektstärkenberechnung, anstelle der negativen (Verwerfen von Hypothesen durch Signifikanztestung) ins Zentrum stellen oder eine Kombination vorschlagen. Es bleibt zu hoffen, dass auch diese Entwicklung des wissenschaftstheoretischen Diskussionsstandes allmählich innerhalb der Psychologie Platz greift und die unreflektierte und unhinterfragte Übernahme der popperschen Wissenschaftstheorie durch eine erweiterte und pragmatischere Sicht der Dinge abgelöst werden wird.

Kritik am kritischen Rationalismus und am lakatosschen Programm: Feyerabends Anarchismus

Neben der wichtigen und historisch einflussreichen Kritik, die Putnam am kritischen Rationalismus geübt hat, ist vor allem Paul Feyerabend als Kritiker des kritischen Rationalismus bedeutsam geworden [35]. Feyerabends Grundthese ist es, dass es zur erfolgreichen Durchführung von Wissenschaft gar keiner methodischen, theoretischen oder sonst irgendwelcher normativer Vorgaben bedarf. Im Gegenteil, Wissenschaftler arbeiten besser und Wissenschaft funktioniert origineller, wenn es solche Vorgaben eben gerade nicht gibt. Deswegen nennt er sein Programm etwas polemisch auch „anarchistische Erkenntnistheorie“. Feyerabend möchte die Wissenschaft und die Arbeitsweise des einzelnen Wissenschaftlers von normativen Vorgaben, seien sie kritisch-rationalistischer Art oder auch positivistischer Art, komplett befreit sehen. Darüber hinaus macht er deutlich, dass Wissenschaft eine Kultur unter vielen ist. Möglicherweise hat die Weltbetrachtung der Hopi-Indianer oder irgendwelcher Naturvölker den gleichen Rang und Stellenwert wie unsere Wissenschaft. Unsere Wissenschaft ist eine Kulturäußerung der westlichen christlich-jüdischen Zivilisation und es ist durchaus denkbar, dass es nicht die einzig mögliche, geschweige denn die beste ist. Diesen kulturellen Machtanspruch, den Wissenschaft implizit ausübt, will Feyerabend gebrochen sehen. Deswegen weist er immer wieder darauf hin, dass es so etwas wie eine richtige, geschweige denn die beste Methode für Wissenschaft weder gibt noch geben kann.

Feyerabend ist in diesem Sinne ein wichtiger postmoderner Denker, weil er sehr tief verstanden und verinnerlicht hat, dass Wissenschaft ihre eigene Grundlage aufgrund ihrer Tätigkeit nicht schaffen kann, sondern ihre Begründungen immer außerhalb suchen wird müssen. Deshalb kann es auch keinen einzigen vernünftigen Grund geben, der nicht bestreitbar oder bezweifelbar wäre, der unsere Wissenschaft als die beste oder richtige ausweist. Mit welchem Recht, so fragt Feyerabend, stellen wir andere Wissenssysteme, wie z. B. das der traditionellen chinesischen Medizin oder der Hopi-Indianer, als minderwertig gegenüber unserer Wissenschaft hin? Schließlich gäbe es keinen westlichen Wissenschaftler, der z. B. die Funktionsweise und die Gebräuche der Hopi-Rituale wirklich so tief studiert hätte, dass er darüber kompetent Auskunft geben könnte. Möglicherweise können die Hopi mit ihren Regentänzen ja tatsächlich Regen machen, weil sie einfach praktische Leute sind, die die Wirkweise des Kosmos in einer anderen Art studiert haben wie wir das tun, mutmaßt Feyerabend. Da noch niemand dies auf diese Art und Weise untersucht hat, können wir uns gar kein Urteil darüber erlauben. Möglicherweise ist ja die Fünf-Elemente-Lehre der traditionellen chinesischen Medizin nicht so effektiv im Erklären pathologischer Einheiten wie unsere pathologischen Theorien, aber vielleicht wesentlich effektiver in der Behandlung, nur dass noch niemand dies wirklich sorgfältig studiert hätte. Mit solchen Argumenten zeigt Feyerabend, dass Wissenssysteme innerhalb ihrer Kultur abgeschlossen, vernünftig und gerechtfertigt erscheinen, aber vom Standpunkt einer anderen Kultur aus durchaus bezweifelt werden können. Der Schritt, den Feyerabend nun vollzieht, ist, dass er die Wertigkeiten hinter sich lassen will, mit der im Westen gebildete Wissenschaftler Wissenssysteme anderer Kulturen betrachten. Dieser vor allem provokativ gedachte Einwurf regt natürlich dazu an, sich über transkulturelle Konstanten des Wissenschaftsprozesses Gedanken zu machen.

Diese Relativierung, die zwischen verschiedenen Systemen gilt, gilt nach Feyerabend auch innerhalb der Wissenschaft selber. Keine einzige Wissenschaftsdomäne, sei es nun die Physik oder die Chemie oder die Theologie oder die Philosophie, kann einer anderen Domäne Vorschriften machen. Deshalb kann es auch nie so etwas wie eine Über- oder Metawissenschaft geben, die festlegt, wie Wissenschaft zu funktionieren habe. Vielmehr ist jede Disziplin eine Teilkultur, die aufgrund der ihr eigenen Erfahrung und Ausbildung ihre Methoden und Standards entwickelt, die innerhalb ihrer Teildomäne durchaus sinnvoll und richtig sein mögen, aber übertragen auf ein anderes System vielleicht falsch sind. Daher ist Feyerabends Ruf „against method: anything goes – wider die Methode: alles ist möglich!" nicht als Aufruf zur kompletten Beliebigkeit zu sehen, so als wäre ein Sandkastenspiel das gleiche wie ein physikalisches Experiment, sondern es ist zu hören als ein Aufruf, der die Verschiedenheit methodischer Zugänge, die Kreativität einzelner Personen und die individuellen Abweichungen, die historisch gesehen am häufigsten zu neuen Entdeckungen geführt haben, garantiert und sichern hilft. Feyerabend möchte nicht die konzeptlose Wissenschaft, sondern die freie, sich selbst organisierende Wissenschaft, die geprägt ist durch Toleranz und gegenseitige Befruchtung.

In der Psychologie hat Feyerabend oftmals einen schlechten Ruf, weil seine Aufforderung zur „Anarchie" totalitär missverstanden worden ist, und nicht als Aufruf, die Verschiedenheit verschiedener Zugänge zu respektieren. Gerade aber dieser Aufruf ist für die Psychologie immens fruchtbar, denn die Psychologie als Wissenschaft im Anfangsstadium ist geradezu gezwungen, sich verschiedene Zugänge und Methoden zu erarbeiten und diese in Teildomänen auszuprobieren und anzuwenden, ohne sich frühzeitig einer Methodenmonokultur zu verschreiben. Monokulturen sind nicht nur im normalen Leben, sondern auch in der Wissenschaft hässlich und schädlich. Was der Wissenschaft und dem Erkenntnisfortschritt dient ist Vielfalt, Streit und Widerstreit der Meinungen und Methoden, und schließlich der freie Wettbewerb derer, die meinen, wichtige Erkenntnisse gefunden zu haben. Ob allerdings der Wettbewerb als Prinzip tatsächlich ausreicht Freiheit zu garantieren, dies darf nicht nur im Bereich der Wirtschaft bezweifelt werden, sondern sollte auch im Namen der Wissenschaft immer wieder neu thematisiert werden.

Die Kritik der Frankfurter Schule

Die Kritik von Habermas [4] im Anschluss an Adorno und Horkheimer [5] schließt genau hier an. Sie weist darauf hin, dass Wissenschaft eben kein freier Dialogprozess von untereinander gleichberechtigten Partnern ist, sondern stark durch wirtschaftliche Interessen oder Machtinteressen persönlicher Art geprägt ist. Im Letzten entscheidet eben nicht nur die gute Idee und der kreative Elan eines Wissenschaftlers darüber, ob er institutionell zu Macht und Einfluss und wirtschaftlich zu ausreichend Forschungsgeldern gelangt. Denn Wissen würde ja schließlich so etwas wie Herrschaftsverhältnisse definieren, die durch ökonomische Macht gesichert und bestätigt würden. Diese ökonomische Macht wiederum würde Wissenschaft rekursiv beeinflussen und dadurch den Gang der Wissenschaft, ihre Methodik und ihre Fragestellungen direkt und indirekt bestimmen. Die vermeintliche Freiheit, Unvoreingenommenheit, Neutralität und moralische Reinheit der Wissenschaft sei eine Fiktion. Die Frankfurter Schule, die auf Positionen der marxistischen Ideologiekritik aufbaut, hat darauf hingewiesen, dass die Wissenschaft durch den Komplex aus Technik, Wirtschaft und Politik in hohem Maße instrumentalisiert wird. Für die medizinische Forschung beispielsweise ist bekannt, dass ein Großteil der Forschungsgelder aus der Industrie stammen. Die Industrie hat ein berechtigtes Interesse am Profit; dies ist ihr Lebensprinzip. Wo dieses Profitinteresse allerdings versucht, sich das Mäntelchen der Wertfreiheit der Wissenschaft umzuhängen, dort wird es gefährlich. Denn dann erscheint Wissenschaft wie die Absegnung von profitgeleiteten Interessen unter dem Deckmantel der Wahrheit. Genau solche Prozesse sind es, die die Wissenschaft in der Öffentlichkeit und bei vielen kritischen Geistern in Verruf bringen, und oftmals nicht ohne Grund.

Wenn beispielsweise der Eindruck entsteht, eine bestimmte Krankheit sei auf diesen oder jenen Erreger oder auf diesen oder jenen genetischen Verursachungsfaktor zurückzuführen, dann könnte man als Laie und Außenstehender leicht der Meinung sein, dies sei das vollständige Bild und die ganze Wahrheit. Dahinter verbirgt sich oftmals die Tatsache, dass andere Ursachenzusammenhänge, die zu einer Krankheit mindestens genauso beitragen, oftmals viel schwerer erkennbar oder veränderbar sind, oder aber dass eine solche erweiterte Sicht wirtschaftlichen Interessen in die Quere kommt. Oftmals ist es auch nur so, dass die Veränderung von außenstehenden Faktoren, wie etwa dem Ernährungsverhalten, keinem Profitinteresse dient, wohingegen die Beforschung von z. B. inneren Vorgängen dazu dienen kann, neue Medikamente zu erfinden, die wiederum Profit versprechen. So war es beispielsweise über viele Dekaden umstritten, ob Rauchen Lungenkrebs verursacht. Vom strikt wissenschaftlichen Standpunkt aus waren viele der epidemiologischen Studien, die dies belegten, auch durchaus angreifbar, wenn man eine bestimmte methodologische Wissenschaftsauffassung zugrunde legte, die nur experimentelle Erkenntnisse gelten ließ. Der Sache nach allerdings war die Kritik nicht berechtigt, wie wir heute aufgrund vieler Befunde wissen. Die Tatsache, dass die Übernahme der damaligen Erkenntnisse über den Zusammenhang von Rauchen und Lungenkrebs in die wissenschaftliche Mehrheitsmeinung so lange dauerte, ist nicht nur darauf zurückzuführen, dass die Forschung zu diesem Themenbereich kompliziert, aufwändig und langwierig war. Sie ist auch darauf zurückzuführen, dass z. B. in den Vereinigten Staaten die Zigarettenlobby massiv gegen die Reputation verschiedener Wissenschaftler und die Publizierung bestimmter Ergebnisse im Hintergrund operiert hat, indem etwa Gegengutachten und -meinungen von bedeutsamen Meinungsführern gekauft wurden. An diesem Beispiel ist sichtbar, wie stark wirtschaftliche Interessen den Gang der Forschung mit beeinflussen können. Mittlerweile hat die Stimmung in diesem Bereich so umgeschlagen, dass viele amerikanische Universitäten ihren Angehörigen verbieten, Forschungsgeld von Stiftungen oder Firmen anzunehmen, die der Zigarettenlobby angehören oder nahestehen.

Ein weiteres Beispiel: Verschiedene Erkenntnisse zeigen, dass viele Erkrankungen verhaltensbedingt sind. Mangelnde Bewegung, ungünstiges Ernährungsverhalten oder zu starke Belastungen am Arbeitsplatz mit zu wenig Ausgleich können leicht dazu beitragen, dass Menschen dauerhaft an Bluthochdruck oder an Diabetes oder an rheumatologischen Erkrankungen leiden. In der therapeutischen Debatte um die Behandelbarkeit dieser Krankheiten geht es in aller Regel vor allem um medikamentöse Therapien und in den seltensten Fällen um die Primärprävention der mitursächlichen Verhaltensweisen. Arbeitsplatzbelastung abzubauen ist beispielsweise ein Faktor, der durchaus wirtschaftliche Interessen tangiert, denn dies könnte im Einzelfall dazu führen, dass mehr Personen für die gleiche Aufgabe angestellt werden müssen, wenn Belastung abgebaut werden soll. Unvorteilhaftes Ernährungsverhalten zu verändern ist ebenfalls eine Situation, die Wirtschaftsinteressen berührt. Wir wissen beispielsweise, dass Fehlernährung und zu hoher Zuckerkonsum dauerhaft ungünstig ist. Süßgetränke, wie sie etwa seit der Zeit des wirtschaftlichen Aufschwungs nach dem Zweiten Weltkrieg Mode geworden sind, sind eine bedeutsame Quelle verdeckter Kalorien- und Zuckerzufuhr. Wenn nun beispielsweise der Zuckerkonsum der Bevölkerung dadurch reduziert werden würde, dass alle Menschen keine solchen gesüßten Getränke mehr zu sich nähmen, sondern nur, wie dies natürlich wäre, Wasser, dann müsste eine solche Veränderung gegen eine ganze Industrie durchgesetzt werden. Es ist leichter, in die Erforschung medikamentöser Behandlungsmethoden von Bluthochdruck oder Diabetes zu investieren, und durch diese Investitionen wird notwendigerweise der Forschungsprozess gelenkt und gesteuert.

An diesen Beispielen erkennen wir sehr leicht, dass die Ideologiekritik der Frankfurter Schule durchaus berechtigt ist. Nicht nur Erkenntnisinteresse, sondern auch Wirtschaftsinteressen greifen steuernd, manchmal verhindernd, manchmal erleichternd, in den Forschungsprozess ein. Aufgabe einer informierten Wissenschaftstheorie und -praxis müsste es sein, solche Prozesse rechtzeitig zu durchschauen und ihnen entgegenzuwirken, indem der einzelne Wissenschaftler sich im Wesentlichen auf seine Integrität und die kollektive Erkenntnisverantwortung besinnt.

Kleinster gemeinsamer Nenner

Die neueren Diskussionen um die Wissenschaftstheorie und um die Frage, was eigentlich wissenschaftlich sei, kann nicht endgültig als abgeschlossen betrachtet werden. Stattdessen lassen sich Grundkonstanten herausdestillieren von dem, was wohl eine Mehrheit der Wissenschaftler als konstitutiv für die Wissenschaft annehmen würde, wie wir sie bereits in der Einleitung dieses Kapitels vorweggenommen haben. Objektivität, wie sie noch dem logischen Positivismus vorschwebte, ist möglicherweise in einer neueren Wissenschaftsauffassung nicht mehr zu rechtfertigen, sondern durch den Begriff „*Intersubjektivität*" zu ersetzen. Damit ist gemeint, dass der Grundkonsens wissenschaftlicher Erkenntnis der sein muss, dass eine als wissenschaftlich dokumentierte Erkenntnis für andere nachvollziehbar und im Zweifelsfall durch qualifizierte Beobachter überprüfbar sein muss. Ob damit schon die objektive Wirklichkeit beschrieben ist, ist eine im höchsten Maße philosophische Frage, die nicht entscheidbar ist. Was allerdings entscheidbar ist, ist die Frage, ob eine wissenschaftliche Erkenntnis intersubjektiv ist: ob also andere Forscher zu einem ähnlichen Ergebnis kommen würden, wenn sie das Experiment wiederholen würden; ob andere Interpreten zu einer ähnlichen Auffassung gelangen würden, wenn sie das gleiche Datenmaterial sichten würden.

Intersubjektivität wird deswegen oft als *Replizierbarkeit* von Ergebnissen operationalisiert. Dahinter verbirgt sich die Vorstellung, dass ein Ergebnis dann als gültig anzusehen ist, wenn andere Forschergruppen mit einer ähnlichen oder der gleichen Methodik zu den gleichen oder ähnlichen Befunden kommen. Wissenschaftssoziologische Untersuchungen allerdings zeigen, dass auch dies nicht so einfach ist wie es auf den ersten Blick aussieht. Der konkrete Nachvollzug der Replizierbarkeit eines komplexen Experimentes zeigte z. B., dass allein aufgrund der Publikation oder einem persönlichen Gespräch mit dem publizierenden Forscher oder einem Besuch in dessen Labor mit kurzer Instruktion nicht dazu angetan war, den Befund replizierbar zu machen. Erst eine gründliche Schulung einer zweiten Forschergruppe im Ursprungslabor ermöglichte es, den ersten Befund zu replizieren. Daran sieht man, dass viel implizites technisches Detailwissen dazu gehört, um einen wissenschaftlichen Befund intersubjektiv zu machen. Viele als wissenschaftlich akzeptierte Befunde können in der Tat nur von einer Handvoll von Menschen auf dieser Erde nachvollzogen werden, die nämlich dieselbe technische Ausstattung, dieselbe technische Grundkompetenz und die gleichen finanziellen Möglichkeiten zur Durchführung solcher Experimente haben. Dennoch haben sich im Verlauf des Forschungsprozesses Standards herauskristallisiert, die allerdings meistens implizit sind, welche Befunde man als gültig, replizierbar oder intersubjektiv gelten lassen will. Hier setzt der bereits eingangs erwähnte soziale Prozess der Wissenschaft ein, der die abstrakte Entität der Scientific Community, der Wissenschaftlergemeinde, mit ins Bild nimmt. Durch vielfältige Bewertungs- und Filterprozesse werden Befunde darauf hin überprüft, ob sie stichhaltig und publikationswürdig sind.

Insofern ist das zweite Wissenschaftskriterium neben der Intersubjektivität, die sich als Wiederholbarkeit manifestiert, die *Kommunizierbarkeit* innerhalb der Wissenschaftlergemeinde. Deshalb kann ein Befund, der Wahrheitsgehalt hat und vielleicht sogar eminent bedeutsam ist, durchaus lange Zeit als unwissenschaftlich gelten, weil die Mehrheit der Forscher nicht im Stande ist, die Bedeutung eines solchen Befundes zur Kenntnis zu nehmen. In diesem Zusammenhang werden die entsprechenden Teilgebiete der Wissenschaftspsychologie und -soziologie immer bedeutsamer, die das konkrete Funktionieren dieser wissenschaftlichen Vermittlungs- und Filterprozesse erforschen.

Ein weiteres Definitionsmoment wissenschaftlicher Aktivität ist die *Kritisierbarkeit* und Kritikfähigkeit oder die oftmals berufene *Skepsis* der Wissenschaft. Dahinter verbirgt sich keine negativistische Grundhaltung, sondern das Wissen darum, dass im Grunde jeder Befund, jede Erkenntnis und jede Behauptung bezweifelt werden kann und fragwürdig ist. Ohne diese Skepsis hätte es viele Erkenntnisse nicht gegeben. Skepsis hat deshalb eine regulative Funktion. Indem als anscheinend sicher geltende Sätze oder Behauptungen bezweifelt werden und jemand einfache Fragen stellt wie etwa „ist das belegt?" oder „ist das sicher?", wird der Forschungsprozess eigentlich erst in Gang gebracht. Deshalb ist Zweifel immer ein konstitutives Element wissenschaftlicher Tätigkeit. Dort, wo Skepsis und Zweifel verboten sind oder nicht mehr möglich, hat Wissenschaft bereits eine Defizitärform erreicht.

Aus der logisch-positivistischen Wissenschaftstradition bleibt die Forderung bestehen, dass wissenschaftliche *Aussagen* möglichst *klar* sein müssen und möglichst logisch. Praktisch zeigt sich dies daran, dass wissenschaftliche Aussagen oder Theorien durch transparente Begriffsverwendung mit Definitionen und klare Sprache ausgezeichnet sein sollten. Selbstverständlich wird ein wissenschaftlicher Autor auch logische Inkonsistenzen innerhalb seines Systems vermeiden wollen.

Ein weiteres Gütekriterium einer wissenschaftlichen Aussage ist ihr *Neuigkeitswert*. Solange wissenschaftliche Befunde nichts anderes tun als bereits Altbekanntes wiederzukauen, sind sie nicht allzuviel wert. Erst wenn eine Theorie oder eine neue Hypothese auch andere Horizonte eröffnet und die Vorhersage von kontraintuitiven Konsequenzen möglich macht, ist sie wirklich wissenschaftlich interessant. Eine Konsequenz aus dem sozialen Charakter der Wissenschaft allerdings ist es, dass eine solche Theorie mit Neuigkeitswert auch in gewissem Maße mit bereits bestehenden verbunden sein muss, damit sie von Kollegen verstanden und eingeordnet werden kann.

Neuere Ansätze der Wissenschaftstheorie, etwa der von *Larry Laudan* oder anderen [9–11], definieren Wissenschaft als kollektiven Problemlösungsprozess. In guter angelsächsischer Tradition wird hierbei komplett von Methodenvorschriften Abstand genommen. Die Wissenschaft beschreibt nach Laudan nicht die Wirklichkeit und sucht auch nicht nach der Wahrheit, sondern sie löst Probleme, die ihr von der Gesellschaft aufgetragen sind. Daher kann es natürlich auch zu vielen Entwicklungen kommen, die zunächst merkwürdig anmuten, die sich aber aus dem kollektiven Problemverständnis einer Disziplin ergeben. Die positive Seite dieser Konzeption ist, dass es durchaus auch immer wieder die Möglichkeit gibt, dass andere Wissenschaftler andere Akzentsetzungen vornehmen und daraus neue Fragestellungen destillieren. Kennzeichnend für unsere aktuelle Situation innerhalb der wissenschaftstheoretischen Diskussion ist es, dass die vermeintlich klaren, vorschreibenden Wissenschaftstheorien von der Mehrzahl der Forscher aufgegeben worden sind. Eine endgültige Lösung der Frage, was Wissenschaft „wirklich" ist, ist nicht in Sicht. Die Tendenz geht dahin, disziplinengemäße Theorien und Modelle zu entwickeln, die sich vielleicht sogar gegenseitig widersprechen können aber für die je eigene Disziplin optimal sind. Normative Ansätze, die vorschreiben, was zu tun und was zu lassen ist, haben immer weniger Konjunktur. Hierin hat sich Feyerabends konstruktivistische Kritik auf jeden Fall fruchtbar bemerkbar gemacht. Wissenschaftler vor allem der jungen Generation verstehen immer mehr, dass das was sie tun, eine eigene Kultur ist, die begrenzten Gültigkeitsanspruch hat und sicher nicht als letztgültige Wahrheit gelten kann. Nicht nur dies, Wissenschaft ist auch in hohem Maße von historisch-sozialen Gegebenheiten abhängig und das Bewusstsein hierfür verbreitet sich immer mehr. Obwohl die kritisch-rationalistische Position vor allem bei Psychologen sehr weit verbreitet ist und auch als Teilstrategie durchaus hilfreich im Forschungsprozess, ist ihre Dominanz mindestens in weiten Kreisen der Sozialwissenschaft gebrochen. Im Zuge von Laudans Wissenschaftsrekonstruktion wird es immer bedeutsamer, Anomalien zu berücksichtigen, die nicht im Rahmen einer gängigen Theorie untergebracht werden können. Denn die wissenschaftshistorische Analyse hat ergeben, dass es exakt die Anomalien sind, die den Forschungsprozess vorantreiben und Erkenntnisse zu Tage fördern. Für die Psychologie würde dies bedeuten, dass man der Beforschung anomalistischer Phänomene mehr Aufmerksamkeit schenken sollte, wenn man in den zentralen Belangen vorankommen will. Die Tatsache, dass das in weiten Teilen nicht geschieht, zeigt, dass die aktuelle wissenschaftstheoretische Debatte bei den führenden Fachvertretern noch lange nicht rezipiert worden ist.

10.7 Neuere Entwicklungen innerhalb der Wissenschaftstheorie

Wir haben gesehen, dass nach den unterschiedlichen Kritiken an den großen Wissenschaftsmodellen des Positivismus und des kritischen Rationalismus eine Diversifizierung von Ansätzen erfolgte. Wissenschaft als pluralistischer Wettbewerb von Ideen und die Einsicht in den sozialen Charakter von Wissenschaft hat dazu geführt, dass sich in unterschiedlichen Bereichen neue Richtungen entwickeln konnten, die die alten Disziplingrenzen überschreiten und neue Denkmöglichkeiten eröffnen. Wir wollen vier von ihnen im Folgenden kurz skizzieren: die systemtheoretischen Ansätze und ihre Erweiterung in der nichtlinearen Systemdynamik, die sozialkonstruktivistischen und die evolutionstheoretischen Ansätze [17].

Systemtheorie

Die Systemtheorie geht zurück auf Ludwig von Bertalanffys Bemühungen seit etwa 1935, Lebewesen zu verstehen [24]. Entgegen der damals herrschenden Auffassung, die Lebewesen linear-reduktionistisch zu verstehen versuchte, beharrte er auf der Meinung, dass Leben und damit die komplexe Anordnung von Einzelelementen Ganzheiten entstehen lässt, die in ihren Eigenschaften nicht aus der Anordnung der Einzelteile allein erklärbar sind. Das Schlagwort dieser frühen Phase der Systemtheorie lautet: *Das Ganze ist mehr als die Summe seiner Teile* (Szent-Gyoergyi). Insofern kann die Systemtheorie durchaus als ein Reflex von gleichsinnigen Bemühungen innerhalb von Psychologie und Biologie gesehen werden. Denn die Gestalttheoretiker, die zur selben Zeit ihre Forschungen betrieben, hatten einen sehr ähnlichen Ansatz. Auch ihnen war es wichtig, die Ganzheit vor den Elementen zu sehen und zu verstehen, wie eine geordnete Ganzheit die Einzelelemente so verbindet, dass ihr Verhalten nicht nur durch sich selbst, sondern auch durch die Anordnung innerhalb der Ganzheit geprägt wird. Die Biologen Ludwig von Bertalanffy, Albert Szent-Gyoergyi und andere wandten diese Denkfigur offenbar unabhängig von den Gestaltpsychologen parallel innerhalb der Biologie an und zeigten, dass sie wesentlich besser geeignet sei, das Verhalten von Lebewesen und Organismen sowie deren Teilstrukturen zu verstehen, als das atomistische Paradigma, das versuchte, von den Einzelelementen auszugehen.

Systemordnung und Thermodynamik

Die Grundidee der Systemtheorie ist also, dass Einzelelemente, die beziehungslos irgendwo zusammenkommen, noch lange kein funktionierendes System ausmachen. Vielmehr ist erst die *Ordnung* von Einzelelementen *zu einer Ganzheit* derjenige Schritt, der aus den Systemkomponenten ein funktionstüchtiges System macht, das Verhalten zeigt und Fähigkeiten aufweist, die den Einzelelementen selber nicht innewohnen. Würde man beispielsweise Zellen zerstören und ihre Bauteile und Bestandteile in einem Glasgefäß zusammenbringen, so würde sich aus diesen die Zelle nicht regenerieren können, und die Ordnung wäre dahin. Diese Einsicht entwickelte sich parallel zum Verständnis der Thermodynamik, der zufolge offene Systeme, die laufend Energie nach außen abgeben, immer nur Zustände mit geringerem Ordnungsgrad und weniger Informationsgehalt annehmen können. Sie streben das thermodynamische Gleichgewicht an, wie dieser Sachverhalt abstrakt heißt. Man stelle sich vor, man hätte ein großes Behältnis mit irgendeinem Gas, das durch eine Trennwand in zwei Kammern geteilt ist. Nun wird mit einer Vakuumpumpe alles Gas in eine der beiden Kammern gebracht; in der anderen dagegen ist ein Vakuum. Nimmt man nun die Trennwand heraus oder öffnet ein Ventil zwischen den Wänden, dann wird sich das Gas gleichmäßig in beiden Kammern verteilen. Das System strebt nach dem thermodynamischen Gleichgewicht. Deswegen müssen wir im Winter unsere Häuser heizen und öffnen die Fenster, wenn die Luft stickig wird. Das gleiche gilt für alle Systeme und für das Universum als Ganzes [25].

Diese Einsicht war es, die den Begründer der Thermodynamik, Ludwig Boltzmann, sogar in den Selbstmord trieb. Er war der Meinung, dass das ganze Universum ohnedies den Kollaps ansteuere, in welchem alle Ordnung dem thermodynamischen Gleichgewicht oder dem Wärmetod anheimfällt. Hätte er ein bisschen gewartet, wäre ihm möglicherweise der Gedanke gekommen, dass dies nur für das Universum als Ganzes auf lange Sicht, nicht aber für Teildomänen gilt, die eben beispielsweise von Lebewesen geschaffen und aufrechterhalten werden. Denn lebende Systeme besitzen die Fähigkeit, Energie nicht nur abzugeben, sondern auch aufzunehmen und in neue Struktur und Lebensvorgänge umzuwandeln und sich so in ihrem je höheren Ordnungsgrad von der Umwelt abzugrenzen und diese Ordnung je neu zu erschaffen. Die Einsicht der Systemtheorie war es also, dass durch das Errichten von Systemgrenzen und das sinnvolle Anordnen von Elementen innerhalb dieser Systemgrenzen neue Strukturen entstehen, die eigene Gesetzmäßigkeiten im Vergleich zur Außenwelt des Systems aufweisen [23]. Ein mechanistisch verstandenes Universum kann immer nur Zustände größerer Unordnung und Gleichverteilung von Energie anstreben. In der Fachsprache der Thermodynamik heißt dies: Die Entropie vergrößert sich. Die Systemtheorie bringt dagegen den Gedanken ein, dass sich lebende Systeme in den ihnen gesetzten Grenzen durch die Aufnahme von Energie von außen und durch das Errichten von Grenzen Teilbereiche schaffen, in denen sich eben nicht die Unordnung, sondern die Ordnung vergrößert. Ein von Menschen geschaffenes technisches Gerät – eine Uhr, ein Computer, ein Auto – weist zwar anfangs auch größere Ordnung auf als die Umgebung, aber es strebt von Anfang an unmerklich dem Zustand größerer Unordnung oder dem thermodynamischen Gleichgewicht zu. Verschleiß setzt ein, und auch in einem optimal konstruierten Gerät lässt sich der Zerfall nicht aufhalten. Autos und Computer reparieren sich auch nicht selber und erfinden auch keine Vorkehrungen im Laufe ihrer Funktionszeit, um auftretende Schäden zu beheben oder zu verhindern. Lebende Systeme hingegen erschaffen sich Domänen, innerhalb derer sie kontinuierlich Ordnung aufrechterhalten, ja sogar vergrößern. Landläufig ist zwar die technische Metapher für unseren Körper in Gebrauch, der zufolge auch dieser mit der Zeit Verschleiß zeigt und reparaturanfällig wird. Tatsache jedoch ist, dass sich die Ordnung innerhalb des individuellen Organismus vom Zeitpunkt der Geburt an lange Zeit vergrößert. Beispielsweise bleibt das Nervensystem abhängig vom Training und den Anforderungen sehr lange Zeit plastisch, lässt neue Verbindungen und Strukturen entstehen, die wir mit Lernen assoziieren. Auch ein alter Mensch kann noch sehr vieles lernen, wenn er das Lernen und Lesen nicht verlernt hat. Das Gleiche gilt für das Immunsystem. Betrachten wir schließlich eine biologische Spezies als Ganzes, etwa über die Evolution hinweg, so sehen wir sofort, dass lebende Systeme andauernd Ordnung erzeugen, gestalten und aufrechterhalten [26]. Dies gilt mit Sicherheit für alle Bakterienstämme. Aber auch, wenn wir den Menschen als Spezies betrachten, so können wir feststellen, dass er immer stärkere Systemgrenzen zwischen sich und seiner Umwelt errichtet hat. Innerhalb dieser Systemgrenzen entwickelt er immer neue Ordnungsstrukturen seiner Kultur. Kein künstliches System zeigt dieses Verhalten. In diesem Sinne erzeugen lebende Systeme Ordnung und arbeiten den thermodynamischen Prozessen des Zerfalls und des Ausgleichs von Energie entgegen.

Emergenz

Lebende Systeme weisen allerdings nicht nur eigene Gesetzmäßigkeiten auf, sondern legen unter Umständen auch ganz neues Verhalten an den Tag, ja sie können sogar neue Eigenschaften hervorbringen. Das Hervorbringen neuer Eigenschaften ist in der neueren Zeit unter dem Stichwort „Emergenz“ besonders bedeutsam geworden [32]. Wenn sich z. B. innerhalb eines Organismus verschiedene Zellen differenzieren und neu anordnen, so kann daraus ein Organ entstehen, das bestimmte Eigenschaften aufweist, die ähnliche Zelltypen in anderen Zusammenhängen nicht aufweisen. Beispielsweise kann es sein, dass Zellen innerhalb eines Organs Gene aktivieren, die innerhalb anderer Organe stumm bleiben. Eine grundlegende Einsicht der Systemtheorie ist es deshalb, dass gerade die *Anordnung* von Einzelelementen, also ihre sinnvolle *Struktur*, zu ganz neuen Eigenschaften Anlass geben kann, die vorher weder erkennbar noch in den Einzelelementen angelegt waren. Deswegen ist es auch nur bedingt sinnvoll, durch Analyse der Einzelteile komplexe Phänomene verstehen zu wollen. Die Funktionsweise des Immunsystems oder des zentralen Nervensystems z. B. ist nur als netzwerkartige Struktur aller Komponenten des Systems verstehbar. Wenngleich es sinnvoll ist, die Einzelelemente zu kennen, die dieses System ausmachen, so ist die Gesamtleistung des Immunsystems, dass es uns z. B. beinahe jede Sekunde vor der Invasion schädlicher Keime und Eindringlinge bewahrt, nur als Gesamtleistung eines Systems von Elementen zu verstehen, die noch dazu gar nicht durch eine physikalisch wahrnehmbare Systemgrenze, sondern nur durch funktionale Grenzen der Zusammengehörigkeit verbunden sind. Kognition, Emotion, überhaupt Innerlichkeit als Gesamtleistung des zentralen Nervensystems ist ebenfalls eine emergente systemische Eigenschaft [32]. Sie entsteht, weil sehr viele unterschiedliche Zelltypen – Rezeptorzellen, Nervenzellen verschiedener Art, stoffwechselvermittelnde Zellen wie etwa die Gliazellen – zusammenwirken, um ein System zu bilden, das kognitive Funktionen wie Wahrnehmen, Denken, Erinnern, Problemlösen unterstützt. Die kognitiven Funktionen sind in keinem Einzelelement zu finden. Es gibt keine Glückszelle, die Empfindungen für glückliche Momente speichert und kein Großmutterneuron, das für das Wiedererkennen von Großmutters Gesicht zuständig ist. Genauso wenig gibt es einen zentralen Problemlöser. All diese kognitiven Eigenschaften sind Ergebnis des koordinierten Zusammenwirkens aller Systemelemente und ihrer systemisch-funktionellen Anordnung.

Deshalb ist es übrigens genauso falsch, wie verführerisch, wenn wir die von Menschen geschaffenen Computer, die kognitionsähnliche Vorgänge durchführen, als Metapher rückwirkend auf unser Gehirn anwenden, oder andere Maschinen, wie etwa das Auto, auf den Körper. Wir unterliegen damit dem gleichen Zirkelschluss, den Descartes machte, als er die Feinmechanik auf den Organismus anwandte. Wir lachen heute über Descartes, kommt es uns doch offensichtlich vor, dass Organismen keine hydraulisch-feinmechanischen Systeme sind, weil wir aus der historischen Distanz die Beschränktheit dieser Metapher sehen können. Unsere Tendenz, geistige Funktionen mit Computermetaphern zu belegen, hat epistemologisch den gleichen Stellenwert: Wir wenden vom Geist ersonnene Maschinen rückwirkend auf dessen Funktionieren an und meinen damit etwas erklärt zu haben. Dieses Caveat soll *nicht* heißen, dass die Verwendung von Computern zur Aufklärung von Informationsverarbeitungsprozessen falsch wäre. Im Gegenteil. Aber es soll sehr wohl heißen, dass die Generalisierung dieser Metapher auf das *Ganze* des menschlichen Geistes unangemessen ist.

Die Bedeutung des Kontextes

Systemtheoretisches Denken lehrt also, dass die Analyse von Einzelteilen nur bedingte Aufklärung über ein komplexes Phänomen erbringt. Einzelelemente verhalten sich außerhalb eines systemischen Kontextes eben anders.

Organismisches Paradebeispiel ist der Krebs: Krebszellen sind Zellen, die den organismischen Kontext eines Organs verlassen, weil in ihnen die Rückkopplung mit dem Gesamtsystem nicht mehr in Ordnung ist, etwa weil bestimmte genetische Programme zum automatischen Zelltod abgeschaltet werden, die normalerweise dazu führen, dass Zellen mit Zellteilung und Wachstum aufhören. Normale Zellen sind Zellen mit begrenzter Lebensdauer. Krebszellen sind unsterblich. Während ein Organ genauso wie ein Organismus rückwirkend auf die Einzelzellen oder Elemente Einfluss nimmt und dafür sorgt, dass diese sich in ihrem Wachstums- und Stoffwechselverhalten in den Bedarf des Ganzen eingliedern, geht bei Krebszellen diese Rückkoppelung verloren. Die Zelle entartet und gestaltet ein eigenes Teilsystem, eben den Krebs, das sodann Maßnahmen zu seiner Verselbstständigung trifft und sich dem Zugriff des Immunsystems entzieht, indem es Blutzufuhr und damit Stoffwechselvorgänge umleitet, etc.

Diese Einsicht ist auch für die Psychologie von Bedeutung, denn sie lässt uns erkennen, dass beispielsweise die Beschreibung einzelner Personen kontextabhängig sein wird. Ein Mensch, der sich z. B. beruflich durchaus loyal und kompetent verhält, kann in einem anderen Kontext, etwa zusammen mit seinen Kegelbrüdern, ein völlig anderes Verhalten aufweisen, als wenn er in einem wiederum anderen Kontext, z. B. seiner Familie, steht. Eine wichtige Konsequenz systemtheoretischen Denkens ist es also, die Kontextabhängigkeit von Phänomenen in Rechnung zu stellen. Hier ist ein bedeutender Berührungspunkt mit der Hermeneutik zu sehen, die wir später besprechen. Denn sie stellt auch den Verständniskontext eines Textes ins Zentrum der Betrachtung.

Multikausalität

Vor allem für komplexe Zusammenhänge, wie wir sie in der Psychologie praktisch dauernd haben, ist es außerdem wichtig zu verstehen, dass nur multiple Pfade der Verursachung das Gesamtsystem verständlich machen. Während in einer klassisch newtonschen Auffassung nach *der* Ursache oder *dem* Grund für ein bestimmtes Verhalten oder Phänomen geforscht wird, macht systemtheoretisches Denken klar, dass die Gesamtheit aller zu einem Phänomen beitragenden Elemente zusammenspielt, um dieses System am Leben zu erhalten und damit das fragliche Phänomen zu erzeugen. Deswegen kann es auch innerhalb des Systems verschiedene Pfade und verschiedene Interventionen geben, die ein ähnliches Ergebnis haben. Weil Systeme sich durch ihr komplexes Gefüge von der Umwelt abheben und Innenbedingungen schaffen, die sich von den Außenbedingungen unterscheiden, deswegen haben sie auch meistens vielfältige Mechanismen entwickelt, um diese Systemautonomie zu stabilisieren. Unser Körper beispielsweise hat die Fähigkeit, eine Temperatur von etwa 37 Grad im Zentrum gegenüber breiten Schwankungen der Umgebungstemperatur konstant zu halten. In einem komfortablen Zwischenbereich tun wir das meistens durch Regulierung der Verdunstung und der Hautdurchblutung. Wird dieser Bereich überschritten, setzen andere Prozesse ein. Wenn es sehr kalt wird, haben wir uns daran gewöhnt, passende Kleidung anzuziehen, und wenn es sehr heiß wird, unternehmen wir etwas, um die Hitze zu mildern, etwa indem wir Klimaanlagen anschalten, ins Bad gehen oder leichtere Kleidung anziehen. All diese Prozesse dienen unserem System Körper dazu, seine Temperatur konstant zu halten. Gleichermaßen haben alle Systeme, die als solche anzusprechen es wert sind, Prozesse und Mechanismen etabliert, um ihre Systemautonomie und -autarkie von der Umwelt zu regulieren und aufrechtzuerhalten. Deswegen gibt es auch innerhalb eines Systems immer eine gewisse Form der Autonomie gegenüber der Umwelt.

Systemhierarchien: Teilautonomie und Zugehörigkeit

Eine weitere Erkenntnis der Systemtheorie ist es, dass im Grund unsere gesamte Welt aus ineinander verschachtelnden Systemen unterschiedlicher Komplexität beschreibbar ist [25]. Innerhalb der Systeme gelten abstrakt gesprochen die gleichen Grundgesetzmäßigkeiten, auch wenn ihre Zusammensetzung und ihre Einzelelemente verschieden sind. So gilt das Gesetz, dass das System eine Teilautonomie gegenüber seiner Umwelt aufrechterhält, für Atome im selben Sinne wie für einzelne Menschen oder Gesellschaften. Die Erkenntnis, dass Systeme in gewisser Weise ganzheitliche Zusammenfassungen von Einzelelementen sind, gilt für Atome im selben Sinne wie für Zellorganellen oder einen gesamten Menschen. Auf diese Art und Weise lässt sich die ganze Welt durchgängig als Anordnung von Systemkomponenten darstellen, die wiederum zu einzelnen Systemen zusammengefasst sind. Dies bietet die elegante Möglichkeit, Grundgesetzmäßigkeiten der Ganzheit und der Autonomie auf unterschiedliche Hierarchieebenen zu übertragen. Innerhalb dieser Einzelsysteme herrscht jeweils eine gewisse Teilautonomie, die das System durch Vergesellschaftung mit anderen nicht verliert, sondern einbringt, um ein System größerer Komplexität zu bilden. Komplexere Systeme bilden die Möglichkeit der Emergenz neuer Eigenschaften, die dann z. B. wiederum andere Systemelemente zu einer je höheren Systemeinheit vereinigt. So behalten etwa Zellen ihre Teilautonomie und haben selbst Systeme integriert, die teilautonom sind. Mitochondrien etwa werden evolutionsbiologisch als Bakterien gewertet, die sich frühere Zellgenerationen in Symbiose einverleibt haben. Die Zelle stützt mit ihrer Struktur das Mitochondrium, und dieses wiederum liefert der Zelle Energie und Stoffwechselfunktion. Zellen werden innerhalb von Organen zusammengefasst und behalten dort eine Teilautonomie. Die Funktionen, die die Zelle jedoch innerhalb eines bestimmten Organs ausführt, wird von den Bedürfnissen und übergeordneten Vorgaben des Organs reguliert, und so fort.

Das Systemdenken ist in verschiedenen Bereichen aufgegriffen worden, auch wenn es originär aus der Biologie kommt. Innerhalb der Biologie und der biomedizinischen Wissenschaft verbreitet es sich immer mehr. Dennoch ist die lineare Analyse von Verursachungsprozessen parallel hierzu noch lange nicht an ihr Ende gekommen. Systemtheoretiker haben immer wieder darauf hingewiesen, dass der Vorteil dieses Modells ist, eine vereinheitlichende Auffassung des Universums zu ermöglichen. Denn Makrosysteme wie unser Universum, unsere Galaxie oder unser Sonnensystem sind in der gleichen Weise Systeme und aus Einzelelementen zusammengesetzt, wie dies für die Mikrosysteme der Atome oder Elementarteilchen gilt. Auf der Strecke vom Kleinsten zum Größten wird immer wieder die gleiche Sequenz durchlaufen: Einzelne Elemente fügen sich zusammen und bilden eine systemische Einheit, die wiederum Eigenschaften besitzt, die aus den Einzelteilen nicht ableitbar ist. Aus diesen Eigenschaften ergeben sich die Möglichkeiten für eine neue Diversifizierung und Vereinigung von Systemelementen zu je neuen Einheiten, usw. Systemhierarchien erlauben es also, den Kosmos oder die Welt als von grundlegend ähnlichen Gesetzmäßigkeiten gesteuert verstehen zu lassen.

Theorie autopoietischer Systeme

Es waren wieder Biologen, die eine entscheidende Neuerung in die Systemtheorie einführten, nämlich die Theorie autopoietischer Systeme. Die chilenischen Biologen Humberto Maturana und Francisco Varela entwickelten in den 1970er-Jahren die Vorstellung, dass biologische Systeme nicht nur autark sind in dem Sinne, dass sie sich von der Umwelt abgrenzen, sondern dass sie sich sogar selber erschaffen und erhalten [25,26,32]. Lebewesen werden in dieser Beschreibung als autopoietische Systeme definiert, also als Systeme, die die Bedingungen ihres Entstehens und Funktionierens selber erzeugen. Durch ihr systemisches Angeordnetsein erschaffen sie je neu ihre eigenen Grenzen, ihre eigene Funktion und die Voraussetzungen ihrer Existenz. Sie haben auch die Möglichkeit, sich zu replizieren und damit ihren Bestand zu sichern. Dies ist zunächst nichts anderes als die Übersetzung der Lebensphänomene in eine systemtheoretische Sprache. Zusätzlich hierzu konnten sie aber in Computersimulationen zeigen, dass ein einfaches System, das nur wenige Regeln und Vorgaben hat, genauso funktioniert. Es erzeugt sich eine Grenze und erschafft sich die Möglichkeiten, sich selber aufrechtzuerhalten. Die autopoietische Systemtheorie ist also eine gute systemtheoretische Beschreibung der Lebensvorgänge. Varela hat später diese Vorstellung auch auf die Kognitionspsychologie übertragen und kognitive Systeme genauso definiert [26, 27]. Dadurch wird jeder Lebensvorgang zu einem Prozess der systemischen Replikation, der Abgrenzung gegenüber Unbrauchbarem, oder Aufnahme von Lebensförderndem. Viele Prozesse unseres kognitiven Apparates lassen sich so verstehen: Er erzeugt die Bedingungen seines Bestehens immer wieder selber, eignet sich das an, was diesem Funktionieren dienlich ist und schließt das aus, was diesem Funktionieren zuwider ist. Dies macht verständlich, warum wir eine inhärente Tendenz haben, Wahrnehmungen von Gegebenheiten, die nicht in unser Konzept passen, auszuschließen. Gleichzeitig gibt es uns das Heilmittel an die Hand: Aufmerksamkeit für eben diese Prozesse.

Komplexe Systeme

Eng verwandt mit der Entwicklung der Systemtheorie hin zur Theorie autopoietischer Systeme ist die Theorie komplexer Systeme und nichtlinearer Systemdynamik [28–30, 33]. Die Entwicklung nahm ihren Anfang im Studium thermodynamischer Prozesse, also der Frage, wie es zu Irreversibilität in verschiedenen Systemen kommt. Warum ist es beispielsweise so, dass unsere Welt, eben nicht wie Boltzmann dachte, global auf einen Zustand größerer Unordnung zustrebt, sondern von den einfachsten Lebewesen angefangen sich Komplexität und Geordnetsein jenseits vom sogenannten thermodynamischen Gleichgewicht je neu bildet? Die Antwort darauf lieferte Ilya Prigogine, der versuchte, das Verhalten von sogenannten dissipativen Systemen zu modellieren. Darunter sind solche Systeme zu verstehen, die auf der einen Seite Energie aufnehmen oder denen Energie zugeführt wird, und die andererseits auch wiederum Abfallenergie erzeugen. Ein Lebewesen ist ein gutes Beispiel für ein dissipatives System. Es nimmt z. B. Energie in Form von Kohlehydraten, Wärme oder in sonst einer Form auf, verwandelt sie, generiert daraus seinen Lebensprozess und hinterlässt eine gewisse Menge an Energie, gewissermaßen als Abfall: Stoffwechselprodukte wie Kohlendioxid (Tiere) oder Sauerstoff (Pflanzen), Wärme und kinetische Energie. Prigogine studierte solche Systeme an ganz einfachen Beispielen und stellte fest, dass es Systeme gibt, die ihre Ordnung selber erzeugen und in diesem Verlauf sog. Verzweigungen durchmachen, die nicht mehr rückgängig zu machen sind. Dies ließ sich anhand der mathematischen Modellierung dieser Systeme deutlich nachweisen. Denn um solche Prozesse zu beschreiben, benötigt man mathematisch gesehen sogenannte nichtlineare Differenzialgleichungen, die an bestimmten Punkten undefiniert sind und dann zwei oder mehr Lösungen aufweisen. Diese sogenannten Verzweigungspunkte machen also zwei oder mehr verschiedene Entwicklungspfade möglich und plausibel, es steht aber nicht fest, welchen Pfad das System nehmen wird. Dies ist vielmehr dem Zufall bzw. bestimmten Anfangsparametern überlassen, die man oftmals nicht kennt.

Diese Beschreibung macht deutlich, wie innerhalb der anscheinend durchstrukturierten Lebensprozesse doch so viel Freiheitsgrade entstehen können, dass ein sich entwickelndes System unterschiedliche Wege nehmen kann, ohne dass dadurch die wissenschaftliche Beschreibung ins Irrationale verzerrt wird. Prigogine hat gezeigt, dass diese Beschreibung dissipativer Systeme inhärent indeterminiert ist. Bis zu dem Punkt, an dem eine solche Verzweigung auftritt, mag der Pfad eines Systems durchaus vollkommen vorgeben und vorhersagbar sein. Dann erreicht das System einen Punkt der Instabilität, der technisch als Phasenübergang bezeichnet wird. Phasenübergänge kennen wir beispielsweise aus der alltäglichen Physik, etwa wenn Wasser gefriert oder in Dampf aufgeht. Solche Übergänge sind die Momente der Instabilität, an denen dissipative Systeme die Möglichkeit haben, in die eine oder andere Richtung zu verzweigen, und die Frage, welcher der Pfade gewählt werden wird, ist an diesem Punkt nicht determiniert. Hat das System erst einmal einen solchen Phasenübergang hinter sich, ist die Veränderung irreversibel, weswegen auch oft von „irreversibler Systemdynamik" gesprochen wird. Auf diese Art und Weise ist es denkbar, dass Systeme neue Ordnungsmuster erzeugen, die, wenn sie erst einmal erzeugt sind, nicht mehr rückgängig zu machen sind.

Ein psychologisches Beispiel für eine solche irreversible Systemdynamik wäre z. B. die Entstehung von Sucht. Ein biologischer Organismus wie der Mensch kann durch starke psychische Belastung in eine Situation kommen, in der bisherige Verhaltensmöglichkeiten nicht mehr ausreichen, um innere Stabilität und Gleichgewicht zu gewährleisten. Technisch gesprochen wird dadurch ein Moment der

Instabilität erreicht, an dem verschiedene Verzweigungsmöglichkeiten offen sind. Eine Möglichkeit wäre z. B., der vergrößerten Belastung durch geeignetes Verhalten wie etwa dem Erlernen einer Entspannungs- oder Meditationstechnik zu begegnen, einen neuen Ausgleich oder ein neues Hobby zu finden. Eine andere Möglichkeit stellt die Regulierung des inneren Gleichgewichts durch pharmakologisch wirksame Substanzen wie etwa Suchtmittel dar. Hat ein Organismus an dieser Stelle einmal die „Entscheidung" getroffen, den Weg der pharmakologischen Regulierung zu gehen, werden Prozesse in Gang gesetzt, die nicht mehr leicht reversibel sind und einen neuen Pfad der Systemdynamik erzeugen. Soll dieser Pfad verlassen werden oder in einen neuen münden, muss wieder neue Energie aufgewandt und ein neuer Phasenübergang hergestellt werden, vielleicht durch eine Entzugsbehandlung.

Beispielsweise haben evolutionär gesehen sehr viel Entwicklungszeit und viele wechselseitig voneinander abhängige Prozesse dazu geführt, dass Primaten entstanden sind und aus den Primaten Menschen. Nachdem diese Entwicklung stattgefunden hat, haben sich diese Spezies weiterentwickelt und entfaltet und die Bedingungen ihrer Existenz selber in die Hand genommen und je neu geschaffen. Es ist heute kaum vorstellbar, dass der Mensch – außer durch seine eigene Tätigkeit oder ein kosmisches Unglück – wieder von der Bildfläche verschwindet. Insofern hat hier eine irreversible Systemdynamik stattgefunden und nun einen stabilen Zustand erreicht. Allerdings ist es genauso denkbar, dass durch menschliche Aktivitäten das Ökosystem so destabilisiert wird, dass wiederum ein neuer Phasenübergang auftritt, bei dem Bedingungen entstehen, die wiederum andere Entwicklungen begünstigen. Welche neuen Entwicklungen dann folgen, oder technisch gesprochen, welchem Pfad der Verzweigung das System dann nachgehen wird, dies ist vorher nicht entscheidbar, da die Lösung der Gleichungen an diesem Punkt im Normalfall nicht gegeben ist. Dies entspricht in der Wirklichkeit der Unbestimmtheit des Systems an diesem Punkt und damit der Instabilität, und gibt der Indeterminiertheit einen systematischen Ort im wissenschaftlichen Denken unserer heutigen Zeit.

Dieses Verhalten wird mit dem Kürzel der Nichtlinearität bezeichnet [34]. Dahinter verbirgt sich also die Einsicht, dass komplexe Systeme so strukturiert sind, dass sie die Bedingungen ihrer Existenz nicht nur erhalten, sondern auch so verändern können, dass unvorhersagbar Neues entsteht. Insofern können sie ein teilstabiles Gleichgewicht erzeugen, das zu verändern Energie und Kraft benötigt. Ist dieses Gleichgewicht über einen bestimmten Punkt hinaus getrieben, taucht die Instabilitätsphase auf, die das Entstehen von Neuem ermöglicht. Unser Ökosystem ist zum Beispiel ein solches komplexes, nichtlineares System. Innerhalb gewisser Grenzen stabilisiert es sich selbst und hält bestimmte wichtige Parameter, wie den Sauerstoff- oder Kohlenstoffgehalt der Luft konstant sowie die Temperatur, innerhalb derer Leben möglich ist. Wenn wir als wichtiger Bestandteil dieses Ökosystems nun bestimmte Parameter wie beispielsweise den Kohlenstoffgehalt über die Toleranzgrenze des Systems hinaus verändern, dann reagiert die Dynamik des Systems auf sehr komplexe und oftmals unvorhersehbare Weise. Wenn wir einen bestimmten Instabilitätspunkt überschreiten, so ist es durchaus möglich, dass das gesamte System einen Verlauf nimmt, der von uns weder kontrollierbar noch vorhersagbar ist. Was danach passiert – ob es sich auf einem Gleichgewicht stabilisiert oder gänzlich in sich zusammenbricht –, ist vom heutigen Standpunkt aus nicht berechenbar. Damit hat die Erweiterung der Systemtheorie zur Theorie komplexer, nichtlinearer Systeme ein sehr interessantes Element der Nichtvorhersagbarkeit und vor allem der Nichtplanbarkeit und des Indeterminismus in die Wissenschaftsdebatte eingeführt. Das Interessante an dieser Form der Nichtplanbarkeit und des Indeterminismus ist es nun, dass wir hier keine Unbestimmtheit aufgrund unserer Unkenntnis vor uns haben, sondern eine prinzipielle. Auch wenn die Kenntnis des Systems für uns noch so groß und komplett ist, könnten wir die Entwicklung, die es nehmen wird, nicht vorhersagen, weil der Charakter des Systems dergestalt ist, dass es einfach zwei oder mehr Entwicklungsmöglichkeiten hat, und dass den konkreten Pfad der Entwicklung, den es einschlagen wird, niemand vorher wissen *kann*.

Chaotische Systeme

Dies ist im Übrigen ein wichtiger Unterschied zu chaotischen Systemen. Chaotische Systeme sind solche, die zwar in ihrem Verhalten sehr kompliziert aussehen, denen aber eine vergleichsweise einfache mathematische Beschreibung oder Funktion zugrunde liegt. Die Chaotizität des Systems ergibt sich daraus, dass ihr Verhalten oftmals von Konstanten oder Randbedingungen determiniert ist, bei denen bereits geringe Veränderungen große Unterschiede im Verhalten ausmachen. Dieses Verhalten selber ist dann wiederum sehr stark determiniert. Eine andere Form der Chaotizität, wie wir sie z. B. beim Wetter vorliegen haben, findet dann statt, wenn Gleichungssysteme durch Konstanten gesteuert werden, deren exakte numerische Größe nicht auflösbar ist. Dann kann es sein, dass geringfügige Änderungen weit hinter dem Komma bereits große Auswirkungen auf die künftige Entwicklung des Systems haben und es uns nicht möglich ist, diese Größen entweder zu kennen oder zu berechnen. Das chaotische System ist deswegen seiner Struktur nach komplett deterministisch, unserer Kenntnis nach aber nicht vollständig bekannt. Das nichtlineare komplexe System ist seiner Natur nach indeterministisch, auch wenn wir alle momentanen Zustände komplett kennen. Das Interessante an chaotischen Systemen und die besondere Konsequenz ihrer faktischen und anscheinenden Unvorhersagbarkeit besteht darin, dass wir zu ihrer vollständigen Kenntnis oftmals so viele Anfangsbedingungen kennen oder beschreiben müssten, dass dies außerhalb unserer technischen und praktischen Reichweite ist. Wollten wir beispielsweise das Wetter zu jedem beliebigen Zeitpunkt in der Zukunft vorhersagen, müssten wir so viele Wetterstationen über die Erde ziehen, dass dies praktisch unmöglich ist. Angenommen, wir würden dies tatsächlich tun, könnte es sein, dass die Rechenkapazitäten, um all diese Informationen in ein Modell zu integrieren, nicht ausreichen würden, um die gewünschte Information zum rechten Zeitpunkt herbeizuschaffen. Chaotische Systeme sind deswegen für uns pragmatisch unbestimmt, aber nicht der Sache nach. Nichtlinear-komplexe Systeme sind der Sache nach unbestimmt und in der Regel auch pragmatisch.

Diese Entwicklung innerhalb der Systemtheorie wird zurzeit vor allem innerhalb der Neurowissenschaften und der Ökowissenschaften verfolgt [31]. Überall dort, wo nichtlineare Systemdynamik am Werk ist, entsteht Komplexität. Komplexität kann man sich vorstellen als einen höheren Grad an Information. Je komplexer ein System ist, desto mehr Information ist nötig, um es zu beschreiben. Das bedeutet aber auch, dass die Unbestimmtheit eines Systems mit der Komplexität zunimmt. Denn das denkbar komplexeste System ist das denkbar unbestimmteste oder das System, bei dem die Gesamtheit aller Informationen, die zu dessen Beschreibung nötig ist, das System selbst ausmacht. In letzter Konsequenz wäre also das komplexeste System ein zufälliges System. Die für uns aus der Psychologie relevanten Systeme, also z. B. unser Gehirn, unsere Persönlichkeit, Kreativität oder Gesellschaftssysteme, bewegen sich in diesem Zwischenbereich. Sie sind so komplex, dass eine Fülle von Informationen notwendig ist, um sie zu beschreiben, und damit auch ein großes Maß an Unbestimmtheit vorhanden ist. Um es noch einmal zu betonen: Diese Unbestimmtheit ist nicht durch unsere Unkenntnis erzeugt, sondern sie ist ein grundlegender Wesenszug solcher komplexer Systeme. Deshalb kann es durchaus sein, dass ein komplexes System, wie etwa unsere Gesellschaft oder unsere Wissenschaft, an einem bestimmten Punkt zu einem Phasenübergang kommt, der durch einen minimalen Anstoß in die eine oder andere Richtung einer Entwicklung gehen wird. Welche Richtung das System dann nehmen wird, lässt sich nicht vorhersagen. Dies macht den Reiz solcher Systeme und Entwicklungen aus, die oftmals ungeahnt neue Wege gehen können.

Ein anschauliches Beispiel hierfür ist die Geschichte. Es gibt sehr viele Beispiele, wo kleinste Entscheidungen oder Zufälle innerhalb der Geschichte große Konsequenzen hatten. Um ein klassisches Beispiel zu verwenden: Der Fall von Byzanz im Jahre 1453 ist darauf zurückzuführen, dass eine winzige Nebenpforte im starken Außenbollwerk von Konstantinopel unverschlossen und unbeaufsichtigt war. Normalerweise hätte sich nie irgendjemand um diese Pforte gekümmert. „Zufälligerweise“ kam irgendein streunender Osmanenkrieger des Weges und entdeckte „zufällig“ die Tür. Normalerweise hätte er davon ausgehen müssen, dass die Tür verschlossen ist und hätte nicht einmal auf die Idee kommen brauchen, sie auf ihren Zustand zu überprüfen. Und normalerweise hätte auch jemand in der Nähe sein müssen, um sie zu bewachen, und hätte den fraglichen Krieger sofort vertrieben. Zufälligerweise war zu diesem einen Moment die Tür unverschlossen, zufälligerweise kam der Osmanenkrieger des Weges und zufälligerweise wurde er nicht vertrieben und fand sie offen. Dies war der Anlass dafür, dass der gesamte Osmanensturm sich über die kleine unverschlossene Pforte in das befestigte Konstantinopel ergoss und dieses auslöschte. Wer weiß, wie die Geschichte verlaufen wäre, wenn an dieser Stelle kein unachtsamer Wachmann die Tür unverschlossen gelassen hätte oder jemand anderer als der osmanische Krieger die offene Pforte entdeckt hätte. Möglicherweise hätten sich in der Folge viele andere Konsequenzen daraus ergeben und das Gesamtsystem der abendländischen Entwicklungsgeschichte hätte einen komplett anderen Lauf genommen.

Ganz ähnlich ist es mit der Dynamik komplexer Systeme [34]. Ein winziger Trend in die eine oder andere Richtung kann das ganze System in eine komplett andere Situation bringen. Der Grund hierfür ist innerhalb des Systems nicht auszumachen und wird deswegen meistens als „Zufall“ bezeichnet. Wir sind mittlerweile aufgrund verschiedener wissenschaftskritischer Formulierungen informiert genug, um uns klarzumachen, dass auch dieser Zufall nur ein modernes Konstrukt dafür ist, dass wir an diesem Punkte keine mechanischen Gründe angeben können.

Die Dynamik komplexer Systeme eignet sich besonders gut, um Vorgänge wie sie beispielsweise in unserem Gehirn oder überhaupt in unserem Organismus stattfinden, zu modellieren und zu verstehen. Da diese Entwicklungen noch sehr neu sind, lässt es sich nicht angeben, wohin sie uns noch führen werden. Auf jeden Fall ist zu erwarten, dass das Denken im Rahmen solcher Modellvorgaben viel stärker als bisher dazu führen wird, das Unerwartete, Unbestimmbare und Unvorhersagbare und damit das Unkontrollierbare im Verhalten von Menschen und ihren komplexeren Ordnungsstrukturen, wie etwa von Familien, Gruppen und Gesellschaften, zu betonen.

10.8 Konstruktivistische Ansätze

Wahrnehmung ist Konstruktion

Die Grundthese des Konstruktivismus ist es, dass wir nicht Wirklichkeit wie sie ist wahrnehmen, sondern die Wirklichkeit in einem mehr oder weniger großen Ausmaße konstruieren. Die Unterschiede innerhalb verschiedener konstruktivistischer Standpunkte ist die Frage des *Ausmaßes* unserer Konstruktion und die Frage des Wirklichkeitsbezuges. Unsere eigene Darstellung geht ebenfalls von einer moderat konstruktivistischen Sichtweise aus, wie die Leser bemerkt haben dürften. Konstruktivistische Sichtweisen haben unterschiedliche Quellen und Herkunft. Eine haben wir bereits mehrfach genannt: Die Erforschung unserer Sinnesphysiologie hat ergeben, dass es keine naive Abbildtheorie der Wirklichkeit geben kann, die auch nur annähernd der empirischen Realität entspricht. Wenn wir einen Bezug zur Wirklichkeit haben, so ist dieser im höchsten Maße konstruiert und von den Voraussetzungen unserer Wahrnehmungen gegeben. Dies zeigt schon ein einfacher Vergleich mit anderen Lebewesen: Wir können beispielsweise keine leichten Druckwellen wahrnehmen wie die Fische, wir sehen auch kein ultraviolettes Licht wie die Bienen; wir hören keinen Ultraschall wie die Fledermäuse und auch keinen Infraschall wie die Elefanten. Das heißt, dass bereits von der Begrenzung unserer Sinneskanäle her die Welt unserer Wahrnehmung und damit die Welt dessen, was vorkommt, begrenzt ist. Noch stärker wird unsere Wahrnehmung begrenzt durch die Gegebenheiten unseres kognitiven Apparates, der wiederum kulturell und individualpsychologisch überformt ist. Allein diese Erkenntnis zeigt bereits, dass Wirklichkeitsrepräsentation in bestimmten Grenzen immer Wirklichkeitsrekonstruktion ist. Dass unser Wahrnehmungsapparat gleichzeitig einen gewissen Bezug zu einem relevanten Teilaspekt der Wirklichkeit haben muss, ist klar, sonst hätten wir Menschen uns als Spezies nicht entfalten können.

Verschiedene Wirklichkeiten

Dies hat auch die systemtheoretische Entwicklung ergeben, die innerhalb der Psychologie mit den Namen Bateson [23] und Watzlawick [42] verknüpft ist. Diese und einige andere Autoren haben immer wieder darauf hingewiesen, wie stark unsere Repräsentation von der Wirklichkeit eine je individuell konstruierte ist.

Wirklichkeit, so die Grundeinsicht der Systemtheorie, ist immer systemspezifische Wirklichkeit. Für ein Bakterium, das nach Reproduktionsmöglichkeit und Vermehrungsmöglichkeit sucht, gibt es nur eine binäre Wirklichkeit: Substrat, in dem es wachsen kann, oder kein Substrat. Tiere, die Pflanzen fressen, würden sich nie für kleine Mäuse, Schnecken oder Ameisen interessieren, sofern diese ihnen nichts tun. Hier gibt es nur die Unterscheidung „fressbare Pflanzen" oder „anderes". Analog gilt für uns Menschen, dass wir je nach persönlichem Zustand bestimmte Dinge in den Blick nehmen, die dann für uns wirklich sind. Für einen liebestollen Pubertierenden wird die Wirklichkeit aus seiner Angebeteten und dem Rest der Welt bestehen. Wenn dieselbe Angebetete in vielleicht dreißig Jahren andere Züge entwickelt hat, ändert sich die Sicht der Welt vollständig. Insofern ist Wirklichkeit immer systemspezifisch und auch je systemzustandsspezifisch. Das heißt aber auch, dass verschiedene Systeme sich eigentlich widersprechende Wirklichkeiten konstruieren können, obwohl sie es vordergründig mit derselben Realität zu tun haben. Während für uns ein lauer Abend still, regungslos und dunkel ist, ist er für die Fledermaus, die nach Nahrung sucht, voller Aufregung, voller unterschiedlicher Information und voller Leben. Dies erklärt auch, warum die Debatte über das, was der Fall ist, auch unter Menschen, die anscheinend ähnliche Wahrnehmungsapparate und anscheinend gleiche Wirklichkeiten haben, so widersprüchlich verläuft. Vertreter politischer Parteien bewerten in aller Regel die gleiche Situation sehr verschieden. Auch wenn man politische Meinungsverschiedenheiten und ein gehöriges Maß an rhetorischer Polemik von diesen Aussagen abzieht, erkennt man doch, dass Menschen mit unterschiedlicher Motivation und Zielsetzung ein und dieselbe Realität vollkommen verschieden rekonstruieren und unterschiedliche Wirklichkeiten erleben. (Die aufmerksame Leserin wird bemerkt haben, dass wir schleichend eine Unterscheidung eingeführt haben: Wir nennen „Realität" die physikalische Wirklichkeit in einem ähnlichen Sinn wie Kant vom „Ding an sich" gesprochen hat, und „Wirklichkeit" die je von einer Person rekonstruierte Hinsicht auf diese Realität.)

Deswegen ist eine Grunderkenntnis des Konstruktivismus, dass es nicht *die* Wirklichkeit gibt, sondern nur jeweils individuelle Wirklichkeiten, die zu verstehen notwendig sind. Um sie zu verstehen, müssen erst die Randbedingungen eines Systems rekonstruiert werden, damit wir dessen Wirklichkeitszugang begreifen können. Innerhalb der Psychologie zeigt sich dies vor allem in einer Wende zur narrativen und qualitativen Forschung. Konstruktivistische Ansätze haben klar gemacht, dass der verobjektivierende Wirklichkeitszugang, wie er sich aus der positivistischen Wissenschaftsauffassung ergibt, für komplexe menschliche Systeme nur begrenzt zielführend ist. Will man die Wirklichkeitsrepräsentation eines Menschen verstehen, so muss man seine gesamte individuelle Geschichte rekonstruieren, seine Randbedingungen, seine Interessenlage und Zielsetzung verstehen. Daher versuchen hermeneutisch-narrative Verfahren genau dies: individuelle Wirklichkeit zu verstehen, zu rekonstruieren, um den je eigenen Wirklichkeitsbezug sichtbar zu machen. Erst wenn man die Verfremdung des eigenen Wirklichkeitszugangs durch die Konfrontation mit dem eines anderen Menschen zur Kenntnis nimmt, ist es möglich, die eigenen Voraussetzungen wahrzunehmen. Es verhält sich hierbei wie mit der eigenen Kultur und dem Reisen: Die Annehmlichkeiten und die Voraussetzungen unserer Kultur werden uns meistens erst dann klar, wenn wir in einem anderen

Land sind, in dem andere Regeln herrschen. Erst wer einmal in einem Land war, in dem – wenn überhaupt – vielleicht nur zwei oder drei Stunden am Tag fließendes Wasser vorhanden ist, wird feststellen, in welchem Maße unsere Kultur von der Tatsache geprägt ist, dass wir wie selbstverständlich immer sauberes und fließendes Wasser zur Verfügung haben. Erst wer in einem Land war, in dem öffentliche Verkehrsmittel nur approximativ pünktlich kommen, wird verstehen, wie stark unser Leben von der Tatsache geprägt ist, dass alle Abläufe einigermaßen plan- und vorhersagbar in das Tagesgeschehen eingebunden sind. In gleichem Maße wird auch der Wissenschaftler oder Forscher seine Voraussetzungen nur dann verstehen, wenn er sie mit je anderen Wirklichkeitsbezügen konfrontiert [41].

In diesem Sinne hat sich im Rahmen des Konstruktivismus auch der Begriff der „Dekonstruktion" eingebürgert: der Entrümpelung und Entfernung der eigenen Voraussetzungen im Wirklichkeitszugang. Dies ist nur möglich, wenn der eigene Zugang zur Welt einem anderen gegenübergestellt wird und die Voraussetzungen, die man selber macht, transparent werden. Konstitutiv hierfür ist der Dialog oder die Konfrontation mit einem anderen im weitesten Sinne des Wortes [40]. Narrative Ansätze tun genau das: Sie versuchen zu rekonstruieren, wie bestimmte Weltzugänge entstanden sind und wie sie sich gegenüber anderen Zugängen, z. B. meinem eigenen, abheben.

Unser Gehirn: Ein Wirklichkeitsgenerator

Ein weiterer Impuls, der den Konstruktivismus beflügelte, wurde schon öfter erwähnt und kommt aus der Neurobiologie oder Hirnforschung [38, 39]. Denn hier wurde zunehmend klar, wie stark unsere anscheinend einfachen Wahrnehmungs- und Sinnesprozesse – also diejenigen einfachen Kontaktnahmen mit der Welt, die wir aus den Sinnen ableiten – durch komplexe und zentrale Hirnprozesse gesteuert und modifiziert werden. Die Bandbreite unserer Sinneskanäle ist die eine Seite, die unseren Weltbezug festlegt. Würden wir beispielsweise natürliche und künstliche Radioaktivität wahrnehmen und hierfür ein Sinnensorgan besitzen, würde unsere Welt möglicherweise komplett anders aussehen, als sie dies tut. Auch innerhalb der vorhandenen Sinneskanäle nehmen wir nur ein bestimmtes Spektrum wahr. Unsere Augen können beispielsweise elektromagnetische Strahlung nur im Rahmen des sichtbaren Lichtes sehen. Würden wir Infrarotstrahlung wahrnehmen, könnten wir wie manche Tiere auch nachts sehen. Unser Ohr nimmt nur bestimmte Frequenzen wahr und unser Geruchssinn ist verglichen mit dem von Hunden oder Schmetterlingen extrem grob ausgeprägt. Würden wir bereits auf einzelne Moleküle von verschiedenen Arten reagieren, ist es zweifelhaft, ob wir den Schadstoffausstoß, den unsere Zivilisation der Ökosphäre zumutet, selber ertragen würden. Die Beispiele könnten vermehrt werden, wie bereits die Breite und Einengung unserer Sinneskanäle dafür sorgt, dass wir eine bestimmte Art der Wirklichkeit konstruieren. Aber auch innerhalb unserer Sinneskanäle herrschen starke Form- und Konstruktionsprozesse vor. Wir erwähnten bereits das Beispiel, wie auf neuronaler Ebene bestimmte Detektorsysteme Ganzheiten erkennen. Psychologisch gesehen werden wir auch von unseren individuellen Erfahrungen so geprägt, dass unsere Wahrnehmung alles andere als vorurteilsfrei ist. Dies ist innerhalb der Wissenschaft nicht anders. Ein Forscher, der ein bestimmtes Erkenntnisinteresse hat, wird bestimmten Informationen Bedeutung beimessen, die ein anderer Forscher als Abfall zur Seite legt.

Die Hirnforschung hat gezeigt, dass die physiologischen Prozesse und die neurobiologischen Vorgänge, die ablaufen, wenn das Gehirn z. B. selbsterzeugte Reize wahrnimmt – wie in der Imagination oder im Traum – auf neuronaler Ebene bisher so gut wie gar nicht von wirklichen Wahrnehmungen unterscheidbar sind. Aber auch diese Sinnesreize werden durch zentrale Verarbeitungsprozesse um ein Vielfaches überboten und überformt: Neurobiologisch kommen auf einen afferenten Reiz aus der Sinnesperipherie etwa 1000 neuronale Impulse, die diesen Impuls modulieren bzw. gleichzeitig intern ablaufen [39]. Zentralnervös ist dann keine Unterscheidung zwischen extern verursachter und intern generierter Aktivität mehr sinnvoll. Das Bild unseres Wahrnehmungsapparates, der sich aufgrund der neurobiologischen Analyse ergibt, ist also das eines hochkomplexen Wirklichkeitsgenerators oder -regenerators. Er „bildet" Wirklichkeit nur in evolutionär und individuell nützlichen Grenzen „ab" und leistet diese Abbildung durch Konstruktion.

Die wissenschaftstheoretische Analyse, ausgehend von Feyerabend, marxistischer Ideologiekritik und anderen, hat zusätzlich ergeben, wie stark Wissenschaft durch alle möglichen Prozesse der Interessensleitung geformt ist. Auch hier zeigt sich: Wissenschaft ist nicht Abbildmalerin oder Fotografin der Wirklichkeit, sondern Gestalterin der Wirklichkeit. All diese Entwicklungen haben in neuerer Zeit dazu geführt, dass eigentlich nur ein mindestens moderat konstruktivistischer Ansatz geeignet ist, den Prozess der Wissenschaft und ihres Wirklichkeitszugangs zu beschreiben. Wie stark soziale Prozesse in die (Re-)Konstruktion der Wirklichkeit eingreifen, darüber wird sicherlich eine Debatte notwendig sein und sich streiten lassen. Denn bestimmte Rahmenbedingungen setzt die Realität ohne Zweifel. Wenn ein Haus brennt, wird auch der Konstruktivist aus dem Fenster springen, und wenn ein Nahrungsmittel vergiftet ist, wird auch dem stärksten Sozialkonstruktivisten übel. Insofern wird es auf jeden Fall einen Kern gemeinsamer unbestreitbarer Wirklichkeit geben. Diese wird auch einen Kern unbestreitbarer Wirkungen haben. Wie genau allerdings diese Rekonstruktion sein wird, das wird die Debatte zeigen.

Auswirkungen in der Psychologie

Systemtheorien und konstruktivistische Theorien haben in der neueren Zeit wichtige Impulse an die Psychologie weitergegeben [40]. Die Systemtheorie ist von der Familientherapie und der systemischen Therapie aufgegriffen worden. Diese ist im Begriff, zu einer etablierten Therapieform aufzusteigen. Die Grundeinsicht, dass die Anordnung von Elementen zu einem Ganzen mit weiteren Zusammenhängen führt, hat sich also durchgesetzt. In einer systemtheoretischen Rekonstruktion einer Familie wird ein therapeutischer Ansatz anders verlaufen als wenn individualtherapeutisch vorgegangen wird. Ein Familientherapeut wird beispielsweise an einem anderen Teil des Systems Veränderungen vornehmen, um bei einem Klienten Verbesserungen zu erzielen. Ein Individualtherapeut hingegen würde bei der Klientin selber ansetzen. Auch die Sozialpsychologie bezieht systemische Ansätze immer mehr mit ein. Dort sind sie seit Kurt Lewin als Erbe aus der Gestaltpsychologie eigentlich immer schon vorhanden gewesen. Neuropsychologische und kognitionspsychologische Forscher verwenden systemtheoretische Ansätze zunehmend, etwa in der Theorie neuronaler Netze oder in der Modellierung nichtlinearer Systemdynamiken im Gehirn oder in anderen Körpersystemen. Eng verbunden ist diese Entwicklung mit der Übernahme konstruktivistischer Ansätze durch Psychologen.

Die Bedeutung der narrativ-hermeneutischen Ansätze und der qualitativen Forschung wurde bereits betont. Hinter ihnen verbirgt sich nicht nur ein anderer methodischer Zugang zur Wirklichkeit, sondern auch eine Wirklichkeitsrekonstruktion, die dem Konstruktivismus verpflichtet ist. Konstruktivistische Erfahrungen sind eigentlich auch der Psychoanalyse und der klinischen Psychologie immer schon inhärent gewesen. Denn hier war schon sehr bald klar, dass nicht nur die objektive Abbildung der Wirklichkeit von Bedeutung ist, und dass nicht nur die objektive Wirklichkeit selber krankmachendes Element ist, sondern vor allem die Bewertung und Rekonstruktion dieser Wirklichkeit. Deswegen kann es auch sein, dass jemand in einer „objektiv" traumatisierenden Situation vergleichsweise ungeschoren davon kommt, während jemand anderer in einer von Außenstehenden vielleicht sogar milder beurteilten Situation beinahe zugrunde geht. Aufgabe klinisch-psychologischer Forschung ist es immer schon gewesen, die je individuellen Rekonstruktionen von Wirklichkeit nachzuvollziehen, um Verständnis für biographische Lebenssituationen zu gewinnen. Auch wenn im Moment die neurobiologische Forschung eine dominante Richtung innerhalb der Psychologie darstellt und diese Forschung einem scheinbar verobjektivierenden Paradigma folgt, so ist doch auch hier die interessante Dialektik zu beobachten, dass gerade diejenige Methode, die den anscheinend verobjektivierendsten Zugang innerhalb der psychologischen Forschung verwendet, nämlich die Neurobiologie, mit ihren Befunden genau dazu beiträgt, die Voraussetzungen eines verobjektivierenden Weltbildes fraglich erscheinen zu lassen und konstruktivistische Sichtweisen eröffnet.

Evolutionstheoretische Entwürfe

Neben der Quantentheorie ist vielleicht die Evolutionstheorie eine der akzeptiertesten allgemeinen Rahmenparadigmata der Wissenschaft der neueren Zeit überhaupt geworden [43]. Kaum irgendjemand bezweifelt mehr die Tatsache, dass Leben aufgrund eines komplexen und im Einzelnen noch nicht verstandenen Evolutionsvorgangs entstanden ist und sich differenziert hat. Wenn dies so ist, folgern Evolutionstheoretiker, dann könnte es ja sein, dass das *kantsche a priori*, welches angetreten war Grundbedingungen und Voraussetzungen unserer Erkenntnis zu analysieren, zu einem *evolutionären a priori* wird. Das heißt, dass nicht allgemeine Grundverfasstheiten unseres Verstandes, die sozusagen durch den Weltgeist garantiert werden, die Grundbedingung unserer Erkenntnis definieren, sondern das evolutionäre Gewordensein unseres kognitiven Apparates. Denn die Bedingungen dieses Gewordenseins aufgrund unserer Evolutionsgeschichte können wir nicht übersteigen. Wir müssen beispielsweise anerkennen, dass wir als Spezies einer räuberischen Gruppierung vom Primaten entwachsen sind. Diese Primaten verdankten ihre evolutionäre Stoßkraft vor allem der Tatsache, dass sie in großen Gruppen kooperativ jagten, auf Nahrungsfang ausgingen und sich durch sprachliche Verständigung und symbolische Verwendung von Zeichensprache vergleichsweise effizient koordinieren konnten. Dies hat auch beispielsweise zum Entstehen unserer Konzepte von Ursache und Wirkung beigetragen und mag vielleicht auch zur Entstehung von Bewusstheit geführt haben. Insofern ist unsere Evolutionsgeschichte der unhintergehbare Horizont auch unseres wissenschaftlichen Forschens [36, 37].

Kognition als Resultat der Evolution und als emergente Eigenschaft eines komplexen neuronalen Systems, das sich durch die Evolutionsgeschichte entwickelt hat, ist also auch die Voraussetzung für wissenschaftliche Erkenntnis, und damit wird Wissenschaft selber zu einem evolutionären Moment. Kognition diente in der Geschichte unserer Art dem Planen und Probehandeln in Gedanken. Eine Spezies, die sich überlegen kann, welche Konsequenzen die nächste Handlung haben wird, hat selbstverständlich eine größere Chance, Gene weiterzugeben als diejenige, die es nur durch Versuch und Irrtum zuwege bringt, sich über die Wirklichkeit ein Bild zu verschaffen. Wenn das Probehandeln in Gedanken mir sagt, dass diese oder jene Handlung zu meinem vorzeitigen Ende führen kann, dann werde ich diese vielleicht eher unterlassen und eine Chance haben, meine Gene weiterzugeben, bevor der Tod mich ereilt. Aus diesem Grunde vermittelt die Möglichkeit, in Gedanken Handlungen zur Probe zu vollziehen, selbstverständlich einen Vorteil evolutionärer Art. Das Gleiche gilt für die Fähigkeit, Korrelationen in der Umwelt durch abstrahierte Ursache-Wirkungsketten miteinander in Beziehung zu setzen.

Wenn also Kognition als Resultat der Evolution verstanden werden kann, dann kann kollektive Kognition, wie sie für die Wissenschaft typisch ist, ebenfalls als Resultat der Evolution verstanden werden und ist Entwicklungen unterworfen [37]. Wissenschaftstheorie muss daher immer historisch und nicht präskriptiv vorgehen, denn sie untersucht letztlich immer die Bedingungen eines Evolutionsprozesses, der in die Zukunft hinein offen und nicht festgeschrieben ist. Diese von Rupert Riedl und Erhard Oeser u. a. mitbegründete Art der Wissenschaftstheorie macht evolutionäre Grundgegebenheiten, die zunächst nur in der Verhaltensforschung angewandt worden sind, auch für die Wissenschaftstheorie geltend. In der Verhaltensforschung spielt die Evolutionstheorie für die Psychologie ebenfalls eine spezielle Rolle, die in der neueren Richtung der Evolutionspsychologie manifest wird. So werden dort etwa die evolutionären Bedingungen von Verhalten untersucht und Auswirkungen bestimmter Verhaltensweisen für die Genetik dafür verantwortlich gemacht, welche Verhaltensprogramme evolutionär weitergegeben worden sind. Es kann beispielsweise durchaus der Fall sein, dass altruistisches Verhalten in einem gewissen Rahmen dem Überleben einer Gruppe zuträglich und deswegen evolutionsbiologisch förderlich war und damit genetisch fixiert wurde. Eine solche Perspektive lässt verstehen, warum wir manche Verhaltensweisen an den Tag legen, andere aber nicht. Wir stoßen auch hier wieder auf eine interessante Dialektik: Die Wissenschaft ist ursprünglich ausgezogen, die Evolution als ein gleichsam mechanistisches Prinzip zur Erklärung heranzuziehen, wie Leben und komplexe Systeme entstanden sind. Diese quasi-deterministische Theorie, die auf einfachen Vorgaben beruhen soll – zufällige Mutationen im Verein mit Auswahlprozessen –, führt nun dazu, dass die Wissenschaft sich selber als aus diesem Evolutionsprozess entstanden begreift und darin die Undeterminiertheit ihrer zukünftigen Entwicklung und der allen Lebens festschreibt.

Quintessenz

- Wir verstehen Wissenschaft als den Versuch, menschliche Erfahrung zu systematisieren und methodisch vor Irrtum zu schützen.
- Er ist ein kollektiver Versuch, der von der Gemeinschaft der Wissenschaftler getragen wird.
- Kriterium der Wissenschaftlichkeit ist Intersubjektivität der Erkenntnisse, die sich durch Replikation operationalisieren lässt.
- Der Prozess wird durch wissenschaftliche Kritik und Skepsis vorangetragen.
- Ein weiteres Kennzeichen wissenschaftlicher Aussagen ist ihre prinzipielle Überprüfbarkeit und Transparenz. Die wissenschaftliche Vorhersage beleuchtet das komplizierte Wechselspiel von Theorie und empirischer Überprüfung bzw. Wahrnehmung und theoretischen Elementen.
- Die wissenschaftliche Tätigkeit will auch zur Erklärung von Phänomenen beitragen. Diese können manchmal erst später in nützliche Anwendungen münden und gehören dann in den Bereich der Technik.
- Erklärungen innerhalb der Psychologie sind praktisch nie linear und deterministisch, sondern immer multifaktoriell und äußerst komplex.
- Im Praxisfall spielt sich Wissenschaft immer ab als komplexe Wechselwirkung von Beobachtungen, Ordnung dieser Beobachtungen in meistens vorläufigen theoretischen Modellen und in der Ableitung von Konsequenzen aus diesen theoretischen Modellen, die wiederum empirisch überprüft werden.
- Vor allem die unvorhergesehenen Beobachtungen geben Anlass zur Modifikation existierender Theorien.
- Der Positivismus geht davon aus, dass nur das erfahrungsmäßig Gegebene in einfachen Beobachtungen ausreicht, um Wissenschaft systematisch zu betreiben. Er wurde in neuerer Zeit vom Wiener Kreis neu bestimmt und war eine Weile lang sehr mächtig.
- Grundintention des Wiener Kreises war die Reformation der Philosophie am Beispiel der empirischen Naturwissenschaft. Hauptsächliches Instrument dieses Vorgehens sollte die Logik, die logische Analyse von Sätzen und die einfache Beobachtung zweifelsfreier Tatsachen sein. Dieses Vorgehen stellt die Verifikation empirischer Aussagen in den Vordergrund.
- Der Positivismus ist an zwei Stellen fundamental kritisiert worden: Die naive Abbildtheorie der Erkenntnis hat sich als unhaltbar erwiesen, und die Wissenschaftslogik, die allein auf Induktion aufbaut, erzeugt das Induktionsproblem, das nicht innerhalb dieses Modells lösbar ist.
- Beobachtungen sind immer theoriegeladen, wie das historische Beispiel der Entdeckung des Herzschlags zeigt. Dieser war von vielen Wissenschaftlergenerationen nicht wahrgenommen worden, weil keine entsprechende Theorie dieses Phänomen nahelegte.
- Popper begründete den kritischen Rationalismus als Korrektiv und Gegenbewegung zum Positivismus der Wiener Schule. Er forderte, eine kühne Theorie aufzustellen und diese durch empirische Beobachtung zu falsifizieren.
- Lakatos hat dieses Modell erweitert, indem er von einem Kern der Theorie spricht, das er „Forschungsprogramm" nannte, und einem Gürtel aus Hilfstheorien. Gegenstand der Falsifikation ist zunächst nicht das Forschungsprogramm insgesamt, sondern nur Hilfshypothesen oder Teiltheorien.
- Dass das falsifikationistische Forschungsprogramm historisch praktisch nie zur Anwendung gekommen ist, zeigen neuere Analysen der Wissenschafts-

geschichte. Deshalb kann der kritische Rationalismus als alleinige wissenschaftstheoretische Position nicht als brauchbar angenommen werden.

- Putnam zeigte, dass wissenschaftliches Vorgehen in aller Regel eine positive Unterstützung von Theorien und Beobachtungen erzeugt.
- Innerhalb der Psychologie wurde der kritische Rationalismus vor allem deswegen so mächtig, weil er sich mit der statistischen Theorie des Hypothesentestens verbinden konnte. Diese alleinige Richtung experimenteller Forschung wird in letzter Zeit zunehmend kritisch gesehen.
- Konstruktivistische Sicht am kritischen Rationalismus, wie etwa durch Feyerabend, hebt darauf ab, dass vorschreibende Methoden der Wissenschaft nicht dienlich sind. Sie verweist vielmehr auf die Vielseitigkeit und Multiplizität von Forschungs- und Methodenkulturen.
- Die Kritik der Frankfurter Schule weist auf die Interessengeleitetheit jeder Forschung und auf die Notwendigkeit von Ideologiekritik hin. Neuere, teilweise soziologisch motivierte Ergänzungen durch Laudan oder Latour weisen Wissenschaft als einen sozialen Problemlösungsprozess auf, der in einer komplexen Wechselwirkung mit den Rahmenbedingungen der Gesellschaft steht.
- Durch die Systemtheorie wurde ein neues Element in die Wissenschaft eingeführt. Sie geht davon aus, dass die Ordnung von Einzelelementen zu sinnvoll strukturierten Ganzheiten, sogenannten Systemen, auf allen Beschreibungsebenen immer wieder ähnlichen Gesetzmäßigkeiten gehorcht. Lebende Systeme können auf diese Art und Weise Abgrenzungen vornehmen, innerhalb derer sie eigene Ordnungen und ein für sie taugliches Lebensmilieu erhalten können.
- Kennzeichen dieses systemischen Ansatzes ist es, dass er die Neuentstehung von Eigenschaften und Strukturen denkbar macht. Dies wird unter dem Stichwort „Emergenz" verhandelt.
- Die Theorie autopoietischer Systeme zeigt, dass Organismen nicht nur ihr Milieu selber erzeugen können und damit die Bildung der für sie unterstützenden Voraussetzungen steuern, sondern auch sich selber innerhalb dieses Milieus reproduzieren.
- Die Theorie komplexer Systeme zeigt, dass lebende Systeme an bestimmten Phasenübergängen sogenannte Unbestimmtheiten durchlaufen, an denen die weitere Entwicklung prinzipiell nicht mehr vorhersagbar ist. Dadurch kann prinzipiell Neues entstehen, dessen genaue Gestalt und Form nicht vorhersagbar ist.
- In der Theorie chaotischer Systeme zeigt sich, dass die Vorhersagbarkeit trotz einer durchgängigen Determiniertheit pragmatische Grenzen haben kann. Daraus ergibt sich insgesamt eine Sicht der biologischen Prozesse, die die Entstehung von Neuem, die Vorhersagbarkeit zukünftiger Ereignisse und die Planbarkeit systemischer Entwicklungen prinzipiell in Frage stellt.
- Der Konstruktivismus bringt die Erkenntnis in die Diskussion ein, dass jede Wahrnehmung und jede Repräsentation der Außenwelt immer zu einem gewissen Grade Konstruktion oder Rekonstruktion ist. Dieser Ansatz hat sich innerhalb der Psychologie in den letzten Jahren im vermehrten Betonen narrativer und hermeneutischer Ansätze bemerkbar gemacht.
- Zu Hilfe kommt der konstruktivistischen Tradition die grundlegende Erkenntnis der Neurowissenschaften, dass unser Gehirn in wesentlichen Teilen Wirklichkeit erzeugt, generiert und rekonstruiert, und weniger einfach abbildet.
- Die evolutionstheoretischen Entwürfe betonen das biologische Eingebundensein des Menschen in eine evolutionsbiologische Entwicklungslinie und lassen unsere Erkenntnismöglichkeit, aber auch unsere Grenzen der Erkenntnis, in dieser

Tradition als biologisch gegeben verstehen. Sie lösen das kantsche durch ein evolutionäres oder biologisches *Apriori* ab.

Literatur

Wissenschaftstheorie: Positivismus, Kritischer Rationalismus und ihre Kritik

[1] Birnbacher, D. (1985). John Stuart Mill (1806–1873). In O. Höffe (Hrsg.), *Klassiker der Philosophie II: Von Immanuel Kant bis Jean-Paul Sartre.* (S. 132–152). München: Beck.

[2] **Collins, H. & Pinch, T. (1993). *The Golem. What Everyone Should Know About Science.* Cambridge: Cambridge University Press.**

[3] Essler, W. K. (1985). Rudolf Carnap (1891–1970). In O. Höffe (Hrsg.), *Klassiker der Philosophie II: Von Immanuel Kant bis Jean-Paul Sartre.* (S. 385–408). München: Beck.

[4] Habermas, J. (1973). *Erkenntnis und Interesse.* Frankfurt: Suhrkamp.

[5] Horkheimer, M. & Adorno, T. W. (1969). *Dialektik der Aufklärung. Philosophische Fragmente.* Frankfurt: Fischer.

[6] Lakatos, I. (1978). *The Methodology of Scientific Research Programmes. Philosophical Papers. Vol. 1.* Cambridge: Cambridge University Press.

[7] *Lakatos, I. (1979). *Beweise und Widerlegungen. Die Logik mathematischer Entdekkungen.* Braunschweig: Vieweg.

[8] Lakatos, I. & A. Musgrave (Hrsg.) (1974). *Kritik und Erkenntnisfortschritt.* Braunschweig: Vieweg.

[9] *Latour, B. (2000). *Die Hoffnung der Pandora: Untersuchungen zur Wirklichkeit der Wissenschaft.* Frankfurt: Suhrkamp.

[10] *Laudan, L. (1977). *Progress and its Problems: Towards a Theory of Scientific Growth.* Berkeley: University of California Press.

[11] Laudan, L. (1981). *Science and Hypothesis.* Dordrecht: Reidel.

[12] Popper, K. R. (1976). *Logik der Forschung.* Tübingen: J. C. B. Mohr.

[13] **Popper, K. R. (1984). *Objektive Erkenntnis. Ein evolutionärer Entwurf.* Hamburg: Hoffmann & Campe.**

[14] *Popper, K. R. (1994). *Alles Leben ist Problemlösen. Über Erkenntnis, Geschichte und Politik.* München: Piper.

[15] *Putnam, H. (1975). The corroboration of theories. In H. Putnam (Ed.): *Mathematics, Matter and Method. Philosophical Papers.* (pp. 250-269). Cambridge: Cambridge University Press.

[16] **Seiffert, H. (1996–2001). *Einführung in die Wissenschaftstheorie. Bd. 1: Sprachanalyse, Deduktion, Induktion in Natur- und Sozialwissenschaften. Bd. 2: Phänomenologie, Hermeneutik und historische Methode, Dialektik. Bd. 3: Handlungstheorie, Modallogik, Ethik, Systemtheorie. Bd 4: Wörterbuch der wissenschaftstheoretischen Terminologie.* München: Beck.**

[17] Stegmüller, W. (1965). *Hauptströmungen der Gegenwartsphilosophie.* Stuttgart: Kröner.

[18] Stegmüller, W. (1974). *Probleme und Resultate der Wissenschaftstheorie und Analytischen Philosophie. Band 1 Wissenschaftliche Erklärung und Begründung.* Heidelberg: Springer.

[19] Stegmüller, W. (1975). *Das Problem der Induktion: Humes Herausforderung und moderne Antworten: Der sogenannte Zirkel des Verstehens.* Darmstadt: Wissenschaftliche Buchgesellschaft.
[20] Stegmüller, W. (1983). *Erklärung, Begründung, Kausalität.* Berlin, Heidelberg, New York: Springer.
[21] Suppe, F. (ed.) (1977). *The Structure of Scientific Theories.* Urbana: University of Illinois Press.
[22] Wittgenstein, L. (1980). *Tractatus logico-philosophicus – Logisch-philosophische Abhandlung.* Frankfurt: Suhrkamp.

Systemtheorie, Komplexität und Nichtlineare Systemdynamik

[23] *Bateson, G. (1982). *Geist und Natur: Eine notwendige Einheit.* Frankfurt: Suhrkamp.
[24] Bertalanffy, L.v. (1968). *General System Theory.* New York: Braziller.
[25] **Jantsch, E. (1979). *Die Selbstorganisation des Universums: Vom Urknall zum menschlichen Geist.* München: Hanser.**
[26] Jantsch, E. (1981). Autopoiesis: a central aspect of dissipative self-organization. In M. Zeleny (Ed.), *Autopoiesis. A Theory of Living Organization.* (pp. 65–88). North Holland, NY: Elsevier.
[27] Maturana, H. R. (1982). *Erkennen. Die Organisation und Verkörperung von Wirklichkeit.* Braunschweig: Vieweg.
[28] **Maturana, H. R., & Varela, F. J. (1987). *Der Baum der Erkenntnis. Wie wir die Welt durch unsere Wahrnehmung erschaffen – die biologischen Wurzeln des menschlichen Erkennens.* Bern, München: Scherz.**
[29] Prigogine, I. (1979). *Vom Sein zum Werden. Zeit und Komplexität in den Naturwissenschaften.* München: Piper.
[30] Prigogine, I. (1989). Die Wiederentdeckung der Zeit. Naturwissenschaft in einer Welt begrenzter Vorhersagbarkeit. In H.-P. Dürr & C. Zimmerli (Hrsg.), *Geist und Natur. Über den Widerspruch zwischen naturwissenschaftlicher Erkenntnis und philosophischer Welterfahrung.* (S. 47–60). Bern, München: Scherz.
[31] **Prigogine, I. & Stenger, I. (1981). *Dialog mit der Natur. Neue Wege naturwissenschaftlichen Denkens.* München: Piper.**
[32] **Spitzer, M. (1996). *Geist im Netz. Modelle für Lernen, Denken und Handeln.* Heidelberg: Spektrum Akademischer Verlag.**
[33] *Varela, F. J., Maturana, H. R. & Uribe, R. B. (1974). Autopoiesis: The organization of living systems, its characterization and a model. *Biosystems, 5,* 187–196.
[34] *Walleczek, J. (ed.) (2000). *Self-Organized Biological Dynamics and Nonlinear Control. Toward Understanding Complexity, Chaos and Emergent Function.* Cambridge: Cambridge University Press.

Konstruktivismus und evolutionäre Erkenntnistheorie

[35] Feyerabend, P. (1976). Wider *den Methodenzwang. Skizze einer anarchistischen Erkenntnistheorie.* Frankfurt: Suhrkamp.
[36] **Oeser, E. (1987). *Psychozoikum: Evolution und Mechanismus der menschlichen Erkenntnisfähigkeit.* Hamburg, Berlin: Parey.**
[37] **Oeser, E. (1988). *Das Abenteuer der kollektiven Vernunft. Evolution und Involution der Wissenschaft.* Berlin, Hamburg: Parey.**
[38] Oeser, E. & Seitelberger, F. (1988). *Gehirn, Bewußtsein und Erkenntnis.* Darmstadt: Wissenschaftliche Buchgesellschaft.

[39] **Roth, G. (1997). *Das Gehirn und seine Wirklichkeit. Kognitive Neurobiologie und ihre philosophischen Konsequenzen.* Frankfurt: Suhrkamp.**

[40] Slunecko, T. (1996). *Wissenschaftstheorie und Psychotherapie. Ein konstruktiv-realistischer Dialog.* Wien: WUV – Wiener Universitätsverlag.

[41] Wallner, F. G. (1999). Das Bewusstsein – eine abendländische Konstruktion. In T. Slunecko, O. Vitouch, C. Korunka, H. Bauer & B. Flatschacher (Hrsg.), *Psychologie des Bewusstseins – Bewusstsein der Psychologie. Giselher Guttmann zum 65. Geburtstag.* (S. 201–218). Wien: Wiener Universitätsverlag.

[42] Watzlawick, P. (1978). *Wie wirklich ist die Wirklichkeit? Wahn-Täuschung-Verstehen.* München: Piper.

[43] Wuketits, F. M. (1988). *Evolutionstheorien. Historische Voraussetzungen, Positionen, Kritik.* Darmstadt: Wissenschaftliche Buchgesellschaft.

11 Das Leib-Seele-Problem

Das Leib-Seele-Problem formuliert die Grundfrage der Philosophie nach der Art der grundlegenden Prozesse in der Welt wieder neu, diesmal speziell bezogen auf den Menschen [25]. Die Wissenschaft stellt sich dabei die Frage, wie sich leibliche und psychische Prozesse zueinander verhalten, oder welchen Status psychische und mentale Vorgänge gegenüber den körperlich-materiellen im Organismus haben. Bunge spitzt das Problem zu auf die Frage, wer das *Subjekt mentaler Prädikate* sei, wer also das Ich ist in Aussagen wie *„ich empfinde Schmerz"* oder *„ich sehe die Farbe rot"* oder *„ich wünsche mir mehr Ruhe"* [6]. Das Leib-Seele-Problem kann also als Reflex der philosophischen Ontologie in der Wissenschaft vom Menschen gesehen werden. Denn in ihr treffen wir Aussagen über die grundlegenden Wesenheiten der Welt. Die Frage, die gestellt wird und beantwortet werden will, ist die, ob leibliche Prozesse psychische Prozesse in ihrer Gänze erklären können oder ob diese psychischen und mentalen Vorgänge einen eigenen ontologischen Status besitzen. Bevor wir uns dieser Frage im Detail zuwenden, ist es vielleicht nützlich, einige Begriffsklärungen vorzunehmen.

11.1 Begriffsbestimmungen

Materiell und psychisch

Was wir im Deutschen als Leib bezeichnen, taucht im Englischen unter dem Begriff „body" auf. Wir wollen im Folgenden die Begriffe „physisch", „körperlich", „materiell" – oder im Englischen „physical", „bodily" – als austauschbar verwenden. Damit sind alle körperlich-materiellen Vorgänge in einem lebendigen Organismus, in aller Regel in einem menschlichen Organismus, gemeint. Wir können davon ausgehen, dass dieselben Überlegungen auch für Tiere sinnvoll wären. Diese Frage wollen wir aber in unserer Diskussion nicht weiter erörtern. Biologische Prozesse sind alle im Körper beobachtbaren und ablaufenden physiologischen Vorgänge bis hin zu objektiv beobachtbarem Verhalten. Wir meinen damit also Vorgänge der Biochemie, der Biophysik, der Physiologie, auch der Neurophysiologie und jene materiellen Vorgänge, die nur unter besonderen Vorrichtungen zu beobachten sind, wie etwa die Expression von Genen oder die Synthese von Transmittermolekülen. Mit körperlichen, materiellen Prozessen sind also all jene Vorgänge gemeint, die verobjektivierend von außen beobachtbar und feststellbar sind. Sie werden immer durch Aussagen festgestellt, die den Charakter eines Fremdberichts haben. In der englischen Sprache hat sich dafür der Begriff „third person perspective" eingebürgert. Damit sind Aussagen gemeint, die einen Gegenstand in der dritten grammatikalischen Person Singular, also als Objekt betrachten. Dem gegenüber steht der Begriff „Seele" oder „Psyche", der im Englischen mit dem Wort „mind" bezeichnet wird. Die adjektiven Synonyme sind „psychisch“ oder „mental“. Wir wollen darunter all jene geistigen Prozesse fassen, die nur von innen, aus der Ich-Perspektive feststellbar, mitteilbar und beobachtbar sind. Es sind also innerliche, durch innere Wahrnehmung und Selbsterfahrung bestimmbare, und nicht von außen beobachtbare Prozesse. Ihr eigentliches Charakteristikum ist also das der Privatheit, weswegen es im Englischen auch „first person perspective“ heißt. Denn nur ich selber kann darüber Auskunft geben ob ich z. B. Schmerz empfinde, die Farbe grün oder rot wahrnehme, traurig verstimmt oder glücklich bin. Zwar kann ich mich täuschend verhalten, sodass die Außenwelt ein Zeichen von Glücklichsein wahrnimmt obwohl ich traurig bin, aber die Tatsache meines innerlich traurigen Gestimmtseins kann nur ich wirklich zur Kenntnis nehmen, feststellen und mitteilen.

Bewusstsein und Geist

Synonym zu den Begriffen „Seele“ oder „mind“ wird in neuerer Zeit aber auch oft „Bewusstsein“ oder im Englischen „consciousness“ verwendet. Dies hebt darauf ab, dass wir im Grunde immer nur dann von seelisch-geistigen Prozessen sprechen, wenn wir uns dieser auch bewusst sind. Methodisch sind solche Inhalte mit Methoden der Bewusstseins-, Erlebnis- oder Tiefenpsychologie beschreibbar. Ihre Domäne ist die der hermeneutisch-verstehenden Methoden und sie werden immer nur durch Selbstbericht, nie durch verobjektivierende von außen hinzutretende Beobachtung feststellbar. Wir wollen an dieser Stelle darauf hinweisen, dass innerhalb der neueren Diskussion der Begriff „Seele“ oder „mind“ manchmal eng gefasst wird und nur auf das Bewusstsein bezogen bleibt, manchmal jedoch auch die Frage umfasst, ob Bewusstsein und Seele ein eigenes, vom Körper unabhängiges Sein aufweisen. Dahinter verbirgt sich die abendländische Begriffstradition eines unsterblichen Persönlichkeits- oder Seelenanteils. Es erscheint uns sinnvoll, diesen traditionellen Gedanken von der wissenschaftlichen Leib-Seele-Diskussion abzuheben und dafür einen anderen Begriff zu verwenden. Im Deutschen wird dafür häufig ebenfalls das Wort „Seele“ verwendet, wohingegen im Englischen diese Dimension oftmals dann angesprochen wird, wenn von „soul“ oder von „spirit“ die Rede ist. Im Deutschen ließe sich dies differenzieren, indem man dafür einen anderen Begriff einführt, wie etwa das Wort „Geist“. Wir wollen daran erinnern, dass bereits Aristoteles seinen Seelenbegriff in diese Richtung differenziert hat und von einem „von draußen hereintretenden Element des Geistes“ sprach. Mit dieser weiteren Bedeutung wird also die spirituell-religiöse Bedeutung des Seelenbegriffs angesprochen oder eben jener Seelenteil, der als unsterblich galt und für die westliche Begriffsgeschichte so lange von Bedeutung war. Andere Denkrichtungen nennen diese Seite des Seelenbegriffs „höheres Selbst“ oder „transpersonales Subjekt“. Dieser Anteil des Seelenbegriffs ist bislang eigentlich nicht Gegenstand der Psychologie oder der wissenschaftlichen Diskussion gewesen, sondern der Theologie oder spirituell-mystischer Lehren. Neuerdings greift die transpersonale Psychologie, die Bewusstseinsforschung und Nah-Todforschung (Thanatologie) diese Fragestellung wieder auf. Die klassisch-naturwissenschaftliche Antwort auf diese Frage war im Erbe des Positivismus, dass dies eine Pseudo-Fragestellung sei, die wissenschaftlich nicht behandelbar ist. Deswegen findet man zu diesem Problemkreis in der klassischen Psychologie kaum irgendeine verwertbare Aussage. Dennoch taucht die Frage nach einem unsterblichen Anteil des menschlichen Bewusstseins implizit in der Leib-Seele-Diskussion immer dann auf, wenn Autoren explizit einen bestimmten Dualismus fordern. Deswegen erscheint es uns zielführend, auf diese Unterscheidung hinzuweisen, denn wir haben eigentlich nicht ein Leib-Seele-Problem allein, sondern ein Leib-Seele-Geist- oder ein spirito-psychophysisches Problem. Dahinter verbirgt sich die Feststellung, dass es nicht nur zu klären gilt, ob und wie psychisch bewusste Prozesse von materiellen Prozessen verschieden sind, sondern auch, ob und wie diese Prozesse, die wir „Bewusstsein" nennen, vollkommen von materiellen Prozessen abhängig sind oder eine gewisse Selbstständigkeit haben können. Diese Thematik wurde innerhalb der klassischen Psychologie von wenigen Ausnahmen abgesehen nicht aufgegriffen, taucht aber im Gefolge empirischer Forschung wieder neu auf.

Einfache und schwierige Probleme

In der neueren Diskussion um das Leib-Seele-Problem werden in der Regel „einfache" Probleme von den sogenannten „bedeutsamen" Problemen („hard problems") unterschieden [7, 20]. Zu den „einfachen Problemen" innerhalb der Bewusstseinsforschung gehören etwa folgende Fragen: „Wie kommt ein einheitliches Bewusstsein zustande?", „Wie synthetisiert unser Gehirn all die verschiedenen Elemente der Wahrnehmung zu einer einzigen?". Es handelt sich also um Fragen, die sich innerhalb der Neurobiologie bewegen. Wir werden diese Fragen im Folgenden übergehen, weil sie in die spezielle Diskussion führen.

Die schwierigen Probleme sind diejenigen, die das eigentliche Leib-Seele-Problem umreißen: „Wie kann es überhaupt Bewusstsein geben?", „Wie kommt Bewusstsein zustande?", „Erzeugt unser Gehirn Bewusstsein oder ist es von diesem teilweise unabhängig?", „Warum haben wir überhaupt Bewusstsein?", „Wie kann Bewusstsein kausal auf unseren Körper einwirken?".

Es sind vor allem diese schwierigen Probleme, die den Kern des Leib-Seele-Problems konstituieren. Dies sind also die Fragen, wie aus körperlichen Prozessen – in kartesischer Sprache „Ausgedehntem" – Bewusstsein oder Unkörperliches – in kartesischer Sprache „bewusstes Sein" – entsteht. Denn es ist nicht zu übersehen, dass wir verschiedene Kategorien der Beschreibung vor uns haben, die zunächst einmal nicht ineinander überführbar erscheinen. Dieses Problem spiegelt sich wieder in der Frage, wie sich Qualitäten privater Art, also nur von mir erlebbare, beschreibbare Erfahrungen, das eben wahrgenommene Grün oder Rot in seiner ganz bestimmten Leuchtkraft, Farbqualität und affektiven Tönung aus körperlichen Ereignissen wie neuronalen Strömen, herleiten lässt. Denn neurophysiologisch betrachtet spielt sich im Gehirn im Großen und Ganzen immer das Gleiche ab, egal ob wir sehen oder hören, riechen oder schmecken, Schmerz oder Lust, Leidenschaft oder Langeweile, Freude oder Traurigkeit empfinden: Neuronen in einem bestimmten Bereich des Gehirns entladen sich elektrisch und geben Entladungsspitzen ab, die sich aufzeichnen lassen. Anhand der Form der Entladungen lässt sich kaum etwas über die zugehörigen Empfindungen sagen. Manchmal sind bestimmte Neurotransmittersysteme mit einer bestimmten Empfindungsqualität eher vergesellschaftet als andere. Aber auch hier gibt es keine wirklich präzisen Trennungen. Und selbst wenn es sie gäbe, dann wäre immer noch zu klären, wie ein neurochemisch-elektrisches Signal zu einer subjektiven Empfindung wird [4]. Manchmal können wir bestimmte Sinnes- oder Innenempfindungen mit der verstärkten Aktivität bestimmter Gehirnareale korrelieren. So ist etwa die Sehrinde im okzipitalen Bereich des Gehirns aktiv wenn wir sehen. Aber schon bei komplexeren Empfindungen wie Emotionen wird es schwierig. Da scheint weniger eine spezielle Lokalisierung im Gehirn als die differenzielle Aktivierung bestimmter komplexer Neuronennetze eine Rolle zu spielen. Aber gesetzt den Fall, wir hätten all die neurobiologischen Grundlagen geklärt. Zu fragen bliebe noch immer, wie nun genau diese materiell-neuronalen Prozesse zu der subjektiven Qualität Anlass geben, die wir mit der je privaten, eigenen Innensicht der Welt assoziieren, die wir Bewusstsein nennen.

Dazu kommt die Frage, warum es eine Einheit des Bewusstseins gibt, also so etwas wie den Synthesepunkt aller Erfahrungen, da wir doch wissen, dass unsere Wahrnehmung aus sehr vielen diskreten neuronalen Prozessen, die in ganz unterschiedlichen Orten des Gehirns verarbeitet werden, zusammengesetzt ist. Noch etwas überspitzter formuliert, stellt sich die Frage, warum es überhaupt ein Ich gibt, das bewusst ist. Wäre es nicht denkbar, dass alle mentalen und kognitiven Prozesse ohne das begleitende Selbstbewusstsein ablaufen könnten? Beispielsweise könnte es ja ausreichen, dass ein Schmerz reflexiv dazu führt, dass ein Lebewesen den schädigenden Stimulus vermeidet, ohne zuvor unter Schmerzen leiden zu müssen. Es ist also Teil des Leib-Seele-Problems zu fragen und zu erklären, warum es überhaupt so etwas wie ein bewusstes, selbstreflektives Ich und Selbst gibt.

11.2 Grundpositionen

In der Leib-Seele-Diskussion lassen sich verschiedene Grundpositionen unterscheiden, die innerhalb der Philosophie und Geistesgeschichte immer wieder vertreten worden sind und letztlich in jeweils neuen Gewändern und in unterschiedlichen Sprachformen auftreten. Sie haben immer die Qualität von absoluten Voraussetzungen im Sinne Collingwoods. Das heißt, eine Letztbegründung dieser Positionen ist innerhalb des Systems selber kaum möglich. Sie sind ontologische Vorannahmen, die Forschung und wissenschaftliche Arbeit erst ermöglichen. Jedoch haben sie weitreichende Konsequenzen für die Methodik der Forschung und für die Berufs- und Lebenspraxis. Sie definieren das, was als „zulässige Fragestellungen" bezeichnet wird und bestimmen auch das wissenschaftliche Selbstverständnis des jeweiligen Forschers. Gerade in der psychologischen Debatte werden diese Grundpositionen selten explizit thematisiert, und es herrscht auch kein Konsens, welche Positionen einer psychologischen Wissenschaft angemessen sind.

Wir können im Grunde *zwei Grundströmungen* unterscheiden: *Monistische und dualistische* Positionen. *Monistische* Positionen gehen davon aus, dass es nur *eine* Grundsubstanz in der Welt geben kann, aus der sich alle Gegebenheiten ableiten. Monismen treten in drei Varianten auf:

a) Der *materialistische* Monismus geht davon aus, dass es im Grunde nur materielles Sein gibt und dass alles andere – Bewusstsein, psychisches Erleben, Innensicht der Welt – nur daraus abgeleitet oder gar mit diesem identisch ist.
b) *Idealistische* Monismen gehen den umgekehrten Weg. Sie gehen davon aus, dass Bewusstsein oder Geist das grundlegende Substrat des Kosmos ist und dass alle anderen Prozesse aus dem Bewusstsein abgeleitet sind.
c) Seit Spinoza sind immer wieder auch sogenannte „*neutrale* Monismen" vertreten worden, die davon ausgehen, dass es zwar eine Grundsubstanz in der Welt gibt, diese sich aber in Facetten – materiell und geistig – äußert, die aufeinander in irgendeiner Form bezogen sind.

Von diesen monistischen Positionen lassen sich *dualistische* unterscheiden. Diese gehen davon aus, dass es zwei grundverschiedene Prinzipien in der Welt gibt, eben Materie und Geist, die dann zu den beiden parallelen Seinsweisen im Menschen, Körper und Bewusstsein, Anlass geben. Manche dualistische Positionen gehen von einem *Interaktionismus* aus und sagen, diese beiden ontologischen Gegebenheiten würden sich im Menschen wechselseitig beeinflussen. Wir sprechen dann von Interaktionismus. Es gibt allerdings auch Positionen, die davon ausgehen, dass es sich um strikt *parallel* verlaufende Lebensprozesse handelt, die sich nicht gegenseitig beeinflussen.

In neuerer Zeit ist vor allem der *methodische Dualismus* wichtig geworden [7]. Er geht davon aus, dass wir die Frage nach den letzten Grundprinzipien der Welt wissenschaftlich gar nicht beantworten können, aber dass wir nicht umhin kommen, wenn wir forschen, die Position eines Dualisten einzunehmen, da wir psychische und materielle Prozesse in und an uns kennen und sie voneinander methodisch unterscheiden. So setzt zum Beispiel die Quantenmechanik einen sog. „Messprozess" voraus, der außerhalb der Theorie lokalisiert ist. Bei diesem „Messprozess" handelt es sich um das bewusste Registrieren eines Messergebnisses, das sozusagen im Bewusstsein des Beobachters oder Forschers stattfindet. Ohne diese „Messung" ist die gesamte Theorie gegenstandslos. Insofern setzt also auch die bestdefinierte Theorie der Materie, die wir haben, die Quantentheorie, Bewusstsein als davon zu unterscheidendes Element mindestens methodisch voraus, auch wenn sie über dieses Bewusstsein keine Aussage mehr macht; denn es steht außerhalb der Theorie. Methodischer Dualismus ist also die Haltung, die Naturwissenschaftler, meistens implizit, einnehmen, wenn sie die Welt forschend betrachten. Denn sie setzen ihr eigenes Bewusstsein voraus, und es gibt keine naturwissenschaftliche Theorie der Materie, die bis jetzt verständlich machen würde, wie es aus irgendeiner Theorie der Materie entsteht.

Als eine Zwischen- oder vermittelnde Position lässt sich die *Komplementaritätsthese* ansiedeln, die in neuerer Zeit u.a. von Fahrenberg wieder in die Diskussion gebracht worden ist, und die im Grunde eine Spielart des neutralen Monismus ist [11,12]. Diese lässt die Frage nach der Ontologie unbeantwortet, hält aber fest, dass methodisch auf jeden Fall zwei verschiedene Zugangsweisen notwendig sind, um die Psychologie wissenschaftlich zu verankern. Auf der einen Seite müssen materielle Prozesse als solche ernst genommen werden und die entsprechenden von außen beobachtenden Verfahren angewandt werden. Dies sind biologisch-physiologische oder verhaltenswissenschaftlich verobjektivierende und von außen beschreibende Verfahren. Gleichzeitig ist auch die Tatsache zu respektieren, dass Menschen eben Innenerfahrungen haben, die nicht von außen zugänglich sind. Um diese angemessen zu erfassen, sind hermeneutische und erlebnispsychologische Methoden notwendig. Die Spezialität der Komplementaritätsthese ist es zu postulieren, dass diese beiden Zugänge in gleicher Weise notwendig sind, obwohl sie sich eigentlich strikt genommen zu widersprechen scheinen oder sich ausschließen. Denn der Begriff der Komplementarität, wie er ursprünglich von Bohr eingeführt wurde, meint, dass zwei sich anscheinend ausschließende und widersprechende Beschreibungsweisen auf eine Sache anzuwenden sind, wenn diese komplett beschrieben werden soll. Solche komplementären Zugangsweisen zum Menschen sind also notwendig, um leibliche und seelische Prozesse adäquat zu beschreiben. Und weil sie eben anscheinend widersprüchlich und trotzdem gleichzeitig anzuwenden sind, deswegen werden sie als komplementär bezeichnet.

Diese drei Grundpositionen in ihren verschiedenen Spielformen werden in der folgenden Tabelle 11.1 wiedergegeben.

Tab. 11.1: Grundpositionen im Leib-Seele-Problem.

	Ontologie	**Beispiel**
Monismus	Materialistisch	*Atomismus, Armstrong*
	Idealistisch	*Plato, Plotin, Hegel*
	Neutral	*Spinoza, Feigl*
Dualismus	Interaktionistisch	*Popper-Eccles, Descartes*
	Parallel	*Leibniz (?), Rothschuh*
	Methodisch	*moderne Physik, Medizin*
Komplementarismus	Neutral	*Heraklit, Bohr*

Diese Zusammenschau ist sicherlich etwas vereinfachend, lässt aber erkennen, dass die Grundpositionen in der Leib-Seele-Diskussion eigentlich in wenige grundlegende Konzepte auseinanderfallen und einzuordnen sind.

Die moderne Naturwissenschaft in der Biologie und Neurowissenschaft vertritt heutzutage mehrheitlich eine mehr oder weniger differenzierte materialistische Position. Idealistische Sichtweisen kommen zwar vor, vor allem vertreten von Physikern, Mathematikern und sehr wenigen Psychologen, die sich vor allem der transpersonalen Richtung zuordnen (z. B. Ken Wilber), haben aber innerhalb der empirisch forschenden psychologischen Wissenschaft überhaupt keine Konjunktur. Dualistische Positionen haben es in der modernen Literatur sehr schwer. Die von Popper und Eccles vertretene Form des interaktionistischen Dualismus war die letzte wirklich ernstzunehmende und etwas weiter verbreitete dualistische Richtung innerhalb der Leib-Seele-Diskussion. Es werden zwar immer wieder solche Meinungen publiziert und diskutiert. Es sieht aber nicht so aus, als würden sie den Gang der aktuellen Bio- und Neurowissenschaften auch nur in Ansätzen berühren oder verändern. Parallele Dualismen spielen heutzutage so gut wie keine Rolle mehr. Die methodische Form des Dualismus jedoch ist weitverbreitet. Vor allem Theoretiker, die aus der Quantenmechanik kommen, weisen immer wieder darauf hin, dass unsere moderne Theorie der Materie im Grunde immer einen bewussten Beobachter voraussetzt, der die Messergebnisse feststellt und damit außerhalb des von der Theorie beschriebenen Systems steht. Implizit wendet einen solchen methodischen Dualismus eigentlich auch die Medizin an, und philosophisch wurde er in neuerer Zeit vor allem durch David Chalmers' Argumentation wieder in die Debatte gebracht [7]. Positionen des Komplementarismus werden in verschiedenen Spielformen immer wieder vertreten, sind aber häufig als weniger strikt formulierte „dual aspect theories" oder „Zwei-Aspekte-Lehre" verbreitet. In dieser Spielform wird weniger auf die strikte Komplementarität abgehoben als auf die Tatsache, dass sich Sein einfach in zwei Aspekten zeigt.

11.3 Die Grundpositionen im Einzelnen und verschiedene Spielformen

Warum es so etwas wie ein Leib-Seele-Problem überhaupt gibt und weswegen es zu diskutieren ist, dies hat *Bieri* in seinem *Trilemma* deutlich gemacht [5]. Das Trilemma besteht aus drei Sätzen, jeder für sich offensichtlich wahr, von denen aber immer je zwei dem dritten widersprechen und somit eine inhärente Problematik offenbaren. Das Trilemma besteht aus folgenden Sätzen:

1. Mentales Geschehen ist nicht-physisches Geschehen (dualistische These)
2. Mentales Geschehen ist im Bereich physischen Geschehens kausal wirksam (interaktionistische These)
3. Der Bereich physischen Geschehens ist kausal geschlossen (Voraussetzung der Naturwissenschaft)

Zu Satz 1: Die erste These markiert unseren erfahrungsmäßigen Ausgangspunkt. Es ist sehr offensichtlich, dass mentales Geschehen nicht-physisch ist. Dies können wir in unserer Alltagswahrnehmung und in unserem Selbstverständnis sehr leicht einsehen. Besonders deutlich wird dies an der Erfahrung des Schmerzes. Wir können zwar in aller Regel einen auftretenden Schmerz mit einer physischen Verletzung korrelieren. Die physische Verletzung ist aber nicht der Schmerz selber. Der Schmerz wird von uns als Innenzustand wahrgenommen, der ganz unterschiedliche Qualitäten hat, und der uns unser Ich und unser Bewusstsein in ganz besonderer Weise gegenwärtig macht. Von außen hingegen ist der Schmerz in seiner Qualität nicht beobachtbar. Wenn z. B. ein anderer Mensch Schmerzen leidet, weil er einen Unfall hat, dann können wir uns dies zwar vorstellen, weil wir selber bei anderer Gelegenheit ebenfalls Schmerzen hatten oder weil wir wissen, wie es ist, wenn jemand Schmerzen leidet, oder weil wir sein Schmerzverhalten – etwa schmerzverzerrtes Gesicht, Jammern oder gar Schreien – wahrnehmen. Wir empfinden aber nicht den Schmerz der anderen Person. All das, was wir bei anderen wahrnehmen, sind nicht Schmerzen, sondern Anzeichen von Schmerzen. Schmerzen können wir nur als Ich selber wahrnehmen. Wenn wir bei einem Unfall so schwer verletzt sind, dass unser Bewusstsein ausgeschaltet ist, so würden die peripheren Nervensignale, die zentral zu Schmerzen führen, gleichwohl feststellbar und ableitbar sein. Wir würden etwa einen erhöhten Spiegel von sogenannter Substanz P

(„P“ für „pain“, ein Neurotransmitter, der von schmerzleitenden Neuronen zur synaptischen Übertragung verwendet wird) in der Rückenmarksflüssigkeit feststellen. Und wenn wir aus unserer Ohnmacht erwachen würden, würden wir auch den Schmerz wieder selber erleben. Aber wir würden nicht sagen, dass ein ohnmächtiger Mensch Schmerzen erleidet. Das Erleiden von Schmerzen ist an Bewusstsein geknüpft und ist eine ganz eigene Qualität des Bewusstseins, die nicht auf die körperlichen Funktionen zurückführbar ist. Auf der anderen Seite kann es vorkommen, dass Menschen, die aufgrund eines schweren Unfalls unter Schock stehen aber bei Bewusstsein sind, überhaupt keine Schmerzen erleiden. Wir wissen heute, dass dafür körpereigene, morphiumähnliche Substanzen, sogenannte Endorphine oder Enkephaline, verantwortlich sind. Diese hemmen die Weiterleitung und vor allem die zentrale Verarbeitung von Schmerz. Und wir würden einem Menschen, der bei einem Unfall etwa ein Glied verloren hat und bestreitet, dass er Schmerzen empfindet, nicht unterstellen, dass er lügt, sondern wir würden sagen, dass er offensichtlich unter Schock seine Schmerzwahrnehmung verloren hat. Wir würden außerdem mit ziemlicher Sicherheit sagen können, dass diese Schmerzwahrnehmung wieder zurückkehrt, sobald sein kritischer Zustand stabilisiert ist. An diesen Beispielen und auch bei genauerem Nachdenken werden wir feststellen, dass es in der Tat so ist, dass mentales Geschehen – das, was wir als bewusste Vorgänge bezeichnen – nicht mit den physischen Ereignissen identifiziert werden kann, obwohl es natürlich häufig parallel zu diesen Ereignissen verläuft. Die dualistische These also, der zufolge unser Bewusstsein und materiell-körperliche Prozesse zwei verschiedene Seinskategorien oder Domänen ausmacht, ist zunächst also offenbar nicht bezweifelbar.

Zu Satz 2: Interessanterweise stellen wir in unserer Selbsterfahrung auch fest, dass unser mentales Geschehen nicht isoliert verläuft, sondern – wie Bieris zweite These sagt – kausal im Bereich des Physischen wirksam ist. Wir empfinden z. B. Durst, und wir können feststellen und beobachten, wie dieses Durstempfinden zu entsprechendem Verhalten führt und in der Wirklichkeit Veränderungen auslöst. Wir öffnen etwa eine Getränkeflasche oder den Wasserhahn und trinken. Die Tatsache, dass wir einen Körper brauchen, um unsere mentalen Ereignisse in der Welt der materiellen Ereignisse kausal wirksam sein zu lassen, ändert nichts an der Tatsache, dass der erste Anstoß für diese kausale Wirksamkeit mentalen Geschehens und damit ein rein mentaler Akt ist.

Zu Satz 3: Die dritte These der kausalen Geschlossenheit physischen Geschehens leitet sich aus dem gesamten Bestand unseres naturwissenschaftlichen Wissens ab. Die grundlegenden Gesetze und Theorien der Physik gehen immer davon aus, dass es eine Invarianz der Energie innerhalb des materiellen Bereichs gibt. Innerhalb der Materie gibt es Umwandlung von Energien und Umwandlung von Stoffen in verschiedene Erscheinungsformen und Phasen, aber es gibt keine energetische Anreicherung des gesamten Universums und auch keinen energetischen Abfluss. Dies meint die Aussage, dass der Bereich physischen Geschehens kausal geschlossen ist.

Wenn wir nun das Bieri-Trilemma weiter analysieren, sehen wir sofort, dass immer nur zwei Sätze akzeptiert werden können, und mindestens einer der Sätze den beiden anderen widerspricht. Wir können z. B. Satz 3, dass der Bereich physischen Geschehens kausal geschlossen ist, und damit die Voraussetzungen der Naturwissenschaft akzeptieren. Dies ist es, was die Mehrheit der Naturwissenschaftler normalerweise tut. Wenn wir schließlich auch noch Satz 1 akzeptierten wollen, dass mentales Geschehen nicht-physisches Geschehen ist und die dualistische Alltagserfahrung gelten lassen wollen, dann müssen wir notwendigerweise Satz 2, die interaktionistische These, verwerfen, denn sonst wäre Satz 3 nicht mehr gültig. In diesem Falle wären wir zu einem parallelen Dualismus gezwungen. Wir können umgekehrt die dualistische Alltagsthese akzeptieren und auch die interaktionistische These, müssten dann aber Satz 3 und damit den gesamten Bestand der Naturwissenschaft anzweifeln. Wir können die Sätze 2 und 3 akzeptieren, also die Voraussetzungen der Naturwissenschaft und die Alltagserfahrung, dass unser mentales Geschehen im Bereich physischen Geschehens kausal wirksam ist, müssen dann aber Satz 1 fallenlassen und uns von einer dualistischen Fassung des Leib-Seele-Problems verabschieden. Letzteres ist vermutlich die Lösung, die den meisten Neuro- und Naturwissenschaftlern am nahesten kommt. Das Leib-Seele-Problem ist also nicht, wie manchmal geäußert worden ist, nur ein Scheinproblem, sondern es ist philosophisch gesprochen in der Tat ein Problem, das ungelöst ist.

Materialistische Positionen haben den eindeutigen Vorteil, dass sie sich auf die Mehrheit der naturwissenschaftlich orientierten Forscher stützen können. Dadurch, dass es eine monistische These ist, ist die materialistische Position auch eine sparsame, was wissenschaftslogisch eine Tugend ist. Mit der materialistischen Position lässt sich leichter auf andere grundlegende Wissenschaften aufbauen, und anscheinend ist sie auch eine einfachere These als interaktionistische oder dualistische Modelle. Der Nachteil dieser Position ist, dass es noch keine wirklich schlüssige Herleitung mentaler Phänomene aus materiellem Geschehen gibt. Die meisten materialistischen Ansätze ziehen sich hier auf Versprechungen zurück, dass der Fortschritt der Neurowissenschaften in Zukunft das Auftreten von Bewusstsein schon noch wissenschaftlich erklärbar machen wird. Aufgrund unserer Selbsterfahrung – darauf hat bereits Descartes hingewiesen – ist eine materialistische Position eigentlich kontraintuitiv und der Lebenspraxis widersprechend. Viele Psychologen und Geisteswissenschaftler wenden sich auch gegen die naturwissenschaftliche Kolonialisierung ihrer Fächer. Sie betonen die Eigenständigkeit geistiger Akte und der Welt des Geistigen gegenüber dem der Naturwissenschaft. Poppers These z. B., dass es so etwas wie eine „dritte Welt des Geistes“ als eigenständigen Bereich der Wirklichkeit gibt, in der die geistigen Errungenschaften der Menschheit – beispielsweise in Buchform, in Texten oder in anderen Niederlegungen – dokumentiert sind, lässt sich kaum vernünftig bezweifeln.

Dualistische Positionen haben ebenfalls einen Vorteil: Sie bringen keinen Widerspruch zur Alltagserfahrung und Lebenswelt. Sie müssen nicht Phänomenbereiche auf einen anderen reduzieren und wirken deshalb weniger wirklichkeitsverzerrend als monistische Positionen. Sie haben allerdings einen entscheidenden Nachteil: Zum einen stoßen sie auf Probleme bei der Erklärung von Interaktionen zwischen geistigen und materiellen Prozessen. Dieses Problem hat schon Descartes gesehen und meinte, mit einer physiologischen Lösung, nämlich einem speziellen Interaktionsorgan – der Zirbeldrüse – dieses Problem lösen zu können. Eccles hat etwas sehr Analoges versucht, indem er Quantenschwankungen im Bereich der Transmitterfreisetzung von Synapsen als Interaktionsort für den Geist plausibel machen wollte [3]. Man sieht sehr leicht, dass solche Erklärungen von Interaktionsmöglichkeiten das entscheidende Problem für dualistische Positionen sind. Abgesehen davon widersprechen sie dem Sparsamkeitsprinzip der Wissenschaft und der These von der kausalen Geschlossenheit der Welt, also dem Satz Nr. 3 des Bieri-Trilemmas. Selbstverständlich wäre es denkbar, dass die Naturwissenschaft eben ein wichtiges Moment, die kausale Wirksamkeit des Geistes, in der materiellen Welt bislang noch nicht in ihren Theorien berücksichtigt hat und dass deswegen eine dualistische Position Gültigkeit haben muss. Allerdings müsste man hierzu das gesamte Corpus naturwissenschaftlich gültiger Theorien entsprechend reformieren, und davor warnen Physiker und Naturwissenschaftler mit gutem Recht. Eine Möglichkeit wäre es, die grundlegende Theorie der Materie, die Quantentheorie, anders als normalerweise üblich auf einen Bereich *jenseits der Unterscheidung* von Materie und Geist anzuwenden und dann zu zeigen, wie genau diese Unterscheidung sich aus der Theorie herleitet [2], ein Ansatz, der noch sehr neu ist und dessen Akzeptanz abzuwarten bleibt.

Idealistische Positionen, wie sie beispielsweise seit Platon immer wieder vertreten worden sind, haben einen Vorteil darin, dass das Problem, wie Geist entsteht, nicht mehr auftaucht, da geistiges Sein zum primären Sein im Universum wird. Sie handeln sich hierfür aber immer den Nachteil ein, dass sie das Zustandekommen von Materie aus geistigem Sein irgendwie erklären müssen. Sie haben damit in umgekehrter Richtung die gleiche Erklärungsnot, die materialistische Positionen für geistiges Sein haben. Allerdings haben sie gegenüber den materialistischen Positionen noch einen zusätzlichen Nachteil: Sie verletzen den Alltagskonsens der meisten Leute, der zufolge materielle Wirklichkeit eben durchaus von Bedeutung ist. Dies dürfte einer der Hauptgründe sein, warum idealistische Positionen bislang innerhalb der Naturwissenschaft so gut wie keinerlei Auswirkungen haben, sieht man von wenigen theoretischen Physikern ab.

11.4 Typologie neuerer Richtungen materialistischer Positionen

Das eingangs erwähnte Schema lässt sich etwas differenzieren, wenn man neuere einflussreichere Strömungen innerhalb der Leib-Seele-Diskussion unterscheidet. Wir folgen darin Metzinger [19]. Innerhalb der *materialistischen Positionen* lassen sich im Wesentlichen drei Grundströmungen unterscheiden:

- Identitätstheorien
- nicht-reduktiv materialistische Theorien
- funktionalistische Theorien

Identitätstheorien

Identitätstheorien (Abb. 11.1) sind die einfachsten und auch reduktivsten Thesen innerhalb der Diskussion. Sie gehen davon aus, dass geistiges und materielles Sein schlicht und ergreifend dasselbe sind und nur unsere Sprache oder unsere Konvention Unterscheidungen vornehmen. Der mentale Bereich wird also reduktiv erklärt. Dies bedeutet, dass er vollständig zurückgeführt wird auf den physischen

Bereich, ganz analog der physikalischen Erklärung „Wärme ist dasselbe wie die mittlere kinetische Energie eines Stoffes". In dieser reduktiven Erklärung „Wärme ist die mittlere kinetische Energie eines Stoffes" ist ein komplexes Phänomen, die Wärme, erklärt durch ein einfaches physikalisches Verhältnis, die mittlere kinetische Energie der Atome. Im gleichen Sinne wird bei den Identitätstheorien geistiges Sein erklärt als materielles Sein. Der Unterschied zur Erklärung der Wärme ist, dass das genaue Zustandekommen geistigen Seins noch nicht klar gefasst ist. Die frühen Identitätstheorien, die strikt physikalistisch waren, etwa die Theorien von Armstrong oder Smart, werden heute kaum mehr vertreten, weil sie offensichtlich unbrauchbar sind. Denn wenn mentales und physisches Sein identisch sind, dann könnten ja physische und mentale Redeweisen sich wechselseitig ersetzen und die beiden Bedeutungsdomänen könnten austauschbar verwendet werden, was offensichtlich falsch ist. Deswegen haben die strikten Identitätstheorien nur noch historische Bedeutung.

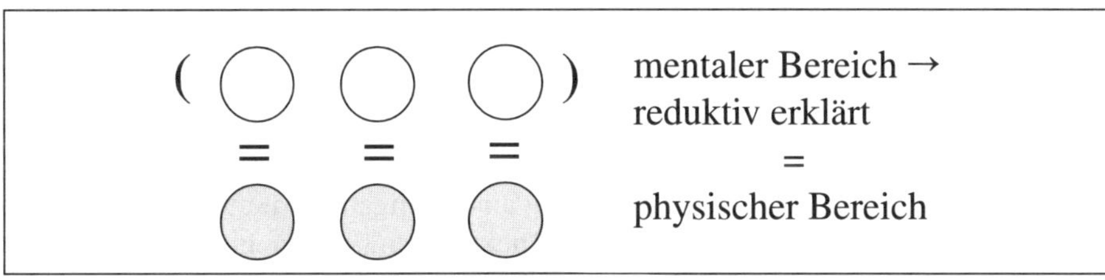

Abb. 11.1: Identitätsthese: Geistiges Sein IST materielles Sein.

Die neutral monistische These von Feigl, nach der eben wirklich nur eine Substanz im Universum vorkommt, hat in ihrer ursprünglichen Form keine Anhänger gefunden, wird aber in differenzierterer Weise vom Komplementarismus wieder aufgegriffen.

Strikt materialistische Identitätsthesen werden heute vor allem in der Form eines *eliminativen Materialismus* vertreten (Abb. 11.2). Zu den wichtigsten Autoren zählt neben Rorty und Feyerabend [15] vor allem Patricia Churchland [8]. Sie geht davon aus, dass mentalistische Konzepte aus der Sprache ausgerottet werden und dass der Fortschritt der Wissenschaft zu einem zukünftigen Zeitpunkt unsere Sicht der Welt so reformieren wird, dass wir insgesamt auf mentalistische Konzepte verzichten werden. Wir werden dann nicht mehr sagen „mein Rücken tut mir weh", sondern „meine Neuronen XYZ in den Bereichen P meines Gehirns sind aktiv". Wie plausibel solche strikt identische Theorien sind, sei dahingestellt. Tatsache ist, dass eliminativ materialistische Positionen immer wieder vertreten werden, weil sie eben das Versprechen der Einfachheit und der Erklärung psychischer und mentaler Phänomene machen.

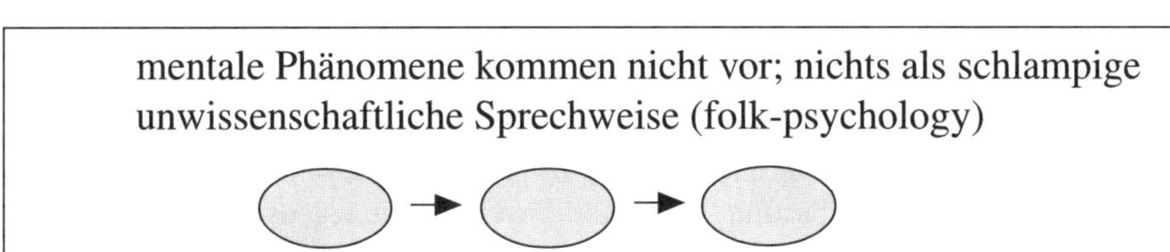

Abb. 11.2: Eliminativ-materialistische Position: Geistige Konzepte und mentalistische Redeweise sind schlampige Terminologie (folk psychology); sie kommen „in Wirklichkeit" nicht vor.

Nicht-reduktiv materialistische Theorien

Weiter verbreitet sind heute nicht-reduktiv materialistische Strömungen [6]. Ihnen gemeinsam ist die Tatsache, dass sie die Bedeutung und partielle Selbstständigkeit eines geistigen Bereiches anerkennen, wenngleich auch sie betonen, dass dieser kausal abhängig vom Bereich des Materiellen ist.

Historisch bedeutsam war der *Epiphänomenalismus* (Abb. 11.3), in der Psychologie etwa bei Rohracher, der davon ausgeht, dass mentale Phänomene zwar begrenzte Eigenständigkeit haben, aber aus der materiellen Tätigkeit abgeleitet sind und nur begrenzte eigene Wirklichkeit haben. Im Epiphänomenalismus haben die mentalen Phänomene keine eigenständige Wirksamkeit, sondern sind gleichsam Neben- oder Abfallprodukt der physischen Aktivität, so ähnlich wie Milchsäure ein Abbauprodukt der Muskelaktivität ist. Milchsäure nehmen wir dann wahr, wenn es zu wenig abgebaut wird und unsere Muskeln übersäuert; Resultat ist der bekannte Muskelkater. Abgesehen davon hat die Übersäuerung der Muskeln keine Funktion und auch normalerweise keine schädigenden Auswirkungen. So ähnlich muss man sich eine epiphänomenalistische Theorie vorstellen: Geistige Prozesse entstehen eben, weil unser Gehirn so aufgebaut ist, aber sie sind im Grund sowohl entbehrlich als auch kausal irrelevant. Das Problem solcher Thesen ist, dass nur von einer einseitigen Verursachung ausgegangen wird; mentale Phänomene haben in diesem Modell letztlich keine Rückwirkung auf die physischen Prozesse. Wissenschaftlich gesehen handelt es sich dabei eher um einen Papiertiger, der heute nur mehr selten vertreten wird.

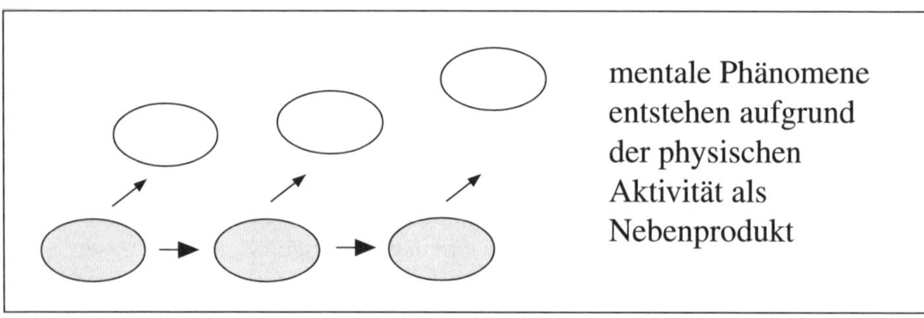

Abb. 11.3: Epiphänomenalismus: Geistige Prozesse sind „Abfallprodukte" und entstehen aus materiell-neuronaler Aktivität; sie habe keine eigenständige Wirklichkeit oder Wirksamkeit.

Moderne Erweiterungen epiphänomenalistischer Thesen sind die sogenannten *Supervenienztheorien*, die vor allem von Davidson, Kim und Searle vertreten werden [24]. Supervenienztheorien (Abb. 11.4) gehen davon aus, dass das geistige Sein aus dem Materiellen entsteht und von ihm komplett kausal abhängig ist, aber selber eigenständige Gesetzlichkeit gewinnt und dadurch partielle kausale Autonomie, ohne eigene ontologische Realität zu haben. Supervenienztheorien sind in der neueren Diskussion besonders in Mode, weil sie die eigenständige Phänomenalität des Geistigen unangetastet lassen, aber durch die sparsame materialistische Ontologie keinen zweiten Seinsbereich einführen.

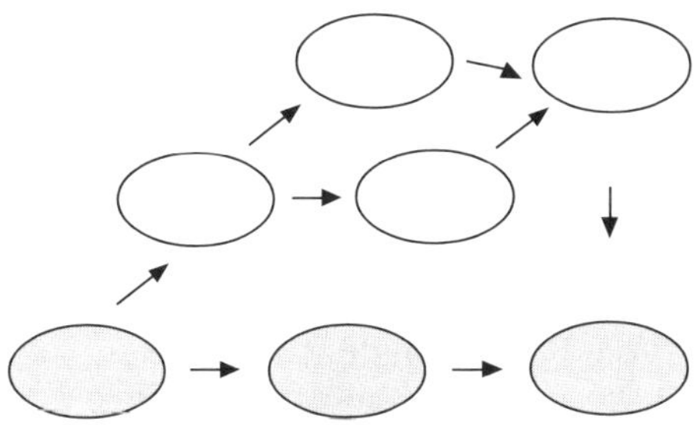

mentale Ergebnisse haben phänomenale Realität, sind aber vom materiellen Bereich kausal abhängig, jedoch haben sie eine eigenständige Gesetzlichkeit, ohne ontologische Realität

Abb. 11.4: Supervenienztheorie.

Supervenienztheorien sind von David Chalmers durch das „Zombie-Argument" kritisiert worden [7]. Das Argument geht von folgendem Gedankenexperiment aus: Es ist vorstellbar, dass man einen Automaten entwickelt oder sich eben einen Zombie vorstellt, der genauso aussieht und funktioniert wie ein Mensch, die gleiche Physiologie hat wie ein Mensch und die gleichen Verhaltensweisen wie ein Mensch zeigt, ohne dass er jedoch die Innensicht, die entsprechenden Qualia erlebt, die wir in unserer geistigen Welt erleben. Obwohl also die Netzhaut des Zombies ebenfalls Lichtwellen von der Wellenlänge registriert, die wir aufnehmen wenn wir grüne Farben sehen, hätte der Zombie also keine eigentlich qualitative Wahrnehmung von Grün. Die Innensicht, das „Wie", die sogenannten Qualia der Erfahrung wird von Supervenienztheorien nicht geliefert („quale" kommt aus dem Lateinischen und heißt wörtl. „wie beschaffen", „qualia" ist die Pluralform).

Einen etwas anderen Ansatz innerhalb der nicht-reduktiv materialistischen Gruppe von Theorien haben die *Emergenztheorien*, die z. B. von Bunge oder Hastedt vertreten werden [6] (Abb. 11.5). Dies sind systemtheoretische Modelle, die sich die systemische Eigenschaft zunutze machen, dass die Anordnung von Systemelementen zu komplexen Systemen meistens neue Eigenschaften hervorbringt, die innerhalb des Systems selber nicht vorhanden sind. Bewusstsein wird deshalb als Systemeigenschaft eines lebendigen komplexen neuronalen Systems gesehen, die aufgrund der Komplexität des Systems neu entsteht, also emergiert, und als Systemeigenschaft wiederum auf das System zurückwirken kann. Emergenztheorien haben einen entscheidenden Vorteil: Sie sind sparsam und führen doch zu keinen starken Verbiegungen im Bereich des Mentalen und seiner Phänomenologie. Sie lassen das Mentale durchaus als eigenen Phänomenbereich entstehen, gehen aber davon aus, dass er nicht eigentlich ontologische Wirklichkeit hat. Bricht das neuronale System zusammen, z. B. in Folge eines schwerer Unfalls, wie etwa im Koma oder endgültig durch den Tod, dann verschwindet eben Bewusstsein als Systemeigenschaft wieder und hat keine eigenständig bleibende Realität. Dennoch kann Bewusstsein solange das System funktioniert als emergente Systemeigenschaft auf den Bereich des Materiellen, also auf das Gesamtsystem, zurückwirken und erklärt dadurch sehr viele empirische Befunde, wie etwa, dass wir durch unser Bewusstsein sehr wohl materielle Prozesse, körperliches Verhalten, etc. verändern können.

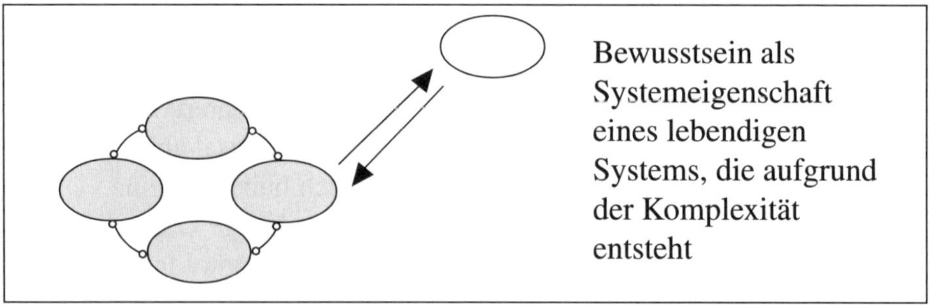

Abb. 11.5: Emergenztheorien des Mentalen.

Dennoch haben auch Emergenztheorien Probleme. Sie tauchen oft als biologistische oder neodarwinistische Theorien auf und geben dem psychisch-geistigen Bereich nur eine bedingte Eigenständigkeit. Vor allem müssten Emergenztheorien erklären, welche Funktion denn Bewusstsein hätte. Warum taucht es auf? Welche evolutionären Vorteile haben Lebewesen, die bewusst sind, gegenüber solchen, die es nicht sind? Warum haben z. B. Bakterienkolonien kein Bewusstsein oder warum sehen wir kein Anzeichen von Bewusstsein? Bakterienkolonien gehören zu den erfolgreichsten biologischen Systemen überhaupt, sie haben am längsten und unbeschadetsten alle möglichen klimatischen und sonstigen Veränderungen überstanden, sie sind nicht auszurotten, auch nicht von der modernen Pharmakologie des Menschen, weil sie mit ihren Resistenzmechanismen immer schneller sind als alle Antibiotikaentwicklungen der Welt. Sie sind oftmals auch in so großer Zahl vorhanden und haben unzählige Verbindungen untereinander, dass die Anzahl unserer Neuronen dagegen klein erscheint. Offensichtlich muss es noch mehr als nur Anordnung von Elementen in Systemen geben, damit so etwas wie Bewusstsein im Gehirn entsteht. Was sind diese Elemente? Ein weiteres gewichtiges Argument, das gegen Emergenztheorien vorgebracht worden ist, ist die Frage, warum dann das Kleinhirn kein Bewusstsein hat. Das Kleinhirn hat funktional wesentlich mehr neuronale Verbindungen als das Großhirn, ist für eine Fülle von automatischen Prozessen, wie z. B. die Gleichgewichtsstabilisierung oder die räumliche Orientierung von Bewegungen zuständig, ohne dass wir uns dessen jemals bewusst sind, und ohne dass wir diese Prozesse bewusst machen können. Offensichtlich laufen all diese Prozesse ohne Bewusstsein ab und die gesamte Komplexität des Kleinhirns gibt nicht Anlass zu eigenem Bewusstsein. Dies sind Probleme, die von Emergenztheorien bis jetzt nicht gelöst worden sind. Das vielleicht gewichtigste Problem ist der Begriff der Emergenz selber, der bislang unzureichend geklärt ist. Zwar können Systemtheorien durchaus plausibel machen, dass durch systemische Anordnung neue Eigenschaften entstehen oder emergieren. Aber wie genau, wann genau und warum genau, diese Fragen sind ungeklärt.

Funktionalismus

Eine weitere Spielform materialistischer Theorien sind die *funktionalistischen* Theorien. Sie gehen davon aus, dass geistige Phänomene auf jeden Fall physisch verursacht sind; sie sind Funktionszustände unseres Gehirns, könnten aber auch aufgrund einer anderen materiellen Basis zustande kommen. Atmung beispielsweise als Funktion des Sauerstoffaustausches wird bei verschiedenen Lebewesen unterschiedlich realisiert. Während wir mit Lungen atmen, können Fische mit Kiemen atmen; wieder andere Lebewesen atmen durch die Haut und Amphibien können sogar verschiedene Atmungsprozesse aktivieren, je nachdem in welcher Umgebung sie leben. Atmung wird also materiell unterschiedlich realisiert, ist aber kein eigener Seinsprozess. Ganz ähnlich werden mentale Operationen wie Kognitionen z. B. durch unterschiedliche physikalische Prozesse realisiert. Das Gehirn unterhält Kognitionen. Silikonchips und Computer können dies ebenfalls tun und möglicherweise sind auch andere materielle Systeme denkbar, die dazu in der Lage sind. Diese funktionalistischen Theorien, die in einer früheren Form als Maschinenfunktionalismus von Fodor und Putnam vertreten worden sind [16, 17, 22] und in neueren Formulierungen als „semantischer Funktionalismus" von Searle [24] und Dennett [9] vertreten werden, sind weit verbreitet und haben vor allem unter Kognitionswissenschaftlern Konjunktur.

Probleme des Funktionalismus werden dabei geflissentlich übersehen. Zu diesen gehört die Frage der Qualia. Wie erklärt ein funktionalistisches Modell unsere subjektiven Wahrnehmungsqualitäten? Wenn ein Computer, der komplex genug ist und kognitive Operationen durchführt den gleichen Status wie ein Gehirn hat, dann müssten wir davon ausgehen, dass er ebenfalls Schmerzen erleidet wenn er einen Zusammenbruch erlebt oder Innenzustände hat, die wir als seelische Erlebnisse kennzeichnen. Bis jetzt deutet nichts darauf hin, dass dies so ist. Die gesamte Frage der Subjektivität, also der persönlichen Innensicht der Welt, wird vom Funktionalismus nicht als bedeutsames Problem erkannt, geschweige denn gelöst. Auch die Frage der Intentionalität, also der absichtlichen Ausrichtung auf die Welt und ihrer Innenrepräsentation als geistig rekonstruiertem Abbild materieller Geschehnisse wird funktionalistisch nicht gut erklärt.

Ein besonderer Stolperstein für funktionalistische Theorien ist jedoch die Tatsache, dass es viele geistige Prozesse gibt, die nicht algorithmierbar sind. Damit ist gemeint, dass es geistige Einsichten, Erkenntnisse oder kreative Prozesse gibt, für die kein funktionalistischer Zugang bekannt ist, oder anders gesprochen, für die es keinen mathematischen Algorithmus, also eine Rechenregel, gibt, die eine Maschine dazu anleiten würde, wie das Ergebnis zu erreichen ist. Bislang ist noch nie ein Computer konstruiert worden, der zuverlässige abduktive Schlüsse vornimmt, der wirklich Neues erfindet oder der komplexe Einsichten in kurzer Zeit generiert, ohne alle möglichen Varianten durchexerziert zu haben. Eine algorithmische Maschine die Kunst produziert, neue Literatur schreibt, witzig ist oder selber Humor erkennen kann, all dies sind Dinge, die ganz offensichtlich noch einzulösende Desiderate einer funktionalistischen These des Geistigen sind. Roger Penrose hat in seinen neueren Publikationen darauf hingewiesen, dass der menschliche Geist vor allem in der Mathematik Probleme lösen kann, die definitionsgemäß nicht algorithmierbar, also prinzipiell nicht sequenziell zu lösen sind sondern nur durch abduktive Schlüsse, also durch Einsicht [21]. Möglicherweise können ja Weiterentwicklungen der Computertechnologie hin zu Quantencomputern solche Probleme in den Griff bekommen. Solche Modelle werden in der neueren Diskussion an deren äußerster spekulativer Kante von Penrose selber und anderen diskutiert. Damit bewegen wir uns aber schon soweit außerhalb der wissenschaftlichen Hauptströmung, sodass wir es damit bewenden lassen wollen.

Diese angedeuteten Probleme haben allerdings nicht verhindert, dass funktionalistische Thesen sich doch sehr weit verbreiten konnten. Neben den Emergenztheorien dürften funktionalistische Theorien heute am weitesten verbreitet sein.

11.5 Dualistische Positionen

Neben diesen materialistischen Richtungen unterscheidet die Typologie neuerer Richtungen auch dualistische Positionen. Zu diesen gehört die Drei-Welten-Lehre von Popper und Eccles [10]. Diese Autoren gehen davon aus, dass es so etwas wie materielles Sein gibt, parallel und davon unabhängig psychisches Sein und als dritte Welt geistiges Sein, die kollektiv psychische und geistige Aktivitäten der Menschheit zusammenfasst. Diese Drei-Welten-Lehre hat vor allem historischen Charakter, weil Popper und Eccles einflussreiche Schriftsteller gewesen sind. Heute wird sie innerhalb der neueren Diskussion kaum mehr vertreten. Vertreten hingegen werden zunehmend *neuere Dualismen*: David Chalmers hat mit seinem Zombie-Argument deutlich gemacht, dass Supervenienztheorien nicht ausreichen, um geistiges Sein zu erklären [7]. Diese Richtung hat Anerkennung gefunden und stellt eine ernsthafte Konkurrenz zu materialistischen Thesen dar. *David Chalmers* hat in neuerer Zeit auch betont, dass der epistemologische Dualismus, den er gegen die Supervenienztheorien ins Feld führt, möglicherweise sogar zu einem ontologischen Dualismus führen müsste. Eine andere anscheinend dualistische Position bezieht *Roger Penrose*, der auf die Nichtreduzierbarkeit des Geistes und auf die Nichtalgorithmierbarkeit hinweist [21]. Auch wenn er sich selber nicht als Dualist positioniert, führt sein Argument letztlich dazu, dass geistiges Sein einen eigenen Status erhält, da es nicht im Rahmen der funktionalistischen und anderer materialistischer Thesen erklärbar wird. Ein weiteres Beispiel für eine dualistische Position wird von dem Oxforder Philosophen *Michael Lockwood* geliefert, wenn er darauf hinweist, dass Bewusstsein immer schon Voraussetzung für die Anwendung einer Theorie der Materie, wie z. B. der Quantenmechanik, darstellt [18]. Auch wenn seine vorgeschlagene Lösung, eine bestimmte Interpretation der Quantenmechanik, nicht notwendigerweise zwingend ist, so ist das Argument, das Lockwood ins Feld führt, nämlich dass Bewusstsein immer schon die Voraussetzung für die Anwendung quantenmechanischer Theorien ist, im Grunde unter Physikern unbestritten. Selbst wenn man das Bewusstsein materiell erklärt und damit unser Gehirn in den Bereich der Gültigkeit von Quantenmechanik rückt, wird das Problem, dass es irgendwo eine bewusste Zurkenntnisnahme des Messergebnisses geben muss, damit die Quantenmechanik als Theorie funktioniert, dadurch lediglich verschoben. (Quantenmechanik als Rechenregel funktioniert selbstverständlich immer, auch wenn man sich diesen ontologischen Grundfragen nicht stellt. Aber die grundlegende Reflexion über die Bedingung dieses Funktionierens setzt eigentlich Bewusstsein voraus.) Selbstverständlich könnte man sich auch auf den Standpunkt stellen zu sagen, die Quantenmechanik sei eben nur eine vorläufige Theorie, da sie im Letzten wieder auf Bewusstsein zurückgreift, und irgendwann würde es schon eine Theorie geben, die auch dieses Element noch als umfassende Theorie der Materie mit einschließt. Doch dieses Argument wäre lediglich eine Art Schuldscheinmaterialismus, der die Lösung des Problems in die

Zukunft verschiebt und an den Glauben des Wissenschaftlers an die Macht naturwissenschaftlicher Theoriebildung appelliert.

Namhafte Physiker, wie etwa Wolfgang Pauli (1900–1958), der maßgeblich zur Entwicklung der Quantenmechanik beigetragen hat, waren im Gegensatz hierzu immer der Meinung, dass eine vollständige Theorie der Welt sich nicht auf eine materialistische Position allein zurückziehen könne, sondern geistiges Sein als zum materiellen komplementär in die Theoriebildung mit einbeziehen muss [23].

11.6 Komplementarismus

Damit sind wir bei der Komplementaritätsthese als Alternative zu dualistischen oder monistisch-materialistischen Hypothesen angekommen [30, 31]. Die Komplementaritätsthese geht direkt auf die Entwicklung der quantenmechanischen Theoriebildung zurück. In ihr wird bereits für die Materie Komplementarität als konstitutives Element angenommen. Damit ist gemeint, dass zur Beschreibung materieller Gegebenheiten Begriffspaare notwendig sind und experimentelle Operationen, die sich

a) gegenseitig ausschließen und maximal inkompatibel sind, die
b) nicht zur gleichen Zeit angewandt werden können, die aber
c) dennoch beide notwendig sind, um eine Sache zu beschreiben.

Wenn wir etwa sagen, dass Ort und Moment eines Elementarteilchens komplementäre Beschreibungen sind, so heißt dies konkret Folgendes: Wenn wir eine Ortsmessung vornehmen wollen, haben wir dann, wenn diese Messung präzise ist, keinerlei Kenntnis über den Impuls (also die Geschwindigkeit in einer bestimmten Richtung) des Teilchens. Denn um eine Ortsmessung vorzunehmen, muss die Bewegungsbahn des Teilchens so verändert werden, dass der Impuls komplett unscharf wird. Um den Impuls des Teilchens messen zu können, muss eine andere Messvorrichtung verwendet werden, die die Kenntnis über den Ort vollkommen unscharf macht. Jedoch sind beide Beschreibungen – Ort und Impuls – notwendig, um *ein* Teilchen zu charakterisieren. Komplementäre Variablen oder Observablen, wie sie physikalisch genannt werden, sind also immer maximal inkompatibel oder sich gegenseitig ausschließend und dennoch beide notwendig, um einen Sachverhalt als Ganzes zu beschreiben. Diese merkwürdige und anscheinend kontraintuitive Sichtweise wurde von Niels Bohr in die frühe Formulierung der Quantenmechanik eingeführt, weil er gesehen hat, dass ohne diese Begrifflichkeit keine konsistente Theorie der Materie möglich wäre. Bohr hat also komplementäre Beschreibungsweisen dazu verwendet, um die Einheit eines Sachverhalts zu gewährleisten und dennoch auf die widersprüchlichen Beschreibungsweisen zu verweisen, die notwendig sind, um die Sache komplett darzustellen.

Bohr hat bereits in seinen eigenen Schriften zu späteren Zeiten darauf hingewiesen, dass Komplementarität als Gegebenheit möglicherweise eine grundlegende Eigenschaft nicht nur der Materie, sondern sogar der Welt sein könnte, und dass es sich dabei auch um eine epistemologische Grundhaltung handeln könnte, die in anderen Bereichen nützlich wäre. Schon Bohr deutet darauf hin, dass verschiedene Bereiche des Psychischen unter Umständen in den Bereich komplementärer Beschreibungen fallen könnten. Er verweist z. B. auf die Gegensatzpaare von

Bewusstsein und Unbewusstem, Kognition und Affekt, und eben auch auf geistiges und materielles Sein als möglicherweise unter dem Begriff der Komplementarität fallend.

Fahrenberg hat nun diese bohrsche Erkenntnis aufgegriffen und weiter in die Psychologie getragen, indem der vorschlug, psychische und leibliche Phänomene in der Tat als komplementäre zu charakterisieren [11, 12]. Damit sind also zwei Beschreibungsweisen gemeint, die sich an sich ausschließen und maximal miteinander inkompatibel sind, aber dennoch notwendig, um eine Sache – nämlich den Menschen – zu beschreiben. Die beiden Beschreibungsweisen haben je unterschiedliche Wahrheitskriterien und unterschiedliche methodische Zugänge. So können wir materielle Systeme vermittels Beobachtung, Messung oder anderer verobjektivierender Verfahren dokumentieren und müssen Geistiges durch verstehende Methoden, Hermeneutik oder erlebnispsychologische Zugänge erschließen. Das Entscheidende bei einem komplementaristischen Ansatz ist es, dass über die zugrunde liegende Wirklichkeit keinerlei Aussage gemacht wird, sondern der phänomenalen Situation Rechnung getragen wird, dass wir es in der Tat mit zwei verschiedenen Zugangsweisen zur Wirklichkeit zu tun haben (Abb. 11.6).

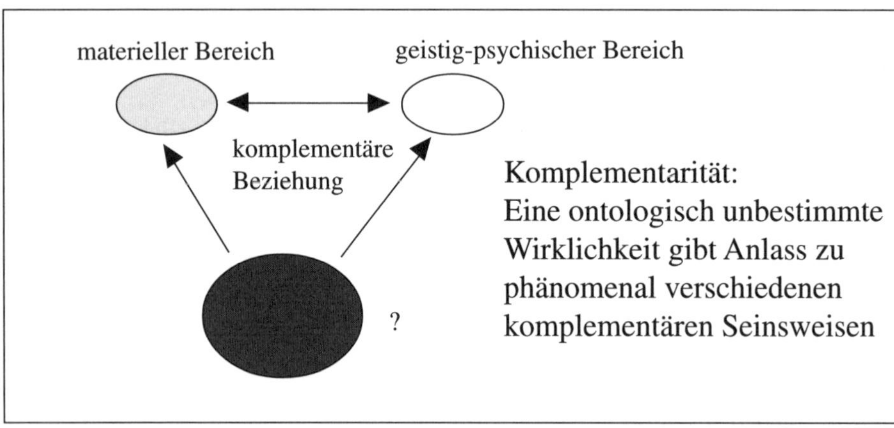

Abb. 11.6: Komplementaritätsmodell

Das Problem, das auch die Komplementaritätsthese aufweist ist, dass unklar ist, wie die beiden Bereiche überhaupt aufeinander bezogen sind. Zu sagen, sie seien komplementär, ist eines. Plausibel zu machen, wie konkret Korrelationen zwischen beiden Bereichen entstehen, ein anderes. Psychophysiologische Forschung hat bis jetzt nur sehr wenige Korrelationen körperlicher Systeme mit psychischen Erlebnisweisen zu Tage fördern können, und die Frage der Adäquatheit der Beschreibungen für den je anderen Bereich steht immer noch zur Diskussion. Gerade das Freiburger psychophysiologische Forschungsprogramm unter Fahrenbergs Leitung hat vor allem gezeigt, wie häufig der Bereich des Erlebens und der Bereich der Physiologie gerade *nicht* korrelieren. Beispielsweise sprechen Studenten, die im Feld untersucht worden sind, oft von erlebnismäßigem Stress, wenn sie physiologisch gesehen gar keine Aktivierung aufweisen, und umgekehrt gibt es viele Menschen, die klinische Anzeichen von belastetem Kreislauf und Herzinfarktzeichen haben, ohne erlebnismäßig auch nur ansatzweise zu spüren, wie prekär ihre Lage ist.

Durch die komplementaristische These wird auch die Frage nach der Ontologie nicht geklärt und die Enthaltsamkeit bezüglich dieser Frage, die auf der einen Seite eine Tugend darstellt, ist auf der philosophischen Seite auch ein Problem. Neuere Ansätze versuchen zu zeigen, dass sich aus der Quantenmechanik durchaus ein Begriff entwickeln lässt, der leibliche und seelische Prozesse – genauer gesagt, die Unterscheidung zwischen beiden – als sekundär zu einer grundlegenden Wirklichkeit annimmt. Damit wäre ein entscheidender Fortschritt gemacht, der zeigen könnte, wie diese Unterscheidung aus einer grundlegenden Theorie ableitbar ist [2].

Die Komplementaritätsthese hätte den entscheidenden Vorteil, dass sie unserer phänomenalen Wirklichkeit keine Gewalt antut, die monistische Grundannahme der Wissenschaft nicht verletzt und dennoch die Eigenständigkeit der beiden Bereiche garantiert. Dies scheint auch dasjenige Theoriemodell zu sein, welches am ehesten verspricht, Anschluss an die physikalische Theorie der Materie zu ermöglichen. Fahrenberg konnte in empirischen Erhebungen zeigen, dass unabhängig von der Fächerzugehörigkeit und vom Vorwissen die komplementaristische These diejenige ist, die derzeit bei den meisten Studierenden Akzeptanz findet [13]. Solche empirische Erhebungen können selbstverständlich nichts über die tatsächliche Verfasstheit der Welt sagen, geben aber Aufschluss über das Weltbild, das derzeit verbreitet ist.

Wir können davon ausgehen, dass Grundentscheidungen im Bereich des Leib-Seele-Problems gewichtige methodologische und berufspraktische Konsequenzen haben. So wird beispielsweise ein Arzt, der dem Bewusstsein einen eigenen ontologischen Rang einräumt, anders über die Art und Weise von lebensrettenden oder lebenserhaltenden Maßnahmen entscheiden als jemand, für den Bewusstsein ein reines Emergenzphänomen darstellt. Ein psychologischer Psychotherapeut mit einem im Grunde materialistischen Weltbild wird höchstwahrscheinlich andere Psychotherapieformen favorisieren als ein dualistisch oder gar idealistisch gesinnter Kollege. Ein komplementaristischer Ansatz im Leib-Seele-Problem führt notwendigerweise zu Methodendualismus und Methodenpluralität, wie sie auch Grundlage des vorliegenden Buches ist. Unser gesamtes Kultur- und Rechtssystem fußt auf der impliziten Annahme einer mindestens kausal relevanten Rolle des Bewusstseins, wenn nicht gar auf einem impliziten Dualismus. Dass sich die weltanschauliche Grundannahme eines ontologischen Monismus, der gleichwohl nicht materialistisch ist, daher aber auch nicht Anlass zu autonomen und individuellen Seelensubstanzen geben kann, anders auswirkt, zeigt die östliche Kultur, die von einer buddhistischen Ontologie inspiriert ist.

Gerade für Psychologen sollte es außerdem von Bedeutung sein, die Frage nach dem Bewusstsein nicht nur theoretisch-philosophisch, sondern auch durch empirische Forschung zu klären. Gerade in jüngerer Zeit wurden hierzu verschiedene Schritte unternommen. Ergebnisse aus der Nah-Todforschung zeigen beispielsweise, dass noch ziemlich lange nachdem körperliche Prozesse nicht mehr nachweisbar sind, die wir normalerweise mit Bewusstsein in Verbindung bringen, wie etwa Kreislauf und Hirnaktivität, dennoch bewusstes Erleben vorhanden ist [26]. Sollten sich diese Ergebnisse erhärten lassen, wären rein materialistische Thesen wissenschaftlich nicht mehr haltbar.

Ein weiterer empirischer Zugang zu Fragen des Bewusstseins stellt unserer Ansicht nach die sorgfältige phänomenologische Beschreibung von meditativen oder anderen Bewusstseinszuständen dar. Bereits Varela, der im Grunde zunächst eine systemtheoretische Ansicht von Kognition vertreten hat, hat darauf hingewiesen, dass phänomenologische Zugänge unsere aus der Neurowissenschaft stammende Erkenntnis von Bewusstsein durchaus befruchten können [27]. Die Beforschung bestimmter Bewusstseinszustände und ihre Korrelation mit entsprechenden Gehirnzuständen könnte uns weiter Auskunft darüber geben, wie bewusste Vorgänge und Gehirnprozesse zusammenhängen. Einstweilen zentriert sich die gesamte Diskussion lediglich auf die Frage, wie normale Alltagsbewusstseinszustände mit gewöhnlichen Gehirnprozessen zusammenhängen. Kaum irgendjemand hat sich jemals die Mühe gemacht zu fragen, wie außergewöhnliche Bewusstseinszustände, z. B. der tiefe Ruhezustand in der Meditation oder ekstatische Gefühlszustände mit Gehirnprozessen zusammenhängen. Diese und ähnliche empirische Zugänge würden vielleicht die Diskussion um Erkenntnisse bereichern, die völlig unbrauchbare Theorien aus der Diskussion ausschließen könnten. Diese Beispiele mögen genügen um zu zeigen, dass in diesem Bereich noch sehr viel zu tun ist und die Debatte gerade einmal bei der Problemformulierung angelangt ist.

11.7 Exkurs: Lokalität und Nichtlokalität – Kausalität und Verschränkung

Dies ist der Ort, an dem wir einen etwas spekulativen Einschub vornehmen wollen, der dem interessierten Leser einige Horizonte eröffnen soll, die im Rahmen der konventionellen Diskussionen innerhalb der Psychologie noch nicht sichtbar sind [30]. Wir haben im letzten Abschnitt unter dem Oberthema Komplementarität darauf hingewiesen, dass dieser Begriff von Bohr in die Theorie der Materie eingeführt worden ist. Bohr verwendete den Begriff Komplementarität, um anscheinend sich gegenseitig ausschließende und widersprechende Beschreibungen ein und desselben Gegenstandes zu charakterisieren. Dies ist etwas, das in der klassischen Weltbeschreibung nicht vorkommt und auch nicht notwendig ist. In der Newtonschen Mechanik können Teilchen zu jedem Zeitpunkt und an jedem Ort sowohl definierte Beschreibungen des Impulses als auch des Ortes haben und Messungen nehmen keinen Einfluss auf den weiteren Verlauf der Dinge. In der Quantenmechanik ist diese Situation eine komplett andere. Komplementäre Variablen beschreiben eben diese inhärente Widersprüchlichkeit der Welt und zeigen, dass diese Gegensätzlichkeit zur grundlegenden Verfasstheit der Materie gehört und nicht auflösbar ist. Komplementäre Beschreibungsweisen sind eben genau solche, die notwendig sind um eine Sache zu verstehen, obwohl sie sich gegenseitig ausschließen und trotz allem gemeinsam angewandt werden müssen, wenn ein kompletter Begriff einer Sache erreicht werden soll. Komplementäre Aussagen sind dabei nicht einfach Gegensätze, wie z. B. heiß und kalt Gegensätze sind. Komplementäre Aussagen sind vielmehr solche, die maximal inkompatibel sind. Auf den ersten Blick scheint Komplementarität also etwas mit dialektischen Denkformen zu tun haben, die ja bekanntlich auch von der Widersprüchlichkeit oder Polarität der Welt ausgehen und immer beide Pole berücksichtigen. Wiewohl gewisse Ähnlichkeit besteht, ist der Unterschied zu dialektischen Denkformen doch der, dass innerhalb der Dialektik nach einer Aussöhnung oder

Verbindung der Gegensätze in einer höheren Einheit gesucht wird, während komplementaristische Ansätze diese Gegensätzlichkeit oder Widersprüchlichkeit als konstitutiv für die Welt ansehen. Die komplementäre Verfasstheit der Materie oder vielleicht sogar der Welt insgesamt führt in der Quantenmechanik dazu, dass komplementäre Beschreibungspaare zu Unschärfen führen. Komplementarität ist also die Ursache dafür, dass ein System Unschärfen in der Beschreibung aufweist. Technisch gesprochen ist die Heisenbergsche Unschärferelation, die für die Quantenmechanik charakteristisch ist, eine Folge der Komplementarität der in ihr verbundenen Observablen. Denn wenn zwei komplementäre Observablen sich in ihrer Beschreibung und in ihrer Definition gegenseitig ausschließen, so führt dies zu einer wie auch immer gearteten Unschärferelation.

Dies lässt sich leicht algebraisch zeigen: Unschärferelationen werden meistens durch die Multiplikation zweier Streuungsterme definiert, wie in folgendem allgemeinen Beispiel.

$$\Delta q * \Delta p > 0 \qquad (1)$$

Geht man davon aus, dass eine Observable, sagen wir p, maximal scharf gemessen wird, sodass Δp praktisch gegen Null geht und setzt das scharfe Messergebnis in die algebraisch umformulierte Gleichung ein, so wird automatisch das Messergebnis der anderen Streuung unendlich und umgekehrt.

Dies sieht man leicht, wenn man folgendermaßen vorgeht: Wir wählen einen willkürlich gesetzten, kleinen Wert für den Term nach der Ungleichung (2):

$$\Delta q * \Delta p = 0.00001 \qquad (2)$$

Wir gehen davon aus, dass wir p mit einer extrem kleinen Unsicherheit ziemlich scharf bestimmen, dass Δp also winzig ist und fast gegen Null geht (3):

$$\Delta p = 0.0000000000001 \qquad (3)$$

Wir formulieren (2) algebraisch um und wollen sehen, wie groß Δq ist (4):

$$\Delta q = 0.00001/\Delta p \qquad (4)$$

Wir setzen (3) in (4) ein und erhalten (5):

$$\begin{aligned}\Delta q &= 0.00001/0.0000000000001= \\ &= 10^{-5}/\, 10^{-13} = 10^{8} = \\ &= 100.000.000 \qquad (5)\end{aligned}$$

Wenn wir uns jetzt vorstellen, dass der Streuungsterm Δp noch kleiner wird als in (3) und also noch mehr gegen Null geht, dann sehen wir, dass der in (5) errechnete Wert immer größer wird und gegen unendlich groß geht. Auf diese Weise lässt sich algebraisch leicht nachvollziehen, was durch die Unschärferelation (1) geschieht. Der einzige Unterschied von (1) zur richtigen Heisenbergschen Unschärferelation besteht darin, dass diese die Unschärfe quantifiziert über die Planck-Konstante, die wesentlich kleiner als der hier willkürlich eingesetzte Wert von (3) ist. Dies ist aber unerheblich für das Argument, das zeigt, dass Komplementarität zur Unschärferelation (1) und die Unschärferelation zu maximaler Unbestimmtheit eines Wertes bei maximaler Bestimmtheit des Komplementären führt und umgekehrt.

Dieses mathematische Verhalten der beiden Streuungsterme ist also Ausdruck der Komplementarität der zugrunde liegenden Observablen und führt in der Quantenmechanik dazu, dass eine sogenannte Algebra nicht-kommutierender Observablen zu verwenden ist, wenn diese Situation formal abgebildet werden soll. Unter nicht-kommutierenden Variablen sind dabei genau solche zu verstehen, bei denen die Reihenfolge der Messung einen Unterschied ausmacht. Der Ausdruck „nicht-kommutierend" ist dabei synonym mit dem Begriff komplementär und der mathematisch-formale Grund für Unschärferelationen.

Kommutierende Variable kennen wir aus unserer gewöhnlichen, Abelschen Algebra:

$$a * b = b * a$$

Eine andere Schreibweise hierfür ist

$$a * b - b * a = 0$$

(Wer Schwierigkeiten hat, diesem Argument zu folgen, setze einfach 2 und 3 statt a und b.)

Bei nicht-kommutierenden oder komplementären Variablen gilt genau dies nicht. Deswegen schreibt man diesen Sachverhalt formal

$$p * q \# q * p$$

oder

$$p * q - q * p > 0$$

Aus dieser nicht-kommutierenden Beziehung komplementärer Variablen ergibt sich die vorher beschriebene Unschärferelation, die für die Quantenmechanik konstitutiv ist.

Nichtkommutativität ist also eine andere Art und Weise, wie komplementäre Observable konzeptionell gefasst werden können.

Solche Komplementaritäten sind für die Quantenmechanik konstitutiv und damit für die Welt der Materie grundlegend. Es lässt sich innerhalb der Quantenmechanik zeigen, dass genau solche komplementären Beschreibungsweisen zu sogenannten Nichtlokalitäten oder Verschränktheiten Anlass geben. Damit ist Folgendes gemeint:

Nichtlokalität und Verschränktheit

Wir gehen normalerweise davon aus, dass Veränderungen in unserem Universum lokal verursacht werden. Den Begriff der Lokalität haben wir zuvor, als wir das Newtonsche Gravitationsgesetz diskutiert haben, bereits erläutert. Kurz gefasst besagt er, dass jede Veränderung auf ursächlichen benachbarten Energieaustausch zurückgeführt wird. Anders gesprochen bezeichnen lokale Veränderungen solche, die durch eine ummittelbare Signal- oder Kraftübertragung zustande kommen. Dies ist, was wir normalerweise mit „Kausalität" bezeichnen. Innerhalb der Quantenmechanik ergibt jedoch die Formalisierung von bestimmten Gegebenheiten als komplementäre, dass es nicht lokale Zusammenhänge geben muss. Damit sind koordinierte Veränderungen gemeint, die innerhalb eines Systems auftreten, *ohne* dass Signale ausgetauscht werden, *ohne* dass Interaktionen stattfinden, also ohne dass es einen ursächlichen Zusammenhang gibt. Der Grund für einen nichtlokalen korrelativen Zusammenhang ist einzig und allein in der systemischen Konstitution des entsprechenden materiellen Systems zu sehen. Praktisch-technisch äußert sich dies z. B. so, dass Teilchen, die aus der gleichen Strahlungsquelle stammen und in entgegengesetzte Richtung abgestrahlt werden, miteinander inhärent verbunden sind, sodass eine Veränderung an einem Systemelement eine entsprechend koordinierte oder korrelierte Veränderung am anderen „hervorruft" und umgekehrt. Das Wort „hervorrufen" muss dabei mit besonderer Vorsicht benützt werden, da wir es normalerweise mit kausaler Veränderung in Verbindung bringen. Genau dies ist jedoch nicht der Fall. Die Veränderung, die entsteht, ist eine rein korrelative und nicht durch Signale oder Ursachen verursachte. Der Grund hierfür ist in der puren Konstitution des Systems zu sehen, welches durch die Quantenmechanik beschrieben wird. Man nennt solche Korrelationen auch „holistische" oder „nichtlokale" oder „Einstein-Podolsky-Rosen-Korrelationen" (EPR-Korrelationen). Diese sind deswegen so benannt, weil Einstein, Podolsky und Rosen die Ersten waren, die auf dieses Phänomen hingewiesen haben. Erkannt hatte es bereits Schrödinger, der den Begriff der „Verschränktheit" hierfür geprägt hat. Es bedeutet lose gesprochen, dass Bestandteile eines Quantensystems so lange miteinander in Verbindung stehen und korreliert sind, solange keine konkrete Messung und Aufteilung des Systems in Einzelelemente geschehen ist.

Dieser Sachverhalt ist außerhalb der strikten Physik und in anderen Wissenschaftsbereichen noch sehr wenig aufgegriffen und verstanden worden. Innerhalb der Physik gibt es seit den 1960er-Jahren eine intensive Debatte um die Frage, ob diese aus dem Formalismus der Quantenmechanik ableitbare Eigenschaft der Materie, dass also Systeme so lange sie unverändert und in ihrer Symmetrie ungebrochen sind, ganzheitlich koordiniert oder korreliert sind, tatsächlich empirisch und experimentell nachweisbar ist und wie weit diese holistischen Korrelationen reichen. Zunächst war diese Verschränktheit nur eine theoretische Kuriosität, die sich aus dem Formalismus ergab. Später, in den 1960er-Jahren wurde es durch Formulierungen von John Bell möglich, diese Kuriosität in eine empirisch testbare Vorhersage zu überführen. In den 1980er-Jahren wurden in der Tat experimentelle Tests durchgeführt um zu überprüfen, ob diese Vorhersage nichtlokaler Korreliertheit physikalischer oder materieller Quantensysteme tatsächlich zutrifft. Die empirischen und experimentellen Tests waren positiv: Quantensysteme sind, solange sie in ihrer Einheit ungebrochen sind, in der Tat holistisch dergestalt korreliert, dass Teilelemente eines solchen Systems miteinander auch über große Distanzen oder Zeiten hinweg in Verbindung stehen. Diese Situation ist also grundlegend für die Beschreibung unserer materiellen Welt. In unserer klassischen Alltagswelt fallen solche holistischen Beschreibungen indes normalerweise nicht auf, weil durch die Interaktion physikalischer Systeme mit ihrer Umwelt diese Korrelationen zerstört und so weit ausgedünnt werden, dass sie nicht mehr von Belang sind. Die Fragestellung, wie aus der ursprünglich einen und holistisch korrelierten Quantenwelt unsere klassische Welt getrennter und separierter Gegenstände entsteht, ist derzeit Gegenstand einer intensiven Debatte und das Problem ist noch weitgehend ungeklärt. Das Stichwort für diese Diskussion heißt „Dekohärenz". Wir wissen, dass durch Interaktionen von Quantensystemen mit dem Rest der Welt holistische Korrelationen zerstört werden. Das Ergebnis sind nichtkorrelierte, vereinzelte Gegenstände.

Wir haben in einer eigenen Analyse darauf hingewiesen, dass eine erweiterte Theorie, eine verallgemeinerte oder abgeschwächte Quantentheorie, den formalen Charakter des Quantenformalismus behalten kann, ohne Einschränkungen aufzuerlegen, die für die Quantenmechanik typisch sind [1]. So ist beispielsweise in der Quantenmechanik eine Universalkonstante, die sogenannte Planck-Konstante, notwendig, um Berechnungen vorzunehmen. Diese Planck-Konstante, die einen sehr kleinen Wert annimmt (nämlich ungefähr 10^{-38}), definiert nach einigen algebraischen Modifikationen auch den Bereich, innerhalb dessen die Quantenmechanik im eigentlichen Sinne des Wortes Anwendung findet. Sie definiert und begrenzt auch das Ausmaß holistischer Korrelationen in solchen Quantensystemen. Lässt man diese Restriktionen weg und folgt der allgemeinen Struktur des Quantenformalismus, so kann man eine verallgemeinerte Theorie gewinnen, die der Struktur nach der Quantenmechanik analog ist, aber weiteren Geltungsbereich haben kann. Im Rahmen einer solchen Theorie werden ebenfalls nichtlokale Korrelationen zu erwarten sein. Dies ist genau dann der Fall, *wenn Komplementarität herrscht zwischen globalen Beschreibungen eines Systems und lokalen Elementen innerhalb des Systems.* Wenn dies der Fall ist, dann werden all diejenigen lokalen Elemente, die zu einer globalen Beschreibung komplementär sind, miteinander verschränkt sein. Denn nichtlokale Korreliertheit innerhalb der Quantenmechanik ist nichts anderes als ein Sonderfall von Komplementarität, nämlich derjenigen zwischen globalen und lokalen Observablen. Graphisch wird dies in Abb. 11.7 wiedergegeben.

Diese zunächst sehr abstrakte und allgemeine Formulierung muss natürlich für Systeme unserer Lebenswelt und nichtmaterielle Systeme erst genau analysiert werden. Denn innerhalb der Quantenmechanik hat der Begriff „Komplementarität" eine sehr genaue und präzise festgelegte Definition: Er wird durch die Nichtkommutierbarkeit von Observablen definiert. Was komplementäre Beschreibungen in unserer Lebenswelt sind, dies muss erst noch genauer analysiert und begrifflich gefasst werden. Einstweilen können wir etwas vage und intuitiv eine ganze Reihe von Begriffspaaren angeben, die die formalen Bedingungen von Komplementarität erfüllen: So sind z. B. die Begriffspaare „Liebe und Gerechtigkeit" oder „Individuum und Gesellschaft" oder „Verbundenheit und Individualität" oder möglicherweise „Bewusstsein und Materie" komplementäre Begriffspaare. Wann immer Systeme so beschrieben werden können, dass lokal zutreffende Beschreibungen zu einer globalen Beschreibung komplementär sind, dürfte mit Verschränkungen nicht-

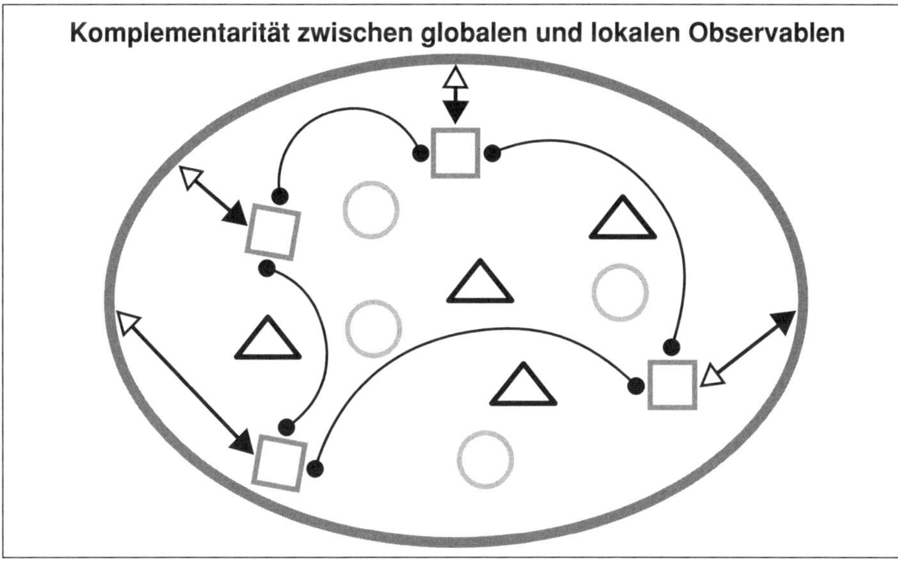

Abb. 11.7: Verschränkung: Elemente (kleine Quadrate), deren lokale Beschreibung komplementär zur globalen ist (Doppelpfeile), sind untereinander holistisch korreliert (Bindungsbögen), während andere Elemente (kleine Kreise, Dreiecke) dies nicht sind.

lokaler Art innerhalb dieses Systems zu rechnen sein. Damit würde ein komplett neuer Zugang zu vielen psychologischen und lebensweltlich relevanten Phänomenen möglich sein, der auf der einen Seite den phänomenalen Status dieser Erscheinungen unangetastet lässt und auf der anderen Seite eine Brücke zu wissenschaftlich anerkannter Theoriebildung ermöglicht.

Wir wollen nur ein kleines Beispiel für eine solche Anwendung geben: Innerhalb der Familiendynamik ist es bekannt, dass Personen einer Familie Symptome oder Probleme zum Ausdruck bringen, die im Grunde Probleme einer anderer Person darstellen oder Probleme der gesamten Familie oder des gesamten Systems sind. Mit klassisch-lokalen Theorien ist eine solche Symptomenübernahme nicht einfach zu erklären, obwohl es vielleicht mit einiger Anstrengung möglich wäre. Schlecht zu erklären sind hingegen therapeutische Interventionen und Erfolge, die durch systemische Interventionen erzielt werden können. Denn da wird beispielsweise an einem anderen Element des Systems Veränderung erzeugt, die das gesamte System in eine neue Lage bringen. Innerhalb einer schwachen oder verallgemeinerten Quantentheorie lassen sich die Elemente eines solchen Familiensystems als miteinander verschränkte Teilelemente eines Systems verstehen. Die globale Variable wäre Verbundenheit oder Gemeinschaft; die lokale Beschreibung wäre Individualität. Durch diese Komplementarität zwischen lokalen und globalen Beschreibungen sind diejenigen Elemente bezeichnet, die miteinander in nichtlokaler korrelierter oder verschränkter Weise verbunden sind, nämlich die einzelnen individuellen Mitglieder eines solchen Familiensystems. Dies erklärt auch, warum einzelne Familienmitglieder Inhalte, Probleme oder ungelöste Fragestellungen von anderen zum Ausdruck bringen können, und zwar manchmal über Generationsgrenzen hinweg, und warum systemische Interventionen an einem anderen Ort des

Familiensystems solche Probleme beheben können. Es ist eine Vielzahl von Anwendungen einer solchen Theoriebildung denkbar, vom Verständnis von Gruppenprozessen angefangen bis hin zum Verständnis der Einheit des Bewusstseins. Derzeit ist dies jedoch eine noch spekulative Theorie, die wir in experimentellen Tests untersuchen. Erste Ergebnisse zeigen, dass tatsächlich unter bestimmten Gegebenheiten systemischer Verbundenheit, z. B. Korrelationen von EEG-Daten solchermaßen verbundener Personen, zu beobachten sind [29]. Allerdings ist es wichtig zu verstehen, dass ein direkter, unmittelbarer experimenteller Test dieses Modells, so wie er etwa für die quantenmechanische EPR-Korreliertheit im eigentlichen Sinne durchgeführt worden ist, für dieses generalisierte Modell von Verschränkung noch aussteht.

Dieser Exkurs sollte zeigen, dass die klassisch newtonsche Sicht der Wissenschaft nicht die einzige Sichtweise auf die Realität sein muss. Auch wenn das von uns favorisierte Modell sich empirisch nicht als richtig herausstellen sollte, so zeigt allein schon der theoretische Versuch, dass es immer möglich ist, mit einer alternativen theoretischen Struktur Phänomene zu beschreiben. Die Kunst und die wissenschaftliche Überzeugungskraft entsteht dabei nicht einfach nur aus der Fantasie des Wissenschaftlers, obwohl auch dieses notwendig ist, sondern aus der Fähigkeit, vorhandene Strukturen theoretischer Art – in unserem Fall die Quantenmechanik – zu übernehmen und in ihrer Form anzupassen, um sie in anderen Bereichen fruchtbar werden zu lassen. Die Zukunft wird zeigen, ob dies ein sachdienlicher Zugang war.

Gerade die Psychologie ist eine Wissenschaft, die beinahe definitionsgemäß viel mit solchen anscheinend widersprüchlichen, möglicherweise komplementären, Lebensbereichen und Beschreibungen zu tun hat. Deswegen ist es naheliegend, in ihr auch nach solchen Zusammenhängen zu forschen.

Quintessenz

- Das Leib-Seele-Problem ist die ontologische Grundfrage nach den Grundsubstanzen in der Welt, angewendet auf den Menschen. Es stellt die Frage, welchen Stellenwert leibliche, also körperliche, und psychisch-geistige Prozesse haben.
- Im Lauf der Geschichte sind im Wesentlichen monistische und dualistische Positionen vorgeschlagen worden. Die monistischen lassen sich unterteilen in materialistisch-monistische, idealistische oder neutrale Positionen. Dualistische Lehren treten entweder als parallele oder interaktionistische Dualismen auf. Der methodische Dualismus geht methodisch von zwei unterschiedlichen Seinsbereichen aus, ohne diese genauer zu qualifizieren.
- Wissenschaftlich derzeit dominant sind materialistische Theorien. Diese kommen entweder als Identitätstheorien, als nicht reduktiv materialistische Theorien oder als funktionalistische Theorien vor. Identitätstheorien behaupten die komplette Identität mentaler und körperlicher Vorgänge.
- Weiter verbreitet sind Supervenienztheorien, die davon ausgehen, dass der geistige Bereich kausal komplett vom materiellen determiniert wird, aber eine gewisse Eigenständigkeit und auch Rückwirkung auf diesen materiellen Bereich hat, ohne jedoch ontologisch selbstständig zu sein.

- Emergenztheorien lehnen sich an das systemtheoretische Konzept der Emergenz neuer Systemeigenschaften an und sehen mentales Geschehen als emergente Systemeigenschaft eines komplexen neuronalen Netzes.
- Dualistische Positionen behaupten die Notwendigkeit, ein ontologisch eigenständiges geistiges Sein anzunehmen, haben jedoch Schwierigkeiten, die Interaktion oder Vermittlung zwischen den beiden Seinsbereichen zu erklären.
- Der Komplementarismus als relativ eigenständige Position geht zwar von einer monistischen Ontologie aus, die sich aber in zwei komplementär zueinander sich verhaltenden Bereichen, dem materiellen und dem geistigen, manifestiert. Der komplementaristische Ansatz ist möglicherweise auch von Bedeutung beim Verständnis nichtlokaler Prozesse außerhalb der Quantenmechanik.

Literatur

[1] Atmanspacher, H., Römer, H. & Walach, H. (2002). Weak quantum theory: Complementarity and entanglement in physics and beyond. *Foundations of Physics, 32,* 379–406.

[2] Atmanspacher, H. (2003). Mind and matter as asymptotically disjoint, equivalent presentations with broken time-reversal symmetry. *Biosystems*, 68, 19–30.

[3] Beck, F. & Eccles, J. C. (1992). Quantum aspects of brain activity and the role of consciousness. *Proceedings of the National Academy of Science of the USA, 89,* 111357–111361.

[4] Bieri, P. (1989). Schmerz: Eine Fallstudie zum Leib-Seele-Problem. In E. Pöppel (Hrsg.), *Gehirn und Bewusstsein.* (S. 125–134). Weinheim: VCH.

[5] **Bieri, P. (1993). Generelle Einführung. In P. Bieri (Hrsg.), *Analytische Philosophie des Geistes.* (S. 1–28). Bodenheim: Athenäum Hain Hanstein.**

[6] Bunge, M. (1984). *Das Leib-Seele-Problem.* Tübingen: Mohr.

[7] *Chalmers, D. J. (1996). *The Conscious Mind. In Search of a Fundamental Theory.* New York, Oxford: Oxford University Press.

[8] Churchland, P. S. (1986). *Neurophilosophy. Toward a Unified Science of the Mind-Brain.* Cambridge, Mass. MIT Press.

[9] *Dennett, D. C. (1994). *Philosophie des menschlichen Bewusstseins.* Hamburg: Hoffmann & Campe.

[10] Eccles, J. C. & Zeier, H. (1980). *Gehirn und Geist. Biologische Erkenntnisse über Vorgeschichte, Wesen und Zukunft des Menschen.* München: Kindler.

[11] Fahrenberg, J. (1979). Das Komplementaritätsprinzip in der psychosomatischen Forschung und psychosomatischen Medizin. *Zeitschrift für Klinische Psychologie, Psychopathologie und Psychotherapie, 27,* 151–167.

[12] Fahrenberg, J. (1992). Komplementarität in der psychophysiologischen Forschung. Grundsätze und Forschungspraxis. In E.P. Fischer, H.S. Herzka & K.H. Reich (Hrsg.), *Widersprüchliche Wirklichkeit. Neues Denken in Wissenschaft und Alltag: Komplementarität und Dialogik.* (S. 43–77). München: Piper.

[13] Fahrenberg, J. & Cheetham, M. (2000). The mind-body problem as seen by students of different disciplines. *Journal of Consciousness Studies*, *7,* 47-59.

[14] Feigl, H. (1973). Leib-Seele, kein Scheinproblem. In H. G. Gadamer & P. Vogler (Hrsg.), *Psychologische Anthropologie.* (S. 3–14). Stuttgart: Georg Thieme – DTV.

[15] Feyerabend, P. K. & G. Maxwell (eds.)(1966). Mind, matter and methods. Minneapolis: Univ. Minnesota Press.

[16] Fodor, J. (1981). Das Leib-Seele-Problem. *Spektrum der Wissenschaft, März,* 27–37.

[17] Fodor, J. (1983). *The Modularity of the Mind.* Cambridge, MA: MIT-Press.
[18] Lockwood, M. (1989). *Mind, Brain, and the Quantum: The Compound I.* Oxford: Blackwell.
[19] **Metzinger, T. (1985). *Neuere Beiträge zur Diskussion des Leib-Seele-Problems.* Frankfurt: Lang.**
[20] *Metzinger, T. (Hrsg.) (1996). *Bewusstsein: Beiträge aus der Gegenwartsphilosophie.* Paderborn: Schöningh.
[21] *Penrose, R. (1994). *Shadows of the Mind.* Oxford: Oxford University Press.
[22] Putnam, H. (1975). Minds and machines. In H. Putnam (Ed.), *Mathematics, Matter and Method. Philosophical Papers Vol. 2.* (S. 362–385). Cambridge: Cambridge University Press.
[23] Römer, H. (2002). Annäherung an das Nichtmessbare? Wolfgang Pauli (1900–1958). *Philosophisches Jahrbuch, 109,* 354–364.
[24] *Searle, J.R. (1993). *Die Wiederentdeckung des Geistes.* München: Artemis und Winkler.
[25] **Seifert, J. (1979). *Das Leib-Seele-Problem in der gegenwärtigen philosophischen Diskussion.* Darmstadt: Wissenschaftliche Buchgesellschaft.**
[26] van Lommel, P., van Wees, R., Meyers, U. & Elfferich, I. (2001). Near death experience in survivors of cardiac arrest: a prospective study in the Netherlands. *Lancet*, 358, 2039–2045.
[27] Varela, F. J., Thompson, E. & Rosch, E. (1991). The Embodied Mind: Cognitive Science and Human Experience. Cambridge, MA: MIT Press.
[28] *Velmans, M. (2002). How could conscious experiences affect the brain? *Journal of Consciousness Studies*, *9*, 3–29.
[29] Wackermann, J., Seiter, C., Keibel, H. & Walach, H. (2003). Correlations between brain electrical activities of two spatially separated human subjects. *Neuroscience Letters*, 336, 60–64.
[30] Walach, H. (1998). Der Komplementaritätsgedanke in der Interaktion zwischen Psychologie und Physik. In J. Jahnke, J. Fahrenberg, R. Stegie & E. Bauer (Hrsg.), *Psychologiegeschichte – Beziehungen zu Philosophie und Grenzgebieten.* (S. 85–108). München: Profil.
[31] **Walach, H. & Römer, H. (2000). Complementarity is a useful concept for consciousness studies. A reminder. *Neuroendocrinology Letters, 21,* 221–232.**

12 Hermeneutik

In vorhergehenden Teilen des Textes ist öfter von hermeneutischen, qualitativen oder narrativen Verfahren die Rede gewesen. Wir wollen im Folgenden etwas systematischer darstellen und bündeln, was damit eigentlich gemeint ist. Unter *Hermeneutik* verstehen wir die *Lehre von der Auslegung und vom Verstehen* zumeist sprachlichen Materials. Meistens handelt es sich dabei um Texte oder sprachliche Äußerungen; aber auch Bilder, Träume oder andere kulturelle Äußerungen von Menschen können Gegenstand hermeneutischen Bemühens werden.

Das Wort leitet sich her vom griechischen Wort *hermeneuein*, das „übertragen", „übersetzen", „eine Botschaft überbringen" bedeutet. Die erste Hermeneutik wurde von Aristoteles in seinem Buch *Peri hermeneias* (*Vom Verstehen*) niedergelegt. Diese Lehre ist lange einfach als Lehre von der Übersetzung oder vom Verstehen tradiert worden, ohne entsprechende Tiefenwirkung. Sie wurde im deutschen Sprachbereich in der romantischen Zeit aufgegriffen von *Schleiermacher*, der sich die Frage stellte, wie biblische Texte eigentlich zu verstehen sind. Spätestens dann wurde es nämlich offensichtlich, dass Texte nicht einfach eine offene und klare Struktur haben, die das, was zu verstehen ist, immer deutlich aussagen. Texte haben vielmehr eine vielfältige Tiefenstruktur und sind oft auch Anlass für Missverständnisse. Also wurde es notwendig, eine regelrechte Lehre des Auslegens, des Verstehens und der Übersetzung von Textinhalten niederzulegen [2].

Wilhelm Dilthey war es, der diese Lehre dann philosophisch vertieft hat und darauf hinwies, dass im Grunde die gesamte Geisteswissenschaft verstehender Natur sei, da sie es mit kulturellen Äußerungen der Menschen zu tun habe und also hermeneutische Verfahren anwenden müsse, während die Naturwissenschaften quantifizierend-erklärender Art sind. Daraus ergibt sich dann der Gegensatz zwischen Verstehen, der oft den Geisteswissenschaften zugerechnet wird, und Erklären, der den Naturwissenschaften zugehört. Wir erinnern uns an die alte aristotelische Aussage, dass Qualität und Quantität nicht ineinander überführbar sind. Diese grundlegende Einsicht liegt auch der diltheyschen Auffassung von der Welt der Wissenschaft, aufgeteilt in zwei Bereiche – die Geistes- und Naturwissenschaften – zugrunde. Alle geistigen Äußerungen des Menschen, egal ob individuell oder kollektiv, benötigen also einen verstehend-hermeneutischen Zugang, folgt man dieser diltheyschen Gliederung.

Von *Heidegger* wurden später die Zeitlichkeit und Geschichtlichkeit des Menschen als Grundzüge des menschlichen Lebens eingeführt. Reichert man die menschlichen Kulturäußerungen mit dem Verständnis um ihre Geschichtlichkeit an, dann erhält das Verstehen von Texten eine neue Dimension. Denn dann taucht die Zeit als verändernde und moderierende Variable im Verstehen von Texten auf. Was wir Heutige z. B. verstehen, wenn wir einen alten Text lesen, in dem es heißt, ein Mensch war von Dämonen besessen, ist etwas komplett anderes als das, was ein Angehöriger einer anderen Zeit oder Kultur darunter verstehen würde.

Es blieb *Hans-Georg Gadamer* vorbehalten, aus all diesen Vorläufern eine kompakte philosophische Hermeneutik zu konstruieren. In seinem grundlegenden und bahnbrechenden Werk *Wahrheit und Methode* weist er darauf hin, dass die Geschichtlichkeit, die von Heidegger in die philosophische Diskussion eingebracht worden ist, und die Perspektivität des Individuellen Grundvoraussetzung jeglichen menschlichen Verstehens und Erkennens ist [4]. Kein Mensch kann über den Horizont seiner Zeit, seines geschichtlichen Gewordenseins und seines kulturellen Sprachhorizontes hinausgehen. Deswegen kann es per definitionem keinen objektiven Zugang zu textlich-sprachlichem Material geben, sondern immer nur einen je individuellen Verstehenszugang. Maßgeblich ist dabei der sogenannte Verstehenshorizont. Er ist immer schon Voraussetzung für jedes Verstehen. Darunter ist der eigene Erfahrungsbereich zu verstehen, in dem ich mich bewege, das kulturelle Umfeld, in welchem mein Bemühen um Verständnis stattfindet.

Dadurch, dass ich eine bestimmte Ausbildung oder Bildung genossen habe, dass ich in meinem Leben bestimmte Erfahrungen gemacht oder nicht gemacht habe, dass ich bestimmte sprachliche und Bildungsvorkenntnisse habe oder nicht habe, ist das, was ich überhaupt verstehen kann, bereits vordefiniert. Ein Mensch, der z. B. nie Schmerzen erleiden musste, wird die Schmerzäußerung und die Bedeutung, die Schmerzen für einen anderen Menschen haben, nicht verstehen. Ein Mensch, der nie in seinem Leben traurig war, wird nicht verstehen, wie es einem Depressiven geht. Und ein Mensch, der bestimmte Grundlagenkenntnisse oder Sprachkenntnisse nicht hat, wird einen technisch-wissenschaftlichen oder fremdsprachigen Text nicht verstehen können.

Hermeneutisch heißt dieser „immer schon“ vorausgesetzte eigene Erfahrungsbereich „*Vorurteil*“. Damit ist nicht der sozial abwertende Sprachgebrauch gemeint, mit dem wir sagen, jemand habe ein Vorurteil gegenüber einem Menschen anderer Rasse oder Hautfarbe. Damit ist nur die sachliche Beschreibung gemeint, dass das, was wir als Erfahrungshorizont in eine Verständnissituation einbringen, bereits ein vorgängiges Urteil über die Sache darstellt. Verstehen ist dann gleichzusetzen mit einer neuen Erfahrung, die zu einer Horizonterweiterung und im Idealfall zu einer Horizontverschmelzung führt. Erfahrung ist dabei nahe an der ursprünglichen Bedeutung des Wortes zu hören, nämlich als das was geschieht, wenn sich jemand aufmacht, eine Reise macht und seinen Horizont erweitert. Jeder, der auch nur annähernde Erfahrung mit dem Wandern in den Bergen hat, weiß, was damit gemeint ist. Man steigt beispielsweise lange eine vielleicht eintönig geneigte Hangwiese empor, bis man sich den oberen Bereichen nähert. Und dann verändert sich der Blick von Schritt zu Schritt; immer wieder tauchen neue Gesichtspunkte auf; immer wieder erhebt sich über den Horizont etwas anderes, und die Sicht verändert sich von Mal zu Mal. Der Erfahrene ist derjenige, der eine Reise gemacht hat, der sich aus der Heimat auf in die Fremde gemacht hat und dem dort Neues widerfahren ist. Diese Erfahrungen verändern ihn von Grund auf und er wird dadurch ein anderer werden.

Hermeneutischer Zirkel und Horizontverschmelzung

Im gleichen Sinne ist Verstehen eine Veränderung des eigenen Horizontes, indem der Horizont des Vorurteils verschmilzt mit dem, was in einem Text verstanden wird. Verstanden wird immer ein *Teil* des Fremden, aber nie das Ganze. Deswegen geschieht Verstehen und Hermeneutik in dem, was „hermeneutischer Zirkel" genannt wird. Denn der Prozess des Verstehens und Aneignens muss immer weiter fortgesetzt werden. Dies ist der Grund, weswegen komplexe Texte, Dichtungen oder andere kulturelle Äußerungen immer neu Anlass zu Verständnis geben, weswegen sie immer wieder neu gelesen und auch immer wieder neu interpretiert und verstanden werden. Der Sachverhalt ist in Abbildung 12.1 dargestellt. Ausgehend von einem wie auch immer gearteten minimalen Vorverständnis, das den persönlichen Horizont markiert, greift die Verstehensbewegung aus und nähert sich einem fremden Material an. Diese Annäherung ist vielleicht anfangs nur bruchstückhaft, aber durch Begegnung mit dem fremden Material kommt es zu einer Horizontverschmelzung, die zu einem erweiterten Verständnis des eigenen Horizonts führt, den persönlichen Horizont verändert und damit auch das Vorverständnis. Dadurch wird wieder ein neues Verständnis des Fremdmaterials möglich, usw. Voraussetzung für diesen Prozess ist die eigene Offenheit und die Konfrontation mit dem Fremden, also die ausgreifende Bewegung des Verstehens, die von dem Bedürfnis zu verstehen ihren Ausgang nimmt.

Fremdes Material und eigener Horizont müssen dabei ein Minimum an Überlappung aufweisen, sonst ist Verständnis gar nicht möglich. Wenn ich beispielsweise ohne Kenntnis des Chinesischen eine chinesische Zeitung lesen will, so würde mir alles Bemühen nichts nützen, da überhaupt keine Berührung der beiden Horizonte möglich ist. Wenn ich bei minimaler Kenntnis einer Sprache einen fremden Text zu verstehen suche, so wird mir das dann möglich sein, wenn der Text einen Inhalt zum Ausdruck bringt, der der Sache nach mit meinem eigenen Verstehenshorizont eine gewisse Ähnlichkeit aufweist. Auch wenn ich einen Text in meiner Muttersprache lese, kann es sein, dass ich überhaupt kein Verständnis

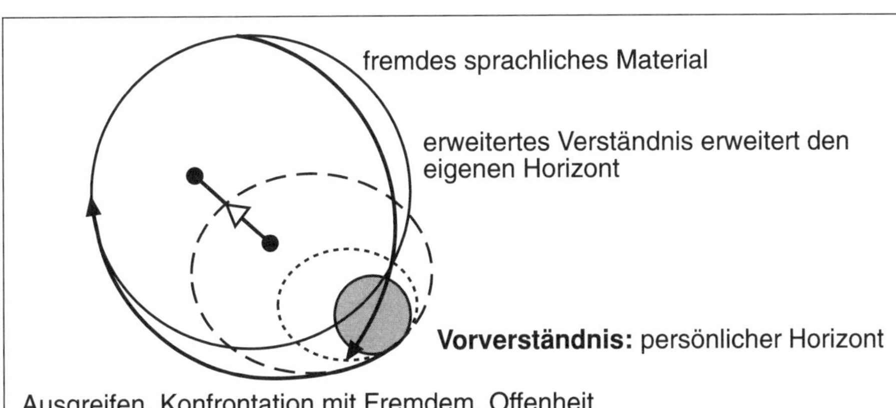

Abb. 12.1: Schematische Darstellung des hermeneutischen Zirkels: Ausgehend vom Vorverständnis (Vorurteil) nähert sich das Verständnis durch ausgreifende Bewegungen fremdem Material an; der Zirkel wird dabei i.d.R. mehrfach durchlaufen.

für den Text gewinnen kann, nämlich dann, wenn mir jegliches Vorverständnis für das, was im Text ausgesagt ist, fehlt. Voraussetzung für Verständnis ist also ein minimales Überlappen von eigenem Horizont und anzueignendem Material. Es ist sodann notwendig, dass ich ein gewisses Vorurteil, also eine gewisse Vormeinung in das Verständnis einbringe, dieses jedoch mit der Offenheit paare, es revidieren zu können und zu müssen. Auf diese Art und Weise wird ein vorläufiges Verständnis erzielt, das am Material überprüft werden muss. Es ist dann Frage der eigenen Integrität, Lauterkeit und auch Offenheit, Diskrepanzen meines Verständnisses mit dem Material zur Kenntnis zu nehmen und den Verständnisprozess zu erweitern, damit mein eigenes Verständnis zu korrigieren und am Material zu verändern. Verständnis ist also eigentlich eine laufende Revision von Vorurteilen, die immer wieder in rekursiven Schritten geschieht und so lange wiederholt werden muss, bis die Annäherung des eigenen Verständnisses an das fremde Material so komplett wie möglich ist, oder hermeneutisch gesprochen, bis es zu einer Horizontverschmelzung gekommen ist. Dies ist selbstverständlich ein approximativer Prozess, der einfach irgendwann abgebrochen werden wird. Denn ich werde nie der Fremde. Mein Verständnis wird nie komplett das Verständnis des anderen sein, aber ich werde vielleicht das Verständnis so weit bringen können, dass es ausreichend oder so komplett ist, dass die Diskrepanz zwischen meinem Verständnis und dem zu verstehenden Text minimal wird.

Texte, vor allem solche von bereits verstorbenen oder nicht direkt anwesenden Menschen, haben die Eigenschaft, dass sie sich nicht gegen Missverständnisse wehren können. Deshalb ist gerade bei hermeneutischen Vorgehensweisen die große Gefahr gegeben, falsches Verstehen zu erzeugen, und die Frage nach richtigem oder falschem Verständnis ist die zentrale Frage der Hermeneutik überhaupt. Sie ist nur dadurch zu lösen, dass diejenige Person, die einen Text verstehen will, sich gleichzeitig selbst zum Anwalt dieses Textes macht und ihr Verständnis mit dem im Text Gesagten überprüfend in Verbindung bringt. Entdeckt sie Dissonanzen und Inkonsistenzen, so muss sie die Verstehensbemühung so lange fortsetzen, bis solche Inkonsistenzen ausgeräumt sind. Die Erfahrung der Horizontverschmelzung führt im Idealfall dazu, dass sich eine Erfahrung des guten Verständnisses ähnlich einem Aha-Erlebnis beim Problemlösen einstellt. Wie dort ist diese Erfahrung dezidiert subjektiver Natur, weswegen es außer dem Diskurs mit anderen Verstehensbemühungen kein externes Kriterium für gelungenes Verstehen geben kann.

Wirkungsgeschichte und Tradition

Gadamer hat als Philosoph darauf hingewiesen, dass die Hermeneutik das Prinzip der *Wirkungsgeschichte* einführt. Jede kulturelle Äußerung, jeder Gedanke enthält einen Kern von Wahrheit. Und das was wahr ist, wirkt in der Tradition weiter, so lange bis es verstanden ist. Daher kann es eben sein, dass spätere Traditionen frühere Texte und Äußerungen wieder neu aufgreifen, neu interpretieren und verstehen. Besonders deutlich wird das in unserer Tradition z. B. am Verständnis der Schriften des Neuen und Alten Testaments. Obwohl diese Äußerungen so scheinbar einfach und klar sind, hat doch jede Generation ihr eigenes Schriftverständnis entwickelt, deutet Textstellen wieder neu, und dennoch ist dieser Text nie vollständig verstanden und bietet immer wieder neue Herausforderung. Denn alles, was wahr ist, entfaltet seine Wirkung zu anderen Zeiten je anders und je neu. Es kann daher sein, dass bestimmte Texte über Generationen brachliegen, nicht aufgegriffen werden und niemandem fraglich werden, bis plötzlich einer den Text findet und eine gewisse Aufforderung spürt, ihn zu lesen und zu verstehen. Dieses jeweils durch die Historie bedingte Verstehen fördert immer neue Aspekte zu Tage, und so äußert sich der „Geist“ der Geistesgeschichte in jeder Epoche neu. Dieses Prinzip der Wirkungsgeschichte enthält auch etwas Tröstliches: Kein wahrer Gedanke, keine gute Textäußerung ist jemals verloren. Irgendwie wird jeder Gedanke neu aufgegriffen, vielleicht überformt, vielleicht verändert, aber zu seiner Wirkung kommend. Dieses Prinzip ist auch der Grund dafür, warum innerhalb der Geistesgeschichte oder innerhalb dieses hier vorliegenden Textes immer wieder davon gesprochen wird, welche Texte oder welche Gedanken in der Geschichte welche Wirkung entfaltet haben. Wissenschaftspragmatisch heißt dies auch, dass es keine Theorie und kein Modell gibt, das so falsch wäre, dass nicht mindestens ein Kern von Verstehenswertem darin enthalten ist. Hermeneutik ist deshalb auch immer Aufforderung zu einer Dialogkultur.

Aus dem Prinzip der Wirkungsgeschichte ergibt sich deshalb auch die Bedeutung der Tradition. Tradition ist hier weniger zu verstehen im Sinne eines altertümelnden Konservativismus, der sich auf das beruft, was immer schon so war. Vielmehr meint Tradition die Ansammlung aller geistesgeschichtlich-kultureller Äußerungen. Denn erst als je neu, je individuell verstanden, eignen wir uns die Tradition an. Nur insofern wir sie verstanden haben, können wir uns auch billigend oder ablehnend mit der Tradition auseinandersetzen. Eine simple Abwertung und Ablehnung alter, vergangener oder einfach früherer Denk- oder Lösungsversuche für eine bestimmte Frage wissenschaftlicher oder kultureller Art ist im Sinne der Hermeneutik erst dann wirklich statthaft, wenn der frühere aus der Tradition stammende Versuch wirklich im Kern verstanden und damit angeeignet wurde. Denn das Bewerten eines traditionellen Problemlösungsversuches in der Geistesgeschichte setzt voraus, dass ich diesen Versuch sowohl sachlich verstanden habe, als auch sein historisches Eingebundensein und seine Begrenzungen. Ein hermeneutischer Standpunkt regt also vor allem dazu an, die vermeintlich andere oder gegnerische Position zum eigenen Denken besonders intensiv zu verstehen. Wer beispielsweise weltanschaulich Agnostiker ist, sollte sich vertieft um das Verständnis der religiös-spirituellen Tradition seiner Lebenswelt bemühen. Wer sich dezidiert als religiös gläubiger oder allgemein spiritueller Mensch versteht, sollte sich besonders intensiv um die Argumente von Skeptikern und Agnostikern bemühen, um zu verstehen, warum andere seine eigene Verständnissituation nicht teilen können. Denn – und dies ist der hermeneutische Standpunkt – gerade in der Position des je anderen, gerade in der Meinung des je Fremden ist ein Standpunkt enthalten, der dem meinen fehlt und der durch Verständnis angeeignet meinen eigenen Lebens- und Denkentwurf erweitern, ja möglicherweise sogar verbessern kann. Konsequent und praktisch angewandte Hermeneutik in der Wissenschaftskultur würde dann beispielsweise dazu führen, dass vorschnelle und unsachliche Kritik, uninformierte Zurückweisung anders lautender Meinungen nicht vorschnell getätigt würden. Das Ergebnis wäre idealerweise genau jene Dialogkultur, die beispielsweise auch Kritiker der Hermeneutik wie Habermas gefordert haben.

Die philosophische Hermeneutik Gadamers ist auch kritisiert worden. Vor allem wurde ihr vorgeworfen, dass sie letztlich kein Außenkriterium der Angemessenheit von Verständnis entwickeln kann. Denn Verständnis ist definitionsgemäß dem hermeneutischen Prozess inhärent, und nirgendwo gibt es einen Maßstab, wann richtiges Verständnis erreicht worden ist. Hermeneutische Wahrheit ist daher nur als Evidenzerleben zu charakterisieren und also anfällig für Selbstmissverständnis, für Verzerrung oder gar Überheblichkeit. Denn wer garantiert, dass Verständnis korrekt ist? Wer kann als letzte Instanz sagen, ob das Verständnis einer Sache oder eines Textes angemessen ist? Am Ende ist man immer auf die Offenheit und Revisionsbereitschaft eines hermeneutisch Tätigen angewiesen, und diese hängt sehr stark mit persönlichen Eigenschaften zusammen, mit Fragen der persönlichen Integrität oder auch der Frustrationsbereitschaft, wenn jemand entdeckt, dass ihr Verständnis noch nicht komplett ist. Wird sie dann die Mühe des neuen Verstehens auf sich nehmen oder den Prozess einfach frustriert abbrechen und darauf bestehen, dass ihr Verständnis ausreichend ist? Was geschieht mit der Instrumentalisierung von Verstandenem? Es ist immerhin denkbar und in der Geschichte nicht selten vorgekommen, dass die Meinung von verstorbenen oder nicht gegenwärtigen Autoren missbräuchlich verwendet wurde, um die eigene Position zu untermauern. Der Autor eines Textes kann sich schließlich nicht gegen Missverständnisse wehren, genauso wenig wie der Text selber. Wodurch wird falsches und richtiges Verständnis unterscheidbar? Wer kann als Richter echten Verständnisses auftreten? Diese Fragen machen deutlich, dass es im hermeneutischen Prozess kein eigentliches Wahrheitskriterium gibt, das außerhalb des Prozesses steht und anwendbar ist. Auch hier sehen wir wieder die postmoderne Situation sehr deutlich: Das System kann seine eigene Gültigkeit nur aus sich selbst heraus belegen und kein externes Kriterium für seine eigene Gültigkeit heranziehen.

Eine weitere Kritik, die sich der marxistisch motivierten Ideologiekritik verpflichtet weiß und aus der Frankfurter Schule stammt, geht dahin, dass Hermeneutik letztlich immer der Versuch ist, sich an herrschende Gegebenheiten anzupassen bzw. diese Gegebenheiten zu integrieren anstatt sie zu verändern. Wiewohl dieser Kritikpunkt vordergründig richtig zu sein scheint, so ist er doch bei genauem Hinsehen unzutreffend. Denn das komplette Verständnis einer Situation beinhaltet auch das Verständnis der Begrenzungen. Und erst ein gutes Verständnis einer vorherrschenden Situation oder eines überlieferten Textes wird es möglich machen, wirklich sachdienliche und zutreffende Veränderungen und Verbesserungen einzuführen. Pointiert ausgedrückt: Wirksame Veränderung der herrschenden Situation setzt tiefgreifendes Verständnis voraus und kann es nicht ersetzen.

Anwendung

Die hermeneutischen Methoden sind vor allem innerhalb der narrativen Tradition zu Bedeutung gelangt. Innerhalb der Psychologie gibt es mehrere Anwendungsverfahren. Zum einen werden hermeneutische Methoden in der qualitativen Forschung eingesetzt, immer dann, wenn es um das Verstehen von Texten geht [3]. Texte können dabei schriftliche Äußerungen von Personen in Form von Briefen oder spontan geschriebene Texte sein. Sie können auf Interviews zurückgehen und also eigens fürs Verstehen erzeugte Texte sein. In sogenannten narrativen Interviews untersuchen qualitativ orientierte Forscher den individuellen Lebenshorizont einer Person, die persönliche Weltkonstruktion und die individuelle Bedeutung, die Menschen einer gegebenen Situation beimessen. Solches Material kann definitionsgemäß nur durch verstehende Methoden untersucht werden. Dies ist die eigentliche Domäne der Hermeneutik, die unterschiedliche Verfahren hierfür entwickelt hat. Auf der einen Seite gibt es tiefenhermeneutische Verfahren, die die Grund- und Tiefenstruktur von Texten ausloten wollen [8], auf der anderen Seite gibt es Verfahren, die eher an der Oberfläche bleiben, wie etwa die Inhaltsanalyse, die die manifeste Struktur von Texten verstehen will [7]. Zwischen diesen Polen gibt es eine Fülle von Mischverfahren, die mehr oder weniger starke Schwerpunkte in der einen oder anderen Richtung setzen. Narrative Verfahren haben häufig zum Ziel, die individuelle Verstehenswelt eines Menschen oder einer Gruppe zu rekonstruieren und arbeiten daher mit unterschiedlichen Arten des Textverständnisses.

Hermeneutische Verfahren haben aber traditionsgemäß immer schon – auch bevor die philosophische Hermeneutik ihren Einzug in die Methodenlehre gehalten hat – einen Platz innerhalb der Psychologie gehabt. Sie sind kennzeichnend für alle verstehenden Vorgehensweisen, vor allem in der klinischen Psychologie, und stehen an der Spitze dessen, was psychoanalytische oder tiefenpsychologische Methoden auszeichnet. Immer geht es dabei um das verstehende Einfühlen in sprachlich geäußertes Material oder in symbolische Zusammenhänge, wie etwa bei der Traumdeutung, oder beim Verständnis von Übertragungssituationen. Es gehört zur Natur dieses Prozesses, dass die dabei gewonnene Erkenntnis individueller und nicht verobjektivierender Natur ist. Denn es ist letztlich dem Evidenzerleben der beiden Verstehenspartner anheim gestellt, wann eine Situation adäquat verstanden und rekonstruiert ist [6]. Diese Angreifbarkeit aller hermeneutischen Verfahren macht sie selbstverständlich in den Augen experimentell-empirisch und verobjektivierend vorgehender Forscher suspekt. Im Rahmen der konstruktivistischen Teilwende innerhalb der Psychologie haben sie jedoch neue Anhänger gewonnen und sind heute aus dem Methodenkanon der empirisch forschenden Psychologie nicht mehr wegzudenken.

Im Zuge dieser konstruktivistischen Bewegung innerhalb der Sozialwissenschaften gibt es viele, besonders durch französische Konstruktivisten beeinflussten Wissenschaftler, die unter dem Schlagwort Hermeneutik einen komplett anderen Wissenschaftsansatz verstanden sehen wollen. Dieser geht davon aus, dass es letztlich nur individuelle Konstruktionen der Welt gibt und alle anderen, also objektivierend vorgehenden empirischen Verfahren, ohnedies sinnlos sind. In einem solchen Wissenschaftsparadigma kann es natürlich in letzter Konsequenz überhaupt nur noch verstehende Zugänge geben, die versuchen, den je anderen individuellen Konstruktions- und Lebenshorizont verstehend nachzuvollziehen. Die konstruktivistische Richtung innerhalb der Sozialwissenschaft und die Wiederbelebung hermeneutischer und narrativer Verfahren sind also nicht nur methodisch zufällig, sondern systematisch miteinander verquickt. Es ist indes nicht notwendig, einen strikt konstruktivistischen Zugang zur Wirklichkeit zu haben, um hermeneutisch aufgeschlossen oder informiert zu sein. Auch vom Standpunkt eines moderat konstruktivistischen Realismus aus, der durchaus von einer objektiven Realität und Bedeutung der Außenwelt ausgeht, kann es sehr sinnvoll sein, individuelle und perspektivische andere Zugänge zu dieser Wirklichkeit, wie sie sich etwa in Interviews oder anderen Textformen äußern, je neu zu verstehen. Gerade der hier favorisierte komplementaristische Ansatz für die Psychologie macht es notwendig, dass der gesamte Bereich des subjektiven Erlebens, der persönlichen Erfahrung von Welt nicht nur von außen objektivierend im Rahmen des experimentell-quantitativen Paradigmas untersucht wird, sondern, dass hermeneutische Methoden des Verstehens und der Rekonstruktion von Innenansichten einen gebührenden Raum im Rahmen des psychologischen Methodenkanons erhalten. Dies wird im letzten Kapitel dieses Buches wieder aufgegriffen.

Konkretisierungen

Verstehen ist im Übrigen zentral für das Gelingen zwischenmenschlicher Beziehungen. Insofern ist Hermeneutik auch die Grundlage zwischenmenschlicher Kommunikation. Wenn wir Zeichen und Lebensäußerungen anderer Menschen interpretieren, wenden wir immer die hermeneutische Grundstruktur an: Wir bringen das, was wir aus unserer eigenen Erfahrung kennen, an das zu verstehende Zeichen, die zu verstehenden Äußerungen des anderen Menschen heran und gewinnen so mehr oder weniger vollständiges Verständnis. Im Idealfall werden wir temporär die Innenperspektive eines anderen Menschen so vollkommen als möglich einnehmen müssen, um ein möglichst vollständiges Verständnis zu erreichen. Dies wird sehr schön in der folgenden kleinen Geschichte und ihrer Interpretation verdeutlicht:

„Es gibt eine alte Geschichte über ein Salzkorn, das wissen wollte, wie salzig das Meer eigentlich ist. Um dies in Erfahrung zu bringen, sprang es ins Meer und wurde eins mit dem Wasser. Auf diese Weise erlangte das kleine Salzkorn vollkommenes Verstehen. (...) Auch im zwischenmenschlichen Bereich sollten wir diese Form der „Teilnahme“ ausprobieren, um uns gegenseitig zu verstehen. So müssen Partnerinnen und Partner förmlich in die Haut der anderen Person schlüpfen, um deren Gefühlslage zu erfassen; anders können sie schwerlich wirkliches Verständnis füreinander entwickeln. Im Licht buddhistischer Meditation ist Liebe ohne Verstehen unmöglich. Ihr könnt niemanden lieben, wenn ihr sie oder ihn nicht begreift. Wenn ihr jemanden liebt, aber nicht versteht, so kann man das nicht wirklich Liebe nennen, das ist etwas anderes.“ [9]

In diesem Zitat des buddhistischen Meditationsmeisters Thich Nhat Hanh wird Verstehen ganz eindeutig mit der mindestens temporären Aufgabe des eigenen Standpunktes in Verbindung gebracht und Verständnis zur Grundlage von Liebe. Umgekehrt, so können wir diesen Text erweitert interpretieren, erzeugt Liebe auch Verständnis oder – in einer noch weiter gefassten Interpretation – sind Verstehen und Liebe identisch. Diese Äußerung ist bewusst als provokative Verständnisaufforderung für den Leser gemeint, der an ihr überprüfen kann, inwiefern er diesen Horizont teilt.

Ein weiteres Beispiel für einen hermeneutischen Zugang wollen wir durch folgenden Traumdeutung geben. Ein Mann mittleren Alters träumt:

Er ist auf der Jagd. Mit Pfeil und Bogen versucht er, ein Reh oder eine Gazelle zu erlegen. Plötzlich stellt sich ihm ein mächtiger, muskulöser und sehr starker

Mann mit dunklem Teint entgegen. Er ist nur spärlich bekleidet mit Lendenschurz oder Sporthose. Dieser als Widersacher empfundene andere tritt zwischen den Jäger und sein Ziel und geht unbeirrt auf den Jäger zu, und zwar so schnell, dass dieser nicht in der Lage ist, seinen Pfeil abzuschießen. Er versucht, den dunklen starken Mann dadurch auf Distanz zu halten und abzuwehren, dass er ihn mit dem Pfeil wie mit einem Speer zu durchbohren versucht. Aber der andere hat eine dermaßen starke Muskulatur, dass der Pfeil nur oberflächlich eindringt, und dies scheint ihn nicht einmal zu bekümmern. Je stärker der Träumer versucht, den Pfeil dem Gegenüber ins Fleisch zu treiben, desto mehr biegt dieser sich, bis er schließlich bricht. Der andere stimmt ein beinahe höhnisches Gelächter an und der Träumer erwacht mit einem Anflug von Panik.

Das Symbol der Jagd in diesem Traum könnte zunächst bildlich verstanden werden. Der Träumer versucht etwas zu erlegen, im Traum eine Gazelle oder ein Reh, also ein flüchtiges, schnelles, scheues Wild. Möglicherweise verbirgt sich hinter diesem Bild eine zarte, scheue, selten sichtbare Seite des Träumers? Ein Jungscher Analytiker würde dahinter vielleicht die Naturhaftigkeit oder die Vitalität des Träumers sehen, sodass das Traumbild dem Träumer signalisieren würde, dass er mit seinen eigenen vitalen Ressourcen auf Kriegsfuß steht und Jagd auf sie macht. Vielleicht suggeriert das Traumbild auch nur, dass der Träumer im übertragenen Sprachsinne auf der Jagd ist, durch sein Leben hetzt und etwas hinterher jagt, das sehr flüchtig und schwer zu fassen ist. Hier taucht in der praktischen Durchführung die Frage nach der Bewertung von einzelnen Symbolen, Bildern oder Äußerungen auf. In diesem konkreten Fall müsste untersucht werden, was das Symbol oder Bild der Gazelle bzw. des Rehs für den Träumer konkret bedeutet. In unserem kulturellen Sprachverständnis zeigt sich darin das Bild eines flüchtigen, etwas hilflosen und nur durch Schnelligkeit sich entziehenden Jagdbeutetiers. Ob der Träumer diese Symbolik übernehmen und ähnlich sehen würde oder andere Schwerpunkte setzen würde, müsste man im konkreten Dialog klären. In diesem Falle war dem Träumer nur das Auf-der-Jagd-Sein wichtig, weswegen die Symbolik des Rehs oder der Gazelle außer vielleicht im allgemeinen Sinne als Vitalität nicht weiter auslegungsbedürftig war. Viel wichtiger hingegen war dem Träumer die Gestalt des urtümlichen, starken, dunklen, anderen Mannes. Dieser stellt sich dem Träumer in den Weg und scheint so etwas wie eine starke, vitale, durchaus auch bedrohliche Gestalt darzustellen. Geht man von der von Jung eingeführten Prämisse aus, dass Elemente des Traumes Teile der eigenen Person darstellen können, dann könnte sich hinter dieser Gestalt eine kraftvolle, noch wenig in die Person integrierte, aggressive und körperlich ausgerichtete Seite des Träumers zeigen. Diese Person kommt dem Traumjäger so schnell nahe, dass er dessen Absicht, die Jagd, vereitelt. Dies löst im Traum Zorn und den Versuch aus, den Mann, der sich in den Weg stellt, aus dem Weg zu räumen. Der Träumer muss aber erkennen, dass dieser erstens schneller und zweitens stärker als er ist. Es könnte sein, dass sich hierin ein autonomer, vitaler Prozess spiegelt, der außerhalb der Verfügung des Träumers ist. Ja, man könnte sogar spekulieren, dass sich in diesem Traum ein Entwicklungsschritt anbahnt, der dem Träumer zuerst Angst macht. Eine starke, vitale, ja sogar beinahe gewalttätige Seite schiebt sich in den Vordergrund und kann beim besten Willen nicht verdrängt werden. Ja, die Versuche der Attacke und des Vertreibens muten nachgerade kindisch an, denn der sich nähernde Mann lässt sich in keiner Weise von dem kleinen Pfeil beeindrucken, der sogar von dessen starker Muskulatur geknickt wird. Der Träumer sieht sich also mit etwas konfrontiert, was ihm zunächst Angst einjagt. Diese Angst lässt ihn erwachen. Erst im weiteren Bearbeiten, Interpretieren und Nachsinnen über diesen Traum wird dem Träumer deutlich, dass sich in der Gestalt des dunklen, muskulösen Mannes eine eigene bislang vielleicht vernachlässigte Seite seiner Person zeigt, die kraftvoll und urtümlich vital ist. Diese Verständnismöglichkeit löst Erleichterung, ja sogar Freude aus, und bringt dem Träumer so etwas wie ein erstes Aha-Erlebnis und Verständnis dieser Traumsituation.

Ob dieser Traum tatsächlich so zu verstehen ist, also als Ankündigung oder Beschreibung einer aktuellen Entwicklung oder eines neuen Entwicklungsschrittes, kann sich erst in der aktuellen Auseinandersetzung mit dem Trauminhalt zeigen. Die subjektive Empfindung dessen, der den Traum erlebt hat, im Dialog mit dem interpretierenden Begleiter, die Spiegelung des Verständnisses des Begleiters und die Reaktion des Träumers auf diese Spiegelung können erst gemeinsam ergeben, ob das Verständnis eines solchen Materials gelungen ist. Ob das Verständnis schließlich zielführend und richtig war, zeigt sich erst im weiteren Verlauf dieses konkreten Lebens. In diesem Fall zeigte es sich, dass das Verständnis in der Tat neue Kräfte freisetzte, sodass die Alltags- und Arbeitssituation nicht nur nicht als belastend, sondern sogar als Freude und Bereicherung erlebt wurde. Der Traum und sein Verständnis half dem Träumer also, die zuvor als Belastungssituation empfundene Arbeit und Alltagswelt neu zu strukturieren und das im Bild angekündigte Kraftpotenzial entfaltete sich in der Tat. Inwiefern Traum und Wirklichkeit in diesem Beispiel einander bedingen, ist deutlich geworden. Es wäre nicht sinnvoll zu sagen, der Traum wird erst verstanden und dann entfaltet sich die Wirklichkeit entsprechend, oder umgekehrt, durch das Verständnis des Traumes wird die Wirklichkeit beeinflusst. Beide Bereiche durchdringen sich zutiefst und illustrieren so das Wesen hermeneutischen Vorgehens: Verstehen prägt Wirklichkeit, und Wirklichkeit will verstanden werden.

Quintessenz

- Mit Hermeneutik bezeichnen wir die Lehre von der Auslegung und vom Verstehen von Texten und anderer menschlicher Kulturäußerungen. Sie ist traditionell die Methode der Geisteswissenschaften.
- Gadamer wies auf die Universalität von Verstehen hin. Im Verstehen nähert sich ein individuelles und damit perspektivisch eingegrenztes Bewusstsein einer fremden Sicht und versucht in einer annähernden Bewegung sich diese zu Eigen zu machen.
- Dies geschieht in einer Kreisbewegung, bei der der eigene Verstehenshorizont, das sogenannte Vorurteil, mit dem fremden Material so lange immer wieder konfrontiert wird, bis Verstehen entsteht.
- Diesen rekursiven Prozess bezeichnet man als den Hermeneutische Zirkel.
- Verstehen wurde in der Psychologie immer schon als Methode sprachlichen Materials verwendet, vor allem in der klinischen Psychologie und in der tiefenpsychologischen Tradition, die auf Freud aufbaut. In neueren Ansätzen wer-

den hermeneutisch-narrative Verfahren als eigene Methode den quantitativ-verobjektivierenden gegenübergestellt.

- In einer komplementaristisch konzipierten Psychologie gehören hermeneutische Verfahren notwendigerweise zum Methodenkanon der Psychologie, um einen Zugang zur subjektiven Erfahrungswelt von Menschen zu erhalten.

Literatur

[1] Betti, E. (1962). *Die Hermeneutik als allgemeine Methodik der Geisteswissenschaften*. Tübingen: Mohr.

[2] Coreth, E. (1969). *Grundfragen der Hermeneutik*. Freiburg: Herder.

[3] Fahrenberg, J. (2002). *Psychologische Interpretation: Biographien – Texte – Tests*. Bern, Göttingen: Huber.

[4] **Gadamer, H. G. (1975). *Wahrheit und Methode. Grundzüge einer philosophischen Hermeneutik*. Tübingen: Mohr (4. Aufl.).**

[5] Ineichen, H. (1985). Wilhelm Dilthey. In O. Höffe (Hrsg.) *Klassiker der Philosophie II: Von Immanuel Kant bis Jean-Paul Sartre*. (S. 187–202). München: Beck.

[6] Leithäuser, T. (1992). Fall-Stricke psychologischer Erkenntnis. *Journal für Psychologie. Theorie. Forschung. Praxis*, 1, 15–23.

[7] Mayring, P. (2003). *Qualitative Inhaltsanalyse. Grundlagen und Techniken*. Weinheim: Beltz (8. Aufl.)

[8] Wagner, H.-J. (2001). *Objektive Hermeneutik und Bildung des Subjekts*. Weilerswist: Velbrück Wiss.

[9] Thich Nhat Hanh (1999). *Mit dem Herzen verstehen*. Zürich: Theseus Verlag.

13 Ethik

Begriffsdefinition

Der Begriff „Ethik“ wurde von Aristoteles in seinen beiden Ethikbüchern *Nikomachische Ethik* und *Eudemische Ethik* geprägt [1]. Aristoteles definierte Ethik als die Kunst und das Wissen vom rechten Handeln, dessen Ziel die Glückseligkeit des Menschen sei. Er stellt sich die Frage: Wie muss man handeln, damit man glückselig wird? Die Frage der Ethik war also nach Aristoteles nicht die Erfüllung irgendwelcher abstrakter Gesetze, sondern die Frage, welches Handeln so gut ist, dass dabei am Ende Glück entsteht. „Glück“ bei Aristoteles, richtig übersetzt „Glückseligkeit“, ist dabei selbstverständlich mehr und tiefer zu verstehen als unser heutiger etwas verkürzter Begriff von Glück. Glückseligkeit war für Aristoteles also das Resultat richtigen Handelns. Richtiges Handeln wurde durch Tugenden grundgelegt, und Tugenden definierte Aristoteles als das Maßhalten oder die Mitte zwischen Extremen. Tollkühnheit beispielsweise und Feigheit sind als zwei Extreme einer bipolaren Einheit aufzufassen. In der Mitte und als Balance ist die Tapferkeit angesiedelt. Im gleichen Sinne sind verschiedene Tugenden bei Aristoteles die Mitte zwischen Extremen, und durch dieses Maßhalten, das gleichzeitig als die zentrale Tugend gilt, wird das Handeln so gesteuert, dass Glückseligkeit als Resultat entsteht.

Kurze Geschichte und aktuelle Situation

In der Folge wurde Ethik vor allem als an allgemein akzeptierten Normen orientiertes Handeln verstanden [2,7]. Unterschiedliche Zugänge zur Ethik sind in verschiedenen Bereichen der Geistesgeschichte dokumentierbar. Die scholastische Auffassung übernahm die aristotelische Grundhaltung und kam zu der Auffassung, dass es so etwas wie ein Natur- oder grundlegendes Gesetz gibt, welches ethische Normen vorschreibt, die durch die Vernunft zu erkennen sind. Diese Auffassung von der Ethik lässt sich bis Kant nachverfolgen. Kant hatte sich auf den breiten Konsens der abendländischen Kultur gestützt. Deren Basis ist die bereits im Neuen Testament formulierte und in allen Kulturen und Religionen nachweisbare „Goldene Regel“: Man soll so handeln, wie man will, dass dies auch andere tun. Anders ausgedrückt: Wenn man selber Dinge tut, von denen man nicht wollte, dass sie andere einem antun, dann handelt man falsch. Kant hat dieses implizite Grundprinzip der christlich-abendländischen Tradition philosophisch analysiert. Seine eigene Lösung kommt der goldenen Regel sehr nahe und ist als kategorischer Imperativ bekannt geworden: Man soll so handeln, dass die eigene Handlung zur Maxime für alle werden kann.

Parallel hierzu entwickelten sich aber auch konventionalistische Zugänge zur Ethik, die seit Hobbes vor allem im angelsächsischen Sprachraum verwendet wurden. Dabei wird Ethik als eine Art Gesellschaftsvertrag oder als Konvention gesehen, die mit mehr oder weniger viel Gewalt durchgesetzte Normen enthält, an die sich alle halten müssen, damit das gesellschaftliche Gefüge funktioniert und nicht auseinanderbricht.

In der neueren Zeit haben vor allem utilitaristische Ethikkonzepte besondere Konjunktur. Bei diesen wird Ethik nicht mehr essentialistisch verstanden, also als irgendwie transzendent garantiertes Gesetz, Naturgegebenheit oder naturhaft gegebene Normen, an die man sich halten muss, weil sonst eine irgendwie geartete Strafe eintritt. Vielmehr gibt es Überlegungen, wie Menschen handeln müssen, damit die größtmögliche Zahl von Menschen Nutzen erfährt. Utilitaristische Ethik meint, dass Handlungsnormen aufgestellt werden, die den größtmöglichen Nutzen für die größtmögliche Zahl von Menschen garantieren.

Das Problem der modernen Ethikdiskussion ist mit dem Letztbegründungsproblem der Philosophie verwandt. Seit klar ist, dass es kein System geben kann, welches die Begründung seiner selbst aus sich selbst liefern kann, seither gibt es auch keinen archimedischen Angelpunkt mehr, der ethisches Handeln außerhalb eines Systems begründen kann. Seit dem Überwiegen dieses wissenschaftlichen Weltbildes also können allgemeine Normen nicht mehr direkt und im Rückgriff auf andere Autoritäten begründet werden. Wissenschaft kann ethische Fragestellungen auch nicht aus sich selber heraus lösen. Denn es gibt keine Universalwissenschaft, die allgemein akzeptierte Werte vermitteln und begründen kann, weswegen Ethik als zusätzliche Disziplin immer bedeutsamer wird. Moderne Lösungsversuche gehen deshalb unterschiedliche Wege. Zum einen gibt es den Ansatz, ethische Fragen an die Politik zu delegieren, die dann beispielsweise so etwas wie einen gesellschaftlichen Konsens zu finden und zu formulieren hat. Dies ist der Weg, der beispielsweise in der Frage der Gen- oder Atomtechnik eingeschlagen worden ist. Letztlich war es ein politischer Konsens der Mehrheit, zumindest in Österreich und Deutschland, der zu einer Abwendung von der Atomenergie geführt hat. Essentialistische Auffassungen, die diskutieren hätten wollen, ob Atomenergie in sich gut oder schlecht ist, haben dabei relativ wenig Einfluss gehabt.

Dass Konsens an der Basis der modernen Ethik liegt, zeigt sich auch in den verschiedenen Deklarationen, die ethischen Charakter haben. Sie alle machen den Konsens aller Beteiligten zur Grundlage, anstatt eine von oben dekretierte Vorschrift oder ein vermeintliches Naturrecht für sich zu reklamieren.

Grundlegend hierfür ist die *allgemeine Deklaration der Menschenrechte*, die durch die UNO-Vollversammlung 1948 ausgesprochen worden ist. Diese ist seither Grundlage praktisch aller nationaler und internationaler Gesetzgebungen und Ethikkonventionen. Sie legt Grund- und Bürgerrechte fest und informiert Verfassungen. Hinzu kommen die darauf basierenden Berufsrechte und -pflichten, die oftmals von Standes- und Berufsorganisationen freiwillig festgelegt wurden. Im Hintergrund dieser ganzen Konsenskonzepte steht die bereits erwähnte utilitaristische Ethik, die in der modernen Zeit ein Mehrheitsmodell darstellt eben solche Wege zu finden, die den größtmöglichen Nutzen für die größtmögliche Zahl von Menschen ermöglicht. Vorlage für alle ethischen Deklarationen – vor allem innerhalb der therapeutischen Berufe – dürfte der berühmte alte Eid des Hippokrates sein, der bereits in der Antike formuliert und seither Grundlage ärztlich-therapeutischen Handelns ist. Er wird im nachfolgenden Kasten wiedergegeben.

Eid des Hippokrates (460–377 v. Chr.)

Ich schwöre bei Apollon, dem Arzt, und Asklepios und Hygieia und Panakeia, und allen Göttern und Göttinnen, die ich zu Zeugen anrufe, dass ich diesen Eid und diese Niederschrift nach bestem Wissen und Können erfüllen werde. Ich werde den, der mich diese Kunst gelehrt hat, gleich meinen Eltern ehren und ihm Anteil an meinem Leben geben und wenn er in Schulden geraten sollte, ihn unterstützen und seine Söhne meinen Brüdern gleichhalten und sie diese Kunst lehren, falls sie den Wunsch haben sollten, sie zu erlernen, und zwar ohne jede Vergütung und schriftliche Verschreibung, und an Vorschriften, am Vortrag und aller sonstigen Belehrung werde ich meine Söhne und die meines Lehrers teilnehmen lassen, wie auch die mit mir eingeschriebenen Jünger der Kunst, die durch den ärztlichen Eid gebunden sind, aber niemanden sonst.
Und ich werde Grundsätze der Lebensweise nach bestem Wissen und Können zum Heil der Kranken anwenden, dagegen nie zu ihrem Verderben und Schaden. Ich werde auch niemandem eine Arznei geben, die den Tod herbeiführt, auch nicht, wenn ich darum gebeten würde, auch nie einen Rat in dieser Richtung erteilen. Ich werde auch keiner Frau ein Mittel zur Vernichtung keimenden Lebens geben.
Ich werde mein Leben und meine Kunst stets lauter und rein bewahren. Ich werde auch nicht Steinleidende operieren und Männern, die solche Praktiken ausüben, aus dem Wege gehen. In welche Häuser ich auch gehe, die werde ich nur zum Heil der Kranken betreten, unter Meidung jedes wissentlichen Unrechts und Verderbens und insbesondere jeder geschlechtlichen Handlung gegenüber weiblichen Personen wie auch gegenüber Männern, Freien und Sklaven.
Was ich in meiner Praxis sehe oder höre, oder außerhalb dieser im Verkehr mit Menschen erfahre, was niemals anderen Menschen mitgeteilt werden darf, darüber werde ich schweigen, in der Überzeugung, dass man solche Dinge streng geheim halten muss.
Wenn ich nun diesen Eid treu halte und nicht entweihe, dann möge ich von meinem Leben und meiner Kunst Segen haben, bei allen Menschen zu jeder Zeit hoch geachtet; wenn ich ihn aber verletze und eidbrüchig werde, dann möge mich das Gegenteil hiervon treffen.

[3, S. 211 f.]

Der Eid des Hippokrates, der seit den antiken Zeiten tradiert und geschworen wird, legt einige grundlegende Prinzipien für therapeutisches Handeln fest:

- Therapeutische Interventionen sollen immer nur zum Nutzen und nach bestem Wissen, nicht zum Schaden von Menschen angewandt werden. Aus diesem leitet sich das therapeutische Prinzip *primum nil nocere* – „zuerst keinen Schaden zufügen“ her.
- In diesem Eid ist auch bereits das Verbot der therapeutischen Euthanasie festgehalten, das heutzutage wieder die Gemüter erhitzt angesichts der Möglichkeiten zur medizinischen Lebensverlängerung.
- Bereits hier ist das Verbot des sexuellen Missbrauchs formuliert, das in der Kenntnis asymmetrischer therapeutischer Machtverhältnisse gründet. Denn jegliche therapeutische Beziehung ist immer durch ein Machtgefälle geprägt, das

denjenigen, der Heilung, Linderung oder Hilfe bringt, als dem anderen gegenüber überlegen ausweist, dem Hilfe gebracht wird. Solche asymmetrische Beziehungen verleiten immer dazu, das Macht- und Kompetenzgefälle für eigene Bedürfnisse zu nützen, und genau gegen solche Bestrebungen wird hier Vorkehrung getroffen.

- Interessanterweise ist bereits im Eid des Hippokrates das Schweigegebot formuliert, das auch heute noch Gültigkeit hat.
- Der Eid des Hippokrates ist auch Grundlage für die Deklarationen der ärztlichen Standesorganisationen, wie etwa die Deklaration von Helsinki und deren Veränderungen auf den Generalversammlungen des Weltärztebundes in Tokio, Venedig, Hongkong und Somerset.

Deklaration von Helsinki (1996)

THE WORLD MEDICAL ASSOCIATION, INC

Beschlossen auf der 18. Generalversammlung in Helsinki, Juni 1964,

revidiert von der
29. Generalversammlung in Tokio, Oktober 1975,
35. Generalversammlung in Venedig, Oktober 1983,
41. Generalversammlung in Hongkong, September 1989
48. Generalversammlung in Somerset West, Oktober 1996.

I. Allgemeine Grundsätze

1. Biomedizinische Forschung am Menschen muss den allgemein anerkannten wissenschaftlichen Grundsätzen entsprechen; sie sollte auf ausreichenden Laboratoriums- und Tierversuchen sowie einer umfassenden Kenntnis der wissenschaftlichen Literatur aufbauen.
2. Die Planung und Durchführung eines jeden Versuches am Menschen sollte eindeutig in einem Versuchsprotokoll niedergelegt werden, welches einem besonders berufenen, vom Forschungsteam und Sponsor unabhängigen Ausschuss zur Beratung, Stellungnahme und Orientierung vorgelegt werden sollte. Dabei wird davon ausgegangen, dass dieser Ausschuss gemäß den Gesetzen oder Bestimmungen des Landes, in welchem der Versuch durchgeführt werden soll, anerkannt ist.
3. Biomedizinische Forschung am Menschen sollte nur von wissenschaftlich qualifizierten Personen und unter Aufsicht eines klinisch erfahrenen Arztes durchgeführt werden. Die Verantwortung für die Versuchsperson trägt stets ein Arzt und nie die Versuchsperson selbst, auch dann nicht, wenn sie ihr Einverständnis gegeben hat.
4. Biomedizinische Forschung am Menschen ist nur zulässig, wenn die Bedeutung des Versuchsziels in einem angemessenen Verhältnis zum Risiko für die Versuchsperson steht.
5. Jedem biomedizinischen Forschungsvorhaben am Menschen sollte eine sorgfältige Abschätzung der voraussehbaren Risiken im Vergleich zu dem voraussichtlichen Nutzen für die Versuchsperson oder andere vorausgehen. Die Sor-

ge um die Belange der Versuchsperson muss stets ausschlaggebend sein im Vergleich zu den Interessen der Wissenschaft und der Gesellschaft.

6. Das Recht der Versuchsperson auf Wahrung ihrer Unversehrtheit muss stets geachtet werden. Es sollte alles getan werden, um die Privatsphäre der Versuchsperson zu wahren; die Wirkung auf die körperliche und geistige Unversehrtheit sowie die Persönlichkeit der Versuchsperson sollte so gering wie möglich gehalten werden.
7. Der Arzt sollte es unterlassen, bei Versuchen am Menschen tätig zu werden, wenn er nicht überzeugt ist, dass das mit dem Versuch verbundene Wagnis für vorhersagbar gehalten wird. Der Arzt sollte den Versuch abbrechen, sobald sich herausstellt, dass das Wagnis den möglichen Nutzen übersteigt.
8. Der Arzt ist bei der Veröffentlichung der Versuchsergebnisse verpflichtet, die Befunde genau wiederzugeben. Berichte über Versuche, die nicht in Übereinstimmung mit den in dieser Deklaration niedergelegten Grundsätzen durchgeführt wurden, sollten nicht zur Veröffentlichung angenommen werden.
9. Bei jedem Versuch am Menschen muss jede Versuchsperson ausreichend über Absicht, Durchführung, erwarteten Nutzen und Risiken des Versuches sowie über möglicherweise damit verbundene Störungen des Wohlbefindens unterrichtet werden. Die Versuchsperson sollte darauf hingewiesen werden, dass es ihr freisteht, die Teilnahme am Versuch zu verweigern und dass sie jederzeit eine einmal gegebene Zustimmung widerrufen kann. Nach dieser Aufklärung sollte der Arzt die freiwillige Zustimmung der Versuchsperson einholen; die Erklärung sollte vorzugsweise schriftlich abgegeben werden.
10. Ist die Versuchsperson vom Arzt abhängig oder erfolgte die Zustimmung zu einem Versuch möglicherweise unter Druck, so soll der Arzt beim Einholen der Einwilligung nach Aufklärung besondere Vorsicht walten lassen. In einem solchen Fall sollte die Einwilligung durch einen Arzt eingeholt werden, der mit dem Versuch nicht befasst ist und der außerhalb eines etwaigen Abhängigkeitsverhältnisses steht.
11. Ist die Versuchsperson nicht voll geschäftsfähig, sollte die Einwilligung nach Aufklärung vom gesetzlichen Vertreter entsprechend dem nationalen Recht eingeholt werden. Die Einwilligung des mit der Verantwortung betrauten Verwandten (darunter ist nach deutschem Recht der „Personensorgeberechtigte" zu verstehen) ersetzt die der Versuchsperson, wenn diese infolge körperlicher oder geistiger Behinderung nicht wirksam zustimmen kann oder minderjährig ist. Wenn das minderjährige Kind fähig ist, seine Zustimmung zu erteilen, so muss neben der Zustimmung des Personensorgeberechtigten auch die Zustimmung des Minderjährigen eingeholt werden.
12. Das Versuchsprotokoll sollte stets die ethischen Überlegungen im Zusammenhang mit der Durchführung des Versuchs darlegen und aufzeigen, dass die Grundsätze dieser Deklaration eingehalten werden.

II. Medizinische Forschung in Verbindung mit ärztlicher Versorgung (Klinische Versuche)

1. Bei der Behandlung eines Kranken muss der Arzt die Freiheit haben neue diagnostische und therapeutische Maßnahmen anzuwenden, wenn sie nach seinem Urteil die Hoffnung bieten, das Leben des Patienten zu retten, seine Gesundheit wiederherzustellen oder seine Leiden zu lindern.
2. Die mit der Anwendung eines neuen Verfahrens verbundenen möglichen Vor-

teile, Risiken und Störungen des Befindens sollten gegen die Vorzüge der bisher bestehenden diagnostischen und therapeutischen Methoden abgewogen werden.

3. Bei jedem medizinischen Versuch sollten alle Patienten – einschließlich die einer eventuell vorhandenen Kontrollgruppe – die beste erprobte diagnostische und therapeutische Behandlung erhalten. Dies schließt nicht die Verwendung von reinen Placebos bei Versuchen aus, für die es kein erprobtes diagnostisches oder therapeutisches Verfahren gibt.
4. Die Weigerung eines Patienten, an einem Versuch teilzunehmen, darf niemals die Beziehung zwischen Arzt und Patient beeinträchtigen.
5. Wenn der Arzt es für unentbehrlich hält, auf die Einwilligung nach Aufklärung zu verzichten, sollten die besonderen Gründe für dieses Vorgehen in dem für den unabhängigen Ausschuss bestimmten Versuchsprotokoll niedergelegt werden.
6. Der Arzt kann medizinische Forschung mit dem Ziel der Gewinnung neuer wissenschaftlicher Erkenntnisse mit der ärztlichen Betreuung nur soweit verbinden, als diese medizinische Forschung durch ihren möglichen diagnostischen oder therapeutischen Wert für den Patienten gerechtfertigt ist.

III. Nicht-therapeutische biomedizinische Forschung am Menschen

1. In der rein wissenschaftlichen Anwendung der medizinischen Forschung am Menschen ist es die Pflicht des Arztes, das Leben und die Gesundheit der Person zu schützen, an der biomedizinische Forschung durchgeführt wird.
2. Die Versuchspersonen sollten Freiwillige sein, entweder gesunde Personen oder Patienten, für die die Versuchsabsicht nicht mit ihrer Krankheit in Zusammenhang steht.
3. Der ärztliche Forscher oder das Forschungsteam sollten den Versuch abbrechen, wenn dieser nach seinem oder ihrem Urteil im Falle der Fortführung dem Menschen schaden könnte.
4. Bei Versuchen am Menschen sollte das Interesse der Wissenschaft und der Gesellschaft niemals Vorrang vor den Erwägungen haben, die das Wohlbefinden der Versuchsperson betreffen.

Übersetzung Bundesärztekammer Auslandsdienst

Die Deklaration von Helsinki ist streng genommen als ärztliche Deklaration nur auf Ärzte anwendbar. Da sie aber der Sache nach auch für Psychologen wichtige Erkenntnisse enthält, werden entsprechende Fachgruppierungen diese Deklaration zur Grundlage nehmen bzw. haben dies bereits getan [9].

Die wichtigsten Erkenntnisse aus diesen Deklarationen sind, dass bei Forschungen am Menschen immer das Wohl des Betroffenen im Blick sein muss und dass dieses individuelle Wohl dem Interesse der Mehrheit übergeordnet ist, die Erkenntnisse und Wissen erlangen will. Ein weiterer wichtiger Aspekt ist, dass die betroffenen Personen Rechte haben und auf ihre Unversehrtheit geachtet werden muss. Besonders bedeutsam ist, dass erstens die betreffenden Personen immer informiert werden müssen über das, was sie innerhalb des therapeutischen Versuchs erwartet, und dass zumindest für Ärzte die Anhörung einer Ethikkommission von zentraler Bedeutung ist [5].

Ethik in der Wissenschaft

Für Wissenschaftler sind noch keine entsprechenden ethischen Deklarationen erlassen worden, es sei denn, man wertet die Äußerungen der DFG zu guter wissenschaftlicher Tätigkeit als eine solche [11]. Auf jeden Fall sollte als ethischer Standard für Wissenschaftler klar sein, dass sie sich an die Wahrhaftigkeit halten und keine falschen Informationen gegen besseres Wissen verbreiten. Was nie ausgeschlossen werden kann ist, dass man sich täuscht. Täuschung sollte aber nach Möglichkeit vermieden werden. Deswegen kann und muss es ein ethisches Gebot sein, dass wissenschaftliche Untersuchungen nach dem besten Wissen und nach wissenschaftlichen Standards durchgeführt werden. Bereits die Deklaration von Helsinki macht es klar, dass Untersuchungen nur nach gründlicher Sichtung der wissenschaftlichen Literatur durchgeführt werden dürfen. Moderne Ethikkommissionen beispielsweise überprüfen nicht nur, ob eine Intervention einem Patienten zumutbar ist, sondern ob das Forschungsprotokoll einer Untersuchung so angelegt ist, dass gute und gültige Erkenntnisse erwachsen können. Ist dies nicht der Fall, wird eine Untersuchung als unethisch abgelehnt. Der Wissenschaftler hat auch die Pflicht, sich möglichst um täuschungsfreie und hochwertige Informationen zu kümmern, bevor er sie publiziert. Ist er der Meinung, dass seine Informationen nicht wirklich gültig und hochwertig sind, so sollte er von einer Publikation Abstand nehmen, da sonst die Öffentlichkeit getäuscht wird. Ein weiteres ethisches Prinzip innerhalb der Wissenschaft ist die Publikationspflicht. Wichtige Informationen sollten nicht zurückgehalten werden, auch wenn sie dem Wissenschaftler oder der Öffentlichkeit unwillkommen erscheinen. Bezüglich seiner Daten und Gelder hat der Wissenschaftler Rechenschaftspflicht. Er ist der Öffentlichkeit darüber rechenschaftspflichtig, wie er seine Ergebnisse erzielt hat und muss daher seine Daten archivieren und zugänglich machen, und er ist in aller Regel seinen Geldgebern nachweispflichtig und muss deswegen eine ordentliche Buchführung entweder selber organisieren oder durch die Institutionen, der er angehört, führen lassen.

Ein weiteres ethisches Prinzip betrifft die Urheberschaft von wissenschaftlichen Texten und Erkenntnissen. Zum einen sollten Quellen korrekt angegeben, zitiert und kenntlich gemacht werden. Zum anderen sollten alle Quellen benannt werden. Immer wieder kommen Plagiate vor. Darunter versteht man, dass Wissenschaftler die Erkenntnisse, oder gar die Daten und Texte, anderer verwenden und unter ihrem eigenen Namen publizieren. Gerade in der heutigen Zeit des schnellen und kostengünstigen Zugriffs auf viele Informationen kommt diesem Prinzip besondere Bedeutung zu. Zu diesem Themenbereich gehört auch die angemaßte Urheberschaft. Neuere Skandale, die zu den Verlautbarungen der Deutschen Forschungsgemeinschaft Anlass gegeben haben, waren vor allem dadurch bestimmt, dass teilweise falsche Daten publiziert worden sind, und dass Autoren auf der Publikation verantwortlich zeichneten, die den Text nie gesehen hatten. Deswegen legen eine Reihe von wissenschaftlichen Publikationsorganen genau fest, was jemanden als Autor qualifiziert und was nicht. Auf jeden Fall muss jemand, der als Autor aufgeführt wird, den Text auch zur Kenntnis genommen haben und verantworten können. Normalerweise muss er oder sie darüber hinaus substanzielle und eigene Beiträge geliefert haben: Ideen generiert, Forschungsanträge geschrieben,

Daten gesammelt oder ausgewertet und interpretiert und den Text mitgestaltet haben.

Aus den einschlägigen ethischen Verlautbaren [9] und der gesetzlichen Situation ergeben sich für praktizierende Psychologen folgende ethische Prinzipien:

Datenschutz und Schweigepflicht

Persönliche Daten, die im Rahmen von Forschungs- oder therapeutischer Arbeit gewonnen werden, unterliegen der Schweigepflicht (§103, StGB). Der Therapeut hat in der Regel seine persönlichen Patientenakten unter Verschluss zu halten und ist Dritten gegenüber nicht auskunftspflichtig. Außerdem sind Patienten- und auch Forschungsakten 10 Jahre lang aufzubewahren und zu archivieren. Er hat die Pflicht Akten zu führen, um seine Arbeit dokumentieren zu können. Wenn er Informationen gegenüber Dritten weitergibt, z. B. wenn er den Hausarzt eines Patienten informiert, den Arbeitgeber oder eine andere staatliche Institution, so muss er das Einverständnis des Patienten einholen. Zur Schweigepflicht gehört, dass er nicht leichtfertig und schon gar nicht in einer Weise, die den Patient identifizierbar macht, über dessen persönliche Belange spricht. Wenn etwa Angaben, die ein Patient macht, im Rahmen einer Supervisionsgruppe oder einer Kontrolltherapie verwendet werden sollen, so ist der Patient um seine Zustimmung zu fragen. Das Gleiche gilt, wenn Fallgeschichten im Rahmen wissenschaftlicher Publikationen verwendet werden sollen. Im Falle des im vorigen Kapitels verwendeten Traumbeispiels wurde explizit die Erlaubnis der betreffenden Person eingeholt. Zusätzlich hierzu ist es notwendig, dass die persönlichen Daten des Patienten so verändert werden, dass die Identität des Patienten nicht rekonstruierbar ist. Man verwendet hierzu verschiedene Verfremdungsprozesse, indem etwa das Geschlecht des Patienten verändert wird, indem die Wohnortsituation, der Beruf oder der Familienstand unterschiedlich beschrieben wird, sofern diese nicht für die Falldarstellung notwendig sind.

Für Forschungsarbeiten ergibt sich, dass persönliche Daten von Patienten, wie etwa deren Adresse und Namen, von anderen Datenelementen getrennt verwahrt und verarbeitet werden. Im Forschungskontext sowie im klinisch-praktischen Alltag müssen persönliche Daten von Patienten, Probanden oder Klienten unzugänglich durch Dritte aufbewahrt werden. Dies kann z. B. heißen, dass Papierbögen mit Adressangaben in verschließbaren und verschlossenen Schränken aufbewahrt werden, und dass elektronische Dateien, die diese Daten enthalten, für Dritte unzugänglich – also z. B. passwortgeschützt oder im Netzwerk in einer eigenen Domäne – verwahrt werden. Technisch gesehen verwendet man unterschiedliche Dokumente, die mit Probandenkennzahlen so in Verbindung gebracht werden, dass die Identität des Patienten auf den Datenblättern nicht erkennbar ist. Dadurch ist es möglich, Daten anonymisiert zu verarbeiten und z. B. auch an andere Forschergruppen weiterzugeben oder von Menschen kontrollieren zu lassen, die nicht unbedingt das Einverständnis des Probanden zur Einsicht in seine Daten haben. Die Pflicht zum Datenschutz und zur Schweigepflicht des Therapeuten hat sekundär auch zur Folge, dass er ein Zeugnisverweigerungsrecht besitzt, dann nämlich, wenn es um persönliche Angelegenheiten seiner Patienten geht und Behörden von ihm Auskunft wünschen.

Experimente

Standesrechtlich und ethisch bedeutsam bei wissenschaftlichen Untersuchungen ist die Aufklärungspflicht bei Experimenten am Menschen, die sich aus der Deklaration von Helsinki ergibt und die sinngemäß auch in den ethischen Richtlinien des Bundes Deutscher Psychologen und der Deutschen Gesellschaft für Psychologie übernommen ist [9,10]. Auch wenn diese Deklarationen von ärztlichen Standesorganisationen stammen, so sind sie doch auch allgemein verbindlich geworden und deshalb für Psychologen wichtig. Denn ohne diese Aufklärung ist ein ethisches Durchführen von Experimenten kaum möglich. Gerade psychologische Experimente machen es manchmal nötig, dass Probanden über den eigentlichen Zweck der Untersuchung getäuscht werden. Falls solche Täuschungen vorgenommen werden, ist vorher zu überlegen, ob sie ethisch notwendig sind, und wenn ja, werden die Probanden normalerweise am Ende des Experimentes über die Täuschung aufgeklärt. Die sogenannte informierte Zustimmung eines Patienten oder Probanden zur wissenschaftlichen Untersuchung ist bei allen Untersuchungen notwendig und deshalb auch Psychologen dringend zu empfehlen. Es geht hierbei um eine schriftlich-bewusste Zustimmung zu einer Untersuchung nach der Aufklärung über Zielsetzungen, mögliche Vor- und Nachteile der Untersuchung, im Normalfall schriftlich und mündlich. Gegenstand dieses sogenannten „informed consent" muss es auch sein, dass bei therapeutischen und bei anderen Experimenten die Person jederzeit die Möglichkeit hat, ihr Einverständnis zurückzuziehen, aus dem Experiment auszuscheiden oder dieses abzubrechen, ohne dass ihr persönliche Nachteile erwachsen. Vor allem für medizinische Experimente ist es notwendig, vorher das Votum einer Ethikkommission einzuholen. Dies ist für Ärzte standesrechtlich verbindlich, für Psychologen eine Kann-Bestimmung. Tatsache ist es, dass viele wissenschaftliche Zeitschriften Experimente nicht veröffentlichen, wenn ihnen nicht die Zustimmung einer Ethikkommission vorausgegangen ist.

Die Anhörung von Ethikkommissionen ist auch für Psychologen in anderen Ländern, wie etwa in den USA dann verpflichtend, wenn Studien am Menschen durchgeführt werden, vor allem klinische. Diese Erkenntnis hat sich in Deutschland und vielen europäischen Ländern noch nicht durchgesetzt. Beispielsweise versteht sich die Ethikkommission des Universitätsklinikums Freiburg mittlerweile als beratendes Gremium der gesamten Universität und kann auch von Psychologen angerufen werden. Dies ist besonders dann zu empfehlen, wenn Untersuchungen geplant sind, bei denen das Wohl von Patienten leiden könnte, die möglicherweise in der Öffentlichkeit kritisiert werden können, oder die mit einem Risiko behaftet sind. Durch die Anhörung einer Ethikkommission entfällt zwar nicht die Verantwortung des Forschers, aber evtl. rechtliche Nachspiele, die sich aus Klagen ergeben könnten, verlaufen dann in der Regel glimpflicher.

Abhängigkeit

In der therapeutischen Arbeit mit Patienten ist eines der wichtigsten Prinzipien, dass die Abhängigkeit des Patienten vom Therapeuten nicht ausgenutzt wird, sei es finanziell, sei es sexuell oder auf anderem Wege [8]. Daraus erklärt sich auch die

Abstinenzregel, die vor allem die Psychoanalyse eingeführt hat und die besagt, dass keine privaten oder intimen Kontakte mit Klienten stattfinden sollen. Diese Regel hat aber auch zur Folge, dass Werte und Grundhaltungen des Patienten respektiert werden sollen. Beispielsweise ist es nicht angebracht und zielführend, weltanschauliche Haltungen von Patienten, die diese in Therapien äußern, zu kritisieren oder gar lächerlich machen zu wollen, selbst wenn diese dem Weltbild des Therapeuten widersprechen oder er diese sogar als ursächlich für Symptome hält. Die ethischen Grundregeln machen es auch notwendig, dass der Patient vor sich selber oder vor seinen Angehörigen geschützt werden muss. Wenn ein Patient z. B. in der Therapie selbstmordgefährdet wirkt, so gehört es zur Berufspflicht des Therapeuten, ihn vor diesem möglichen Selbstmord zu schützen und z. B. in eine psychiatrische Anstalt einzuweisen. Oftmals geht man einen Zwischenweg. Therapeut und Klient schließen dann einen je zu verlängernden Vertrag oder Kontrakt, der den Patienten verpflichtet, bei Selbstmordabsicht den Therapeuten oder andere vorher zu informieren, um weitere Schritte zu planen. In diesen Bereich fällt auch, dass der Patient im therapeutischen Setting normalerweise darauf hingewiesen wird, dass er keine wichtigen Lebensentscheide während der Therapie durchführen soll. Dahinter verbirgt sich weniger das Machtbestreben des Therapeuten, in das Leben des Klienten einzugreifen, als eben der Schutz des Klienten vor sich selber. Es könnte beispielsweise sein, dass durch eine intensive Therapie ein Ehemann an alte Gefühle der Frustration herangeführt wird, die etwa mit seiner Mutter zu tun haben. Er meint vielleicht, dass seine Ehefrau gewisse Züge seiner Mutter zu haben scheint und erlebt möglicherweise den Impuls, sich von ihr zu trennen. Würde der Therapeut dies unterstützen, könnte es sein, dass er den Klienten darin unterstützt, seine Frustration auszuagieren – in diesem Fall an seiner Ehefrau – anstatt sie zu erleben und dadurch zu verändern. Möglicherweise sieht die Situation nämlich nach drei Monaten komplett anders aus und eine vorzeitige Trennung wäre aus der Retrospektive fatal gewesen. Es gehört zur Aufgabe des Therapeuten, durch entsprechende Schulung vor solchen Fehltritten gewappnet zu sein und Klienten darin zu bestärken, Lebenssituationen nur dann während der Therapie zu verändern, wenn sich dies als unumgänglich erweist. Es versteht sich von selbst, dass es auch Situationen geben kann, wo genau die Auflösung einer ausbeutenden Beziehung der therapeutische Schritt sein kann. Dies muss im Einzelfall entschieden werden. Deswegen gehört es auch zu einer ethischen Grundregel, nur mit wirklich solider therapeutischer Ausbildung therapeutische Interventionen vorzunehmen, und wo diese in der Ausbildung und zu Ausbildungszwecken durchgeführt werden, Supervision einzuholen, oder eine Kontrolltherapie durchzuführen. Eine selbstverständliche Konsequenz dieses Prinzips ist es, dass nur solche therapeutischen Interventionen und solche Fälle zur Therapie akzeptiert werden, denen sich ein Therapeut aufgrund seiner Ausbildung und Erfahrung gewachsen sieht.

Die Abhängigkeit von Patienten oder Klienten gegenüber ihren Therapeuten ergibt sich notwendigerweise aus der asymmetrischen Beziehung einer Psychotherapie, in der durch die Struktur der Beziehung vorgegeben, Therapeuten und Therapeutinnen in einer subtilen Macht- oder Überlegenheitsposition gegenüber ihren Klienten und Patienten sind. Gleichzeitig entsteht durch die Intimität der Situation sehr leicht die Versuchung, diese künstlich induzierte Nähe für eigene Zwecke auszunutzen. Deswegen ist es kaum verwunderlich, dass sexuelle Kontakte zwischen Therapeuten und Klientinnen, seltener zwischen Therapeutinnen und Klienten bzw. gleichgeschlechtliche sexuelle Kontakte in der Therapiesituation häufiger sind als man das vermutet. Die Forschung in diesem Bereich beginnt erst langsam und insgesamt scheint es sich hierbei um ein Tabuthema zu handeln. Umso wichtiger ist es für angehende Therapeutinnen und Therapeuten, sich des Problems und der Gefahr bewusst zu sein. Selbstverständlich wird es immer die Möglichkeit einer genuin tiefen menschlichen Liebe und Beziehung auch zwischen Therapeuten und Klienten geben; dies sei nicht in Abrede gestellt. In den allermeisten Fällen dürfte es sich hierbei jedoch um die subtile Ausnützung eines Machtverhältnisses handeln. Deshalb herrscht Konsens, dass sexuelle Kontakte zwischen Therapeuten und Klientinnen auf jeden Fall während der Dauer der therapeutischen Beziehungen tabu sind [9] und eigentlich auch für geraume Zeit nach Beendigung der Therapie tabu sein sollten. Der Grund für diese Regel ist leicht einzusehen: Wenn ein Therapeut das Bedürfnis nach sexuellem Kontakt mit einer Klientin verspürt, könnte er versucht sein, die Therapie schlicht für beendet zu erklären, um sie in ein privates Verhältnis umzuwandeln.

Ein berühmtes und bewegendes Dokument, wie die Verwischung privater und therapeutischer Arbeit ein Leben beeinträchtigen kann, stellen die Aufzeichnungen der Sabina Spielrein dar, die zunächst als Klientin, später als Geliebte von C.G. Jung und S. Freud nicht nur keine Heilung ihrer Symptomatik erlebte, sondern auch zeitlebens große Probleme mit dieser Situation hatte [4]. Es gibt ausreichend viele gerichtlich dokumentierte Fälle, in denen Klientinnen sich durch intime Nähe zu Therapeuten Details über andere Klienten des Therapeuten oder ihre eigenen Ehepartner verschafften und diese dann gerichtlich oder anderweitig verwerteten. Gerade weil die therapeutische Situation durch ihre Intimität und analytisch gesprochen durch ihr Gegenübertragungspotenzial relativ rasch sexuelle Intimität suggerieren kann und deswegen sexuelle Bedürftigkeit beim Therapeuten anzusprechen vermag, sollte es zu den berufsethischen und persönlichen Selbstverständlichkeiten gehören, solche Situationen offen und kompetent, beispielsweise in einer Supervision oder Kontrolltherapie, zu behandeln und zuallererst den potenziellen Schaden bei den Betroffenen im Auge zu behalten.

Güterabwägung

Selten sind ethische Probleme eindeutig und leicht zu entscheiden, wenn sie einmal auftreten. Denn letztlich ist immer abzuwägen zwischen verschiedenen Gütern. Beispielsweise muss zwischen dem Schutz der Privatsphäre des Patienten und der Schweigepflicht, und dem Schutz der Öffentlichkeit und anderer Personen oftmals abgewogen werden. Dies gilt vor allem dann, wenn Patienten Fantasien oder Absichten äußern, anderen schädlich zu werden. Ein berühmtes juristisches Exempel ist dabei der Fall Tarasow geworden. In diesen amerikanischen Fall war ein klinischer Psychologe verwickelt, der einen als paranoid-schizophren diagnostizierten Patienten behandelte. Dieser Patient äußerte in der Therapie, dass eine junge Frau seine Annäherungen schroff zurückgewiesen habe, und deswegen wolle er sie umbringen. Er gestand dem Psychologen seine Tötungsabsicht und erklärte ihm auch, wie er die Frau beabsichtigte nach ihrer Rückkehr aus Brasilien umzubringen. Der

Psychologe informierte daraufhin die Behörden und die Polizei, die den Patienten in Gewahrsam nahm und verhörte. Offensichtlich kam die Polizei zu der Ansicht, dass der Patient ungefährlich sei, nahm ihm das Versprechen ab, sich von besagter Frau fernzuhalten und entließ ihn. Der Leiter der klinischen Abteilung, der von diesem Verfahren informiert worden war, forderte die Polizei daraufhin auf, alle Unterlagen zurückzugeben, da ein Bruch der Schweigepflicht vorgelegen habe und die Unterlagen deshalb zu vernichten seien. Dies geschah, sodass auch der Vorgang nicht mehr richtig rekonstruierbar ist. Jedenfalls hielt sich der Patient in der Folge selbstverständlich von seinem Therapeuten fern, nahm Kontakt mit der Familie der jungen Frau auf und tötete diese schließlich, wie er es ursprünglich seinem Therapeuten gesagt hatte. Die Familie verklagte hierauf die Behörden. Die Klage wurde zunächst durch Berufung auf die Schweigepflicht des Therapeuten abgelehnt, die Eltern erhielten allerdings in weiteren Instanzen Recht.

Das Beispiel lehrt, dass ethische Entscheidungen nicht immer einfach sind. Denn in der Tat sind hier die Werte der Schweigepflicht und der Vertraulichkeit gegenüber dem Schutz einer Person in Konflikt geraten. Selbstverständlich hat der Schutz des Lebens einer Person tatsächlich höheren Wert, und falls ein Therapeut im Rahmen einer Therapie von gefährlichen oder kriminellen Absichten oder Taten seines Patienten erfährt, wäre er von seiner Schweigepflicht dahingehend entbunden, dass er durch das Brechen seiner Schweigepflicht einen größeren Schaden verhindern könnte. Im Einzelfall kann es aber auch sehr wohl sein, dass ein Patient seinen Therapeuten durch solche Aussagen auf seine Belastbarkeit und Vertrauenswürdigkeit testet. Dies zu unterscheiden ist mit Sicherheit nicht trivial und verlangt viel Erfahrung und Fingerspitzengefühl.

In der ethischen Diskussion geht es daher eigentlich immer um das Abwägen von Gütern. Meistens wird so entschieden, dass ein öffentliches Gut im Zweifelsfalle höher steht als ein privates, obwohl auch hierfür Gegenargumente angeführt worden sind. Wenn nämlich der Konsens der Öffentlichkeit insgesamt ein unethischer ist, muss nicht notwendigerweise das Wohl und die Meinung der Öffentlichkeit vor individuellen Werten kommen. Ein klares Beispiel sehen wir in den offensichtlich unethischen Entscheidungen des Unrechtsregimes der Nationalsozialisten, obwohl sich diese auf breiten politischen Konsens abstützen konnten. In solchen Grenzsituationen könnte tatsächlich sogar ein an sich unethisches Verhalten wie etwa die Ermordung eines Tyrannen zur ethischen Pflicht werden, wie dies in der philosophischen Debatte seit Platon und Thomas von Aquin immer wieder betont worden ist.

Die therapeutische Situation ist jedoch zunächst und als erstes ein Schutzraum, in dem das individuelle Gut des Schutzes des Patienten so lange oben anzustehen hat, so lange nicht ernste Zweifel daran bestehen, dass Gefahr für die Allgemeinheit oder für ein anderes Leben im Verzug ist. Im geschützten Raum der Therapie sollen Patienten zuerst die Möglichkeit haben, sich sicher zu fühlen und auch gefährliche Gedanken und Äußerungen auszusprechen, ohne dass rechtliche Sanktionen folgen. Denn nur so ist die Möglichkeit gegeben, dass ein Patient in der Arbeit an seinem Material auch die Problematik seiner Absichten und Handlungen erkennt und möglicherweise verändert. Deswegen wird es nie eine einfache Faustregel geben, wie mit solchen Problemen umzugehen ist. Im Zweifelsfall wird ein Therapeut sich gut überlegen müssen, ob er mit einem möglicherweise gefährlichen Patienten überhaupt ein therapeutisches Bündnis eingeht.

Grenzprobleme

Grenzprobleme psychologischer Berufsethik ergeben sich in den Bereichen, in denen nicht gesetzliche Belange tangiert werden, sondern eher so etwas wie die öffentliche Moral. Inwiefern darf z. B. ein Psychologe seine Kenntnis in der Werbung für gesundheitsschädliches Verhalten einsetzen? Ein Psychologe, der im Auftrag einer Zigarettenfirma beispielsweise clevere Werbeplakate und Sprüche entwirft, macht sich nicht im eigentlichen Sinne strafbar oder übertritt ethische Normen. Dennoch wird im Einzelfall vielleicht die Frage erlaubt sein, ob ein solches Verhalten ethisch und moralisch verantwortbar ist. Ein tieferes Problem ergibt sich dort, wo psychologisches Know-how zur „einfachen Reparatur" von psychischen Problemen verwendet wird, die ihre Ursache in entfremdenden oder versachlichenden Handlungszusammenhängen von Patienten haben. Inwiefern ist es beispielsweise gerechtfertigt, Patienten, die vielleicht verständlich und zu Recht an Depressionen leiden, weil sie in einem unterdrückenden Arbeitsverhältnis stehen, wieder in dieses zurückzubringen und die möglicherweise gesunde psychologische Reaktion zu unterdrücken? Auf diese Zusammenhänge haben in den 1970er-Jahren die kritischen Psychologen, allen voran Holzkamp, hingewiesen. Ist es beispielsweise immer ethisch, psychologisches Know-how zur Austestung menschlicher Fähigkeiten und Kompetenzen zu verwenden, um den Einsatz von Menschen zu optimieren oder um Menschen aus bestimmten Betriebszusammenhängen fernzuhalten? Hier wäre an Kant zu erinnern, der festgestellt hat, dass Menschen nie Mittel sein dürfen, sondern immer nur Zweck in sich selber. Sicherlich sind auch Situationen denkbar, in denen eine Psychotherapie oder eine Behandlung ethisch fragwürdiger ist als Menschen in ihrer Situation zu belassen. Inwiefern ist es etwa ethisch verantwortbar, einen Patienten mit traumatisierendem Material seiner Vergangenheit zu konfrontieren, das er eigentlich zufriedenstellend in ansonsten vielleicht harmlose und kaum irritierende Symptomatik verpackt hat? Es ist beispielsweise denkbar, dass ein Klient traumatisierende Kindheitserfahrungen, etwa schwere Prügelstrafen und ähnlichen emotionalen Missbrauch, gut überlebt hat, sich aber dafür Arbeitsstörungen erworben hat, die immer dann auftreten, wenn er Angst vor Versagen hat. Ein Therapeut, der die Situation relativ rasch durchschaut, könnte nun mutmaßen, dass bei sorgfältiger Arbeit Aspekte dieser frühen Erfahrungen angerührt werden. Er sollte deswegen zum einen abwägen, ob er selber einer solchen Situation gewachsen ist und vielleicht mit seinem Klienten thematisieren, inwiefern er wirklich durch therapeutische Arbeit an den einen oder anderen Quellen seiner Störung rühren möchte oder lieber doch nicht. Umgekehrt kann es genauso unethisch sein, einem Patienten eine möglicherweise effektive Therapie vorzuenthalten, etwa weil man selber die Mühen scheut, oder weil der Patient sich vordergründig sperrt. Man sieht sehr schnell, dass keine geraden Wege durch solche ethischen Dilemmata führen. In einem weiteren Sinne könnte man es auch als unethisch bezeichnen, wenn Therapeuten Patienten in offensichtlich unfruchtbaren therapeutischen Verhältnissen halten, weil sie nicht im Stande sind, von ihrer eigenen Therapietheorie zu abstrahieren. Denn in manchen Fällen mag eine tiefenpsychologisch-analytische Therapiestrategie indiziert und auch fruchtbar sein. In anderen Fällen mag sie kontraindiziert und sogar schädlich sein, zum einen, weil andere, kürzere, wirksamere oder kostengünstigere Therapieverfahren versäumt werden, und zum anderen, weil dadurch die Symptomatik unnötigerweise verschleppt wird.

Die Verpflichtung gegenüber der Öffentlichkeit

Wir dürfen nicht übersehen, dass psychologische Erkenntnis auch Verpflichtungen mit sich bringt. Denn wenn bestimmte Sachverhalte mit einigermaßen großer Sicherheit oder Wahrscheinlichkeit erkannt worden sind, dann müssen auch entsprechende Veränderungen angebahnt und eingeleitet werden. Umgekehrt muss der Forscher sich darüber klar sein, dass seine Erkenntnisse immer auch politisch instrumentalisiert werden und Zwecken dienen können, die er nicht vorhersehen konnte. In diesem Zusammenhang ist es wichtig zu verstehen, dass Forschung aus diesem Grund auch immer gute Forschung sein muss, um keine Pseudoergebnisse zu erzielen, die dann als wissenschaftliche Erkenntnisse gesellschaftlich ausgeschlachtet werden. Wenn beispielsweise die Ergebnisse der Bindungsforschung Gültigkeit haben und die frühe Bindung zwischen Mutter und Kind oder Kind und anderer Bezugsperson wichtig ist, müsste dies Einfluss auf die politische Gestaltung – z. B. des Mutterschaftsurlaubs oder des Erziehungsurlaubs – haben. Ergebnisse der Schlafforschung beispielsweise könnten Einfluss auf die Gestaltung von Arbeitszeiten nehmen, und Ergebnisse der Gedächtnisforschung könnten Konsequenzen für Gerichtsverfahren haben, die über die Traumatisierung von Patienten befinden. Die Beispiele könnten ergänzt werden, wo psychologische Erkenntnis aufgrund der Forschung ethische und moralische Implikationen haben und wo es wichtig ist, dass Forschung möglichst gesicherte und methodisch hochwertige Erkenntnis erzeugt, bevor diese an die Öffentlichkeit kommt.

Es gibt einige warnende Gegenbeispiele: Sir Richard Burtt ist vielleicht einer der bekanntesten Datenfälscher geworden. Er hat lange behauptet, seine Forschungen an Zwillingen hätten eindeutige Belege für die Erblichkeit der Intelligenz erbracht. Erst viele Generationen später, nachdem diese Auskunft allgemeines Gut geworden ist, hat sich herausgestellt, dass er seine Daten gefälscht hat. In den Vereinigten Staaten hat es in den 1970er- und beginnenden 1980er-Jahren eine förmliche Welle von sogenannten „survivors of sexual abuse“ gegeben, also von Überlebenden von sexuellem Missbrauch. Ohne in Abrede stellen zu wollen, dass dieses Vergehen an kleinen Kindern sehr häufig ist, ist auch das andere Extrem allzu häufig aufgetreten: Eifrige Psychologen, die diese klinische Problematik als bedeutsam erkannt haben, haben viel zu oft durch Suggestivfragen vermeintlich wissenschaftlicher Hypnosetechniken ganze Komplexe solcher Missbrauchszenerien in der Imagination ihrer Patientinnen induziert und förmlich erzeugt, die darauf hin Klage erhoben und nicht selten Recht erhalten haben. Viele vermeintliche Missbrauchstäter wurden darauf hin zu Unrecht angeklagt und verurteilt, die sich anschließend wiederum zusammengeschlossen und ihrerseits um ihr Recht gekämpft haben. Dies ist ein Beispiel, wie pseudowissenschaftliche Vorgehensweise und Halbbildung dazu beitragen können, dass Fehlverhalten unter dem Siegel der Wissenschaft Billigung erlangt. Umgekehrt ist selbstverständlich auch der berechtigte Anspruch von sexuellen Missbrauchsopfern lange Zeit hindurch bagatellisiert worden, weil es zu wenig Forschung auf diesem Gebiet gab.

Immer wieder kommen auch Morde durch entlassene Straftäter in die öffentliche Diskussion, die durch verliebte, nachsichtige oder sonstwie ideologisch verblendete Therapeutinnen und Therapeuten freigekommen sind. Umgekehrt kann es auch passieren, dass Störungen chronifiziert werden, weil sie inkompetent behandelt worden sind. Auch hier haben wir ein Problem ethischer Art vor uns, das eigentlich nur durch ausreichende Therapie, Kompetenz und Supervision gelöst werden kann und durch eine solide Einschätzung der eigenen Grenzen. Die ethische Konsequenz für alle psychologisch Tätigen und Wissenschaftler muss deswegen sein, ihr Handeln immer am Wohl des anderen und der Ganzheit auszurichten. Das ethische Dilemma, ob im Einzelfall das Wohl des Einzelnen oder das Wohl der Ganzheit höher einzustufen ist, wird nie endgültig zu lösen sein.

Während z. B. in der klinischen Forschung früher die Entscheidung in aller Regel so ausfiel, dass das Wohl der Gemeinschaft und zukünftiger Generationen höher steht als das Wohl des Einzelnen, und so klinische Forschung auch in Bereichen, wo Gefährdung besteht, ethisch gebilligt war, sieht man dies heute genau umgekehrt und stellt das Wohl des Einzelnen über das der abstrakten Gemeinschaft, wenn es lediglich um den Erwerb von Wissen auf Kosten des Risikos Einzelner geht [6]. Selbstverständlich kann man auch dann Studien durchführen, wenn für den Einzelnen Risiken bestehen, wenn die Risiken in einem vernünftigen Verhältnis, das im Einzelfall zu klären ist, zum Erkenntnisfortschritt stehen, und wenn die Patienten und Probanden entsprechend aufgeklärt worden sind.

Letztlich wird es keine Regel, keine Instanz und keine ethische Abhandlung geben, die die Abwägung der Werte und die Entscheidung aus der Verantwortung des Einzelnen herausnehmen kann.

Quintessenz

- Ethik wurde von Aristoteles definiert als das Wissen vom rechten Handeln, dessen Ziel die Glückseligkeit ist. In der modernen Fassung wird Ethik meistens durch Konsens gewährleistet.
- Beispiel und Grundlage dafür ist die Deklaration der allgemeinen Menschenrechte der Vereinten Nationen 1948 oder die Deklaration von Helsinki von 1964 mit den entsprechenden Revisionen.
- Das älteste ethische Dokument der westlichen wissenschaftlichen Kultur ist der Eid des Hippokrates.
- Er legt einige noch immer gültige ethische Prinzipien therapeutischen Handelns fest:
  1. Das Prinzip, niemandem zu schaden und nach Möglichkeit den Menschen nur zu nutzen,
  2. die Schweigepflicht,
  3. das Verbot des sexuellen Missbrauchs,
  4. die Achtung gegenüber dem Leben.
- Von besonderer Bedeutung für praktisch und klinisch tätige Psychologen sind hierbei die Schweigepflicht und das Auskunftsverweigerungsrecht sowie das Verbot von Missbrauch der Macht und Ausnahmestellung im Rahmen einer Therapie.

- Ethik ist selten ein eindeutiges Geschäft und zwingt zur Abwägung von Gütern. Wenn andere Güter wie das Leben eines Menschen oder die Sicherheit der Öffentlichkeit gefährdet sind, muss manchmal auch z. B. gegen das Schweigegebot verstoßen werden.
- Bei Experimenten an Menschen ist abzuwägen, ob zu erwartende Ergebnisse die Risiken und die Beeinträchtigungen der Versuchspersonen überwiegen. Außerdem sind diese Studien so zu planen, dass sie sinnvolle Ergebnisse erwarten lassen.
- Auf jeden Fall muss die informierte und schriftliche Zustimmung der betreffenden Personen eingeholt werden und bei klinischen Experimenten nach Möglichkeit das Votum einer Ethik-Kommission.
- Psychologen stehen durch den unmittelbaren Anwendungsbezug ihrer Tätigkeit in verschiedenen ethischen Spannungsfeldern und sind daher sowohl anderen Menschen als auch der Öffentlichkeit insgesamt über ihr Tun rechenschaftspflichtig und sollten ihr eigenes Handeln entsprechend ausrichten.

Literatur

[1] Aristoteles (2001). *Nikomachische Ethik*; hrsg. V. R. Nickel. Zürich: Artemis.

[2] Birnbacher, D. (Hrsg.) (2003). *Texte zur Ethik*. München: DTV.

[3] Capelle, W. (Hrsg.) (1955). *Hippokrates. Fünf auserwählte Schriften*. Zürich: Artemis.

[4] Carotenuto, A. (Hrsg.) (1986). *Tagebuch einer heimlichen Symmetrie. Sabina Spielrein zwischen Jung und Freud*. Freiburg: Kore.

[5] Illhardt, F. J. (1985). *Medizinische Ethik: Ein Arbeitsbuch*. Heidelberg: Springer.

[6] Lewis, J. A., Jonsson, B., Kreutz, G., Sampaio, C. & van Zwieten-Boot, B. (2002). Placebo-controlled trials and the Declaration of Helsinki. *Lancet, 359*, 1337–1340.

[7] Seiffert, H. (2001). *Einführung in die Wissenschaftstheorie 3: Handlungstheorie, Modallogik, Ethik, Systemtheorie*. München: Beck.

[8] Wienand, M. (1982). *Psychotherapie, Recht und Ethik*. Weinheim: Beltz.

[9] www.bdp-verband.org/bdp/verband/ethik/shtml

[10] www.bundesaerztekammer.de/20/05Rechte/DeklHelsinki.pdf

[11] www.dfg.de/aktuelles_presse/reden_stellungnahmen/download/empfehlungen_wiss_praxis_0198.pdf

14 Bausteine für eine Wissenschaftstheorie der Psychologie

Wir haben gesehen: Die Psychologie ist eine junge Wissenschaft. Vor 125 Jahren wurde sie als akademische Institution begründet und ist damit etwa vier Wissenschaftlergenerationen alt. Die Psychologie hat sich aus verschiedenen Richtungen herausdifferenziert und musste sich gegenüber verschiedenen Seiten behaupten. Sie hat sich gegenüber der Physiologie und Medizin abgegrenzt und gegenüber diesen eher verobjektivierenden Wissenschaften die Bedeutung der Innenperspektive, der subjektiven Welt und der individuellen Erfahrung verteidigt. Sie hat sich von der Philosophie abgegrenzt, indem sie die Empirie, den Erfahrungszugang, als Methode gegenüber der rationalen Analyse der geistigen Vorgänge in den Vordergrund gestellt hat. Ihre Domäne sind gegenüber der Philosophie genau jene synthetischen Erkenntnisse, die nur *a posteriori*, also aus der Erfahrung, zu gewinnen sind und die die geistigen Prozesse des Menschen betreffen.

Die Psychologie ist der Naturwissenschaft in ihrem experimentellen Methodenfortschritt *gefolgt*. Sie hat sich die naturwissenschaftliche Doktrin vom Messen und von der Quantifizierung komplexer Konstrukte zu Eigen gemacht und damit letztlich den Versuch unternommen, Qualität in Quantität zu überführen. So bedenklich dieses Vorgehen vielen erscheinen mag, so wenig ist es rückgängig zu machen. Es kann höchstens korrigiert und ausbalanciert werden durch entsprechende Einsicht in die Grenzen dieses Vorgehens. Die Psychologie hat aus der Naturwissenschaft auch die Macht des Experiments übernommen, das, wie wir gesehen haben, eine präzise Fragestellung an die Natur darstellt. Mit dem Experiment einher aber geht eine Methode, die Ganzheiten isoliert und entsprechende Teilaspekte herauspräpariert, um sie zu analysieren. Gleichzeitig sind damit Manipulation und künstliche Laborbedingung eingeführt, denn nur wenn die Rahmenbedingungen konstant gehalten und einzelne Variablen verändert werden, funktioniert das Experiment in seiner Methode. Experimente werden meistens mit quantitativer Datenanalyse verknüpft, und dies, in Verbindung mit statistischem Vorgehen, hat die Psychologie in vielen Bereichen zu einer Wissenschaft mit einer naturwissenschaftlich orientierten Methode gemacht. Die Psychologie hat die Doktrin von der Wiederholbarkeit und Intersubjektivität von Ergebnissen übernommen, die sich durch Replikation ergibt. Nur aus der Verbindung zwischen Daten und einer geeigneten Theorie ist wissenschaftlicher Fortschritt möglich. Die Grenzen dieses naturwissenschaftlichen Vorgehens werden vor allem an der Komplexität der untersuchten Phänomene spürbar, die beim Menschen noch größer ist als bei allen anderen lebendigen Systemen. Je komplexer Systeme sind und je stärker sie mit anderen vernetzt sind, umso geringer ist der Gültigkeitswert von analytischem und analysierendem Vorgehen. Zwar kann auch die analytische Vorgehensweise Erkenntnis zu Tage fördern, doch sollte uns die Begrenztheit dieser Möglichkeit bewusst sein.

Ein wichtiges Moment der Grenzziehung zwischen der Psychologie und anderen, naturwissenschaftlichen Disziplinen ist die Tatsache, dass sich der Mensch als

Subjekt seiner Handlungen und als Person, die eine eigene Innensicht der Welt hat und in gewissen Grenzen sogar Autor und Urheber dieser Welt ist, nur begrenzt einer verobjektivierenden Analyse unterziehen lässt. Der Mensch als Untersuchungsgegenstand ist reaktiv, d. h. er lässt keine passive Manipulation zu, sondern er antwortet immer in einer nicht vorherzusehenden Weise. Der Mensch ist ein zeichenverarbeitendes Wesen, das Geist und Selbstständigkeit hat. Nur Automaten reagieren auf Stimuli und Ursachen. Schon Organismen und besonders der Mensch besonders antworten auf Zeichen, wie dies Thure von Uexküll einmal sagte.

Allein die semantische Analyse des Verständnisses von Fragebogen-Items zeigt, dass diese Fragebogenfragen nicht einfach nur Reize sind, auf die gleichförmig geantwortet wird. Sie treffen vielmehr auf eine je eigene semantische Sinngebung, die dazu führt, dass Menschen je anders auf die Fragen reagieren. Das Gleiche gilt für Experimente an Versuchspersonen, die jeweils eine gewisse Eigenaktivität und Eigenständigkeit mitbringen. Zwar kann man durch das Einbringen vieler Versuchspersonen die Fehlervarianz abfedern und so tun, als würde sie einen nicht interessieren. Dies ändert aber nichts an der Tatsache, dass der Mensch als Untersuchungsgegenstand ein anderer ist als ein Stein oder eine Tomate. Der Mensch als Kulturwesen bringt es mit sich, dass alle psychologischen Erkenntnisse abhängig sind von gewissen kulturellen und sozialen Rahmenbedingungen. So können psychologische Befunde, die in einer westlich-amerikanischen oder europäischen Kultur und Umwelt gefunden worden sind, nicht notwendigerweise auch auf andere Kulturen, etwa in Afrika oder Asien, übertragen werden.

Die Psychologie ist also eine Wissenschaft zwischen den Disziplinen. Sie vereint experimentelle naturwissenschaftliche Methodik mit dem qualitativen Zugang der Humanwissenschaften. Sie übernimmt aus der Medizin biologisch-physiologische Grundlagenerkenntnisse und verbindet sie mit Reflexion und Analyse aus der Philosophie, die ihre ursprüngliche Quelle ist. Daraus ergeben sich methodische Konsequenzen genauso wie inhaltliche. Die Psychologie muss die *Spannung* zwischen experimentell-quantitativer und beschreibend qualitativer Methodik *aushalten* und hermeneutische Reflexion mit verobjektivierender Messung *verbinden*. Die folgenden Abbildungen 14.1 und 14.2 verdeutlichen diese Zusammenhänge. Aus der Perspektive der Leib-Seele-Betrachtung wird diese Sonderstellung der Psychologie als Wissenschaft noch einmal erneut deutlich. Im Leib-Seele-Problem manifestiert sich der Mensch in seiner ganzen Komplexität. Außen- und Innenansicht werden in der Psychologie zusammengeführt (Abb. 14.1). Diese Spannung bleibt erhalten unabhängig davon, wie man die ontologische Frage nach dem Wesen von psychischen und materiellen Prozessen und deren Zusammenhang beantwortet. Denn selbst wenn man sich für eine materialistische Position entscheidet, bleibt der phänomenologische Tatbestand erhalten, dass die individuelle Erfahrungsperspektive eines Bewusstseins nur durch qualitativ-hermeneutischen Zugang erschlossen werden kann.

Die Außenansicht vereinigt Erkenntnisse über das Verhalten genauso wie Messungen der Physiologie, während die Innenansicht das Erleben und die subjektive Konstruktion der Welt verdichtet. Dies lässt sich auch methodisch festmachen, indem die Methoden, die den Außenbereich der psychologischen Forschung betreffen, eher quantitativ-beobachtend sind, und letztlich die nomothetische Erklärung von Zusammenhängen zum Ziel haben, also die Gesetze formulieren wollen, und die Methoden, die sich dem Innenbereich widmen, qualitativ-hermeneutisch sind und Rekonstruieren und Verstehen zum Ziel haben. Diese wären dann eher idiographischer Natur oder individuell beschreibend (Abb. 14.2).

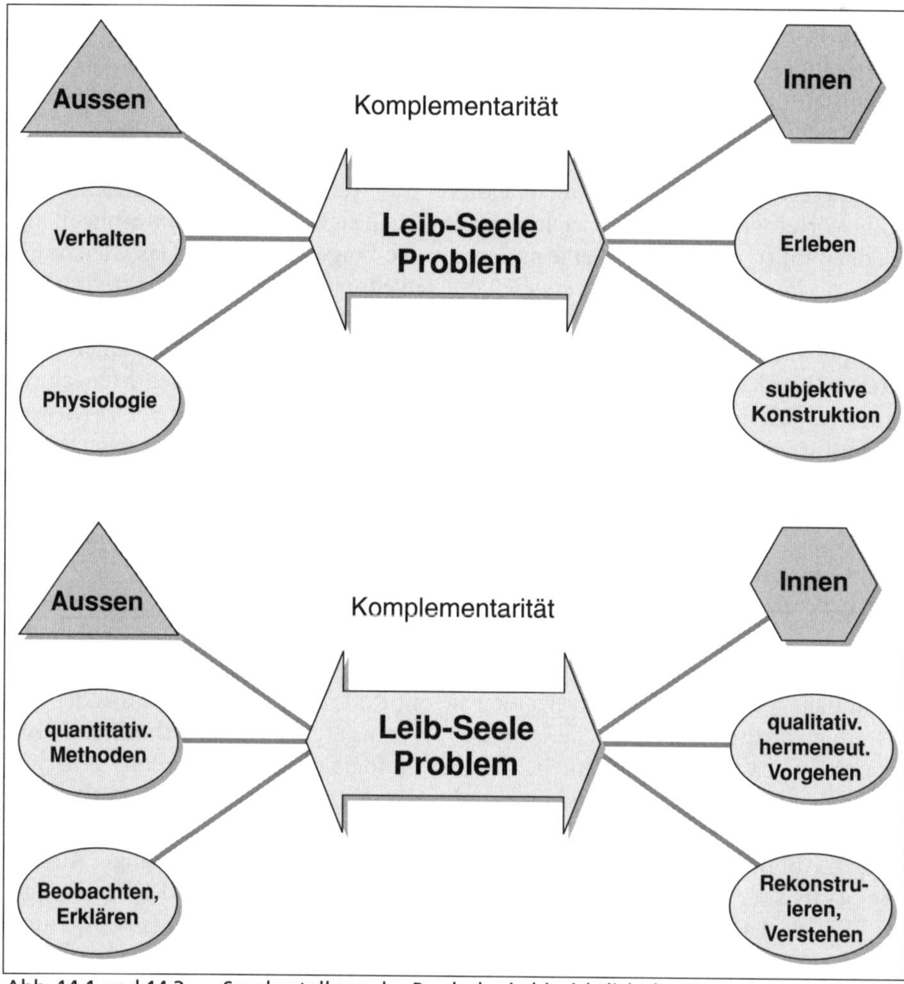

Abb. 14.1 und 14.2: Sonderstellung der Psychologie hinsichtlich der Perspektive und Methodik

Wir können dies noch ein Mal am Beispiel der Depression illustrieren (Abb. 14.3). Von außen zeigt sich Depression durch die Analyse des Verhaltens, indem man genormte Depressionsfragebögen vorgibt, durch physiologische Analysen und im Verhalten. Von innen zeigt sie sich durch die biographische Analyse und im Verstehen der Befindlichkeit. Therapeutisch gesehen kann die Depression von außen durch pharmakologische Interventionen angegangen werden, aber auch durch eine Veränderung der Innenperspektive, was typischerweise durch eine kognitive oder anders geartete Psychotherapie geschehen würde.

Ähnlich kann man Stress komplementaristisch analysieren (Abb. 14.4). Auch hier gilt es, die Spannung zwischen der äußeren Perspektive und der inneren beizube-

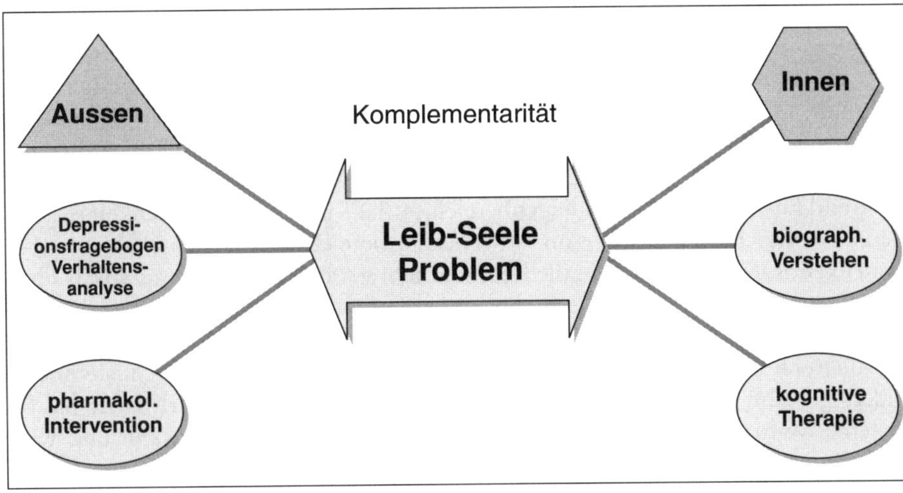

Abb. 14.3: Doppelzugang der Psychologie am Beispiel Depression

halten. Stress zeigt sich z. B. äußerlich im Verhalten durch Arbeitsdruck und Hetze und kann physiologisch durch verschiedene Parameter wie kardiovaskuläre Aktivierung oder Kortisolspiegelerhöhungen verobjektiviert werden. Auch wenn diese physiologischen Daten mit den Verhaltensdaten nicht immer übereinstimmen, so ist doch oft eine gewisse Korrelation vorhanden. Die Innenperspektive zeigt sich im Erleben von Hilflosigkeit, Überforderung und Ermüdung. Gleichzeitig müssen die Ressourcen und die eigene Lerngeschichte in Rechnung gestellt werden. Eine typisch psychologische und komplementaristische Sicht der Dinge zeigt nun, dass die äußere Perspektive, z. B. der Arbeitsdruck oder die Hetze, nicht immer im inneren Erleben gespiegelt ist und umgekehrt, und sie zeigt auch, dass das Erleben von Stress nicht notwendigerweise mit einer Veränderung der Physiologie gekop-

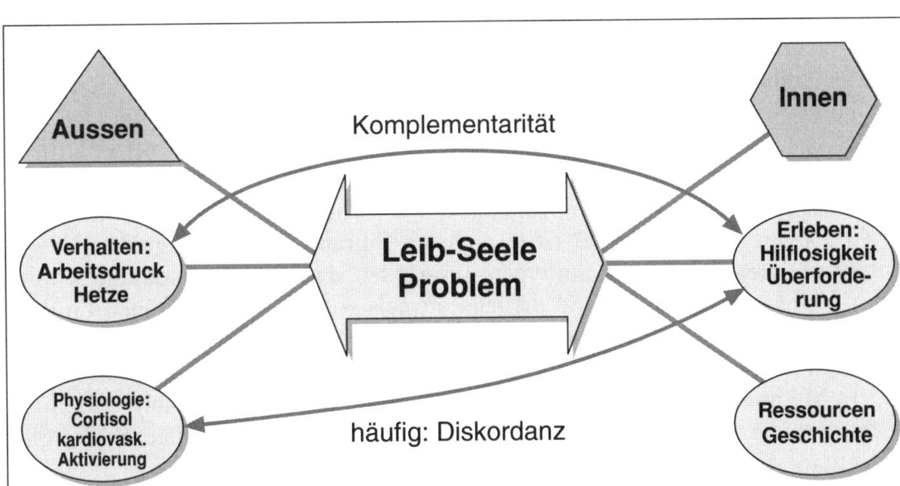

Abb. 14.4: Komplementaristischer Zugang am Beispiel Stress

pelt ist. Häufig sehen wir hier sogar Diskordanz. Allein dieses Beispiel zeigt, wie wichtig es ist, beide Perspektiven zu halten und nicht auf eine allein auszuweichen.

Psychologie steht allerdings auch zwischen Grundlagen- und angewandter Wissenschaft. Grundlagenwissenschaft z. B. wären Erkenntnisse aus der Physiologie oder aus der allgemeinen Psychologie. Anwendungsbezogene psychologische Disziplinen wären etwa die Klinische Psychologie oder die Organisationspsychologie. Während Forschung im Grundlagenbereich oftmals und nach Möglichkeit experimentell vor sicht geht, ist sie im Anwendungsbereich eher realitätsnah und nur dann experimentell, wenn dies die Realität nicht verändert oder pragmatisch sinnvoll ist. In der Grundlagenwissenschaft möchte man möglichst sichere und valide Ergebnisse, während sie in der Anwendungswissenschaft zwar auch valide, aber vor allem hilfreich und anwendbar sein müssen. Entsprechend werden Methoden anders gewählt oder kombiniert. Die Grundlagenforschung isoliert daher häufig Systeme, während die Anwendungsforschung dies oftmals nicht kann und will. Das primäre Ziel der Grundlagenwissenschaft ist Erkenntnis in sich, während das primäre Ziel der anwendungsorientierten Disziplinen eher Veränderung, Hilfe und die pragmatische Verbesserung von Zuständen ist. Die Konsequenz aus dieser Sicht ist, dass nur Methodenvielfalt und Methodenwettbewerb den Aufgaben gerecht werden. Es gibt keine universell beste oder per definitionem wissenschaftliche Methode, die für die Psychologie gültig ist. Daher gibt es auch einen Methodenstreit, und dies ist gut so. Denn nur ein Methodenstreit sichert, dass keine Methode das Feld für sich beansprucht und alle anderen kolonialisieren will. In letzter Konsequenz wird daraus ein informierter und gezielter Methodenpluralismus erwachsen, in dem die Dissonanz widerstreitender Ansätze und der Widerspruch inkompatibler Voraussetzungen nicht überwunden, sondern konstitutiv ist. Daraus ergibt sich auch, dass für verschiedene Teildisziplinen unterschiedliche Fragen und für jeweils neue Forschungstraditionen verschiedene Standards gelten werden, und solche Standards auch wechseln müssen in Anlehnung an Entwicklungen in Nachbardisziplinen und durch Befruchtungen aus anderen Bereichen.

Nehmen wir als Beispiel die methodische Vorgabe, Experimente seien in jedem Fall gut und durchführbar. Dies erfordert die Zufallszuweisung von Probanden oder Personen zu Gruppen, möglichst eine Verblindung und starke Kontrolle der Randbedingungen, um die interessierende Variable, z. B. eine klinische Intervention, manipulieren zu können. Während dies der Standard in der Grundlagenforschung ist, um zu sicheren Erkenntnissen zu gelangen, kann ein solches Experiment in der angewandten Evaluationsforschung nur selten durchgeführt werden. Wenn wir beispielsweise wissen wollen, ob eine anthroposophische Erziehung besser ist als eine konventionelle, ist es nicht zielführend, siebenjährige Schüler per Zufall auf unterschiedliche Schultypen zu verteilen, da erstens meistens die Schüler selbst, zweitens die Eltern und drittens oftmals sogar die Schule einen Einfluss darauf haben möchten, welche Kinder wo zur Schule gehen. Das heißt, um die Fragestellung für den Erziehungsbereich zu beantworten, müssen oftmals neue oder andere Methoden angewendet werden, oder man muss sich mit Kunstgriffen behelfen und die Stärken und Schwächen unterschiedlicher Methoden durch komplementäre Anwendung anderer Methoden ausgleichen.

Um herauszufinden, ob Rauchen schädlich ist, wurde nie auch nur ein einziges Experiment am Menschen gemacht; wohl vielleicht an Ratten, Mäusen und anderen Säugern, nicht aber an Menschen. Stattdessen wurde das Rauchverhalten von Menschen selber analysiert und in komplexen epidemiologischen Untersuchungen jene Variablen *statistisch* kontrolliert, die man im Experiment absichtlich hätte manipulieren können. Gleichwohl sind wir heute der wissenschaftlich begründeten Meinung, dass Rauchen schlecht für die Gesundheit ist.

Verschiedene neue Einsichten innerhalb der Psychologie und anderer Wissenschaften haben gezeigt, dass sich die Forschungslandschaft extrem schnell verändern kann. Was in einem Lehrbuch von 1980 als richtig dargestellt wird, ist vielleicht im Jahre 2005 schon veraltet. Die Erkenntnis, dass psychologische Systeme immer komplex sind, setzt der Analysierbarkeit solcher komplexen Systeme Grenzen. Die Erkenntnis, dass Letztbegründungen von Denkmodellen aus ihnen selbst nicht möglich sind, hat ergeben, dass nur der Wettstreit von Modellen und Methoden weiterführen wird. Dies sollte jeden Dogmatismus von vornherein ausschließen und freien Wettbewerb ermöglichen. Die Erkenntnis, dass es keine präskriptive Wissenschaftstheorie geben kann, hat immer stärker in den Vordergrund gerückt, dass nur der Konsens zwischen Wissenschaftlern Klarheit darüber schaffen kann, was akzeptabel ist und was nicht.

Wer also definiert die Standards? Die Standardantwort darauf ist: Die wissenschaftliche Gemeinschaft. Wir haben allerdings gesehen: die wissenschaftliche Gemeinschaft ist ein abstrakter Begriff, der all jene bezeichnet, die Wissenschaft betreiben, publizieren und an Erkenntnis interessiert sind bzw. im öffentlichen Raum Ausbildungen vornehmen. Letztlich sind dies alle aktiven Wissenschaftler einer Disziplin im Wettbewerb um vorhandenen Publikationsraum, um die Aufmerksamkeit bei Kollegen, um begrenzte Forschungsressourcen und um Gehör in der Öffentlichkeit. Oftmals werden neue Standards gesetzt, indem durch Querbefruchtungen Erkenntnisse aus anderen Disziplinen aufgenommen werden. So galt in der Psychologie lange die Doktrin, dass eine Erkenntnis nur dann wissenschaftlich wäre, wenn sie gleichzeitig eine Ursachenzuschreibung durchführen kann und wenn solche Ursachenzuschreibungen deterministisch sind. Mit zunehmender Einsicht in die Komplexität der psychologischen Systeme hat sich im Lauf der Zeit die Erkenntnis durchgesetzt, dass solche Aussagen nur selten zu treffen sind, da fast nur multikausale Verursachungsmodelle die Wirklichkeit abbilden. Indem die Psychologie Erkenntnisse der komplexen Systemtheorie aufgenommen hat, hat sie gleichzeitig implizit diesen Standard verändert, und heute wird nur noch selten die Forderung nach einer einsinnigen und einfachen Kausalitätsanalyse erhoben.

Grundelemente einer psychologischen Wissenschaftstheorie sollten also folgende Momente sein:

1. Vielfalt der Methodik

Es gibt keine „richtige“ Methode und keine Methode, die in sich selber bereits „wissenschaftlich“ wäre. Es gibt nur angemessene Methoden für bestimmte Fragestellungen und eine korrekte Anwendung von Methoden. Eine Methode, die im einen Fall wissenschaftlich sein kann, z. B. die Durchführung eines Experiments innerhalb der Grundlagenwissenschaft kann im anderen Fall unwissenschaftlich, weil unangemessen sein, z. B. ein Experiment im Rahmen einer komplexen Evaluation einer Bildungsmaßnahme. Oftmals werden auch nur verschiedene Methoden, die zur selben Fragestellung angewandt werden und die sich zirkulär ergänzen, zum gewünschten Ergebnis führen. Um beispielsweise den Effekt einer komplexen therapeutischen Intervention zu verstehen, kann es hilfreich sein, auf der einen Seite ein klares klinisches Experiment durchzuführen, um die Wirksamkeit festzustellen. Gleichzeitig wird man vielleicht mit Hilfe von qualitativen Interviews erforschen wollen, wie Personen, die Intervention erleben, und so den festgestellten Effekt näher charakterisieren und die Akzeptanz der Methode untersuchen.

2. Komplementarität
Methoden werden immer komplementär zueinander eingesetzt müssen und Methodenreduktion ist nicht sinnvoll. Unter dem Stichwort Komplementarität sollten wir uns auch der Tatsache bewusst sein, dass nur eine gleichmäßige Repräsentation der Innen- und der Außenperspektive der Situation der Psychologie gemäß ist. Innen- und Außensicht müssen verbunden werden, idealerweise in jeder Forschungssituation und bei jedem Forscher, auf jeden Fall aber im Gesamtbestand der Wissenschaft.

3. Disziplinengemäße Methodik
Für verschiedene Fragestellungen eignen sich unterschiedliche Methoden, und für jede Methode gelten jeweils unterschiedliche Standards.

4. Empirie als Grundlage
Ob man nun quantitativ-experimentell vorgeht oder qualitativ, oder auch in einem realitätsnahen Kontext quantitative Forschung, die allerdings nicht experimentell ist, befürwortet: Die Grundlage für psychologische Forschung wird immer empirisch sein. Dies heißt nicht, dass nicht eine sorgfältige theoretische Analyse von Konzepten und eine kritische Reflexion der Methoden und also theoretische Psychologie notwendig wäre. Aber die Grundlegung der Psychologie als eigener Disziplin ist eine empirische. Wir weisen nachhaltig darauf hin, dass dieser Begriff von Empirie sehr weit gefasst ist und qualitativ-hermeneutische bzw. phänomenologische Vorgehensweisen genauso umfasst wie reduktiv-quantitative.

5. Transdisziplinarität
Psychologie lebt davon, dass sie immer schon unterschiedliche Disziplinenbereiche integriert hat. Bereits Brentano hat auf die Bedeutung der biologischen Psychologie hingewiesen und Wundt auf die Notwendigkeit einer sozialpsychologischen und kulturübergreifenden Perspektive, und nur durch die grenzüberschreitende Aneignung von Methoden, Standards und Fragestellungen wurde die Psychologie zu der vielfältigen Disziplin, die sie heute ist. Eine solche Methodenvielfalt, wiewohl sie manchmal verwirrend zu sein scheint, muss uns auf jeden Fall auch in Zukunft wertvoll sein.

6. Toleranz und Wettbewerb unterschiedlicher Voraussetzungen
Die postmoderne Wissenschaftssituation hat dazu geführt, dass die Voraussetzungen einer Disziplin nicht mehr aus sich selber heraus begründbar sind. Externe Garanten wie Philosophie oder Religion sind heute kein gängiger Ausweg mehr. Daher werden unterschiedliche Wertsetzungen, verschiedene Weltbilder und absolute Vor-

aussetzungen dazu führen, dass auch innerhalb der Psychologie der Zugang zur Wissenschaft und zur psychologischen Praxis verschieden konzipiert werden wird. Dies erzeugt Unsicherheit und Verwirrung, stellt aber auch eine Chance dar. Es erschiene uns gefährlich, wollte man durch Rückgriff und Berufung auf einen vermeintlichen Stand der Wissenschaftstheorie, der Philosophie oder der Wissenschaft im Allgemeinen diese Vielfalt vorschnell reduzieren. Vielmehr sollten diese unterschiedlichen Welt- und Wissenschaftsbilder in fruchtbaren und konstruktiven Wettbewerb treten, um ihre jeweiligen Stärken und Grenzen auszuloten.

Für die Konzeption der psychologischen Praxis, etwa innerhalb der Beratung, der Psychotherapie oder der Organisationspsychologie, sollte es daher zur guten Praxis gehören, über die Grundlagen und Konsequenzen dieser ursprünglichen Wertsetzungen nachzudenken. Methodisch sollte dies zur Folge haben, dass in der Debatte um wissenschaftliche Ergebnisse sorgfältig zwischen den Ergebnissen selber und den grundlegenden Voraussetzungen, die gemacht werden um die Ergebnisse zu gewinnen, unterschieden wird. Ein solcher Standpunkt hätte unmittelbare Auswirkungen auf die Bewertung von Forschungsergebnissen. Für das Studium der Psychologie hätte eine solche Position die Konsequenz, dass möglichst lange auf einseitige Spezialisierungen verzichtet und ein möglichst breiter und unterschiedlicher Inhalt vermittelt wird. Die momentane Tendenz innerhalb der Bildungs- und Wissenschaftspolitik fördert frühzeitige Spezialisierung. Wiewohl eine solche Vertiefung und Verankerung in einem Spezialbereich notwendig und wünschenswert ist, so ist diese Entwicklung verhängnisvoll, wenn sie zu früh einsetzt und nicht während des Studiums, oder besser noch während der lehrenden und forschenden Berufspraxis durch Verbreiterung des Interessensgebiets ausbalanciert wird. Aus den Entwicklungen anderer Forschungsdisziplinen lässt sich lernen, dass die wichtigsten Errungenschaften meistens durch Befruchtungen aus anderen Bereichen oder gar anderen Disziplinen kamen.

7. Revision der eigenen Grundlagen

Eine weitere Konsequenz aus der postmodernen Wissenschaftssituation ist die, dass die eigenen Grundlagen jeweils einer neuen Revision unterzogen werden müssen. Dies kann nur geschehen durch bewusste Reflexion, die die eigenen Voraussetzungen je neu durchleuchtet, die man in seiner eigenen wissenschaftlichen oder beruflichen Praxis macht und erfordert, dass wir Befunde anderer Wissenschaftsdisziplinen zur Kenntnis nehmen. Nun kann selbstverständlich kein einzelner Forscher alle Bereiche übersehen. Aber die Offenheit und das Bedürfnis nach Querverbindungen kann bei entsprechend begabten und interessierten Studenten genährt werden und wird der Psychologie insgesamt zugute kommen.

8. Analyse der biographisch-psychologischen Bedingtheit von Wissenschaft

Ein Bereich, der weder außerhalb noch innerhalb der Psychologie berücksichtigt wird, ist die Wissenschaftspsychologie. Die Psychologie hat mittlerweile als Wissenschaft ausreichend viele Erkenntnisse gewonnen, um diese auf den Wissenschaftsprozess selber anzuwenden. Welche Art von grundlegendem Weltbild ein Forscher wählt, welche Art von methodischem Zugang und welche Themen er beforscht wird in großem Maße mit dessen eigenem individuellen Gewordensein zusammenhängen. Erst wenn auch die Bedingtheit des Zustandekommens von

Forschungsergebnissen gebührend berücksichtigt wird, kann die Anwendbarkeit, Relevanz und Bedeutung von wissenschaftlichen Befunden richtig eingeschätzt werden. In diesem Sinne wäre psychologische Selbstkritik der Psychologie als Wissenschaft in hohem Maße geboten. Dies gilt selbstverständlich auch für andere Disziplinen, wie etwa die Philosophie. Man wird einen solchen Prozess aber nicht von anderen verlangen könne, ohne ihn selbst vorgelebt zu haben. Ähnlich wie für den klinisch tätigen Psychologen Supervision und Analyse seiner eigenen Gefährdungen, Stärken und Grenzen notwendig ist, wenn er kompetente klinische Arbeit leisten will, scheint es uns für den Forscher und für die gesamte Disziplin notwendig zu sein, dass sie ihre durch individuelle Geschichte in den Forschungsprozess eingebrachten Bedingtheiten entsprechend analysieren, thematisieren und dadurch in ihrer Wirkung begrenzen.

9. Analyse der Erfahrungsperspektive

Ein weiteres Element psychologischer Wissenschaft in der Zukunft muss die Analyse der Erfahrungsperspektive sein. Wissenschaftliche Erfahrung ist bis heute selten anders denn als verobjektivierende äußere Erfahrung rekonstruiert worden. Wissenschaftliche Erfahrung bedeutet im Sprachgebrauch der meisten Menschen das Sehen auf Dinge von außen und das genaue Beschreiben und Analysieren von Situationen aus der Sicht eines externen Beobachters. Unserer Meinung nach muss diese Erfahrungsperspektive um die Innensicht bereichert werden, also um den Zugang zur Welt aus der Sicht des bewussten Ichs. Dies könnte generell einen erweiterten Zugang zur Wissenschaft und zur Erkenntnis ergeben durch Hinzunahme dieser Dimension der inneren Erfahrung und durch Analyse der Bedingtheit eines rein von außen kommenden erfahrungswissenschaftlichen Ansatzes. Darin könnte die Aufspaltung des Erfahrungsbegriffes, die vor etwa 700 Jahren stattgefunden hat, in der Psychologie wieder zu einer Einheit kommen, indem äußere verobjektivierende Erfahrung und innerer subjektiver Zugang zu einer gemeinsamen wissenschaftlichen Erfahrung zusammenfinden, womit das Wort des Johannes Duns Scotus, das wir als Motto gewählt haben, eine vertiefte und erweiterte, ja vielleicht sogar ganz neu verstandene Bedeutung erhalten wird.

Personenverzeichnis

Sachwortverzeichnis